Anna Maria Arpinati Mariarosa Musiani

2 Matematica in azione 2.0

Terza edizione

Geometria

Con la collaborazione di Alessandra Meneghetti

Coordinamento scientifico di
Giulio Cesare Barozzi

GUARDA! I video del libro sul tuo smartphone

1 SCARICA LA APP ZANICHELLI Guarda! DA:

Scarica su App Store

DISPONIBILE SU Google Play

2 INQUADRA, SCATTA, GUARDA

- **Inquadra** con la fotocamera del tuo smartphone l'immagine che ha l'icona
- **scatta**
- **guarda** il video

Per saperne di più, vai **su.zanichelli.it/guarda**

PER IL COMPUTER E PER IL TABLET

L'eBook multimediale

1 REGÌSTRATI A MYZANICHELLI

Vai su **my.zanichelli.it** e regìstrati come studente

2 SCARICA BOOKTAB

- Scarica **Booktab** e installalo
- Lancia l'applicazione e fai login

3 ATTIVA IL TUO LIBRO

- Clicca su **Attiva il tuo libro**
- Inserisci il **codice di attivazione** che trovi sul **bollino argentato adesivo** in questa pagina

ESEMPIO

4 CLICCA SULLA COPERTINA

Scarica il tuo libro per usarlo offline

ZANICHELLI

Realizzazione editoriale:
- Coordinamento redazionale: Paola De Simone
- Redazione: Damiano Maragno, Paola De Simone
- Segreteria di redazione: Deborah Lorenzini e Rossella Frezzato
- Progetto grafico e impaginazione: Byblos, Faenza
- Disegni: Byblos, Faenza; Luca Poli, Bologna; Inventario, Bologna
- Composizione testi: Litoincisa, Bologna
- Rilettura dei testi: Il Nove, Bologna

Contributi:
- Rilettura critica: Alessandra Meneghetti, Mariangela Mazzanti, Daniela Leone (*Aritmetica 1*, paragrafo *Introduzione al pensiero computazionale*)
- Stesura dei Problemi dei *Ciak, si impara!*: Robert Ghattas
- Revisione degli esercizi, stesura della scheda di *Matematica con Excel* del capitolo 9 *Aritmetica 1* e capitolo 3 *Algebra*, delle schede *Ciak, si impara!, In un'ora*, *Aritmetica 1* paragrafo *Introduzione al pensiero computazionale*, esercizi *Verso il coding*: Alessandra Meneghetti
- Stesura schede GeoGebra: Donato Giano, Maria Franchi
- Stesura esercizi contributo: Alessandra Bellucci (*Geometria 1*, capitolo 5); Patrizia Bossi, Mariarosa Cicognani, Luisa Monetti (*Aritmetica 1*, *Geometria 2* e *Algebra*)
- Correzione degli esercizi: Edigeo, Milano; Giuliana Bettini; Patrizia Bossi; Maddalena Braccesi; Luigi Caneve; Elisabetta De Maria; Maria Franchi; Cristina Maffeis; Mariangela Mazzanti; Alessandra Meneghetti; Enrico Saviozzi; Renata Schivardi, Licia Ventavoli
- Prove d'esame *Algebra*: Anna Maria Gardini, Alessandra Meneghetti

Copertina:
- Progetto grafico: Miguel Sal & C., Bologna
- Realizzazione: Roberto Marchetti e Francesca Ponti
- Immagine di copertina: Artwork Studio 8vo, Bologna

Prima edizione: 2005
Seconda edizione: 2011
Terza edizione: marzo 2017

Ristampa:

5 4 2020 2021

Zanichelli garantisce che le risorse digitali di questo volume sotto il suo controllo saranno accessibili, a partire dall'acquisto dell'esemplare nuovo, per tutta la durata della normale utilizzazione didattica dell'opera. Passato questo periodo, alcune o tutte le risorse potrebbero non essere più accessibili o disponibili: per maggiori informazioni, leggi my.zanichelli.it/fuoricatalogo

File per sintesi vocale
L'editore mette a disposizione degli studenti non vedenti, ipovedenti, disabili motori o con disturbi specifici di apprendimento i file pdf in cui sono memorizzate le pagine di questo libro. Il formato del file permette l'ingrandimento dei caratteri del testo e la lettura mediante software screen reader. Le informazioni su come ottenere i file sono sul sito http://www.zanichelli.it/scuola/bisogni-educativi-speciali

Grazie a chi ci segnala gli errori
Segnalate gli errori e le proposte di correzione su **www.zanichelli.it/correzioni**.
Controlleremo e inseriremo le eventuali correzioni nelle ristampe del libro.
Nello stesso sito troverete anche l'errata corrige, con l'elenco degli errori e delle correzioni.

Zanichelli editore S.p.A. opera con sistema qualità
certificato CertiCarGraf n. 477
secondo la norma UNI EN ISO 9001:2015

Questo libro è stampato su carta che rispetta le foreste.
www.zanichelli.it/chi-siamo/sostenibilita

Stampa: Grafica Veneta S.p.A.
Via Malcanton, 2 - 35010 - Trebaseleghe (PD)
per conto di Zanichelli editore S.p.A.
Via Irnerio 34, 40126 Bologna

Realizzazione dell'eBook multimediale:
- Redazione: Damiano Maragno, Paola De Simone
- Segreteria di redazione: Deborah Lorenzini
- Progettazione esecutiva e sviluppo software: duDAT srl, Bologna
- Ideazione e realizzazione video: Robert Ghattas, Massimiliano Trevisan
- Sceneggiatura animazioni: Sara Casale, Paolo Martinelli, Milena Merlo Pich, Agostino Tripaldi
- Revisione animazioni: Mariangela Mazzanti
- Realizzazione multimediale animazioni: Green Team, Bologna, New Siram, Milano
- Esercizi ZTE: Giuseppina Melchiorre, Maria Giovanna Papoff

L'editore ringrazia Pietro, Elia e Ivan per i suggerimenti sulle animazioni e sui video.

Guarda!:
- Progettazione esecutiva e sviluppo software dell'applicazione *Guarda!*: Yoomee Technologies, Bologna | Ravenna

TEORIA

NELLA CARTA

LA TEORIA SOTTO GLI OCCHI: paragrafi su pagine affiancate

PRIMA DI COMINCIARE: per partire da quello che già sai

DA SAPERE: la teoria e gli esempi

METTITI ALLA PROVA: per imparare facendo

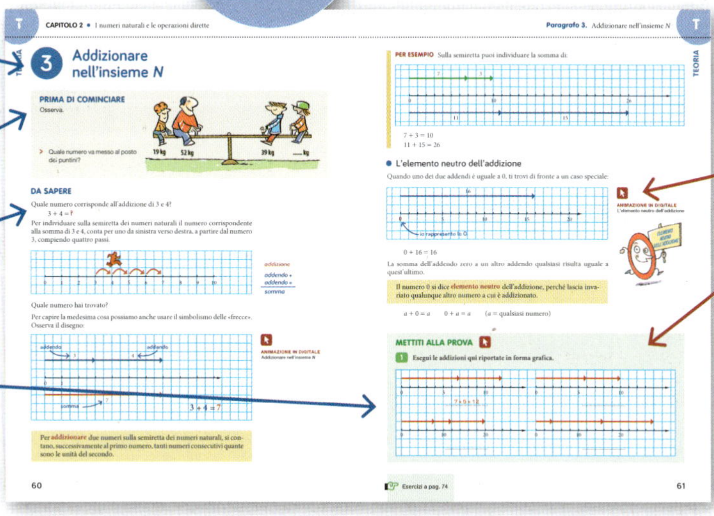

IN DIGITALE

Ciak si impara: 35 video di matematica nella realtà

animazioni: per imparare vedendo i concetti in azione

esercizi interattivi alla fine dei paragrafi

ESERCIZI

NELLA CARTA

MI ALLENO e **RISOLVO PROBLEMI** con tanti tipi di esercizi:

NEL QUADERNO DELLE REGOLE scrivi la regola e inventa un esempio

EUREKA! ragiona

INTORNO A NOI leggi la realtà con gli occhi di un matematico

MATHS risolvi esercizi in inglese

AL TELEFONO esprimiti con le parole della matematica

AL VOLO allena il calcolo mentale

CACCIA ALL'ERRORE scopri gli errori tipici

CHI HA RAGIONE? argomenta

A OCCHIO fai una stima

CON UN DISEGNO risolvi problemi visuali

KANGOUROU gareggia con la matematica

VERSO IL CODING eserciti il pensiero computazionale

INVALSI risolvi i quesiti Invalsi originali

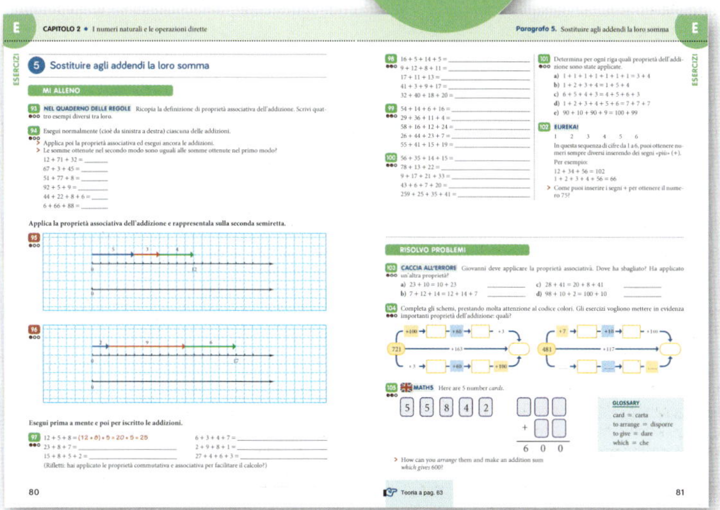

ONLINE

ZTE 21 esercizi interattivi per capitolo

In online.scuola.zanichelli.it/matematicainazione-2-0

- Con un amico
- Esercizi in più
- Matematica con Excel

10 in leggibilità

10 buone regole grafiche per leggere meglio
verificate dall'Istituto Superiore per le Industrie Artistiche di Urbino
vedi www.zanichelli.it/scuola/10-in-leggibilita/

ORGANIZZAZIONE DELLA PAGINA

1. Testi e illustrazioni sono disposti in modo da rendere chiaro il percorso di lettura.

3. Tutte le figure si trovano vicine al testo a cui si riferiscono: il lettore intuisce facilmente dove trovare l'immagine relativa a quanto spiegato nel testo.

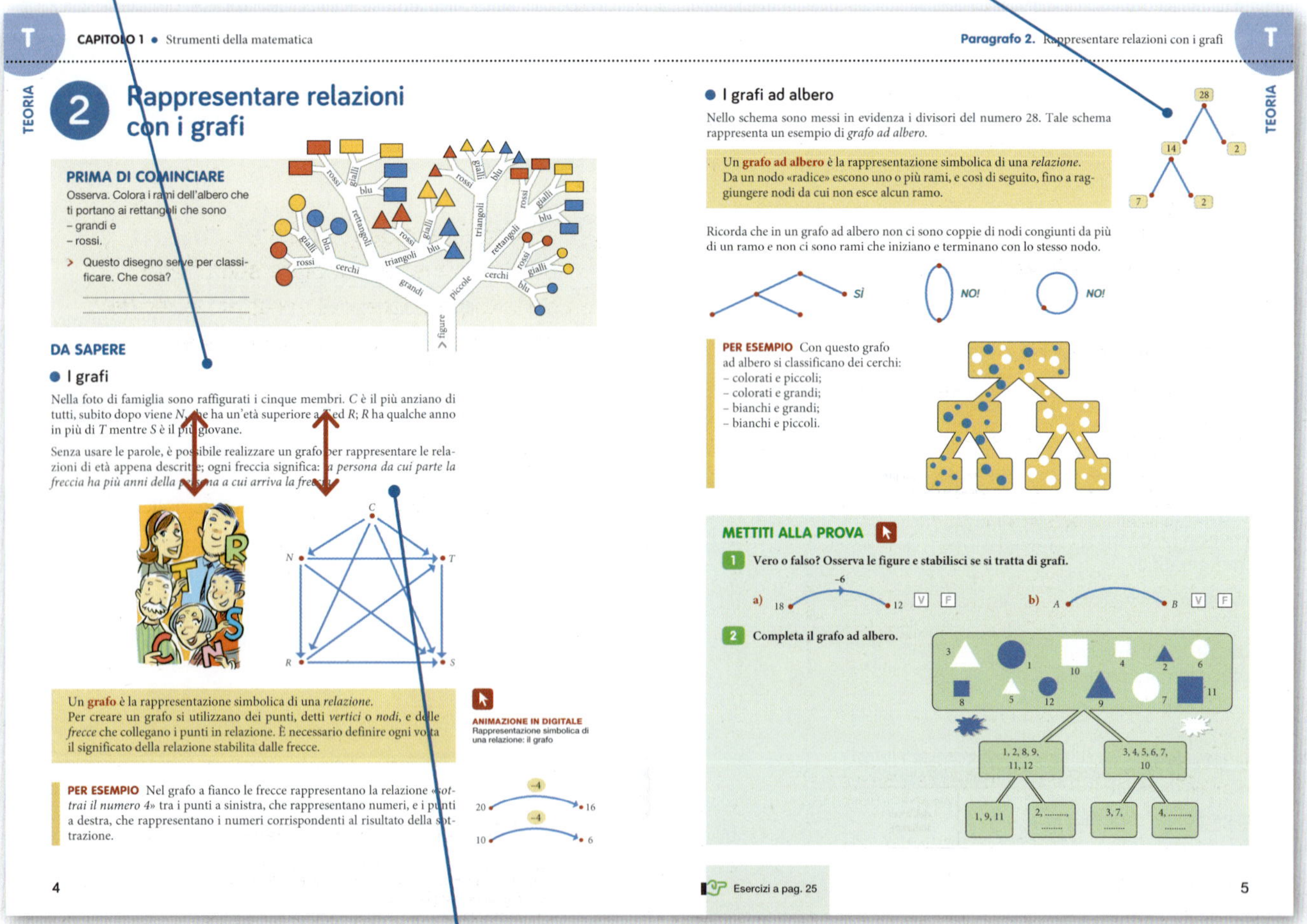
CAPITOLO 1 • Strumenti della matematica

Paragrafo 2. Rappresentare relazioni con i grafi

2 Rappresentare relazioni con i grafi

PRIMA DI COMINCIARE
Osserva. Colora i rami dell'albero che ti portano ai rettangoli che sono
– grandi e
– rossi.
› Questo disegno serve per classificare. Che cosa?

DA SAPERE
• I grafi
Nella foto di famiglia sono raffigurati i cinque membri. C è il più anziano di tutti, subito dopo viene N, che ha un'età superiore a T ed R; R ha qualche anno in più di T mentre S è il più giovane.
Senza usare le parole, è possibile realizzare un grafo per rappresentare le relazioni di età appena descritte; ogni freccia significa: la persona da cui parte la freccia ha più anni della persona a cui arriva la freccia.

Un grafo è la rappresentazione simbolica di una relazione.
Per creare un grafo si utilizzano dei punti, detti vertici o nodi, e delle frecce che collegano i punti in relazione. È necessario definire ogni volta il significato della relazione stabilita dalle frecce.

ANIMAZIONE IN DIGITALE
Rappresentazione simbolica di una relazione: il grafo

PER ESEMPIO Nel grafo a fianco le frecce rappresentano la relazione «sottrai il numero 4» tra i punti a sinistra, che rappresentano numeri, e i punti a destra, che rappresentano i numeri corrispondenti al risultato della sottrazione.

4

• I grafi ad albero
Nello schema sono messi in evidenza i divisori del numero 28. Tale schema rappresenta un esempio di grafo ad albero.

Un grafo ad albero è la rappresentazione simbolica di una relazione.
Da un nodo «radice» escono uno o più rami, e così di seguito, fino a raggiungere nodi da cui non esce alcun ramo.

Ricorda che in un grafo ad albero non ci sono coppie di nodi congiunti da più di un ramo e non ci sono rami che iniziano e terminano con lo stesso nodo.

PER ESEMPIO Con questo grafo ad albero si classificano dei cerchi:
– colorati e piccoli;
– colorati e grandi;
– bianchi e grandi;
– bianchi e piccoli.

METTITI ALLA PROVA
1 Vero o falso? Osserva le figure e stabilisci se si tratta di grafi.
2 Completa il grafo ad albero.

Esercizi a pag. 25

5

2. Ogni figura è spiegata o richiamata nel testo nel punto in cui è utile che venga guardata.

10 in leggibilità

10 buone regole grafiche
per leggere meglio

COMPOSIZIONE DEL TESTO

4 Una riga non contiene più di 80 battute. Oltre questo numero, terminata la lettura di una riga il movimento degli occhi può portare a un salto accidentale di riga.

Si legge male

90 battute per riga

Puoi rappresentare un insieme racchiudendo i suoi elementi all'interno di una linea chiusa, come qui a fianco: è una *rappresentazione grafica*, che prende il nome di **diagramma di Eulero-Venn**.
Specialmente quando si tratta di un insieme infinito, lo puoi rappresentare descrivendo la *pro-*

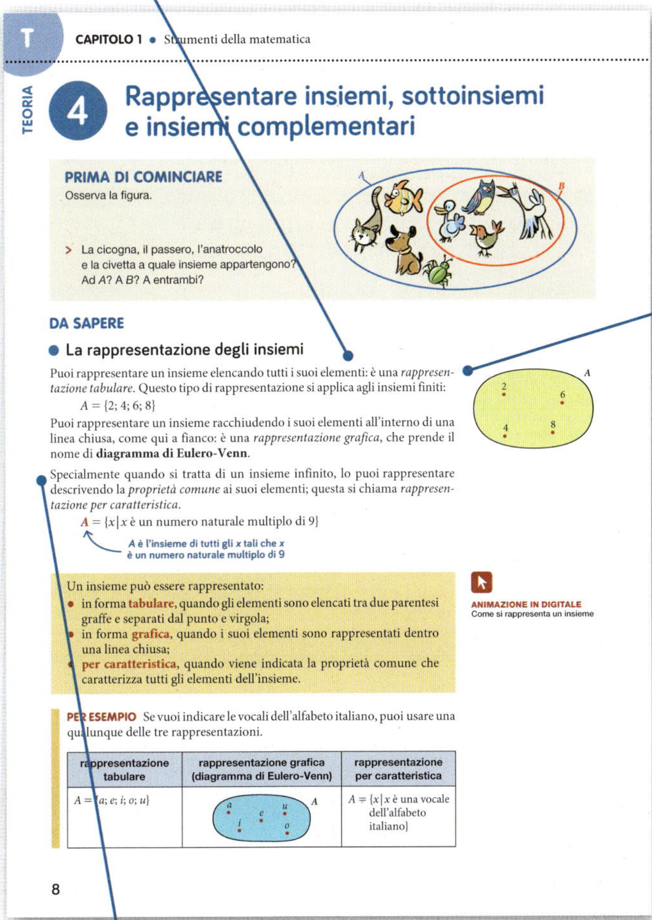

CAPITOLO 1 • Strumenti della matematica

TEORIA

4 Rappresentare insiemi, sottoinsiemi e insiemi complementari

PRIMA DI COMINCIARE

Osserva la figura.

> La cicogna, il passero, l'anatroccolo e la civetta a quale insieme appartengono? Ad *A*? A *B*? A entrambi?

DA SAPERE

La rappresentazione degli insiemi

Puoi rappresentare un insieme elencando tutti i suoi elementi: è una *rappresentazione tabulare*. Questo tipo di rappresentazione si applica agli insiemi finiti:

$A = \{2; 4; 6; 8\}$

Puoi rappresentare un insieme racchiudendo i suoi elementi all'interno di una linea chiusa, come qui a fianco: è una *rappresentazione grafica*, che prende il nome di **diagramma di Eulero-Venn**.

Specialmente quando si tratta di un insieme infinito, lo puoi rappresentare descrivendo la *proprietà comune* ai suoi elementi; questa si chiama *rappresentazione per caratteristica*.

$A = \{x | x$ è un numero naturale multiplo di 9$\}$

A è l'insieme di tutti gli *x* tali che *x* è un numero naturale multiplo di 9

Un insieme può essere rappresentato:
- in forma **tabulare**, quando gli elementi sono elencati tra due parentesi graffe e separati dal punto e virgola;
- in forma **grafica**, quando i suoi elementi sono rappresentati dentro una linea chiusa;
- **per caratteristica**, quando viene indicata la proprietà comune che caratterizza tutti gli elementi dell'insieme.

ANIMAZIONE IN DIGITALE
Come si rappresenta un insieme

PER ESEMPIO Se vuoi indicare le vocali dell'alfabeto italiano, puoi usare una qualunque delle tre rappresentazioni.

rappresentazione tabulare	rappresentazione grafica (diagramma di Eulero-Venn)	rappresentazione per caratteristica
$A = \{a; e; i; o; u\}$		$A = \{x \| x$ è una vocale dell'alfabeto italiano$\}$

8

5 L'interlinea, cioè lo spazio tra due righe, è calcolata sulla base della dimensione del carattere e rende ben distinte due righe successive.

Si legge male

interlinea 3 mm

Specialmente quando si tratta di un insieme infinito, lo puoi rappresentare descrivendo la *proprietà comune* ai suoi elementi; questa si chiama *rappresentazione per caratteristica*.

$A = \{x | x$ è un numero naturale multiplo di 9$\}$

6 La distanza di capoverso segnala che inizia una nuova parte del discorso.

Si legge male

senza capoversi distanziati

Puoi rappresentare un insieme elencando tutti i suoi elementi: è una *rappresentazione tabulare*. Questo tipo di rappresentazione si applica agli insiemi finiti:
$A = \{2; 4; 6; 8\}$
Puoi rappresentare un insieme racchiudendo i suoi elementi all'interno di una linea chiusa, come qui a fianco: è una *rappresentazione grafica*, che prende il nome di **diagramma di Eulero-Venn**.
Specialmente quando si tratta di un insieme infinito, lo puoi rappresentare descrivendo la *proprietà comune* ai suoi elementi; questa si chiama *rappresentazione per caratteristica*.
$A = \{x | x$ è un numero naturale multiplo di 9$\}$

10 in **leggibilità**

10 buone regole grafiche per leggere meglio

USO DEL COLORE

8 Non si mettono didascalie sovrapposte alle immagini. Se necessario, si usa un fondino bianco o semitrasparente per aumentare il contrasto tra testo e immagine.

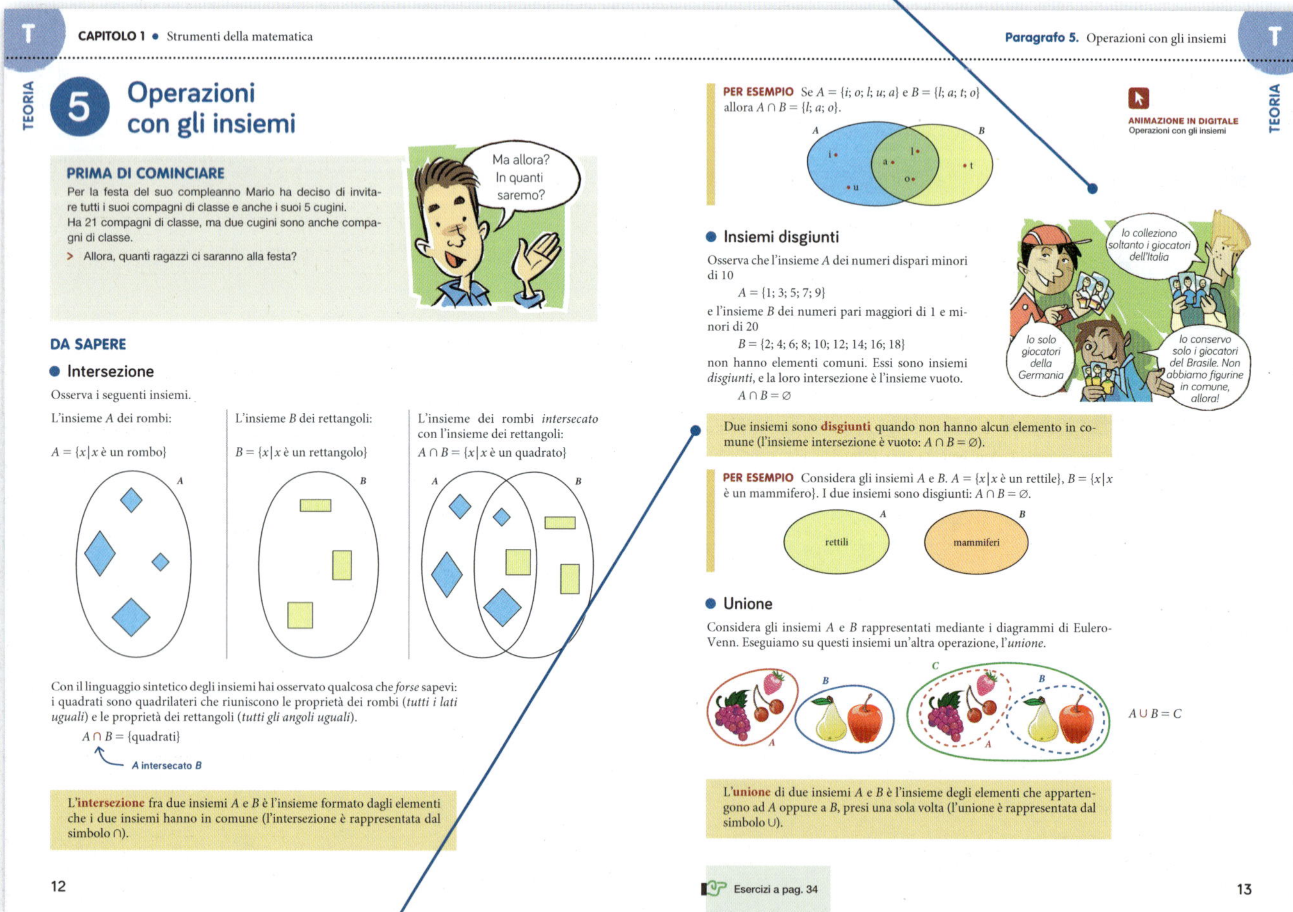

CAPITOLO 1 • Strumenti della matematica

TEORIA

5 Operazioni con gli insiemi

PRIMA DI COMINCIARE

Per la festa del suo compleanno Mario ha deciso di invitare tutti i suoi compagni di classe e anche i suoi 5 cugini.
Ha 21 compagni di classe, ma due cugini sono anche compagni di classe.

> Allora, quanti ragazzi ci saranno alla festa?

DA SAPERE

● **Intersezione**

Osserva i seguenti insiemi.

L'insieme A dei rombi: $A = \{x | x \text{ è un rombo}\}$

L'insieme B dei rettangoli: $B = \{x | x \text{ è un rettangolo}\}$

L'insieme dei rombi *intersecato* con l'insieme dei rettangoli: $A \cap B = \{x | x \text{ è un quadrato}\}$

Con il linguaggio sintetico degli insiemi hai osservato qualcosa che *forse* sapevi: i quadrati sono quadrilateri che riuniscono le proprietà dei rombi (*tutti i lati uguali*) e le proprietà dei rettangoli (*tutti gli angoli uguali*).

$A \cap B = \{\text{quadrati}\}$ ← A intersecato B

L'**intersezione** fra due insiemi A e B è l'insieme formato dagli elementi che i due insiemi hanno in comune (l'intersezione è rappresentata dal simbolo $\cap$).

12

Paragrafo 5. Operazioni con gli insiemi

PER ESEMPIO Se $A = \{i; o; l; u; a\}$ e $B = \{l; a; t; o\}$ allora $A \cap B = \{l; a; o\}$.

ANIMAZIONE IN DIGITALE
Operazioni con gli insiemi

● **Insiemi disgiunti**

Osserva che l'insieme A dei numeri dispari minori di 10

$A = \{1; 3; 5; 7; 9\}$

e l'insieme B dei numeri pari maggiori di 1 e minori di 20

$B = \{2; 4; 6; 8; 10; 12; 14; 16; 18\}$

non hanno elementi comuni. Essi sono insiemi *disgiunti*, e la loro intersezione è l'insieme vuoto.

$A \cap B = \varnothing$

Due insiemi sono **disgiunti** quando non hanno alcun elemento in comune (l'insieme intersezione è vuoto: $A \cap B = \varnothing$).

PER ESEMPIO Considera gli insiemi A e B. $A = \{x | x \text{ è un rettile}\}$, $B = \{x | x \text{ è un mammifero}\}$. I due insiemi sono disgiunti: $A \cap B = \varnothing$.

● **Unione**

Considera gli insiemi A e B rappresentati mediante i diagrammi di Eulero-Venn. Eseguiamo su questi insiemi un'altra operazione, l'*unione*.

$A \cup B = C$

L'**unione** di due insiemi A e B è l'insieme degli elementi che appartengono ad A oppure a B, presi una sola volta (l'unione è rappresentata dal simbolo $\cup$).

Esercizi a pag. 34

13

7 I colori dei caratteri e dei fondi sono scelti in modo che il testo sia sempre chiaramente leggibile.

Si legge bene

Due insiemi sono **disgiunti** quando non hanno alcun elemento in comune (l'insieme intersezione è vuoto: $A \cap B = \varnothing$).

Si legge male

Due insiemi sono **disgiunti** quando non hanno alcun elemento in comune (l'insieme intersezione è vuoto: $A \cap B = \varnothing$).

10 in leggibilità

10 buone regole grafiche
per leggere meglio

SCELTA DEI CARATTERI

9 I caratteri tipografici hanno lettere ben distinte tra loro e forme regolari. Particolare attenzione viene posta sui caratteri che aiutano nella lettura i dislessici, i quali hanno bisogno di distinguere bene le lettere con forme simili (come «d» e «b», «n» e «m» ecc.).

Si legge bene	Si legge male
distinguo la «i» maiuscola dalla «l» minuscola	
Il	Il *Il*

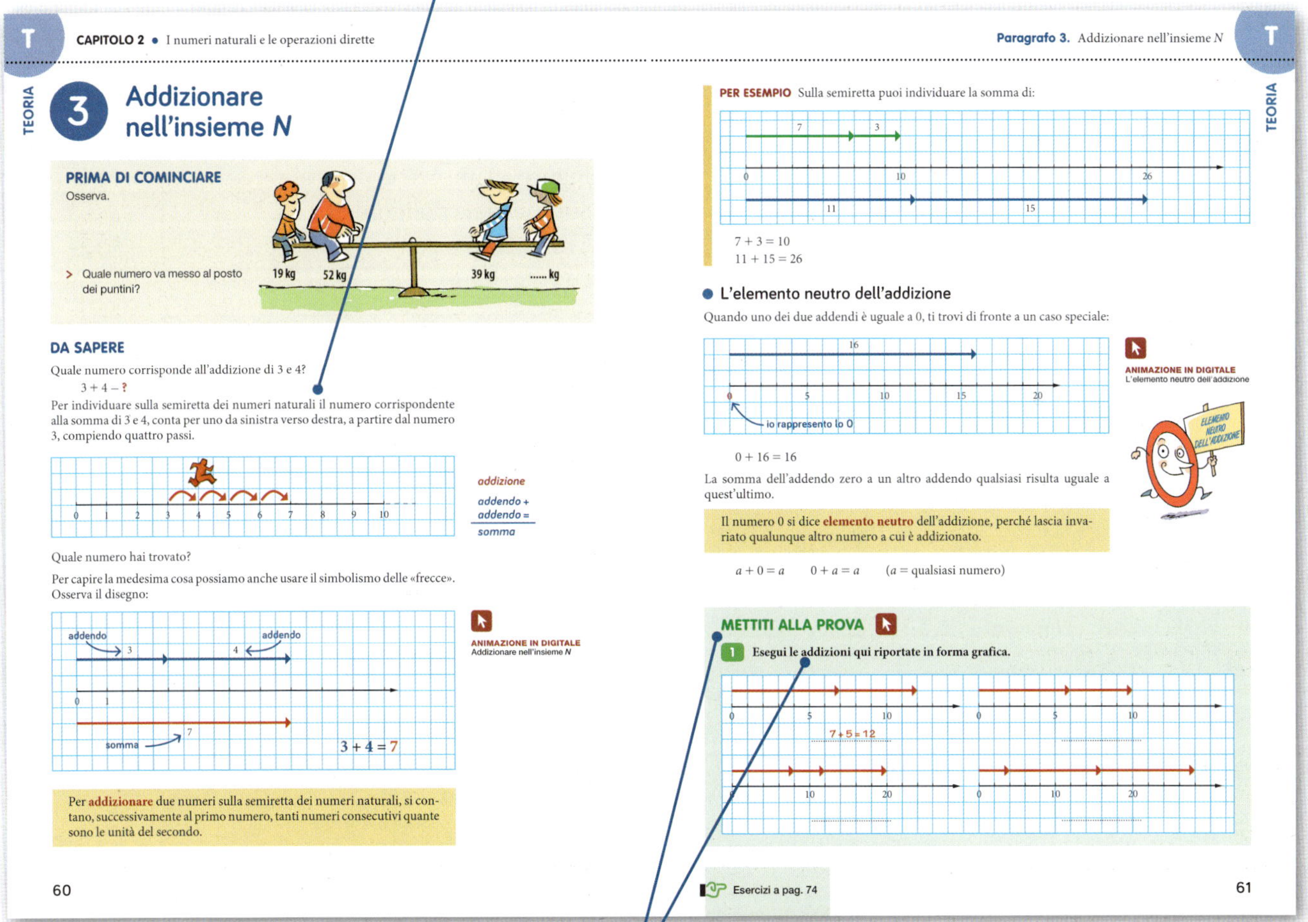

CAPITOLO 2 • I numeri naturali e le operazioni dirette

TEORIA

3 Addizionare nell'insieme *N*

PRIMA DI COMINCIARE
Osserva.

> Quale numero va messo al posto dei puntini?

19 kg 52 kg 39 kg ...... kg

DA SAPERE

Quale numero corrisponde all'addizione di 3 e 4?

3 + 4 – ?

Per individuare sulla semiretta dei numeri naturali il numero corrispondente alla somma di 3 e 4, conta per uno da sinistra verso destra, a partire dal numero 3, compiendo quattro passi.

0 1 2 3 4 5 6 7 8 9 10

addizione
addendo +
addendo =
somma

Quale numero hai trovato?

Per capire la medesima cosa possiamo anche usare il simbolismo delle «frecce». Osserva il disegno:

addendo 3 · addendo 4 · 0 1 · somma 7

3 + 4 = 7

ANIMAZIONE IN DIGITALE
Addizionare nell'insieme *N*

Per **addizionare** due numeri sulla semiretta dei numeri naturali, si contano, successivamente al primo numero, tanti numeri consecutivi quante sono le unità del secondo.

60

Paragrafo 3. Addizionare nell'insieme *N*

TEORIA

PER ESEMPIO Sulla semiretta puoi individuare la somma di:

7 3 · 0 10 26 · 11 15

7 + 3 = 10
11 + 15 = 26

● L'elemento neutro dell'addizione

Quando uno dei due addendi è uguale a 0, ti trovi di fronte a un caso speciale:

16 · 0 5 10 15 20 · io rappresento lo 0

0 + 16 = 16

ANIMAZIONE IN DIGITALE
L'elemento neutro dell'addizione

ELEMENTO NEUTRO DELL'ADDIZIONE

La somma dell'addendo zero a un altro addendo qualsiasi risulta uguale a quest'ultimo.

Il numero 0 si dice **elemento neutro** dell'addizione, perché lascia invariato qualunque altro numero a cui è addizionato.

$a + 0 = a$ $\quad 0 + a = a \quad$ (a = qualsiasi numero)

METTITI ALLA PROVA

1 **Esegui le addizioni qui riportate in forma grafica.**

0 5 10 · 7 + 5 = 12 · 0 5 10 · 0 10 20 · 0 10 20

Esercizi a pag. 74

61

10 All'interno di un'opera si usano caratteri diversi per presentare contenuti diversi, per esempio il testo principale e gli esercizi.

INDICE DEI CONTENUTI

CAPITOLO 1

LE AREE

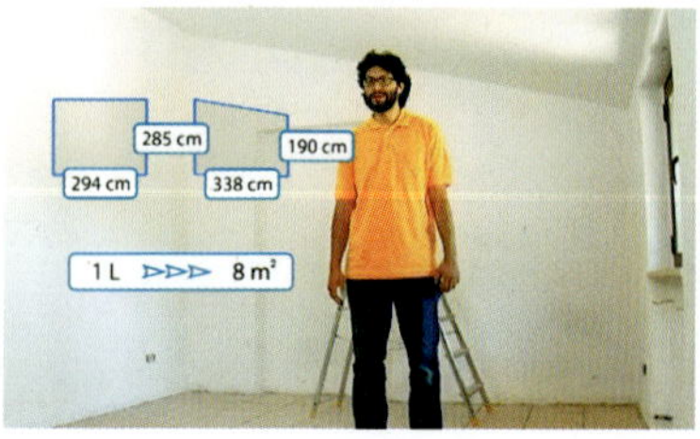

Nelle RISORSE DIGITALI

- **VIDEO CIAK, si impara!**
  - Superfici da dipingere
- **ANIMAZIONI**
  - Perimetri e misure di superficie
  - Il principio di equiscomponibilità
  - Area dei rettangoli
  - Area dei quadrati
  - Area dei parallelogrammi
  - Area dei quadrilateri con diagonali perpendicolari
  - Area dei triangoli
  - Area dei trapezi

ONLINE in online.scuola.zanichelli.it/matematicainazione-2-0

- Con un amico 2 PDF
- Esercizi in più 3 PDF

ZTE 21 Esercizi interattivi

CAPITOLO 2

LE ISOMETRIE

Nelle RISORSE DIGITALI

- **VIDEO CIAK, si impara!**
  - Lettere allo specchio
- **ANIMAZIONI**
  - Figure congruenti
  - La simmetria assiale o ribaltamento
  - Come costruire simmetrie assiali
  - Le isometrie
  - Figure con assi di simmetria
  - La simmetria centrale
  - Figure a simmetria centrale
  - Simmetria e poligoni
  - Traslazioni e vettori
  - La rotazione

ONLINE in online.scuola.zanichelli.it/matematicainazione-2-0

- Con un amico 8 PDF
- Esercizi in più 9 PDF

ZTE 21 Esercizi interattivi

CAPITOLO 3

IL TEOREMA DI PITAGORA

Nelle RISORSE DIGITALI

- **VIDEO CIAK, si impara!**
  - Il portiere e Pitagora
- **ANIMAZIONI**
  - Il teorema di Pitagora
  - L'inverso del teorema di Pitagora
  - Applicazioni del teorema di Pitagora
  - Il teorema di Pitagora e il quadrato
  - Il teorema di Pitagora e il triangolo equilatero
  - Il teorema di Pitagora applicato ai triangoli con angoli di 45°, 30°, 60°

ONLINE in online.scuola.zanichelli.it/matematicainazione-2-0

- Con un amico 14 PDF
- Esercizi in più 15 PDF

ZTE 21 Esercizi interattivi

CAPITOLO 4

LE TRASFORMAZIONI GEOMETRICHE: OMOTETIE E SIMILITUDINI

Nelle RISORSE DIGITALI

- **VIDEO CIAK, si impara!**
  - Fotocopie e similitudini
- **ANIMAZIONI**
  - Le omotetie
  - La similitudine
  - Triangoli simili
  - Altezze, perimetri e similitudine
  - Aree di figure simili
  - I teoremi di Euclide
  - Il teorema di Talete

ONLINE in online.scuola.zanichelli.it/matematicainazione-2-0

- Con un amico 20 PDF
- Esercizi in più 21 PDF

ZTE 21 Esercizi interattivi

CAPITOLO 5

CIRCONFERENZA E CERCHIO

Nelle RISORSE DIGITALI

- **VIDEO CIAK, si impara!**
  - Pizze pazze
- **ANIMAZIONI**
  - Circonferenza e cerchio
  - Elementi della circonferenza e del cerchio
  - Circonferenze, punti, rette
  - Circonferenze e rette
  - Angoli al centro e angoli alla circonferenza
  - Poligoni inscritti e circoscritti a una circonferenza
  - Poligoni regolari

ONLINE in online.scuola.zanichelli.it/matematicainazione-2-0

- Con un amico 27 PDF
- Esercizi in più 28 PDF

ZTE 21 Esercizi interattivi

CAPITOLO 1
LE AREE

1

CIAK si impara!

VIDEO SUPERFICI DA DIPINGERE PRIMA DI COMINCIARE

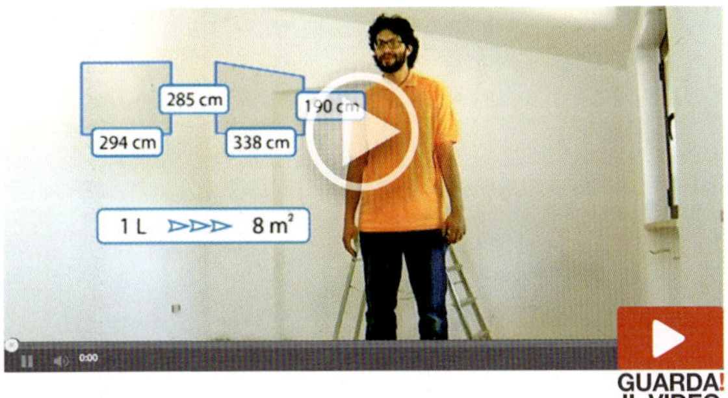

GUARDA! IL VIDEO

- Robert deve dipingere la stanza della zia Edvige, e gli rimangono ancora due pareti: una a forma di trapezio rettangolo con basi di 285 cm e 190 cm e altezza di 338 cm; l'altra a forma di rettangolo con base di 294 cm e altezza uguale alla base maggiore del trapezio. Con 1 L di pittura può dipingere 8 m^2, e ne ha soltanto 2 L.

  > Gli basteranno per le due pareti?

ANALIZZA I DATI E RISOLVI IL PROBLEMA

- Disegna qui a fianco le due pareti e scrivi le misure delle loro dimensioni.
- Disegna di nuovo il rettangolo e il trapezio nella quadrettatura in basso rispettando le proporzioni e approssimando i dati (1 cm sulla carta corrisponde a 100 cm della parete).
- Rispondi ora alla domanda di Robert, motivando la tua risposta. ....

....

1 Perimetri e misure di superficie

PRIMA DI COMINCIARE

Nei poligoni a) e c) colora il perimetro. Nei poligoni b) e d) colora l'area.

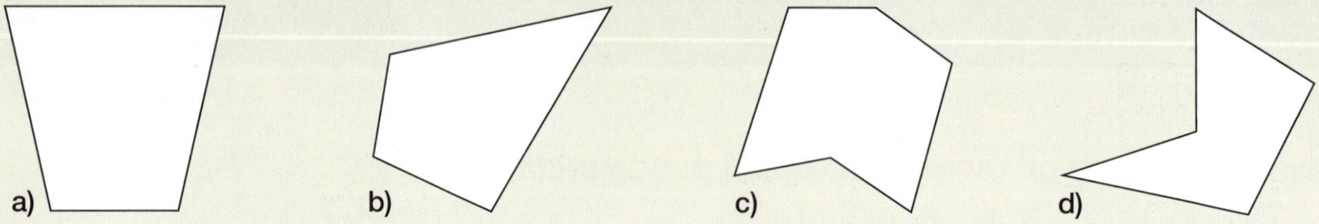

DA SAPERE

La linea rossa che delimita la figura è il suo *perimetro*.
La parte di piano colorata delimitata dal perimetro è la *superficie* della figura.

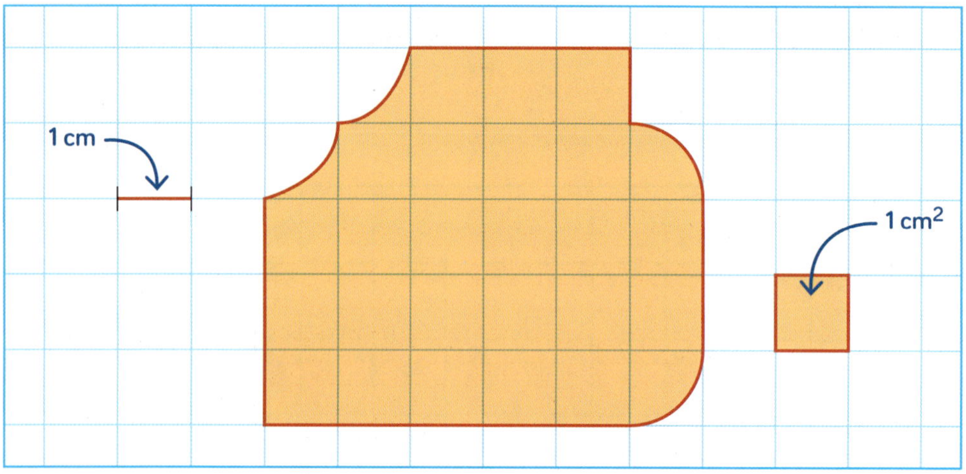

Puoi controllare, nonostante il contorno leggermente irregolare, che il perimetro è di circa 18 cm (forse un po' di più). La superficie colorata è di circa 26 cm^2.

ANIMAZIONE IN DIGITALE
Perimetri e misure di superficie

• L'unità di misura di superficie

Vuoi ricoprire una superficie con unità tutte uguali tra loro, che siano anche poligoni regolari, senza lasciare alcun «buco». Puoi usare solamente triangoli equilateri, quadrati o esagoni regolari.

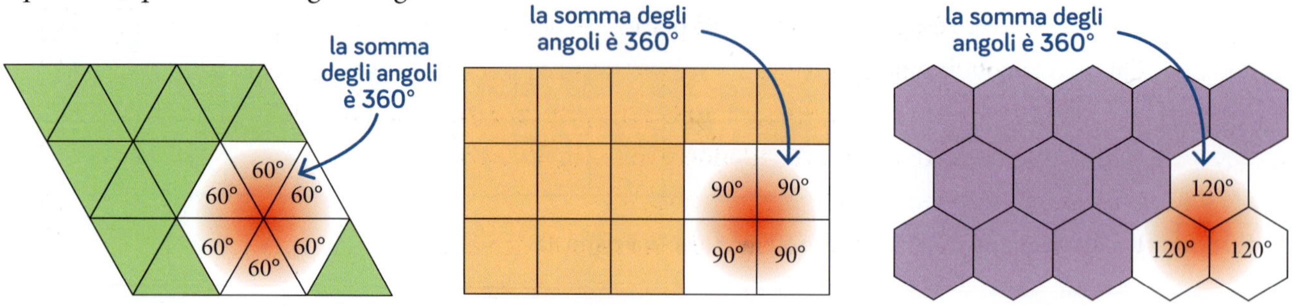

Da secoli si è scelta una unità di misura quadrata, per praticità; è più facile nel quadrato costruire dei multipli e sottomultipli.

L'unità scelta per la misura delle superfici è il quadrato con il lato di 1 metro (**metro quadrato**), con i suoi multipli e sottomultipli.
La misura della superficie si dice **area** della figura.

PER ESEMPIO

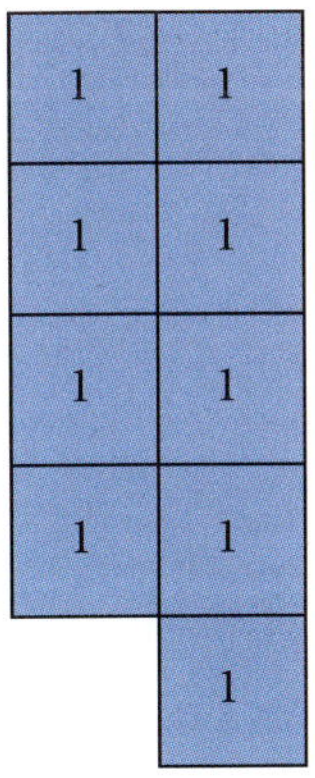

area = 9 cm^2

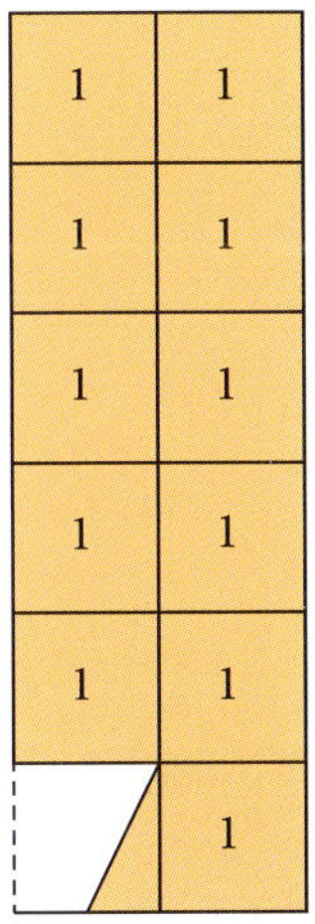

11 cm^2 < area < 12 cm^2

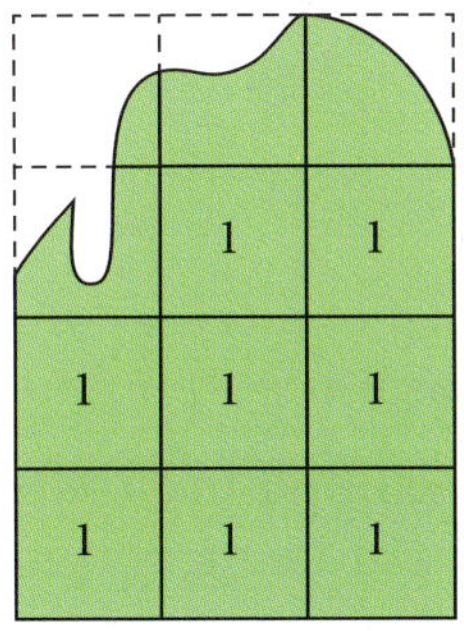

area > 9 cm^2

METTITI ALLA PROVA

1 **Completa.**

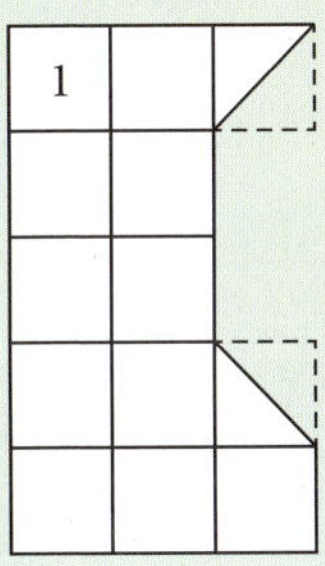

1

L'area è 12 cm^2

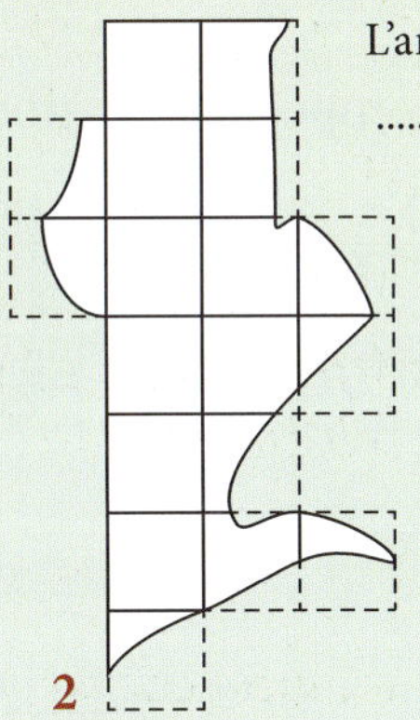

2

L'area è circa ....

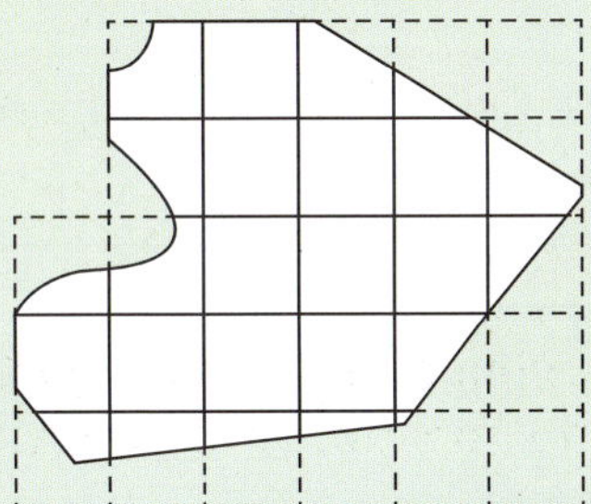

3

L'area è circa ....

2 **Vero o falso?**

a) Tre angoli di tre esagoni regolari uniti per un vertice formano un angolo piatto. V F
b) Quattro angoli di quattro quadrati uniti per un vertice formano un angolo giro. V F
c) Tre angoli di tre triangoli equilateri uniti per un vertice formano un angolo giro. V F
d) Il triangolo equilatero si può suddividere in triangoli equilateri. V F
e) Il quadrato si può suddividere in quadrati. V F
f) Un esagono regolare si può suddividere in esagoni regolari. V F

Esercizi a pag. 20

2 Il principio di equiscomponibilità

PRIMA DI COMINCIARE

Ecco un gioco chiamato Tangram, originario dell'antica Cina: si tratta di un quadrato scomposto in sette forme geometriche.
Fai una fotocopia e ritaglialo nei vari pezzi.

> Sei capace di costruire queste figure utilizzando *tutti* i pezzi del tuo Tangram?

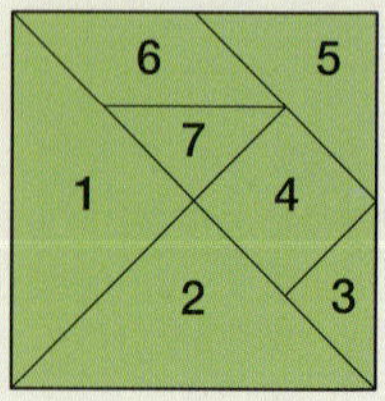

DA SAPERE

Misurare le superfici con misure dirette, come abbiamo fatto negli esempi precedenti, è poco pratico. In molti casi puoi ricorrere ad altri metodi.

Le due figure qui sotto sono composte da parti congruenti. Se il numero di queste parti è lo stesso, le due figure si dicono *equiscomponibili*.

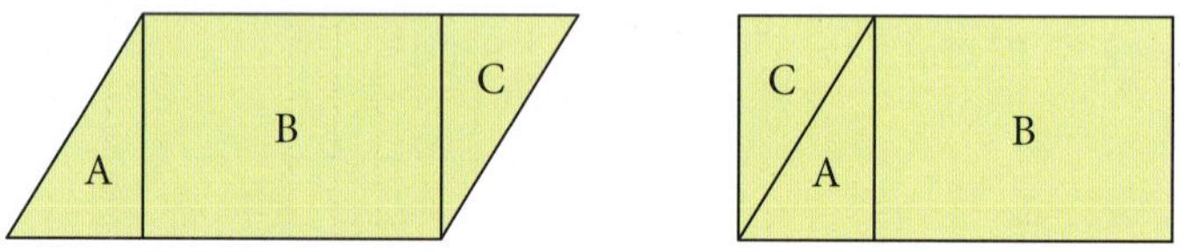

Due figure si dicono **equiscomponibili** se sono composte da più parti congruenti fra loro. Le figure equiscomponibili sono sempre *equivalenti* fra loro, cioè hanno la stessa area.

ANIMAZIONE IN DIGITALE
Il principio di equiscomponibilità

PER ESEMPIO Queste quattro figure sono equiscomponibili; hanno quindi tutte la stessa area.

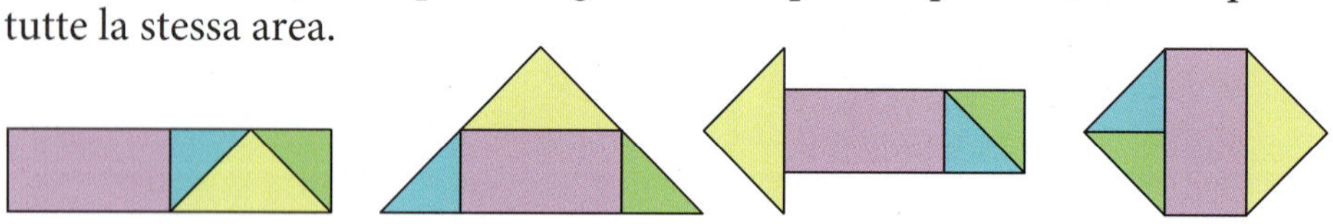

METTITI ALLA PROVA

1 **Colora con lo stesso colore le coppie di figure equiscomponibili.**

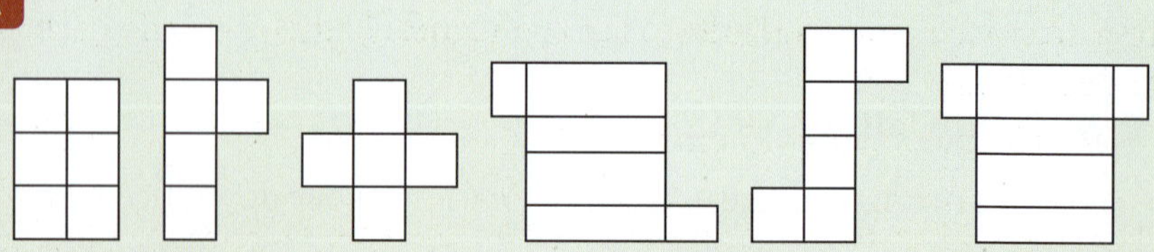

a) b) c) d) e) f)

2 **Vero o falso?**

a) Due figure sono equiscomponibili se sono composte da parti congruenti fra loro. V F
b) Se due figure sono composte da parti congruenti fra loro, hanno la stessa area. V F
c) Due figure che hanno la stessa area sono anche congruenti. V F

3 Area dei rettangoli

PRIMA DI COMINCIARE

La famiglia Rossi, composta da quattro persone, vorrebbe ingrandire la cucina per poterci pranzare; tutto ciò a spese di una camera inutilizzata. La cucina è larga 2 m e lunga 2,5 m.

> Se raddoppiano la larghezza, come cambia l'area della cucina? E se raddoppiano la lunghezza?
> E se raddoppiano sia la larghezza sia la lunghezza?

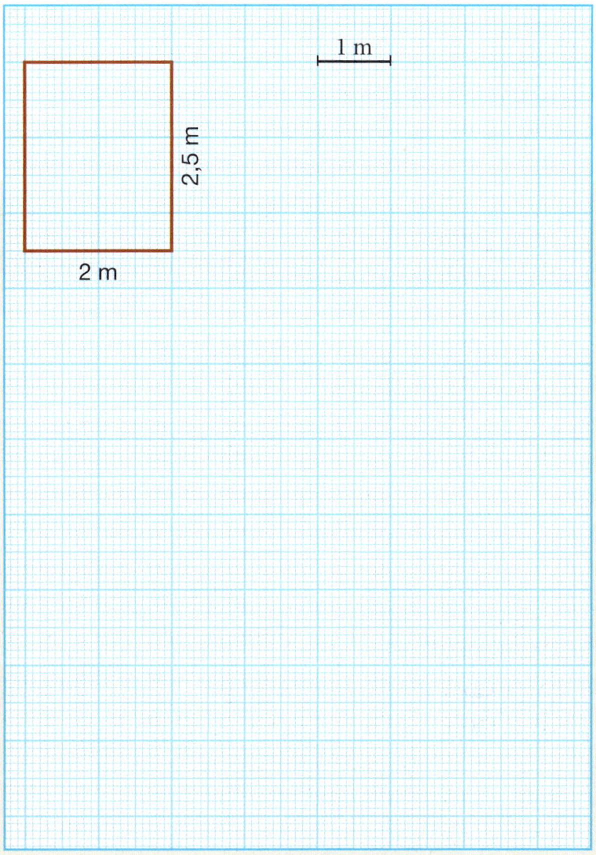

DA SAPERE

Conta i centimetri quadrati che ricoprono la superficie del rettangolo. Scopri che sono 15.

$A = 15\ \text{cm}^2$

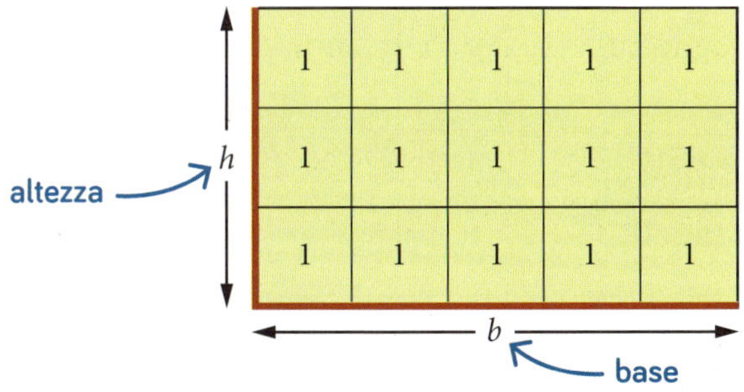

ANIMAZIONE IN DIGITALE
Area dei rettangoli

Potevi arrivare a questo risultato moltiplicando la misura della base per la misura dell'altezza.

$A = 5\ \text{cm} \cdot 3\ \text{cm} = 15\ \text{cm}^2$

L'**area del rettangolo** si ottiene moltiplicando tra loro le lunghezze delle dimensioni: *base* e *altezza*.

$A = b \cdot h$

PER ESEMPIO L'area del rettangolo $ABCD$ è

$A_{ABCD} = 2{,}2\ \text{cm} \cdot 1{,}5\ \text{cm} = 3{,}30\ \text{cm}^2$

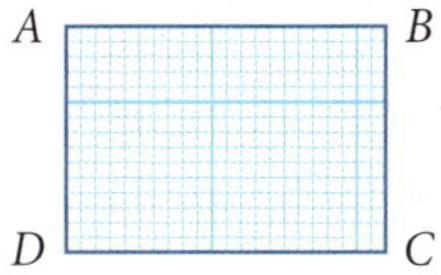

Esercizi a pag. 25

TEORIA

Trovare le dimensioni conoscendo l'area

Del rettangolo qui a fianco conosci l'area ($20\ cm^2$) e la lunghezza di una delle dimensioni (5 cm). Per trovare l'altra dimensione, puoi dividere l'area per la dimensione nota.

$$20\ cm^2 : 5\ cm = 4\ cm$$

↑ operazione inversa a quella usata per trovare l'area

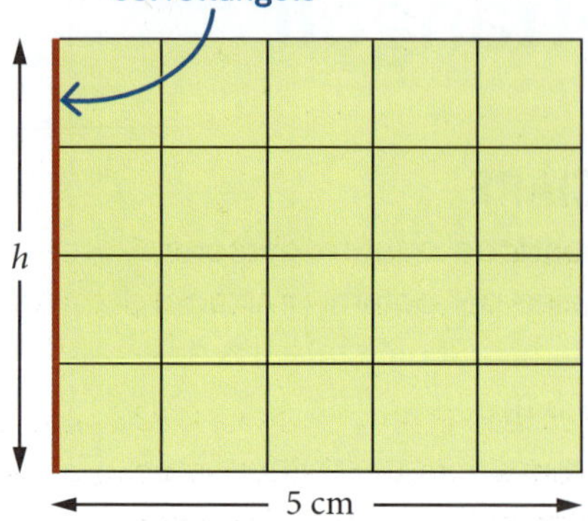

Quando di un rettangolo si conosce l'area e una delle dimensioni, è possibile trovare l'altra dimensione dividendo l'area per la dimensione nota.

$$b = \frac{A}{h}$$

$$h = \frac{A}{b}$$

PER ESEMPIO

$\overline{AD} = 32\ cm^2 : 8\ cm = 4\ cm$

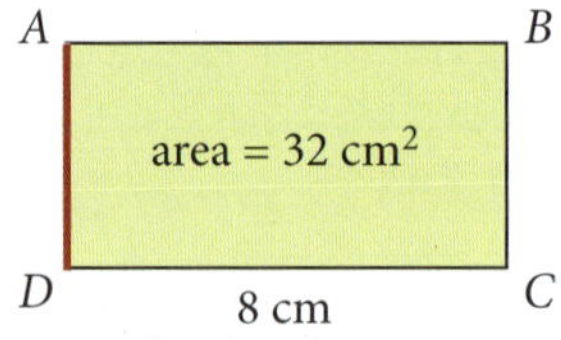

$\overline{HG} = 48\ cm^2 : 12\ cm = 4\ cm$

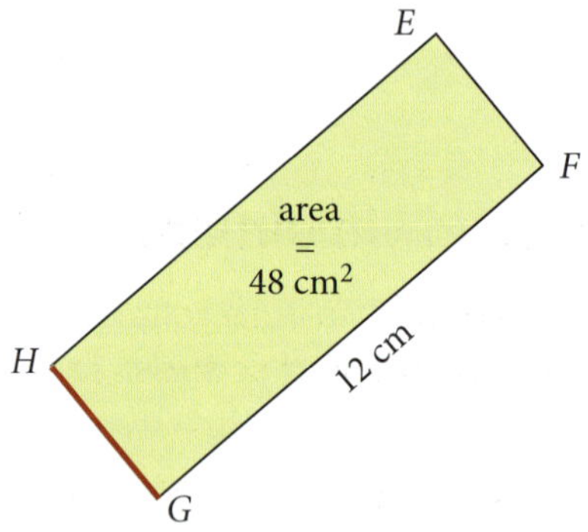

METTITI ALLA PROVA

1 **Completa la tabella relativa ad alcuni rettangoli.**

base	13 cm		10 cm	9 cm	5 cm
altezza	5 cm	4 cm		8 cm	
area	$65\ cm^2$	$40\ cm^2$	$100\ cm^2$		$60\ cm^2$

2 **Vero o falso?**

a) Per calcolare l'area del rettangolo sommo la misura della base con la misura dell'altezza. V F

b) Calcolo la misura della base se conosco l'area del rettangolo e la misura dell'altezza. V F

c) Se $A = 48\ cm^2$ e $b = 15$ cm, allora $h = 3$ cm. V F

4 Area dei quadrati

PRIMA DI COMINCIARE

Una stima a occhio: secondo te, l'area del quadrato rosso (senza il segno nero) è maggiore o minore dell'area del resto del quadro?

Il quadro è del pittore olandese Piet Mondrian (1872-1944) che fu uno dei primi pittori a usare un linguaggio grafico astratto. Dal 1920 scelse di lavorare solo con colori primari (blu, rosso e giallo) insieme al bianco e al nero. Nei suoi quadri puoi vedere solo quadrati e rettangoli.

en.wikipedia.org

DA SAPERE

Trovare l'area conoscendo le dimensioni

ANIMAZIONE IN DIGITALE
Area dei quadrati

Per trovare l'area, considera che il quadrato è un rettangolo con le due dimensioni congruenti. Puoi allora moltiplicare per se stessa la lunghezza del lato.

L'**area del quadrato** si ottiene moltiplicando per se stessa la lunghezza del lato.

$A = l \cdot l = l^2$

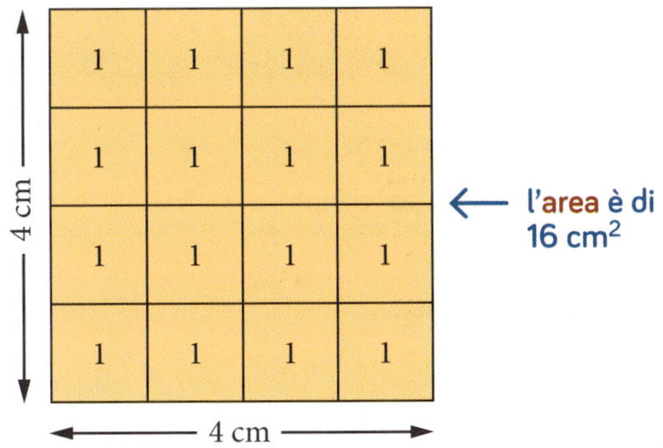

PER ESEMPIO

$A_1 = 3\text{ cm} \cdot 3\text{ cm} = 9\text{ cm}^2$

$A_2 = 7{,}5\text{ cm} \cdot 7{,}5\text{ cm} = 56{,}25\text{ cm}^2$

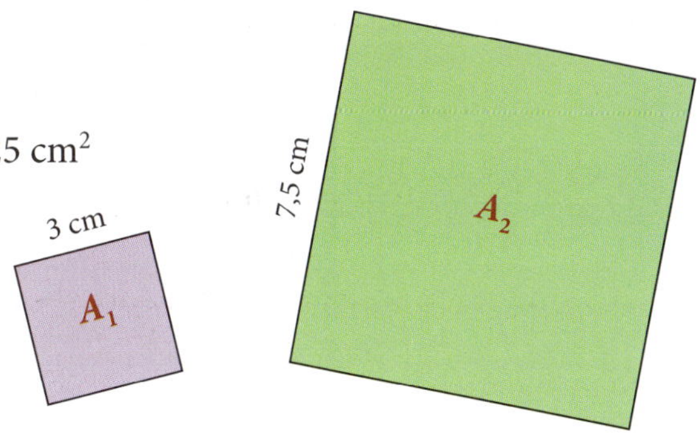

Esercizi a pag. 30

Trovare il lato conoscendo l'area

Conosci l'area del quadrato e vuoi trovare il lato? Puoi calcolare il numero che moltiplicato per se stesso dà il numero dato (ricorda che l'estrazione di radice è l'operazione inversa dell'elevamento a potenza).

> Quando di un quadrato si conosce l'area, è possibile trovare il lato calcolando la radice quadrata dell'area.

$l = \sqrt{A}$

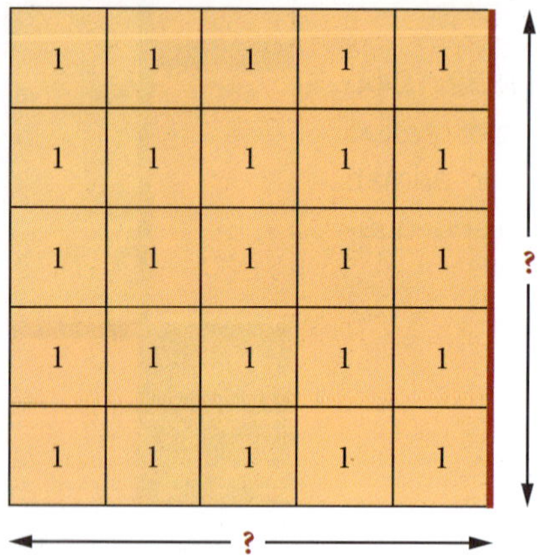

PER ESEMPIO

$l_1 = \sqrt{64\ \text{cm}^2} = 8\ \text{cm}$

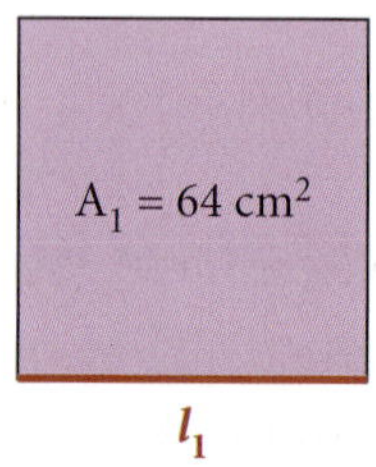

$l_2 = \sqrt{90,25\ \text{cm}^2} = 9,5\ \text{cm}$

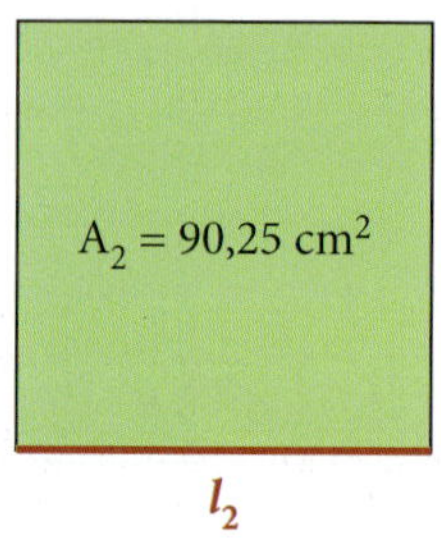

Trovare il lato conoscendo la diagonale

Osserva la figura: del quadrato arancione conosci solo la misura della diagonale. L'area del quadrato arancione è la metà dell'area del quadrato blu. Allora per calcolare l'area del quadrato arancione devi operare nel seguente modo:

$$A = (3,5 \cdot 3,5) : 2 = 12,25 : 2 = 6,125\ \text{cm}^2.$$

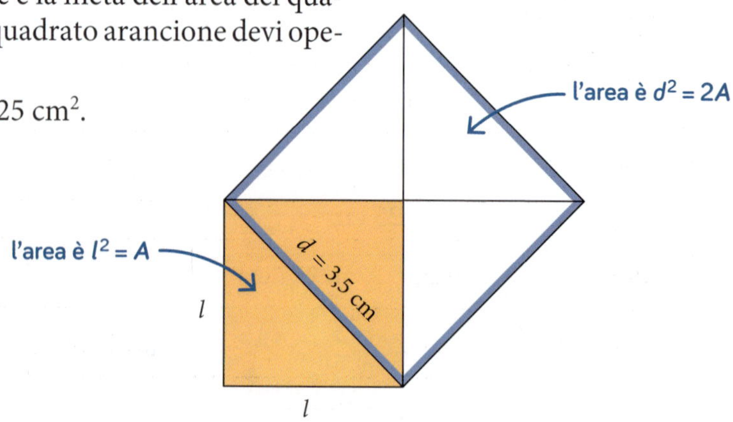

L'area di un quadrato si ottiene elevando alla seconda la misura della diagonale e dividendo per 2.

$$A = \frac{d \cdot d}{2} = \frac{d^2}{2}$$

Trovare la diagonale conoscendo l'area

Se conosci l'area, puoi trovare la lunghezza della diagonale:

$$d = \sqrt{2A}$$

Quando di un quadrato si conosce l'area, è possibile trovare la diagonale calcolando la radice quadrata del doppio dell'area.

PER ESEMPIO

$$A_1 = \frac{(3,8\ \text{cm})^2}{2} = 7,22\ \text{cm}^2$$

$$A_2 = \frac{(2,5\ \text{cm})^2}{2} = 3,125\ \text{cm}^2$$

$$d_3 = \sqrt{2 \cdot 32}\ \text{cm}^2 = \sqrt{64}\ \text{cm}^2 = 8\ \text{cm}$$

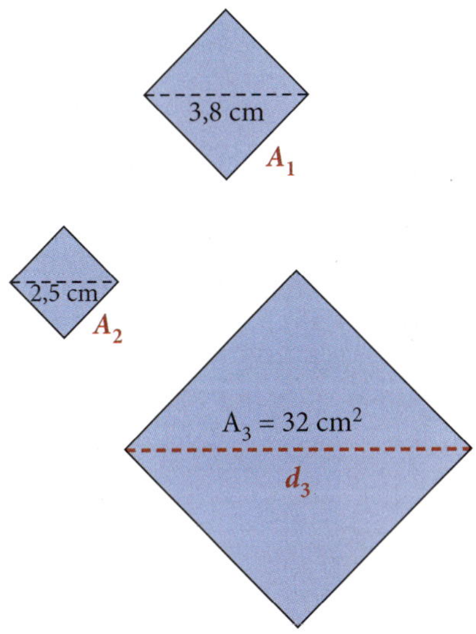

METTITI ALLA PROVA

1 **Vero o falso?**

a) L'area del quadrato si trova moltiplicando il lato per 4. V F

b) Se conosci l'area e vuoi trovare la lunghezza del lato, devi calcolare la radice quadrata dell'area. V F

c) L'area del quadrato si può calcolare anche elevando la diagonale al quadrato. V F

d) La diagonale del quadrato è la radice quadrata del doppio dell'area. V F

2 **Completa le tabelle.**

lato	5,2 cm	12 cm		8,8 cm	7,5 cm	
area		144 cm²	84,64 cm²			123,21 cm²

diagonale	9 cm	5,7 cm			10 cm	
area	40,5 cm²		42,32 cm²	288 cm²		89,78 cm²

Esercizi a pag. 30

5 Area dei parallelogrammi

PRIMA DI COMINCIARE

Osserva questo parallelogramma e disegnalo sul tuo quaderno contando bene i quadretti.

> Riesci, dopo un solo taglio, a sistemare i pezzi in modo da formare un rettangolo della stessa area?

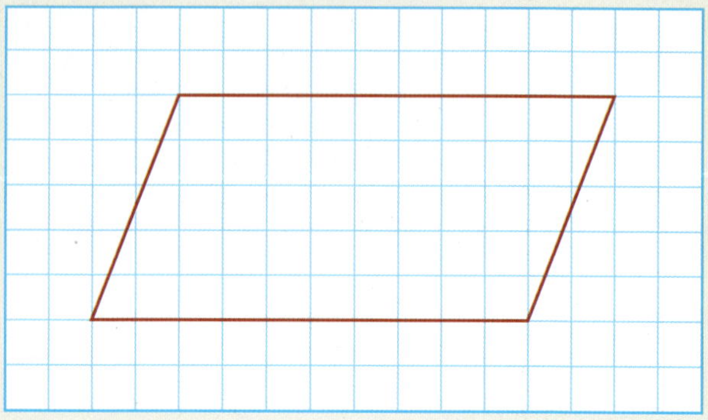

DA SAPERE

Area di un qualsiasi parallelogramma

Per determinare l'area del parallelogramma, usa il principio di equiscomponibilità e calcola l'area del rettangolo equivalente, dopo avere tagliato e incollato il triangolo verde.

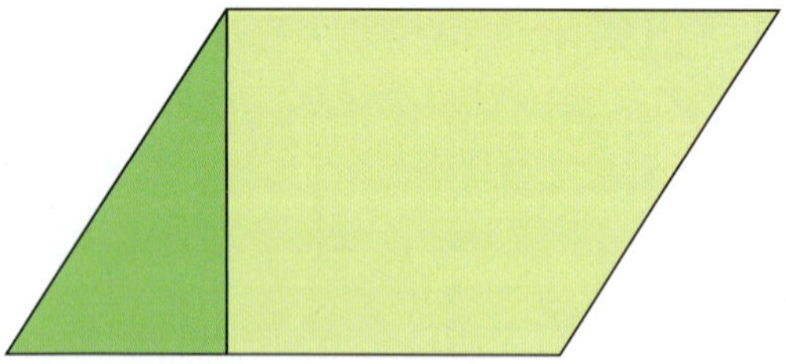

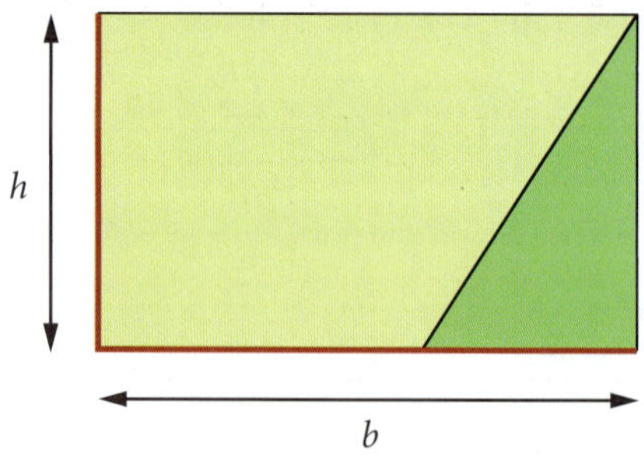

ANIMAZIONE IN DIGITALE
Area dei parallelogrammi

L'**area del parallelogramma** si ottiene moltiplicando la lunghezza della base per quella dell'altezza.

$A = b \cdot h$

Come per il rettangolo, avendo la misura dell'area e di una dimensione, puoi determinare l'altra dimensione:

$$b = \frac{A}{h} \qquad h = \frac{A}{b}$$

PER ESEMPIO Un parallelogramma ha due basi, ognuna con la propria altezza. Puoi trovare l'area della figura eseguendo

$A = 3\text{ cm} \cdot 4\text{ cm} = 12\text{ cm}^2$

oppure

$A = 5\text{ cm} \cdot 2{,}4\text{ cm} = 12\text{ cm}^2$.

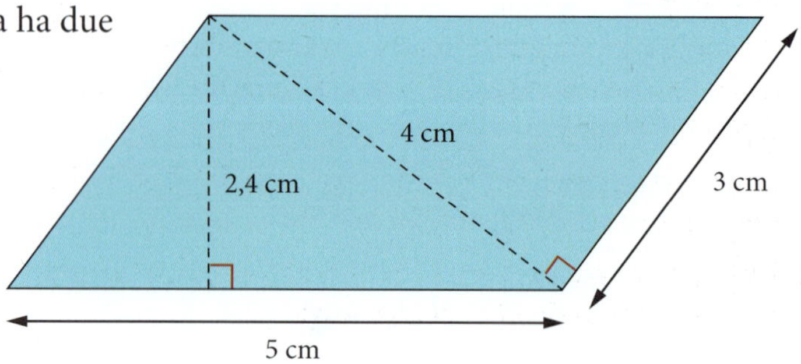

Area del parallelogramma rombo

Per determinare l'area del rombo considera che questo parallelogramma ha tutti i lati uguali e tutte le altezze uguali tra loro. Per trovare l'area, moltiplica la misura di un lato qualunque per l'altezza relativa.

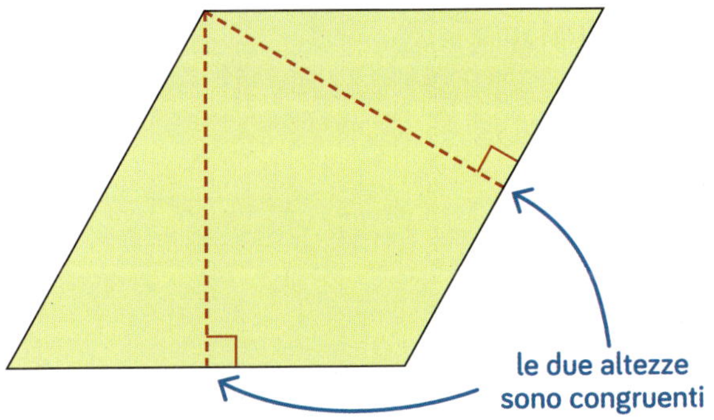

L'**area del parallelogramma rombo** si ottiene moltiplicando la lunghezza di un lato qualunque per l'altezza relativa.

$$A = l \cdot h$$

METTITI ALLA PROVA

1 **Completa la tabella relativa ad alcuni parallelogrammi.**

lato (cm)	altezza (cm)	area (cm^2)
18	15	270
	10,5	15,75
2	5	
2,5		3
	0,3	0,06
34	25	
5,5		36,3
1		1
2		1

2 **Vero o falso?**

a) L'area del parallelogramma si calcola moltiplicando la misura di un lato per la misura dell'altezza relativa e dividendo il prodotto per 2. V F

b) La base di un parallelogramma si trova dividendo l'area per l'altezza relativa a tale base. V F

c) L'area di un parallelogramma si calcola moltiplicando fra loro le lunghezze di due lati consecutivi. V F

Esercizi a pag. 33

6 Area dei quadrilateri con diagonali perpendicolari

PRIMA DI COMINCIARE Osserva il rettangolo sui lati del quale stanno i vertici dell'aquilone.

> Come potresti fare per calcolare l'area dell'aquilone (naturalmente senza la coda!)?

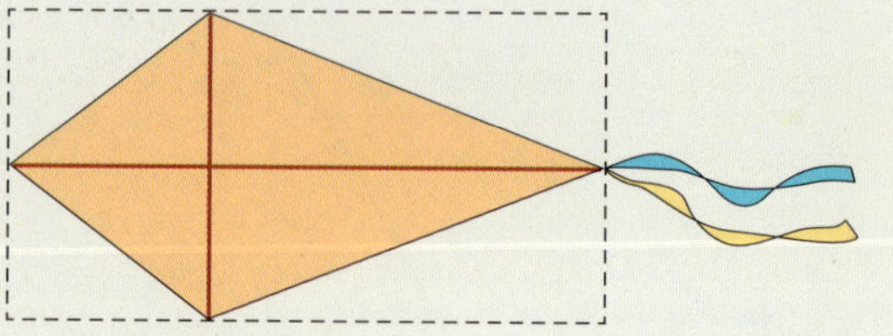

DA SAPERE

• Trovare l'area conoscendo le diagonali

Il rombo appartiene alla famiglia dei quadrilateri con le diagonali perpendicolari.

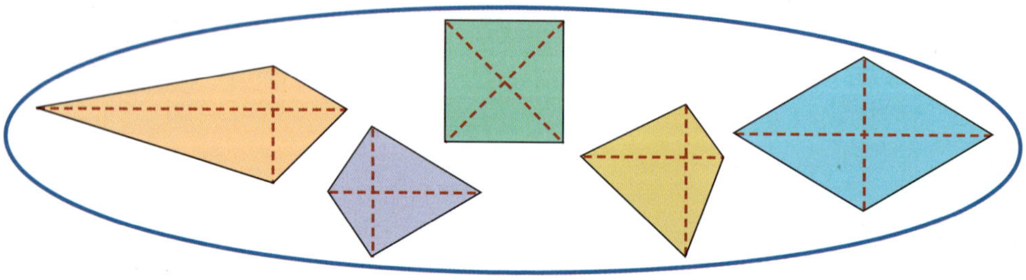

Per determinare l'area di un quadrilatero con le diagonali perpendicolari, osserva che l'area del rettangolo che ha come dimensioni le due diagonali è uguale all'area del quadrilatero moltiplicata per 2.

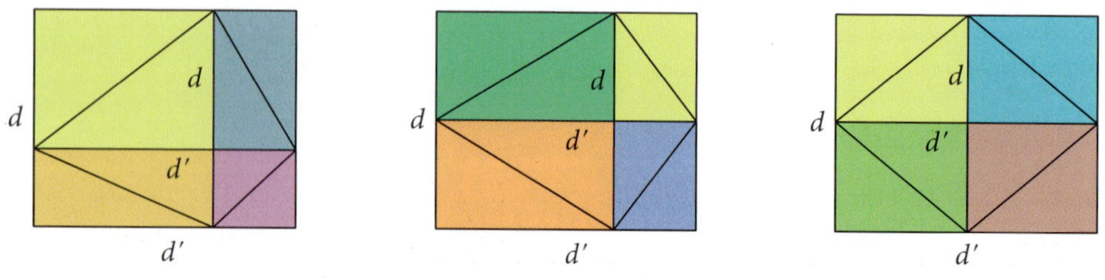

ANIMAZIONE IN DIGITALE
Area dei quadrilateri con diagonali perpendicolari

L'**area di un quadrilatero** con le diagonali perpendicolari si ottiene moltiplicando fra loro le lunghezze delle due diagonali e dividendo il prodotto per 2.

$$A = \frac{d \cdot d'}{2}$$

PER ESEMPIO

$$A_1 = \frac{3\ \text{cm} \cdot 6\ \text{cm}}{2} = 9\ \text{cm}^2$$

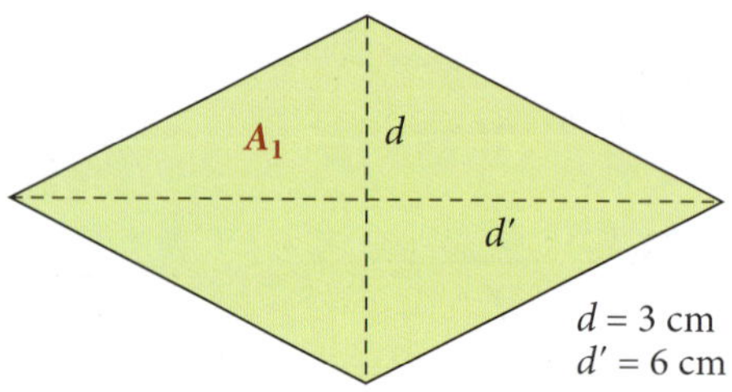

$$A_2 = \frac{2\ \text{cm} \cdot 5\ \text{cm}}{2} = 5\ \text{cm}^2$$

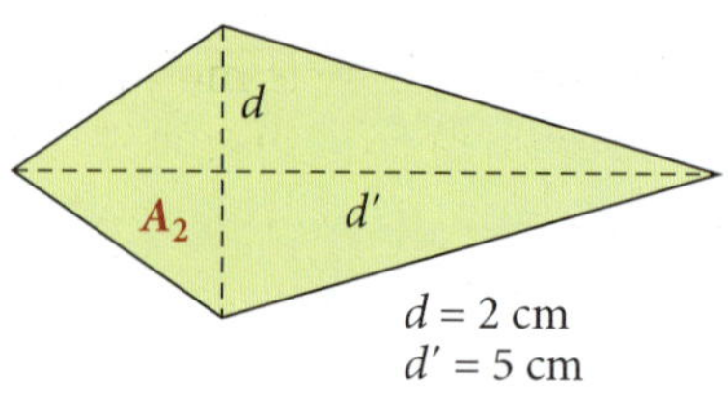

Trovare le diagonali conoscendo l'area

Per determinare la lunghezza di una diagonale quando conosci l'area del quadrilatero e l'altra diagonale, moltiplica l'area per 2 e dividi il prodotto per l'altra diagonale.

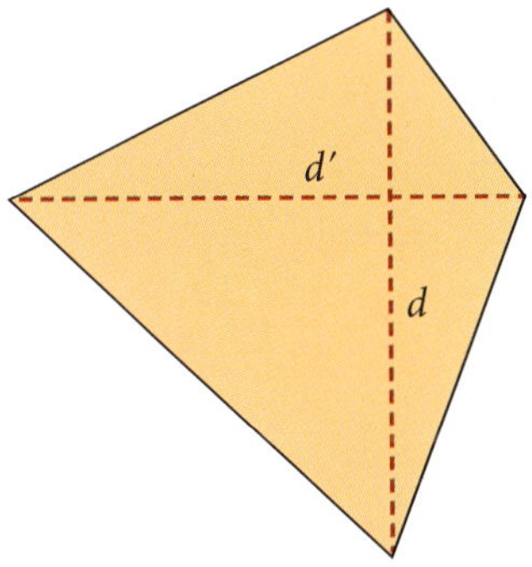

Quando di un quadrilatero con le diagonali perpendicolari si conoscono l'area e la misura di una diagonale, per determinare l'altra diagonale si deve moltiplicare l'area per 2 e dividere il prodotto per la diagonale nota.

$$d = \frac{2A}{d'} \qquad d' = \frac{2A}{d}$$

PER ESEMPIO

$$d = \frac{2 \cdot 36\ \text{cm}^2}{12\ \text{cm}} = 6\ \text{cm}$$

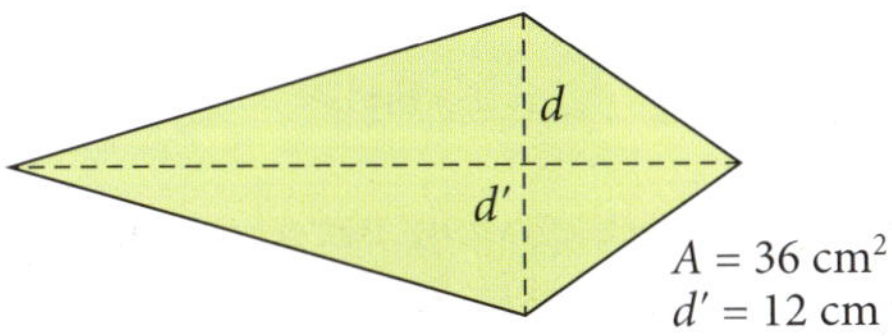

METTITI ALLA PROVA

1 **Completa la tabella.**

d	3,5 cm	8 cm		9,2 cm	20 cm	11 cm
d'	6 cm		4 cm	15,4 cm		11 cm
area	10,5 cm^2	24 cm^2	16,28 cm^2		50 cm^2	

2 **Vero o falso?**

a) Il deltoide è un quadrilatero con le diagonali perpendicolari. V F

b) L'area di un quadrilatero con le diagonali perpendicolari si trova moltiplicando tra loro le diagonali. V F

c) Conoscendo l'area del quadrilatero con diagonali perpendicolari, possiamo calcolare la misura di una diagonale moltiplicando per 2 l'area e dividendo il prodotto per la misura dell'altra diagonale. V F

d) L'area del quadrato si ottiene elevando al quadrato la misura della diagonale e dividendo il risultato per 2. V F

Esercizi a pag. 39

TEORIA

7 Area dei triangoli

PRIMA DI COMINCIARE Un rettangolo è formato da due triangoli rettangoli uguali. L'area di ogni triangolo è di 6 m^2.

> Se ogni lato del rettangolo è dato da un numero intero di metri, quale fra i seguenti **non** può essere il suo perimetro?

a 26 m   b 14 m   c 18 m   d 16 m

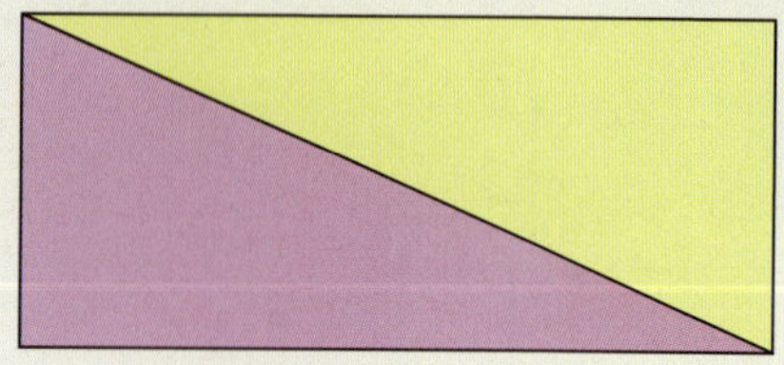

DA SAPERE

• Trovare l'area conoscendo base e altezza

Osserva la sequenza di figure e leggi le istruzioni:

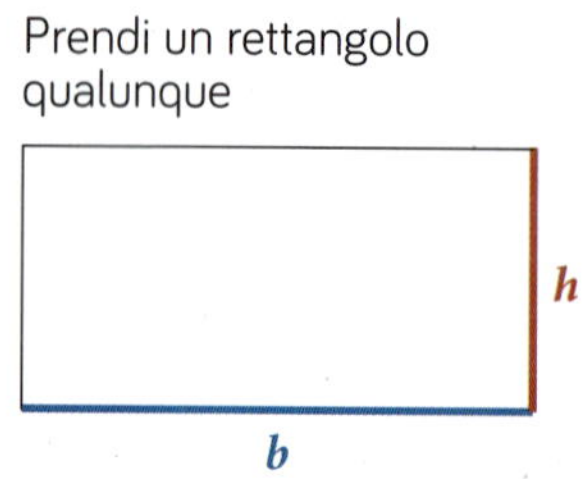

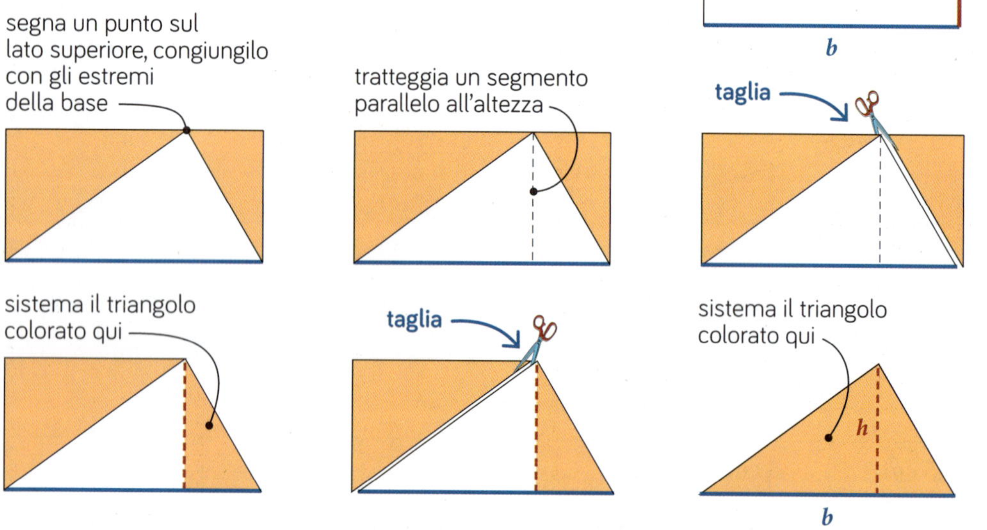

ANIMAZIONE IN DIGITALE
Area dei triangoli

L'**area del triangolo** si ottiene moltiplicando la lunghezza della base per quella dell'altezza e dividendo per 2 il prodotto.

$$A = \frac{b \cdot h}{2}$$

PER ESEMPIO

$$A_1 = \frac{3\text{ cm} \cdot 5\text{ cm}}{2} = 7,5\text{ cm}^2 \qquad A_2 = \frac{8\text{ cm} \cdot 6\text{ cm}}{2} = 24\text{ cm}^2 \qquad A_3 = \frac{5\text{ cm} \cdot 12\text{ cm}}{2} = 30\text{ cm}^2$$

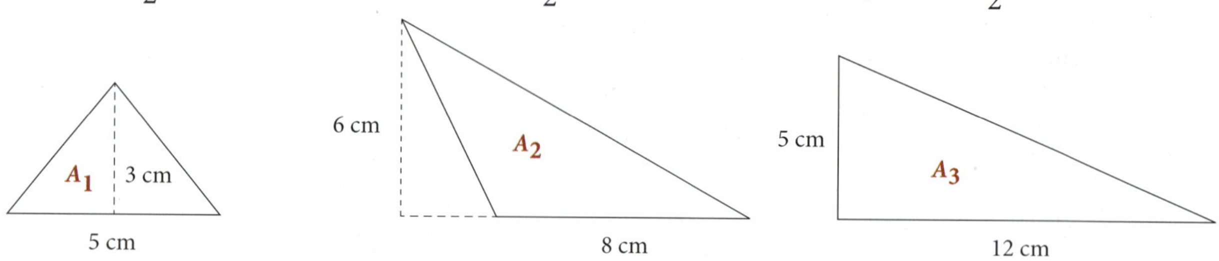

TEORIA

Trovare base o altezza conoscendo l'area

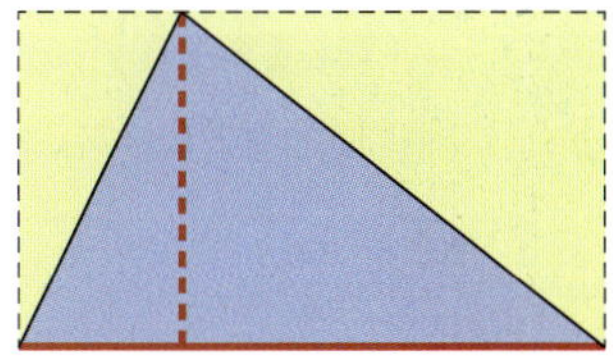

Per determinare la misura della base o dell'altezza, quando conosci l'area e l'altra dimensione, puoi procedere in maniera inversa.

Risali dal triangolo al rettangolo di area doppia e determini la dimensione incognita.

> Quando di un triangolo si conoscono l'area e la base o l'area e l'altezza, per determinare l'altra dimensione si deve moltiplicare l'area per 2 (ottenendo l'area del rettangolo) e dividere il prodotto per la dimensione nota.

$b = \dfrac{2A}{h}$

$h = \dfrac{2A}{b}$

PER ESEMPIO

$$b_1 = \frac{28\ \text{cm}^2 \cdot 2}{7\ \text{cm}} = 8\ \text{cm}$$

$$h_2 = \frac{20\ \text{cm}^2 \cdot 2}{8\ \text{cm}} = 5\ \text{cm}$$

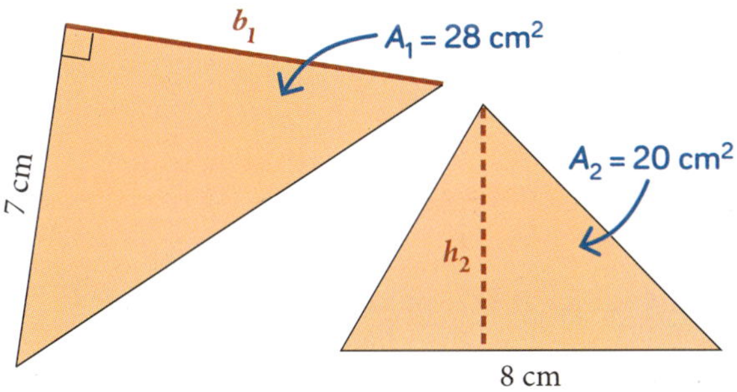

Ogni mediana divide il triangolo in due triangoli equivalenti.

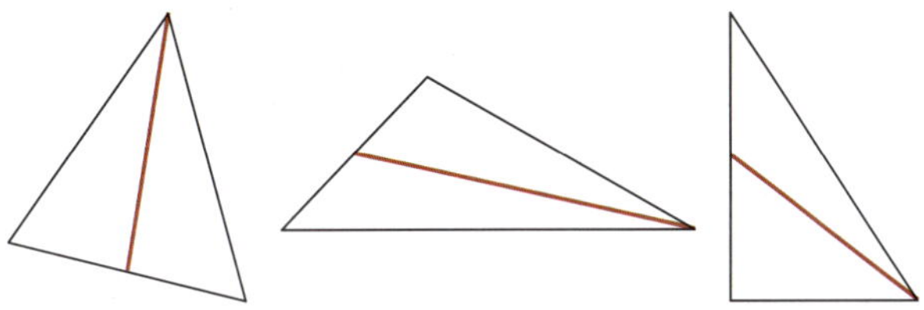

L'area dei poligoni regolari

Puoi scomporre ogni poligono regolare in tanti triangoli quanti sono i suoi lati:

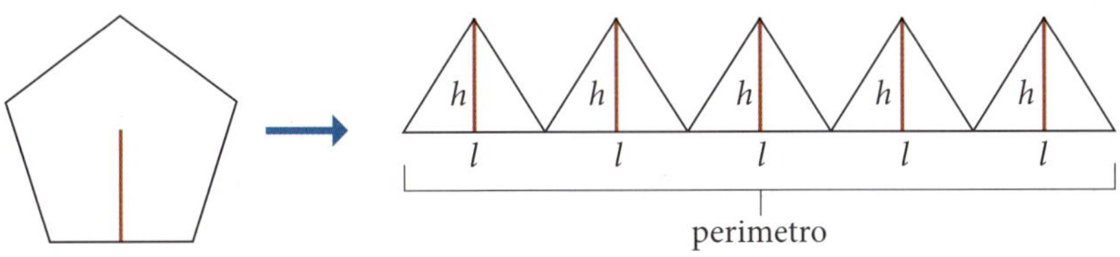

Trovi l'area di un poligono regolare sommando l'area di tutti i triangoli da cui è composto. Se l'area di un solo triangolo è

$$A_{\text{triangolo}} = \frac{b \cdot h}{2}$$

l'area dell'intero poligono sarà

$$A_{\text{poligono regolare}} = \frac{p \cdot h}{2} \qquad \text{(dove } p \text{ è il perimetro).}$$

Ricorda che si chiama *apotema* del poligono regolare l'altezza comune a tutti i triangoli di cui è composto.

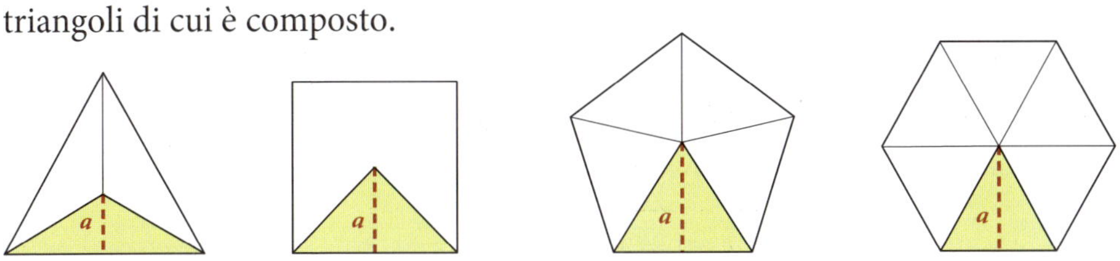

Esercizi a pag. 42

L'**area del poligono regolare** è data dalla metà del prodotto del perimetro per l'*apotema*.

$$A = \frac{p \cdot a}{2}$$

Da cui puoi ricavare:

$$p = \frac{2A}{a} \qquad a = \frac{2A}{p}$$

PER ESEMPIO

$$A_{\text{quadrato}} = \frac{(6\ \text{cm} \cdot 4) \cdot 3\ \text{cm}}{2} = \frac{\cancel{24}^{12} \cdot 3}{\cancel{2}}\ \text{cm}^2 = 36\ \text{cm}^2$$

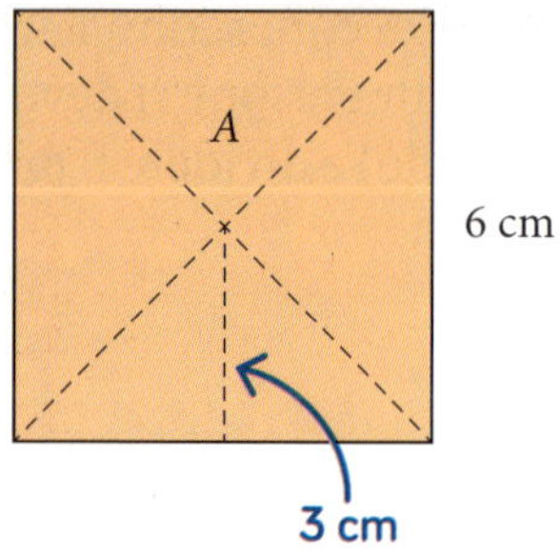

METTITI ALLA PROVA

1 **Completa la tabella relativa ai triangoli.**

base (cm)	6		3,6		2,5		2,3
altezza (cm)	7	5	2,8	6,4		5,2	
area (cm^2)	21	10		14,4	6	15,86	7,475

2 **Completa la tabella.**

poligono regolare	lato	perimetro	apotema	area
triangolo	24 cm		6,9 cm	
quadrato		60 cm		
esagono		72 cm	10,4 cm	

3 **Vero o falso?**

a) In un triangolo, la misura della base si trova dividendo l'area per il doppio dell'altezza. V F

b) In un triangolo, la misura dell'altezza si trova dividendo l'area per la misura della base. V F

c) Ogni poligono regolare si può scomporre in tanti triangoli quanti sono i suoi lati. V F

d) L'apotema di un poligono regolare è l'altezza comune a tutti i triangoli di cui è composto. V F

e) L'area del poligono regolare è data dal prodotto del perimetro per l'apotema. V F

f) L'apotema di un poligono regolare si calcola dividendo la doppia area per il perimetro. V F

8 Area dei trapezi

PRIMA DI COMINCIARE Sei capace di calcolare l'area di ciascuna delle due figure? (Ricorda come si trova l'area dei triangoli!)

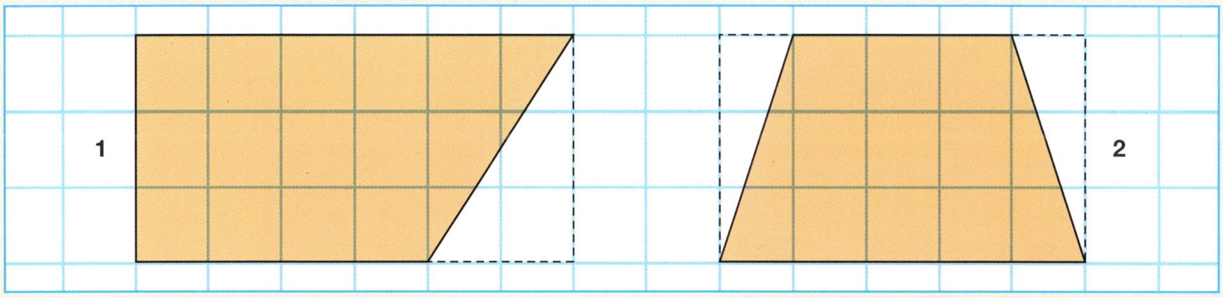

DA SAPERE

Trovare l'area conoscendo base e altezza

Per determinare l'area del trapezio, trasformalo nel triangolo equivalente, che ottieni ruotando il triangolo azzurro.

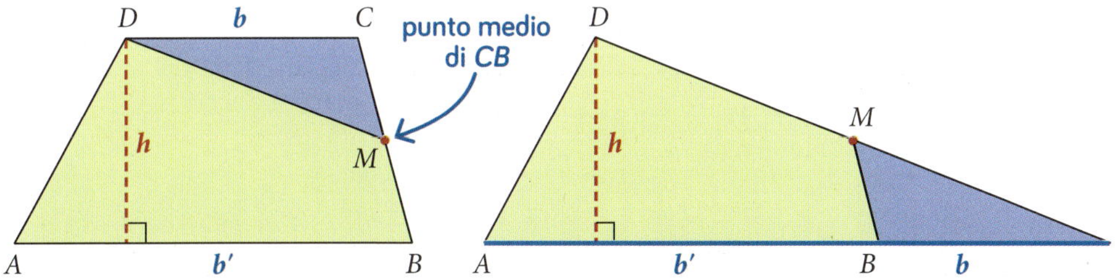

Se ricordi la formula dell'area del triangolo, puoi facilmente ricavare l'area del trapezio.

L'**area del trapezio** si ottiene moltiplicando la somma delle lunghezze delle basi per l'altezza e dividendo il prodotto per 2.

$$A = \frac{(b + b') \cdot h}{2}$$

PER ESEMPIO

$$A_1 = \frac{(3+5)\text{ cm} \cdot 2\text{ cm}}{2} = \frac{8 \cdot 2}{2}\text{ cm}^2 = 8\text{ cm}^2$$

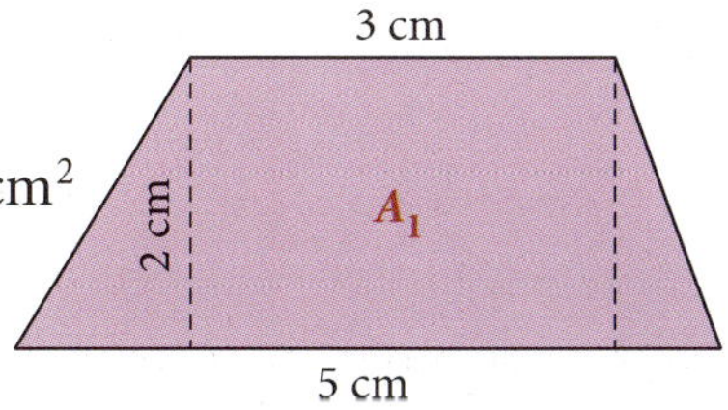

ANIMAZIONE IN DIGITALE
Area dei trapezi

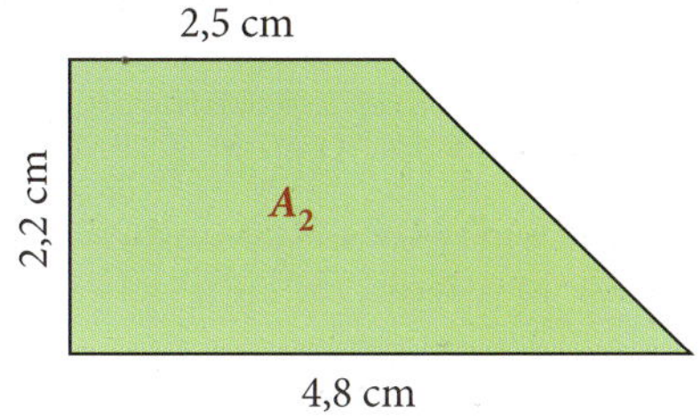

$$A_2 = \frac{(2{,}5+4{,}8)\text{ cm} \cdot 2{,}2\text{ cm}}{2} = \frac{16{,}06}{2}\text{ cm}^2 = 8{,}03\text{ cm}^2$$

Esercizi a pag. 48

Trovare le basi o l'altezza conoscendo l'area

Puoi osservare che

$$b + b' = \frac{18\ \text{cm}^2 \cdot 2}{3\ \text{cm}} = \frac{36}{3}\ \text{cm} = 12\ \text{cm}.$$

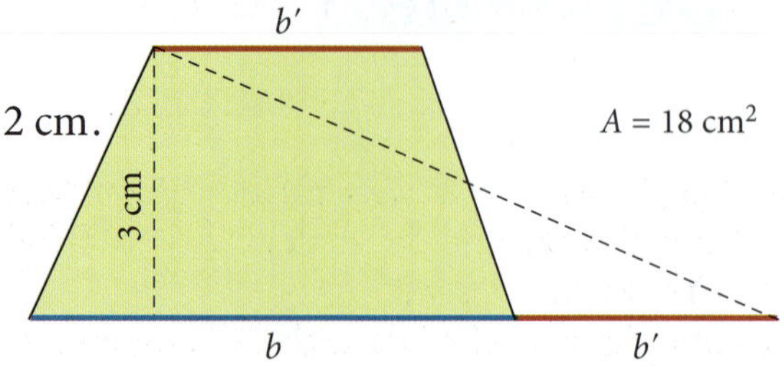

Quando di un trapezio si conoscono l'area e la misura dell'altezza, per determinare la *somma delle basi* si deve moltiplicare l'area per 2 e dividere il prodotto per l'altezza.

$$b + b' = \frac{2A}{h}$$

Quando di un trapezio si conoscono l'area e la misura delle basi, per determinare l'*altezza* si deve moltiplicare l'area per 2 e dividere il prodotto per la somma delle basi.

$$h = \frac{2A}{b + b'}$$

PER ESEMPIO

$$b + b' = \frac{8\ \text{cm}^2 \cdot 2}{1{,}6\ \text{cm}} = \frac{16}{1{,}6}\ \text{cm} = 10\ \text{cm}$$

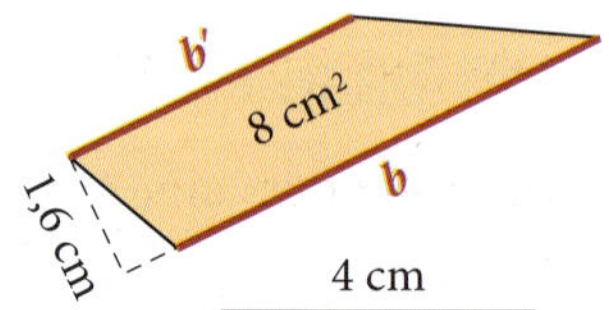

$$h = \frac{18\ \text{cm}^2 \cdot 2}{(4 + 8)\ \text{cm}} = \frac{36}{12}\ \text{cm} = 3\ \text{cm}$$

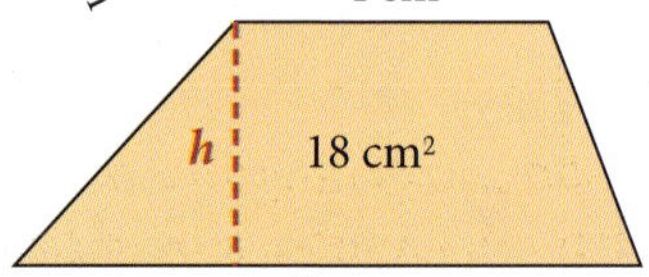

METTITI ALLA PROVA

1 Completa la tabella.

base 1	5 cm	17 cm	8 cm	14 cm	2,5 cm
base 2	8 cm	14 cm	4 cm	6 cm	4,8 cm
altezza	10 cm	6 cm			3,6 cm
area	65 cm²		36 cm²	40 cm²	

2 Vero o falso?

a) Per calcolare l'area di un trapezio, devo conoscere la misura delle basi e quella dell'altezza. V F

b) Conoscendo di un trapezio l'area e la misura dell'altezza, posso calcolare la misura della base maggiore. V F

c) Conoscendo di un trapezio l'area e la misura della base minore, posso calcolare la misura dell'altezza. V F

d) Per calcolare la somma delle basi di un trapezio, devo dividere la doppia area per la misura dell'altezza. V F

e) Per calcolare l'area di un trapezio, si deve moltiplicare la somma delle basi per la misura dell'altezza e poi dividere per 2. V F

Aree e perimetri affascinanti: i frattali

ZOOM

Nella seconda metà del 1900, lo studioso franco-polacco Benoît Mandelbrot (1924-2010) catturò l'attenzione dei matematici studiando oggetti auto-somiglianti che chiamò *frattali*.
L'aggettivo *auto-somigliante* significa che i dettagli della figura assomigliano alla figura intera.
Come spesso accade, anche Mandelbrot aveva avuto dei precursori. Un semplice esempio di frattale era stato inventato nel 1916 dal matematico polacco W. Sierpiński: si tratta del triangolo di Sierpiński.

- Immagina di partire da un triangolo equilatero;
- congiungi i punti medi dei lati e togli il triangolo al centro: ottieni tre triangoli equilateri.
- Su ciascuno di questi ripeti il procedimento precedente, e così via. Il triangolo di Sierpiński è ciò che rimane se il processo viene prolungato all'infinito.
  I primi cinque passi di questo processo sono mostrati in figura.

Ad ogni passo, l'area diminuisce di un quarto, cioè se A è l'area iniziale, le aree successive valgono

$(3/4)\,A$, $\quad (3/4)^2\,A$, $\quad (3/4)^3\,A, \ldots$.

Invece i perimetri (intesi come somme dei perimetri di tutti i triangoli in ciascuna figura) aumentano della metà a ogni passo: se p è il perimetro del triangolo iniziale, le successive figure hanno perimetri che valgono

$(3/2)\,p$, $(3/2)^2\,p$, $(3/2)^3\,p, \ldots$

Le aree diminuiscono e si avvicinano allo 0, mentre i perimetri crescono oltre ogni limite.

ESERCIZI CAPITOLO 1

1 Perimetri e misure di superficie

MI ALLENO

1 ●○○ **NEL QUADERNO DELLE REGOLE** Copia la definizione di perimetro e area; misura perimetro e area di questa figura.

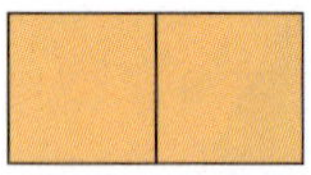

1 cm

2 ●○○ Con quale unità di misura si misura il perimetro?

a  1 cm^2 b  1 cm

3 ●○○ Quanto misura il perimetro della figura?
Quanto misura la sua area?

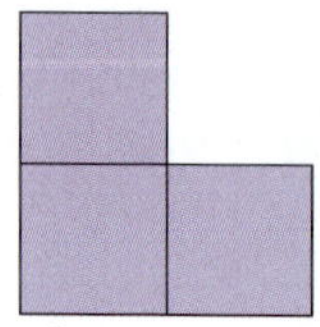

1 cm

4 ●○○ In questa figura quanto misura il perimetro? Quanto misura l'area?

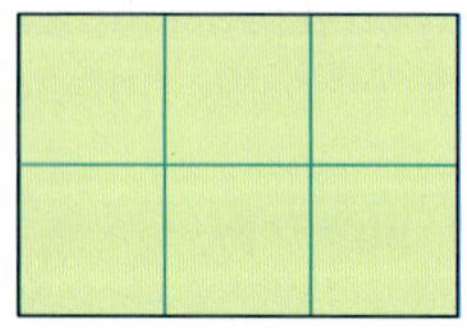
 1 cm

5 ●○○ Determina l'area di ciascuna figura sapendo che il lato di ogni quadretto misura 1 cm.

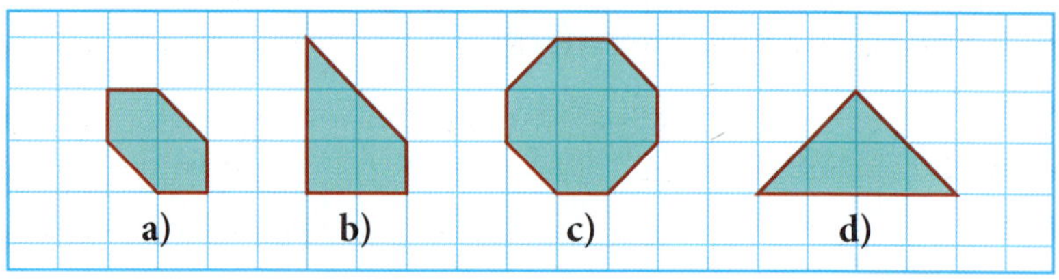

6 ●○○ A un operaio che deve comprare la rete per recintare un giardino, interessa conoscerne l'area o il perimetro?

7 ●○○ A Gianni, che deve comprare le piastrelle per il pavimento della cucina, interessa conoscere l'area o il perimetro?

8 ●●○ Determina l'area di ciascuna figura sapendo che il lato di ogni quadretto misura 1 cm.

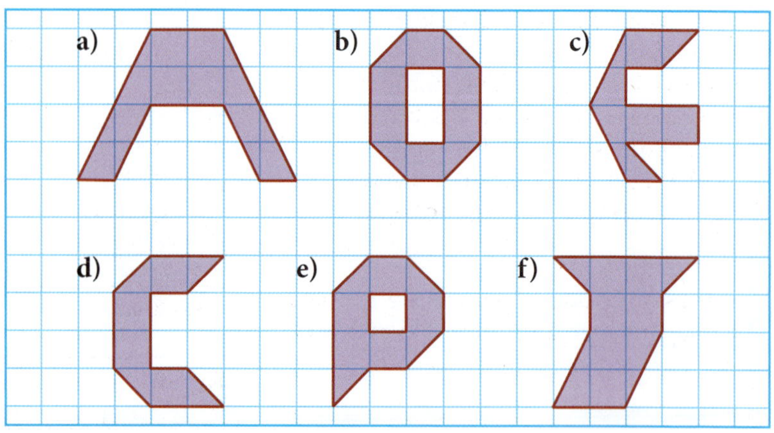

9 **EUREKA!**

> Fotocopia più volte i seguenti poligoni regolari con il lato di 2 cm; ritaglia i poligoni.

> Compila la tabella a fianco.
> Prova a piastrellare il piano con poligoni regolari uguali.
> Quali poligoni regolari lo tappezzano senza lasciare buchi e senza sovrapporsi?
> Prova a spiegare perché solo alcuni poligoni tappezzano il piano.

poligono regolare	numero di lati	numero di angoli	angolo interno
triangolo			
quadrato			
pentagono			
esagono			
ottagono			
dodecagono			

> Ora prova a piastrellare il piano combinando insieme due tipi di poligoni regolari come in figura.
> Quante e quali combinazioni di due poligoni regolari tappezzano il piano?
> Osserva nella figura a fianco quanti e quali angoli concorrono in un vertice.

> Compila la tabella con i dati delle piastrellature che ottieni con diverse altre coppie di poligoni.
Osserva i risultati dell'ultima colonna.
> Prova ora delle pavimentazioni a tre tipi di poligoni regolari. Disegna ogni volta il risultato della tua ricerca. Nei vertici concorrono sempre gli stessi poligoni?
> Hai usato spesso la piastrella a forma di pentagono regolare? Sapresti dire perché?

	numero e tipo dei poligoni che toccano un vertice	ampiezza degli angoli relativa ai singoli poligoni	ampiezza totale
piastrellatura (1)	2 esagoni 2 triangoli	$120° \cdot 2 = 240°$ $60° \cdot 2 = 120°$	$240° + 120° = 360°$
piastrellatura (2)			
piastrellatura (3)			
piastrellatura (4)			
piastrellatura (5)			

Teoria a pag. 2

ESERCIZI

RISOLVO PROBLEMI

10 Completa, sapendo che $p_a = p_b = p_c = p_d = p_e = 20\ u$.

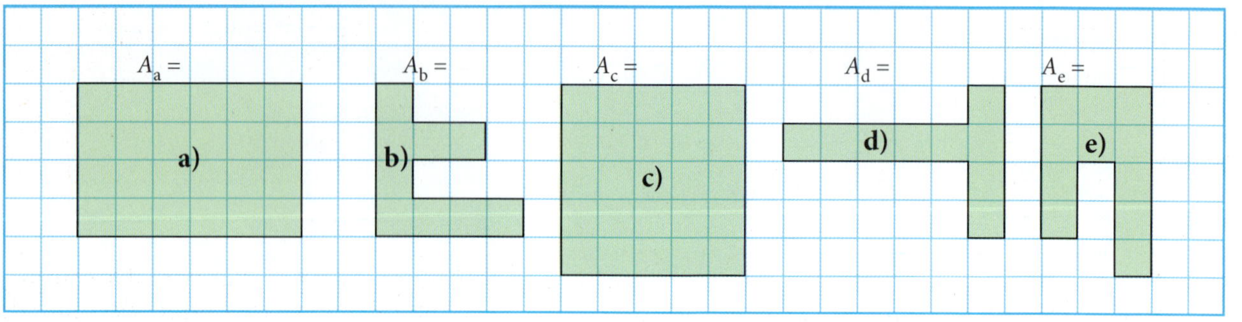

> L'area è la stessa per ogni figura?
> C'è una figura con l'area massima?

11 Completa, sapendo che $A_a = A_b = A_c = A_d = A_e = A_f = A_g = 9\ u^2$.

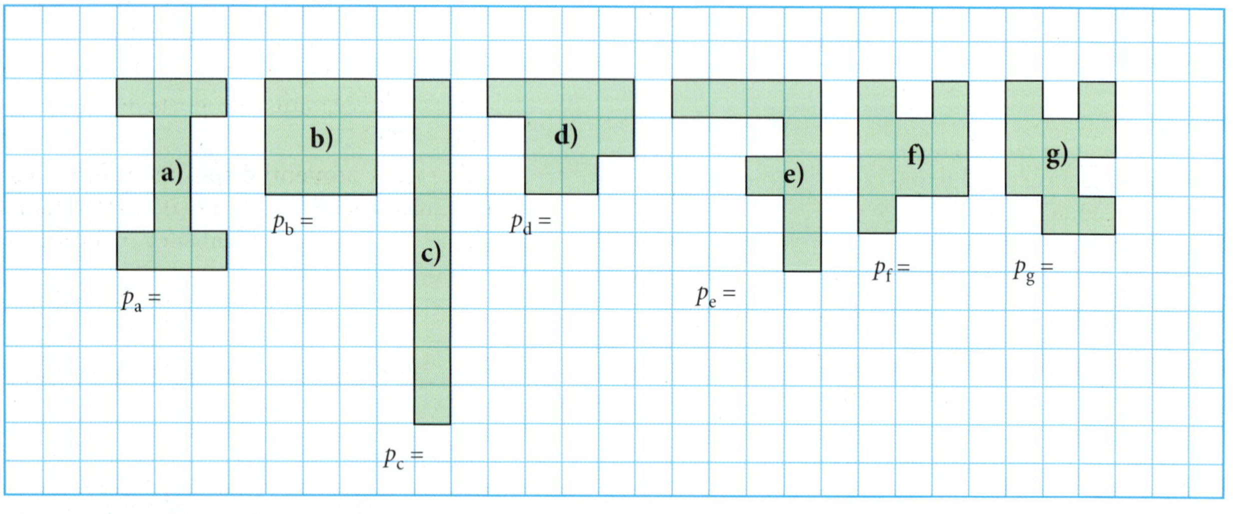

> Tutte le figure hanno lo stesso perimetro?
> Quale figura ha il perimetro minore?

12 Piastrelle a forma di triangolo equilatero ricoprono perfettamente il piano.

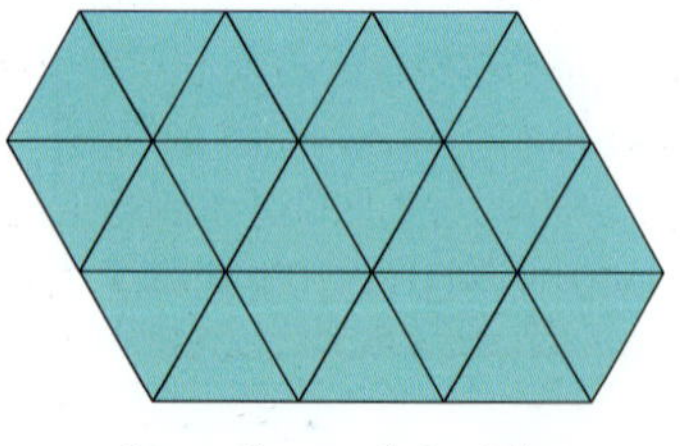

Considera un triangolo qualsiasi (per esempio scaleno); è possibile piastrellare il piano con triangoli tutti congruenti a esso? Per rispondere correttamente, considera che ogni triangolo può essere considerato la metà di un parallelogramma.

13 Osserva la seguente pavimentazione a esagoni regolari.

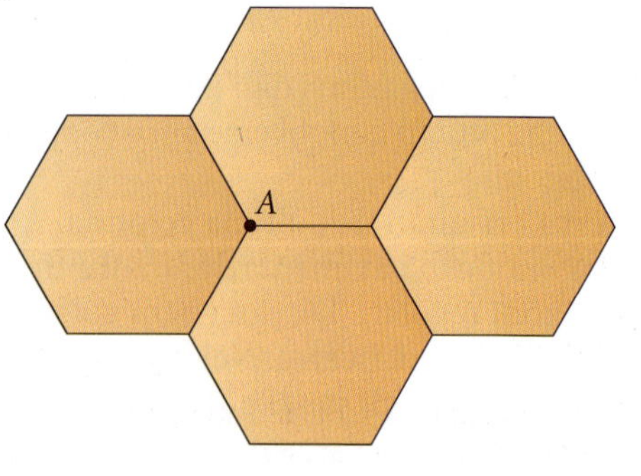

> Continua la pavimentazione fino ad avere una decina di esagoni.
> Quanti esagoni ci sono intorno al punto A?
> Quanto misura l'angolo interno dell'esagono regolare?

14 ●●○ Ricopia sul quaderno la pianta del salotto (1). Utilizza il piastrellone (2) per pavimentare la stanza senza lasciare spazi vuoti.

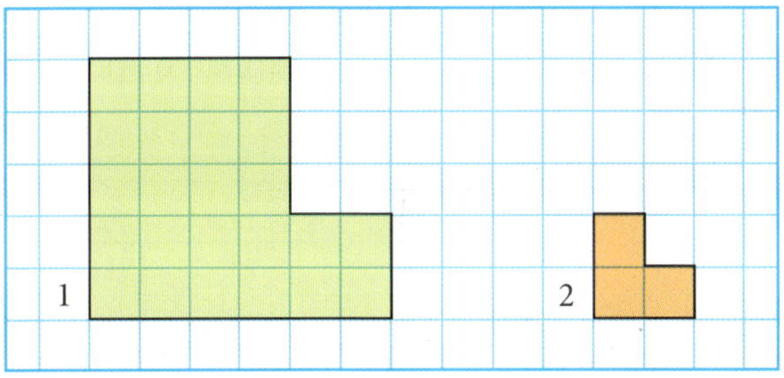

15 ●●● Disegna due figure equivalenti e con uguale perimetro ma diverse.

16 ●●● Quali dei seguenti poligoni tappezzano il piano senza lasciare spazi vuoti?

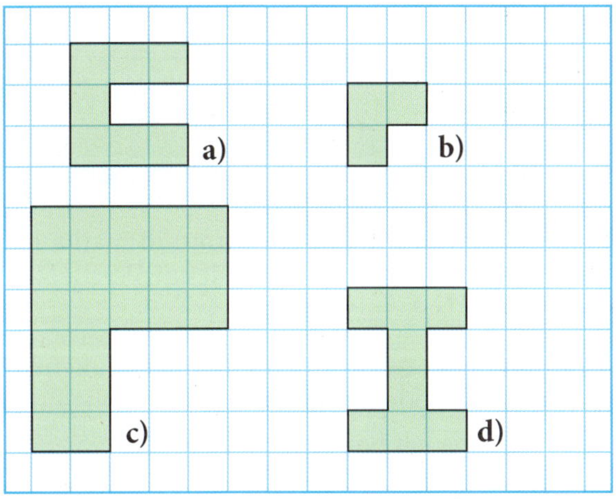

17 ●●● Osserva queste piastrelle a forma di ottagono regolare e individua le affermazioni vere.

Esse non tappezzano il piano perché:

affermazione	vera	falsa
a) La somma di tre angoli dell'ottagono regolare è maggiore di 360°		
b) Hanno più lati di un quadrato		
c) Non hanno angoli di 60°		
d) Non hanno angoli di 90°		

18 ●●● Quali piastrelloni pavimentano la camera (5) senza lasciare spazi vuoti?

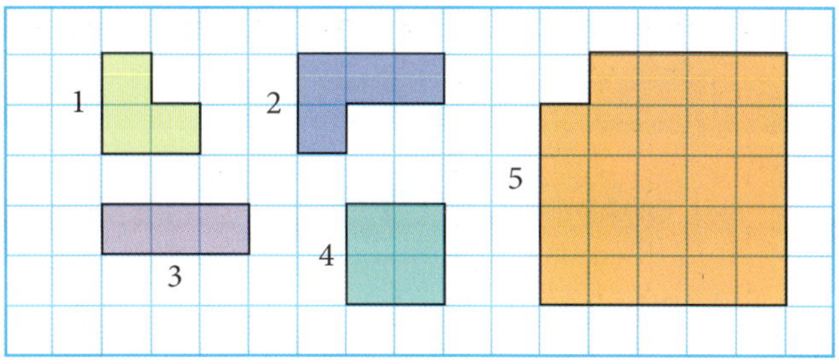

19 ●●○ **VERSO IL CODING** **Network** La compagnia di telecomunicazioni Grancastoro deve installare antenne per cellulari sull'isola dei Castori; vuole costruire una rete molto affidabile: se un'antenna si guasta, le altre devono poter continuare a comunicare tra loro.

La figura mostra un'antenna e la sua area di copertura. Quando due aree si sovrappongono, anche di poco, le due antenne possono comunicare.

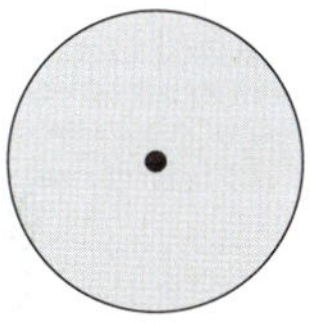

> Quale fra le seguenti disposizioni funziona anche se si guasta una (ma non più di una) antenna qualsiasi? (Kangourou dell'informatica 2015)

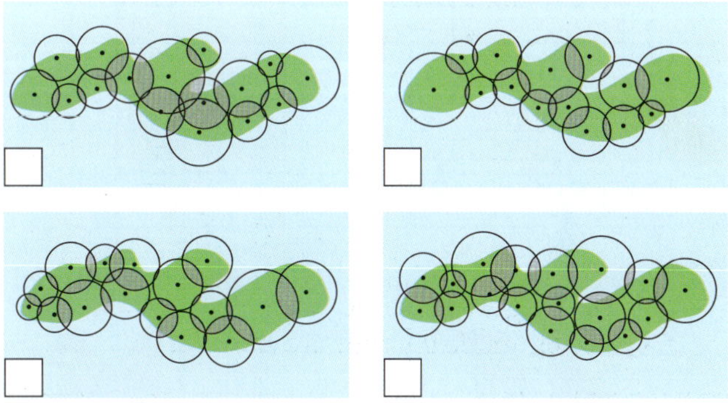

20 **INTORNO A NOI** Nell'alveare, le celle costruite dalle api con la cera sono di forma esagonale e sono attaccate le une alle altre.

> Perché le celle hanno proprio questa forma?
> Perché le api non fanno celle di forma circolare?

Negli alveari artificiali, come in quelli naturali, ci sono in media 840 celle per dm^2: calcola l'area della sezione di una singola cella.

Teoria a pag. 2

2 Il principio di equiscomponibilità

MI ALLENO

21 ●○○ **NEL QUADERNO DELLE REGOLE** Copia il principio di equiscomponibilità e fai un esempio con un disegno.

22 ●○○ Due figure che hanno area uguale sono anche congruenti?

23 ●○○ Due figure congruenti hanno anche uguale area?

24 ●●○ Dimostra, scomponendoli con tratti di matita, che i seguenti poligoni sono equivalenti.

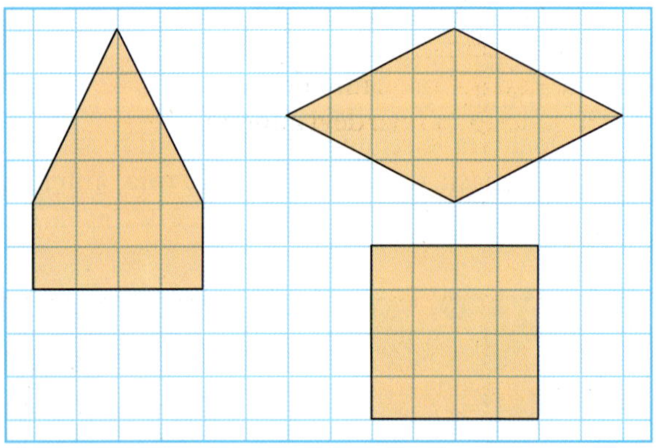

25 ●●○ I poligoni (1) e (2) sono formati da pezzi base del tipo *a* e *b*.

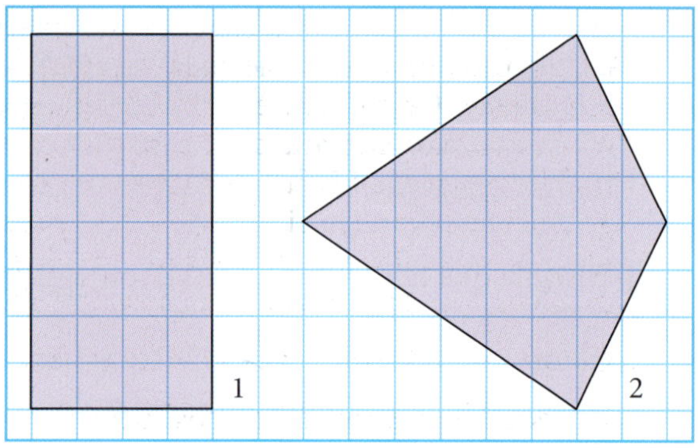

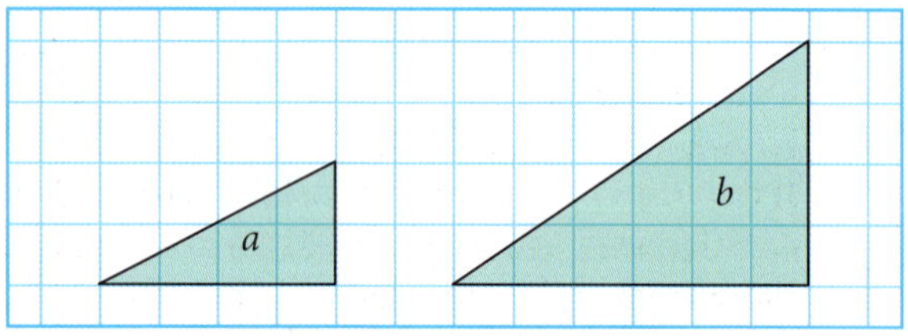

> Scomponi (1) e (2) con tratti di matita nei pezzi base. (1) e (2) sono equivalenti? Perché?

26 ●●○ Componi quattro quadrati uguali, unendoli per i lati, in modo da formare quattro poligoni diversi.

> Disegna tali poligoni sul quaderno.

27 **EUREKA!** Utilizzando il tuo Tangram, componi con **tutti** i pezzi ciascuna figura.

coniglio

gatto

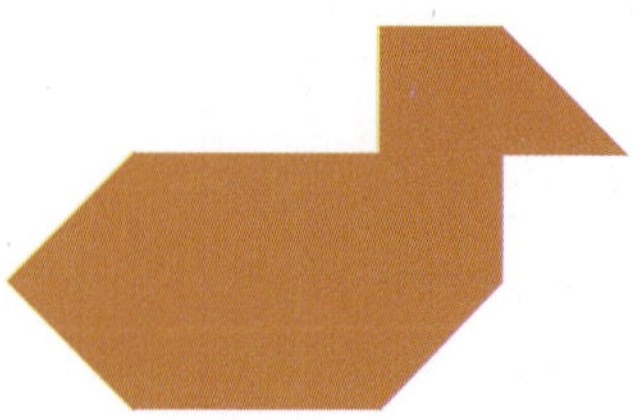
anatra

cammello

RISOLVO PROBLEMI

28 ●●○ Disegna con riga e compasso un triangolo equilatero e ritaglialo.

> Pratica nella figura ritagliata un solo taglio e ricomponi i pezzi in modo da ottenere un parallelogramma equivalente al triangolo.

> Disegna le fasi del tuo lavoro.

29 ●●○ Disegna un rettangolo, ritaglialo e dividilo a metà lungo una diagonale.
> Costruisci con le due parti dei poligoni.
> Quante e quali figure equivalenti a tale rettangolo puoi ottenere? Disegnale.

30 ●●○ Disegna un rettangolo e ritaglialo.
> Con quanti tagli (il minimo numero) ottieni pezzi che, opportunamente ricomposti, diano un trapezio isoscele equivalente al rettangolo?
> Disegna le fasi del tuo lavoro.

31 **INTORNO A NOI** Come sicuramente già sai, l'aria ha un peso ed esercita, quindi, una pressione sulla superficie della Terra, detta *pressione atmosferica*. Certo, l'aria è molto leggera, ma se prendiamo in considerazione la colonna d'aria che è sopra la nostra testa, il suo peso è tutt'altro che irrilevante! Infatti, una colonna d'aria alta quanto l'atmosfera genera una pressione di poco più di 1 kg (1,033 kg) per ogni cm^2.
Qui di seguito ti viene proposto un piccolo esperimento che ti permette di calcolare la pressione totale che l'atmosfera esercita sulla tua mano.

Occorrente: un foglio di carta millimetrata; una matita ben appuntita.

Procedimento: appoggia sul foglio il palmo della tua mano con le dita chiuse. Disegna, con la matita, il contorno completo della tua mano partendo dal polso. Per chiudere il disegno, traccia una linea dritta in corrispondenza del polso.
Ora devi calcolare l'area della superficie della tua mano. Ti consigliamo di cominciare contando innanzitutto i cm^2 interi all'interno del tuo contorno e, successivamente, i mm^2.
Il risultato che ottieni non è la misura della superficie della tua mano, in quanto dovresti contare anche la parte superiore e la superficie tra le dita. Per questo motivo devi almeno raddoppiare il valore che hai ottenuto.
A questo punto, calcola qual è la pressione atmosferica sulla tua mano.
Te ne eri accorto/a?

3 Area dei rettangoli

MI ALLENO

32 ●○○ **NEL QUADERNO DELLE REGOLE** Copia la formula per trovare l'area del rettangolo e le formule inverse e fai un esempio con un disegno.

33 ●○○ Completa: calcola l'area del rettangolo.

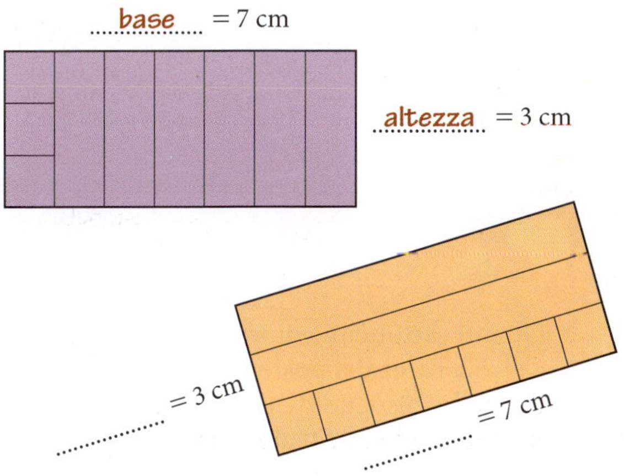

Area del rettangolo = 7 cm × ☐ cm = ☐ cm^2.

34 ●○○ In un rettangolo la base misura 18 cm e l'altezza misura 25 cm.
> Calcola l'area del rettangolo. [450 cm^2]

35 ●○○ In un rettangolo le dimensioni misurano 7 cm e 4 cm.
> Calcola l'area del rettangolo.

36 ●○○ Calcola l'area di un rettangolo le cui dimensioni misurano 7,5 m e 12,2 m.

37 ●○○ In un rettangolo l'area è di 54 cm^2 mentre la base misura 9 cm.
> Calcola la misura dell'altezza.

38 ●○○ Un rettangolo ha la base che misura 16 m e l'area di 144 m^2.
> Calcola la misura dell'altezza. [9 m]

39 ●○○ In un rettangolo l'area è di 21,83 cm^2 mentre una dimensione misura 3,7 cm.
> Calcola la lunghezza dell'altra dimensione.

ESERCIZI

40 ●○○ Completa la tabella relativa ad un insieme di rettangoli.

base		15 m		10 cm
altezza	8 cm		5 cm	
area	32 cm^2	270 m^2	38 cm^2	49 cm^2

41 **EUREKA!** Questi rettangoli hanno tutti la stessa area. Ma quale ha il perimetro maggiore?

> Supponi che il lato di un quadretto sia 1 cm.

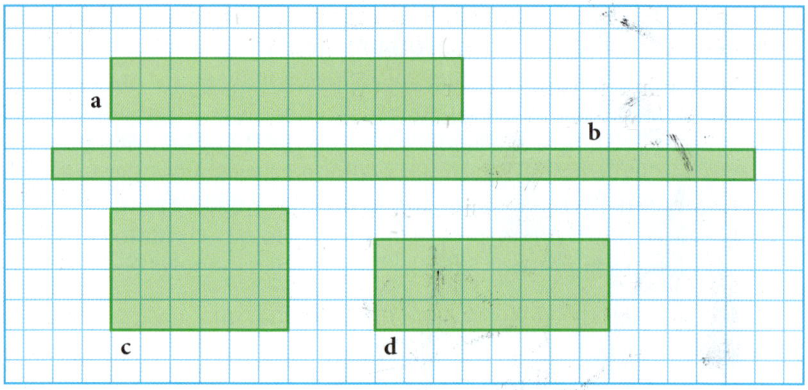

RISOLVO PROBLEMI

In ciascun esercizio osserva la figura, utilizza i dati per scrivere il testo del problema e risolvilo.

42 ●○○ $\overline{AB} = 37$ m
$\overline{BC} = 16$ m
$A_{ABCD} = ?$
[592 m^2]

43 ●○○ $\overline{EF} = 10{,}7$ m
$\overline{GF} = 6{,}8$ m
$A_{EFGH} = ?$

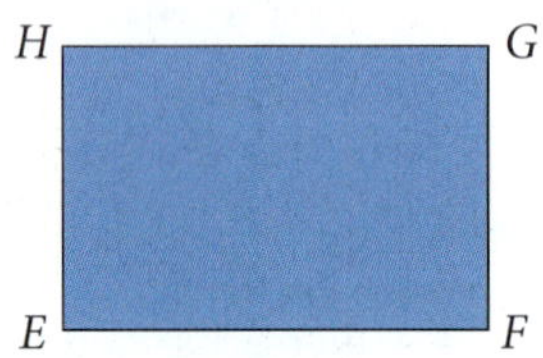

44 ●○○ $\overline{OP} = 48{,}6$ m
$\overline{PQ} = \overline{OP} - 25{,}3$ m
$A_{OPQR} = ?$
[1132,38 m^2]

45 ●○○ $A_{ABCD} = 17{,}94$ m^2
$\overline{AB} = 46$ dm
$\overline{BC} = ?$
$p_{ABCD} = ?$

46 ●○○ $A_{ABCD} = 17{,}94$ m^2
$\overline{BC} = 2{,}6$ m
$\overline{AB} = ?$
$p_{ABCD} = ?$ [6,9 m; 19 m]

47 ●○○ $\overline{IL} = 1{,}8$ m
$\overline{LM} = 0{,}4$ m
$A_{ILMN} = ?$

48 ●○○ **CON UN DISEGNO** Pietro ha tanti cartoncini colorati.

Vuole coprire questo disegno con i cartoncini.

> Quanti cartoncini colorati usa?
> Calcola l'area del poster.
> Pietro ha bisogno di 4 × 7 cartoncini per coprire un altro poster. Qual è l'area di questo secondo poster?
> Calcola il perimetro dei due poster.

49 ●○○ Scrivi le dimensioni di un rettangolo che abbia l'area di 20 m^2.

50 ●○○ Scrivi le dimensioni di due rettangoli che abbiano l'area di 12 m^2.

51 ●○○ In un riferimento cartesiano disegna un rettangolo di vertici $A(2; 2)$, $B(6; 2)$, $C(6; 8)$, $D(2; 8)$.

> Determina perimetro e area del rettangolo assumendo come unità di misura il centimetro.

[20 cm; 24 cm^2]

52 ●○○ In un riferimento cartesiano disegna un rettangolo di vertici $A(1; 3)$, $B(7; 3)$, $C(7; 6)$, $D(1; 6)$.

> Determina perimetro e area del rettangolo assumendo come unità di misura il centimetro.

53 ●●○ Quanti centimetri quadrati ci sono in un decimetro quadrato? Quanti centimetri quadrati ci sono in un metro quadrato?

Un rettangolo è largo 20 cm e alto 25 cm. Calcola la sua area in:

> centimetri quadrati;
> decimetri quadrati;
> metri quadrati.

54 ●●○ **A OCCHIO** Stima a[illegible]del seguente rettangolo e scrivi qui s[illegible]ma.

....

> Misura poi la lunghezza delle sue dimensioni e determinane l'area. C'è molta differenza?

55 ●●○ Una lastra di metallo rettangolare ha le dimensioni di 180 cm per 70 cm.

> Determina la sua area in metri quadrati.

56 ●●○ Scrivi le dimensioni di tre rettangoli che abbiano l'area di 28 dm^2.

57 ●●○ Scrivi le dimensioni di almeno due rettangoli che abbiano l'area di 5 m^2.

58 ●●○ In un rettangolo avente l'area di 0,96 m^2 la base misura 15 dm.

> Calcola la misura del perimetro del rettangolo.

[428 cm]

59 ●●○ Quanti rettangoli puoi ottenere disponendo in modi diversi 12 stuzzicadenti a formarne il contorno?

60 ●●○ Due rettangoli diversi hanno la stessa area: 18 cm^2. Hanno anche lo stesso perimetro?

> Giustifica la tua risposta dopo aver disegnato quattro diversi rettangoli di area 18 cm^2 e aver calcolato i loro perimetri.

61 ●●○ La cucina ha un perimetro rettangolare con dimensioni di 3,6 m e 4 m.

> Quante piastrelle rettangolari di 10 cm per 20 cm dovremo comprare per pavimentarla di nuovo?

[720]

62 ●●○ Disegna tre diversi rettangoli che abbiano lo stesso perimetro di 24 cm.

> Calcola la loro area. Quale ha area maggiore?

63 ●●○ Gianni ha impiegato 4 ore per dipingere il soffitto del salotto, che ha dimensioni di 5,2 m e 6 m.

> Quanti metri quadrati ha dipinto in un'ora?

[7,8 m^2]

64 ●●○ **CON UN DISEGNO** Osserva la cartolina qui sotto. Vi puoi contare nove rettangoli.

> Scrivi il nome di ciascun rettangolo e determinane l'area in cm^2.

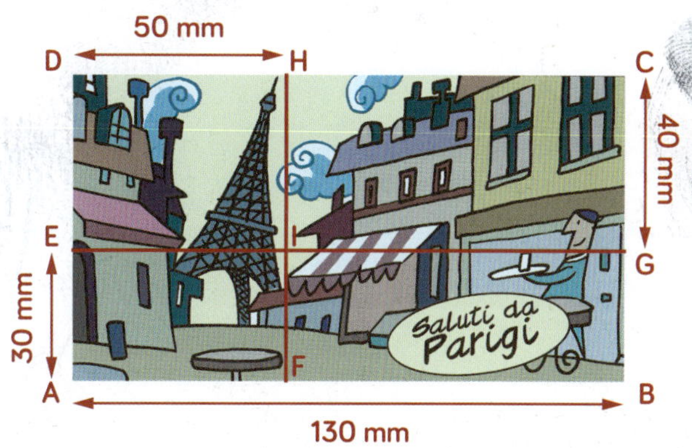

65 ●●○ In figura vedi la sezione di un profilato di acciaio.

> Calcola la sua area in cm^2.

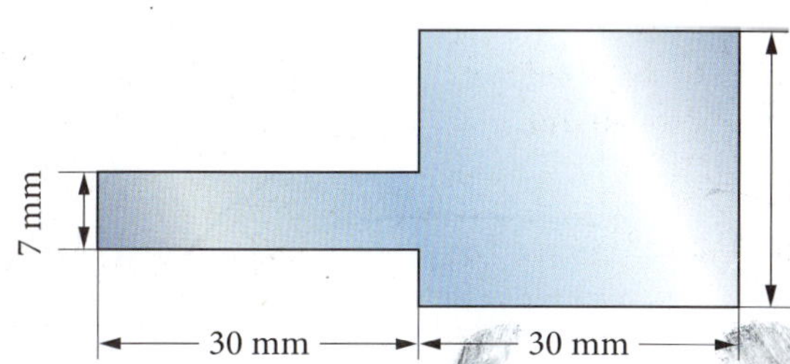

Teoria a pag. 5

66 ●●○ **CON UN DISEGNO**

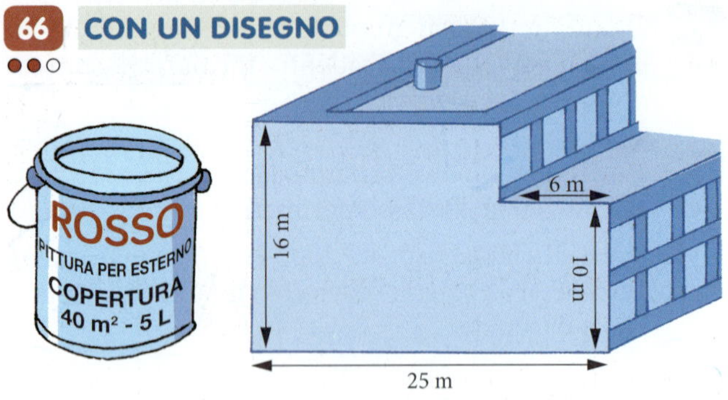

> Quanti barattoli di vernice sono necessari per dipingere il lato dell'hotel? [10 barattoli]

67 ●●○ Conta le pagine del tuo libro di matematica e misurane le dimensioni.

> Quanto è lunga la strada (larga 3 m) che potresti ricoprire con tutte queste pagine?

68 ●●○ Il perimetro di un rettangolo, che ha la base quadrupla dell'altezza, misura 240 cm.

> Calcola la sua area. [2304 cm^2]

69 ●●○ Un rettangolo ha il perimetro che misura 152 cm e la base supera l'altezza di 8 cm.

> Calcola l'area.

70 ●●○ Il pavimento di un'aula ha forma rettangolare e la sua area è di 56 m^2.

> Quali dimensioni potrà avere? (Scrivi almeno tre risposte diverse.)

71 ●●○ Il perimetro di un rettangolo misura 38 dm. La differenza fra le due dimensioni è di 7 dm.

> Calcola l'area. [78 dm^2]

72 ●●○ Un rettangolo ha il perimetro che misura 40 cm e la differenza delle dimensioni misura 15 cm.

> Calcola l'area.

73 ●●○ In un rettangolo la somma delle dimensioni misura 78 cm e la differenza 22 cm.

> Calcola la lunghezza del perimetro e l'area. [156 cm; 1400 cm^2]

74 ●●○ In un rettangolo la somma delle dimensioni misura 19,7 cm e la differenza 3,7 cm.

> Calcola la lunghezza del perimetro e l'area.

75 ●●○ In un rettangolo la base è $\frac{2}{3}$ dell'altezza e la somma delle dimensioni misura 150 cm.

> Calcola la misura del perimetro e l'area. [300 cm; 5400 cm^2]

76 ●●○ In un rettangolo la base è $\frac{5}{3}$ dell'altezza e la differenza delle dimensioni misura 10 cm.

> Calcola la misura del perimetro e l'area.

77 ●●● In una stanza di [illegible] per 6 m si deve posare una moquette che lasci intorno uno spazio libero largo 50 cm.

> Determina l'area dello spazio libero. [13 m^2]

---

78 ●○○ **CON UN DISEGNO**

Un elicottero vede dall'alto questi due edifici.

> Calcola perimetro e area del tetto di ciascun edificio.

[a) $p = 120$ m, $A = 612$ m^2; b) $p = 64$ m, $A = 231$ m^2]

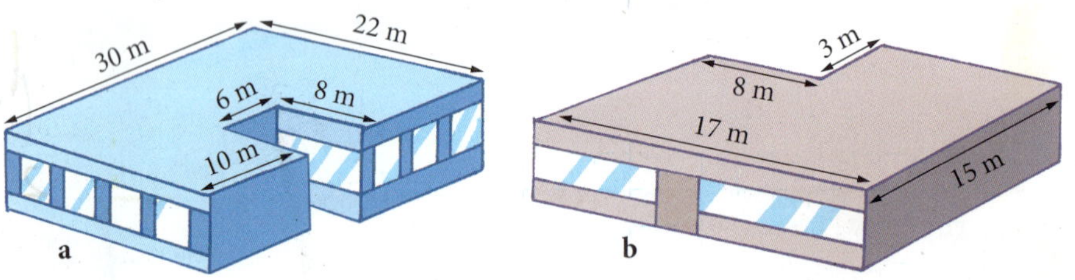

---

79 ●●○ In figura vedi la sezione di un profilato di ferro (lo spessore è costante).

> Qual è la sua area?

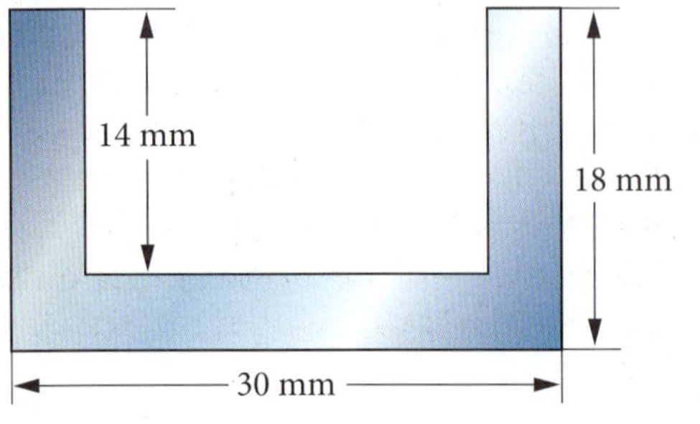

80 ●●○ **CON UN DISEGNO**

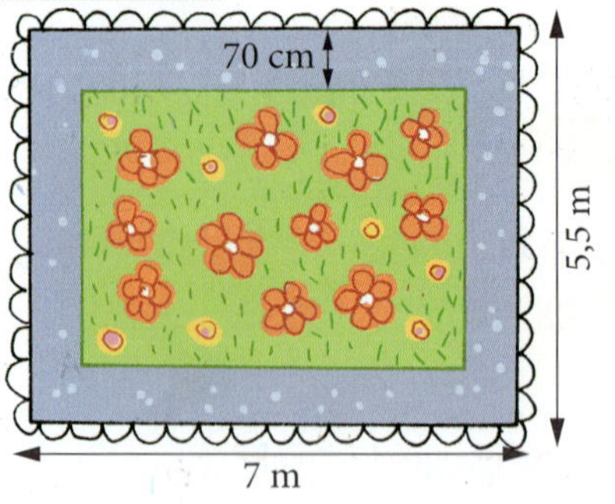

Calcola la misura della superficie di tutto il sentiero. [15,54 m^2]

81 ●●● Voglio ricoprire il soffitto della mia camera, larga 4,5 m e lunga 5 m, con una carta da parati che simuli un cielo sereno; voglio però che dal soffitto scenda lungo le pareti laterali per 40 cm.

> Quanti metri quadrati me ne occorrono?

82 ●●● In un giardino rettangolare di 120 m per 80 m, vengono tracciati due sentieri larghi 80 cm, perpendicolari tra loro e paralleli ai lati.

> Qual è l'area dei sentieri?
> Qual è l'area della zona rimasta a verde?

[159,36 m²; 9440,64 m²]

83 ●●● Per pavimentare la mia cucina rettangolare, il cui lato più corto misura 2,8 m, ho utilizzato 252 piastrelle quadrate con il lato di 20 cm.

> Qual è l'altra dimensione della mia cucina?

84 ●●● Considera due rettangoli con perimetro uguale e pari a 280 m.
Nel primo la base è il quadruplo dell'altezza, nel secondo l'altezza supera la base di 12 m.

> Calcola l'area di ciascun rettangolo.

[3136 m²; 4864 m²]

85 **INVALSI 2013** Disegna nel piano quadrettato un rettangolo che abbia la stessa area del rettangolo *ABCD*, ma perimetro maggiore.

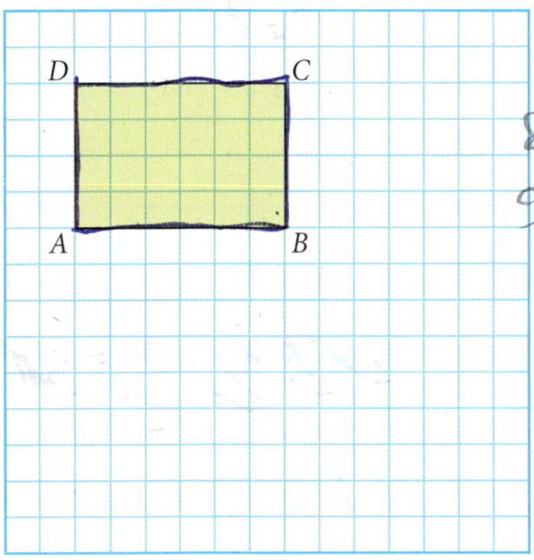

86 ●●○ **AL TELEFONO** Descrivi a Elisa il problema schematizzato qui sotto e svolgilo.

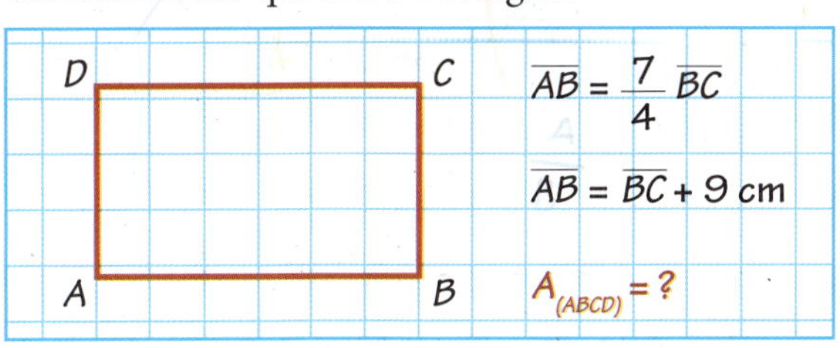

[252 cm²]

87 ●●● Due rettangoli congruenti sono sovrapposti come in figura. Una dimensione è $\frac{3}{5}$ dell'altra e il perimetro di ciascuno misura 224 cm.

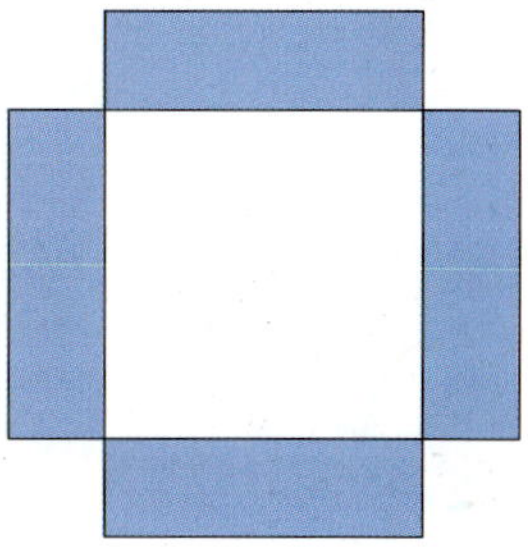

> Calcola l'area della parte colorata.

88 **CON UN DISEGNO**

Le pareti di una stanza alta 2,80 m devono essere ridipinte. In questa stanza vi sono anche una porta e una finestra che hanno le stesse dimensioni di quelle della tua camera. Affinché la pittura venga bene, è necessario passare la vernice due volte.
La vernice viene venduta in barattoli da 3 kg con i quali, secondo la ditta venditrice, si dipingono (ripassandoci due volte) 15 m² di muro.

> Quanti barattoli è necessario acquistare?

89 **INTORNO A NOI**

Al signor Rossi, che desiderava acquistare un piccolo terreno, ne sono stati offerti in vendita due. Percorre a grandi passi il perimetro di entrambi i campi. Il numero dei passi è lo stesso. Però, osservando i due terreni, ha l'impressione che uno abbia una superficie maggiore dell'altro.

> Ha ragione il signor Rossi a pensare che uno dei due campi sia più vasto, o si sbaglia? Motiva la tua risposta.

ESERCIZI

4 Area dei quadrati

MI ALLENO

90 ●○○ **NEL QUADERNO DELLE REGOLE** Copia la formula per trovare l'area del quadrato, le formule inverse e fai un esempio con un disegno.

91 ●○○ Un quadrato ha il lato di 9 cm.
> Calcola l'area. [81 cm^2]

92 ●○○ Un quadrato ha il lato di 35 cm.
> Calcola l'area.

93 ●○○ In un quadrato il lato misura 25,6 cm.
> Calcola l'area. [655,36 cm^2]

94 ●○○ In un quadrato il lato misura 43,7 cm.
> Calcola l'area.

95 ●○○ L'area di un quadrato misura 169 cm^2.
> Quanto misura il lato? [13 cm]

96 ●○○ L'area di un quadrato misura 21,16 cm^2.
> Quanto è lungo il lato?

97 ●○○ Un quadrato ha l'area di 50 cm^2.
> Quanto misura il lato? (Arrotonda al centesimo) [7,07 cm]

98 ●○○ In un quadrato la diagonale è lunga 22 cm.
> Quanto misura l'area?

99 ●○○ La diagonale di un quadrato misura 17 cm.
> Quanto misura l'area? [144,5 cm^2]

100 ●○○ L'area di un quadrato è di 50 m^2.
> Quanto misura la diagonale?

101 ●○○ L'area di un quadrato è di 64 cm^2.
> Quanto misura la diagonale? (Arrotonda a un decimale) [11,3 cm]

102 ●○○ Pietro ha tanti cartoncini colorati di 1 cm^2. Deve coprire un pannello quadrato di lato 9 cm.
> Quanti cartoncini colorati usa?
> Calcola l'area del pannello.
> Deve coprire un altro pannello di lato doppio del primo. Quanti cartoncini gli servono?

103 ●○○ Quanti quadratini di lato 1 cm sono necessari per ricoprire le seguenti figure?
a) un rettangolo largo 7 cm e alto 5 cm;
b) un rettangolo largo 12 cm e alto 2 cm;
c) un rettangolo largo 8 cm e alto 20 cm.

104 ●○○ Un quadrato che ha il lato lungo 1 m ha l'area di 1 m^2.
> Spiega a quale frazione del quadrato corrispondono:
a) il centimetro quadrato;
b) il millimetro quadrato;
c) il decimetro quadrato;
d) il chilometro quadrato.

Completa le tabelle relative a un insieme di quadrati.

105 ●○○

lato	perimetro	area
10 m		
	80 m	
		225 m^2
	1 m	
60 m		

106 ●○○

diagonale	area
12 m	
24 cm	
50 dm	
1 m	
1,2 dm	

107 **EUREKA!** Disegna su un foglio a quadretti un quadrato a piacere.
> Qual è la sua area?

Ritaglialo, poi taglialo lungo le diagonali: hai quattro triangoli.
Disponili in modo da ottenere più poligoni convessi possibili. Disegna tutti i poligoni che hai formato.
> Quanti sono? Qual è la loro area?

RISOLVO PROBLEMI

108 Il perimetro di un quadrato misura 324 cm.
●○○ > Calcola l'area. [$6561\ cm^2$]

109 In un quadrato il perimetro è di 32,4 cm.
●○○ > Calcola l'area.

110 L'area di un quadrato è di $25\ m^2$.
●○○ > Calcola la lunghezza del perimetro.

111 L'area di un quadrato è di $144\ dm^2$.
●○○ > Calcola la lunghezza del perimetro. [48 dm]

112 Un quadrato ha l'area di $81\ cm^2$.
●○○ > Calcola la lunghezza del perimetro.

113 Un quadrato ha l'area di $0{,}49\ dm^2$.
●○○ > Calcola la lunghezza del perimetro. [2,8 dm]

114 L'area di un quadrato è di $1{,}21\ m^2$.
●○○ > Calcola la lunghezza del perimetro.

115 In un sistema cartesiano disegna il quadrato di vertici:
●○○
$A(3; 2)$, $B(6; 2)$, $C(6; 5)$, $D(3; 5)$.
> Calcola perimetro e area del quadrato, assumendo come unità di misura il centimetro.
[$p = 12$ cm; $A = 9\ cm^2$]

116 In un sistema di riferimento cartesiano disegna il quadrato di vertici:
●○○
$A(2; 5)$, $B(5; 8)$, $C(8; 5)$, $D(5; 2)$.
> Cosa rappresentano AC e BD nel quadrato?
> Calcola l'area di $ABCD$ utilizzando le diagonali e assumendo come unità di misura il centimetro.

117 Determina l'area della sezione dei profilati metallici in figura.
●●○

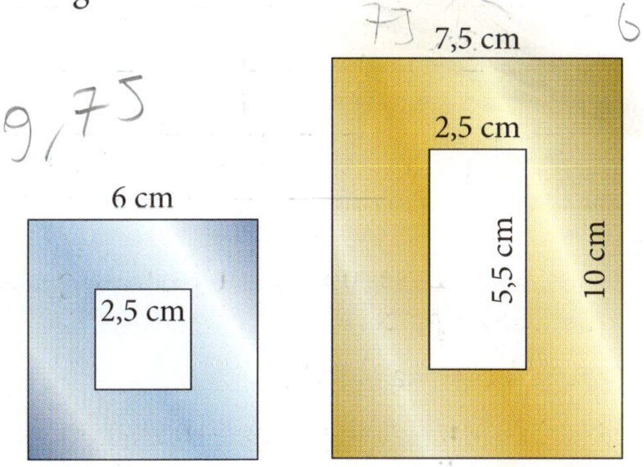

118 Disegna un quadrato di lato 2 cm.
●●○ > Quanti quadrati della stessa grandezza devi usare per ricoprire un quadrato di lato 12 cm?

119 **CACCIA ALL'ERRORE** Leggi il problema.
●○○ «Un quadrato ha l'area di $225\ cm^2$. Quanto misura il lato?»
Anna, nel risolverlo, ha fatto un errore. Correggi l'errore che ha commesso.
$\overline{AB} = 225 : 4 = 56{,}25$ cm

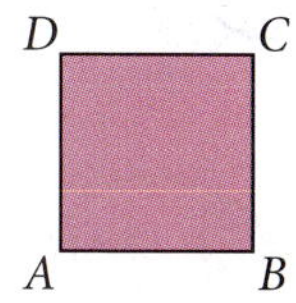

120 **ESERCIZIO GUIDATO**
«In un rettangolo le dimensioni sono una i $\frac{2}{5}$ dell'altra e la sua area è di $90\ cm^2$. Determina la lunghezza del suo perimetro».

a) *Disegna il rettangolo in modo tale da rispecchiare la condizione espressa dall'enunciato: «... le dimensioni sono una i $\frac{2}{5}$ dell'altra...».*

Come vedi, l'altezza è formata da due parti, e la base da cinque parti; queste parti sono ovviamente tutte uguali.

b) *Il rettangolo, allora, risulta suddiviso in $2 \cdot 5$, cioè dieci quadratini, ciascuno dei quali avrà area... scrivila tu!*

c) *Dall'area di un quadratino puoi risalire alla lunghezza del lato di ogni quadratino, semplicemente con una operazione... eseguila tu!*

d) *Se conosci la lunghezza del lato di ogni quadratino, determini facilmente la lunghezza del perimetro del rettangolo: essa è di .... cm.*

121 In un rettangolo le dimensioni sono una $\frac{1}{3}$ dell'altra e l'area è di $147\ cm^2$.
●●○ > Determina la lunghezza del perimetro. [56 cm]

122 Un rettangolo è equivalente a un quadrato di area $7056\ cm^2$ e ha la base lunga 112 cm.
●●○ > Calcola le lunghezze dei perimetri del rettangolo e del quadrato.

123 Un quadrato ha il perimetro uguale a quello di un rettangolo la cui area è di $2496\ cm^2$ e la cui altezza misura 32 cm.
●●○ > Calcola l'area del quadrato. [$3025\ cm^2$]

124 Un rettangolo con area di $288\ m^2$ è costituito da due quadrati.
●●○ > Calcola la lunghezza del perimetro del rettangolo.

ESERCIZI

125 ●●○ Un rettangolo la cui base misura 27 cm è equivalente a un quadrato la cui diagonale misura 18 cm.

> Calcola la lunghezza del perimetro del rettangolo. [66 cm]

126 ●●○ Un rettangolo ha la base doppia del lato di un quadrato a esso equivalente. Il perimetro del quadrato è di 72 cm.

> Calcola la lunghezza del perimetro del rettangolo.

127 ●●○ Un quadrato e un rettangolo sono equivalenti e hanno l'area di 784 cm^2. La base del rettangolo è $\frac{7}{4}$ del lato del quadrato.

> Calcola le lunghezze dei due perimetri. [112 cm; 130 cm]

128 ●●○ La figura ha l'area di 180 cm^2.

> Calcola la lunghezza del perimetro.

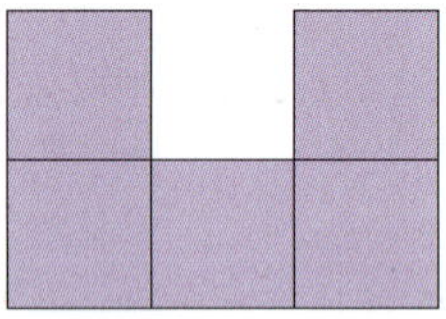

129 ●●● Un rettangolo è equivalente a un quadrato il cui perimetro misura 96 cm.
L'altezza del rettangolo è $\frac{4}{9}$ della base.

> Calcola la lunghezza del suo perimetro. [104 cm]

130 ●●● Un rettangolo ha l'area di 735 cm^2 e l'altezza è $\frac{5}{3}$ della base. Un quadrato ha lo stesso perimetro del rettangolo.

> Calcola l'area del quadrato.

131 ●●● Un quadrato ha il perimetro uguale a quello di un rettangolo con l'area di 7,68 dm^2, in cui le dimensioni sono una i $\frac{3}{4}$ dell'altra.

> Determina l'area del quadrato. [7,84 dm^2]

132 ●●● Se si accorciano i lati di un quadrato di 6 cm, la sua area diminuisce di 396 cm^2.

> Qual è la misura del lato del quadrato iniziale? [36 cm]

133 ●●○ **AL TELEFONO** Descrivi a Matteo il problema scritto sotto e risolvilo.

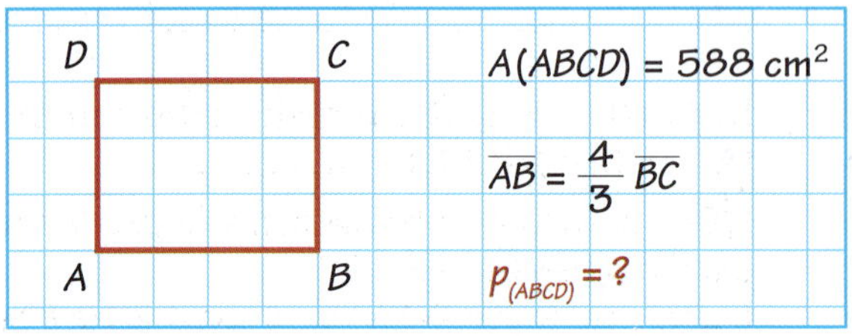

134 ●●● Osserva il quadro astratto ottenuto componendo quadrati di diversa grandezza e colore.
L'area del quadrato D è di 1 cm^2 e l'area del quadrato R è di 49 cm^2.

> Determina l'area di ciascuno degli altri quadrati.

135 ●●● **Quadrati sovrapposti**
Nell'autunno del 1967 è apparso negli USA il primo libro di Trigg, *Mathematical Quickies*, una raccolta di 270 tra i migliori *quickies* incontrati o inventati durante la sua carriera. In un divertente *quickie* riportato nel libro (*si veda l'illustrazione qui sotto*) il quadrato più piccolo ha il lato di 3 cm, mentre quello più grande ha il lato di 4 cm.
Il vertice D si trova al centro del quadrato piccolo e il quadrato grande viene ruotato attorno a D fino a che il punto B di intersezione tra i due lati sia tale per cui BC sia il doppio di AB.

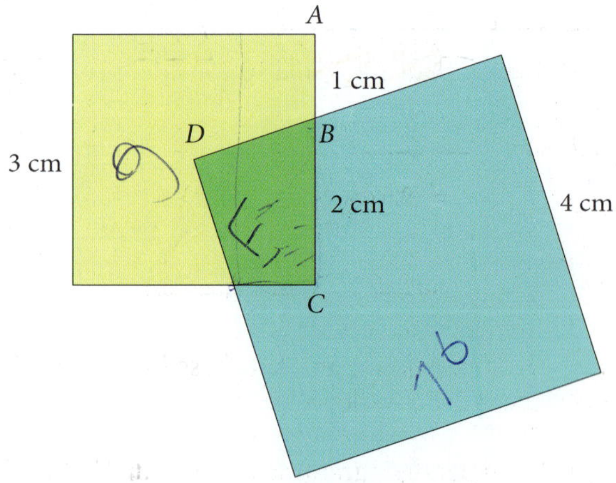

> In che modo è possibile calcolare rapidamente la superficie dell'area comune ai due quadrati (indicata in verde)?

(Dalla rubrica *Giochi Matematici* di Martin Gardner, apparsa sul mensile *Le Scienze* fino al marzo 1982).

136 **KANGOUROU** Il quadrato più grande ha area 16, il più piccolo ha area 4. Qual è l'area del quadrato posto in posizione obliqua?

- a 8
- b 8,5
- c 10
- d 10,5
- e 12

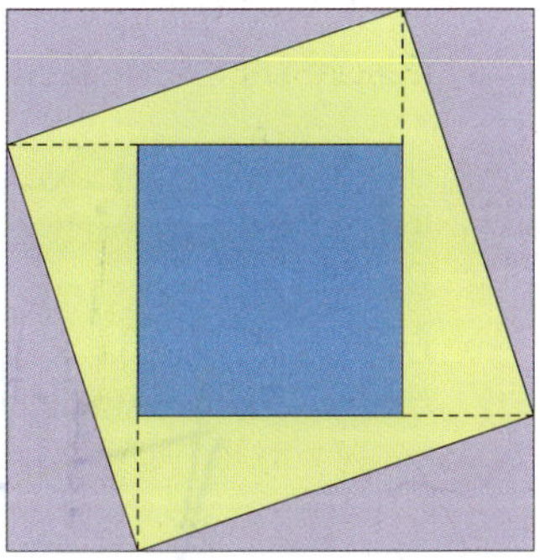

137 **INVALSI 2016**

L'area del triangolo grigio A misura 8 m². Quanto misura il perimetro del quadrato?

Scrivi come fai per trovare la risposta e poi riporta sotto il risultato.

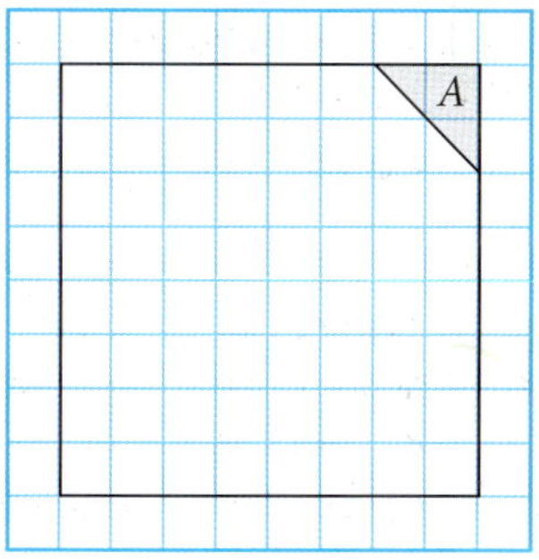

....

....

Risposta: .... m

5 Area dei parallelogrammi

MI ALLENO

138 ●○○ **NEL QUADERNO DELLE REGOLE** Copia la formula dell'area dei parallelogrammi e le formule inverse. Fai un esempio con un disegno.

139 ●○○ Completa.

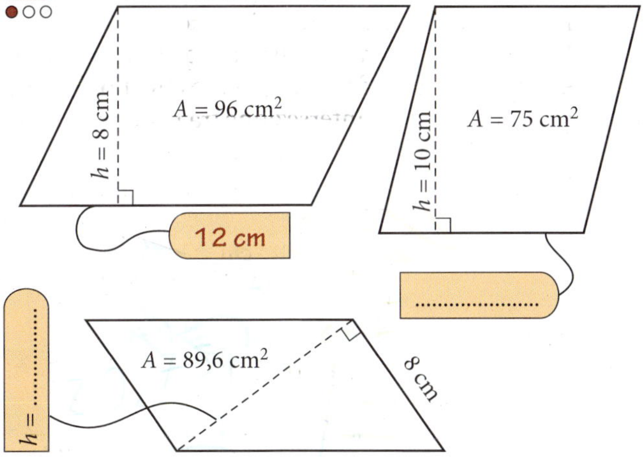

140 ●○○ In un parallelogramma la base è di 27 cm e l'altezza di 12 cm. Calcola l'area.

141 ●○○ In un parallelogramma la base è di 42 cm e l'altezza di 22 cm. Calcola l'area. [924 cm²]

142 ●○○ L'altezza di un parallelogramma misura 58 cm, mentre l'area è di 4118 cm².

> Calcola la misura della base.

143 ●○○ Determina la misura della base di un parallelogramma la cui altezza misura 3 cm e la cui area è di 51 cm². [17 cm]

144 ●○○ L'area di un parallelogramma è di 120,9 m²; la base misura 7,8 m.

> Calcola la misura dell'altezza.

145 ●○○ In un rombo un lato misura 14 cm e l'altezza 11 cm.

> Calcola l'area. [154 cm²]

146 ●○○ In un rombo il lato è di 3,7 cm e l'altezza di 2,8 cm.

> Calcola l'area.

147 ●○○ In un rombo l'area è di 234,95 cm², mentre l'altezza misura 12,7 cm.

> Determina la misura del lato. [18,5 cm]

148 ●○○ Completa la tabella relativa ai parallelogrammi.

base	20 cm	42 cm	0,12 m	21 dm
altezza	18 cm	23 cm	0,5 m	3,5 dm
area				

149 **EUREKA!** In un diagramma cartesiano traccia i punti $A(4; 6)$, $B(10; 6)$, $C(13; 10)$.

> Quali posizioni può assumere D per formare il parallelogramma $ABCD$?
> Quante ne hai trovate? Prendi le misure e calcola l'area di ogni parallelogramma.

Teoria a pag. 10

RISOLVO PROBLEMI

In ciascun esercizio osserva la figura, utilizza i dati per scrivere il testo del problema e risolvilo.

150 ●○○ $\overline{AB} = 62$ cm
$\overline{DH} = 35$ cm
$A_{ABCD} = ?$ [2170 cm²]

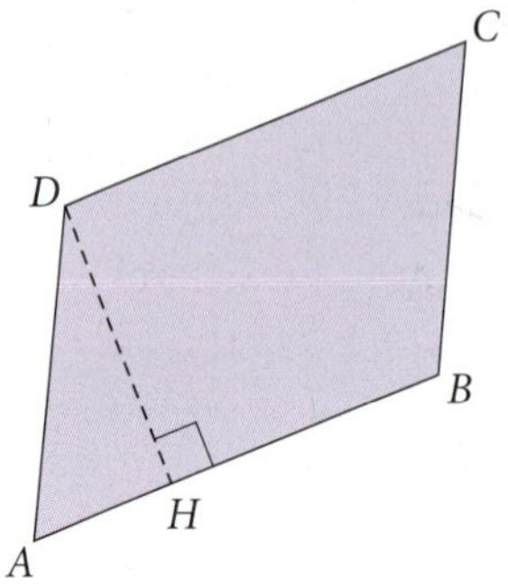

151 ●○○ $\overline{EH} = 72$ cm
$\overline{FP} = 23$ cm
$A_{EFGH} = ?$

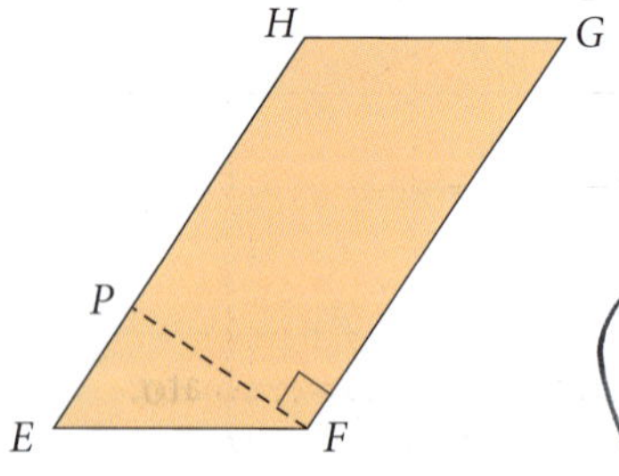

152 ●○○ $\overline{MN} = 6{,}7$ cm
$\overline{NH} = 3{,}3$ cm
$A_{ILMN} = ?$ [22,11 cm²]

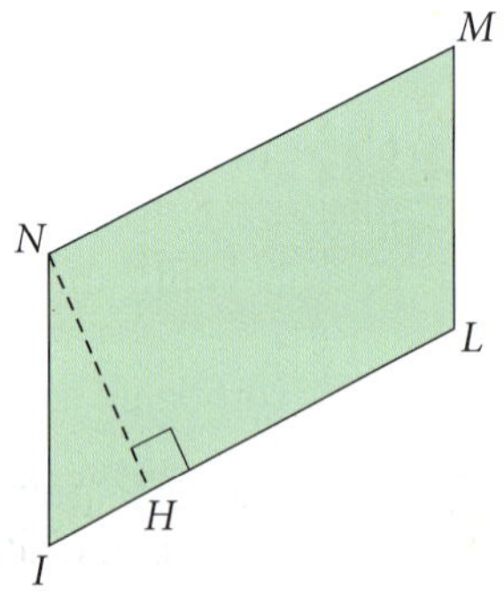

153 ●○○ $\overline{PQ} = 4{,}6$ cm
$\overline{PH} = 1{,}7$ cm
$A_{PQRS} = ?$

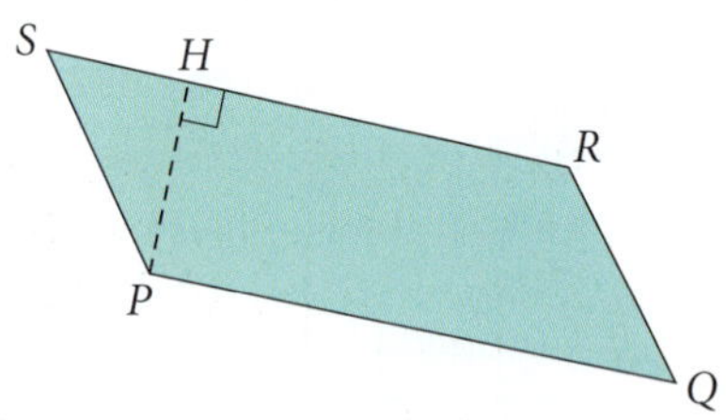

154 ●●○ **CACCIA ALL'ERRORE**

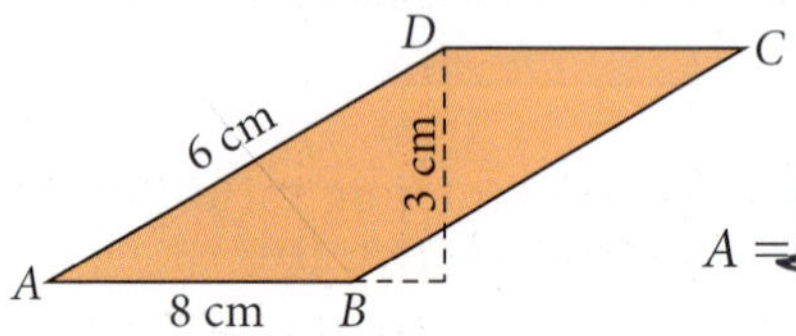

$A = 6 \cdot 8 = 48$ cm²

Giovanna deve calcolare l'area di questo parallelogramma ma commette un errore.

> Quale? Correggi il suo compito.

155 ●○○ In un riferimento cartesiano disegna un parallelogramma di vertici: $A(2; 1)$, $B(10; 1)$, $C(14; 7)$, $D(6; 7)$.

> Determina la sua area assumendo che l'unità di misura sia il centimetro. [48 cm²]

156 ●○○ In un riferimento cartesiano disegna il parallelogramma di vertici: $A(1; 3)$, $B(4; 1)$, $C(4; 8)$, $D(1; 10)$.

> Determina la sua area assumendo che l'unità di misura sia il centimetro.

Calcola per ciascun parallelogramma le grandezze richieste, quando possibile.

157 ●○○ $A_{ABCD} = 7548$ cm²
$\overline{AH} = 51$ cm
$\overline{CD} = ?$
[148 cm]

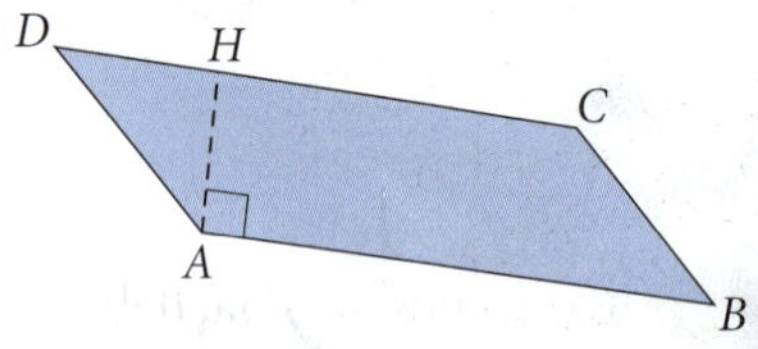

158 ●●○ $A_{EFGH} = 38{,}88$ cm²
$\overline{HL} = 4{,}8$ cm
$\overline{IF} = 7{,}2$ cm
$\overline{EF} = ?$
$\overline{FG} = ?$

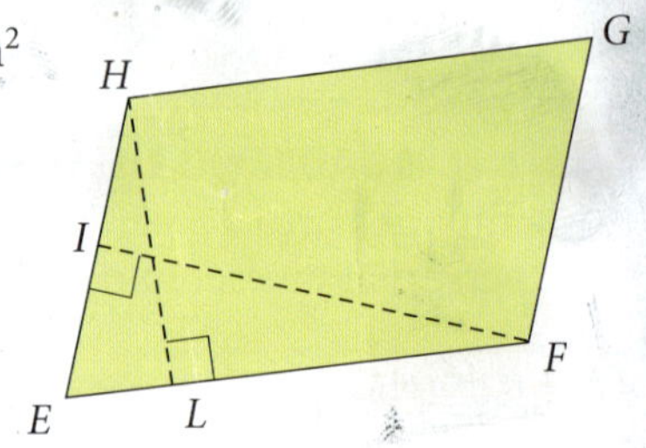

159 ●●○ a) $A_{ABCD} = 2988$ cm²
$\overline{BC} = 83$ cm
$\overline{BI} = ?$
$\overline{AB} = ?$

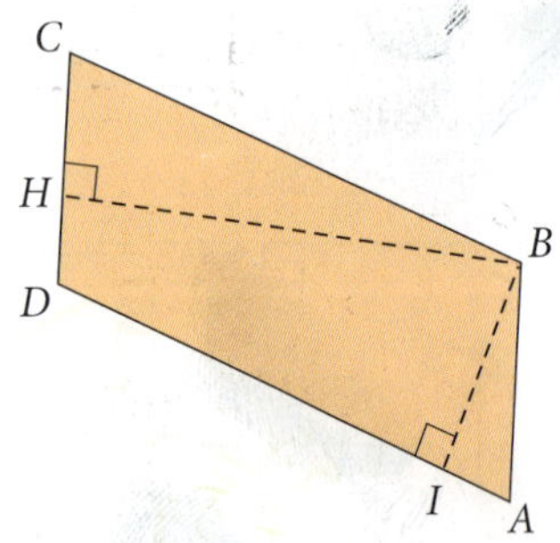

b) $\overline{FG} = 21$ cm
$\overline{HM} = 10$ cm
$A_{EFGH} = ?$

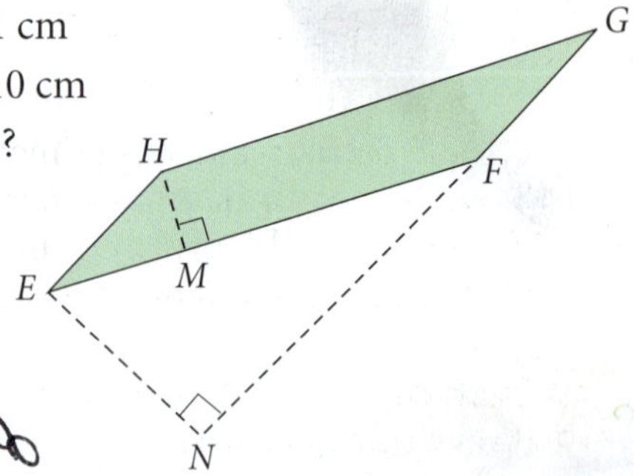

160 ●●○ Osserva i quadrilateri compresi fra le due rette parallele.

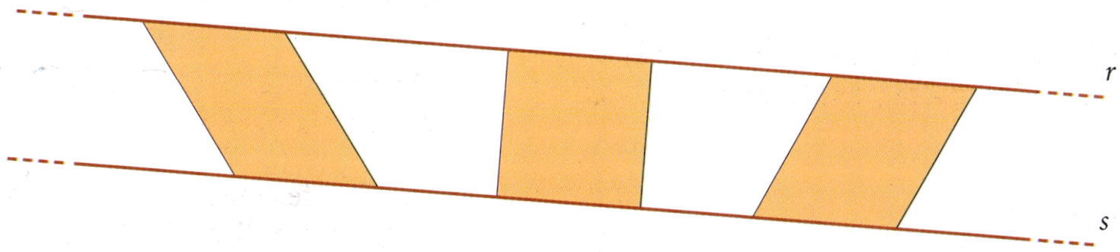

> Quali caratteristiche hanno in comune? (Usa riga e squadra).

> Quale o quali affermazioni relative ai quadrilateri della figura sono vere?

affermazione	vera	falsa
a) Hanno la stessa altezza perché la distanza fra due rette parallele è costante		
b) Hanno la stessa area perché hanno la stessa base e la stessa altezza		
c) Hanno perimetri diversi		
d) Hanno aree diverse		

161 ●●○ È data una striscia, delimitata da due rette parallele.

> Disegna su di essa tre parallelogrammi equivalenti, fra i quali un quadrato.

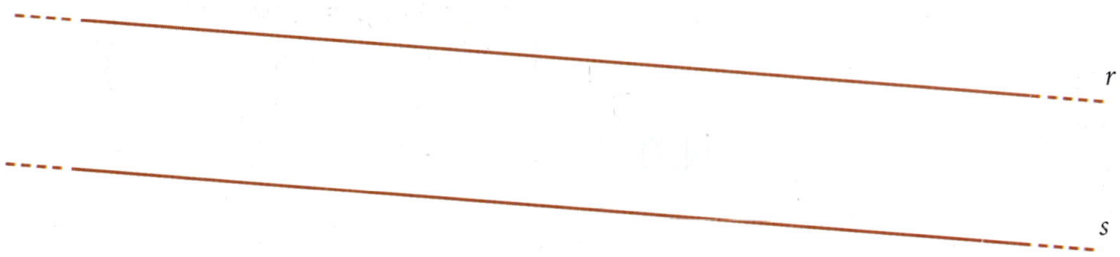

162 ●●○ Determina l'area del parallelogramma *GEOM*. C'è un dato inutile?

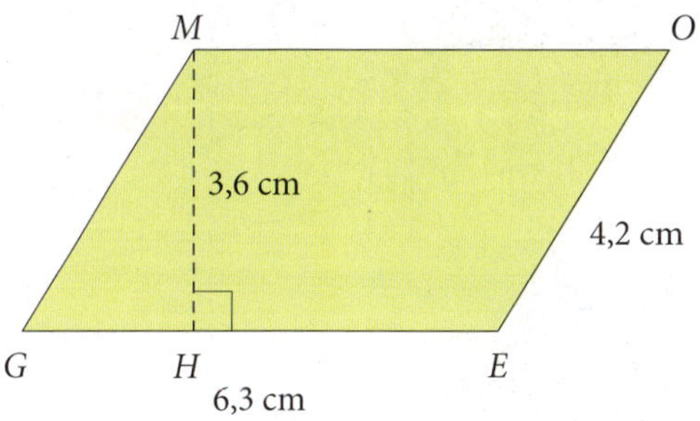

163 ●●○ Calcola la lunghezza del perimetro di un rettangolo equivalente a un parallelogramma la cui base misura 16 cm e la cui altezza misura 9 cm, sapendo che l'altezza del rettangolo è di 6 cm. [60 cm]

164 ●●○ In un parallelogramma la differenza fra la misura della base e quella dell'altezza è di 12 cm e tali misure sono una il triplo dell'altra.

> Calcola l'area del parallelogramma.

165 ●●○ In un parallelogramma i lati consecutivi misurano 48 cm e 42 cm. L'altezza relativa al primo lato misura 35 cm.

> Calcola l'altezza relativa al secondo lato. [40 cm]

166 ●●○ Determina, in un riferimento cartesiano in cui l'unità di misura sia il lato del quadretto del tuo quaderno, i vertici $A(3; 2)$, $B(8; 2)$, $C(5; 5)$ di un triangolo.

> Determina le coordinate del punto D appartenente al parallelogramma $ABCD$.

> Calcola l'area di tale parallelogramma.

167 ●●○ Un parallelogramma ha la base che misura 16 cm e l'altezza che misura 24 cm.

> Quanto deve misurare l'altezza perché l'area sia dimezzata? E perché l'area diventi $\frac{1}{3}$? E $\frac{1}{4}$?

Teoria a pag. 10

168 ●●○ Di un parallelogramma sappiamo che:

a) il perimetro misura 44 cm;
b) uno dei lati misura 12 cm;
c) l'altezza relativa a tale lato misura 8 cm.

> Calcola l'area del parallelogramma e la misura della seconda altezza. [96 cm^2; 9,6 cm]

169 ●●○ Considera un ottagono formato da un rettangolo che ha la base doppia dell'altezza e da due parallelogrammi congruenti.

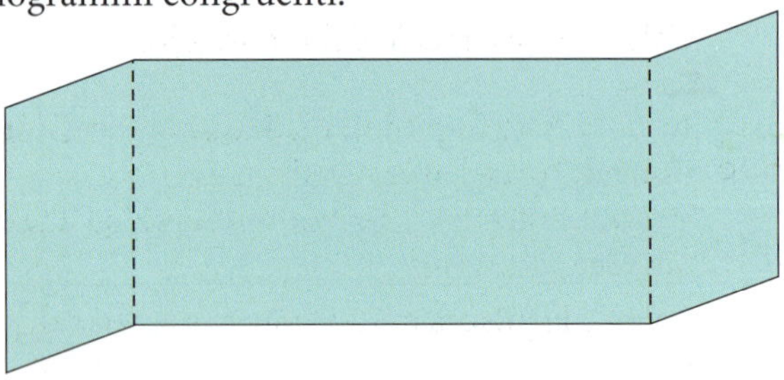

L'altezza dei parallelogrammi, relativa al lato coincidente con l'altezza del rettangolo, è un quarto della base del rettangolo che misura 8 cm.

> Calcola l'area dell'ottagono. [48 cm^2]

170 ●●○ Disegna tre parallelogrammi diversi le cui basi misurino 5 cm e le cui altezze misurino 4 cm.

> Le loro aree sono uguali? Quanto misurano?

> Che cosa puoi dire dei loro perimetri?

171 ●●○ Determina l'area della parte colorata della figura, sapendo che un quadretto equivale a 1 cm^2.

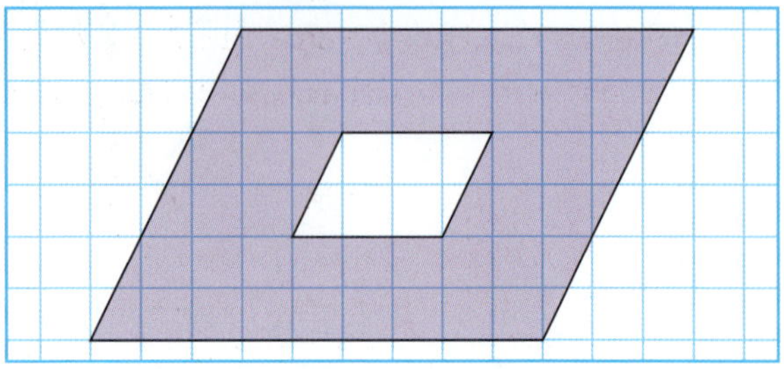

172 ●●○ Un parallelogramma ha la base di 41 cm e l'altezza relativa di 24 cm. Vogliamo aumentare l'area di 287 cm^2 lasciando invariata la base.

> Di quanto dobbiamo aumentare l'altezza? [7 cm]

173 ●●○ Un parallelogramma ha i lati consecutivi che misurano rispettivamente 36 cm e 72 cm ed è equivalente a un rettangolo che ha il perimetro di 192 cm e una dimensione tripla dell'altra.

> Calcola la misura delle due altezze del parallelogramma.

174 ●●○ Determina l'area di un rombo, sapendo che il suo perimetro misura 12,8 cm e che l'altezza misura 2,8 cm. [8,96 cm^2]

175 ●●○ Determina la lunghezza del perimetro di un rombo, sapendo che ha l'area di 40,56 m^2 e che l'altezza misura 5,2 m.

176 ●●○ Una nuova strada, larga 10 m, deve passare attraverso un campo per un tratto di 90 m.

> Poiché il prezzo pattuito per l'esproprio del terreno è di 4 € al metro quadrato, calcola la somma che riceverà il proprietario. [3600 €]

177 ●●○ Calcola l'area del parallelogramma *AMCN*, sapendo che *ABCD* è un quadrato con area di 784 cm^2 e che *M* e *N* sono i punti medi rispettivamente dei lati *AB* e *CD*. [392 cm^2]

178 ●●○ **MATHS**

a) Draw a parallelogram.
b) Find the *height* between a pair of parallel *sides*. Use this *measurement* and the *length* of the corresponding base to find the area of the parallelogram.
c) Repeat part b) using the other pair of parallel sides.
d) Are the areas in parts b) and c) the same? Why or why not?

GLOSSARY

height	= altezza
side	= lato
measurement	= misura
length	= lunghezza

ESERCIZI

179 **ESEMPIO GUIDATO**

In un parallelogramma la base è $\frac{5}{3}$ dell'altezza a essa relativa e la sua area è 735 cm^2.

> **Calcola la misura della base e quella dell'altezza relativa.**

a) *Disegna il parallelogramma in modo da rispecchiare la condizione: «... la base è $\frac{5}{3}$ dell'altezza relativa...».*

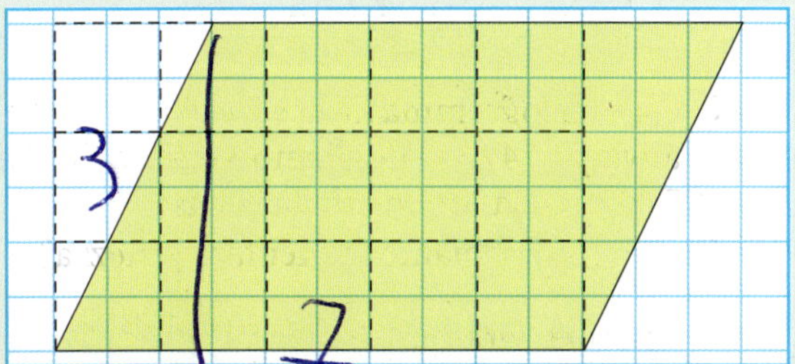

b) *Costruisci un rettangolo equivalente al parallelogramma perché* ....
....

c) *Osserva che il rettangolo, e quindi il parallelogramma, è scomponibile in 5 · 3 quadratini tutti congruenti.*

d) *Calcola l'area di un quadratino (ricordando che l'area del parallelogramma è 735 cm^2):*
.... : 15 = ... cm^2.

e) *Calcola la lunghezza del lato di ogni quadratino:*
.... = 7 cm.

f) *Determina la misura della lunghezza della base:*
.... · 5 = ...
e quella dell'altezza: .... · .... = 21 cm.

180 ●●○ In un parallelogramma la base è $\frac{7}{3}$ dell'altezza a essa relativa e l'area è 1701 cm^2.

> Calcola la misura della base e dell'altezza relativa. [63 cm; 27 cm]

181 ●●○ In un parallelogramma la base è $\frac{2}{3}$ dell'altezza a essa relativa e l'area è 1350 cm^2.
Un rettangolo ha le dimensioni congruenti rispettivamente alla base e all'altezza del parallelogramma.

> Calcola il perimetro del rettangolo.

182 ●●○ In un parallelogramma la base è $\frac{5}{2}$ dell'altezza a essa relativa e l'area è 360 cm^2.
Un quadrato ha il lato congruente all'altezza del parallelogramma.

> Calcola la misura del perimetro e l'area del quadrato. [48 cm; 144 cm^2]

183 ●●○ In un parallelogramma la base è $\frac{4}{3}$ dell'altezza a essa relativa e l'area è 300 cm^2.
Un quadrato ha il lato congruente alla somma della base e dell'altezza del parallelogramma.

> Calcola la lunghezza del perimetro e l'area del quadrato.

184 ●●○ In un parallelogramma la base è il doppio dell'altezza a essa relativa e l'area è 800 m^2.
Un quadrato ha il lato congruente alla differenza tra la base e l'altezza del parallelogramma.

> Calcola la lunghezza del perimetro e l'area del quadrato. [80 m; 400 m^2]

185 ●●● Disegna nella striscia tre parallelogrammi equivalenti, fra i quali:

a) un rombo con il lato di 2 cm;
b) un parallelogramma con un angolo di 60°;
c) un parallelogramma con una diagonale perpendicolare alle due rette parallele.

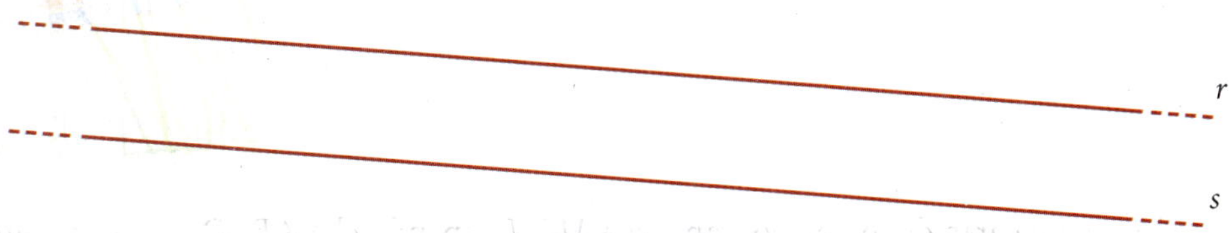

186 ●●● Disegna due rette parallele distanti fra loro 3 cm. Disegna poi un'altra coppia di rette, parallele e distanti fra loro 2 cm, che intersechi la prima coppia come in figura.

> Hai informazioni sufficienti per determinare l'area del parallelogramma che si è formato?

> Secondo te, se varia l'inclinazione della seconda coppia di rette, varia anche l'area del parallelogramma? Perché?

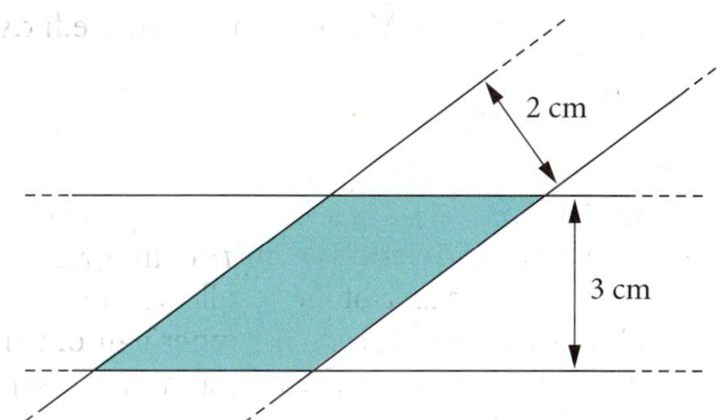

Teoria a pag. 10

187 ●●● Considera il rettangolo $ABCD$ la cui area è di 912 cm^2 e la cui altezza BC misura 24 cm; prolunga i lati AB e CD di due segmenti di uguale lunghezza AM e CN; ottieni il parallelogramma $MBND$ la cui area è di 1128 cm^2.

> Determina la lunghezza dei segmenti AM e CN. [9 cm]

188 ●●● In un parallelogramma l'area misura 648 cm^2, il perimetro misura 120 cm e un lato è $\frac{2}{3}$ dell'altro.

> Determina la misura delle due altezze.

189 ●●● Considera un parallelogramma in cui l'altezza superi di 5 cm il doppio della base. La loro somma è 80 cm.

> Calcola l'area del parallelogramma. [1375 cm^2]

190 ●●● In un parallelogramma la cui area è di 2535 cm^2 manda la parallela alla base, interna al parallelogramma, a una distanza che è i $\frac{2}{3}$ dell'altezza.

> Calcola l'area dei due parallelogrammi che hai ottenuto.

191 ●●● In un parallelogramma la base misura 88 cm e l'altezza relativa è i suoi $\frac{3}{11}$.

La stessa base è $\frac{11}{5}$ del lato a essa consecutivo.

> Calcola la misura del perimetro e l'area. [256 cm; 2112 cm^2]

192 ●●○ **AL TELEFONO** Descrivi a Marco il problema scritto sotto e risolvilo.

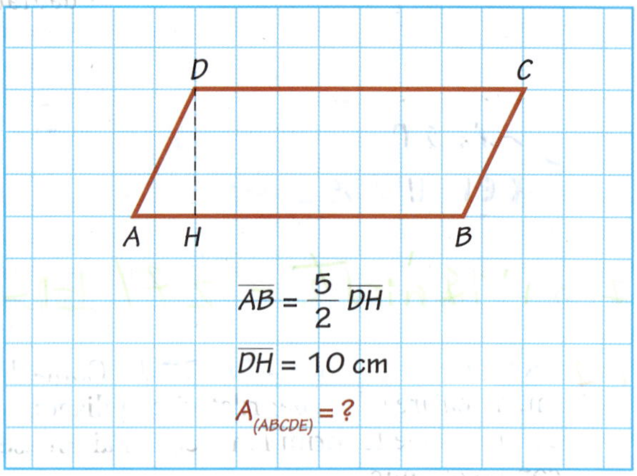

193 **UNA PAUSA**

a) **Indovina**

> Se il disegno prosegue verso destra, indica verso quale direzione punta la diciannovesima freccia.

....

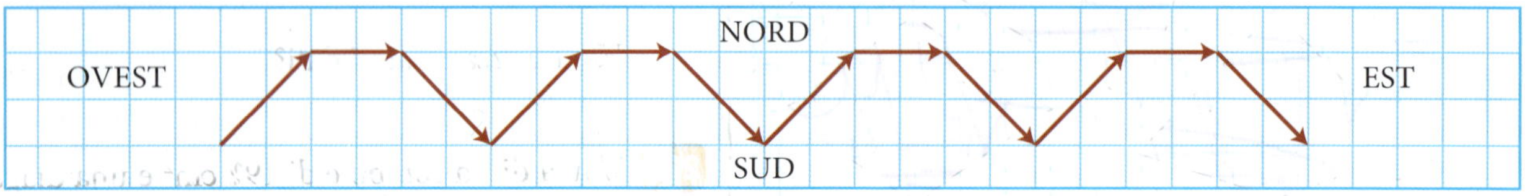

b) **Disegna**

> Disegna questa figura, appoggiata sulla faccia colorata.

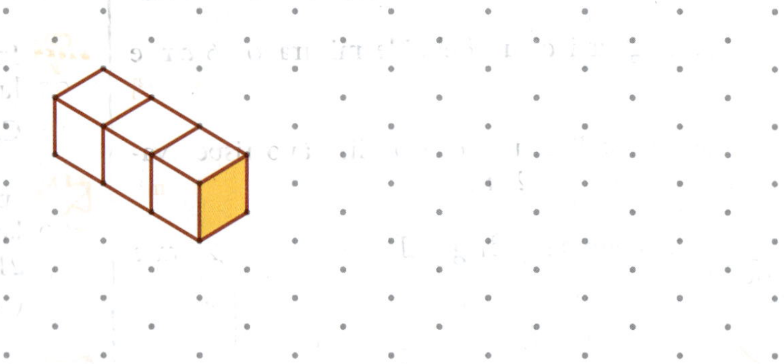

c) **Ragiona**

> Qual è la lunghezza b di ogni bicicletta?

....

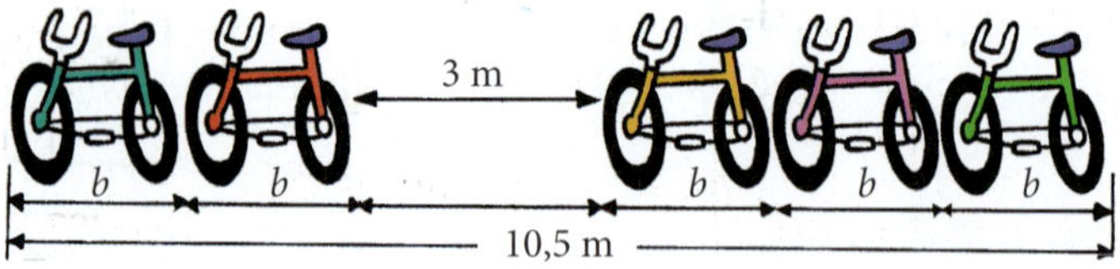

194 **INTORNO A NOI**

a) Raddoppia la superficie del rettangolo A aggiungendo soltanto due fiammiferi.
(I fiammiferi che compongono il perimetro del rettangolo possono essere spostati.)

b) Senza spostare i fiammiferi, ma solo togliendone sei, dimezza l'area della figura B.

c) Senza spostare i fiammiferi, ma solo togliendone quattro, prova a ottenere cinque quadrati dalla figura C.

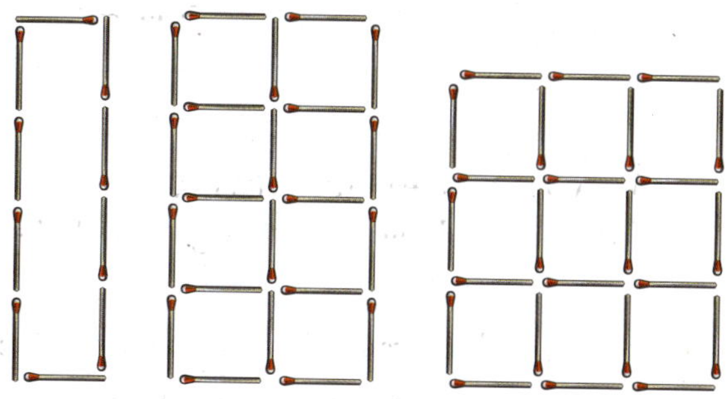

A B C

6 Area dei quadrilateri con diagonali perpendicolari

MI ALLENO

195 **NEL QUADERNO DELLE REGOLE** Copia la formula dell'area dei quadrilateri con diagonali perpendicolari e le formule inverse. Fai un esempio con un disegno.

Calcola l'area.

196 Le figure qui sotto hanno unità di misura u^2.

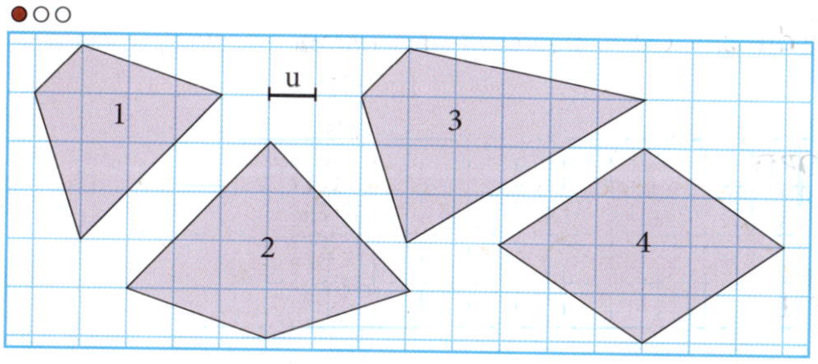

$A_1 =$ .... $A_2 =$ .... $A_3 =$ .... $A_4 =$ ....

197 Le diagonali di un deltoide misurano 26 cm e 22 cm. [286 cm^2]

198 Le diagonali di un rombo misurano rispettivamente 14 cm e 12 cm. [84 cm^2]

199 In un deltoide le diagonali misurano 13,2 cm e 9,4 cm.

200 Nel seguente quadrilatero i segmenti AC e BD sono perpendicolari fra loro e misurano rispettivamente 46 cm e 78 cm.

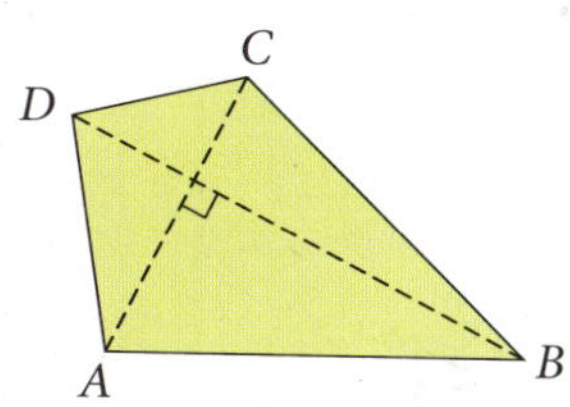

> Con queste informazioni puoi determinare l'area? Se sì, quanto misura?

201 **CON UN DISEGNO** Determina l'area di questo aquilone.

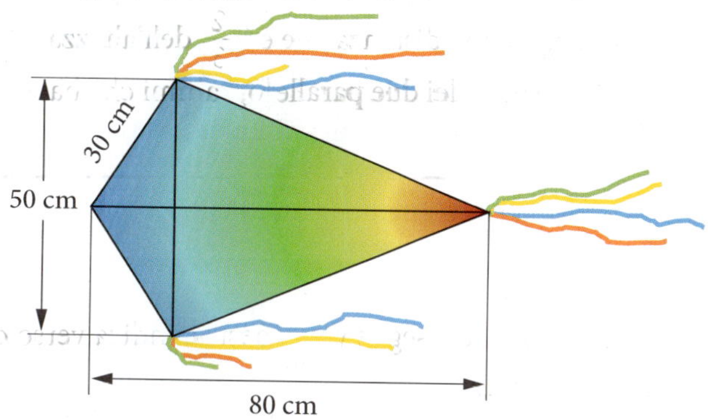

Hai utilizzato tutti i dati?

202 L'area di un rombo è di 192 cm^2 e una diagonale misura 16 cm.

> Calcola la lunghezza dell'altra diagonale.

203 In un deltoide l'area è di 459 cm^2; una diagonale è lunga 34 cm.

> Calcola la lunghezza dell'altra diagonale. [27 cm]

204 In un quadrilatero che ha le diagonali perpendicolari l'area è di 148,92 cm^2, e una diagonale è lunga 21,9 cm.

> Calcola la lunghezza dell'altra diagonale.

205 Completa la tabella relativa ad un insieme di quadrilateri con diagonali perpendicolari.

diagonale 1	23 cm	36 m	16 dm	9,5 cm
diagonale 2	18 cm	48 m	32 dm	6,8 cm
area				

Teoria a pag. 12

206 **EUREKA!** In questo rombo misura:
- le diagonali *AC* e *BD*,
- un lato e l'altezza corrispondente.

> Calcola l'area del rombo
- come metà del rettangolo le cui dimensioni sono le diagonali del rombo;
- come parallelogramma.

Dovresti ottenere due aree uguali, malgrado gli inevitabili errori di misura.

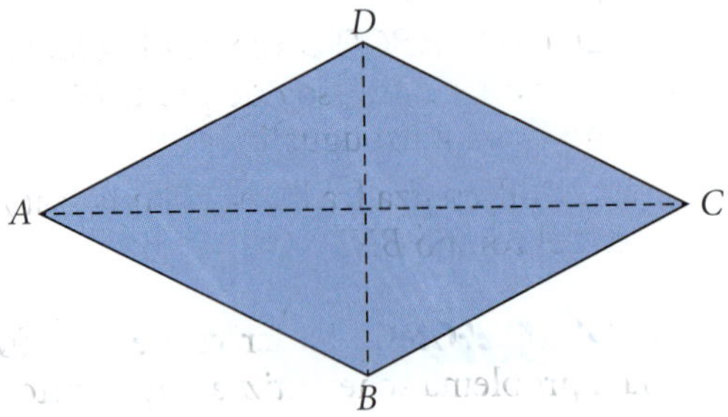

RISOLVO PROBLEMI

207 ●○○ L'area di un rombo è di 272 cm^2 e una diagonale misura 16 cm.
> Calcola la misura dell'altra diagonale. [34 cm]

208 ●○○ L'area di un rombo è di 192 cm^2 e la distanza fra due lati opposti è di 12 cm.
> Calcola la misura del lato.

In ciascun esercizio osserva la figura, utilizza i dati per scrivere il testo del problema e risolvilo.

209 ●○○ $\overline{BD} = 9$ cm
$\overline{AC} = 12$ cm
$A_{(ABCD)} = ?$

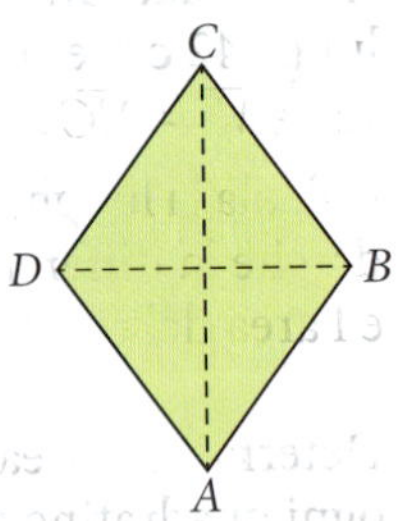

210 ●○○ $\overline{AC} = 45$ cm
$\overline{BD} = \frac{2}{5}\overline{AC}$
[405 cm^2]

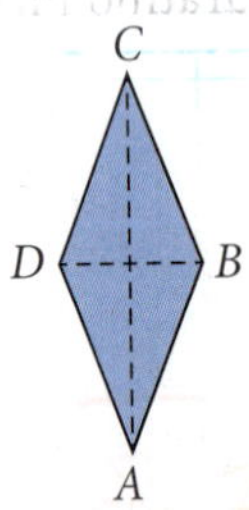

211 ●○○ $\overline{AC} + \overline{BD} = 136$ cm
$\overline{BD} - \overline{AC} = 70$ cm
$A_{(ABCD)} = ?$

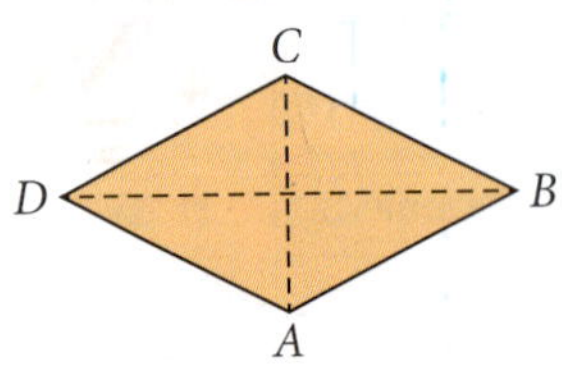

212 ●○○ Da una striscia di carta alta 9 cm ritaglio con due colpi di forbice un rombo che ha l'area di 108 cm^2.
> Quanto è lungo il lato del rombo? [12 cm]

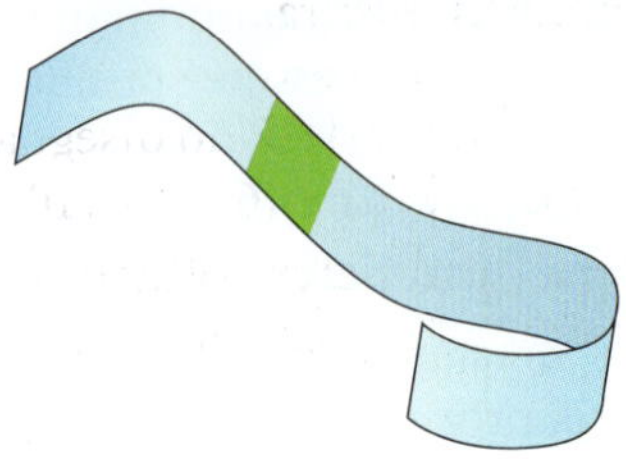

213 ●○○ In un rombo le diagonali sono l'una i $\frac{3}{4}$ dell'altra e la loro somma è di 22,4 cm.
> Determina l'area del rombo.

214 ●○○ Un rombo viene ritagliato da una striscia di carta larga 14 cm. Il suo perimetro è di 128 cm.
> Determina la sua area.

215 ●○○ Un rettangolo ha la base che misura 12 cm e l'altezza 8 cm.
Determina i punti medi dei suoi lati; unendo il punto medio di ogni lato con il punto medio del lato consecutivo, ottieni una figura a te nota.
> Di che figura si tratta?
> Calcola la sua area. [48 cm^2]

216 ●●○ Disegna un rombo.
Disegna poi un parallelogramma equivalente al rombo che abbia la base congruente al lato del rombo.

217 ●●○ Disegna un rombo che abbia:
a) l'area di 12 cm^2;
b) una diagonale lunga 6 cm.

218 ●●○ Ecco alcune informazioni su un rombo:
a) una diagonale è doppia dell'altra;
b) una diagonale misura 6 cm.
> Quale può essere la misura della sua area?
> C'è una sola soluzione?

219 ●●○ Determina l'area della parte colorata, assumendo come unità di misura il centimetro. [46 cm^2]

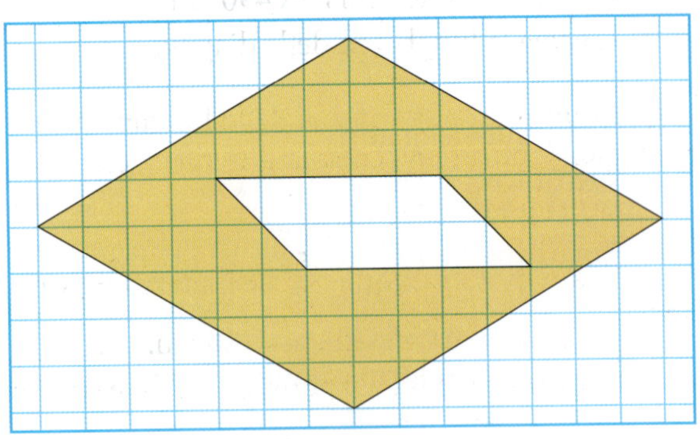

220 ●●○ In un riferimento cartesiano disegna il quadrilatero $ABCD$ con $A(3; 1)$, $B(8; 4)$, $C(3; 10)$ e $D(2; 4)$.

> Calcola la sua area assumendo il centimetro come unità di misura.

221 ●●○ In un riferimento cartesiano disegna il quadrilatero $ABCD$ con $A(2; 3)$, $B(6; 0)$, $C(10; 3)$ e $D(6; 6)$.

> Descrivi il quadrilatero ottenuto e calcola la sua area assumendo il centimetro come unità di misura.

222 ●●○ In un riferimento cartesiano disegna il quadrilatero $ABCD$ con $A(5; 1)$, $B(8; 4)$, $C(5; 7)$ e $D(2; 4)$.

> Descrivi il quadrilatero ottenuto e calcola la sua area assumendo il centimetro come unità di misura.

223 ●●○ Un rombo, nel quale una delle diagonali misura 36 cm, è equivalente a un quadrato il cui perimetro misura 48 cm.

> Calcola la lunghezza dell'altra diagonale del rombo. [8 cm]

224 ●●○ L'area del rombo inserito nella quadrettatura misura 192 dm².

> Calcola la misura delle diagonali.

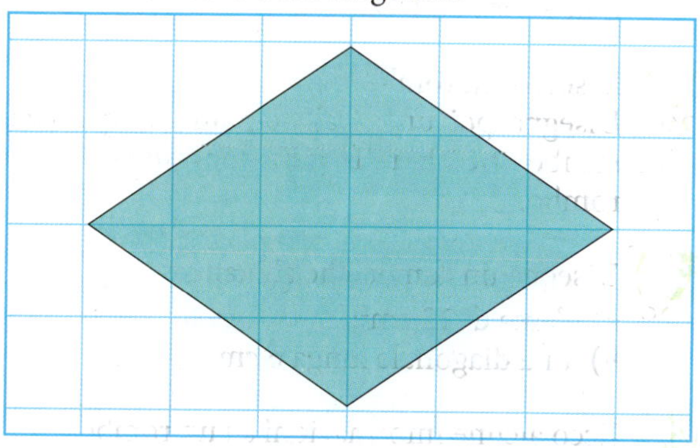

225 ●●○ In un rombo le diagonali sono una il triplo dell'altra e l'area misura 216 cm².

> Determina la lunghezza delle diagonali. [12 cm; 36 cm]

226 ●●○ In un rombo le diagonali sono una i $\frac{4}{5}$ dell'altra. L'area del rombo misura 490 cm².

> Calcola la lunghezza delle diagonali.

227 ●●○ In un rombo la somma delle lunghezze delle diagonali misura 56 cm e la differenza 8 cm.

> Calcola l'area. [384 cm²]

228 ●●○ Il lato di un rombo è $\frac{5}{3}$ dell'altezza a esso relativa. La loro somma misura 120 cm.

> Calcola la misura del perimetro e l'area del rombo.

229 ●●○ La diagonale minore di un rombo misura 36 cm e la maggiore è i suoi $\frac{4}{3}$.
Il perimetro del rombo misura 120 cm.

> Calcola la misura dell'altezza. [28,8 cm]

230 ●●○ In un rombo le diagonali sono una i $\frac{7}{4}$ dell'altra. L'area del rombo misura 31,5 cm².

> Calcola la lunghezza delle diagonali.

231 ●●○ In un quadrato $ABCD$ considera la diagonale AC lunga 36 cm e su di essa due punti M e N, che la dividono in tre parti uguali.

> Calcola la differenza fra l'area del quadrato $ABCD$ e l'area del rombo $BNDM$. [432 cm²]

232 ●●● **AL TELEFONO** Descrivi per telefono ad Anna il problema schematizzato qui sotto.

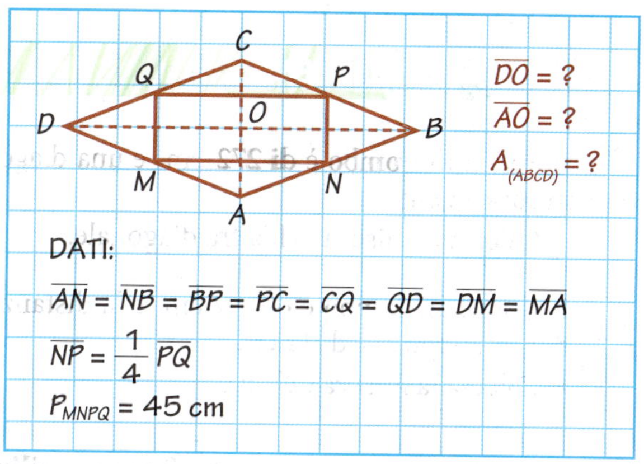

233 ●●● In un quadrato $ABCD$ considera la diagonale AC lunga 42 cm e su di essa due punti M e N, tale che sia $\overline{AM} = \overline{NC}$.

> Calcola la lunghezza dei segmenti AM e NC sapendo che la differenza fra l'area del quadrato $ABCD$ e l'area del rombo $BNDM$ è di 630 cm². [15 cm]

234 ●●● Determina l'area del rombo in figura (il lato di ogni quadratino misura 1 cm).

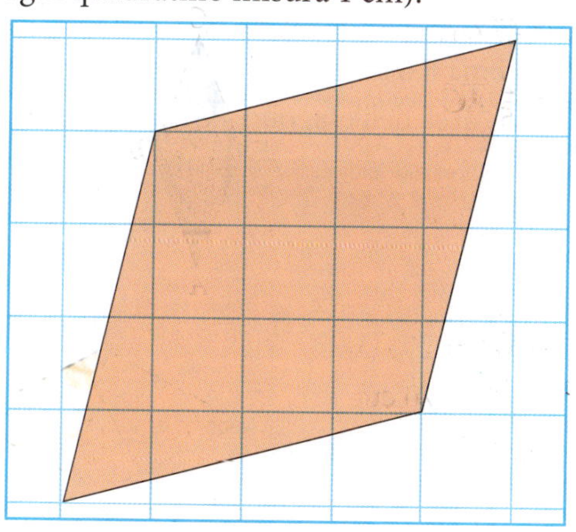

Teoria a pag. 12

ESERCIZI

235 ●●● Un rombo ha la diagonale maggiore lunga 48 cm ed è equivalente ai $\frac{2}{3}$ di un quadrato il cui perimetro misura 144 cm.

> Calcola la misura dell'altra diagonale del rombo. [36 cm]

236 ●●● Di un rombo hai le seguenti informazioni:
a) il lato è lungo 12,5 cm;
b) la distanza fra due lati paralleli è di 12 cm;
c) le diagonali sono una i $\frac{3}{4}$ dell'altra.

> Determina la lunghezza di ciascuna diagonale. [15 cm; 20 cm]

7 Area dei triangoli

MI ALLENO

237 ●○○ **NEL QUADERNO DELLE REGOLE** Copia la formula dell'area dei triangoli e le formule inverse. Fai un esempio con un disegno.

238 ●○○ In un triangolo la base misura 25 m e l'altezza 12 m.

> Calcola l'area. [150 m²]

239 ●○○ In un triangolo la base misura 8 cm e l'altezza 4 cm.

> Calcola l'area.

240 ●○○ L'area di un triangolo misura 165 cm^2 e la base è lunga 15 cm.

> Determina la misura dell'altezza.

241 ●○○ Calcola l'area di un triangolo la cui base misura 12,6 cm e l'altezza 4,3 cm. [27,09 cm^2]

242 ●○○ Calcola la misura della base di un triangolo la cui area è di 420 cm^2 e l'altezza di 30 cm.

243 ●○○ Calcola la misura dell'altezza di un triangolo che ha l'area di 612 cm^2 e la base di 34 cm. [36 cm]

244 ●○○ Il perimetro di un esagono regolare misura 60 cm e l'apotema 8,6 cm.

> Calcola l'area dell'esagono.

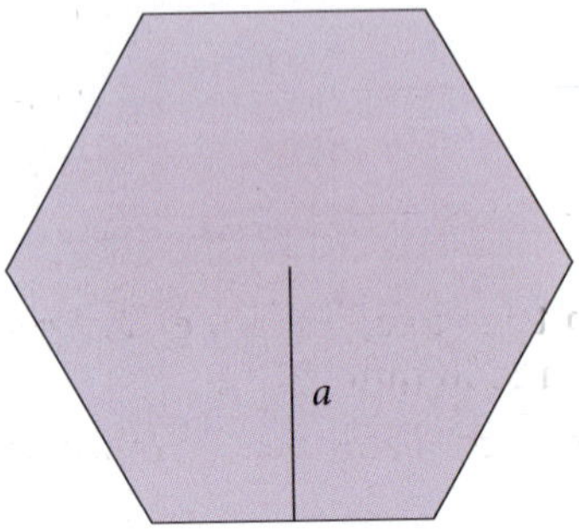

245 ●○○ L'area di un esagono regolare misura 374,4 cm^2 e l'apotema 10,4 cm.

> Calcola il lato. [12 cm]

246 ●○○ Calcola l'area di un quadrato sapendo che il suo apotema misura 5 cm.

247 ●○○ Completa la tabella relativa ad un insieme di triangoli.

base	20 cm		8 m	3,2 dm	3 m
altezza	10 cm	20 cm		9 dm	
area		50 cm^2	16 m^2		0,3 m^2

248 **EUREKA! Le farfalle d'Euclide**

Euclide, vissuto nel terzo secolo avanti Cristo, nel libro I degli *Elementi*, afferma:

«Se congiungi due coppie di punti appartenenti a due rette parallele, ottieni due ali di farfalla che hanno la stessa area.»

Ricopia il disegno sul quaderno e colora i triangoli con gli stessi colori della figura.

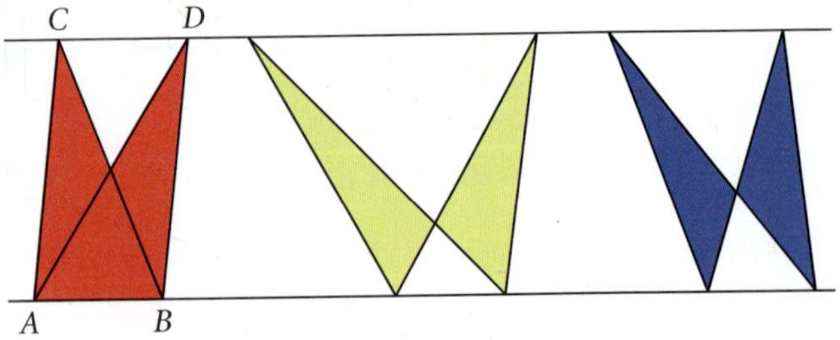

> Sapresti dire perché i due triangoli colorati di rosso *ABC* e *ABD*, hanno la stessa area?

> Sapresti anche dire perché i triangoli gialli e quelli azzurri hanno a coppie la stessa area?

RISOLVO PROBLEMI

249 ●○○ Calcola l'area di un triangolo che ha la base di 37 cm e l'altezza doppia della base. [1369 cm²]

250 ●○○ Calcola l'area di un triangolo che ha la base di 58 cm e la cui altezza è la metà della base.

In ciascun esercizio osserva la figura, utilizza i dati per scrivere il testo del problema e risolvilo.

251 ●○○ $\overline{AB} = 16$ m
$\overline{CH} = 9$ m
$A_{(ABC)} = ?$
[72 m²]

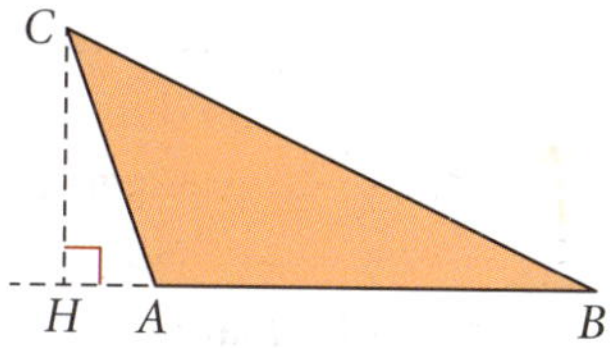

252 ●○○ $\overline{AB} = 10$ cm
$\overline{CH} = 6$ cm
$A_{(ABC)} = ?$

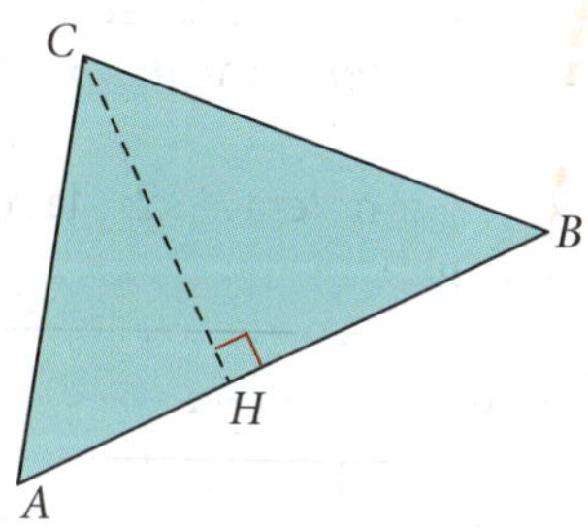

253 ●○○ $A_{(ABC)} = 33{,}82\ \text{cm}^2$
$\overline{CH} = 7{,}6$ cm
$\overline{AB} = ?$
[8,9 cm]

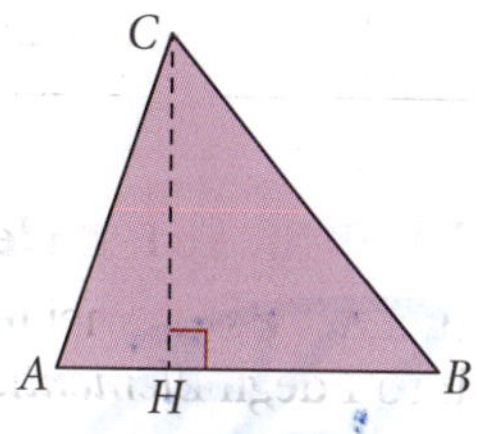

254 ●○○ I due triangoli hanno la stessa area. Perché?

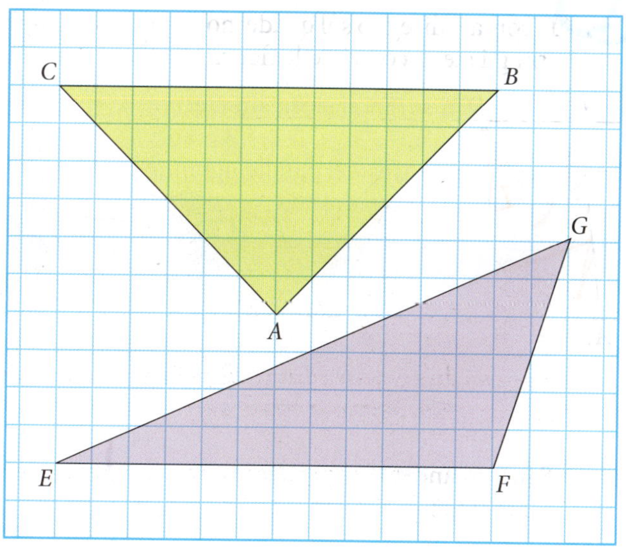

255 ●○○ Determina l'area di ogni triangolo rettangolo, dopo aver individuato i dati utili.

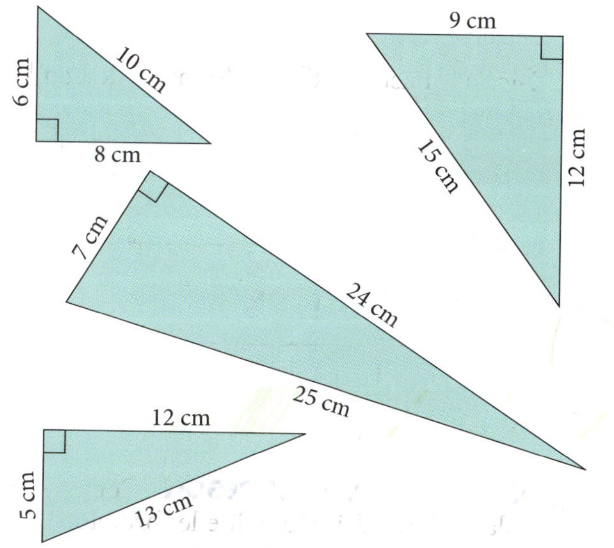

256 ●○○ In un triangolo uno dei lati, lungo 44 cm, dista 56 cm dal vertice opposto.

> Qual è la sua area? [1232 cm²]

257 ●○○ **CACCIA ALL'ERRORE**

L'insegnante chiede ai suoi alunni di disegnare dei triangoli con l'area di 6 cm². Ecco i lavori di alcuni ragazzi.

> Ci sono dei disegni sbagliati? Giustifica la tua risposta.

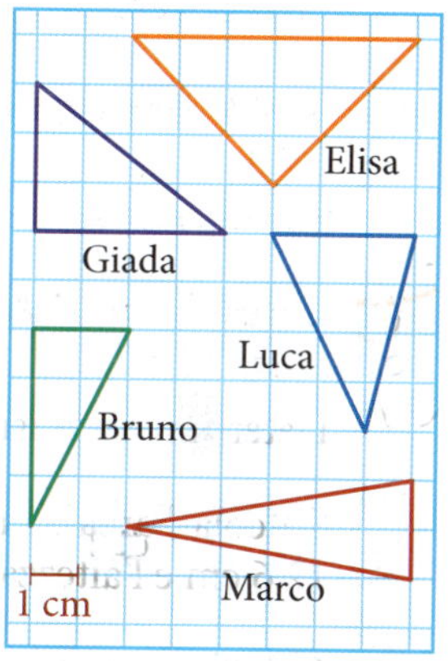

258 ●○○ Disegna un triangolo *ABC* rettangolo in *A* e completa la tabella.

lato	vertice opposto	altezza	area
AB	*C*	*CA*	$\frac{\overline{AB} \cdot \overline{CA}}{2}$
BC			
AC			

259 ●●○ In un triangolo, un lato e l'altezza a esso relativa misurano in tutto 34,4 dm.

> Sapendo che l'altezza è il triplo del lato, calcola l'area. [110,94 dm²]

Teoria a pag. 14

ESERCIZI

260 **CHI HA RAGIONE?** Susanna sembra sicura di sé: «Se raddoppio l'altezza di un triangolo, raddoppio anche il perimetro!»
Irene controbatte: «Secondo me, invece, raddoppio l'area».

> Chi ha ragione? Perché?

261 Disegna un triangolo scaleno e la mediana relativa a un lato.

> La mediana lo scompone in due triangoli: sono equivalenti? Perché?

262 **A OCCHIO** Stima a occhio l'area del triangolo e scrivi qui sotto la tua stima.

....

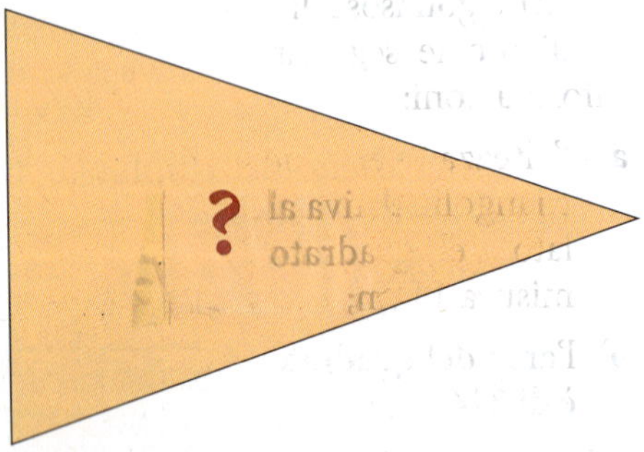

> Esegui, poi, le misure necessarie e determinane l'area. C'è molta differenza?

263 **La tua opinione**
Credi che un triangolo, il cui lato di 23 cm dista dal vertice opposto 18 cm, sia equivalente a un rettangolo la cui base, lunga 23 cm, dista 9 cm dalla base opposta?

264 Trova tutte le possibili lunghezze, in numeri interi, dei cateti dei triangoli rettangoli la cui area è 12 cm^2.

265 In un triangolo isoscele la base è $\frac{3}{2}$ dell'altezza e la loro somma è di 140 cm, mentre il lato obliquo è lungo 70 cm.

> Calcola l'area del triangolo.
> C'è un dato inutile?

266 In un triangolo la base è doppia dell'altezza e la loro somma è di 42 cm.

> Calcola l'area del triangolo.

267 In un triangolo la base è $\frac{5}{12}$ dell'altezza e la loro differenza è di 28 cm.

> Calcola l'area del triangolo. [480 cm^2]

268 In un parallelogramma $ABCD$ l'area è di 504 cm^2. La diagonale AC dista 8,4 cm dal vertice B.

> Determina la misura di AC.

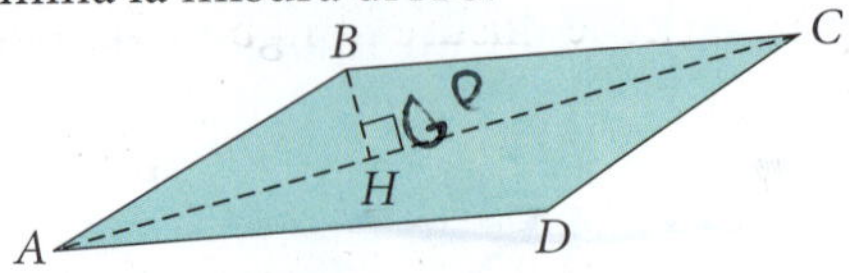

269 Disegna un triangolo scaleno MIO.
Dividilo, con una retta che passi per un vertice, in due parti che abbiano la stessa area.

270 Disegna un triangolo scaleno MAO.
Dividilo, con due rette che passino per lo stesso vertice, in tre triangoli che abbiano la stessa area.

271 Come cambia l'area di un triangolo se
a) l'altezza viene raddoppiata?
b) la base viene dimezzata?
c) si raddoppiano sia la base che l'altezza?

272 Determina l'area del triangolo utilizzando come unità il quadretto.

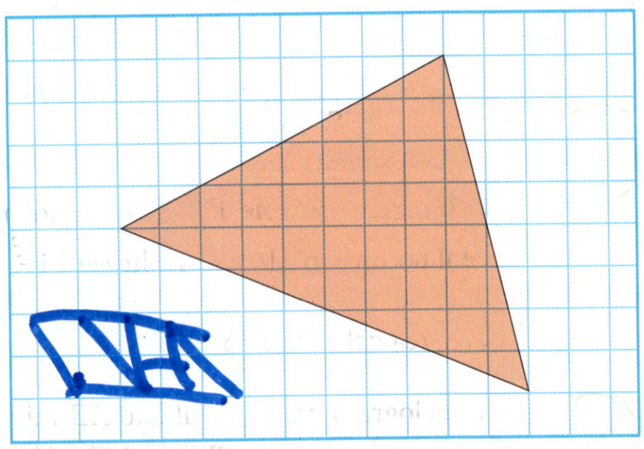

273 Un parallelogramma, un triangolo e un quadrato hanno la stessa area di 36 cm^2. Tutte le figure hanno la stessa base che misura 60 mm.

> Quanto misurano le loro altezze?

274 Determina l'area del parallelogramma utilizzando come unità il quadretto.

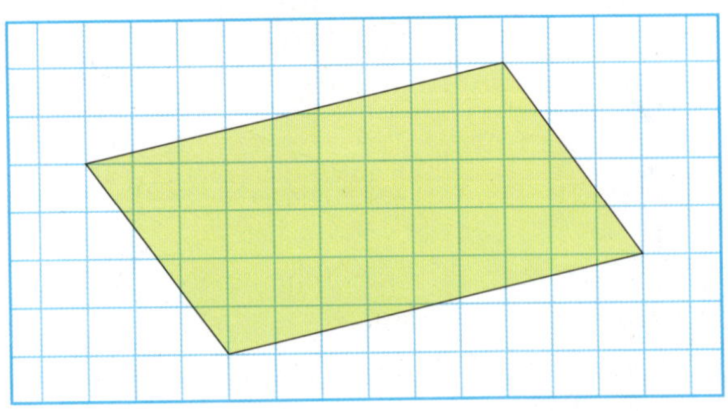

275 Considera il rettangolo $ABCD$.

> Determina l'area dei triangoli AED, ABE, BCE, sapendo che le misure in figura sono date in centimetri.

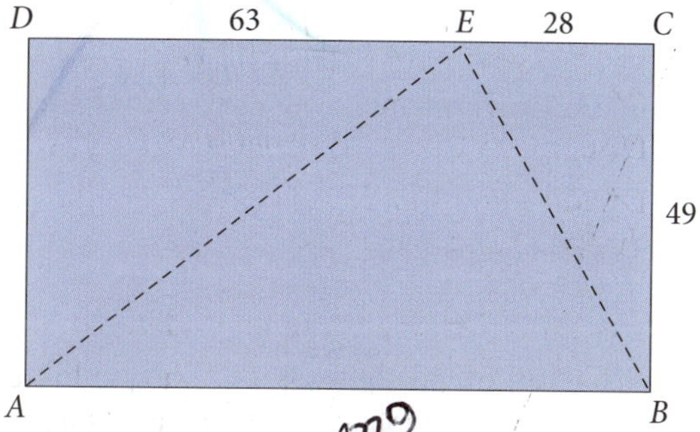

[1543,5 cm^2; 2229,5 cm^2; 686 cm^2]

276 In un riferimento cartesiano considera il triangolo ABC con $A(2; 3)$, $B(2; 6)$, $C(5; 10)$.

> Calcola la sua area, assumendo il centimetro come unità di misura.

277 In un riferimento cartesiano considera il triangolo di vertici $A(1; 2)$, $B(7; 2)$, $C(1; 10)$.

> Calcola la sua area, assumendo il centimetro come unità di misura. [27 cm^2]

278 Disegna tre triangoli diversi che abbiano l'area di 8 cm^2.

279 In un triangolo isoscele il lato obliquo misura 60 cm e il perimetro 216 cm. L'altezza è i $\frac{3}{8}$ della base.

> Calcola l'area del triangolo. [1728 cm^2]

280 Nel parallelogramma $ABCD$ il lato AB misura 58 cm e il vertice C dista 39 cm dalla retta AB.

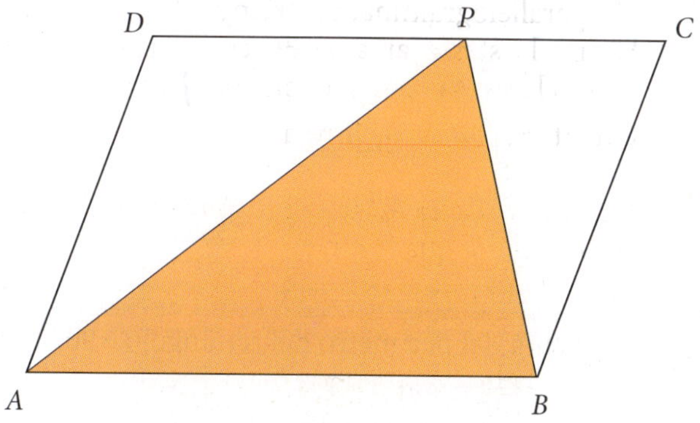

> Determina l'area del triangolo ABP.

281 Il perimetro del quadrato equivalente a un triangolo è lungo 48 cm.

> Determina l'altezza del triangolo la cui base misura 18 cm. [16 cm]

282 Un trapezio è formato da un quadrato e da due triangoli rettangoli isosceli.

> Quali e quante misure di lunghezza ti sono necessarie per determinare l'area del trapezio? (Devi dare il numero minimo.)

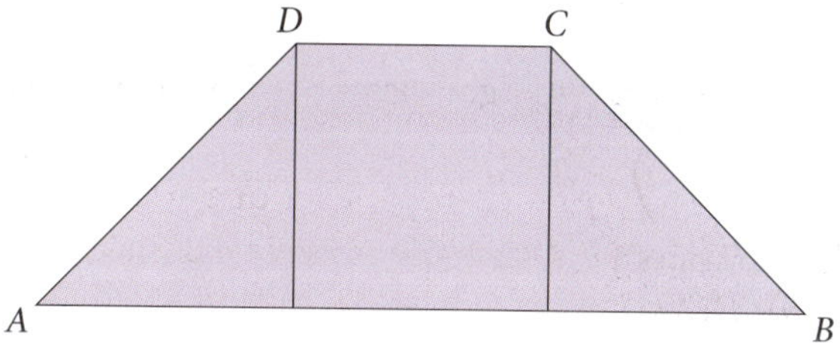

283 Un esagono è formato da un quadrato e da due triangoli isosceli. Ti diamo le seguenti informazioni:

a) l'altezza dei due triangoli relativa al lato del quadrato misura 14 cm;

b) l'area del quadrato è di 324 cm^2.

> Sei capace di determinare l'area dell'esagono $ABCDEF$? [576 cm^2]

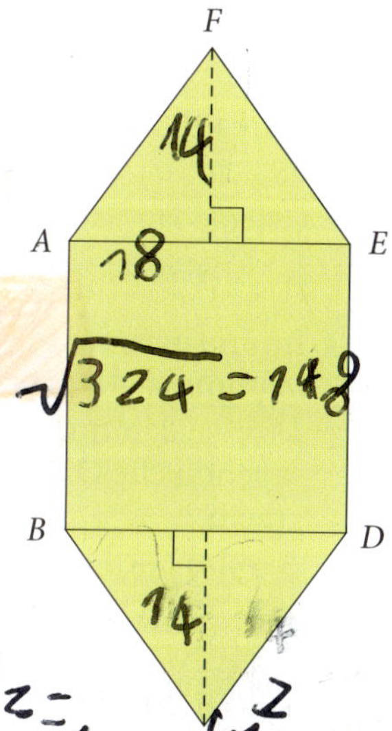

284 L'area di un triangolo equilatero è 84,7 cm^2 e il lato è 14 cm.

> Calcola l'area dell'esagono formato da 6 triangoli equilateri uguali al triangolo dato.

> C'è un dato inutile?

285 Gli angoli interni di un poligono regolare sono di 90°. La lunghezza dell'apotema è 6 cm.

> Calcola l'area del poligono. [144 cm^2]

286 Un esagono regolare può essere scomposto in sei triangoli, aventi ciascuno l'area equivalente all'area di un rombo le cui diagonali misurano 5 cm e 7 cm.

> Calcola l'area dell'esagono.

287 In un triangolo isoscele il perimetro misura 32 cm.

> Sapendo che la base è $\frac{3}{2}$ dell'altezza a essa relativa e che la loro somma è di 20 cm, determina la misura dell'altezza relativa al lato obliquo. [9,6 cm]

ESERCIZI

288 ●●○ Disegna sul tuo quaderno:
- **a)** un triangolo di area 6 cm^2;
- **b)** un triangolo di area 0,12 dm^2;
- **c)** un triangolo di area 0,0016 m^2.

289 ●●○ In un triangolo rettangolo un angolo misura 45° e l'area è di 162 m^2.

> Determina la misura di ciascuno dei cateti.

290 ●●○ Considera un triangolo isoscele *ABC* la cui area è di 120 cm^2 e la cui base *AB* misura 16 cm. Considera poi il punto *P*, appartenente all'altezza *CH*, che la divide in due parti, *PH* doppia di *CP*.

> Calcola l'area del quadrilatero concavo *APBC*. [40 cm^2]

291 ●●○ L'area di un triangolo rettangolo isoscele misura 392 cm^2.

> Calcola la misura di ciascuno dei cateti. [28 cm; 28 cm]

292 ●●○ In un riferimento cartesiano considera il parallelogramma *ABCD* con *A*(2; 1), *B*(10; 1), *C*(14; 7), *D*(6; 7); determina l'area dei triangoli *ABO* e *BCO*, sapendo che *O* è il punto di intersezione delle diagonali.
Assumi che l'unità di misura sia il centimetro.

293 ●●○ Nel triangolo in figura la base è $\frac{5}{4}$ dell'altezza e l'area misura 160 cm^2.

> Determina le misure della base e dell'altezza. [20 cm; 16 cm]

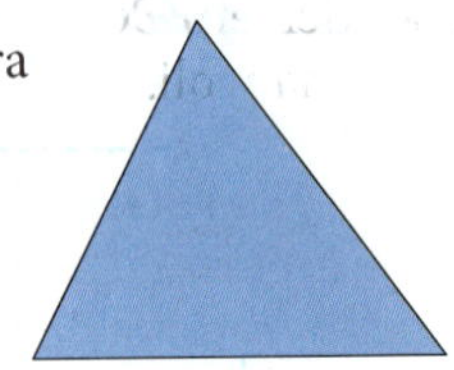

294 ●●○ In un triangolo l'area misura 126 cm^2 e l'altezza è $\frac{4}{7}$ della base.

> Determina le lunghezze della base e dell'altezza del triangolo.

295 ●●○ In un triangolo l'area misura 900 cm^2 e sappiamo che l'altezza è $\frac{9}{8}$ della base.

> Determina la lunghezza della base e dell'altezza del triangolo. [40 cm; 45 cm]

296 ●●○ Un triangolo rettangolo ha un angolo acuto ampio 45° e un cateto lungo 18 cm.

> Calcola l'area.

297 ●●○ Un triangolo isoscele ha gli angoli alla base che misurano 45° e il lato obliquo misura 32 cm.

> Calcola l'area. [512 cm^2]

298 ●●● In un triangolo la base è i $\frac{4}{7}$ dell'altezza e la somma delle loro lunghezze misura 110 cm. Un quadrato è equivalente ai $\frac{7}{8}$ del triangolo.

> Calcola il perimetro del quadrato.

299 ●●○ **CON UN DISEGNO** Calcola l'area dei triangoli.

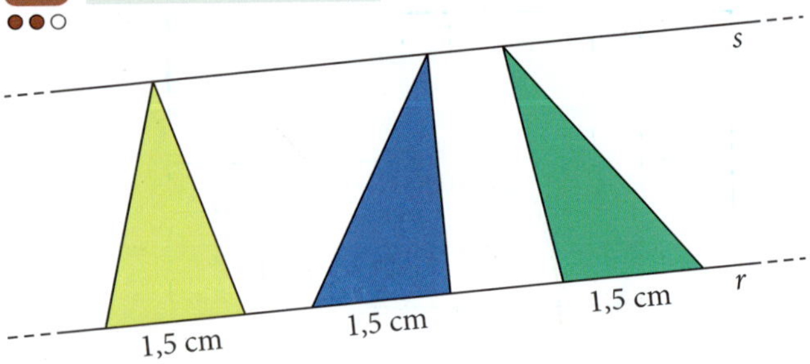

300 ●●● **MATHS** To find the area of a polygon, you can divide it into other polygons.
- **a)** Use one triangle, one rectangle and one parallelogram that is not a rectangle and draw a polygon that has an area of 50 cm^2.
- **b)** *Write down* the base *length* and *height* of each polygon you used.

GLOSSARY
to write down = annotare
length = lunghezza
height = altezza

301 ●●● L'altezza e la base di un triangolo isoscele misurano rispettivamente 20 cm e 30 cm. Il perimetro misura 80 cm. Un quadrato ha il lato congruente all'altezza relativa al lato obliquo del triangolo.

> Calcola l'area del quadrato. [576 cm^2]

302 ●●● Un rettangolo, che ha la base doppia dell'altezza, viene diviso in tre parti fra loro equivalenti.

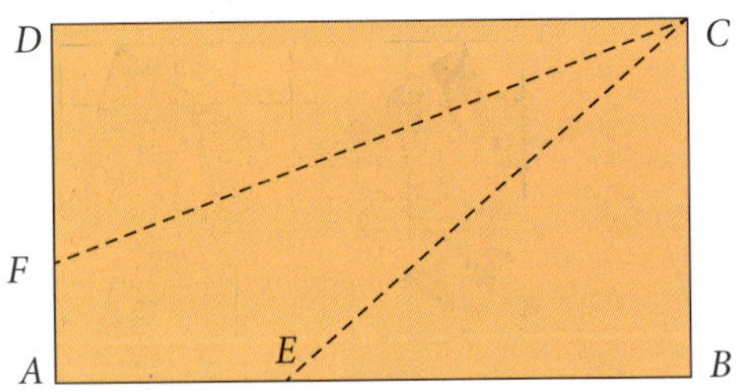

La misura del perimetro del rettangolo è 90 cm.

> Calcola i segmenti *AE* e *AF*.

303 ●●○ L'area del triangolo *ABC* è di 10 cm^2. Qual è l'area di *ABD* sapendo che $\overline{BC} = \frac{1}{2}\overline{CD}$? [30 cm^2]

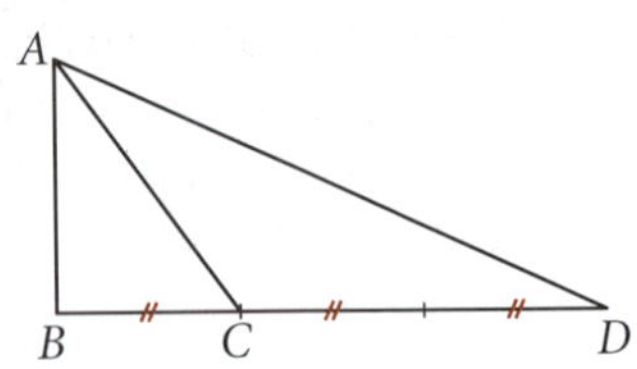

304 **UNA PAUSA**

a) Indovina

> In questa sequenza che cosa viene dopo?

13, 26, 40, 55, 68, 82, 97, 110, ...

b) Disegna

> Disegna la figura simmetrica rispetto alla retta l.

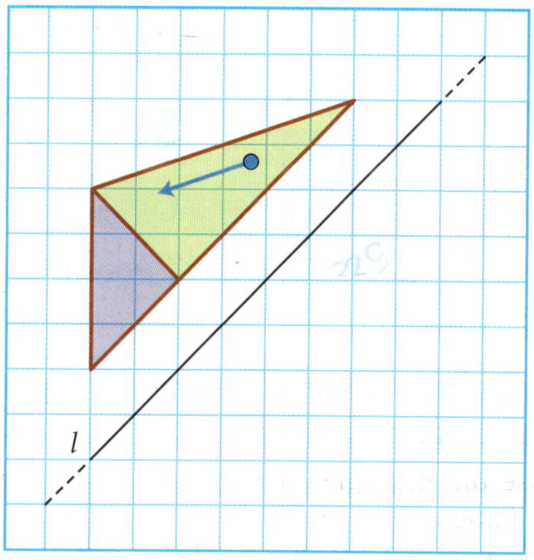

c) Ragiona

> Ordina le parole in colonna, in cima la parola che descrive l'insieme più ampio e in fondo la parola che descrive l'insieme più specifico:

parallelogrammi ....

quadrati ....

quadrilateri ....

poligoni ....

rettangoli ....

305 ●●● Il perimetro del rettangolo $ABCD$ è lungo 130 cm e l'altezza è $\frac{5}{8}$ della base; determina l'area della parte colorata della figura. [500 cm²]

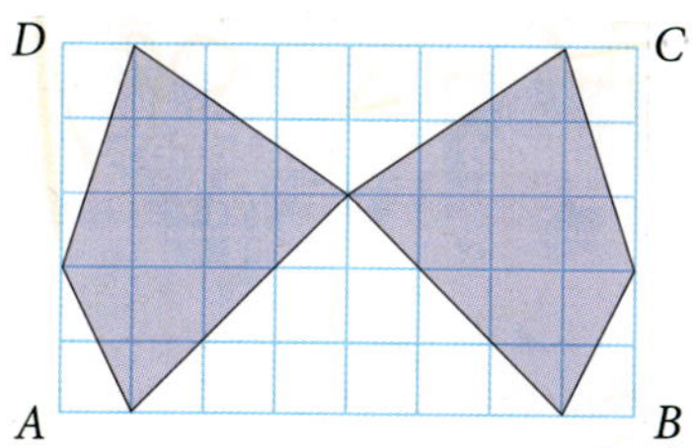

306 ●●● In un esagono regolare $ABCDEF$ l'area è 180 cm². Calcola l'area del triangolo DEF ottenuto tracciando la diagonale DF (scomponi l'esagono in tanti triangoli e... osserva).

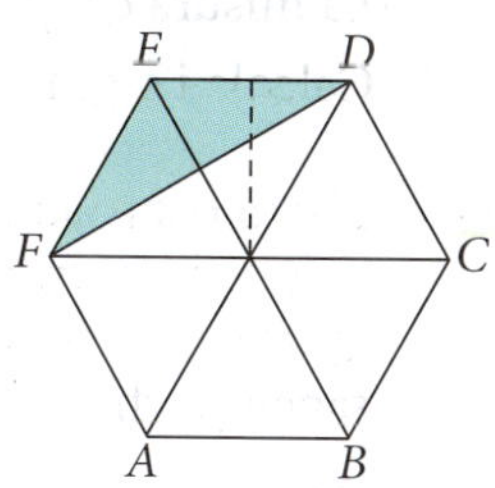

307 ●●● La base CA del triangolo CAT è fissa e misura 4 cm. Il vertice T si sposta invece sulla retta r perpendicolare a CA.

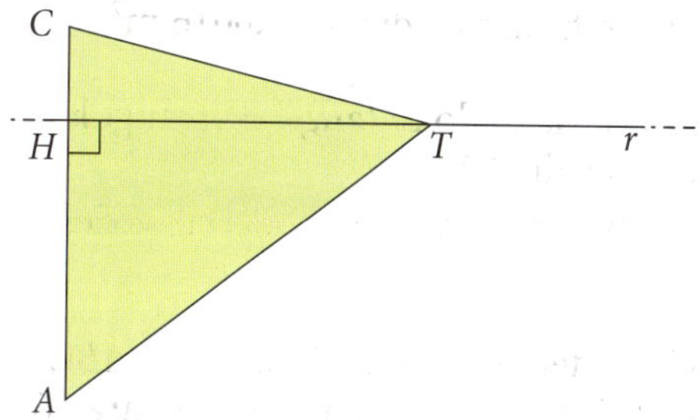

Completa la tabella.

$\overline{HT}$ in cm	0	1	2	3	4	5	6	7	8
area CAT in cm²									

> Se raddoppi l'altezza, raddoppia anche l'area?

Riporta in un riferimento cartesiano i dati della tabella, le lunghezze del segmento HT sull'asse delle ascisse e i corrispondenti valori dell'area del triangolo sull'asse delle ordinate.

> Che tipo di grafico ottieni?

308 **INVALSI 2014** Nel triangolo in figura il segmento AM congiunge il vertice A con il punto medio M del lato BC. Il triangolo risulta così diviso in due triangoli.

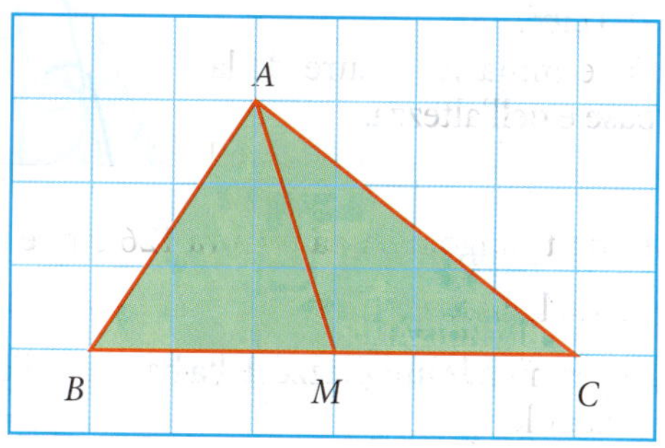

I due triangoli ABM ed AMC risultano tra loro equivalenti?

A. ☐ Sì, perché i triangoli ABM e AMC hanno una base e la relativa altezza di uguali lunghezze

B. ☐ Sì, perché il lato AM è in comune ai triangoli ABM e AMC

C. ☐ No, perché i triangoli ABM e AMC non sono congruenti

D. ☐ No, perché il segmento AM è la mediana relativa al lato BC del triangolo ABC

Teoria a pag. 14

309 **INTORNO A NOI** Se unisco in linea d'aria, con una spezzata immaginaria, le città di Aosta, Milano e Genova, ottengo un triangolo rettangolo con angolo retto in Milano.
Misura i lati di questo triangolo facendo riferimento alla carta e poi calcola la sua area in km^2.

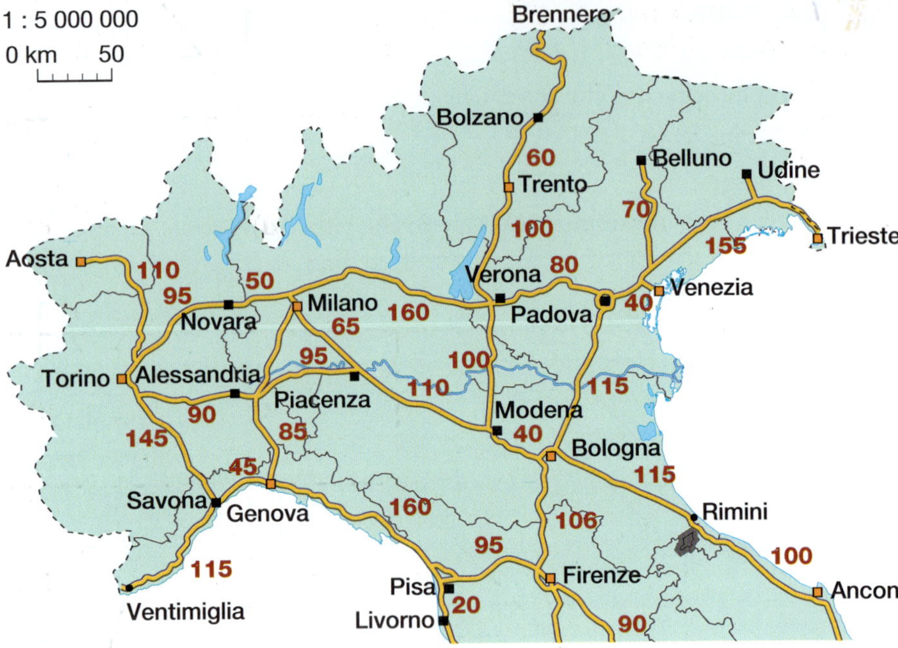

8 Area dei trapezi

MI ALLENO

310 ●○○ **NEL QUADERNO DELLE REGOLE** Copia la formula dell'area dei trapezi e le formule inverse. Fai un esempio con un disegno.

311 ●○○ In un trapezio, la somma delle basi misura 34 dm e l'altezza 13 dm.

> Calcola l'area. [221 dm^2]

312 ●○○ Le due basi di un trapezio misurano rispettivamente 12 cm e 9 cm.

> Sapendo che l'altezza del trapezio è 16 cm, calcola la sua area.

313 ●○○ I lati paralleli di un trapezio sono lunghi 15 cm e 23 cm e distano fra loro 7 cm.

> Determina l'area del trapezio. [133 cm^2]

314 ●○○ Le basi di un trapezio misurano 5,6 cm e 18,3 cm, mentre l'altezza misura 15,7 cm.

> Calcola l'area.

315 ●○○ In un trapezio, l'altezza misura 18 cm e l'area è di 486 cm^2.

> Calcola la somma delle basi. [54 cm]

316 ●○○ In un trapezio, l'altezza misura 1 m e l'area vale 1 m^2.

> Calcola la somma delle basi.

317 ●○○ In un trapezio l'area è di 1438,2 cm^2; l'altezza misura 37,6 cm.

> Determina la somma delle basi.

318 ●○○ In un trapezio la somma delle basi è di 56,2 cm, mentre l'area è di 511,42 cm^2.

> Calcola la misura dell'altezza. [18,2 cm]

319 ●○○ Un trapezio ha i lati paralleli lunghi rispettivamente 15 cm e 24 cm. La sua area è di 234 cm^2.

> Quanto distano fra loro i lati paralleli?

320 ●○○ L'area di un trapezio è di 220 m^2 e i lati paralleli sono lunghi 12 m e 28 m.

> Calcola la misura dell'altezza. [11 m]

321 ●○○ Completa la tabella, relativa a un insieme di trapezi.

base 1	8 cm	34 m	4,6 dm	4,6 dm	2,8 m
base 2	5 cm	28 m	28 m	3,8 dm	7,6 m
altezza	6 cm	12 m	12 m		
area	39 cm^2			21,42 dm^2	20,8 m^2

322 **EUREKA!** Calcola le aree dei poligoni.

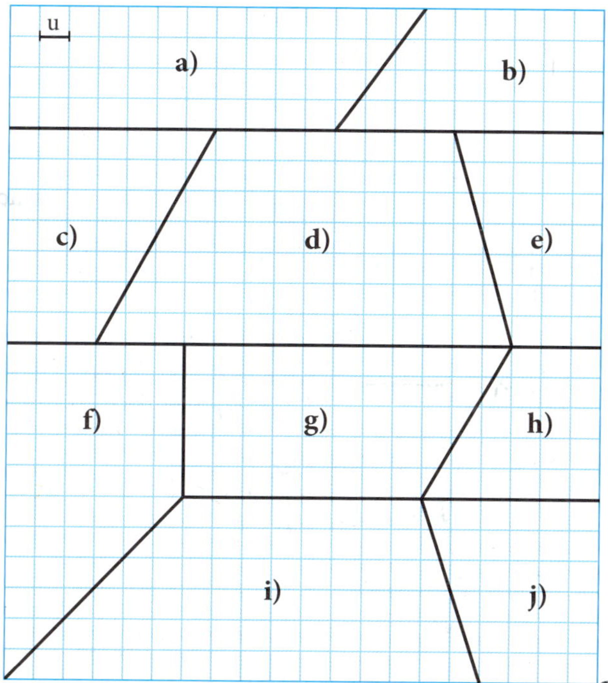

a	50 u²
b	
c	
d	
e	
f	
g	
h	
i	
j	
totale	

RISOLVO PROBLEMI

323 ●○○ Calcola l'area del trapezio in figura.

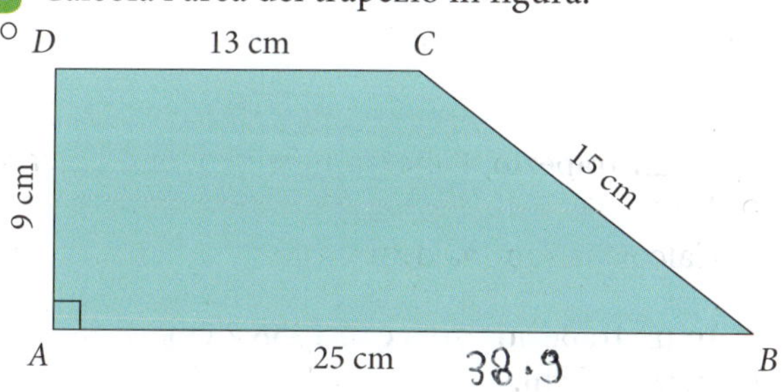

> Quali dati hai utilizzato?
> Tutti i dati sono necessari?

324 ●○○ In un trapezio rettangolo la base maggiore è doppia dell'altezza. L'altezza misura 12 cm. La differenza tra le basi del trapezio è di 8 cm.

> Calcola l'area del trapezio. [2400 cm²]

In ciascun esercizio osserva la figura, utilizza i dati per scrivere il testo del problema e risolvilo.

325 ●○○ $\overline{AB} + \overline{CD} = 103$ cm
$\overline{CH} = 32$ cm
$A_{(ABCD)} = ?$

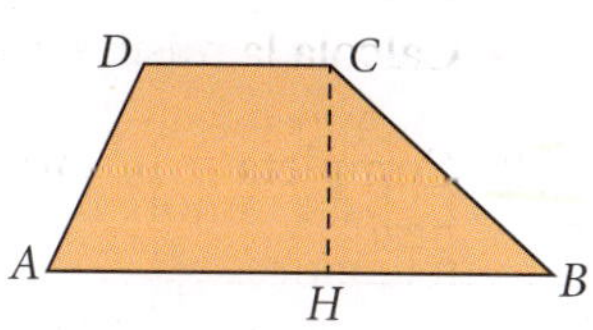

326 ●○○ $A_{(ABCD)} = 1040$ cm^2
$\overline{AB} + \overline{CD} = 6{,}5$ cm
$\overline{CH} = ?$
[320 cm]

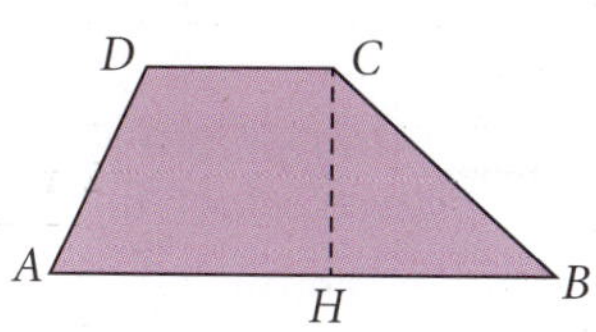

327 ●○○ $\overline{AD} = \overline{BC}$
$\overline{DC} = 12$ cm
$\overline{AB} = \frac{4}{3}\overline{DC}$
$\overline{CH} = 8$ cm
$A_{(ABCD)} = ?$

328 ●●○ **A OCCHIO** Stima a occhio l'area del trapezio e scrivi qui sotto la tua stima.

....

> Esegui poi le misure necessarie e determinane l'area. C'è molta differenza?

329 ●○○ Calcola l'area del trapezio *FIOR*.

> Quali dati non servono?

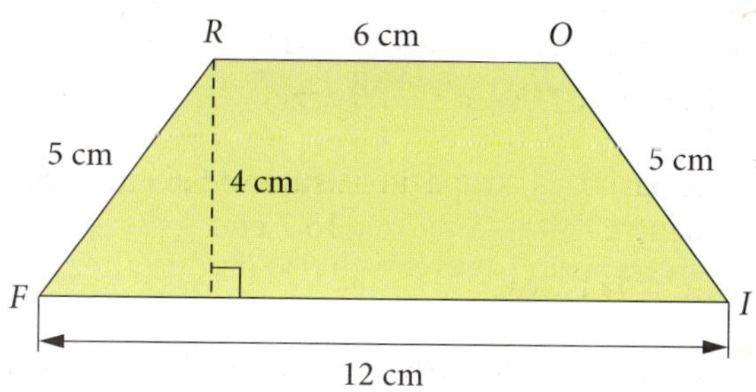

Teoria a pag. 17

ESERCIZI

330 ●●○ Calcola l'area del trapezio *SOLE*.

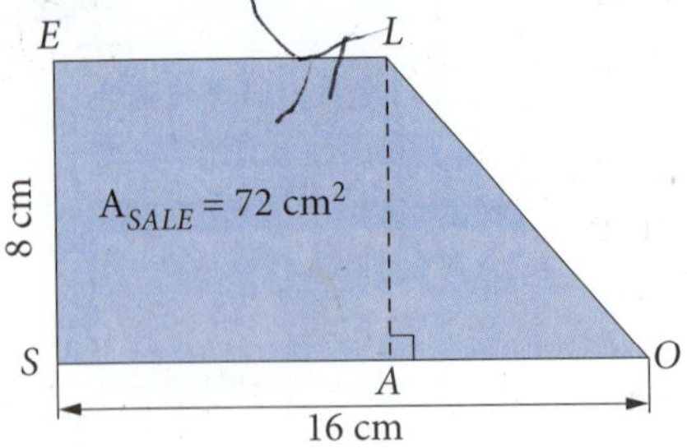

331 ●●○ Considera in un riferimento cartesiano il quadrilatero di vertici $A(1; 1)$, $B(7; 5)$, $C(7; 12)$, $D(1; 5)$.

> Determina la sua area, utilizzando come unità di misura il quadretto del tuo foglio. [33 quadretti]

332 ●●○ **CON UN DISEGNO** Determina l'area della parte colorata.

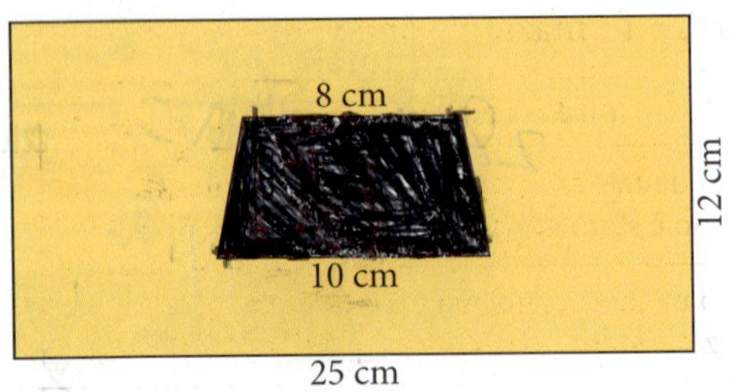

333 ●●○ In un trapezio rettangolo il lato obliquo e la diagonale minore sono congruenti e perpendicolari; l'altezza misura 12 cm.

> Calcola l'area del trapezio. [216 cm²]

334 ●●○ In un trapezio isoscele gli angoli alla base maggiore misurano 45°. La base minore è lunga 14 cm e l'altezza misura 18 cm.

> Determina l'area del trapezio.

335 ●●○ Un trapezio isoscele si può scomporre in un quadrato e due triangoli congruenti; la base minore è $\frac{2}{3}$ della base maggiore e la loro somma è 40 cm.

> Calcola l'area del trapezio. [320 cm²]

336 ●●○ Un trapezio isoscele *ABCD* ha l'area di 540 cm². La base *AB* è tripla dell'altra e l'altezza misura 15 cm.

> Determina l'area del triangolo *ACD*.

337 ●●○ Un trapezio isoscele è diviso da due altezze in un quadrato e in due triangoli rettangoli isosceli. La sua area misura 288 cm².

> Determina la lunghezza delle basi e dell'altezza. [12 cm; 36 cm; 12 cm]

338 ●●○ In un trapezio, la cui area è di 880 cm², la base maggiore misura 56 cm e la minore è i suoi $\frac{4}{7}$.

> Calcola la misura dell'altezza.

339 ●●○ In un trapezio, la cui area è di 720 cm², la base minore misura 18 cm e l'altezza è i suoi $\frac{4}{3}$.

> Calcola la misura della base maggiore. [42 cm]

340 ●●● **AL TELEFONO** Descrivi per telefono a Nicola, convalescente dopo un'influenza, il seguente problema che l'insegnante ha proposto a scuola.

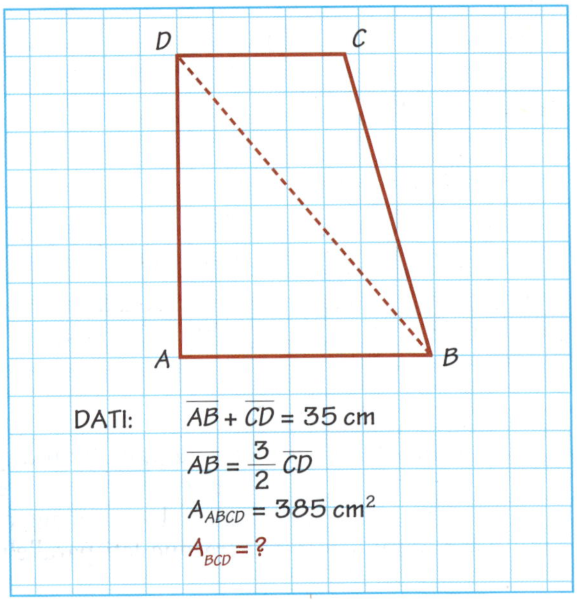

341 ●○○ In un riferimento cartesiano disegna un trapezio di vertici $A(3; 2)$, $B(12; 2)$, $C(9; 6)$, $D(5; 6)$.

> Calcola l'area del trapezio, assumendo come unità di misura il centimetro. [26 cm²]

342 ●○○ In un riferimento cartesiano disegna un trapezio di vertici $A(1; 1)$, $B(10; 1)$, $C(8; 5)$, $D(1; 5)$.

> Calcola l'area del trapezio, assumendo come unità di misura il centimetro.

343 ●●● In un trapezio l'area è di 440 mm². La base minore misura 16 mm ed è i $\frac{4}{7}$ della base maggiore.

> Determina la misura dell'altezza.

344 ●●○ In un trapezio isoscele, di area 578 cm², le diagonali sono uguali e perpendicolari fra loro.

> Determina la loro comune lunghezza. [34 cm]

345 Di un trapezio hai queste informazioni:

a) la base minore è $\frac{5}{8}$ della maggiore;

b) la differenza fra le lunghezze delle basi è 15 mm;

c) la base maggiore è doppia dell'altezza.

> Calcola l'area del trapezio.

346 ●●● Di un trapezio hai queste informazioni:

a) è rettangolo;

b) la base minore ha la stessa lunghezza dell'altezza (11 cm);

c) il lato obliquo forma con la base maggiore un angolo di 45°.

> Calcola l'area del trapezio. [181,5 cm²]

347 ●●● Di un trapezio hai queste informazioni:

a) l'area misura 18 cm²;

b) l'altezza misura 4 cm;

c) una base è doppia dell'altra.

> Calcola la lunghezza delle due basi.

> Disegna il trapezio. Esiste una sola figura che soddisfi le condizioni del problema? Perché?

348 ●●● Un rombo è equivalente al doppio di un trapezio rettangolo la cui altezza, lunga 8 cm, è congruente alla base minore ed è metà della base maggiore. Nel rombo la distanza tra due lati paralleli è di 12 cm.

> Determina la lunghezza del suo perimetro. [64 cm]

349 ●●● Considera un trapezio scaleno *ABCD* in cui la base minore *CD* misura 21 cm e l'altezza *CH* misura 12 cm. L'area del trapezio è di 408 cm² e il quadrilatero *HBCD* è un parallelogramma.

> Determina la lunghezza della proiezione del lato *AD* sulla base maggiore. [5 cm]

350 **UNA PAUSA**

a) Indovina

> In questa sequenza che cosa viene dopo?

1, 3, 8, 19, 42, 89, ..., ...

b) Disegna

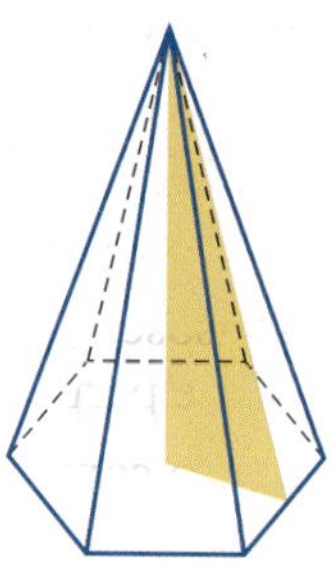

c) Ragiona

> Ecco un rombo, un triangolo, un cerchio e un rettangolo.

La figura situata sotto a tutte è il cerchio..............

La figura situata sopra a tutte è il rombo..............

Tra di loro ci sono il triangolo.............. e il rettangolo..............

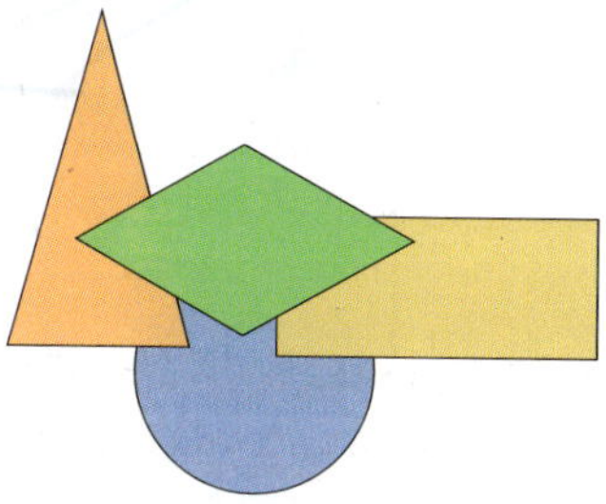

351 **INTORNO A NOI** Disegna un trapezio scaleno. Determina i punti medi delle basi e congiungili con un segmento. Descrivi le figure in cui è stato diviso il trapezio. Confronta le due figure. Quale o quali affermazioni sono vere?

affermazione	vera	falsa
a) hanno uguale area e perimetro perché il trapezio è stato diviso in parti uguali		
b) hanno uguale perimetro perché il trapezio è stato diviso in due parti uguali		
c) hanno uguale solo l'area perché hanno uguali la somma delle basi e l'altezza		
d) hanno perimetro e area diversi perché hanno forma diversa		

352 ●○○ **VERSO IL CODING** Leggi il problema e riordina le istruzioni per risolverlo scritte nei blocchi.

> Completa gli spazi vuoti.

In un trapezio isoscele la somma delle basi è 48 cm e una è il triplo dell'altra. L'altezza misura 6 cm. Calcola la misura delle basi e l'area del trapezio.

Calcolo la base maggiore B =

48: 4

inizio

(......... + ...) x h /2 = ... cm²

Calcolo la base minore b =

12 x 3

Calcolo l'area A = (B + b) x h/2 =

MAPPA DI SINTESI

LE AREE

si misurano → in m^2, con i suoi **multipli** e i suoi **sottomultipli**.

vale il principio di equiscomponibilità → Due figure sono **equiscomponibili** se sono composte da più parti congruenti fra loro. Due figure equiscomponibili sono **equivalenti**, cioè hanno la stessa area.

e

sappiamo calcolare le aree di →

RETTANGOLO

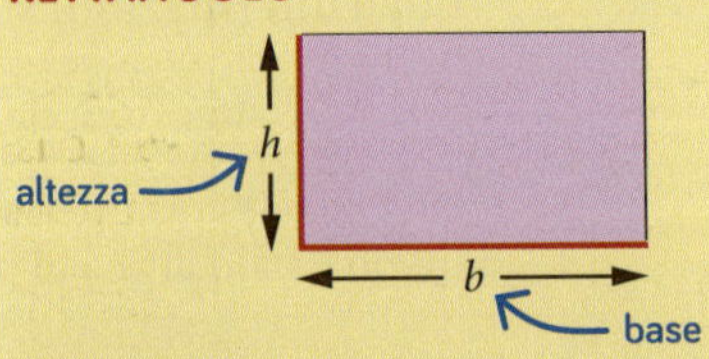

$A = b \cdot h$ $\qquad h = \frac{A}{b}$ $\qquad b = \frac{A}{h}$

QUADRATO

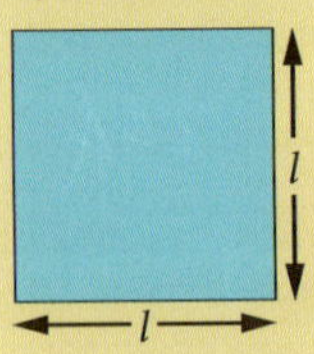

$A = l^2$

$l = \sqrt{A}$

oppure

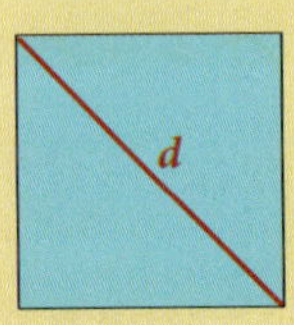

$A = \frac{d^2}{2}$

$d = \sqrt{2A}$

PARALLELOGRAMMA

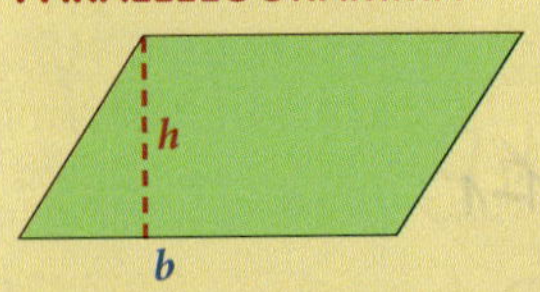

$A = b \cdot h$ $\qquad h = \frac{A}{b}$ $\qquad b = \frac{A}{h}$

QUADRILATERI CON DIAGONALI PERPENDICOLARI

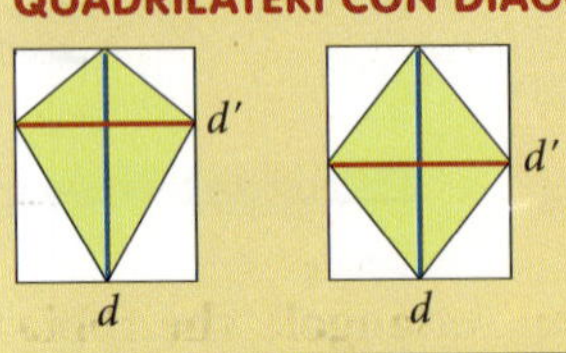

$A = \frac{d \cdot d'}{2}$ $\qquad d = \frac{2 \cdot A}{d'}$ $\qquad d' = \frac{2 \cdot A}{d}$

TRIANGOLO

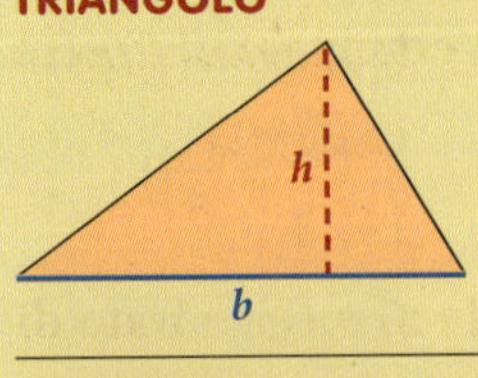

$A = \frac{b \cdot h}{2}$ $\qquad b = \frac{2A}{h}$ $\qquad h = \frac{2A}{b}$

TRAPEZIO

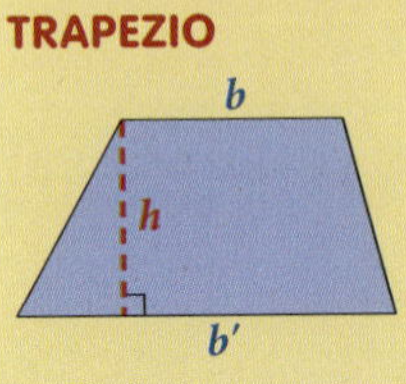

$A = \frac{(b + b') \cdot h}{2}$ $\qquad b + b' = \frac{2A}{h}$ $\qquad h = \frac{2A}{b + b'}$

SE NON HAI CAPITO

L'area del rettangolo, del parallelogramma e del quadrato

RIPASSA

Per calcolare l'**area** di un **rettangolo**, di un **parallelogramma** e di un **quadrato** si moltiplica la *base b* per l'*altezza h*.

$$A = b \cdot h$$

rettangolo	parallelogramma	quadrato
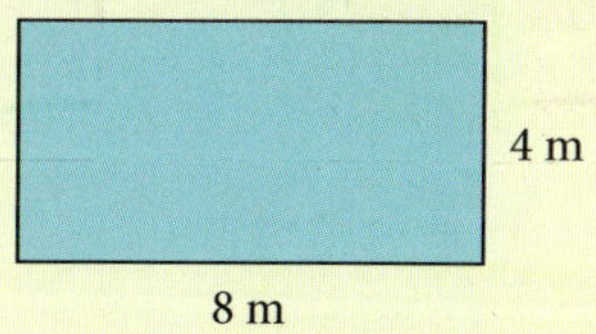 $A = 8 \cdot 4 = 32\ m^2$	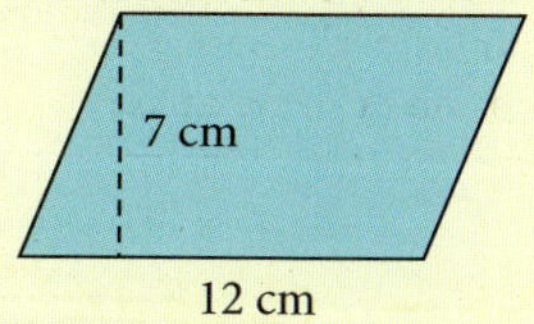 $A = 12 \cdot 7 = 84\ cm^2$	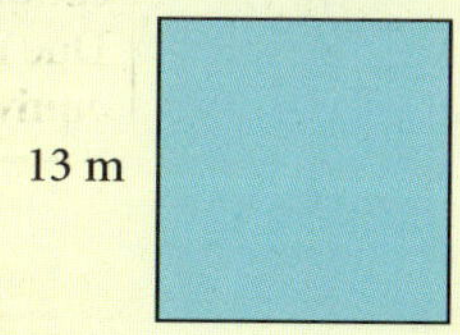 Se il rettangolo è un quadrato la sua base è uguale all'altezza: entrambi sono *lati* lunghi *l*. $A = l \cdot l = l^2$ $A = 13^2 = 169\ m^2$

APPLICA

1 **Calcola l'area di ciascun rettangolo in figura.**

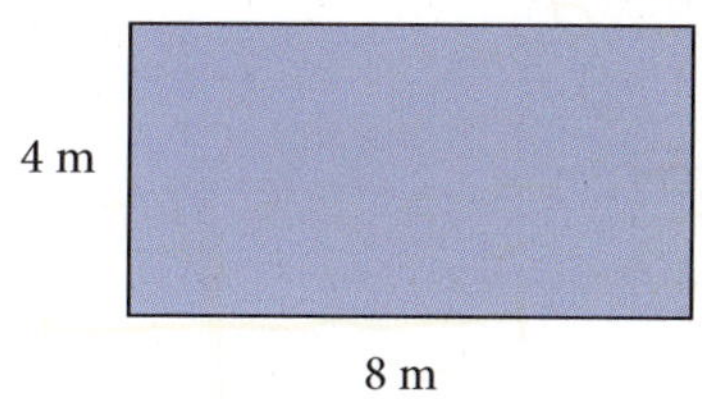

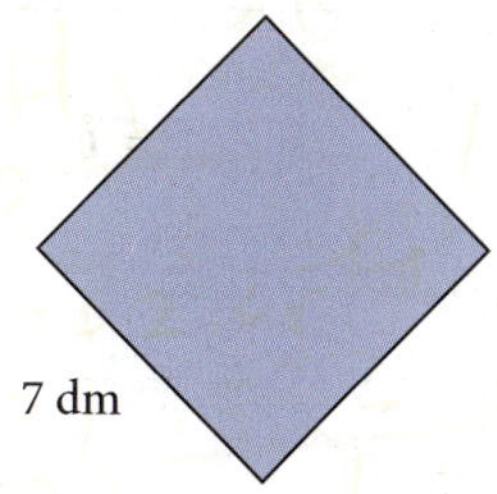

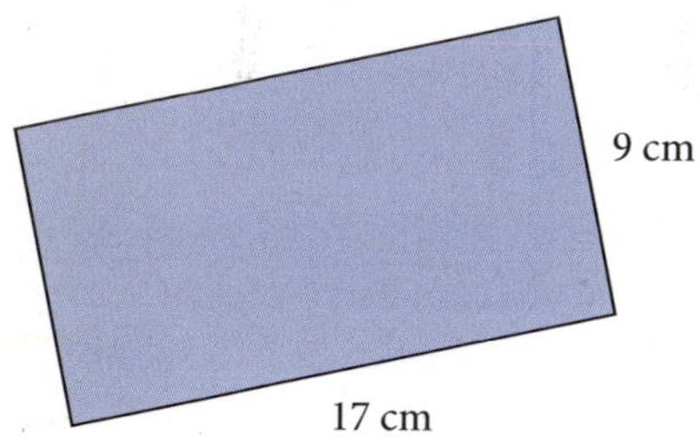

....

2 **Il prof. Mariani ha chiesto agli alunni di disegnare un rettangolo che abbia l'area di 36 cm². Matteo ha disegnato un rettangolo di 4 cm per 9 cm; Eleonora ha disegnato un quadrato di 6 cm per 6 cm; Giulio un rettangolo di 4,5 cm per 8 cm.**

> **Qualcuno ha sbagliato?**

3 **È maggiore l'area di un rettangolo di 4 m per 6 m o quella di un quadrato di 5 m per 5 m?**

4 **Da un rettangolo di cartone largo 40 cm e alto 25 cm taglio un quadrato di lato 12 cm.**

> **Qual è l'area di ciascuno dei due pezzi di cartone ottenuti?**

L'area del triangolo

RIPASSA

L'**area** del **triangolo** si calcola moltiplicando la lunghezza della *base b* per la lunghezza dell'*altezza h* e dividendo il prodotto per 2.

$$A = \frac{b \cdot h}{2}$$

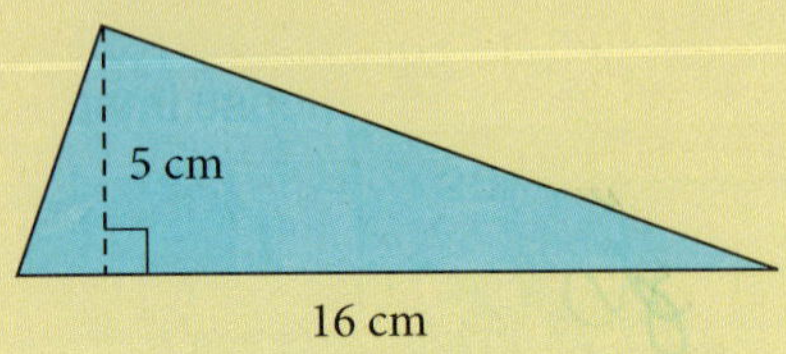

$A = \frac{16 \cdot 5}{2} = 40 \text{ cm}^2$

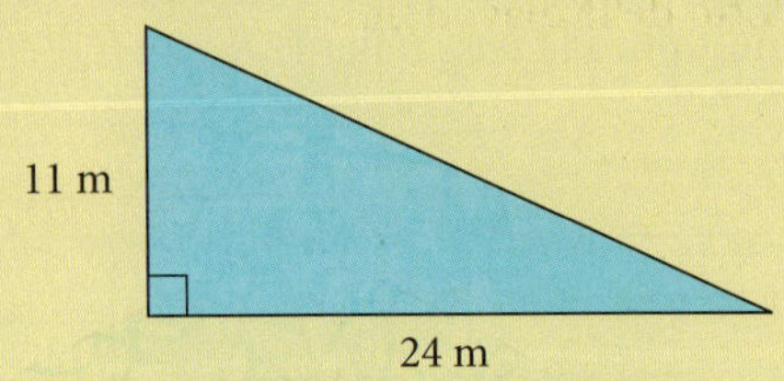

$A = \frac{24 \cdot 11}{2} = 132 \text{ m}^2$

APPLICA

5 **Calcola l'area di ciascun triangolo in figura.**

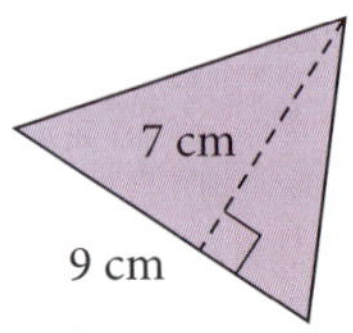

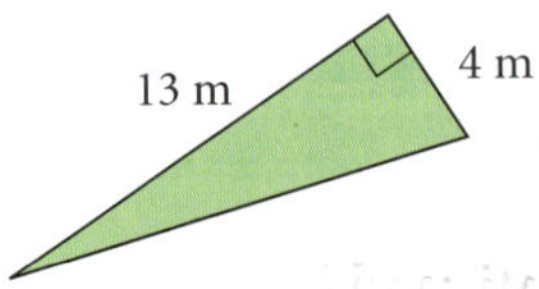

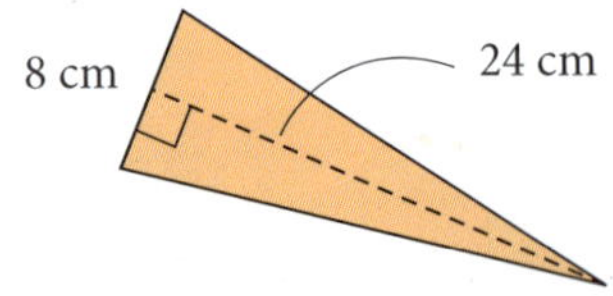

....

6 **Calcola l'area dei triangoli in figura.**

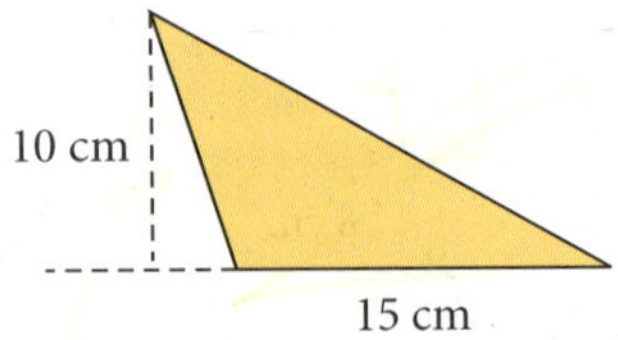

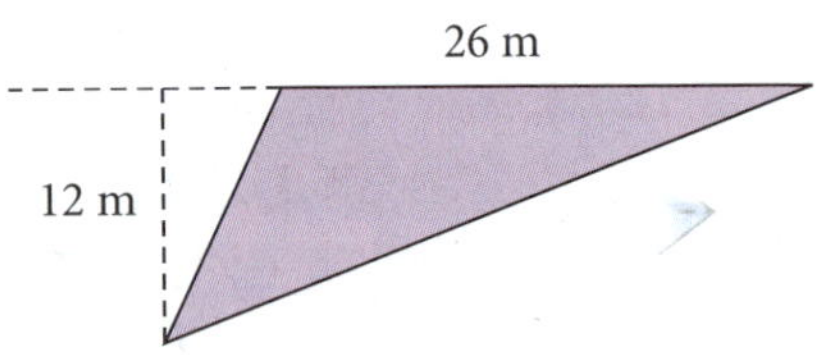

....

7 **Un rettangolo di 22 m per 18 m è stato tagliato in due triangoli come in figura.**
> Qual è l'area di ciascun triangolo?

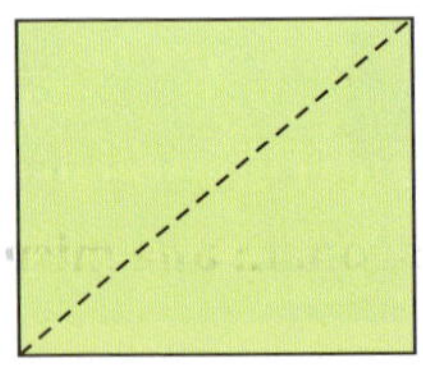

....

8 **Il prof. Mariani ha chiesto agli alunni di disegnare un triangolo che abbia l'area di 24 cm². Andrea ha disegnato un triangolo con la base di 6 cm e l'altezza di 4 cm; Luisa ha disegnato un triangolo con la base di 24 cm e l'altezza di 2 cm; Chiara un triangolo con la base di 4,8 cm e l'altezza di 10 cm.**
> Qualcuno ha sbagliato?

9 **Calcola l'area del giardino la cui pianta e dimensioni sono nella figura a fianco.**

....

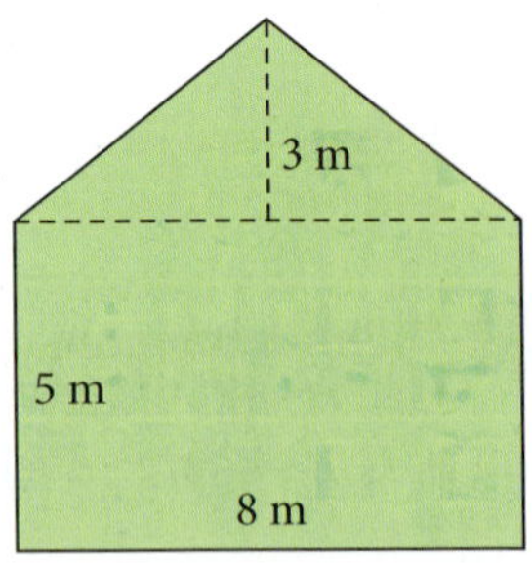

L’area del rombo

RIPASSA

area del rombo conoscendo le diagonali	area del rombo come parallelogramma
L’**area del rombo** si calcola dividendo per 2 il prodotto delle diagonali. $A = \frac{d_1 \cdot d_2}{2}$ 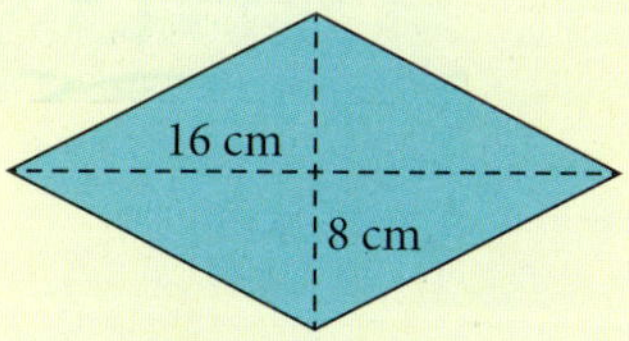 $A = \frac{16 \cdot 8}{2} = 64\ \text{cm}^2$	$A = l \cdot h$ 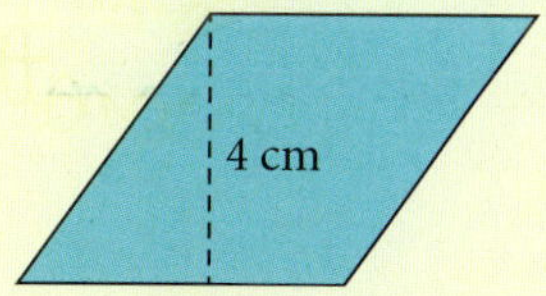 5 cm $A = 5 \cdot 4 = 20\ \text{cm}^2$

APPLICA

10 **Calcola l’area dei seguenti rombi.**

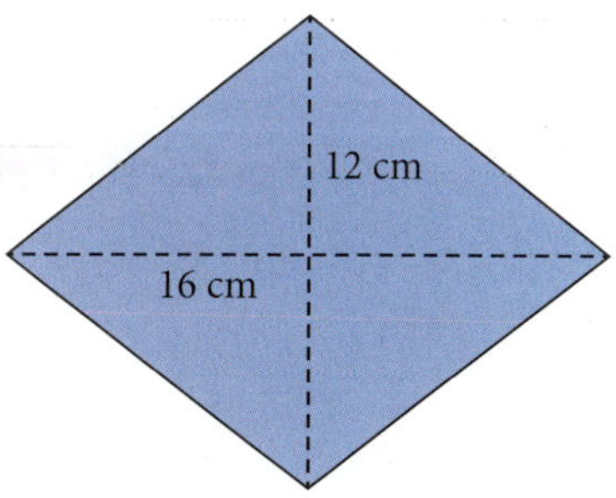

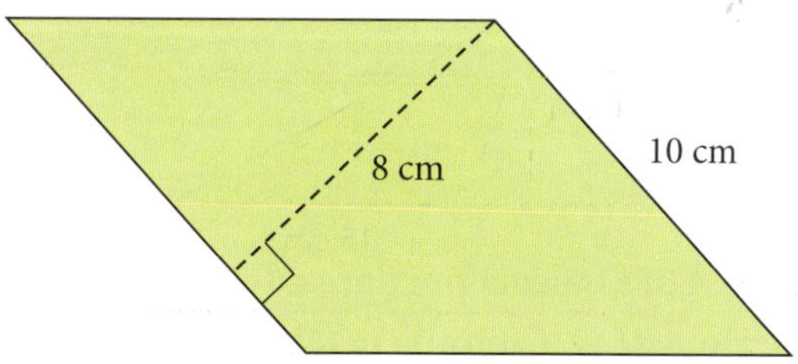

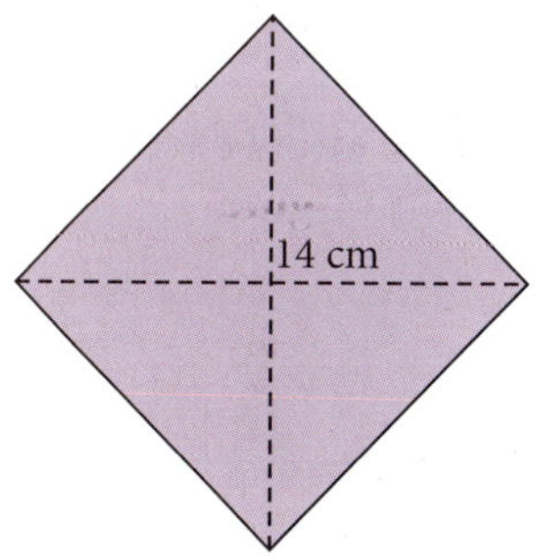

....

11 **Di un rombo conosci le diagonali: una misura 28 cm, l’altra 12 cm.**
> Calcola l’area.

12 **Puoi calcolare l’area di un rombo di cui conosci la lunghezza del lato e la lunghezza di una diagonale?**

13 **Un rombo ha il perimetro lungo 44 cm e l’altezza è di 19 cm; calcola la sua area.**

L'area del trapezio

RIPASSA

L'**area del trapezio** si calcola dividendo per 2 il **prodotto** fra la *somma delle basi* $b + b'$ e l'*altezza* h.

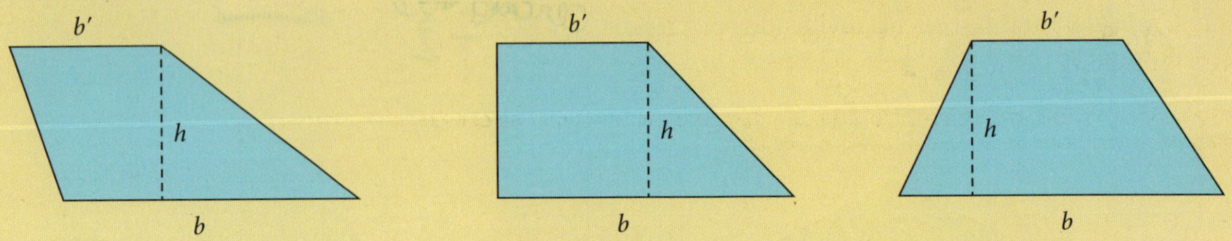

$$A = \frac{(b + b') \cdot h}{2}$$

APPLICA

14 **Calcola l'area dei trapezi.**

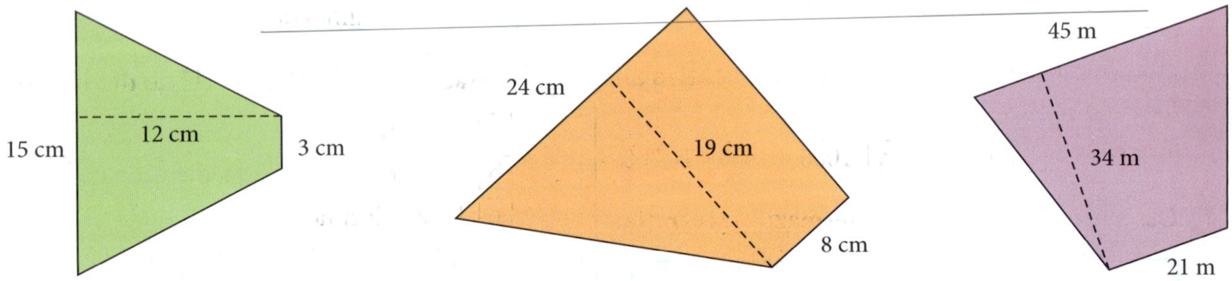

....

15 **Calcola l'area del triangolo *ABD*; calcola poi l'area del triangolo *BCD*.**

> Calcola l'area del trapezio *ABCD*. Compila la tabella.

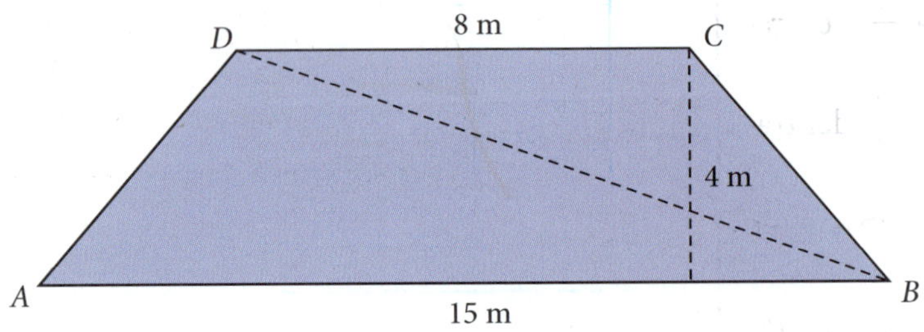

figura	area della figura
ABD	
BCD	
ABCD	
ABD + *BCD*	

> Confronta il risultato della quarta riga con il risultato della terza riga: come sono fra loro?

METTITI ALLA PROVA

ZTE ONLINE
21 esercizi interattivi

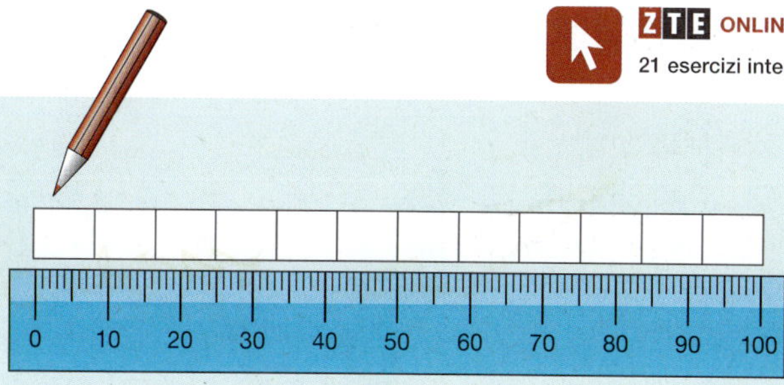

- Per ogni quesito segna ✔ una sola delle alternative.
- Confronta le tue risposte con le soluzioni a pagina 269.
- Colora da sinistra una casella per ogni risposta giusta.
- Leggi sul righello il punteggio in centesimi.
- Il mio punteggio, in centesimi, è ....
- Se il punteggio è maggiore di 70 vai alla prova *In un'ora*, altrimenti ripassa con *Se non hai capito*.

1 **Un'affermazione è corretta. Due figure sono equivalenti**

a se hanno la stessa area
b solo quando sono esattamente sovrapponibili
c se hanno lo stesso perimetro
d se hanno i lati uguali

2 **Quanti centimetri quadrati sono contenuti in un metro quadrato?**

a 10 b 100 c 1000 d 10 000

3 **Osserva la figura e scegli l'affermazione corretta.**

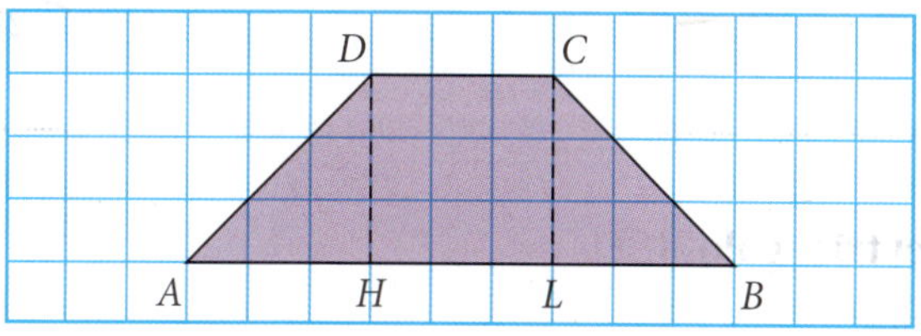

a Il triangolo *AHD* è equivalente a $\frac{1}{3}$ del trapezio *ABCD*.
b Il trapezio *HBCD* è equivalente a $\frac{2}{3}$ del trapezio *ABCD*.
c Il triangolo *BLC* è equivalente al triangolo *AHD*.
d Il quadrato *HLCD* è equivalente a $\frac{1}{3}$ del trapezio *ABCD*.

4 **Scegli l'affermazione corretta.**

a Due rettangoli con lo stesso perimetro sono equivalenti.
b Due triangoli equivalenti hanno lo stesso perimetro.
c Due quadrati equivalenti hanno lo stesso perimetro.
d Due rombi con lo stesso perimetro sono equivalenti.

5 **Se raddoppio la base di un rettangolo e dimezzo l'altezza**

a l'area rimane invariata
b l'area raddoppia
c l'area diventa un quarto
d l'area si dimezza

6 **Se raddoppio la misura del lato di un quadrato**

a l'area raddoppia
b il perimetro diventa il quadruplo
c l'area diventa il quadruplo
d il perimetro diventa il triplo

7 **L'area del trapezio in figura è**

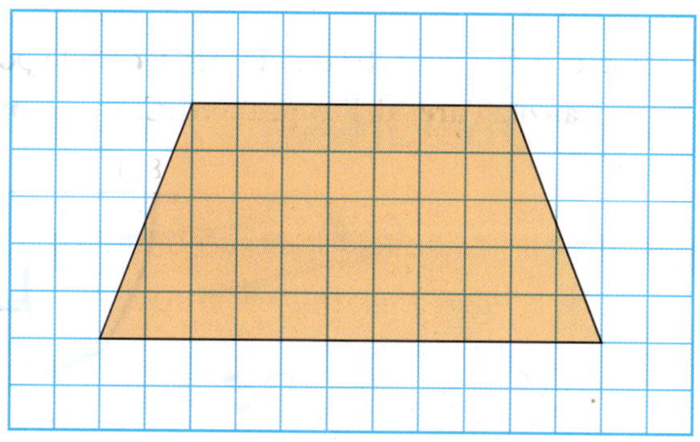

a la metà dell'area di tutto il rettangolo
b un terzo dell'area di tutto il rettangolo
c un quarto dell'area di tutto il rettangolo
d un quinto dell'area di tutto il rettangolo

8 **Considera l'area *R* di un rettangolo che abbia lo stesso perimetro di un quadrato di area *Q* e scegli l'affermazione corretta.**

a $R = Q$ c $R > Q$
b $R < Q$ d Non si può sapere.

9 **Qual è l'area della figura? (Considera il lato del quadretto lungo 1 cm.)**

a $28\ cm^2$
b $20\ cm^2$
c $24\ cm^2$
d $32\ cm^2$

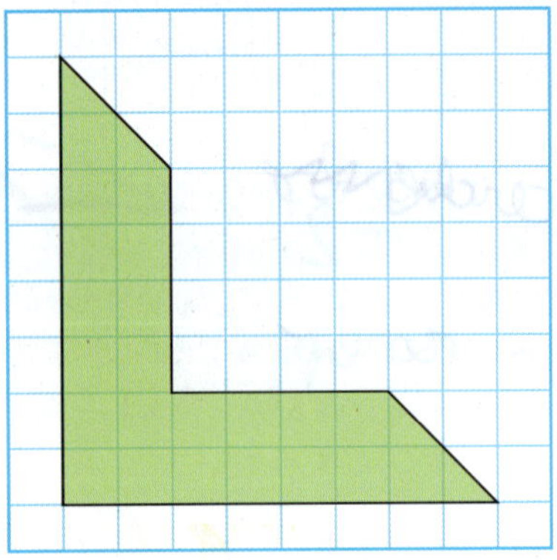

10 **Un parallelogramma e un triangolo hanno le basi congruenti. Essi sono equivalenti se**

a l'altezza del parallelogramma è doppia di quella del triangolo
b hanno la stessa altezza
c l'altezza del triangolo è doppia di quella del parallelogramma
d l'altezza del triangolo è metà di quella del parallelogramma

11 **Qual è l'area della parte della figura che ha il contorno colorato? (Il lato di ogni quadretto vale 1 cm.)**

a $25\ cm^2$
b $22\ cm^2$
c $30\ cm^2$
d $35\ cm^2$

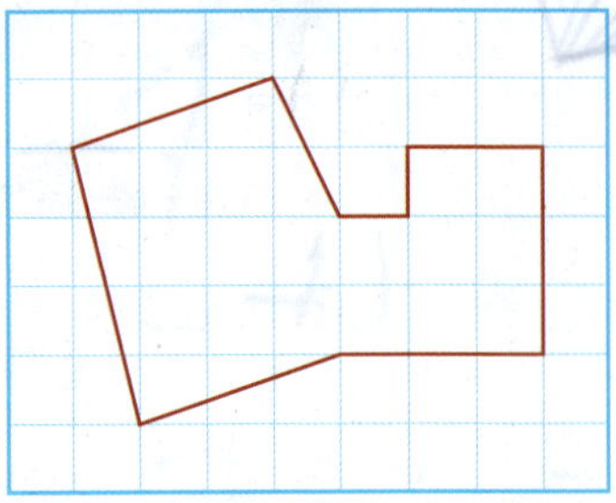

12 **Qual è la lunghezza di x per cui l'area del rettangolo $ABCD$ è 4 volte l'area del triangolo DCE?**

a 8 cm
b 10 cm
c 14 cm
d 20 cm

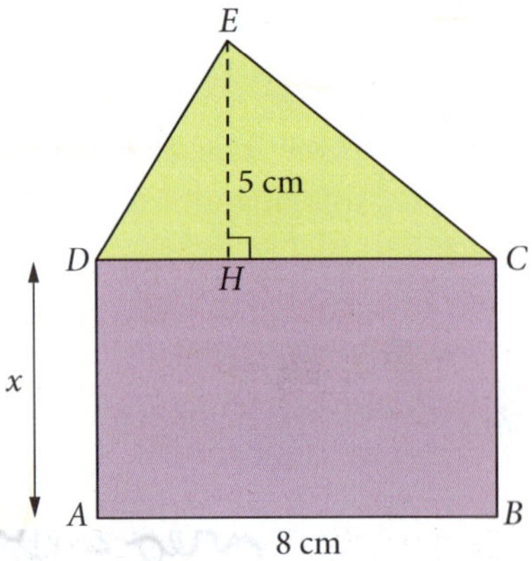

IN UN'ORA

1 Scrivi il significato delle seguenti frasi.

a) Due figure sono equivalenti.

....

....

b) Due figure sono congruenti.

....

....

2 Scrivi le formule dirette e inverse dell'area del rettangolo e del trapezio.

3 Disegna 3 rettangoli che hanno l'area di $24\ cm^2$.

4 In un rettangolo le dimensioni sono una $\frac{2}{3}$ dell'altra e l'area è $294\ cm^2$.

> Determina la lunghezza del perimetro.

5 In un rombo le diagonali sono una $\frac{7}{4}$ dell'altra e la loro somma è di 66 cm.

> Calcola l'area del rombo.

6 In un trapezio isoscele l'area è di $360\ cm^2$, l'altezza misura 18 cm e le basi sono una $\frac{3}{5}$ dell'altra.

> Calcola la misura delle basi.

7 In un riferimento cartesiano considera il triangolo ABC con $A(1; 1)$, $B(5; 1)$, $C(1; 8)$.

> Calcola la sua area, assumendo il quadretto come unità di misura.

CAPITOLO 2
LE ISOMETRIE

2

VIDEO LETTERE ALLO SPECCHIO PRIMA DI COMINCIARE

CIAK si impara!

GUARDA! IL VIDEO

- Robert mette uno specchio sopra le parole CHIODI e VITI e si accorge che CHIODI si legge ancora, mentre VITI no. Se invece scrive le stesse parole in verticale e mette lo specchio a fianco, questa volta sarà VITI a potersi leggere, mentre CHIODI sarà illeggibile.

  > Riesci a capire quali sono le lettere che può utilizzare Robert con lo specchio sopra e quali con lo specchio a fianco? E riesci a trovare una parola di almeno sette lettere che allo specchio rimanga immutata?

ANALIZZA I DATI E RISOLVI IL PROBLEMA

- Per questa attività puoi anche utilizzare uno specchio come hai visto fare a Robert nel video. Completa la tabella.

lettera	rimane immutata con	
	lo specchio sopra	lo specchio a fianco
A		
B		
C		
D		
E		
F		
G		
H		
I		
J		
K		
L		
M		

lettera	rimane immutata con	
	lo specchio sopra	lo specchio a fianco
N		
O		
P		
Q		
R		
S		
T		
U		
V		
W		
X		
Y		
Z		

- Rispondi ora alla domanda di Robert. ....

1 Figure congruenti

PRIMA DI COMINCIARE Ricopia la bicicletta su carta trasparente (su foglio di acetato o su carta da ingegnere).

> Le due figure (quella originale e quella disegnata) combaciano perfettamente? Ora ribalta il foglio su cui hai disegnato la bicicletta: i due disegni combaciano perfettamente?

DA SAPERE

Ricalca la figura della barchetta su un foglio di carta trasparente; sovrapponi le due figure e scopri che combaciano perfettamente.

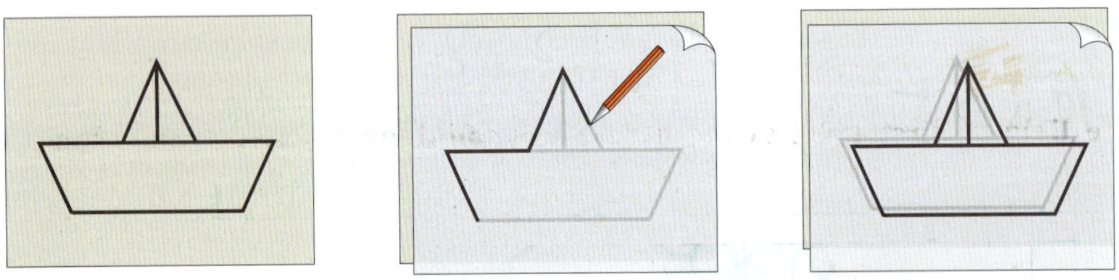

Due **figure** sono **congruenti** se coincidono punto per punto quando vengono sovrapposte.

ANIMAZIONE IN DIGITALE
Figure congruenti

PER ESEMPIO
Le due figure ABC e $A'B'C'$ sono congruenti.

$\overline{AB} = \overline{A'B'}$ $\quad \alpha = \alpha'$
$\overline{BC} = \overline{B'C'}$ $\quad \beta = \beta'$
$\overline{AC} = \overline{A'C'}$ $\quad \gamma = \gamma'$

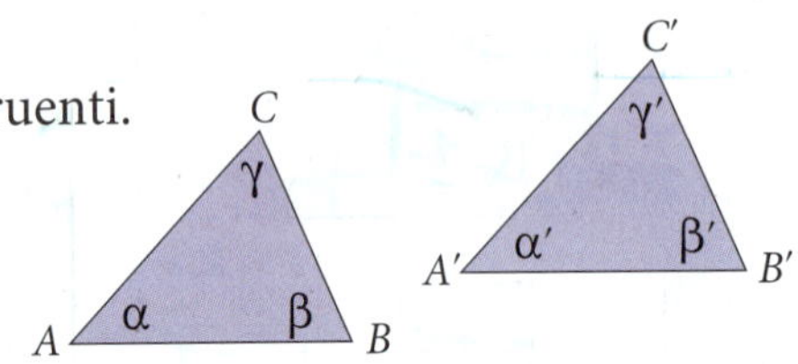

La congruenza è una corrispondenza fra due figure che mantiene inalterata la *forma* e la *dimensione*, dunque i lati e gli angoli.

• Congruenza diretta o inversa

Osserva che le figure sono congruenti e le lettere che indicano i vertici corrispondenti sono disposte nello *stesso ordine* (antiorario).

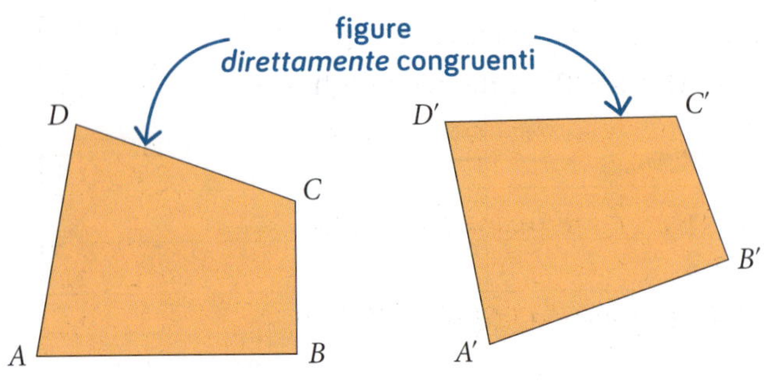

Osserva, invece, che in queste figure (anch'esse congruenti) le lettere che indicano i vertici corrispondenti *non* sono disposte nello *stesso ordine* (antiorario nella prima e orario nella seconda).

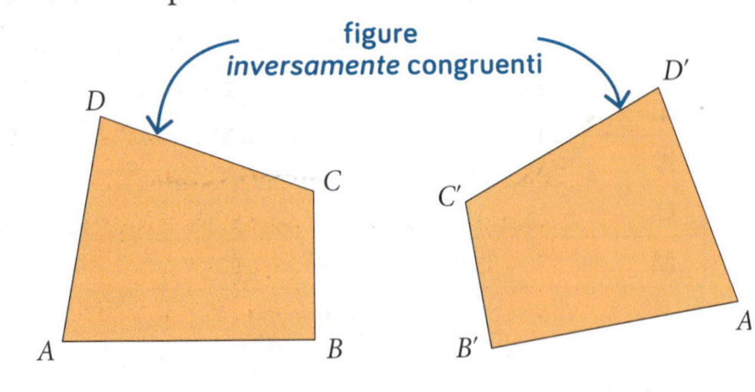

Due figure sono **direttamente congruenti** quando si possono sovrapporre senza doverle ribaltare; al contrario, sono **inversamente congruenti** quando si possono sovrapporre solo ribaltandone una sull'altra.

PER ESEMPIO La mano destra e la mano sinistra appoggiate su un piano rappresentano due figure *inversamente* congruenti.
Le due papere P e P' rappresentano due figure *direttamente* congruenti.

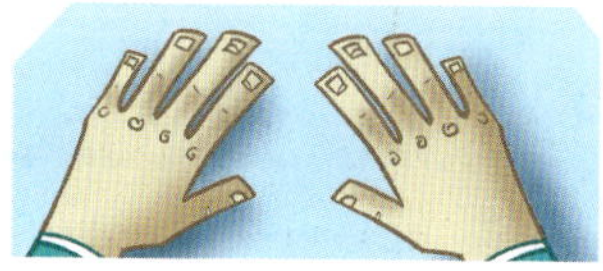

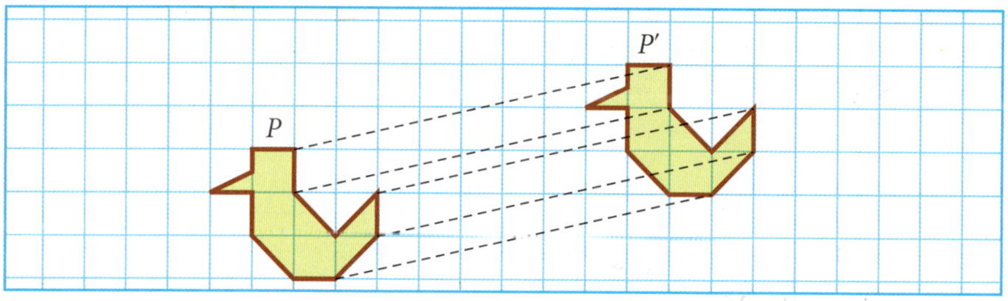

METTITI ALLA PROVA

1 **Individua le coppie di figure direttamente congruenti e le coppie di figure inversamente congruenti.**

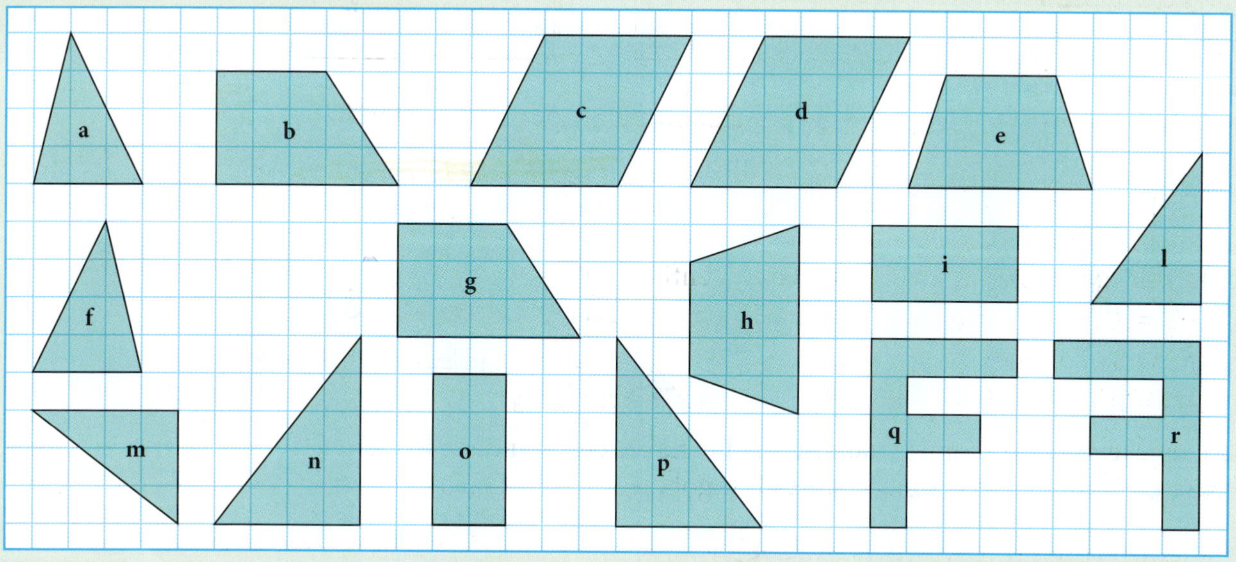

Sono direttamente congruenti: (c, d) ....

Sono inversamente congruenti: ....

2 **Vero o falso?**

a) Due figure sono congruenti quando hanno la stessa forma. V F

b) Perché due figure siano congruenti non basta che abbiano la stessa area. V F

c) Se due figure sono congruenti, hanno i lati corrispondenti di uguale lunghezza. V F

d) In due figure direttamente congruenti le lettere che ne indicano i vertici si susseguono nello stesso verso. V F

e) In due figure inversamente congruenti le lettere che ne indicano i vertici si susseguono in verso opposto. V F

f) Le tue mani appoggiate con il palmo sul tavolo sono direttamente congruenti. V F

Esercizi a pag. 81

TEORIA

2 La simmetria assiale o ribaltamento

PRIMA DI COMINCIARE

Completa la figura disegnando ciò che manca a sinistra: l'importante è che le due parti siano uguali!

> Esiste una retta che permetta di specchiare mezzo viso nell'altro?

DA SAPERE

Prendi un foglio di carta, piegalo lungo una linea retta, con uno spillo fai tre fori nella parte ripiegata del foglio, passando da parte a parte.

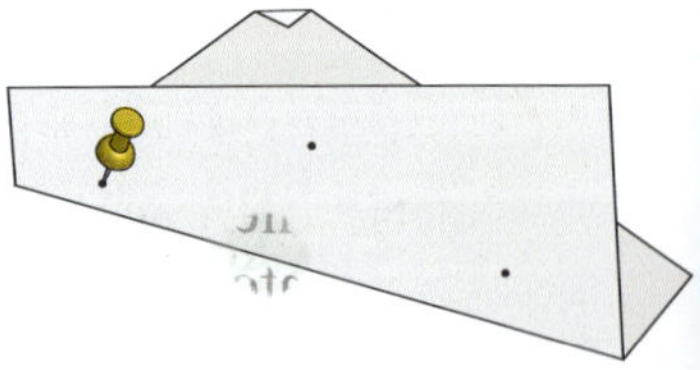

Ora apri il foglio e con la matita ripassa i punti e la retta ottenuta con la piegatura, unisci i punti corrispondenti da una parte all'altra della retta e dai loro un nome.

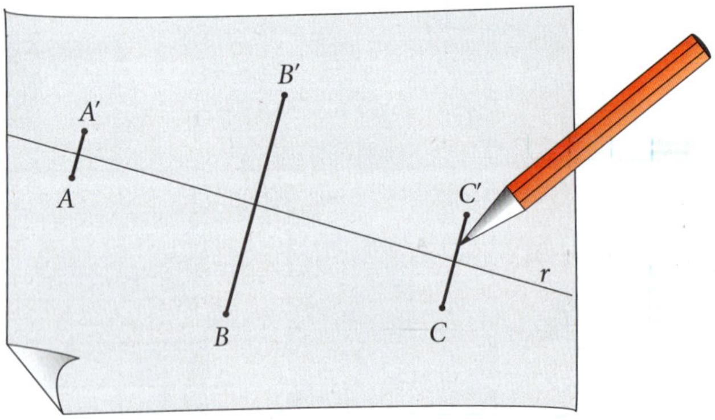

ANIMAZIONE IN DIGITALE
La simmetria assiale o ribaltamento

Puoi osservare che:

- le rette contenenti i segmenti AA', BB' e CC' sono *parallele* tra loro;
- queste rette sono tutte *perpendicolari* alla retta r;
- la distanza del punto A da r è uguale alla distanza del punto A' da r (e lo stesso vale per le altre coppie di punti);
- la retta r è l'*asse* dei segmenti AA', BB' e CC'.

Due punti sono **simmetrici rispetto a una retta** quando la retta è asse del segmento che unisce i due punti.

Nella descrizione di una *simmetria assiale* si può dire indifferentemente che:

- i punti A e A' sono simmetrici rispetto a r;
- A' è simmetrico di A rispetto a r;
- A è simmetrico di A' rispetto a r;
- A e A' si corrispondono nella simmetria di asse r;
- A' è l'*immagine* di A nella simmetria di asse r.

PER ESEMPIO Nell'automobile, a ciascun punto a sinistra della retta *s*, corrisponde un punto simmetrico a destra della retta *s*.

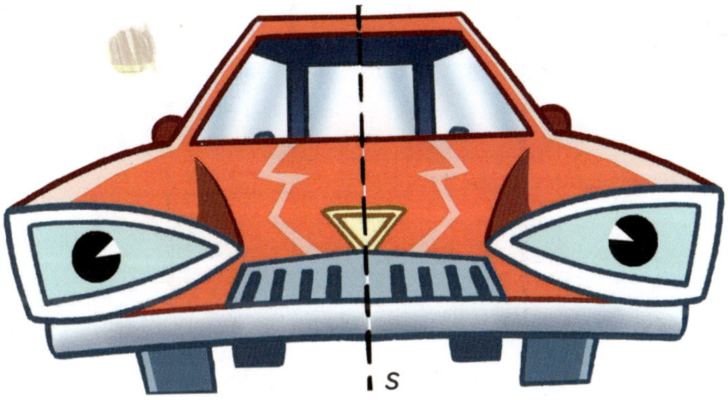

METTITI ALLA PROVA

1 **Trova i punti simmetrici.**

Nel riferimento cartesiano è disegnato un asse di simmetria.

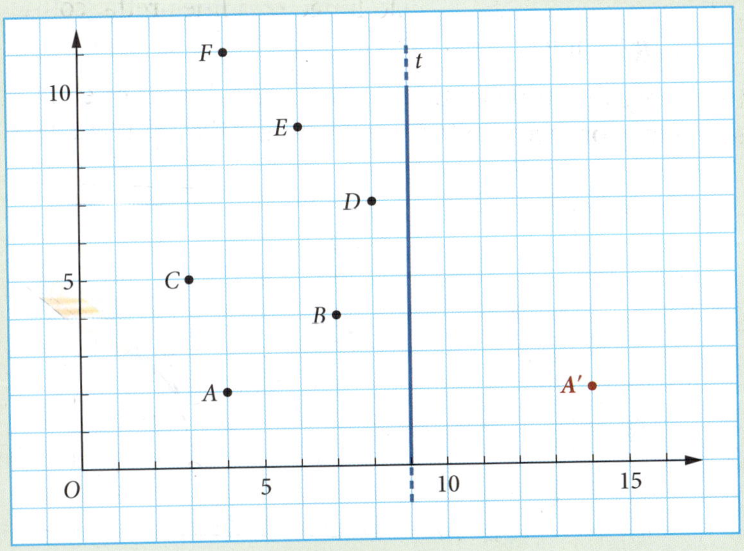

Completa la tabella scrivendo i punti simmetrici rispetto alla retta *t*.

punto	*A* (4; 2)	*B* (7; 4)	*C* (3; 5)	*D* (8; 7)	*E* (6; 9)	*F* (4; 11)
punto simmetrico	*A'* (14; 2)					

2 **Vero o falso?**

a) Due punti sono simmetrici rispetto a una retta se la retta è perpendicolare al segmento che li unisce. V F

b) La distanza di un punto dall'asse di simmetria è uguale alla distanza del suo corrispondente rispetto all'asse. V F

c) In una simmetria le rette contenenti punti corrispondenti sono parallele fra loro e perpendicolari all'asse di simmetria. V F

d) Due punti si dicono simmetrici rispetto a una retta quando la retta divide a metà il segmento che li unisce. V F

Esercizi a pag. 83

TEORIA

3 Costruire simmetrie assiali

PRIMA DI COMINCIARE

Disegna, per ciascuna figura, la figura simmetrica rispetto all'asse *r*.

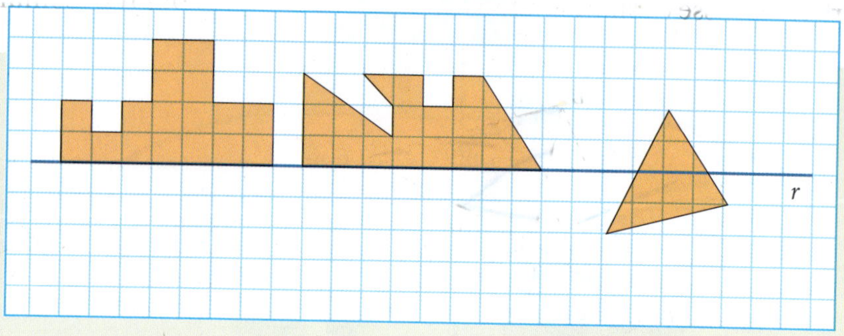

DA SAPERE

Per trovare il punto P', simmetrico di P rispetto alla retta r, ...

... traccia dal punto P la perpendicolare a r e chiama H il punto di intersezione.

Nel semipiano opposto a quello che contiene P, scegli un punto P' sulla retta HP, tale che $\overline{PH} = \overline{HP'}$.

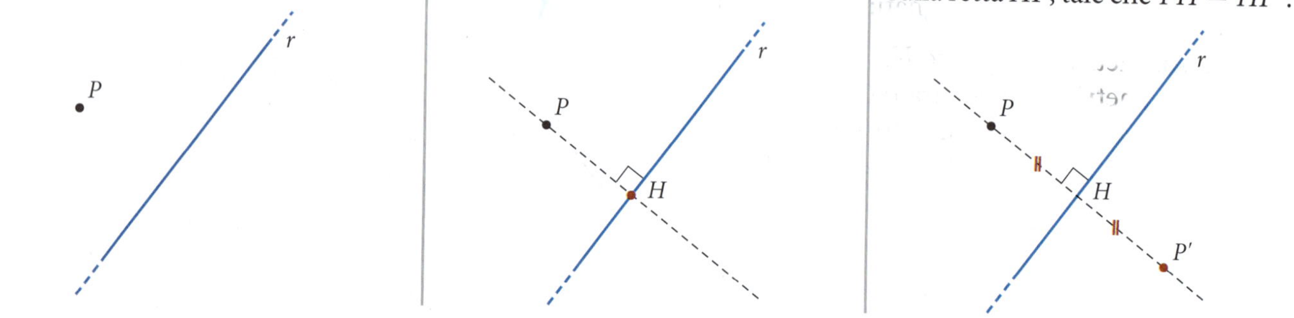

Il punto P' è il *simmetrico* che cercavi del punto P.

Dato un asse di simmetria r e un punto P, per costruire il **simmetrico del punto rispetto all'asse** si procede così:

- si traccia la retta perpendicolare all'asse condotta per il punto;
- nel semipiano opposto a quello in cui giace P, si sceglie un punto P' la cui distanza da r sia uguale alla distanza di P da r.

ANIMAZIONE IN DIGITALE
Come costruire simmetrie assiali

In maniera simile puoi costruire:

il simmetrico di un segmento rispetto a un asse;

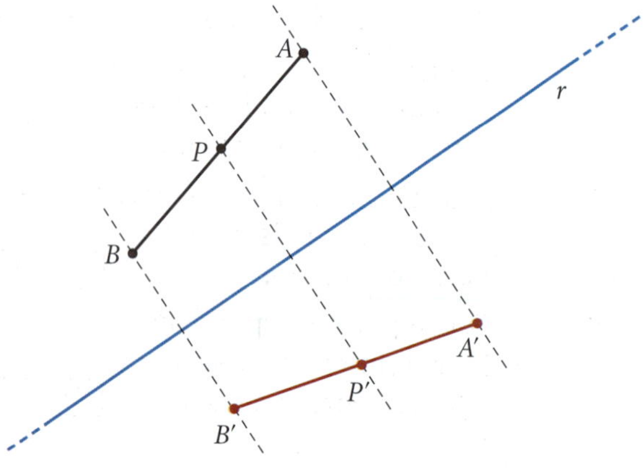

il simmetrico di un poligono rispetto a un asse.

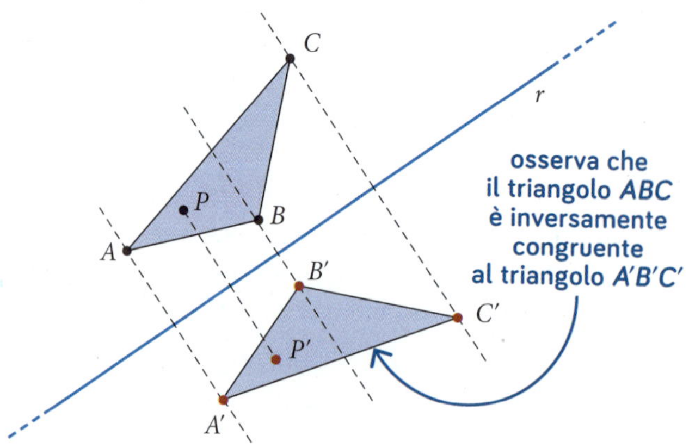

Appena più difficili da trattare sono le costruzioni in cui:

la figura di cui si vuole tracciare la simmetrica ha un vertice sull'asse di simmetria;

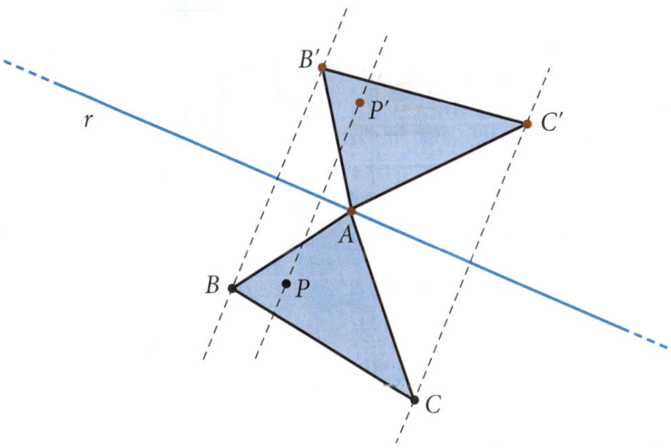

la figura di cui si vuole tracciare la simmetrica ha più punti in comune con l'asse.

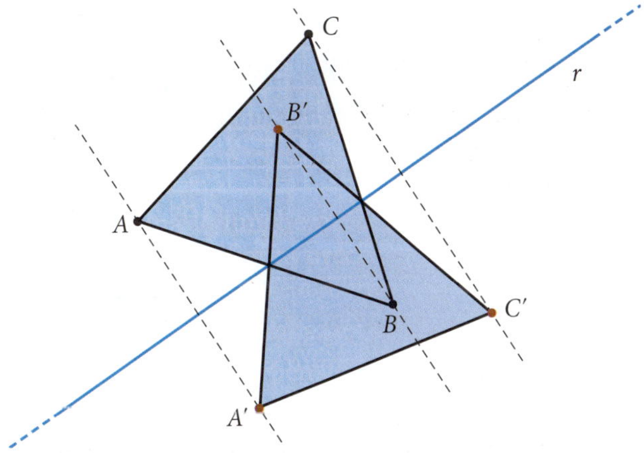

PER ESEMPIO

In colore rosso sono disegnati:

- il simmetrico del punto N;
- il simmetrico del quadrato Q;
- il simmetrico del segmento VZ.

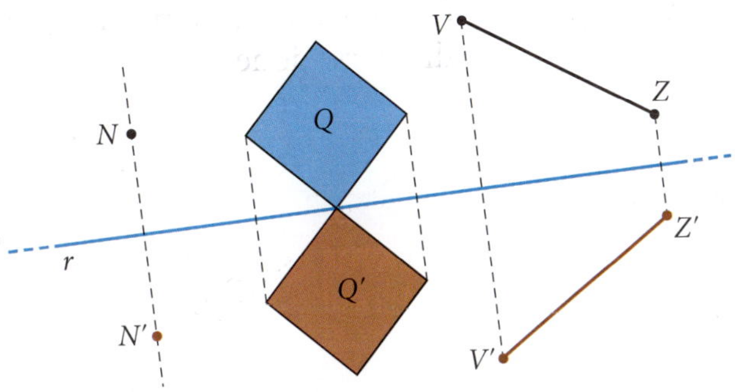

METTITI ALLA PROVA

1 **Disegna, per ciascuna figura, la simmetrica rispetto all'asse r.**

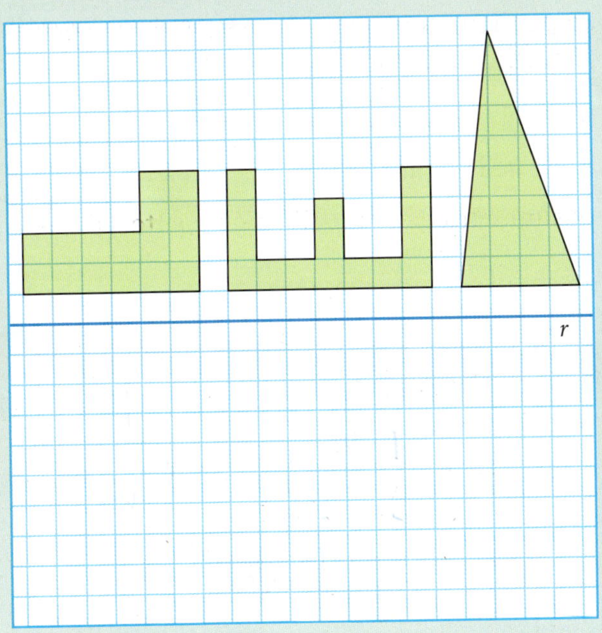

2 **Vero o falso?**

a) Un punto P', corrispondente di P in una simmetria assiale, è situato sulla retta passante per P e perpendicolare all'asse, dalla parte opposta e alla stessa distanza. V F

b) Se il punto P appartiene all'asse di simmetria, il suo simmetrico P' coincide con P stesso. V F

c) In una simmetria assiale, due segmenti corrispondenti non sono sempre congruenti. V F

d) Due figure simmetriche rispetto a un asse si corrispondono punto per punto. V F

e) Due figure corrispondenti in una simmetria assiale sono inversamente congruenti. V F

Esercizi a pag. 85

TEORIA

4 Le isometrie

PRIMA DI COMINCIARE Le figure che seguono sono tutte uguali?

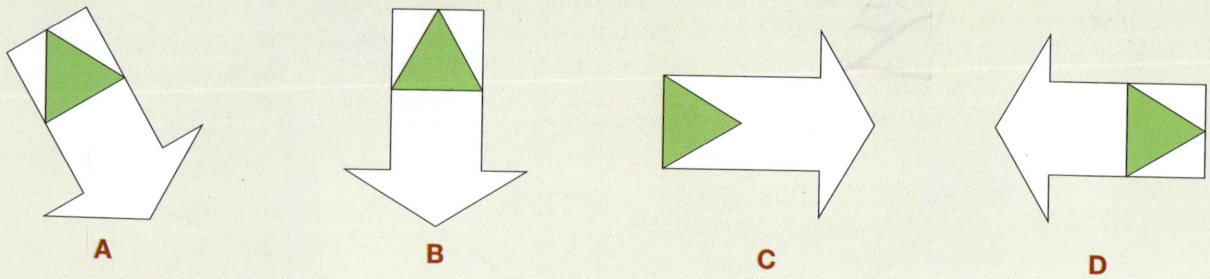

DA SAPERE

Puoi controllare che tutti i punti di due figure in una simmetria assiale si corrispondono.

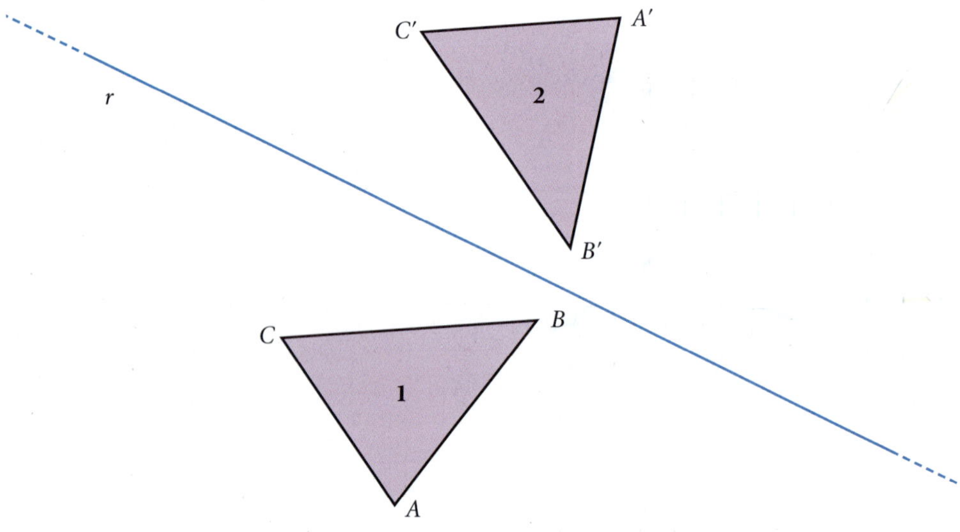

Quali caratteristiche della figura (**1**) sono rimaste *invariate* nella figura (**2**)?

$$\overline{AB} = \overline{A'B'} \qquad \overline{BC} = \overline{B'C'} \qquad \overline{CA} = \overline{C'A'}$$

$$C\widehat{A}B = C'\widehat{A'}B' \qquad A\widehat{B}C = A'\widehat{B'}C' \qquad A\widehat{C}B = A'\widehat{C'}B'$$

Puoi notare che:

- i lati della figura (**1**) hanno la stessa lunghezza dei lati della figura (**2**);
- gli angoli della figura (**1**) hanno la stessa ampiezza degli angoli della figura (**2**).

Puoi allora affermare che le due figure in simmetria assiale sono *isometriche*.

Si dice **isometria** ogni corrispondenza tra due figure nella quale sono congruenti segmenti corrispondenti e angoli corrispondenti.

ANIMAZIONE IN DIGITALE
Le isometrie

PER ESEMPIO Figure direttamente o inversamente congruenti sono esempi di figure isometriche.

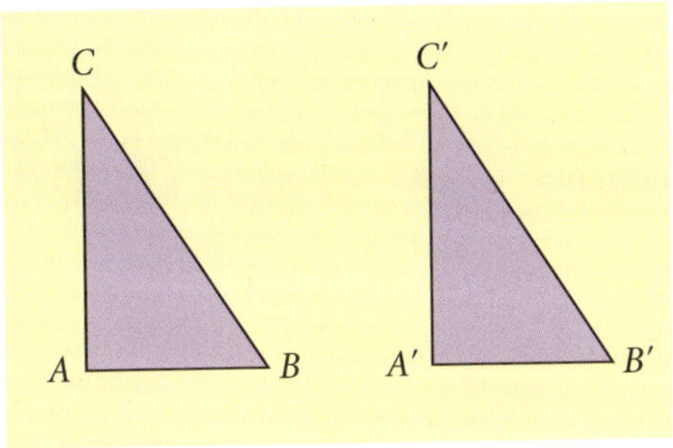

esempi di figure isometriche

METTITI ALLA PROVA

1 **Individua le coppie di figure isometriche.**

Le coppie di figure isometriche sono: 1 ....

2 **Vero o falso?**

a) In una isometria rimangono invariate le lunghezze dei lati delle figure. V F

b) In una isometria variano gli angoli delle figure. V F

c) Due figure inversamente congruenti non sono isometriche. V F

d) In una isometria rimangono invariati i perimetri di figure corrispondenti. V F

Esercizi a pag. 89

TEORIA

5 Figure con assi di simmetria

PRIMA DI COMINCIARE Quante rette permettono di rispecchiare questo fiocco di neve?

DA SAPERE

Osserva la figura in cui abbiamo costruito il simmetrico rispetto all'asse r di un triangolo che ha più punti in comune con l'asse di simmetria.

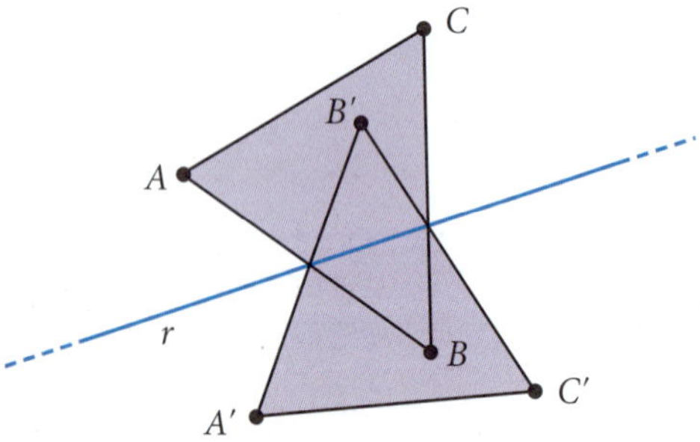

Considera solo il poligono $ADA'C'EC$, e scopri che la retta r lo divide in due parti inversamente congruenti, simmetriche rispetto a r.

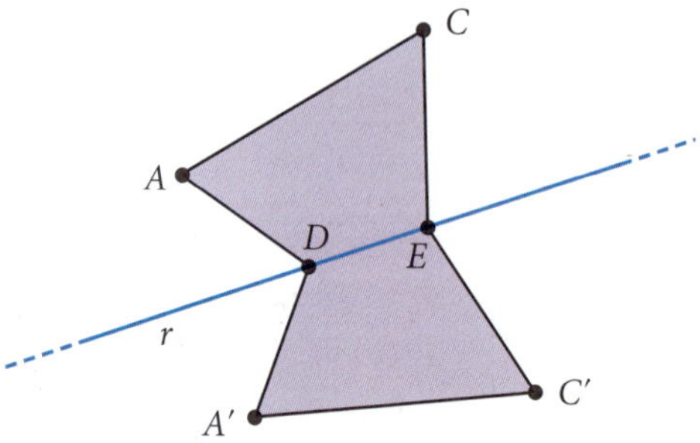

Una figura è dotata di un **asse di simmetria** quando contiene il simmetrico di ogni suo punto rispetto all'asse.

ANIMAZIONE IN DIGITALE
Figure con assi di simmetria

PER ESEMPIO

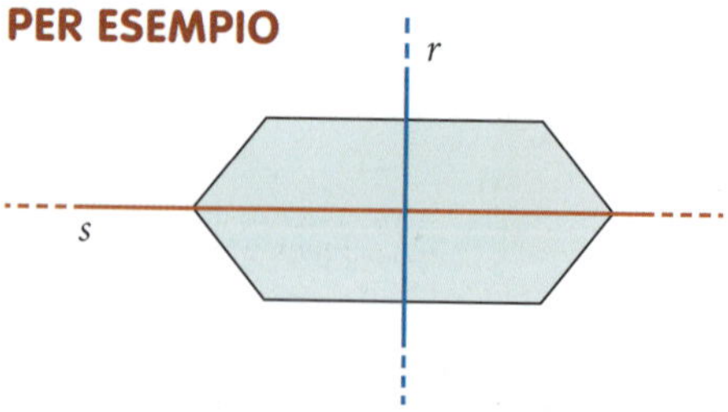

Questa figura possiede due assi di simmetria.

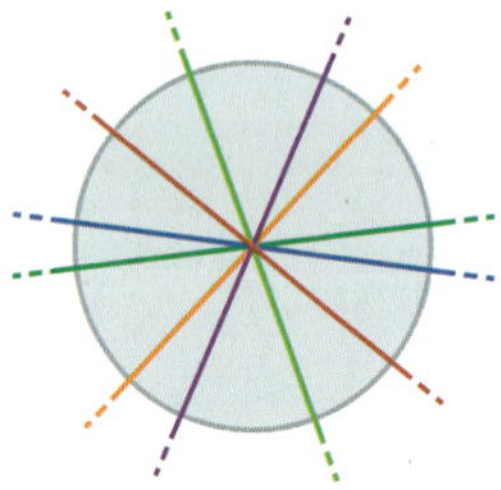

Questa figura possiede infiniti assi di simmetria.

METTITI ALLA PROVA

1 **Traccia gli assi di simmetria delle figure.**

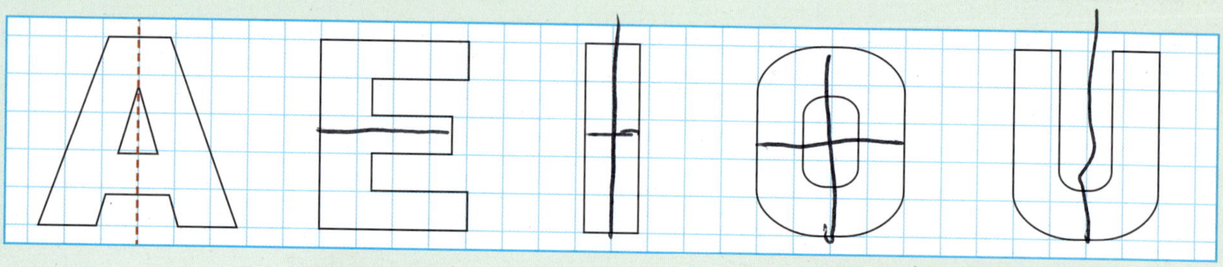

6 La simmetria centrale

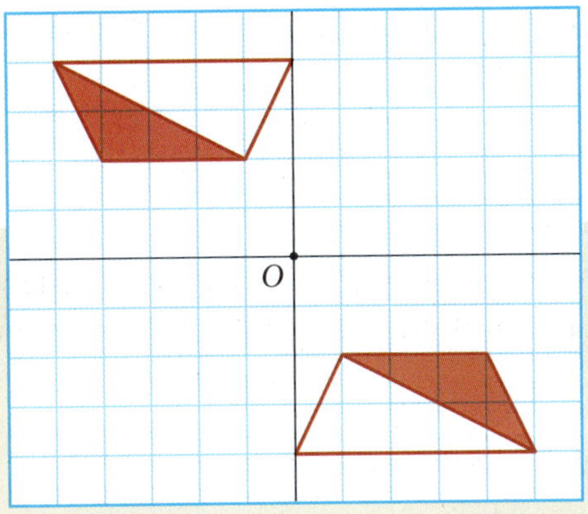

PRIMA DI COMINCIARE Guarda con attenzione queste figure rispetto al punto O.

- Che cosa osservi? Le due figure sono simmetriche rispetto a una retta?
- Che cosa è per entrambe le figure il punto O?

DA SAPERE

Traccia la retta che passa nel piano per i punti O e P.

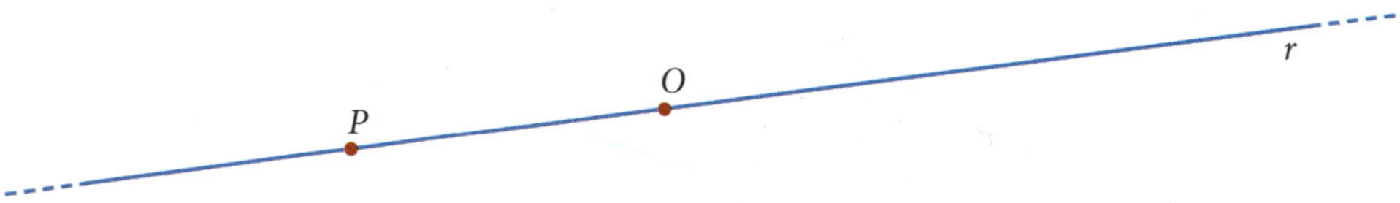

Determina il punto P' (dalla parte opposta di P rispetto a O) in modo che $\overline{OP} = \overline{OP'}$.

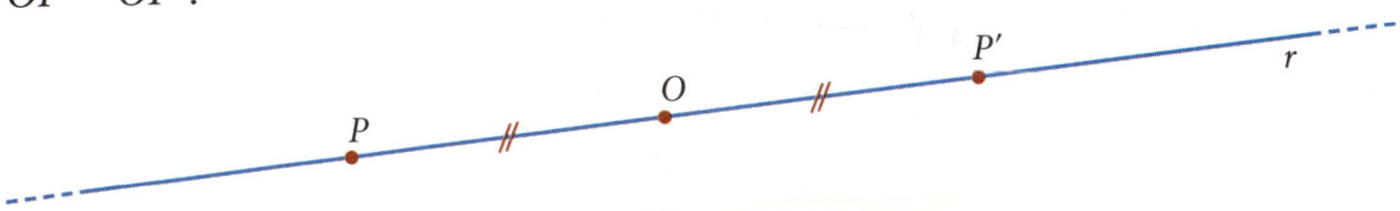

Scopri che il punto O (punto medio del segmento PP') è il *centro di simmetria* dei punti P e P'.

Il punto medio del segmento che unisce due punti del piano è il loro **centro di simmetria**.

ANIMAZIONE IN DIGITALE
La simmetria centrale

PER ESEMPIO Il punto Q è simmetrico del punto Z rispetto al centro di simmetria O. Il punto Z è simmetrico del punto V nella simmetria di centro W.

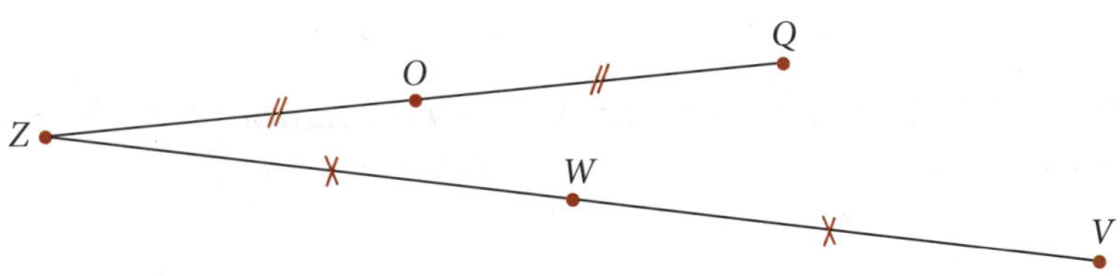

È possibile anche costruire due segmenti AB e $A'B'$ simmetrici rispetto al centro di simmetria O.

Considera il segmento AB e il punto O.

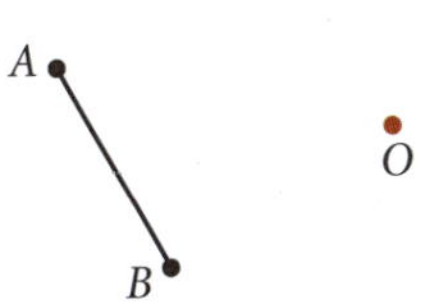

Traccia i punti A' e B' simmetrici di A e B rispetto a O.

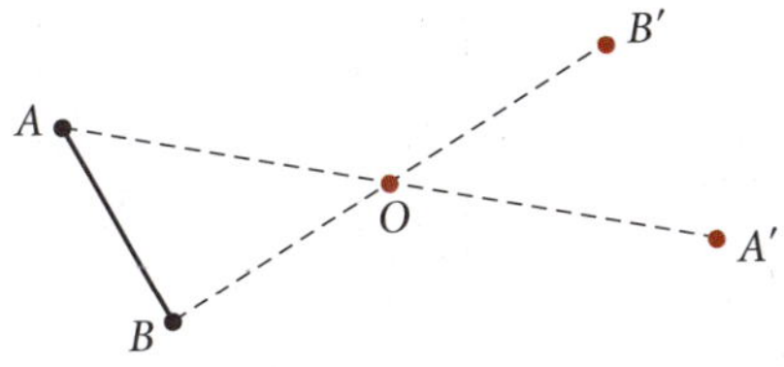

Congiungi A' con B'. Scopri che: $\overline{AB} = \overline{A'B'}$

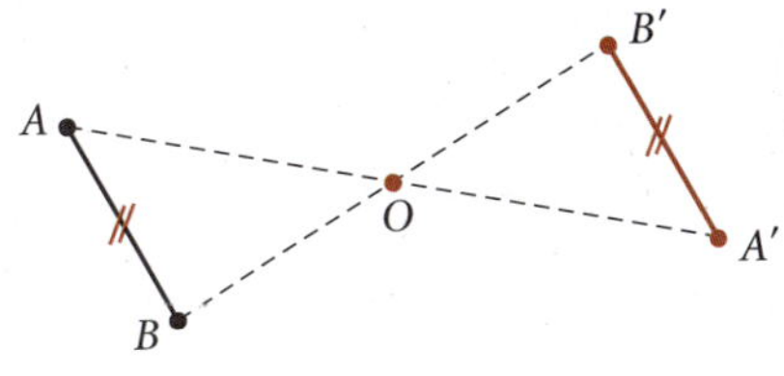

Esercizi a pag. 94

Una volta che hai imparato a costruire segmenti corrispondenti in una *simmetria centrale*, puoi costruire anche poligoni corrispondenti.

Ecco per esempio due triangoli che si corrispondono nella simmetria centrale di centro O.

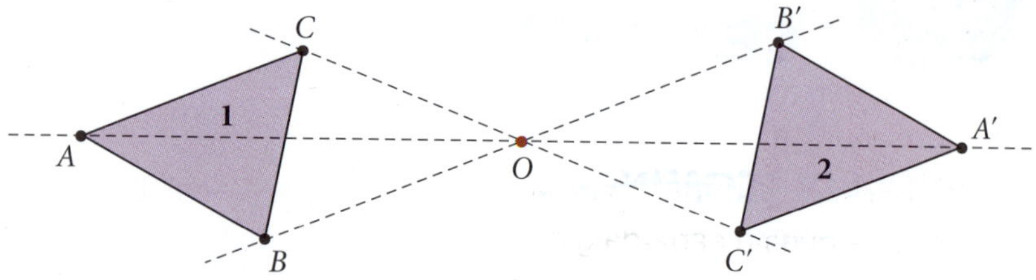

Puoi osservare quali caratteristiche della figura (**1**) rimangono *invariate* nella figura (**2**).

$\overline{AB} = \overline{A'B'}$ $\quad C\widehat{A}B = C'\widehat{A'}B'$

$\overline{BC} = \overline{B'C'}$ $\quad A\widehat{B}C = A'\widehat{B'}C'$

$\overline{CA} = \overline{C'A'}$ $\quad B\widehat{C}A = B'\widehat{C'}A'$

Sei nuovamente di fronte a una *isometria*.

Se osservi poi la disposizione delle lettere ai vertici dei due triangoli, puoi trarre la seguente conclusione.

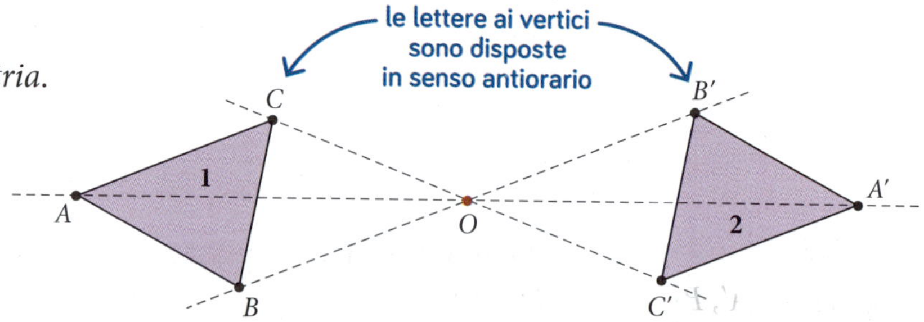

Due figure corrispondenti in una simmetria centrale sono direttamente congruenti.

PER ESEMPIO Le figure F e F' sono simmetriche rispetto al centro di simmetria O.

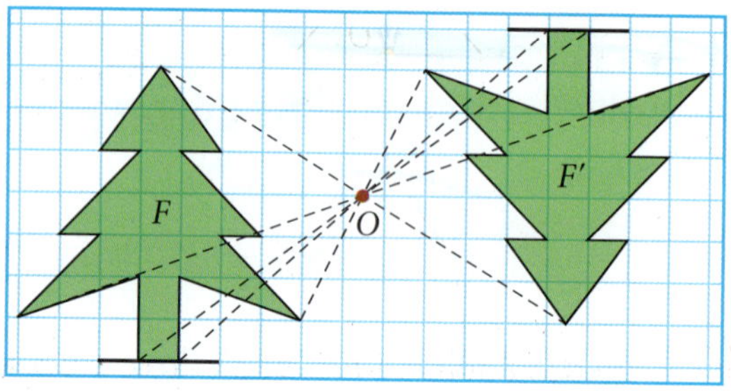

METTITI ALLA PROVA

1 **Completa la figura simmetrica di A rispetto al centro di simmetria K.**

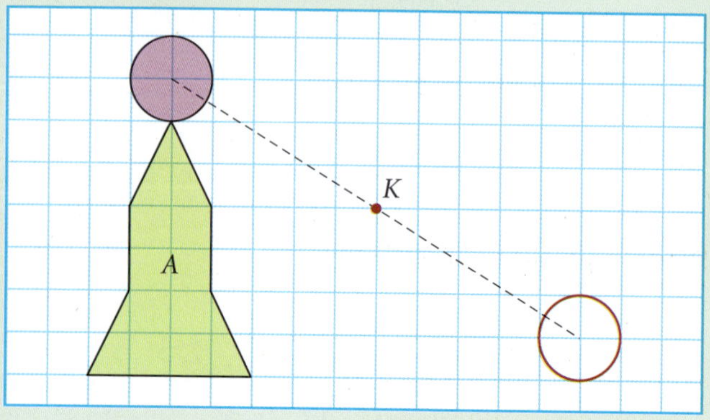

2 **Vero o falso?**

a) Due segmenti corrispondenti in una simmetria centrale sono direttamente congruenti. V F

b) In due figure corrispondenti in una simmetria centrale i lati corrispondenti non sono sempre congruenti. V F

c) In due figure corrispondenti in una simmetria centrale gli angoli corrispondenti sono congruenti. V F

7 Figure a simmetria centrale

PRIMA DI COMINCIARE

Osserva questa carta da gioco.

> Possiede assi di simmetria?
> Sai dire che cosa ha di simmetrico?

DA SAPERE

ANIMAZIONE IN DIGITALE
Figure a simmetria centrale

Puoi osservare che, nel poligono disegnato, il punto O è il punto medio dei segmenti AA', BB', CC', DD' e EE'.

$\overline{AO} = \overline{OA'}$
$\overline{BO} = \overline{OB'}$
$\overline{CO} = \overline{OC'}$
$\overline{DO} = \overline{OD'}$
$\overline{EO} = \overline{OE'}$

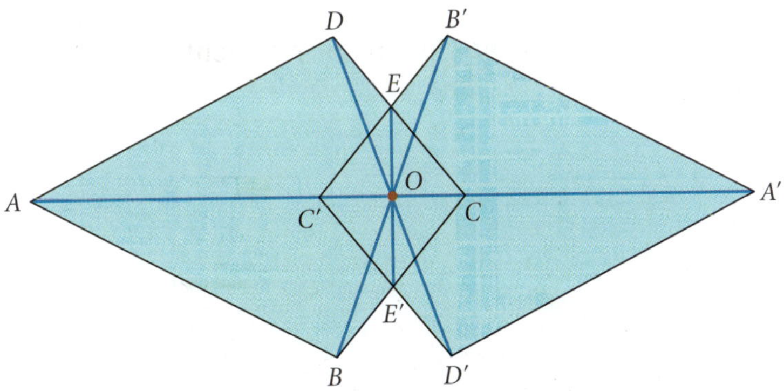

Puoi verificare che O è il punto medio anche di PP' e SS', dove P e S sono punti interni del poligono.

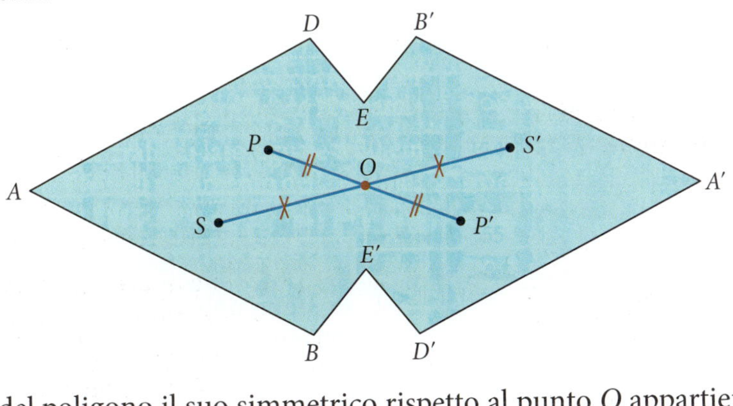

Per ogni punto del poligono il suo simmetrico rispetto al punto O appartiene ancora al poligono.

Una figura è dotata di **centro di simmetria** quando contiene il simmetrico di ogni suo punto rispetto al centro.

Esercizi a pag. 97

PER ESEMPIO I parallelogrammi possiedono un centro di simmetria (prova con il compasso a misurare i segmenti che uniscono i punti simmetrici).

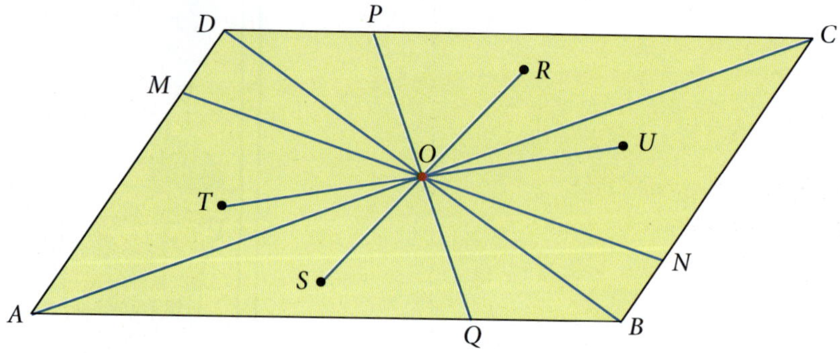

METTITI ALLA PROVA

1 **Individua il centro di simmetria nelle figure.**

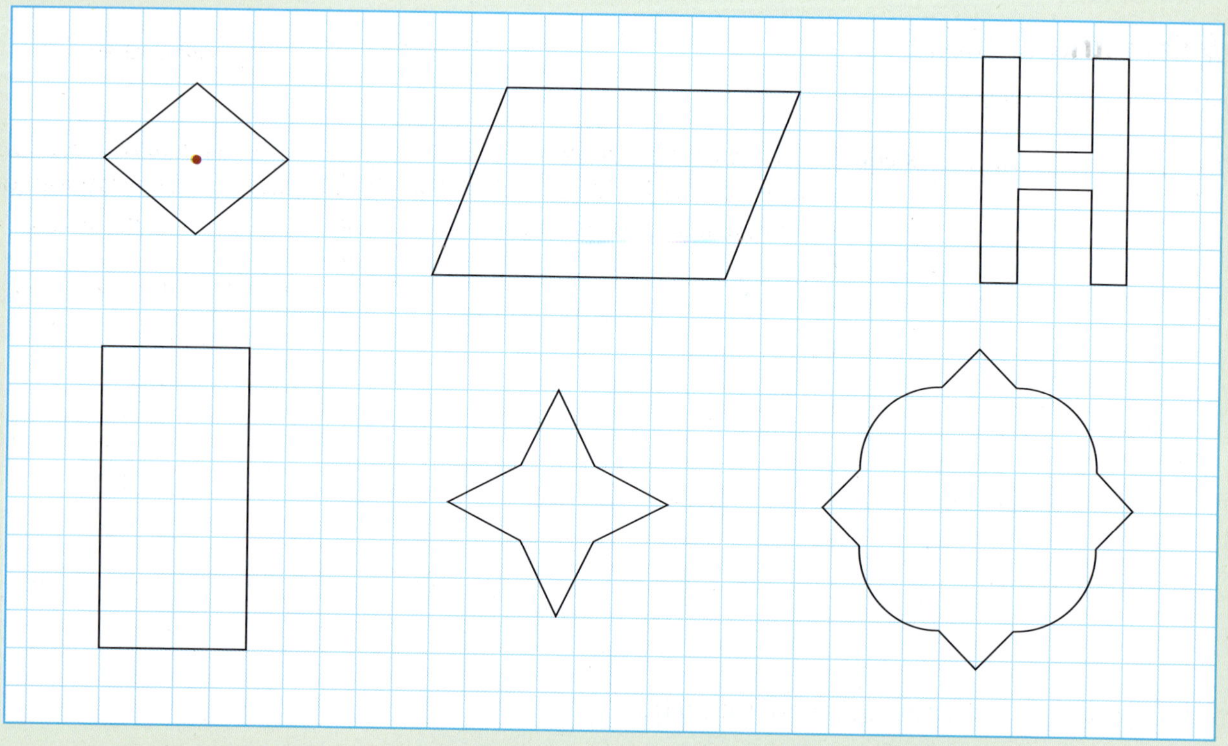

2 **Vero o falso?**

a) Ogni parallelogramma possiede il centro di simmetria. V F

b) Ogni parallelogramma possiede due assi di simmetria. V F

c) Esistono poligoni, privi di assi di simmetria, che possiedono il centro di simmetria. V F

d) Esistono poligoni, privi di centro di simmetria, che possiedono uno o più assi di simmetria. V F

e) Se il poligono è dotato di centro di simmetria, il simmetrico di ogni suo punto rispetto al centro è ancora un punto del poligono. V F

8 Simmetria e poligoni

PRIMA DI COMINCIARE

> Questa stella, secondo te, ha assi di simmetria? Se sì, quanti?
> Possiede anche un centro di simmetria?

DA SAPERE

ANIMAZIONE IN DIGITALE
Simmetria e poligoni

Simmetria assiale

Osserva i seguenti triangoli.

Il *triangolo scaleno* non possiede assi di simmetria.

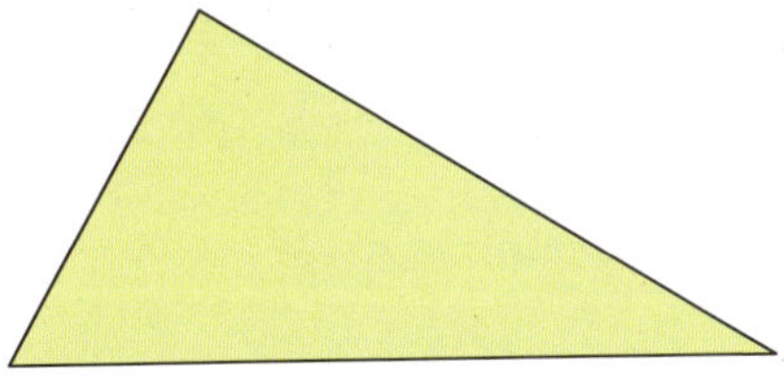

Nel *triangolo isoscele* l'asse di simmetria coincide con l'altezza relativa al lato disuguale.

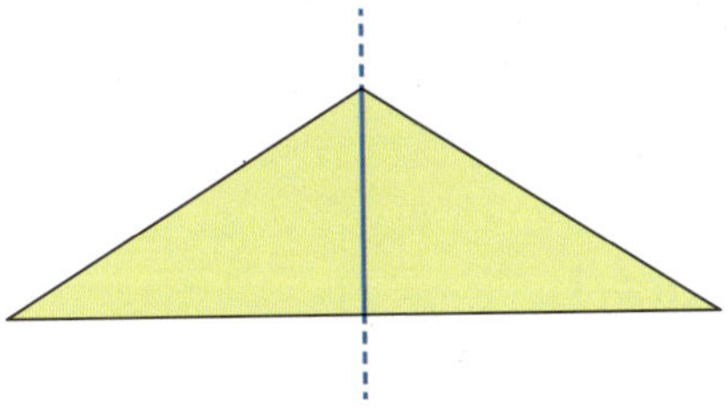

I tre assi di simmetria del *triangolo equilatero* si sovrappongono alle tre altezze, mediane, bisettrici.

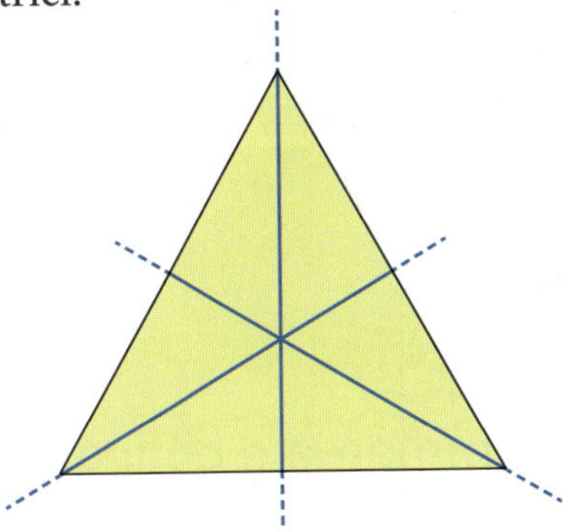

Osserva ora le figure con un solo asse di simmetria.

Tutti i *deltoidi*, concavi e convessi, possiedono un asse di simmetria.

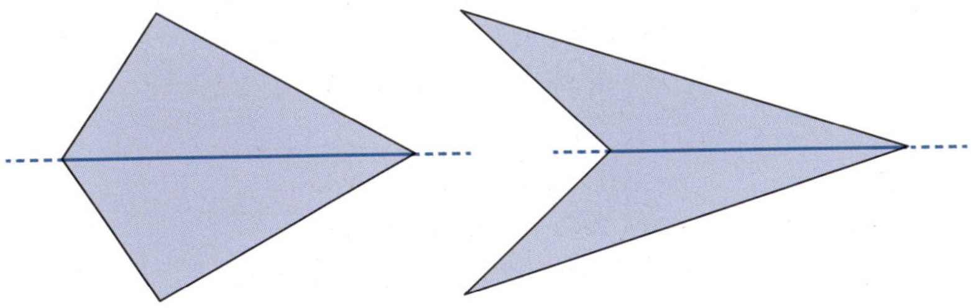

Fra tutti i *trapezi*, solo quelli isosceli possiedono un asse di simmetria.

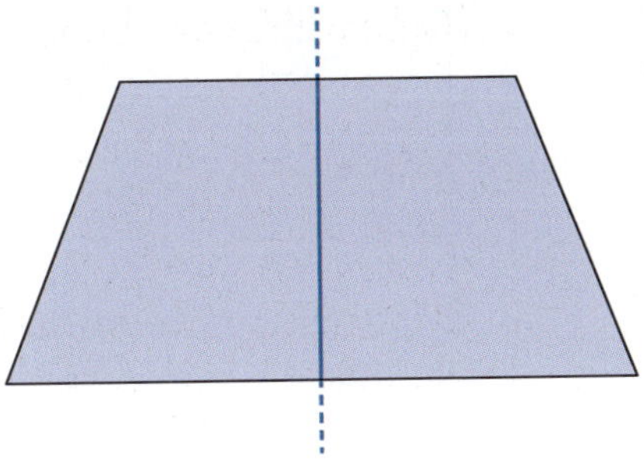

Esercizi a pag. 99

Osserva le figure e i loro assi di simmetria.

Il *rettangolo* ha due assi di simmetria.

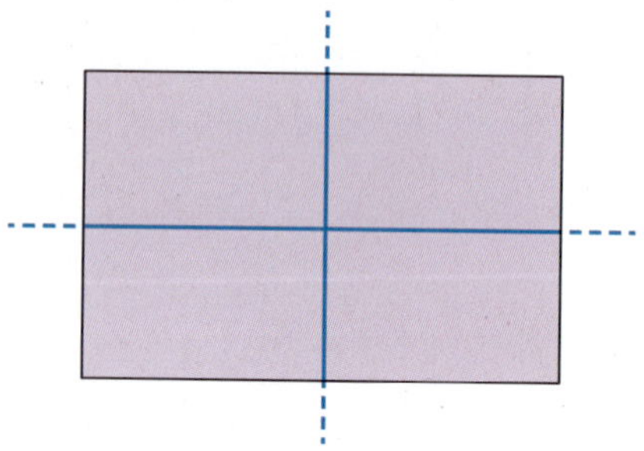

Il *rombo* ha due assi di simmetria.

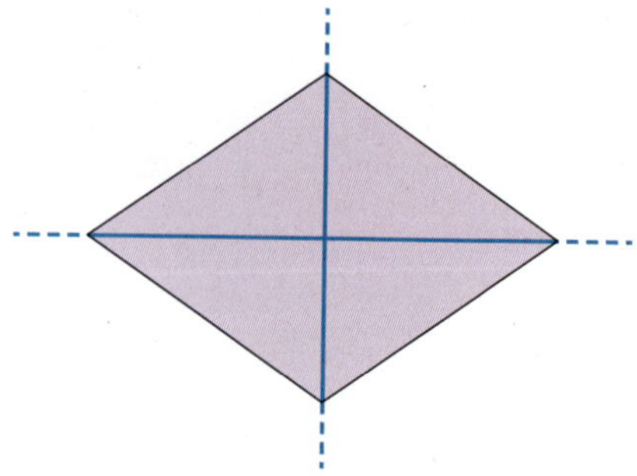

Il *quadrato* ha quattro assi di simmetria.

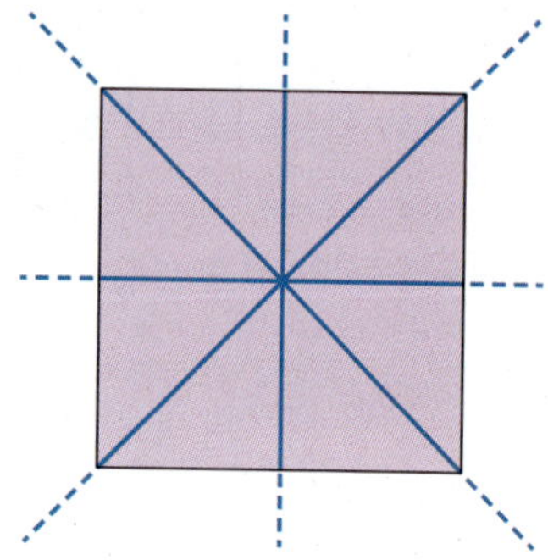

Simmetria centrale

Nessun triangolo possiede una simmetria centrale.
Fra i quadrilateri, solo i parallelogrammi possiedono un centro di simmetria.

parallelogramma qualunque

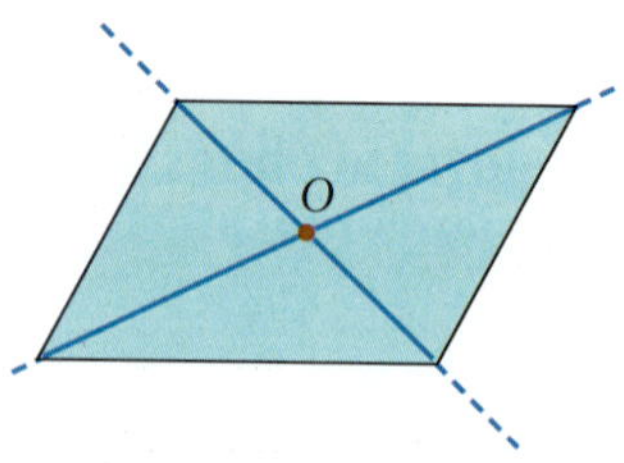

parallelogramma rettangolo

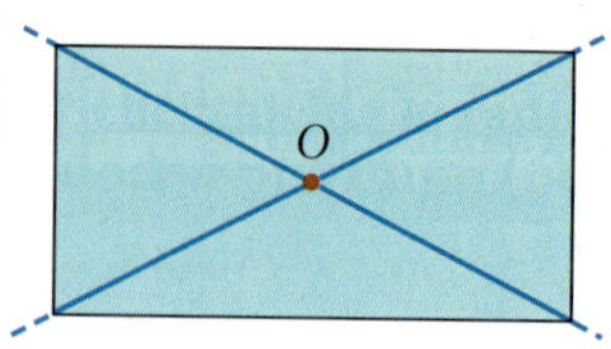

parallelogramma rombo

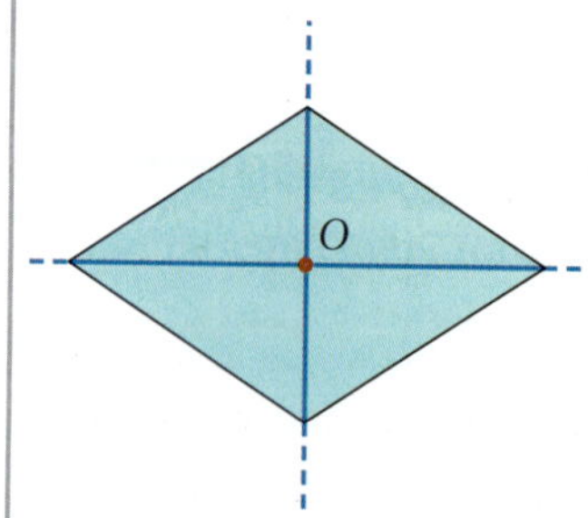

parallelogramma quadrato

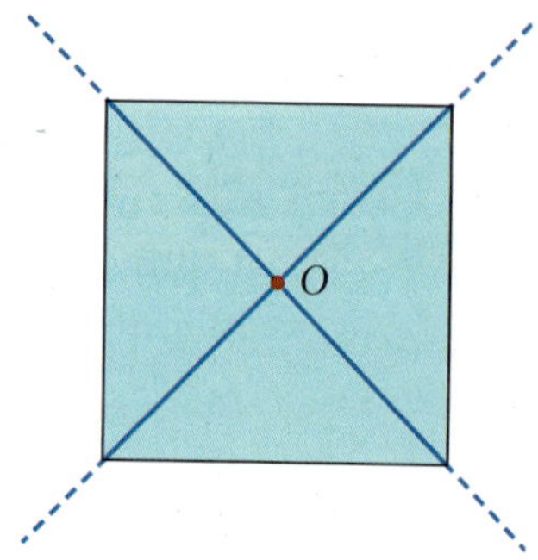

Simmetria e poligoni regolari

Osserva gli assi di simmetria dei seguenti poligoni regolari.

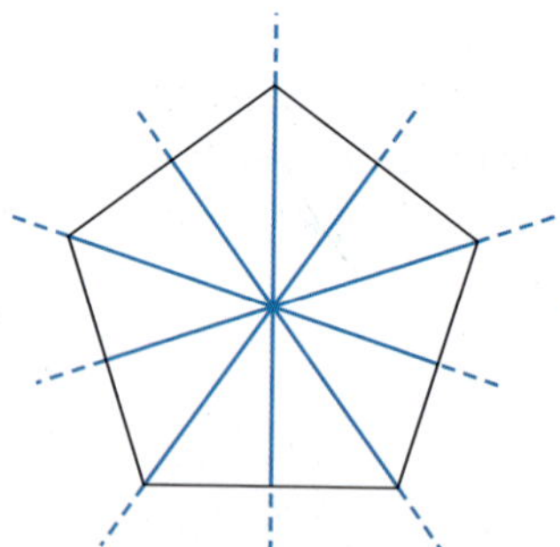

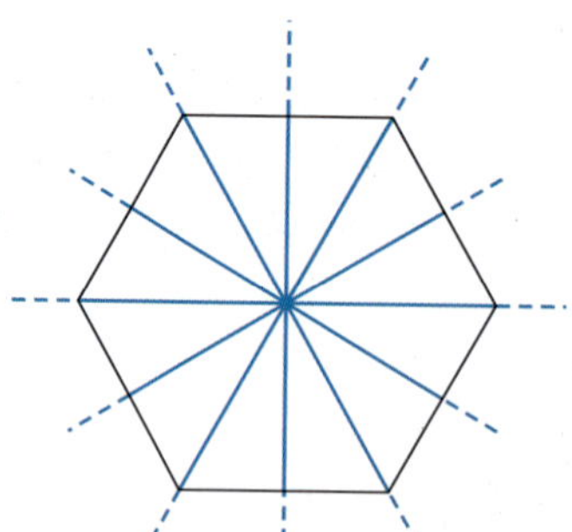

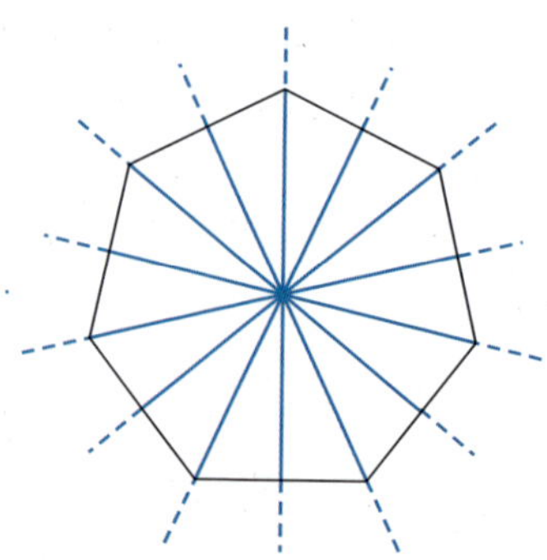

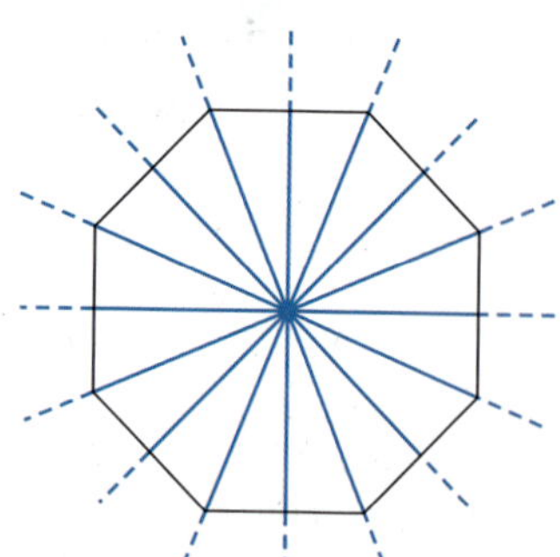

Un poligono regolare ha tanti assi di simmetria quanti sono i suoi lati.

Osserva.

5 lati:	6 lati:	7 lati:	8 lati:	9 lati:	10 lati:
$\overline{AO} \neq \overline{OB}$	$\overline{AO} = \overline{OB}$	$\overline{AO} \neq \overline{OB}$	$\overline{AO} = \overline{OB}$	$\overline{AO} \neq \overline{OB}$	$\overline{AO} = \overline{OB}$

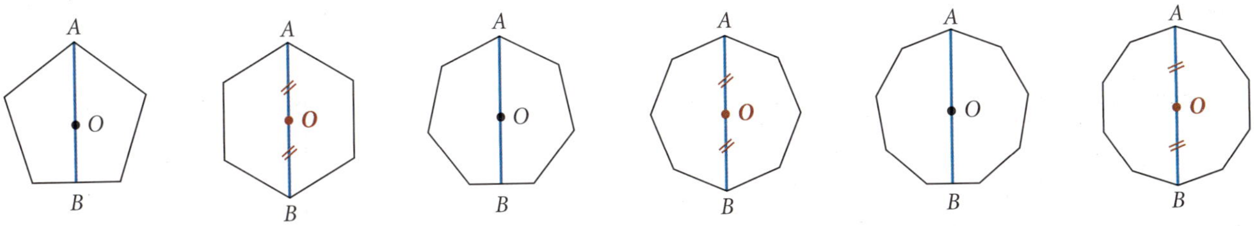

Hanno un centro di simmetria solo i poligoni regolari che hanno un numero pari di lati.

PER ESEMPIO Il triangolo equilatero (3 *lati*) possiede 3 *assi* di simmetria e nessun centro di simmetria.

Il quadrato (4 *lati*) possiede 4 *assi* di simmetria e un centro di simmetria.

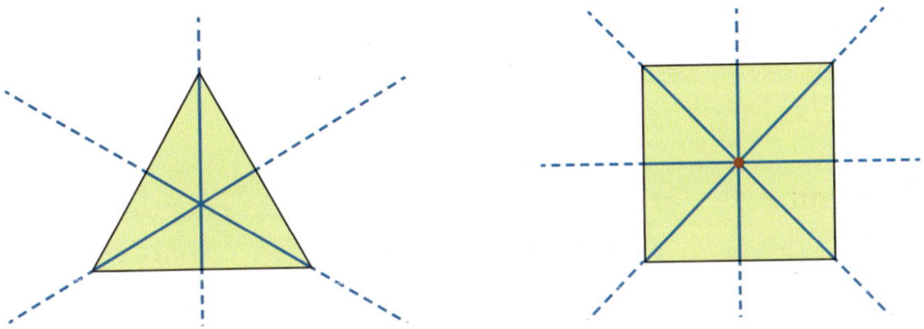

METTITI ALLA PROVA

1 **Vero o falso?**

a) Il triangolo scaleno possiede un asse di simmetria. V F

b) Il trapezio isoscele possiede un asse di simmetria. V F

c) Il rettangolo possiede due assi di simmetria. V F

d) Il deltoide possiede un centro di simmetria. V F

e) L'esagono regolare possiede un centro di simmetria. V F

f) Il quadrato possiede solo due assi di simmetria. V F

2 **Scrivi sotto ogni figura la lettera a cui si riferisce.**

a) Non possiede centro di simmetria ma ha tre assi di simmetria.

b) Possiede solo il centro di simmetria.

c) Possiede un asse di simmetria e non il centro.

d) Possiede due assi e il centro di simmetria.

e) Possiede centro e infiniti assi di simmetria.

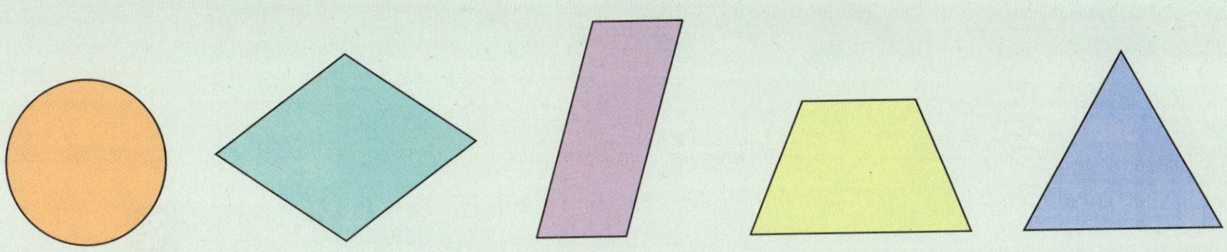

....

Esercizi a pag. 99

9 Traslazioni e vettori

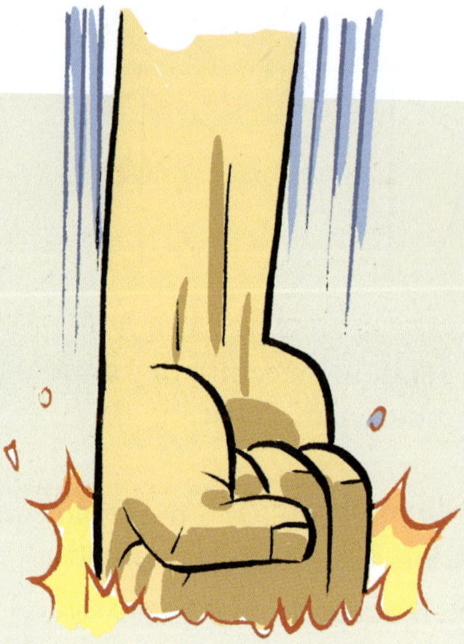

PRIMA DI COMINCIARE

Osserva questa immagine.

> Quali simboli puoi usare per esprimere il movimento del pugno che viene sbattuto con forza sul terreno?

DA SAPERE

La traslazione

Ritaglia un triangolo e fora due punti al suo interno.

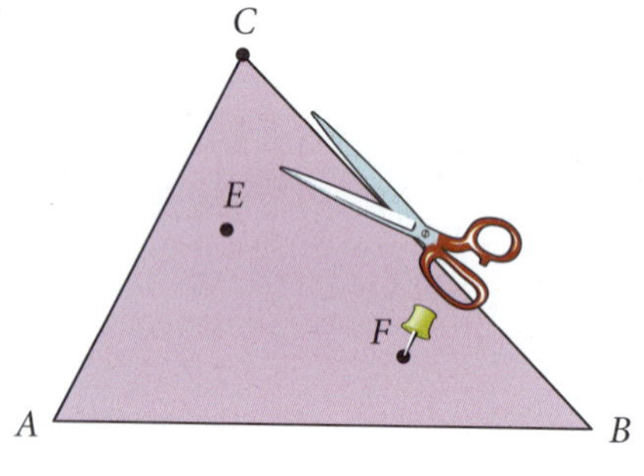

Appoggia il triangolo su un foglio, con un lato su un righello.

Ricalca il suo contorno e, attraverso i fori, segna anche i punti al suo interno.

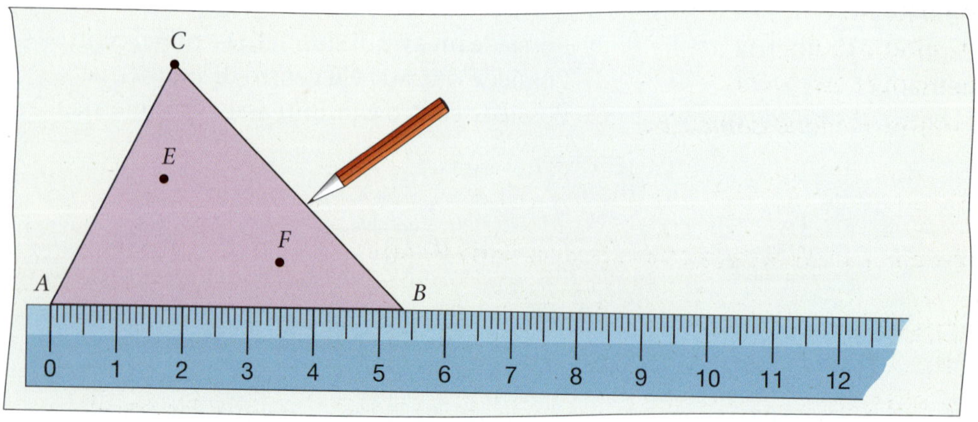

ANIMAZIONE IN DIGITALE
Traslazioni e vettori

Fai scorrere il triangolo sul righello.

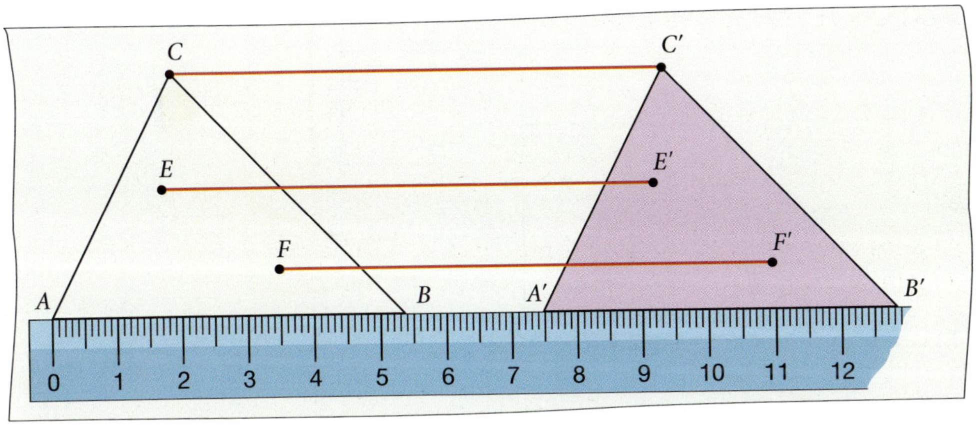

Scopri che le distanze tra i punti corrispondenti nei due triangoli sono uguali:
$\overline{AA'} = \overline{BB'} = \overline{CC'} = \overline{EE'} = \overline{FF'}$.

Hai eseguito una *traslazione*.

Quando una figura nel piano subisce una **traslazione** tutti i suoi punti sono spostati a distanze uguali in una certa direzione.

PER ESEMPIO Le due figure qui sotto si corrispondono in una traslazione.

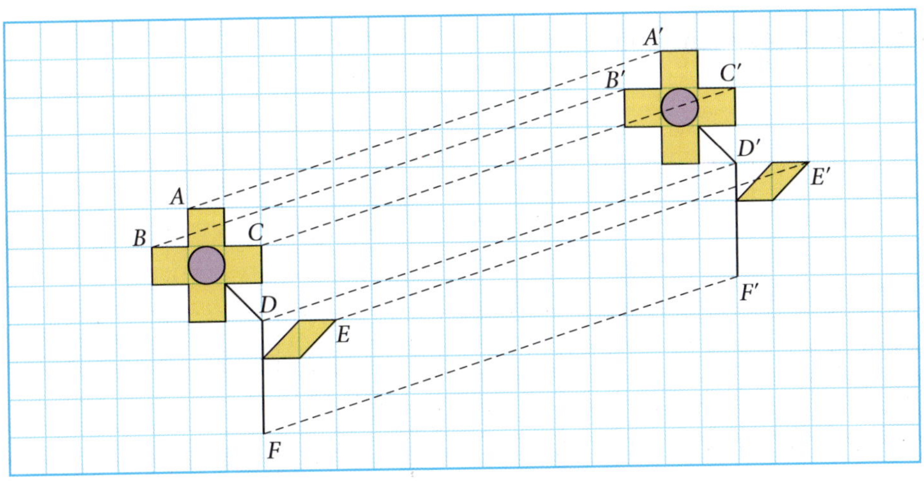

Puoi osservare che nella traslazione sono rimaste *invariate* alcune caratteristiche:

- i lati corrispondenti sono uguali;
- gli angoli corrispondenti sono uguali;
- le due figure sono direttamente congruenti.

Anche la *traslazione* è una *trasformazione isometrica*.

Il vettore

Puoi indicare una traslazione con il simbolo «freccia» che si chiama *vettore*.

In un **vettore** la *lunghezza* della freccia indica la misura dello spostamento; la retta su cui giace la freccia indica la sua *direzione* e la punta della freccia il *verso* della traslazione.

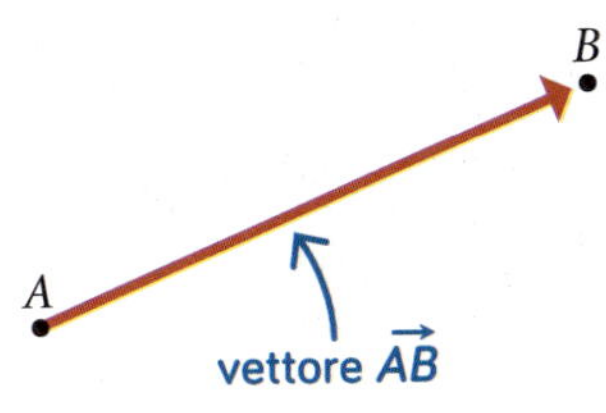

Esercizi a pag. 102

PER ESEMPIO Il vettore in colore rosso rappresenta la traslazione dell'esempio precedente.

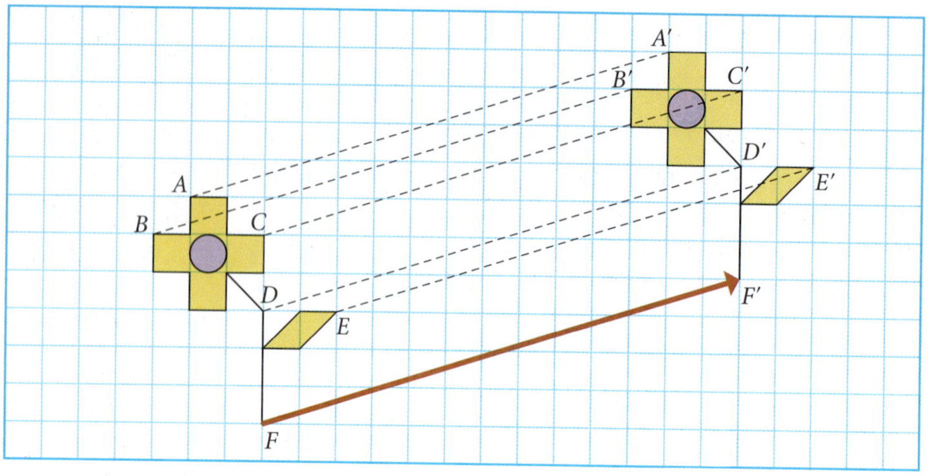

METTITI ALLA PROVA

1 **Esegui le traslazioni indicate.**

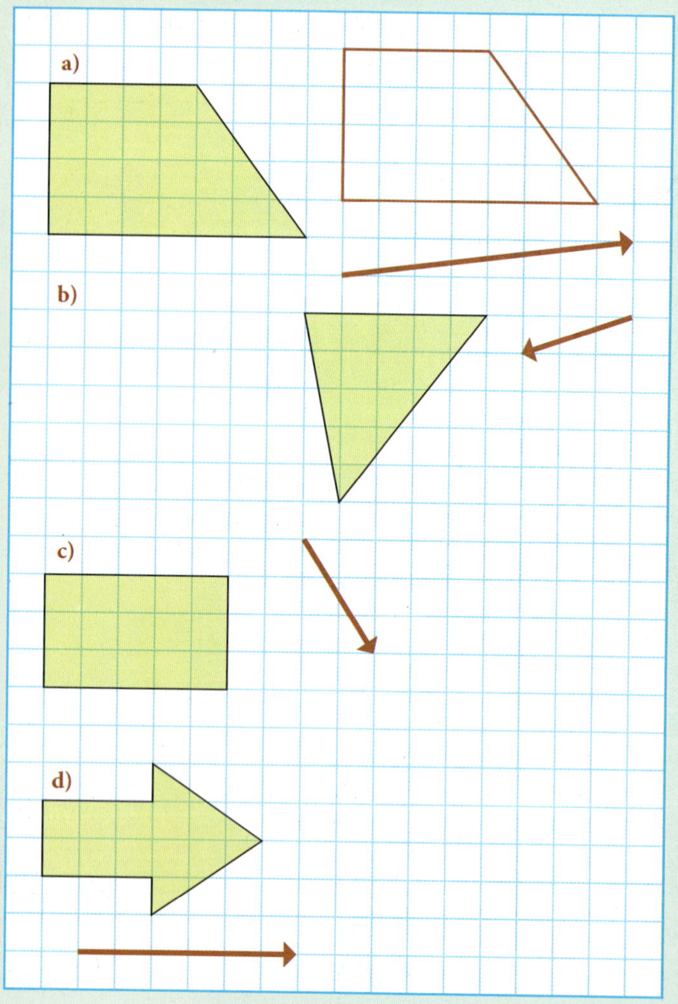

2 **Vero o falso?**

a) In una traslazione, le distanze fra coppie di punti corrispondenti sono tutte uguali. V F

b) In due figure corrispondenti in una traslazione, i lati corrispondenti sono congruenti. V F

c) In due figure corrispondenti in una traslazione, gli angoli corrispondenti sono congruenti. V F

d) Due figure corrispondenti in una traslazione sono inversamente congruenti. V F

e) La traslazione è un'isometria. V F

f) Nella traslazione di una figura i punti si muovono su rette parallele. V F

10 La rotazione

PRIMA DI COMINCIARE Osserva questo orologio con le lancette.

> Le lancette si muovono in senso orario o antiorario?
> Qual è il punto intorno al quale si muovono le due lancette?
> Quale angolo descrive la lancetta piccola in 6 ore? E in 12 ore?
> Quale angolo descrive la lancetta grande in 15 minuti?

DA SAPERE

Disegna sul foglio una bandierina e ricalcala su un foglio trasparente.

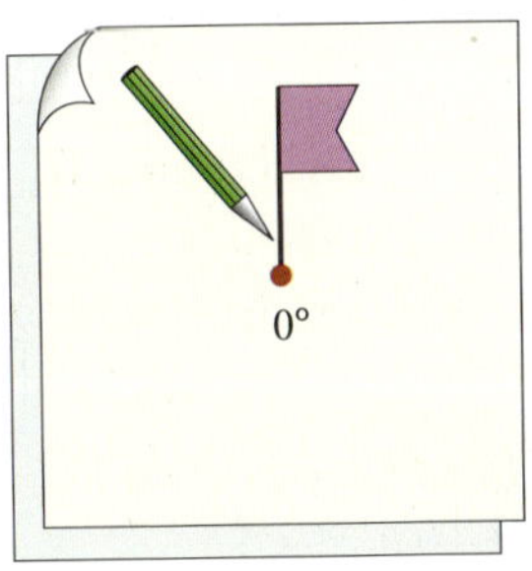

Sovrapponi i due fogli e tienili uniti con uno spillo posto alla base delle aste.

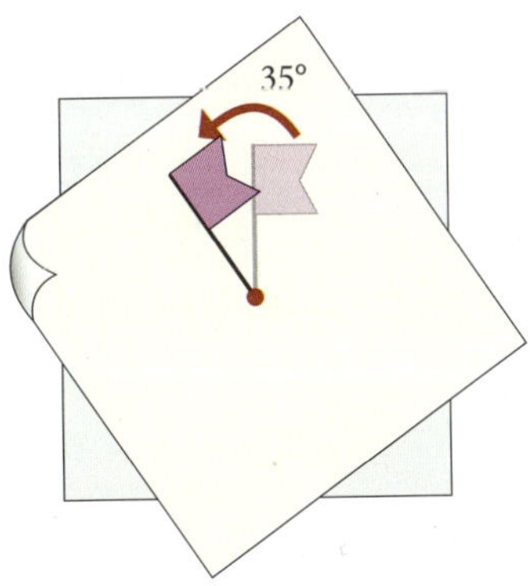

Muovendo la bandierina disegnata sul foglio trasparente puoi capire che cos'è una *rotazione*.

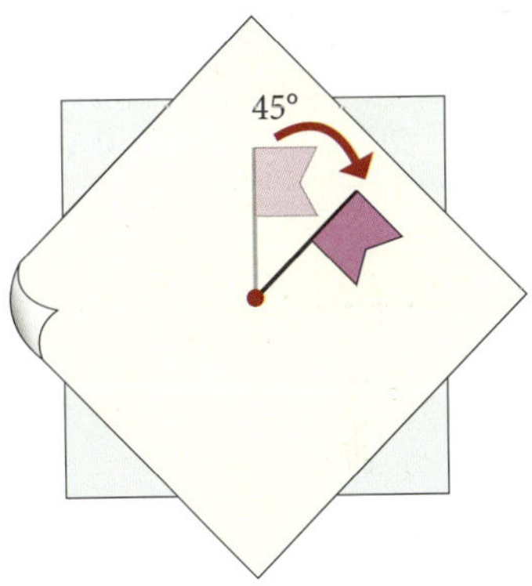

La **rotazione** di una figura è il movimento in senso orario o antiorario di una figura intorno a un centro (**centro di rotazione**). La rotazione può essere in verso negativo (*senso orario*) o in verso positivo (*senso antiorario*).

ANIMAZIONE IN DIGITALE
La rotazione

Una rotazione è individuata da tre elementi:

- il *centro*;
- l'*ampiezza*;
- il *verso*.

Puoi osservare quali caratteristiche della figura rimangono *invariate*:

- i lati corrispondenti sono uguali;
- gli angoli corrispondenti sono uguali;
- le due figure sono direttamente congruenti.

Anche la *rotazione* è una *trasformazione isometrica*.

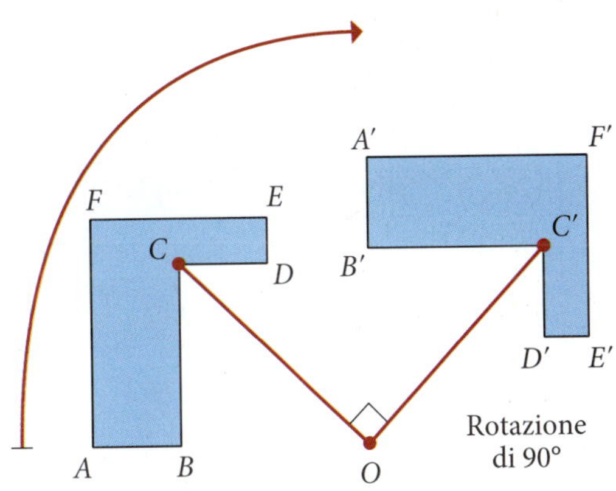

Rotazione di 90°

Esercizi a pag. 106

TEORIA

PER ESEMPIO

Il centro O è sul contorno della figura; la rotazione ha ampiezza 90° e senso orario.

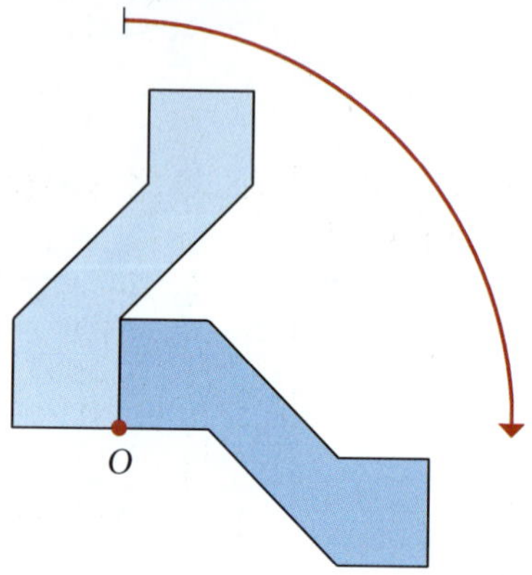

Il centro O è interno alla figura; la rotazione ha ampiezza 45° e senso orario.

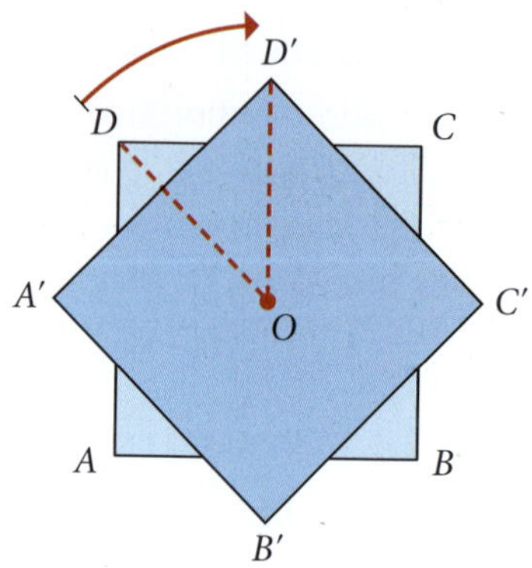

METTITI ALLA PROVA

1 **Esegui le rotazioni.**
Per ciascuna figura esegui una rotazione, intorno al centro O, di ampiezza 90° e verso antiorario.

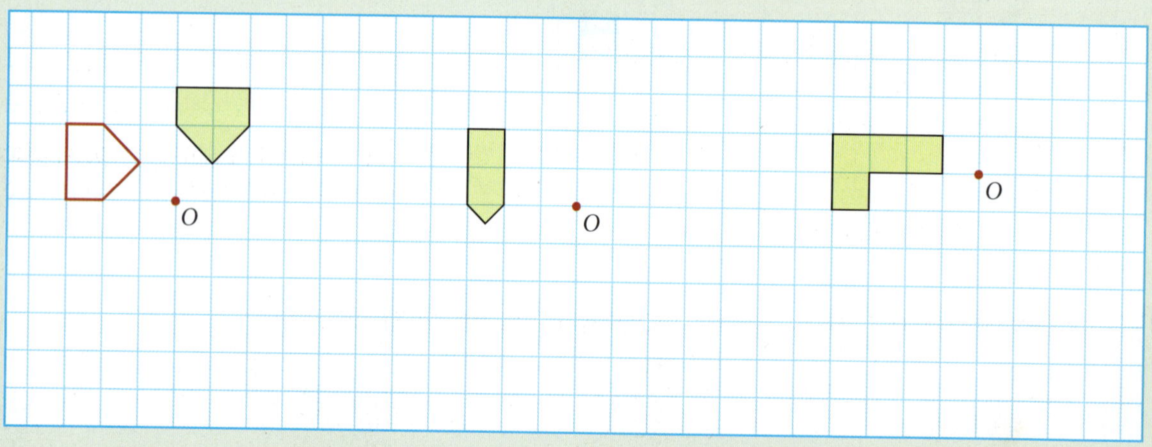

2 **Vero o falso?**

a) Una figura ritorna su se stessa se ruota di 200°. V F

b) Due figure corrispondenti in una rotazione hanno gli angoli ordinatamente congruenti. V F

c) Una rotazione è una isometria. V F

d) In una rotazione ciascun punto della figura percorre una linea retta. V F

e) Due figure che si corrispondono in una rotazione sono direttamente congruenti. V F

ESERCIZI CAPITOLO 2

1 Figure congruenti

MI ALLENO

1 ●○○ **NEL QUADERNO DELLE REGOLE** Copia le definizioni di figure congruenti e di figure direttamente e inversamente congruenti e fai un disegno per ogni definizione.

2 ●○○ Queste figure hanno tutte la stessa area.

> Quali sono tra loro congruenti?

3 ●○○ Data la figura, utilizza i segmenti per disegnare tre figure a essa congruenti.

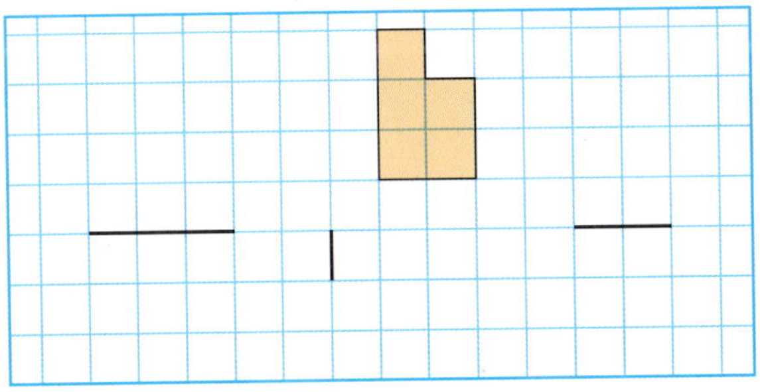

4 ●○○ Considera la figura. Disegna due figure a essa congruenti utilizzando i segmenti.

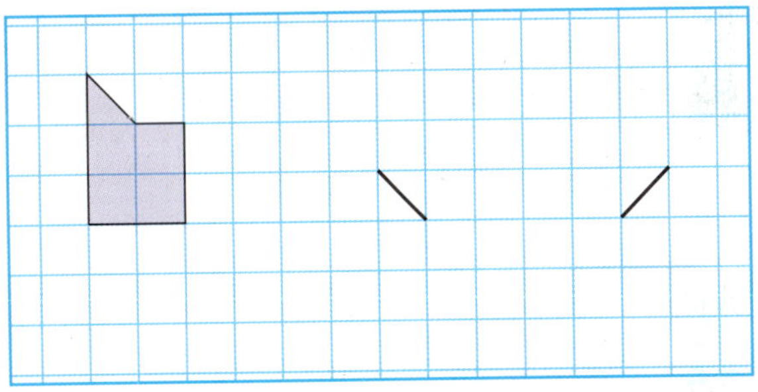

> Indica in entrambi i casi se hai ottenuto una figura direttamente o inversamente congruente.

5 ●○○ Considera le coppie di figure. In quali coppie le due figure sono congruenti?

Teoria a pag. 60

6 ●●○ Le figure con lo stesso colore sono direttamente congruenti, quelle con colore diverso sono inversamente congruenti. Aggiungi le lettere mancanti che indicano i vertici.

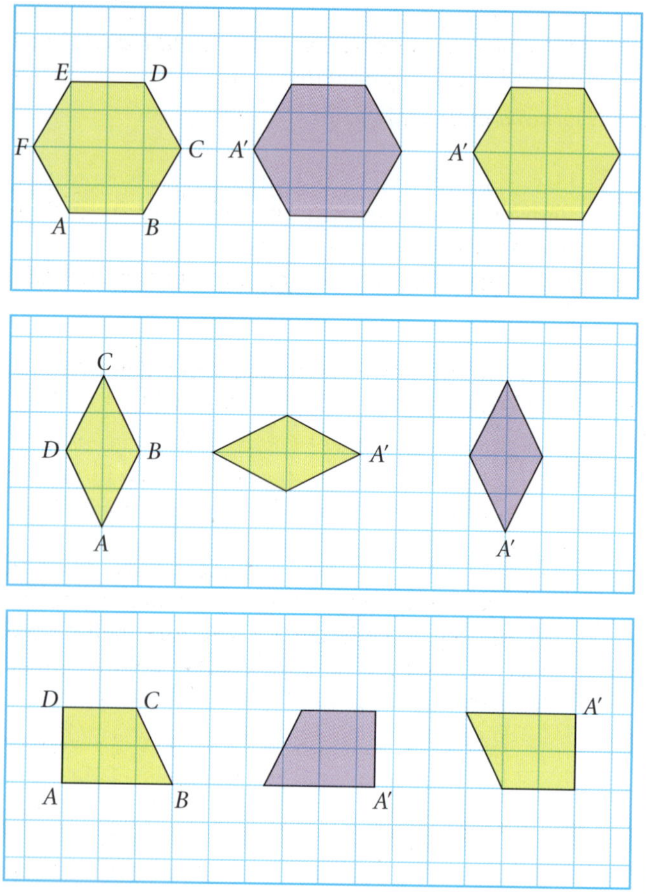

7 ●●○ Aggiungi le lettere mancanti e colora in giallo le figure direttamente congruenti e in blu quelle inversamente congruenti.

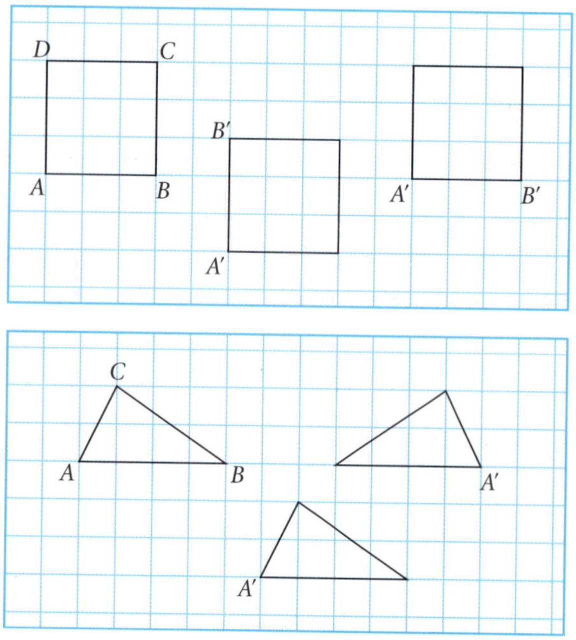

8 ●●○ Disegna un deltoide $ABCD$ sul quaderno. Disegna il deltoide $A'B'C'D'$ direttamente congruente al primo e coloralo di giallo. Disegna il deltoide $A''B''C''D''$ inversamente congruente al primo e coloralo di blu.

9 ●●○ Disegna:

a) un triangolo isoscele;
b) un triangolo scaleno;
c) un parallelogramma.

Per ogni figura disegnane una direttamente e una inversamente congruente.

10 ●●○ Per ogni figura disegnane una direttamente congruente e una inversamente congruente.

11 ●●○ In quale caso ho disegnato due figure inversamente congruenti?

a)

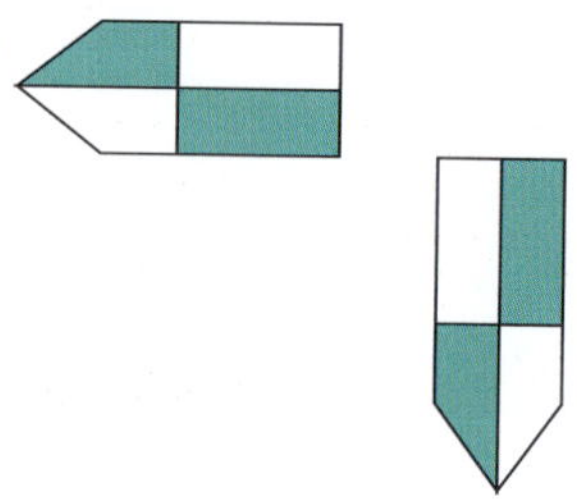

b)

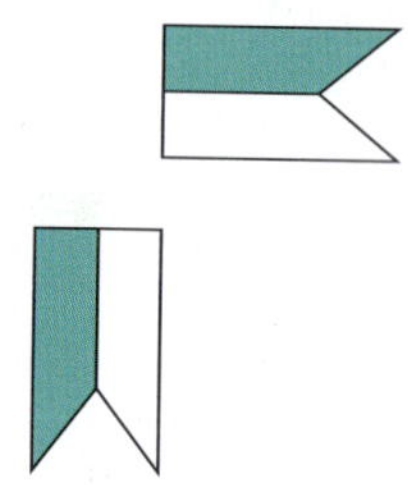

c)

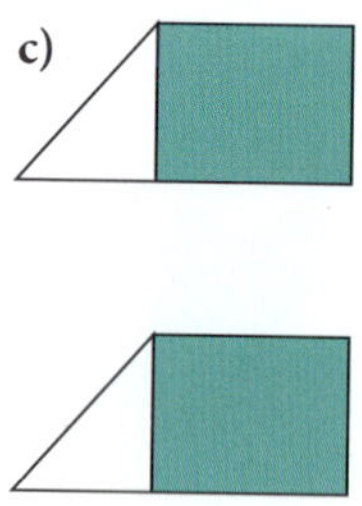

d)

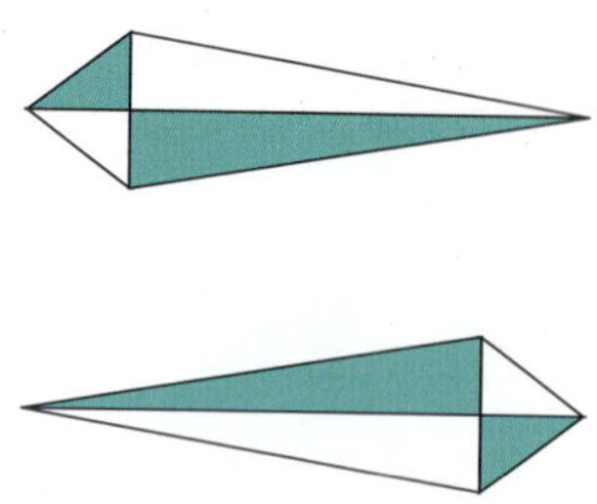

12 **EUREKA!** Disegna la lettera F come in figura su un foglio di carta a quadretti e colorala di giallo. Disegnane un'altra identica, ritagliala e colorala di giallo; poi ribaltala e colorala di blu. Avvicina le due lettere.

a) Sono congruenti?
b) In che modo devi disporle per ottenere una congruenza diretta?
c) E per ottenere una congruenza inversa?

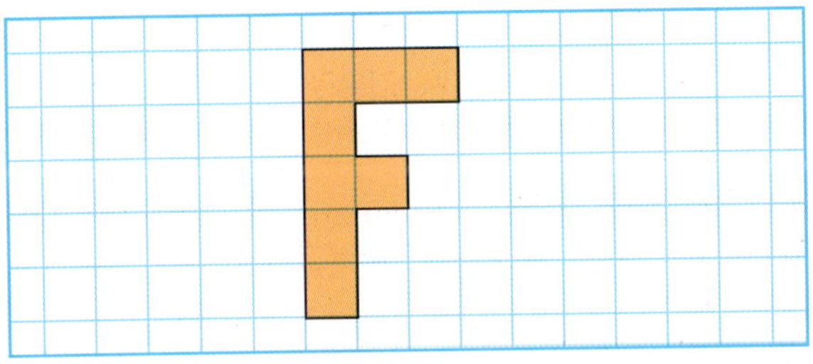

RISOLVO PROBLEMI

13 ●●○ Ho disegnato due quadrilateri equilateri con il lato lungo 12 cm.

> I due quadrilateri sono sicuramente congruenti fra loro, oppure si deve specificare come sono gli angoli?

14 ●●○ Ho disegnato due triangoli che hanno i lati congruenti.

> I due triangoli sono sicuramente congruenti fra loro?

15 ●●○ Ho disegnato due triangoli che hanno gli angoli congruenti.

> I due triangoli sono sicuramente congruenti tra loro?

16 ●●○ Ho disegnato due triangoli con due lati e l'angolo compreso congruenti.

> Sono congruenti fra loro?

17 ●●○ Ho disegnato due triangoli con un lato e i due angoli adiacenti al lato congruenti.

> Sono congruenti fra loro?

18 ●●○ Ho disegnato due quadrilateri che hanno i quattro lati congruenti.

> I due quadrilateri sono sicuramente congruenti?

19 ●●○ In un riferimento cartesiano disegna il quadrilatero $ABCD$ di vertici $A(2; 2)$, $B(7; 1)$, $C(1; 1)$, $D(1; 7)$.

> Disegna un quadrilatero $A'B'C'D'$ congruente ad $ABCD$ nel II quadrante, e poi un quadrilatero $A''B''C''D''$ congruente ad $ABCD$ nel IV quadrante.

20 **INTORNO A NOI** Per fabbricare una cravatta come questa si utilizza una pesante seta a righe che viene ripiegata nella parte posteriore, come puoi vedere in figura. Disegna le righe colorate nella parte posteriore della cravatta.

2 La simmetria assiale o ribaltamento

MI ALLENO

21 ●○○ **NEL QUADERNO DELLE REGOLE** Copia la definizione di simmetria assiale e fai un disegno come esempio.

22 ●○○ Disegna il punto P', simmetrico al punto P rispetto all'asse r.

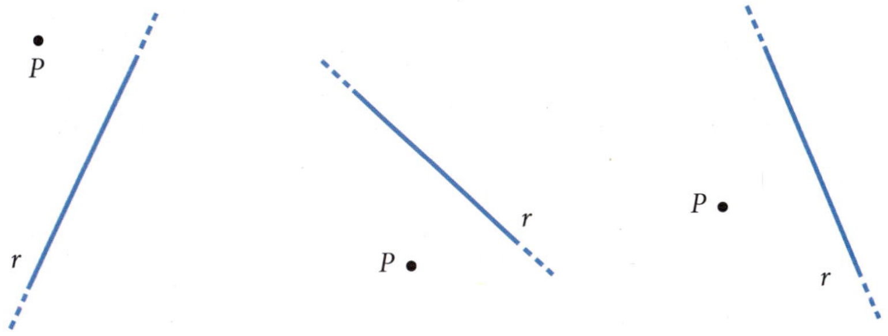

Teoria a pag. 62

23 ●○○ A e A', B e B', C e C' sono punti corrispondenti in tre diverse simmetrie assiali; in ciascuno dei casi disegna l'asse di simmetria.

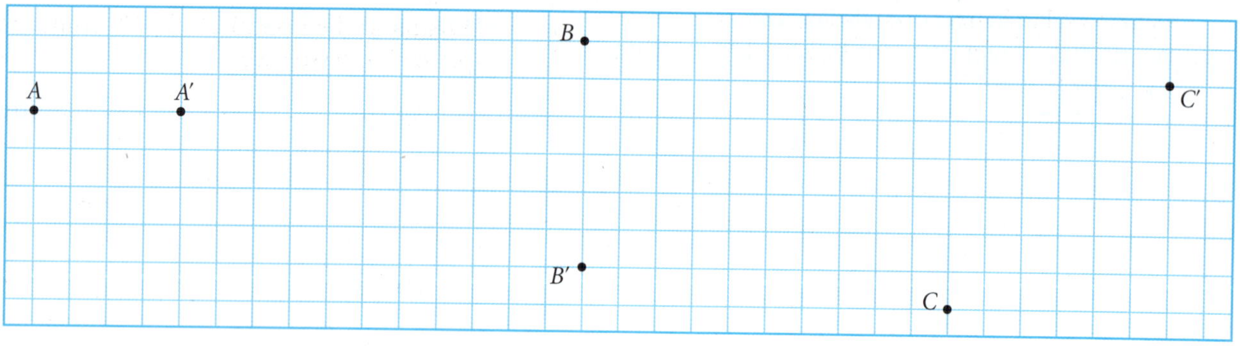

24 ●○○ Disegna il segmento simmetrico come nell'esempio.

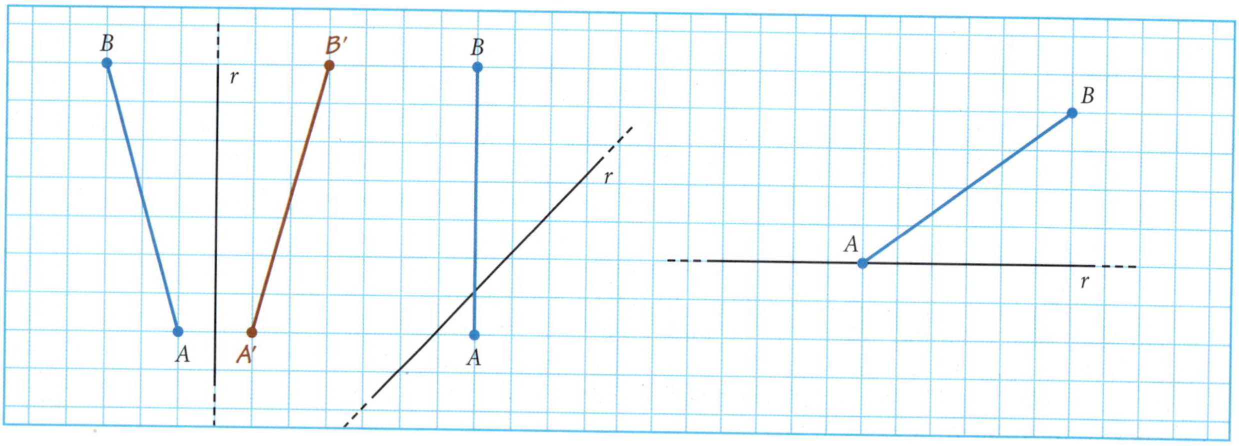

25 **EUREKA!** Piega un foglio a metà e su una delle due metà fai una macchia di inchiostro o di acquerello.

Ripiega subito il foglio, in modo che la macchia si riproduca anche sull'altra metà.

Apri il foglio, ripassa con la matita la piega e chiamala retta r.

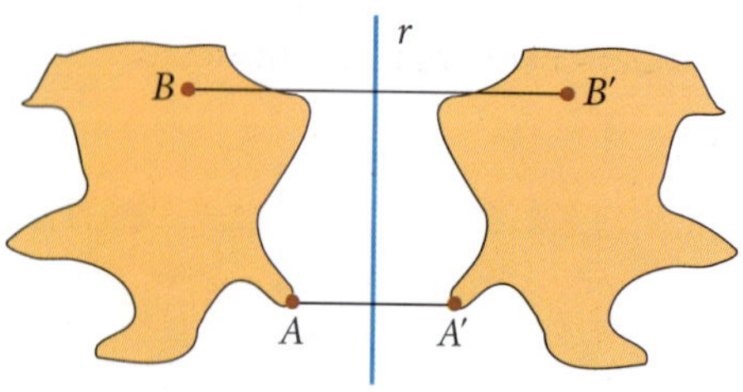

Osservando la figura, completa ora le frasi.

a) Le rette AA' e BB' sono fra loro ....
....

b) Le rette AA' e BB' sono .... alla retta r.

c) La .... di A da r è uguale alla .... di A' da r.

d) La retta r è .... dei segmenti AA' e BB'.

Determina ora un punto qualunque C sulla macchia a sinistra. Segna il suo corrispondente C' sulla macchia a destra.

> Le due macchie sono direttamente o inversamente congruenti?

RISOLVO PROBLEMI

26 ●●○ Nel riferimento cartesiano indica le coordinate dei punti A, B e C; disegna i punti simmetrici rispetto all'asse r e indicane le coordinate.

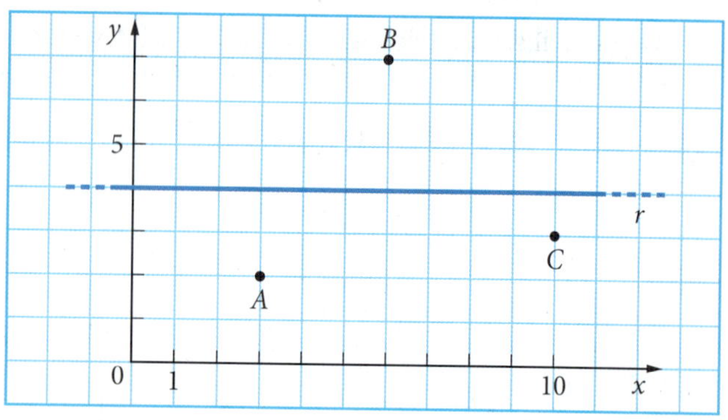

> Com'è la retta r rispetto all'asse delle ascisse?

> Come sono le ascisse di punti simmetrici rispetto a r?

27 ●●○ Nel riferimento cartesiano indica le coordinate dei punti A, B e C; disegna i punti simmetrici rispetto all'asse x e indicane le coordinate.

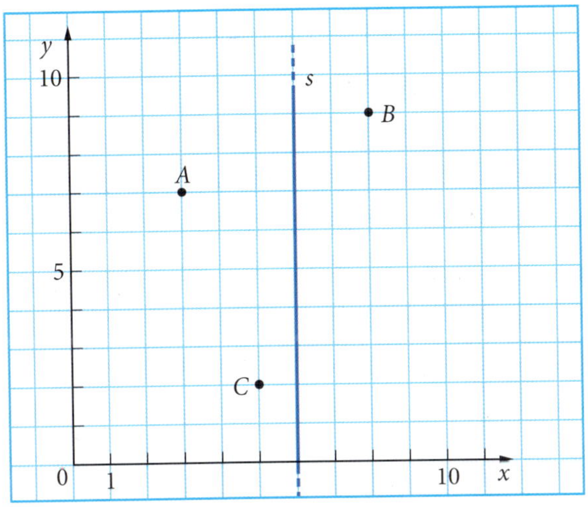

> Com'è la retta s rispetto all'asse delle ordinate?
> Come sono le ordinate di punti simmetrici rispetto a s?

28 ●●○ A e A' sono simmetrici rispetto a un asse.
> Disegna l'asse di simmetria.
> Disegna anche i punti B', C', D' simmetrici rispetto allo stesso asse.

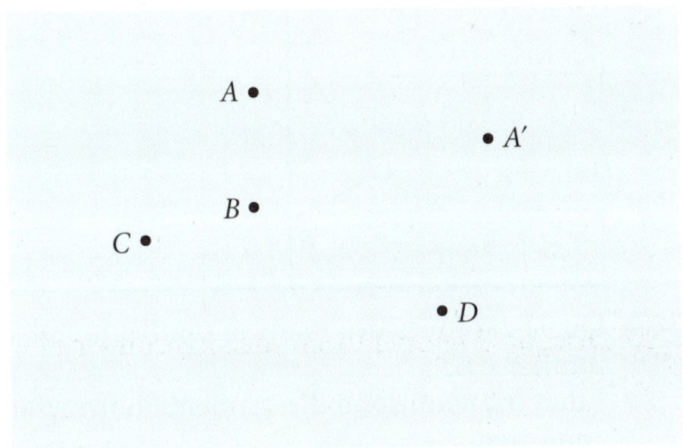

29 ●●○ Disegna l'asse r di un segmento qualsiasi AB e descrivi il procedimento usato.
> A e B sono simmetrici rispetto a r?

30 **INTORNO A NOI** Ora ti diamo alcune istruzioni per partecipare a un'azione di spionaggio. Si tratta di comunicare alcuni numeri segretissimi, servendosi di un codice che utilizza la simmetria assiale per rendere i numeri irriconoscibili (speriamo!). Ecco, per esempio, come viene trasformato il numero 3.
Scrivi ora tutti i numeri da 0 a 9 nella nuova forma.

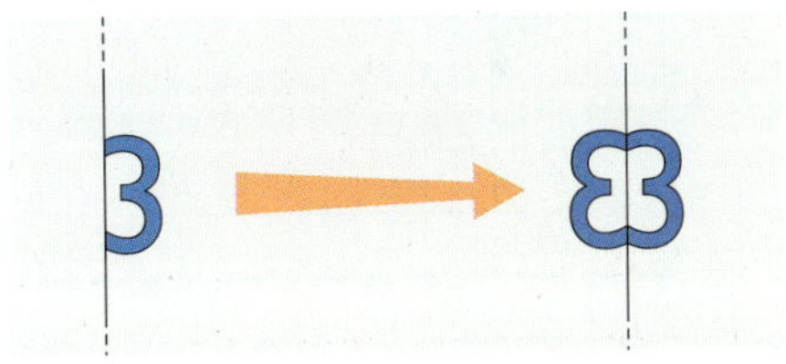

3 Costruire simmetrie assiali

MI ALLENO

31 ●○○ **NEL QUADERNO DELLE REGOLE** Copia le regole che servono per costruire una simmetria assiale e fai un disegno come esempio.

32 **PER ESEMPIO**
Disegna il simmetrico del triangolo ABC rispetto all'asse r.

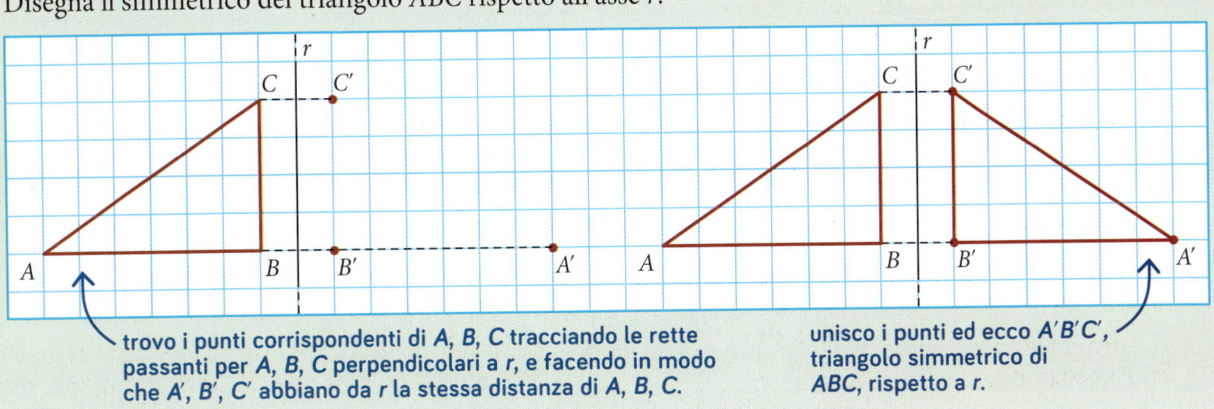

Teoria a pag. 64

ESERCIZI

Guarda il PER ESEMPIO 32 a pag. 85.

33 Disegna il simmetrico di *ABC* rispetto all'asse *r*.
●○○

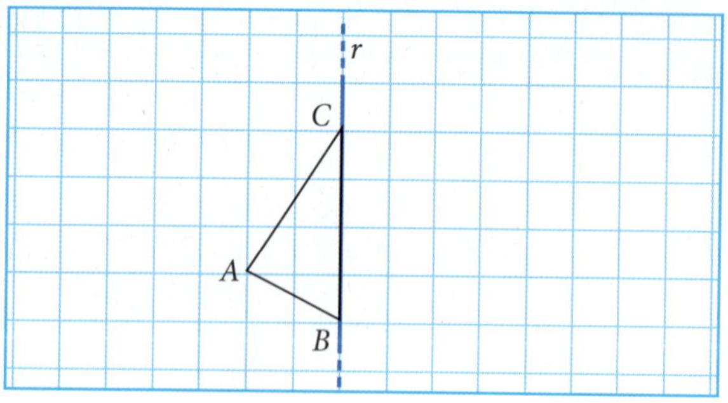

> Quale caratteristica hanno i punti simmetrici dei punti *B* e *C*?

> I due triangoli sono direttamente o inversamente congruenti?

34 Disegna il simmetrico di ogni figura rispetto all'asse *r*.
●○○

a)

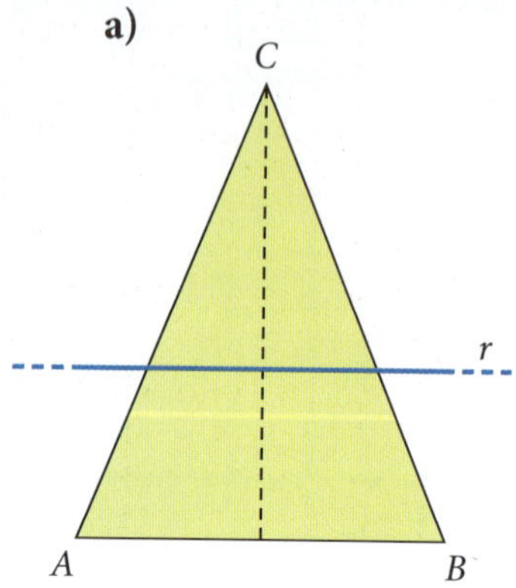

b)

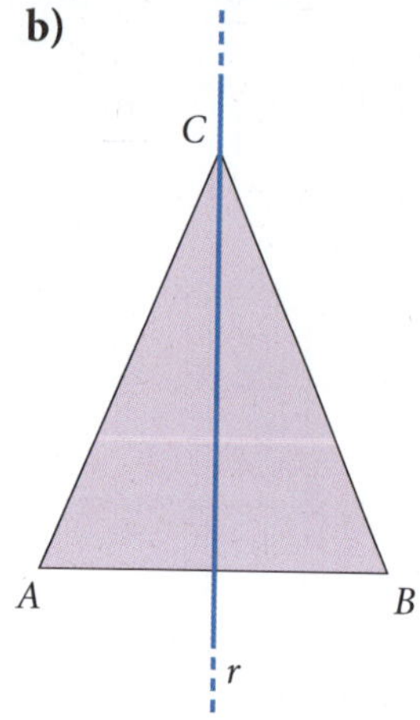

35 Disegna nel quaderno la figura simmetrica.
●○○

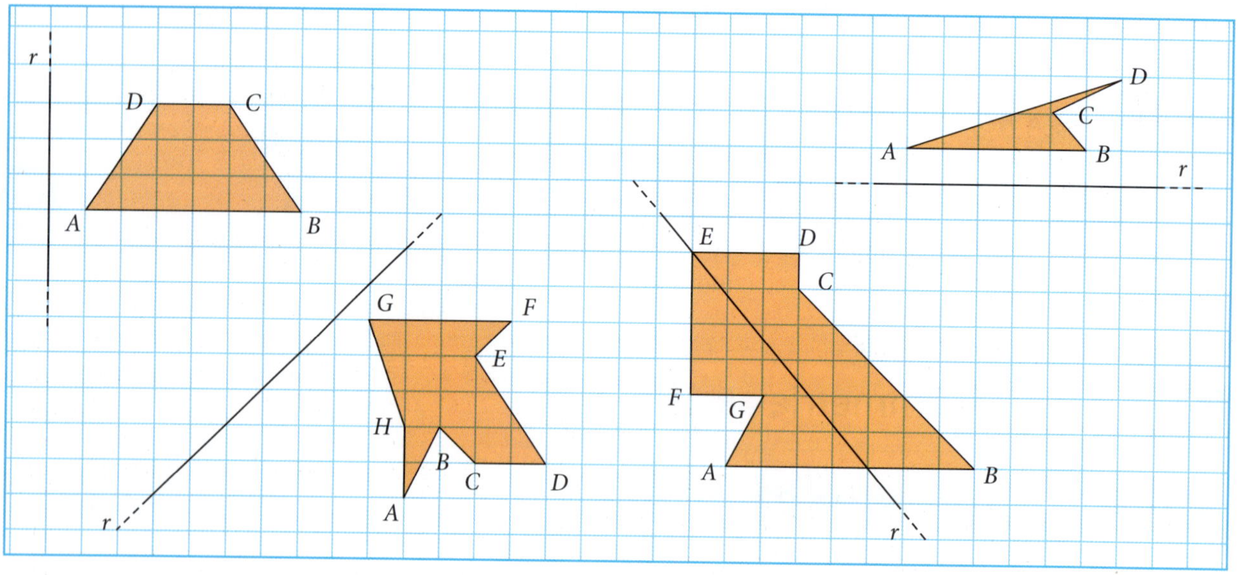

36 Disegna su un riferimento cartesiano $A(2; 3)$, $B(6; 2)$, $C(4; 4)$, $D(5; 5)$ ed $E(1; 7)$ e i punti simmetrici rispetto a *s* A', B', C', D' ed E'. Completa la tabella con le coordinate dei punti.
●●○

punto	simmetrico
$A(2; 3)$	A'(.......; ....)
$B(6; 2)$	B'(.......; ....)
$C(4; 4)$	C'(.......; ....)
$D(5; 5)$	D'(.......; ....)
$E(1; 7)$	E'(.......; ....)

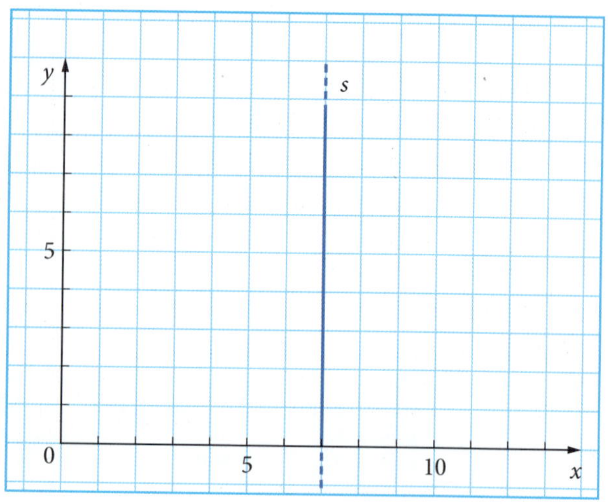

> Confronta le coordinate *y* di ogni punto con quelle del suo corrispondente. Che cosa osservi?

37 ●●○ In un riferimento cartesiano disegna i punti $A(2; 2)$, $B(4; 5)$, $C(9; 6)$ e $D(8; 3)$. Determina i simmetrici rispetto all'asse y. Completa la tabella.

punto	$A(2; 2)$	$B(4; 5)$	$C(9; 6)$	$D(8; 3)$
simmetrico	A'(......; ......)	B'(......; ......)	C'(......; ......)	D'(......; ......)

> Confronta tra loro le ordinate dei punti e quelle dei loro corrispondenti: cosa osservi?
> Confronta tra loro le ascisse dei punti e quelle dei loro corrispondenti: cosa osservi?
> Se considero un punto qualsiasi $P(x; y)$, il simmetrico di P rispetto all'asse y sarà P'(..................; ....).

38 ●●○ Determina i simmetrici dei punti dell'esercizio precedente rispetto all'asse x.
Completa la tabella.

punto	$A(2; 2)$	$B(4; 5)$	$C(9; 6)$	$D(8; 3)$
simmetrico	A'(......; ......)	B'(......; ......)	C'(......; ......)	D'(......; ......)

> Confronta tra loro le ordinate dei punti e quelle dei loro corrispondenti: che cosa osservi?
> Confronta tra loro le ascisse dei punti e quelle dei loro corrispondenti: che cosa osservi?
> In generale, se considero un punto qualsiasi $P(x; y)$, il simmetrico di P rispetto all'asse x sarà P'(..................; ....).

39 ●●○ Considera i punti $A(3; 4)$, $B(5; 6)$ e $C(8; 2)$. Essi sono i vertici di un triangolo: in quale quadrante si trova?
> Scrivi le coordinate dei vertici del triangolo $A'B'C'$ simmetrico di ABC rispetto all'asse delle x. In quale quadrante è situato?
> Scrivi le coordinate dei vertici del triangolo $A''B''C''$ simmetrico di ABC rispetto all'asse delle y. In quale quadrante è situato?
> Controlla i risultati ottenuti disegnando ABC, $A'B'C'$ e $A''B''C''$ in un riferimento cartesiano.

40 ●●○ **CACCIA ALL'ERRORE** Susanna deve disegnare la figura $A'B'C'D'$ simmetrica di $ABCD$ rispetto all'asse r, ma commette qualche errore. Correggi il disegno di Susanna.

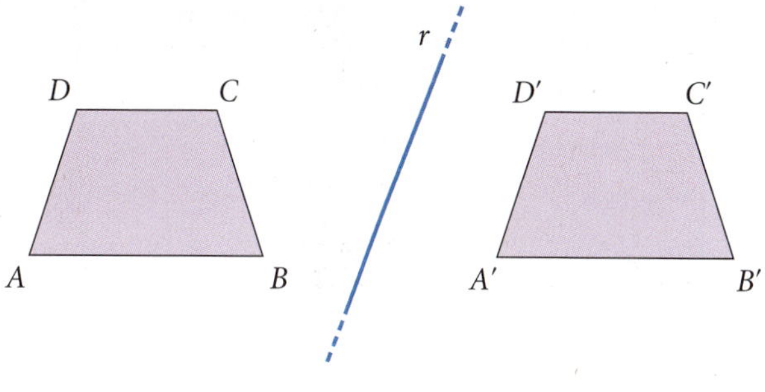

41 ●●○ Per ogni coppia di figure simmetriche traccia l'asse di simmetria.

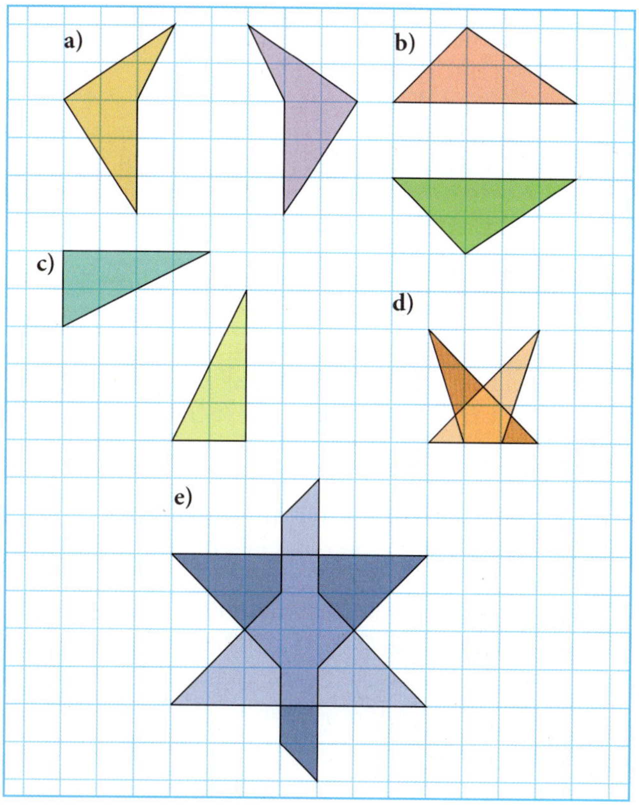

42 **EUREKA!** Disegna un triangolo isoscele ABC con il vertice dei due lati uguali in C e di altezza CH. La base AB misura 10 cm e l'altezza CH misura 12 cm. Disegna il triangolo simmetrico di ABC rispetto alla retta AB.
> Che tipo di quadrilatero è $AC'BC$? Calcola la sua area.

RISOLVO PROBLEMI

43 ●●○ Disegna un triangolo rettangolo isoscele ABC, retto in A.
> Disegna il suo simmetrico rispetto alla retta BC.
> Di che tipo è il quadrilatero ottenuto?

44 ●●○ Le due rette AB e r sono incidenti in A.
> Determina la posizione del punto C simmetrico del punto B rispetto alla retta r.
> Di che tipo è il triangolo ABC? Giustifica la tua risposta.

45 ●●○ Considera il triangolo isoscele ABC di vertice A.
> Costruisci il punto D simmetrico di A rispetto alla retta BC.
> Di che tipo è il quadrilatero $ABCD$? Giustifica la tua risposta.

Teoria a pag. 64

46 ●●○ In un riferimento cartesiano disegna il triangolo ABC di vertici $A(4; 1)$, $B(6; 5)$ e $C(2; 5)$. Disegna poi il triangolo $A'B'C'$, corrispondente del triangolo ABC nella simmetria di asse x (retta delle ascisse) e scrivi le coordinate di $A'B'C'$.

47 ●●○ In un riferimento cartesiano disegna il quadrilatero $ABCD$ di vertici $A(1; 4)$, $B(5; 2)$, $C(6; 11)$, $D(1; 11)$. Disegna il quadrilatero $A'B'C'D'$, corrispondente di $ABCD$ nella simmetria di asse y (retta delle ordinate) e scrivi le sue coordinate.

48 ●●● In un riferimento cartesiano disegna il quadrilatero $ABCD$ di vertici $A(1; 1)$, $B(7; 2)$, $C(9; 8)$, $D(2; 8)$. Disegna anche il punto $A'(17; 1)$, simmetrico di A.

> Disegna in rosso l'asse di simmetria.
> Disegna anche i punti B', C', D' simmetrici di B, C, D e scrivi le loro coordinate.

49 ●●● In un riferimento cartesiano disegna la figura 1: $A(6; 1)$, $B(8; 4)$, $C(6; 7)$ e $D(2; 7)$; disegna quindi la simmetrica della figura 1: $A'(14; 9)$, $B'(11; 7)$, $C'(8; 9)$ e $D'(8; 13)$.

> Disegna in rosso il loro asse di simmetria.

> Scrivi le coordinate di almeno due punti che appartengono a questo asse di simmetria.

50 ●●● Ricopia sul quaderno il triangolo BAU e la retta r. Disegna l'immagine simmetrica del triangolo BAU rispetto all'asse r.
Fai lo stesso per il triangolo PIO e la retta s.
Scrivi poi per esteso quale procedimento hai seguito per costruire tali immagini.

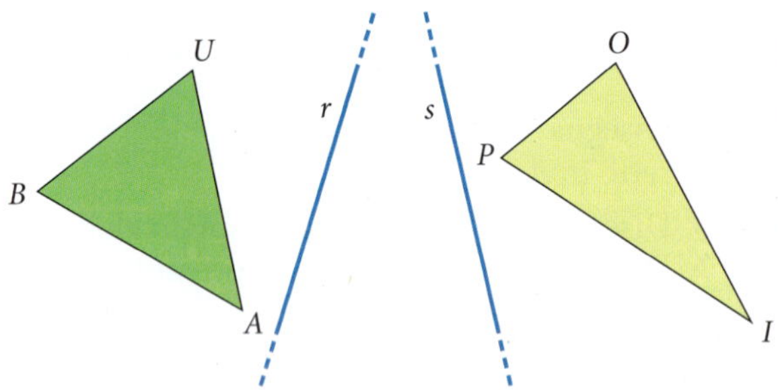

51 **INVALSI 2016** Disegna la retta rispetto alla quale la circonferenza di centro A è la simmetrica della circonferenza di centro B.

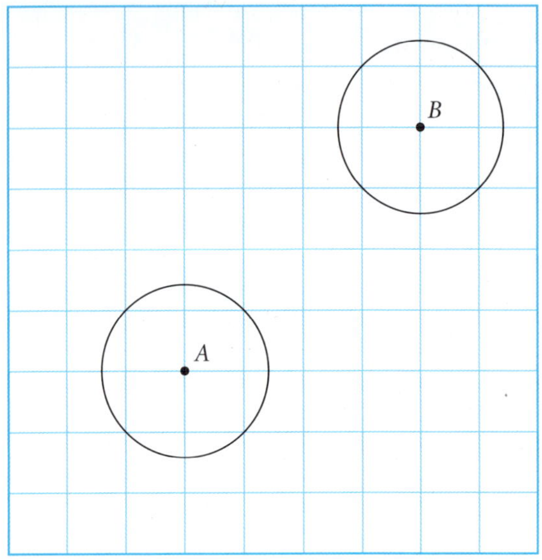

52 **UNA PAUSA**

a) Indovina

> In questa sequenza che cosa viene dopo?

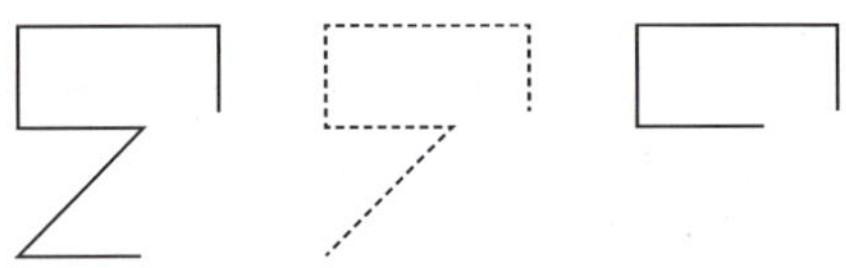

b) Disegna

> Disegna un parallelogramma $ABCD$ in cui il lato AB sia il doppio del lato BC.

c) Ragiona

> Numera le parole seguenti in colonna, indicando con 1 la parola che descrive l'insieme più ampio e con 5 la parola che descrive l'insieme più ristretto.

triangolo isoscele ....
poligono ....
triangolo ....
figura piana chiusa ....
triangolo rettangolo isoscele ....

53 **INTORNO A NOI** Considera la carta. Qual è la città approssimativamente simmetrica di Sassari rispetto all'asse Roma-Perugia?

4 Le isometrie

MI ALLENO

54 **NEL QUADERNO DELLE REGOLE** Copia la definizione di isometria e fai un disegno come esempio.
●○○

55 Disegna due punti distinti A e B; costruisci la retta r rispetto alla quale B è simmetrico di A. Considera su r un punto qualsiasi C.
●●○

> Che tipo di triangolo è ABC?
> Che cosa è la retta r per il segmento AB?
Sia H l'intersezione del segmento AB con la retta r. Considera su r un altro punto D dalla parte opposta a C tale che $\overline{DH} = \overline{HC}$.
> Che tipo di quadrilatero è $ACBD$?

56 Disegna un angolo di vertice O e considera i segmenti OA e OB di uguale lunghezza.
●●○

> Disegna la retta s rispetto alla quale OA è simmetrico di OB e su di essa considera un punto qualsiasi C.
> Come sono i triangoli OAC e OBC?
> Come è l'ampiezza degli angoli $A\widehat{O}C$ e $B\widehat{O}C$?
> Che cosa è la retta s per l'angolo $A\widehat{O}B$?

57 **EUREKA!** Le seguenti figure sono tutte isometriche?

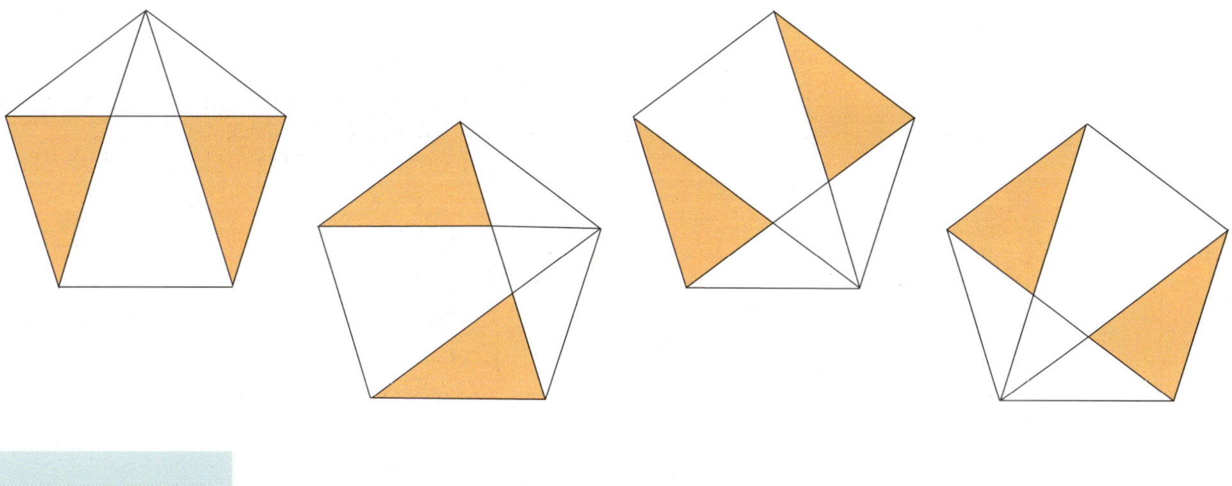

5 Figure con assi di simmetria

MI ALLENO

58 ●○○ **NEL QUADERNO DELLE REGOLE** Copia la definizione di figure con assi di simmetria e fai un disegno come esempio.

59 ●○○ Disegna gli assi di simmetria.

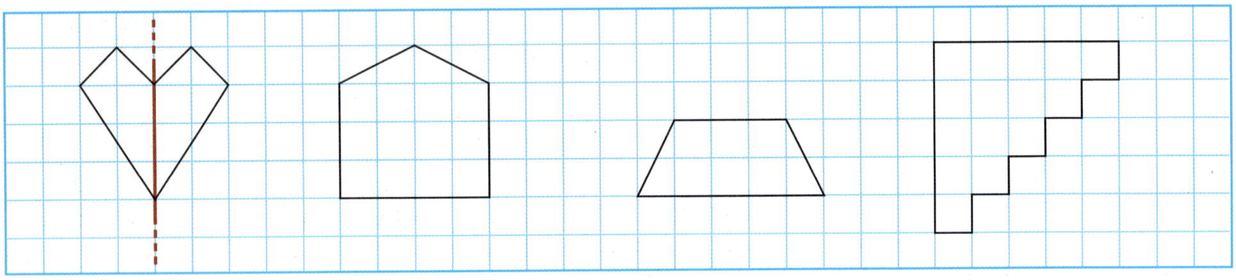

60 ●○○ Disegna gli assi di simmetria.

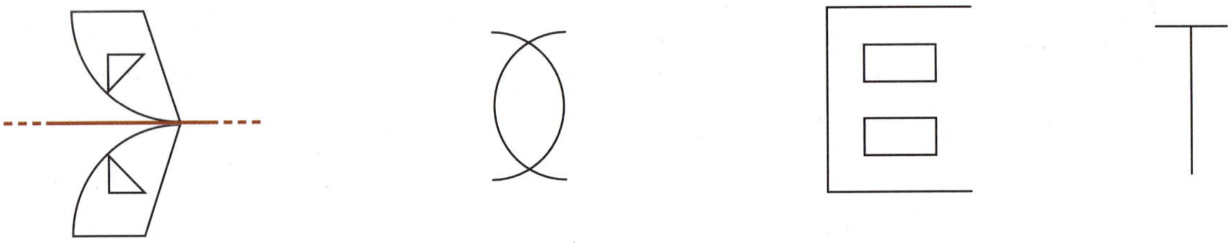

61 ●○○ In ciascuna figura individua gli eventuali assi di simmetria e tracciali in rosso.

62 ●○○ Disegna gli assi di simmetria.

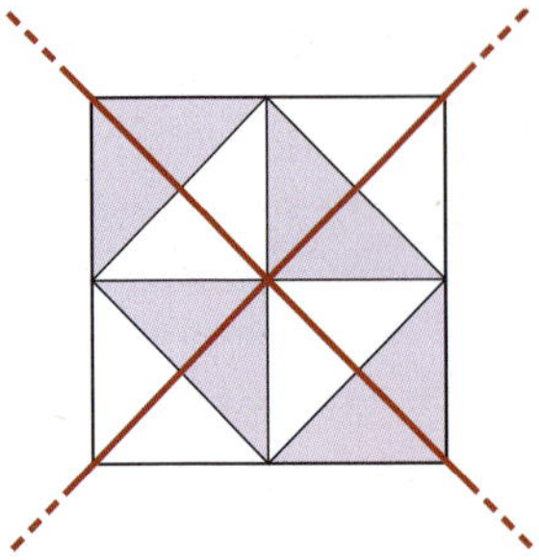

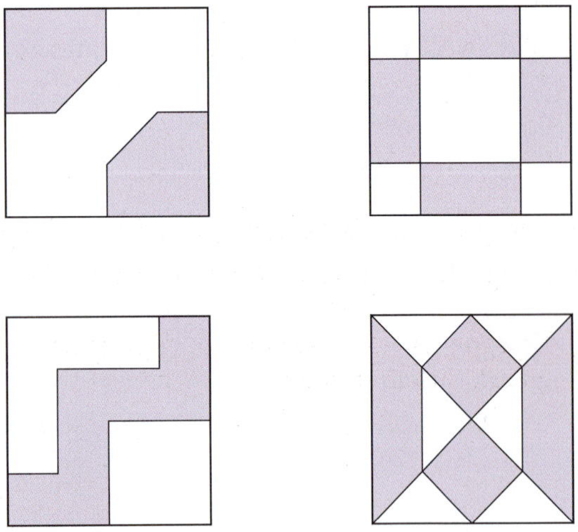

63 ●○○ Tre delle seguenti lettere e segni hanno almeno un asse di simmetria.

QUALI?

64 ●○○ Nelle seguenti figure che possiedono un asse di simmetria colora con lo stesso colore gli angoli congruenti.

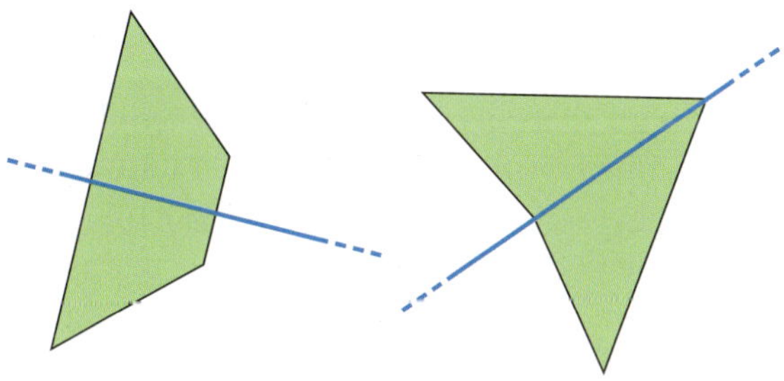

65 ●○○ A Selinunte, in Sicilia, si trovano le rovine di un tempio, costruito nel V sec. a C., quando la Sicilia era una colonia greca. Questa è la pianta del tempio:

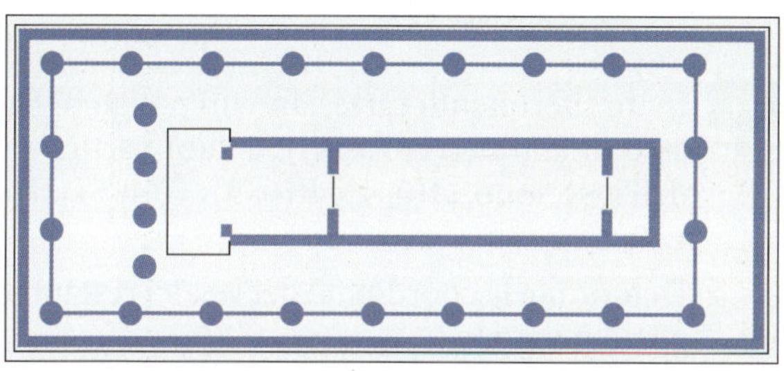

> Traccia gli eventuali assi di simmetria.

66 ●○○ Completa la figura dotata di un asse di simmetria con le misure mancanti.

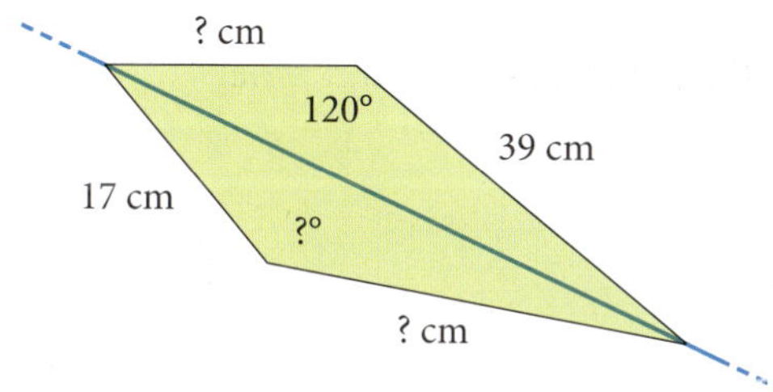

67 ●○○ Castel del Monte è un edificio del XIII secolo fatto costruire da Federico II di Svevia in Puglia, vicino ad Andria. Questa è la sua pianta:

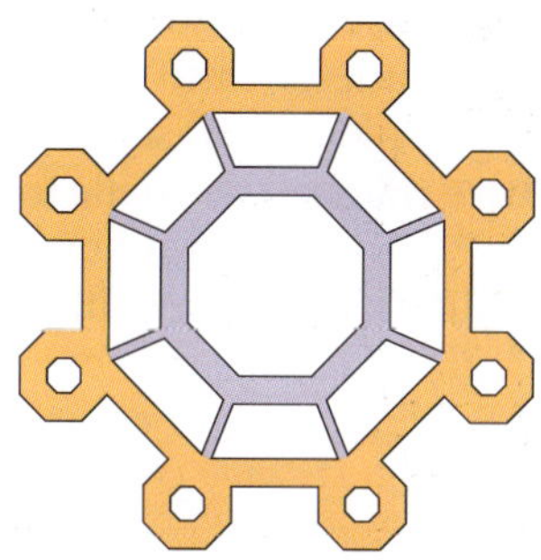

> Traccia i suoi assi di simmetria.

68 ●●○ Di queste figure dotate di un asse di simmetria è stata disegnata soltanto una metà. Completa tu il disegno, dopo averlo ricopiato sul quaderno.

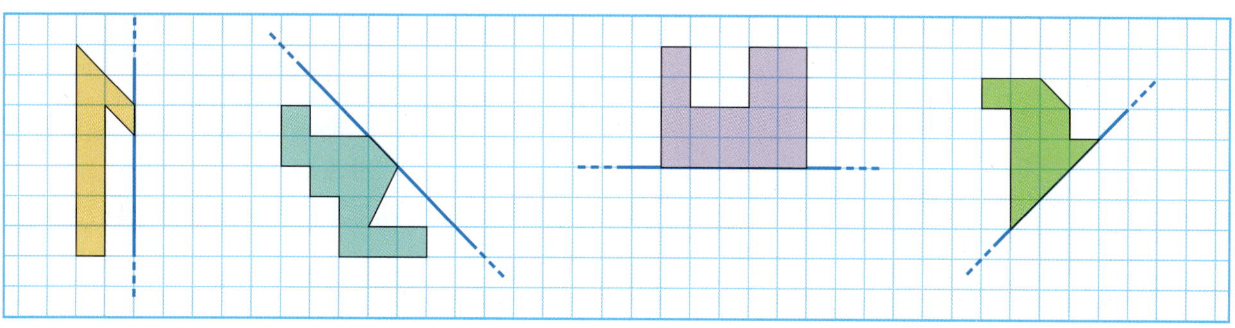

69 ●●○ Disegna su un foglio almeno tre figure che possiedano un asse di simmetria.
Ritagliale e piegale per verificare l'asse di simmetria.

70 ●●○ Disegna gli assi di simmetria di ciascuno dei seguenti cartelli stradali.

71 **EUREKA!** Prendi un foglio di carta quadrato e piegalo a metà e poi ancora a metà. Disegna sul foglio piegato i due triangoli che vedi nella figura qui sotto e poi ritagliali con le forbici. Ora apri il foglio: quanti assi di simmetria ha la figura ottenuta? Evidenziali con una matita colorata. Disegna sul quaderno la figura ottenuta.

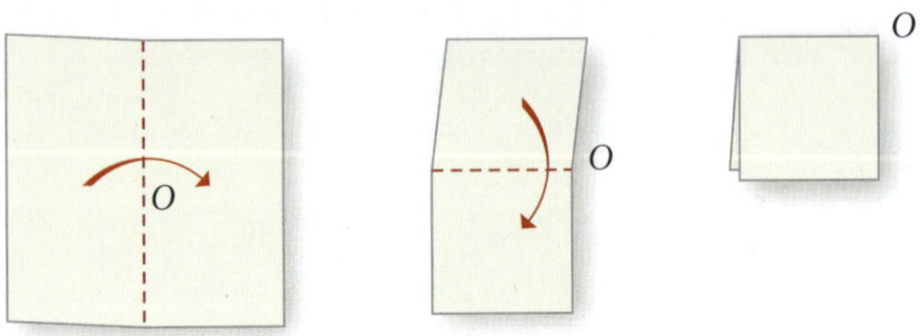

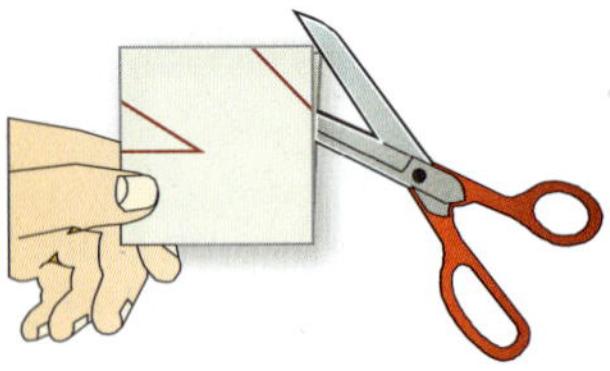

Prendi un altro foglio di carta quadrato e piegalo in quattro come hai fatto precedentemente. Riporta sul foglio piegato i disegni che vedi nella figura qui sotto e ritagliali con delle forbici. Non aprire il foglio!!! Prima disegna sul quaderno la figura che prevedi di ottenere una volta aperto il foglio. Ora apri il foglio: il tuo disegno coincide con quello del foglio? Evidenzia, con i colori, gli assi di simmetria, se ci sono.

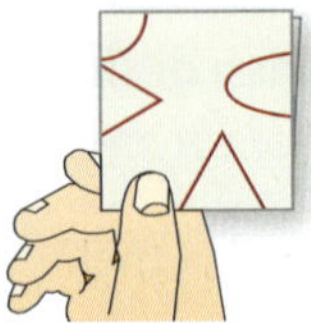

Ripeti lo stesso procedimento con i seguenti disegni.

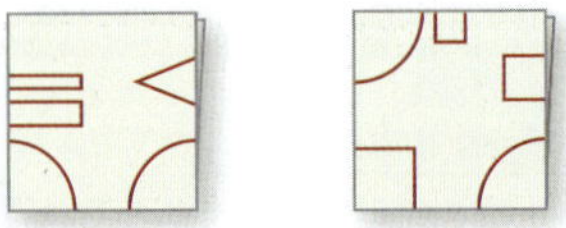

Infine, inventa tu stesso un disegno da ritagliare dal foglio piegato in quattro parti uguali; questo disegno, una volta aperto, deve possedere quattro assi di simmetria.

RISOLVO PROBLEMI

72 ●●○ In un riferimento cartesiano considera il quadrilatero $ABCD$ con $A(3; 1)$, $B(7; 1)$, $C(9; 4)$, $D(1; 4)$.

> Disegna in rosso il suo asse di simmetria e scrivi le coordinate di almeno due punti appartenenti a esso.

73 ●●○ In un riferimento cartesiano considera il quadrilatero $ABCD$ con $A(2; 2)$, $B(8; 5)$, $C(5; 5)$, $D(5; 8)$.

> Disegna in rosso il suo asse di simmetria e scrivi le coordinate di almeno due punti appartenenti a esso.

74 ●●○ In un riferimento cartesiano considera il quadrilatero $ABCD$ con $A(2; 2)$, $B(6; 3)$, $C(8; 8)$, $D(3; 6)$.

> Disegna in rosso il suo asse di simmetria e scrivi le coordinate di almeno due punti appartenenti a esso.

75 ●●○ In un riferimento cartesiano i due punti $A(3; 5)$ e $A'(5; 3)$ si corrispondono in una simmetria assiale.

> Disegna l'asse di simmetria e scrivi le coordinate di almeno due punti appartenenti a tale asse.

76 ●●○ Disegna un quadrato $ABCD$; evidenzia con una matita colorata l'asse di simmetria rispetto al quale C è immagine di D. Evidenzia con una matita di colore diverso l'asse di simmetria rispetto al quale B è simmetrico a D.

77 ●●○ In un riferimento cartesiano un poligono ha come asse di simmetria l'asse y; i suoi vertici a destra dell'asse sono: $A(0; 1)$, $B(6; 5)$, $C(4; 5)$, $D(6; 11)$, $E(0; 4)$.

> Determina le coordinate dei vertici restanti e disegna il poligono.

78 ●●○ Con cinque quadrati uguali componi figure diverse, dotate tutte di qualche asse di simmetria.

79 ●●○ In un riferimento cartesiano disegna il quadrilatero avente i seguenti vertici: $A(2; 1)$, $B(9; 1)$, $C(9; 5)$, $D(2; 5)$.
Evidenzia con un colore gli assi di simmetria della figura, se ci sono. Fai lo stesso per i due quadrilateri, di cui ti diamo le coordinate dei vertici:

a) $A(2; 1)$, $B(6; 1)$, $C(6; 5)$, $D(2; 5)$.

b) $A(4; 1)$, $B(6; 4)$, $C(4; 7)$, $D(2; 4)$.

80 ●○○ **AL TELEFONO** Descrivi per telefono a Susanna il disegno qui sotto.

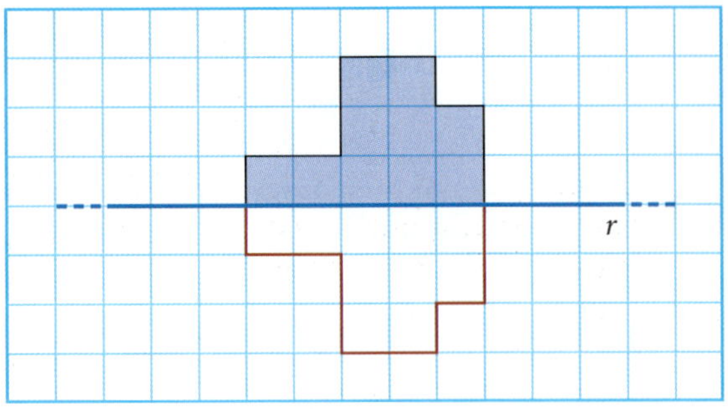

81 ●●● **MATHS** *Plot* each of the *following* points on *graph paper* and *join* them *up* in alphabetical order: $A(0; 0)$, $B(0; 1)$, $C(3; 3)$, $D(4; 5)$, $E(6; 3)$, $F(5; 3)$ and $G(5; 0)$.

a) Reflect this *shape* in the x-axis.

b) Reflect the original shape in the y-axis.

c) Complete the drawing so that a shape with two lines of symmetry is produced.

GLOSSARY

to plot = tracciare
to follow = seguire
graph paper = carta millimetrata
to join up = collegare
shape = forma

82 **UNA PAUSA**

a) Indovina

> In questa sequenza che cosa viene dopo?

b) Disegna

> Disegna questa figura, appoggiata sulla faccia colorata.

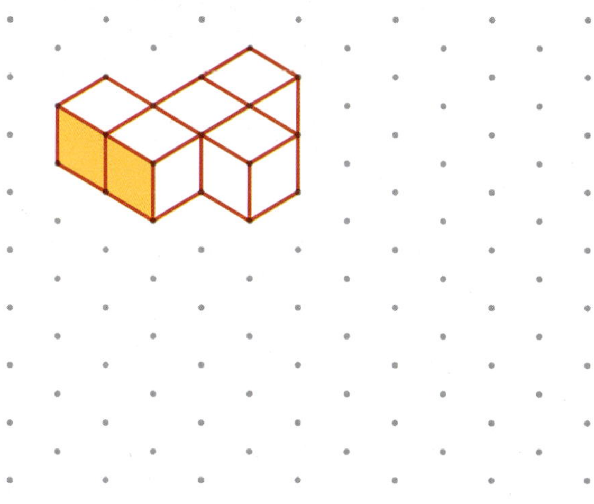

c) Ragiona

> Chi è il ragazzo più basso?

....

> «Io sono più pesante di te!»
Quale ragazzo può dire questa frase?

....

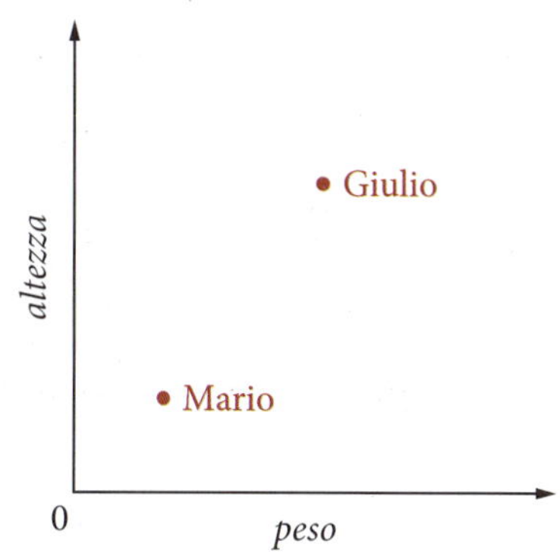

83 **KANGOUROU**

Quale dei seguenti fogli corrisponde a quello piegato nella figura riportata sopra?

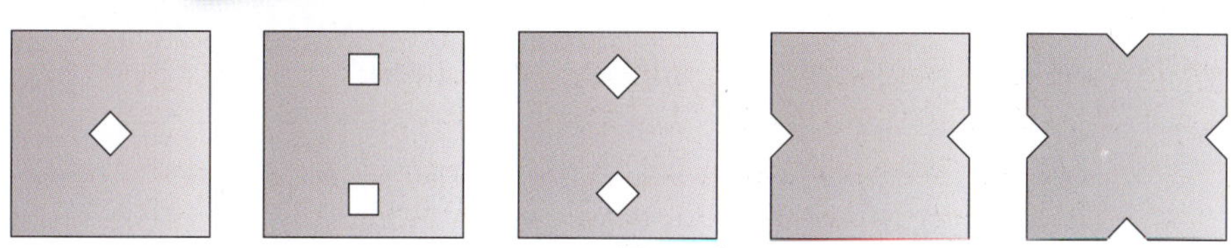

(Tratto da *Kangourou 2001*, categoria Benjamin)

6 La simmetria centrale

MI ALLENO

84 ●○○ **NEL QUADERNO DELLE REGOLE** Copia la definizione di simmetria centrale e fai un disegno come esempio.

85 **PER ESEMPIO**

Determina la posizione di un punto A', simmetrico del punto A nella simmetria di centro O.

Determina la posizione del punto A' sulla retta OA alla stessa distanza da O, ma dalla parte opposta.

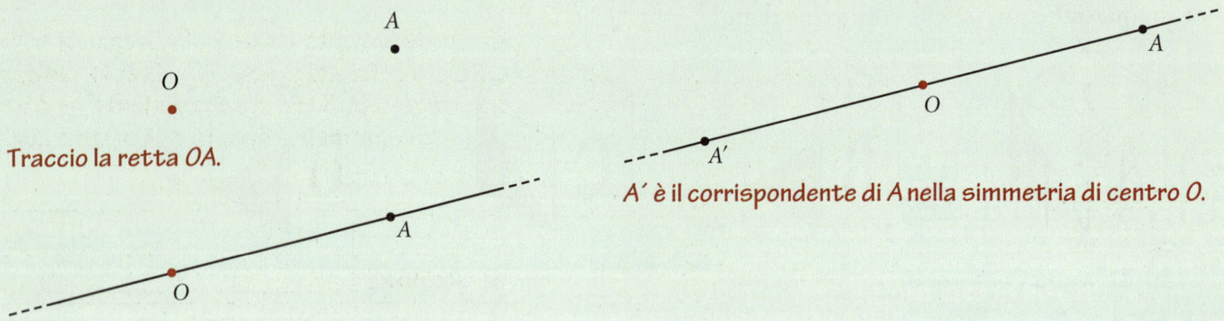

86 ●○○ Disegna un segmento AB e un punto O esterno al segmento. Disegna il segmento $A'B'$ simmetrico di AB nella simmetria di centro O.

87 ●○○ Disegna sul quaderno le figure riportate sotto e le rispettive figure simmetriche rispetto al centro O.

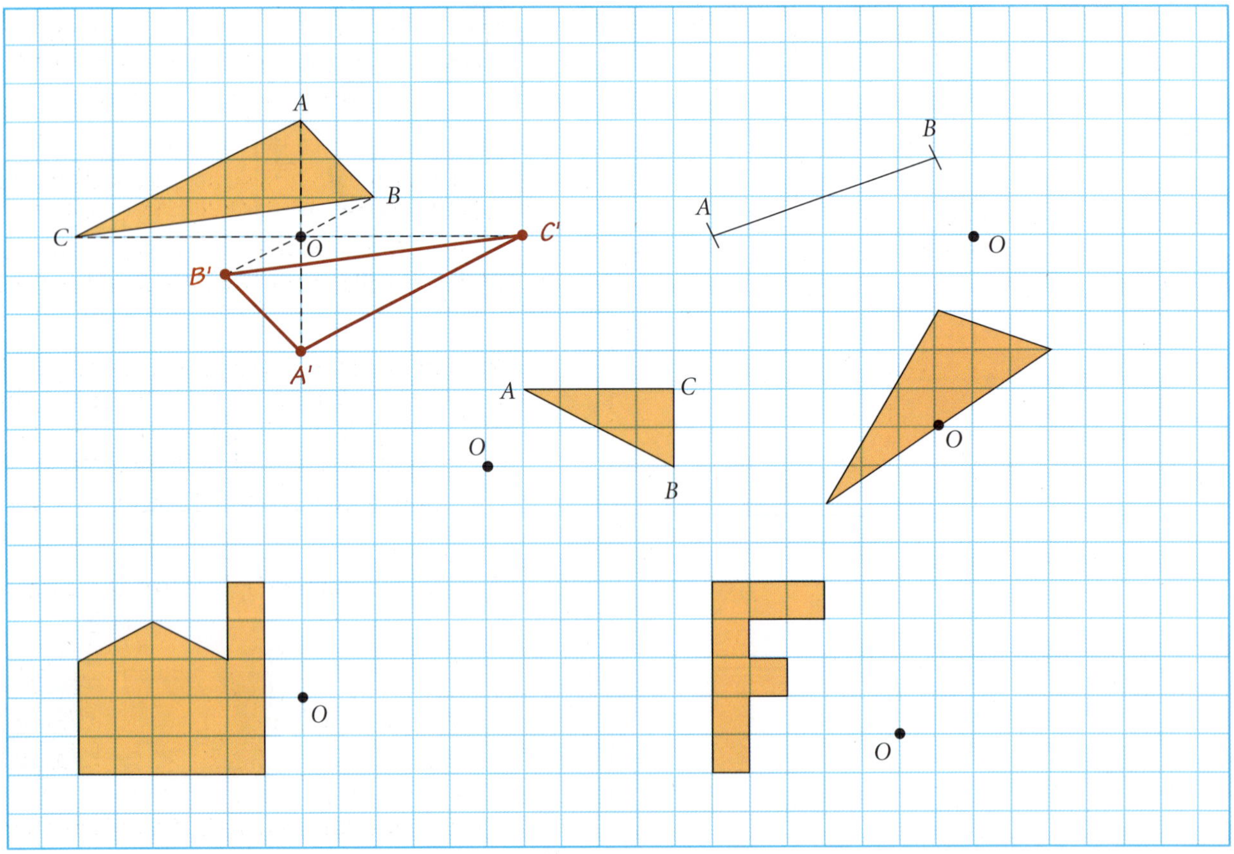

88 ●●○ Disegna un triangolo ABC e un punto O esterno a esso. Disegna il triangolo $A'B'C'$ simmetrico di ABC nella simmetria di centro O.

> Come sono tra loro i triangoli ABC e $A'B'C'$?

89 ●●○ Le due coppie di figure si corrispondono in una simmetria centrale.

> Determina la posizione del centro di simmetria.

a)

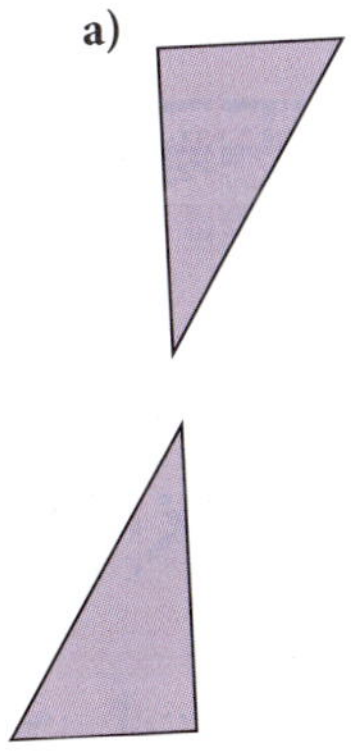

b)

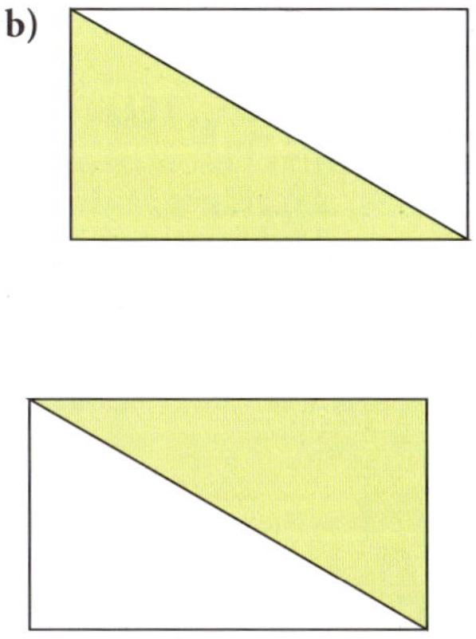

90 ●●○ Ricopia sul quaderno i seguenti triangoli e disegna il loro simmetrico rispetto al punto O.

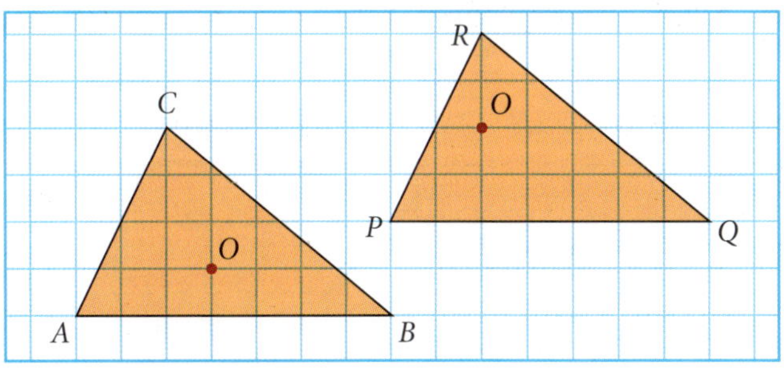

91 **EUREKA!** In questo riferimento cartesiano esegui una simmetria centrale della figura rispetto al centro O.

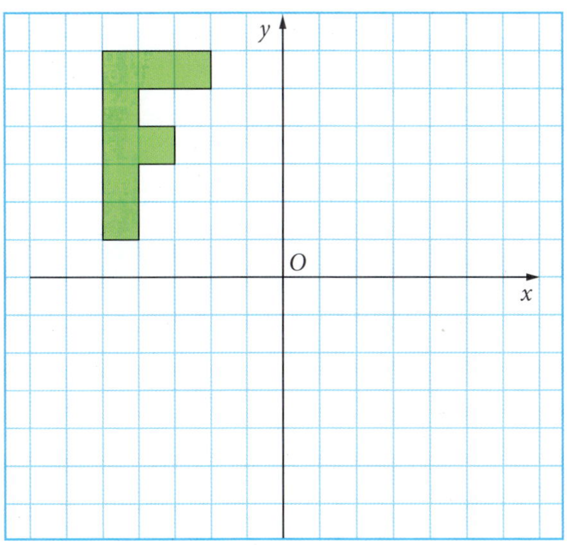

RISOLVO PROBLEMI

92 ●●○ Disegna un triangolo scaleno ABC. Applica ad ABC una simmetria centrale rispetto al punto O che è il punto medio del lato AC.

> Quale quadrilatero ottieni?

93 ●●○ Disegna un triangolo isoscele ABC (angolo al vertice in C); segna sul piano un punto O e costruisci il simmetrico $A'B'C'$ rispetto a O.

> Il triangolo $A'B'C'$ è ancora isoscele? Perché?

94 ●●○ In un riferimento cartesiano disegna il triangolo ABC di vertici $A(2; 2)$, $B(7; 2)$, $C(2; 4)$. Disegna poi il triangolo $A'B'C'$, corrispondente al triangolo ABC nella simmetria di centro O, origine degli assi.

> Completa la tabella.

punto	$A(2; 2)$	$B(7; 2)$	$C(2; 4)$
simmetrico	A'(.......; ....)	B'(.......; ....)	C'(.......; ....)

> Confronta le coordinate di ogni punto con quelle del suo simmetrico nella simmetria di centro O. Che cosa osservi?

95 ●●○ In un riferimento cartesiano disegna il triangolo $A(1; 2)$, $B(7; 6)$, $C(3; 8)$.

> Disegna il triangolo $A'B'C'$ corrispondente al triangolo ABC nella simmetria di centro O e determina le coordinate dei suoi vertici.

96 ●●○ In un riferimento cartesiano disegna il quadrilatero $ABCD$ di vertici $A(-3; 1)$, $B(1; 1)$, $C(3; 4)$, $D(-2; 5)$.

> Disegna il quadrilatero $A'B'C'D'$, corrispondente di $ABCD$ nella simmetria di centro $P(-1; -1)$.

97 ●●○ In un riferimento cartesiano disegna i trapezi $ABCD$ con $A(-3; 1)$, $B(1; 5)$, $C(-3; 5)$, $D(-5; 3)$ e $A'B'C'D'$ con $A'(7; 1)$, $B'(3; -3)$, $C'(7; -3)$, $D'(9; -1)$, che si corrispondono in una simmetria centrale.

> Determina le coordinate del centro P di simmetria.

98 ●●● Applica una simmetria di centro O alle figure:

a)

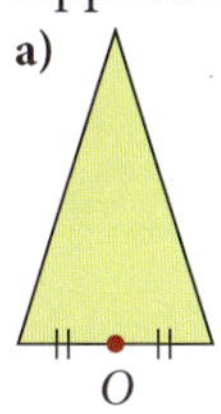

b)

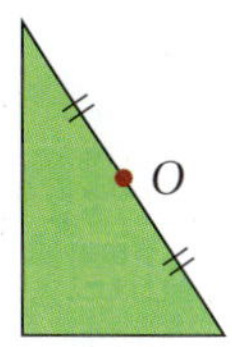

c)

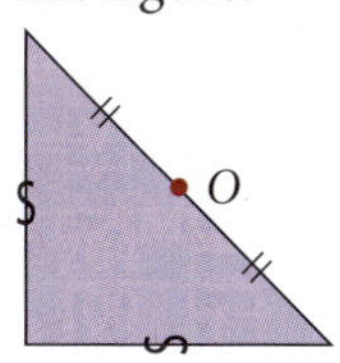

> Quali quadrilateri ottieni in ogni situazione?

99 ●●● Esegui sulla figura F una simmetria rispetto all'asse y: ottieni la figura F'. Esegui su F' una simmetria rispetto all'asse x: ottieni la figura F''.

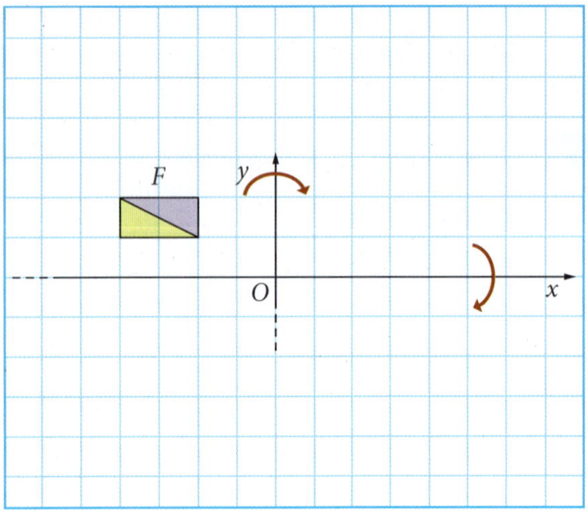

> Quale isometria fa corrispondere F con F''?

100 ●●● In un riferimento cartesiano i poligoni $ABCD$ con $A(5; 2)$, $B(5; 7)$, $C(4; 4)$, $D(2; 4)$ e $A'B'C'D'$ con $A'(9; 0)$, $B'(9; -5)$, $C'(10; -2)$, $D'(12; -2)$ si corrispondono in una simmetria centrale.

> Individua due simmetrie ad assi perpendicolari che facciano corrispondere $ABCD$ a $A'B'C'D'$. Disegna in rosso tali assi.

101 ●●● Disegna un triangolo ABC a piacere e un punto Z esterno ad ABC.

a) Costruisci il triangolo $A'B'C'$, corrispondente di ABC nella simmetria di centro Z.

b) Prova a portare ABC sul suo corrispondente per mezzo della composizione di due simmetrie assiali.

> Come devono essere i due assi? Ci sono più soluzioni?

102 ●●● **AL TELEFONO** Descrivi per telefono ad Anna l'esercizio che vedi in figura.

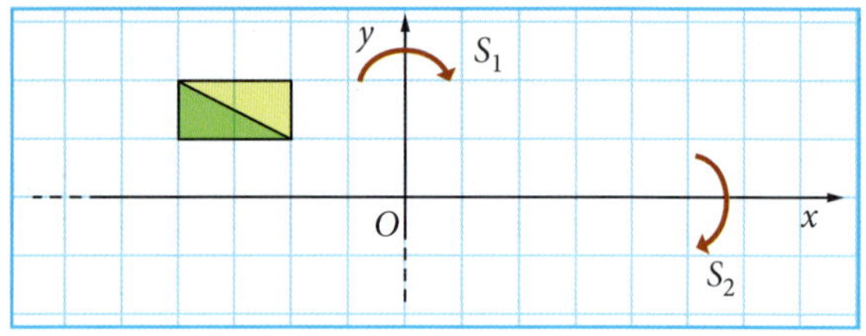

103 ●●● Disegna una retta g e un punto Z che non appartiene a g. Disegna g' simmetrica di g nella simmetria di centro Z.

> Come risultano le due rette g e g'?
> Trasforma il risultato ottenuto in una regola generale.

104 **INTORNO A NOI** In un riferimento cartesiano disegna il quadrilatero i cui vertici in ordine alfabetico sono: $A(-2; 1)$, $B(-2; 4)$, $C(-4; 6)$, $D(-4; 1)$.

Applica a esso una simmetria di asse r passante per i punti $M(-3; 0)$ e $N(3; 6)$.
Applica poi alla figura ottenuta una simmetria di asse s passante per i punti $P(-3; 8)$ e $Q(5; 0)$.

> Mediante quale isometria la prima figura poteva essere trasformata direttamente nella terza?

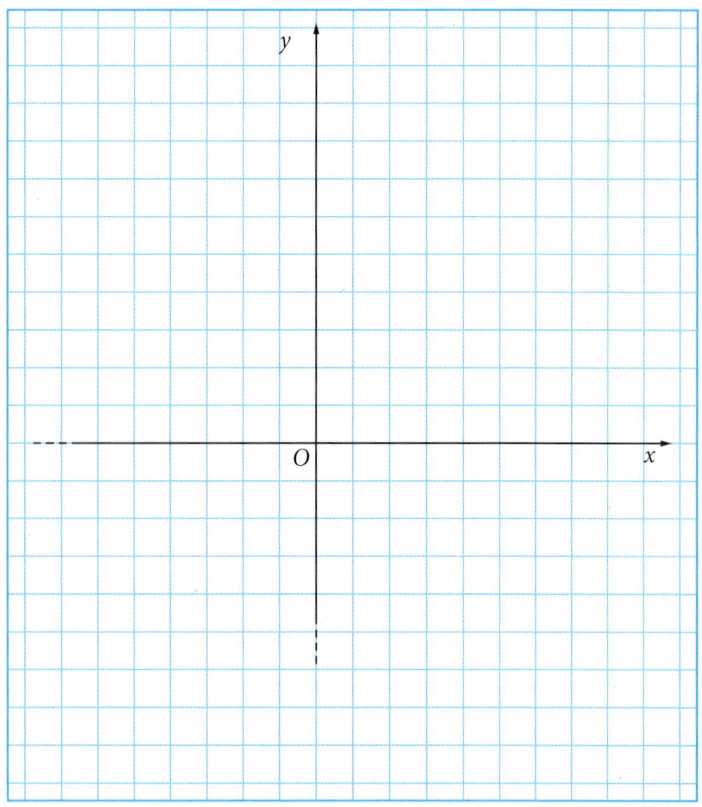

7 Figure a simmetria centrale

MI ALLENO

105 ●○○ **NEL QUADERNO DELLE REGOLE** Copia la definizione di figura a simmetria centrale e fai un disegno come esempio.

106 ●○○ Ogni segmento è simmetrico rispetto a un centro.

> Determina il centro di simmetria per ciascuno dei seguenti segmenti.

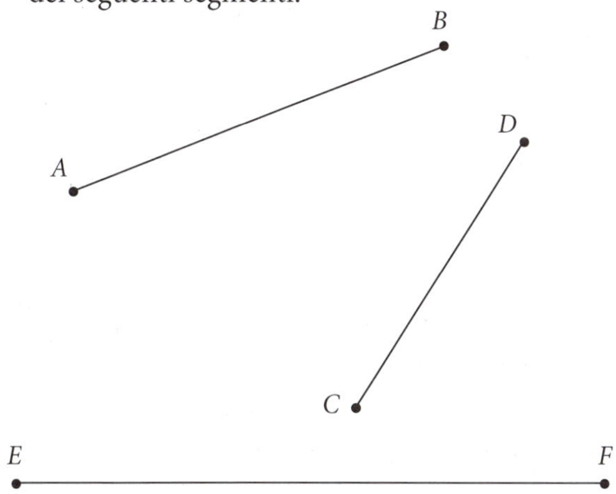

107 ●○○ Trova la posizione del centro di simmetria in ciascuna figura.

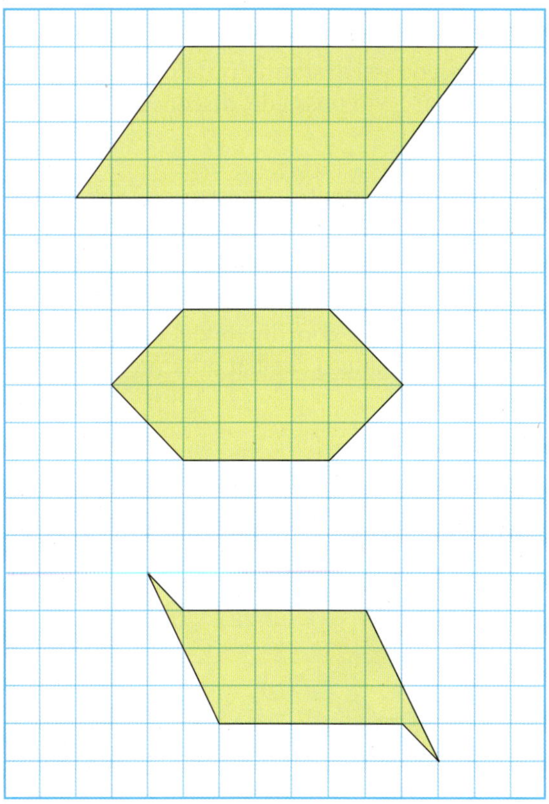

108 ●●○ Per ogni figura individua eventuali assi di simmetria ed eventuale centro di simmetria.

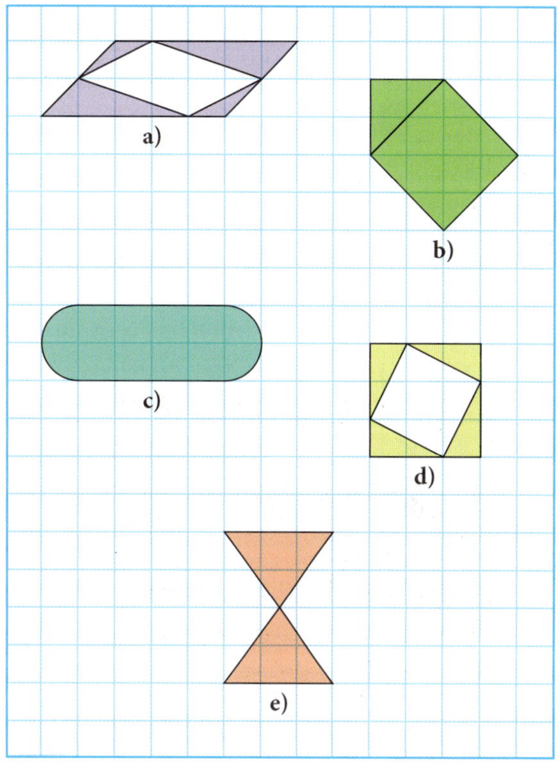

109 ●●○ Osserva la figura.

> Possiede assi di simmetria?
> Possiede un centro di simmetria?
> Se lo possiede, disegnane la posizione.

110 ●●○ Considera le sei facce di un dado; traccia per ciascuna di esse tutti gli assi di simmetria e determina quali e quante possiedono il centro di simmetria.

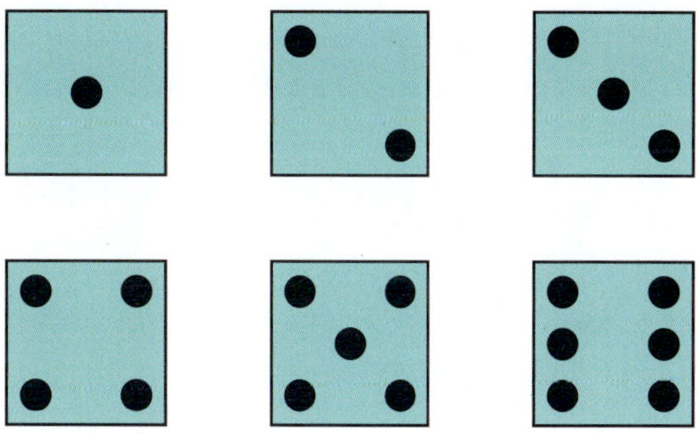

111 ●●○ Il due di quadri possiede assi di simmetria e centro di simmetria? Quante e quali carte da gioco possiedono la stessa proprietà di simmetria? Fanne un elenco e se vuoi anche un disegno.

112 ●●○ Ciascuna delle due figure possiede simmetria centrale. Determina la posizione del centro di simmetria.

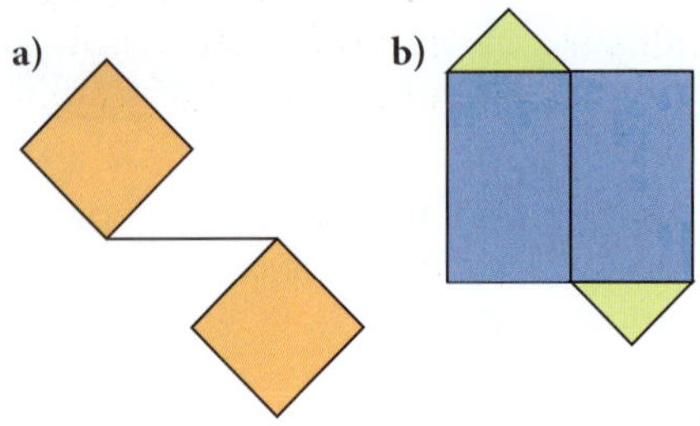

113 **EUREKA!** Osserva questi giochi del tris, interrotti non appena ha vinto uno dei due concorrenti (vince chi completa una riga o una colonna o una diagonale con il proprio segno: X oppure O).

> Quali dei tris hanno simmetria centrale?

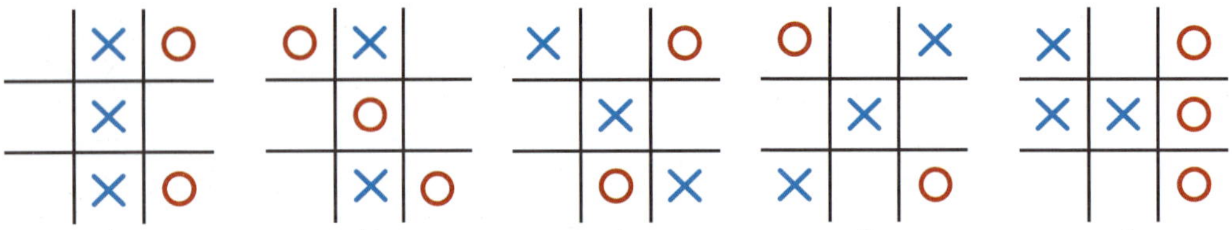

a) b) c) d) e)

RISOLVO PROBLEMI

114 ●●○ Il parallelogramma ha centro di simmetria O.

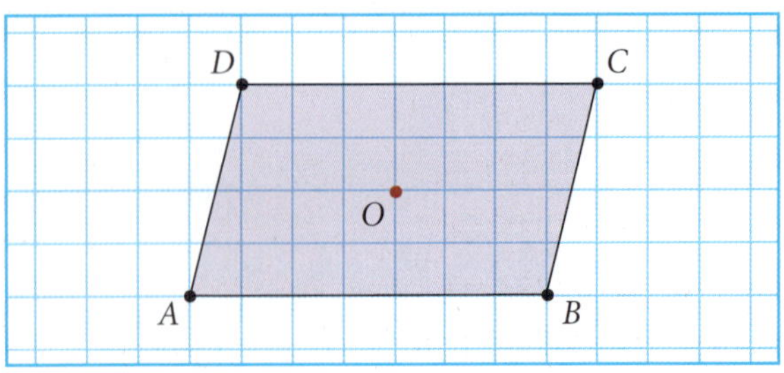

a) Indica i simmetrici rispetto a O di A, B, C e D.

b) Segna un punto M sul segmento AB;
segna un punto N sul segmento BC;
segna un punto P sul segmento CD;
segna un punto Q sul segmento DA.

c) Determina i punti M', N', P' e Q', simmetrici di M, N, P e Q rispetto a O.

115 ●●○ In un riferimento cartesiano disegna il poligono di vertici $A(3; 2)$, $B(8; 3)$, $C(6; 5)$, $D(8; 9)$, $E(9; 14)$, $F(4; 13)$, $G(6; 11)$, $H(4; 7)$.

> Possiede assi di simmetria? Possiede centro di simmetria? Se lo possiede, disegnane la posizione.

116 ●●○ In un riferimento cartesiano disegna il triangolo ABC con $A(1; 3)$, $B(9; 3)$, $C(3; 7)$. Disegna poi il suo corrispondente nella simmetria il cui centro è il punto medio del lato BC.

> Determina le coordinate del centro di simmetria del quadrilatero che hai ottenuto.

117 ●●● Quale figura possiede quattro assi di simmetria e il centro di simmetria?

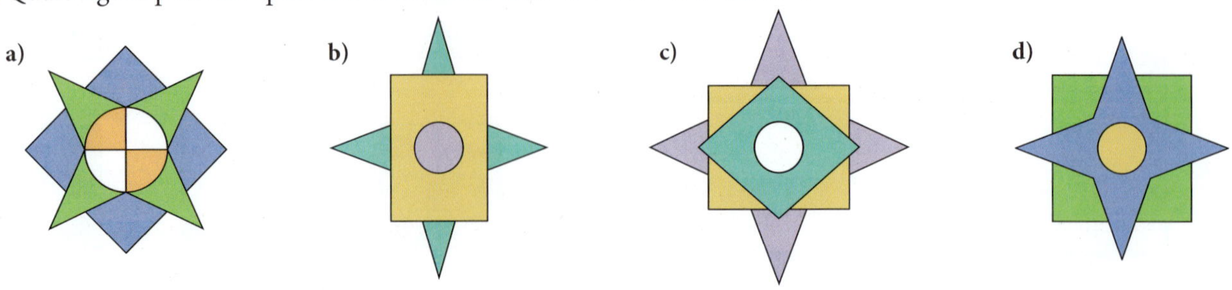

118 **INTORNO A NOI**

a) Questa stella possiede simmetria centrale?
b) Quanti parallelogrammi vi appaiono?
c) Se i parallelogrammi fossero tutti rombi, che cosa potresti dire di tale stella?

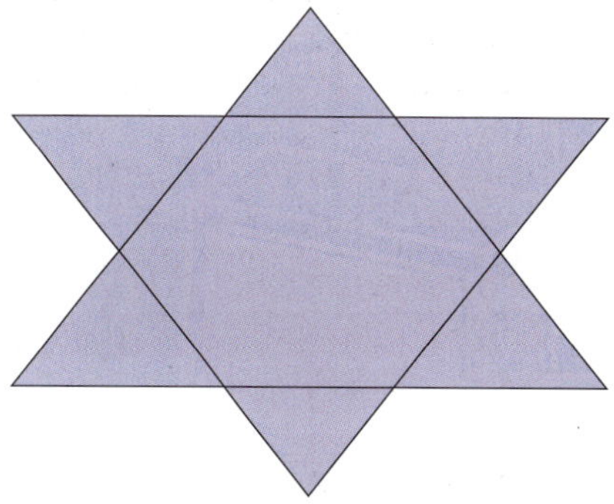

8 Simmetria e poligoni

MI ALLENO

119 ●○○ **NEL QUADERNO DELLE REGOLE** Copia i disegni con i poligoni a simmetria assiale, a simmetria centrale e i poligoni regolari con gli assi di simmetria.

Per ciascuna figura traccia in rosso gli assi di simmetria, se ci sono, e determina la posizione del centro di simmetria, se la figura lo possiede.

120 ●○○

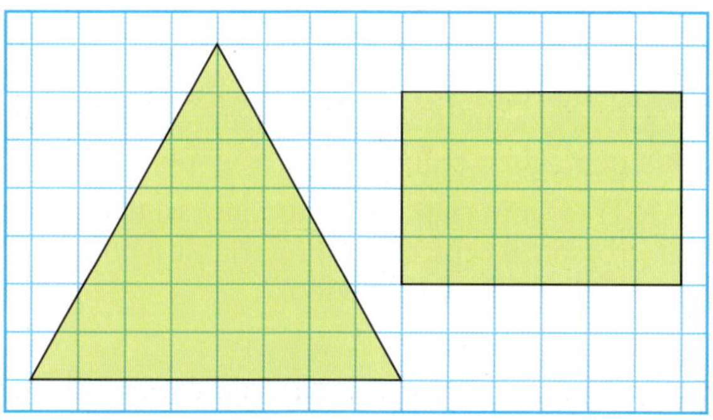

121 ●○○

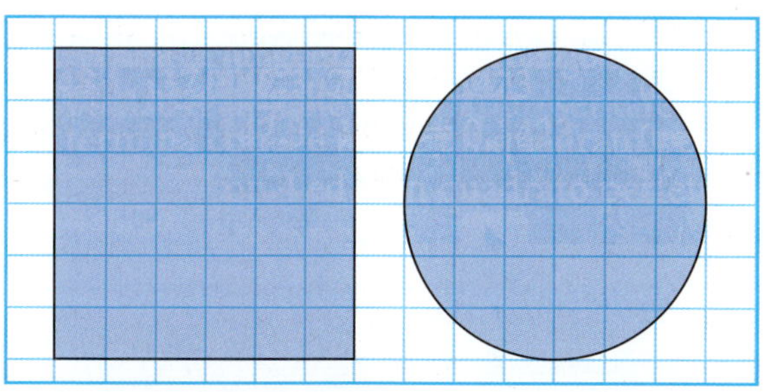

122 ●○○

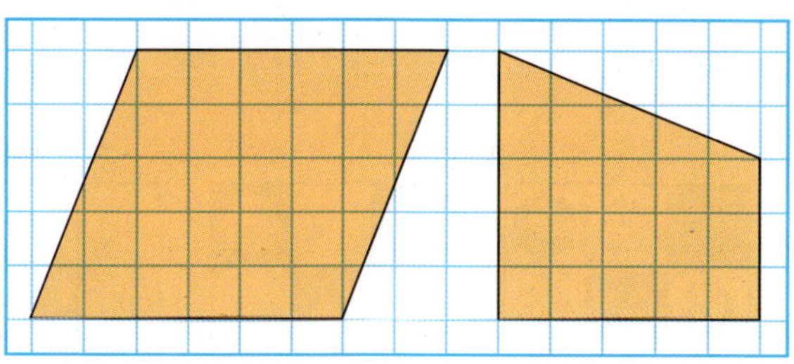

123 ●○○ Completa le tabelle.

a)

triangolo	numero degli assi di simmetria	possiede un centro di simmetria
scaleno		
isoscele		
equilatero		

b)

trapezio	numero degli assi di simmetria	possiede un centro di simmetria
scaleno		
isoscele		
rettangolo		

124 ●○○ Vero o falso?

a) Il deltoide possiede due assi di simmetria. V F
b) Il triangolo isoscele possiede un asse di simmetria. V F
c) Il triangolo equilatero possiede il centro di simmetria. V F
d) Il trapezio possiede un asse e il centro di simmetria. V F
e) Il parallelogramma possiede il centro di simmetria. V F
f) Il rettangolo possiede due assi e il centro di simmetria. V F

Teoria a pag. 73

125 **EUREKA!** Disegna gli assi di simmetria e completa la tabella.

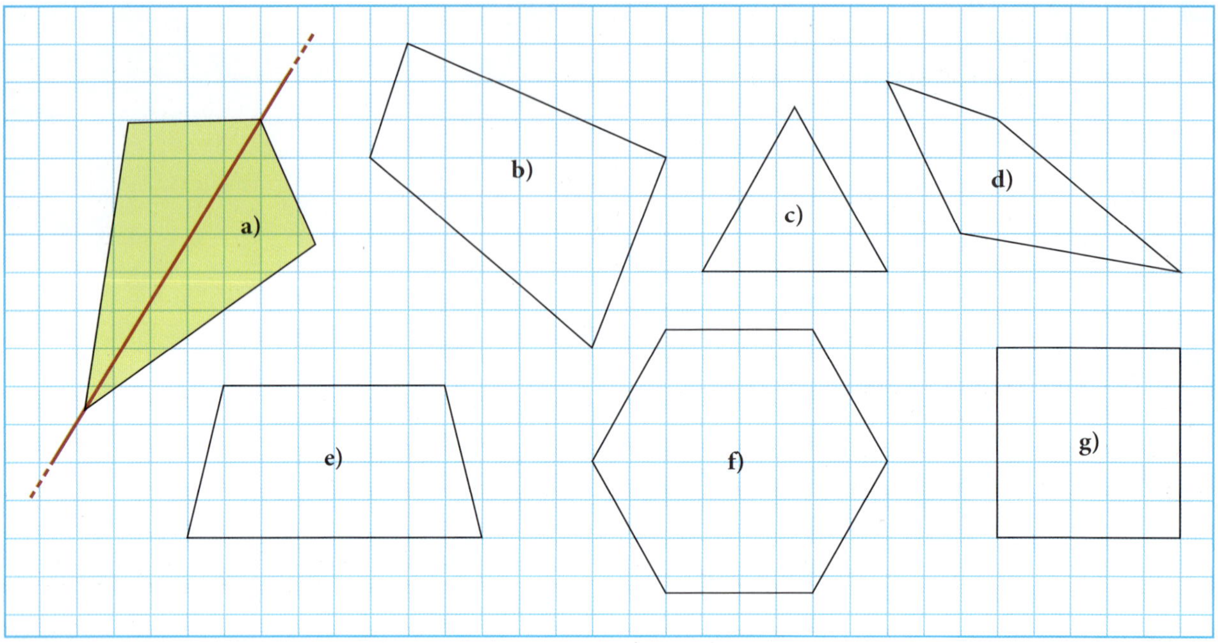

	a	b	c	d	e	f	g
centro di simmetria	*no*						
assi di simmetria	1						

RISOLVO PROBLEMI

126 ●○○ Disegna un parallelogramma che abbia due assi di simmetria.

127 ●○○ Disegna un parallelogramma che abbia quattro assi di simmetria.

128 ●●○ **a)** In quali quadrilateri le diagonali sono assi di simmetria?

b) Perché il triangolo equilatero non possiede centro di simmetria?

129 ●●○ Disegna un triangolo equilatero, un quadrato, un pentagono regolare e un esagono regolare.

> Traccia in ciascuna figura gli assi di simmetria in rosso e il centro di simmetria, se è possibile.
> Scrivi le tue osservazioni.

130 ●●● Disegna un quadrilatero concavo che possieda un asse di simmetria.
Disegna un quadrilatero concavo che non possieda assi di simmetria.
Un quadrilatero concavo può possedere il centro di simmetria?

131 ●●● Un poligono regolare con 75 lati, ha il centro di simmetria? E uno con 96 lati?

132 **UNA PAUSA**

a) Indovina

> In questa sequenza che cosa viene dopo?

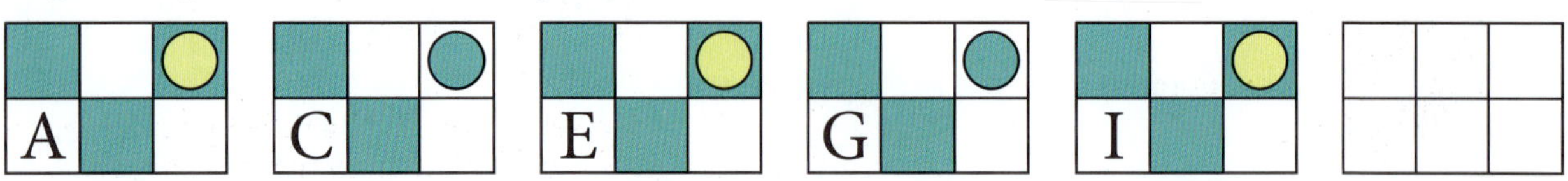

b) Disegna

c) Ragiona

> Disegna un punto sul lato della freccia indicato.

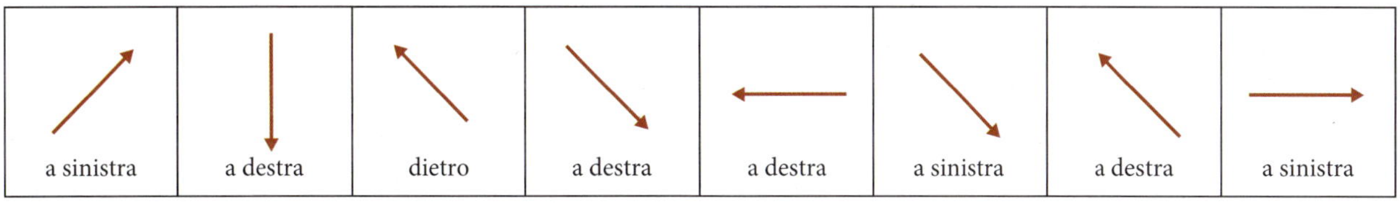

133 **INVALSI 2015** Osserva la seguente figura formata da un quadrato al cui interno è disegnato un poligono di colore grigio.

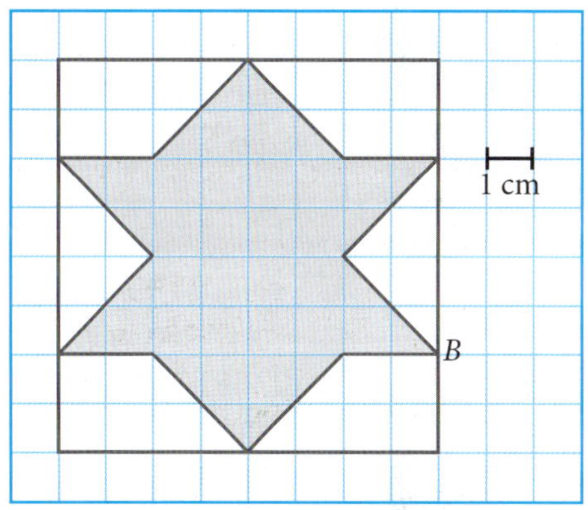

a) Qual è l'area del poligono grigio?

Risposta: .... cm^2

b) Disegna una diagonale del quadrato. La diagonale è asse di simmetria del poligono grigio?

A. ☐ Sì, perché la diagonale divide il poligono grigio in due parti uguali e simmetriche

B. ☐ Sì, perché la diagonale è asse di simmetria del quadrato

C. ☐ No, perché il poligono grigio non ha assi di simmetria

D. ☐ No, perché il simmetrico di *B* rispetto alla diagonale non è un vertice dei poligono grigio

134 **VERSO IL CODING** Una macchina è programmata per disegnare le quattro figure seguenti:

●○○

programma A

programma B

programma C

programma D

Che disegno farà sulla griglia 2 × 2 con il programma seguente?

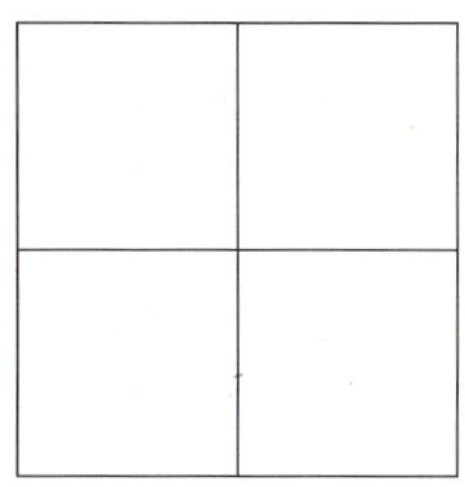

Inizio
Posizionati nel 1° quadrato in alto a sinistra
Disegna A
Fai un passo a destra
Disegna C
Vai a capo e riparti da sinistra
Disegna D
Fai un passo a destra
Disegna B

Il disegno possiede qualche tipo di simmetria? Se sì, quale tipo di simmetria possiede?

Teoria a pag. 73

9 Traslazioni e vettori

MI ALLENO

135 ●○○ **NEL QUADERNO DELLE REGOLE** Copia le definizioni di traslazione e di vettore e fai un disegno come esempio.

Nei due esercizi seguenti disegna la figura *A′B′C′D′* ottenuta per mezzo di una traslazione, partendo dalla figura *ABCD*.

136 ●○○

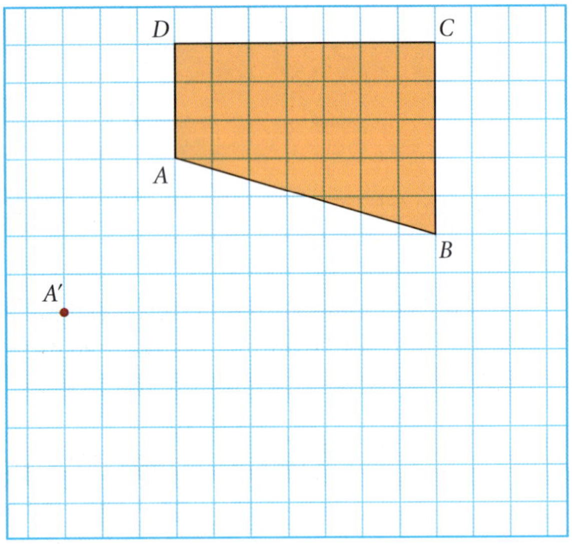

137 ●○○

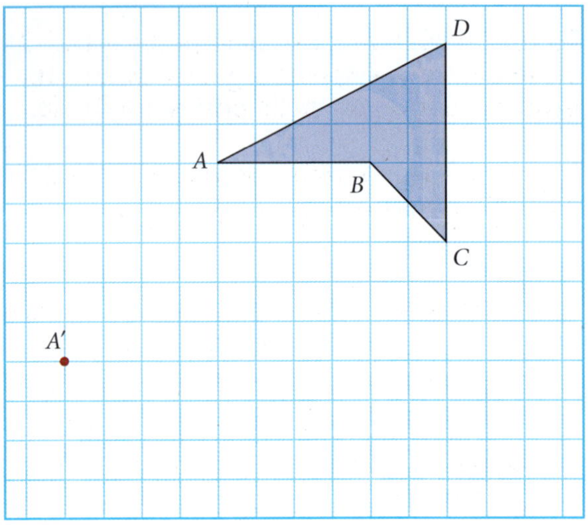

138 ●○○ Osserva *ABC* e il suo corrispondente *A′B′C′* nella traslazione in figura.

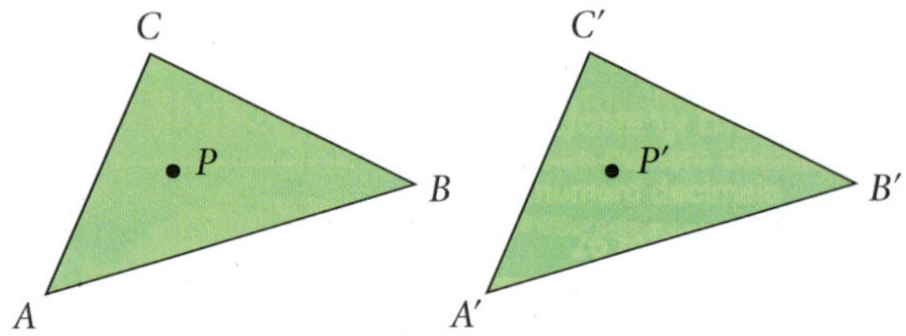

> Traccia in rosso i segmenti AA', BB', CC', PP' e verifica che sono congruenti.

139 ●○○ Disegna le figure traslate più volte.

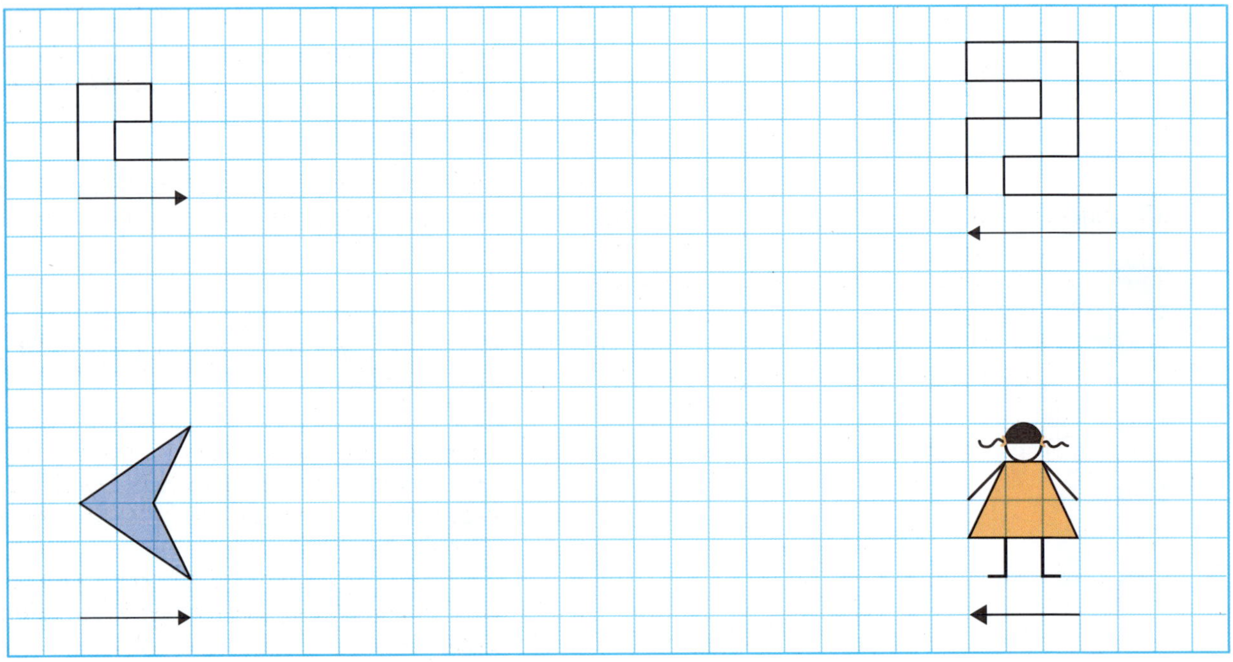

140 ●○○ Disegna due segmenti paralleli congruenti AB e CD; disegna in rosso il vettore della traslazione che fa corrispondere AB a CD.

In un riferimento cartesiano sposta di 3 unità verso destra le seguenti figure e determina le coordinate dei vertici nella posizione finale.

141 ●○○ Quadrilatero $ABCD$ con vertici di coordinate: $A(1; 4)$, $B(6; 1)$, $C(4; 4)$, $D(6; 7)$.

142 ●○○ Pentagono $ABCDE$ con vertici di coordinate: $A(1; 1)$, $B(4; 1)$, $C(4; 4)$, $D(2; 6)$, $E(1; 4)$.

In un riferimento cartesiano sposta di 2 unità verso l'alto le seguenti figure e determina le coordinate dei vertici nella posizione finale.

143 ●○○ Quadrilatero $ABCD$ con vertici di coordinate: $A(4; 1)$, $B(7; 1)$, $C(10; 5)$, $D(1; 5)$.

144 ●○○ Esagono $ABCDEF$ con vertici di coordinate: $A(2; 1)$, $B(4; 2)$, $C(6; 1)$, $D(7; 5)$, $E(4; 4)$, $F(1; 5)$.

145 ●●○ Ricopia sul quaderno il triangolo ABC. Disegna il suo corrispondente $A'B'C'$ nella traslazione di vettore $\overrightarrow{AB}$ con verso da A a B.

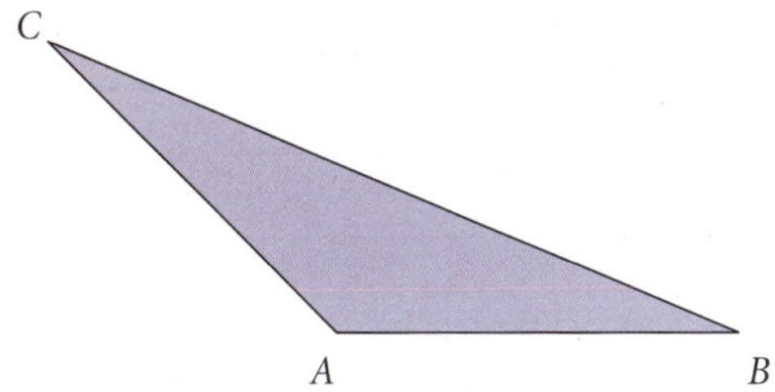

146 ●●○ Considera il triangolo ABC e applica a esso prima una traslazione di vettore $\overrightarrow{PQ}$, poi una traslazione di vettore $\overrightarrow{QP}$. Descrivi i risultati delle due traslazioni.

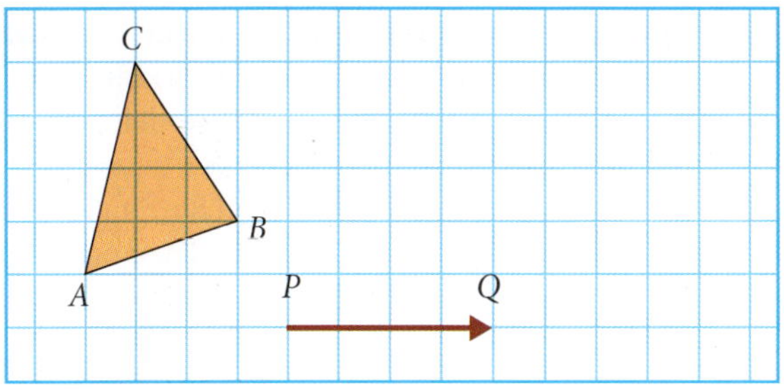

147 **EUREKA!** Osserva i poligoni numerati sulla griglia.

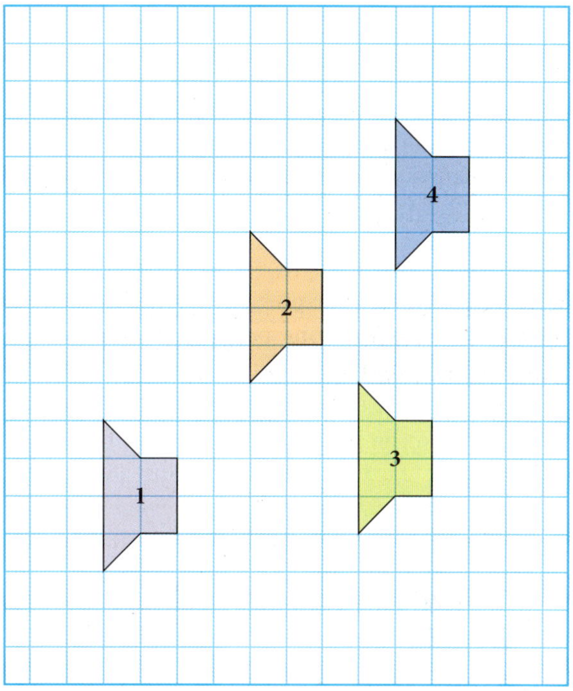

> Disegna i vettori che fanno andare la figura 1 sulla figura 2, la figura 2 sulla 3, la figura 3 sulla 4, la figura 1 sulla 4.

RISOLVO PROBLEMI

148 ●●○ In una traslazione al punto $P(1; 4)$ corrisponde il punto $P'(4; 8)$. Disegna il corrispondente del triangolo di vertici $A(0; 0)$, $B(6; 1)$, $C(4; 3)$ nella stessa traslazione.

149 ●●○ Disegna un rettangolo $ABCD$. Individua il vettore della traslazione che porta il lato AB a coincidere con il lato CD.

150 ●●○ Disegna un rombo $ABCD$. Individua il vettore della traslazione che porta il lato AB a coincidere con il lato CD.

151 ●●○ Disegna un parallelogramma $ABCD$. Individua il vettore della traslazione che porta il lato AB a coincidere con il lato CD.

152 ●●○ Disegna in un riferimento cartesiano il triangolo di vertici $A(0; 0)$, $B(5; 1)$, $C(3; 5)$. Opera sul triangolo ABC una traslazione in modo che risulti $A'(2; 4)$.
Disegna il triangolo $A'B'C'$, corrispondente di ABC in tale traslazione, e scrivi le coordinate dei punti B' e C'.

Teoria a pag. 76

153 ●●○ In un riferimento cartesiano disegna il parallelogramma $ABCD$ di cui sono note soltanto le coordinate di:

$A(1; 1)$, $B(7; 1)$, $C(9; 5)$.

> Determina le coordinate di D.
> Disegna il vettore indicante la traslazione che porta AB a coincidere con CD.
> Disegna il vettore indicante la traslazione che porta il punto C su A.

154 ●●○ Considera il punto $A(3; 4)$ e la traslazione che gli fa corrispondere il punto $A'(8; 8)$. Disegna in rosso il vettore che porta A in A'. Considera ora la traslazione che porta A' in $A''(14; 2)$ e disegna in verde il vettore che porta A' in A''. Completa disegnando in blu il vettore che porta direttamente A in A''.

> Descrivi le tre traslazioni.

155 ●●○ Una traslazione porta il triangolo ABC in $A'B'C'$; un'altra traslazione porta $A'B'C'$ in $A''B''C''$, come è rappresentato nel riferimento cartesiano.

a) Scrivi le coordinate dei vertici dei tre triangoli.

b) Descrivi seguendo l'esempio dell'esercizio precedente le traslazioni date e quella che porta direttamente ABC in $A''B''C''$.

c) Posso dire che i tre triangoli hanno lo stesso perimetro?
Giustifica la risposta.

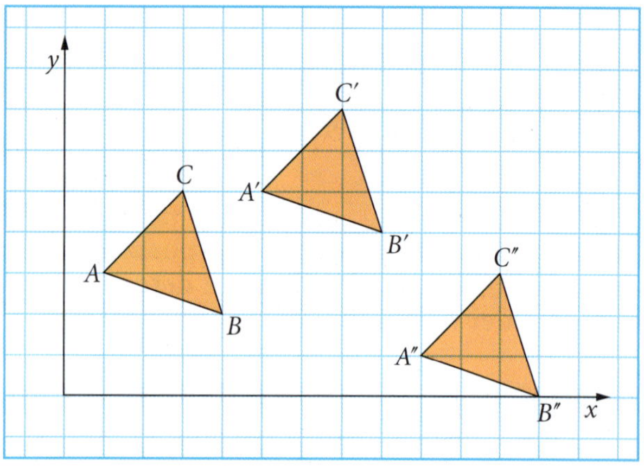

156 ●●○ Considera l'aquilone $ABCD$.
Ricopialo sul quaderno e trasformalo nel corrispondente $A'B'C'D'$ mediante una simmetria rispetto all'asse r. Trasforma $A'B'C'D'$ nel corrispondente $A''B''C''D''$ mediante una traslazione con il vettore indicato.

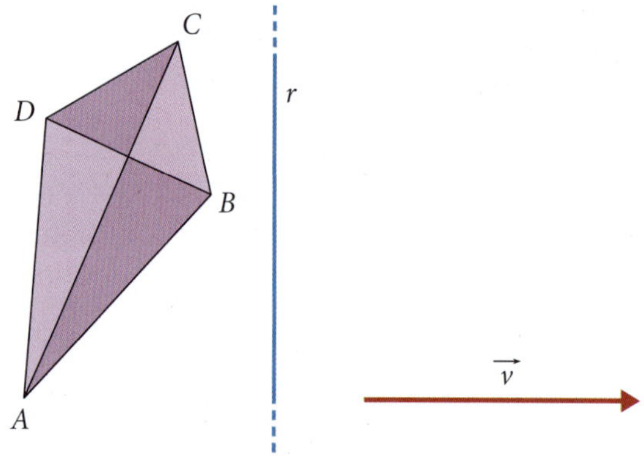

157 ●●○ AL TELEFONO Detta per telefono a Silvia l'esercizio riportato qui sotto.

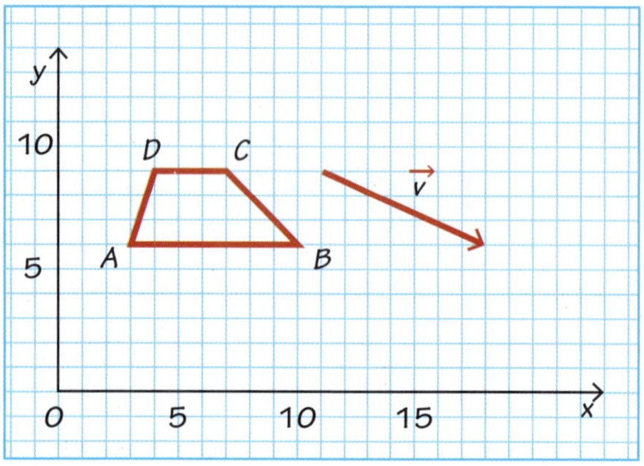

158 ●●○ Spiega la scrittura:
$\vec{v}\,(-2; +5)$
e descrivi tutte le informazioni che ti fornisce.

159 ●●● In un riferimento cartesiano disegna il triangolo ABC di vertici $A(2; 1)$, $B(6; 3)$, $C(1; 5)$.

> Sposta il triangolo di 6 unità verso destra e di 5 unità verso l'alto. Ottieni il triangolo $A'B'C'$. Traccia in colore rosso il vettore della traslazione che ha trasformato ABC in $A'B'C'$.
> Sposta ora il triangolo $A'B'C'$ di 8 unità verso destra e di 6 unità verso il basso. Ottieni il triangolo $A''B''C''$.
> Descrivi l'isometria che fa passare direttamente dal triangolo ABC al triangolo $A''B''C''$.

160 ●●● Esegui sulla figura *F* una simmetria rispetto all'asse *r*: ottieni la figura *F*′. Esegui su *F*′ una simmetria rispetto all'asse *s*: ottieni la figura *F*″.

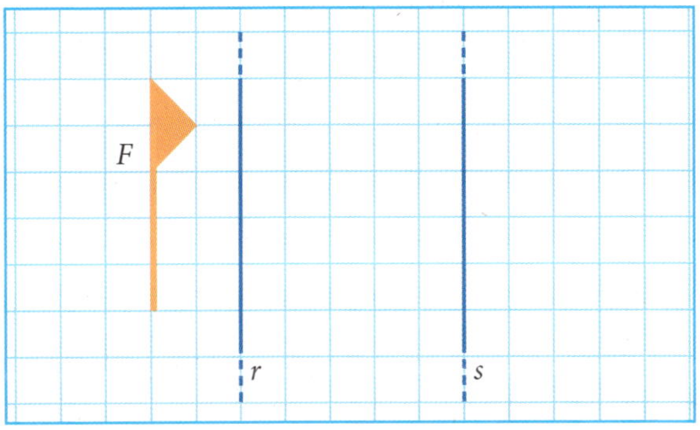

> Quale isometria fa corrispondere direttamente *F* con *F*″?

Disegna il vettore che fa corrispondere *F* con *F*″.

Misura la distanza fra gli assi di simmetria e la lunghezza del vettore. Che cosa osservi?

161 ●●● Osserva le due figure *F* e *F*″ che si corrispondono in una traslazione. *F*″ si può ottenere anche tramite due simmetrie rispetto a due assi fra loro paralleli (come nell'esercizio precedente). Individua due assi e disegnali in rosso.

162 ●●● *F*″ è ottenuta da *F* con due simmetrie rispetto a due assi paralleli (come nell'esercizio 160): quale figura è corretta?

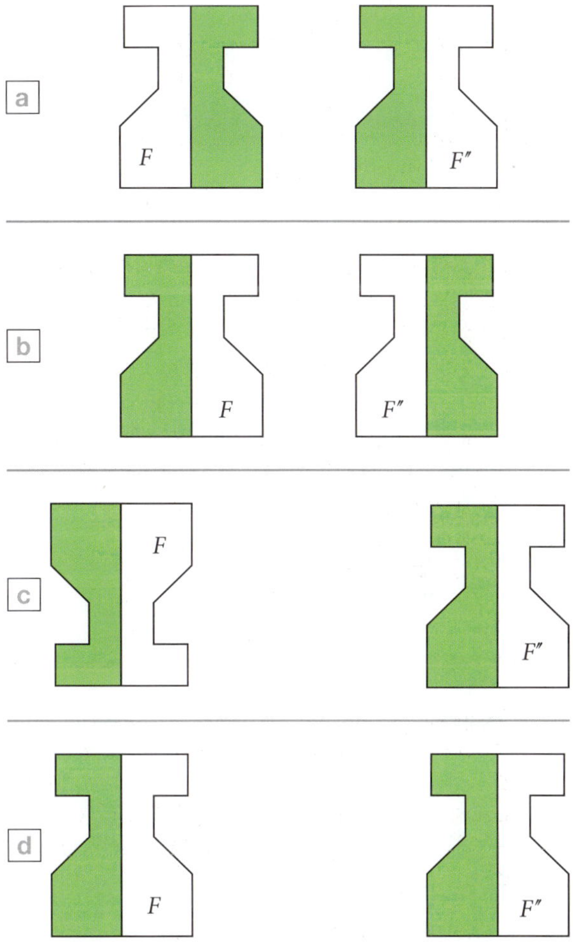

163 **INTORNO A NOI** Osserva questo antico vaso greco e riproduci sul quaderno almeno tre dei fregi che vi compaiono.

> Quale isometria vedi applicata ai fregi?

> Il riquadro con le figure umane possiede assi di simmetria?

Shutterstock/Ioannis Ioannou

10 La rotazione

MI ALLENO

164 ●○○ **NEL QUADERNO DELLE REGOLE** Copia la definizione di rotazione e fai un disegno come esempio.

165 ●○○ Scrivi sotto ogni bandierina l'ampiezza dell'angolo di cui è ruotata in senso antiorario rispetto alla posizione di partenza 1.

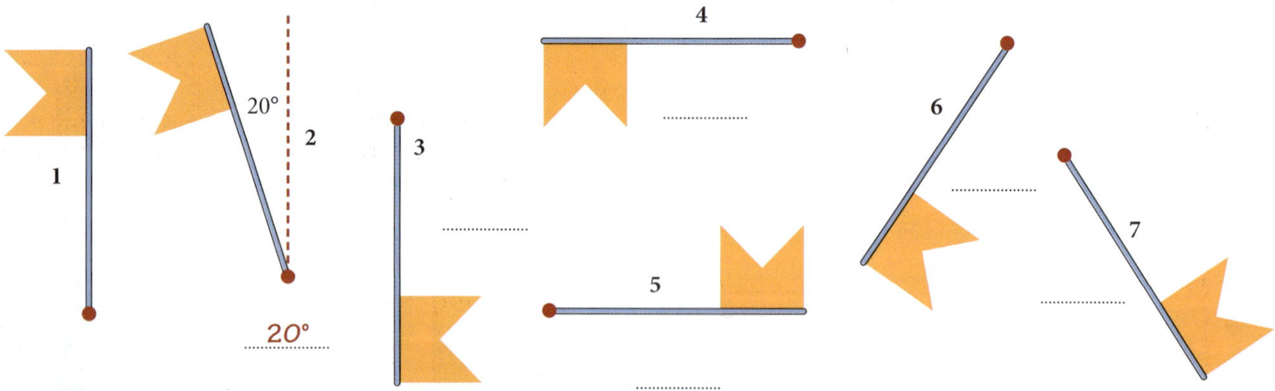

166 ●○○ Ruota il segmento *AB* con una rotazione di centro *O*, ampiezza 90° e verso positivo.

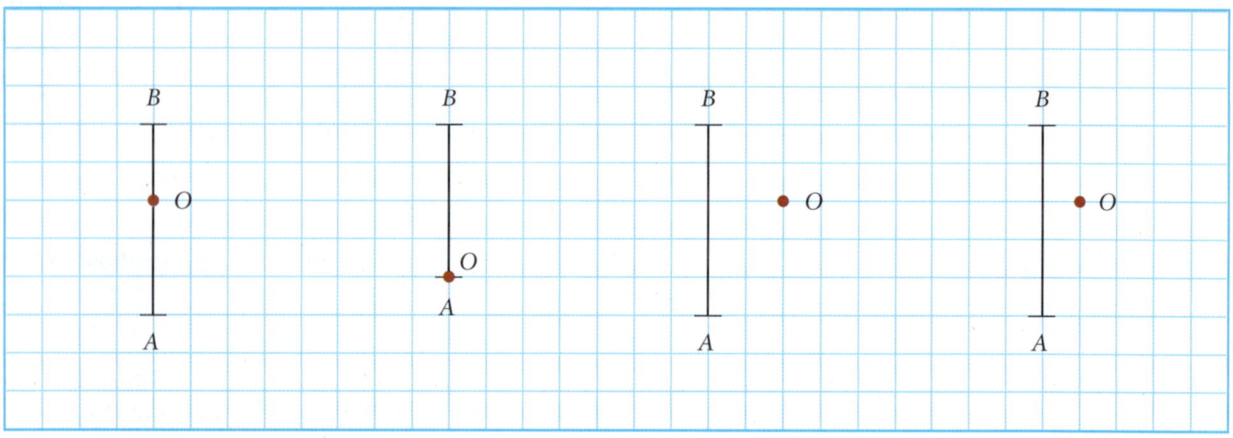

167 ●○○ Ruota ciascuna figura intorno al centro O, con ampiezza 90° e verso negativo. Disegna le figure ruotate.

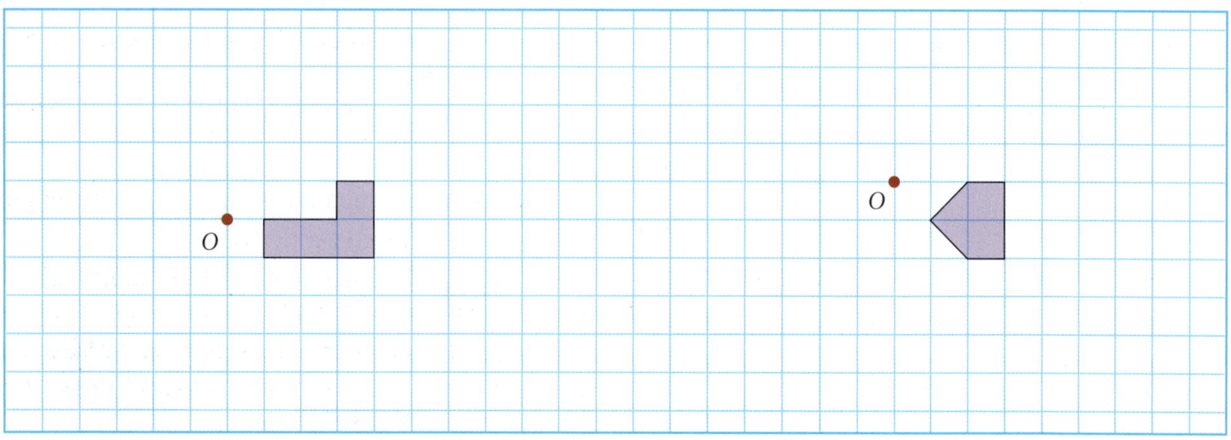

168 ●●○ Ricopia le figure sul quaderno. Ruotale intorno al punto Q in senso orario di 45° e disegna l'immagine ottenuta.

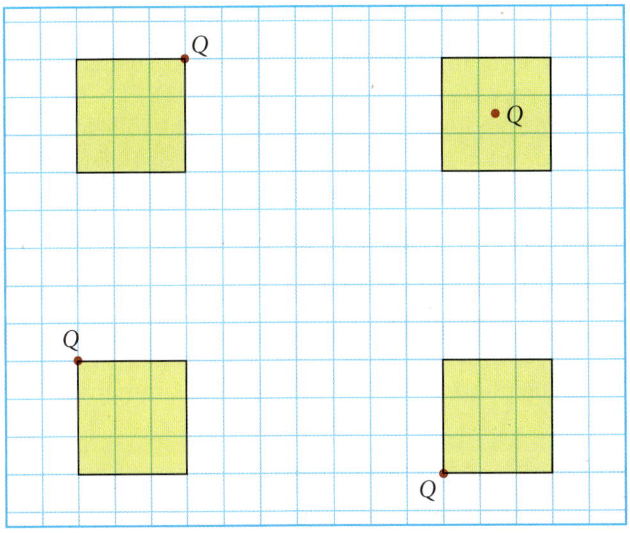

169 ●●○ **a)** Ruota la figura di 120° rispetto al punto O in senso orario.

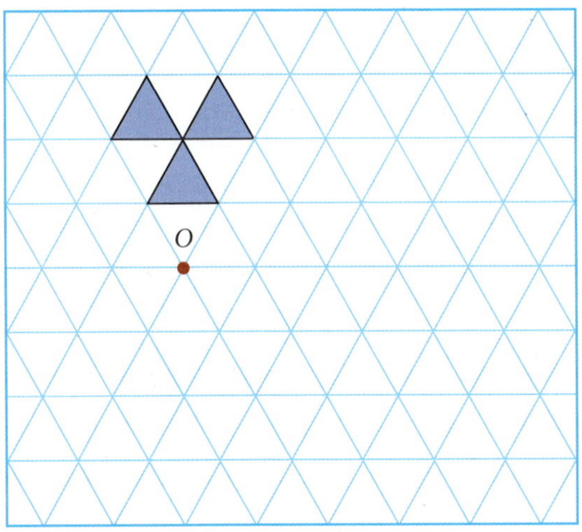

b) Ruota la figura di 180° rispetto al punto O in senso orario.

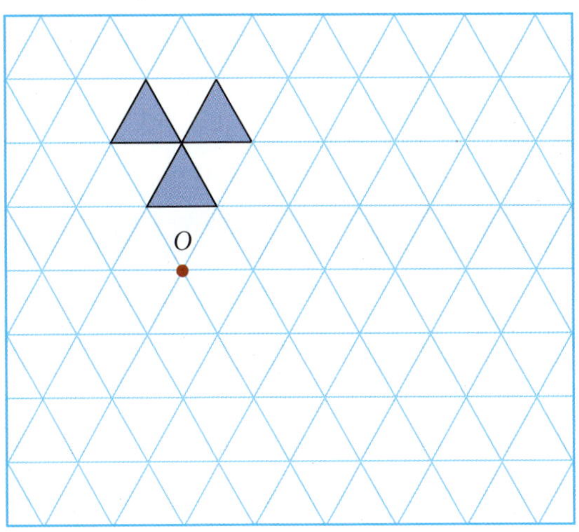

170 ●●○ Esegui sulla figura colorata una rotazione di centro O, ampiezza 270°, senso orario.

> Disegna l'immagine della figura ruotata.

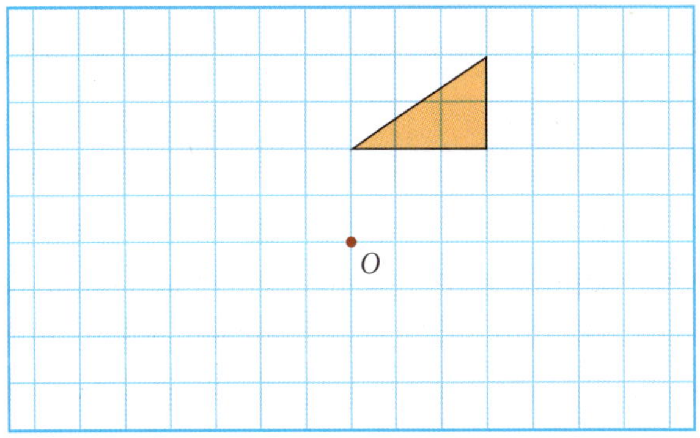

171 ●●○ Considera le coppie di figure congruenti. È sempre possibile portare la figura colorata sull'altra mediante una rotazione?

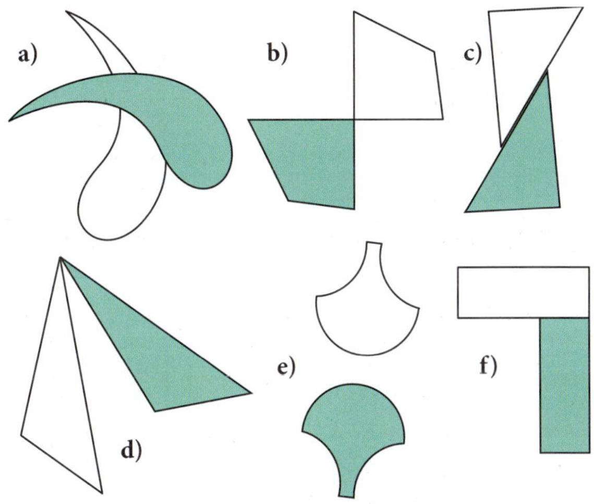

> Se è possibile, indica il centro e l'angolo di rotazione delle figure.

172 ●●○ Disegna un quadrato $ABCD$ di lato 3 cm. Disegna il suo corrispondente $A'B'C'D'$ dopo una rotazione:

a) di +90° (senso antiorario) intorno al vertice A;
b) di −90° (senso orario) intorno al punto medio M del lato BC;
c) di +60° intorno al punto di incidenza delle diagonali;
d) di 180° intorno al punto di incidenza delle diagonali.

173 ●●○ In un riferimento cartesiano, considera i punti: $A(1; 1)$, $B(5; 1)$ e $P(3; 3)$.

Ruota il segmento AB di 180° intorno al centro P trasformandolo nel corrispondente $A'B'$.

> Calcola la lunghezza del perimetro e l'area del quadrilatero $ABA'B'$ (considera come unità di misura il lato del quadretto).

ESERCIZI

174 ●●○ Il parallelogramma $ABCD$ viene ruotato di 180° intorno al punto O.

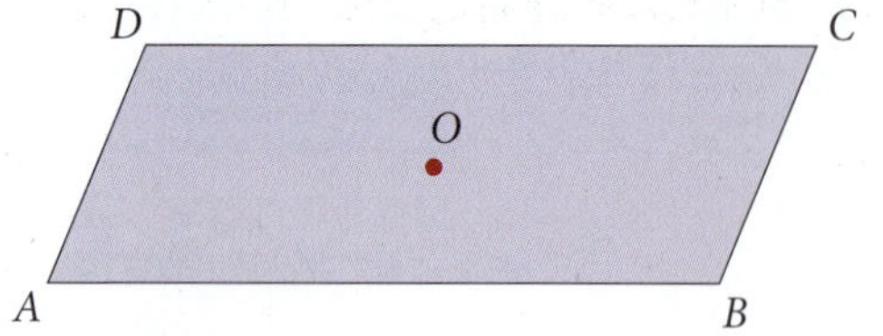

> Come si chiama il punto corrispondente di B?
> Come si chiamano i segmenti corrispondenti di AB, di BC e di CD?
> Che cosa puoi dire dei triangoli AOB e COD?

175 ●●○ In un riferimento cartesiano considera i punti: $A(2; 1)$, $B(8; 7)$ e $C(5; 4)$.
Trasforma i punti A e B nei punti A' e B' nella rotazione di 90° di centro C con verso antiorario.

> Calcola la lunghezza del perimetro e l'area del quadrilatero $AA'BB'$ (considera come unità di misura il lato del quadretto).

176 ●●○ Immagina una rotazione di ampiezza α, centro O e senso orario applicata a una figura F per ottenere la corrispondente F'.

> Quali caratteristiche dovrà avere una rotazione che riporti F' su F?

177 ●●● In un riferimento cartesiano congiungi i punti $A(2; 1)$, $B(3; 4)$ e $C(0; 5)$.
Fai ruotare il triangolo ABC di 180° intorno al punto $O(0; 0)$ e determina le coordinate dei vertici del corrispondente $A'B'C'$.

> Quale altra isometria ti permette di ottenere lo stesso risultato?

178 ●●● Ricopia la figura sul quaderno; disegna poi la sua corrispondente nella rotazione di 180° il cui centro è il punto di intersezione delle rette r e s.

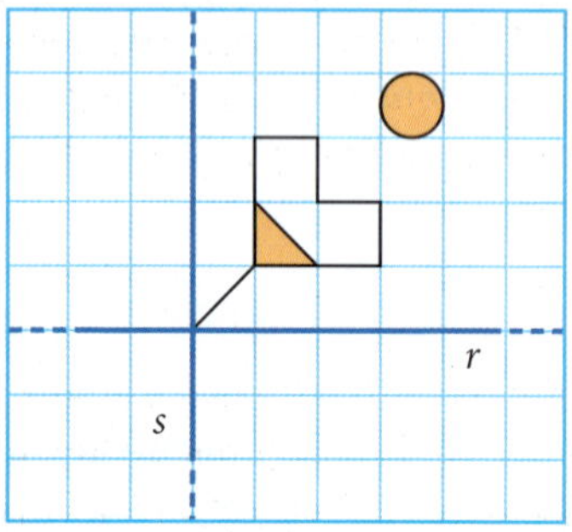

> Quale altra isometria ti permette di ottenere lo stesso risultato?

179 ●●● Qual è l'ampiezza minima della rotazione che trasforma un rettangolo in se stesso? Dove è situato il centro di rotazione?

180 ●●● Disegna in un riferimento cartesiano il pentagono di vertici $A(2; 1)$, $B(4; 1)$, $C(5; 2)$, $D(4; 3)$, $E(2; 3)$. Disegna poi il suo corrispondente in una rotazione che ha vertici $B(4; 1)$, $C(5; 2)$, $F(5; 4)$, $G(3; 4)$, $H(3; 2)$.

> Scrivi le coordinate del centro di rotazione.
> Quali sono l'ampiezza dell'angolo e il verso della rotazione?
> Le figure potevano essere trasformate l'una nell'altra mediante una simmetria assiale?
> In caso affermativo, scrivi le coordinate di almeno due punti appartenenti all'asse di simmetria.

181 ●●● Con quale movimento si passa dalla barca (1) colorata in blu alla barca (4)?
E con quale movimento si può passare dalla barca (1) alla barca (2)? E alla (3)?

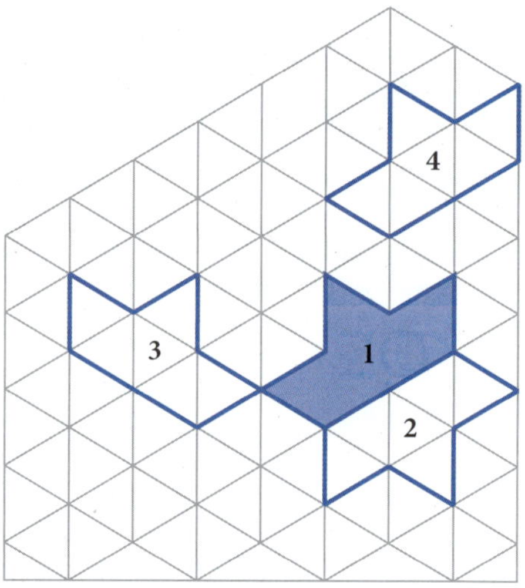

182 ●●● La rotazione di 180° intorno all'ortocentro trasforma il triangolo equilatero in se stesso?

affermazione	vera	falsa
a) Sì, perché ogni angolo si sposta sull'angolo vicino.		
b) No, perché un triangolo equilatero ricopre se stesso solo in seguito a una rotazione di 360°.		
c) Sì, perché una rotazione di 180° corrisponde a una simmetria centrale.		
d) No, perché il triangolo equilatero si trasforma in se stesso solo per rotazioni di 120° (o multipli di 120°).		

ESERCIZI

183 **VERSO IL CODING** **Falegnameria**

●○○ In una falegnameria vi sono tre tipi di macchine utensili.

Tondoforatrice: produce fori rotondi. Su una tavola quadrata è possibile eseguire i seguenti due tipi di operazioni:

T1 ⇒ 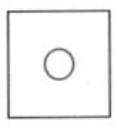 T2 ⇒ 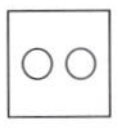

Lineografo: produce una striscia sottile orizzontale:

LG ⇒ 

Rotore: ruota la tavola di un certo numero di gradi in senso orario (mantenendola nello stesso piano):

R45: ruota la tavola di 45° **R90**: ruota la tavola di 90°

> Identifica la sequenza necessaria per trasformare

a) T1; LG; T1 b) R45; LG; R45; T2 c) T2; R90; LG d) T2; R45; LG; R45 e) T2; R45; LG

(Kangourou dell'informatica 2009)

184 Una rotazione di 180° intorno al centro trasforma un pentagono regolare in se stesso?
●●● E un esagono regolare?

185 **EUREKA!** Ruota e colora.

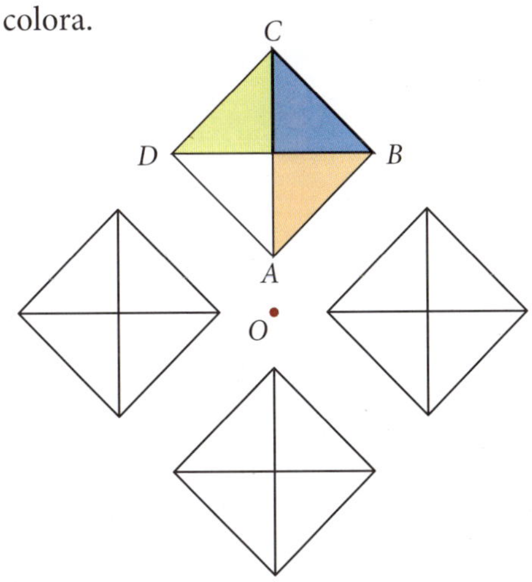

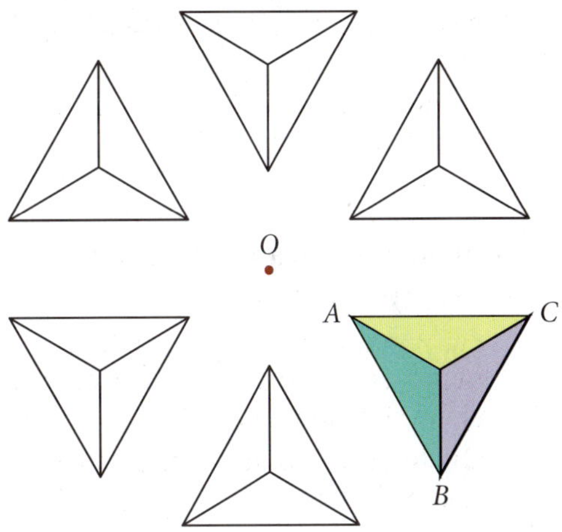

RISOLVO PROBLEMI

186 In un riferimento cartesiano disegna i punti $A(3; 1)$ e $B(1; 4)$. Disegna poi i loro corrispondenti A' e B' nella rotazione di 180° di centro $P(3; 4)$. Disegna il quadrilatero $AB'A'B$.
●●○

> Quali sono le sue caratteristiche? Possiede simmetria centrale? Se sì, qual è il centro?

187 In un riferimento cartesiano disegna i punti $A(2; 1)$ e $B(9; 1)$. Disegna poi i loro corrispondenti A' e B' nella rotazione di 180° di centro $P(5; 4)$.
●●○

> Disegna il quadrilatero $ABA'B'$ e descrivi le sue caratteristiche.

188 **MATHS** Triangle XYZ has vertices $X(2; 2)$, $Y(6; 2)$ and $Z(6; 5)$. *Plot* these points on *graph paper* and *join* them to form triangle XYZ. *Draw* the image of XYZ after a *clockwise* rotation of 90° *about* the origin and *mark* it $X'Y'Z'$. Write down the coordinates of X', Y' and Z'.
●●○

GLOSSARY

to plot = tracciare
to join = unire
to draw = disegnare
graph paper = carta millimetrata
clockwise = orario
about = attorno
to mark = indicare

Teoria a pag. 79

ESERCIZI

189 **INTORNO A NOI** Come funziona un caleidoscopio? Per capirlo attacca due specchi piani rettangolari uguali (senza cornice) con lo scotch lungo il lato più lungo in modo che possano formare un angolo di 60°. Mettili in piedi sul tavolo e poni fra loro un piccolo oggetto o un'illustrazione.
Se osservi l'angolo formato dai due specchi, vedi l'oggetto o la figura riprodotti altre cinque volte. L'oggetto sembra ruotato 6 volte, ogni volta di 60°.

Il caleidoscopio è formato da tre specchi le cui basi sono un triangolo equilatero; alla base ci sono pezzetti di specchio o di plastica colorata trasparente che cambiano la loro posizione quando scuotiamo.

> Se l'angolo fra gli specchi fosse di 90°, quante immagini vedresti, oggetto o figura compresi?

> E se l'angolo fosse di 40°?

> E di 30°?

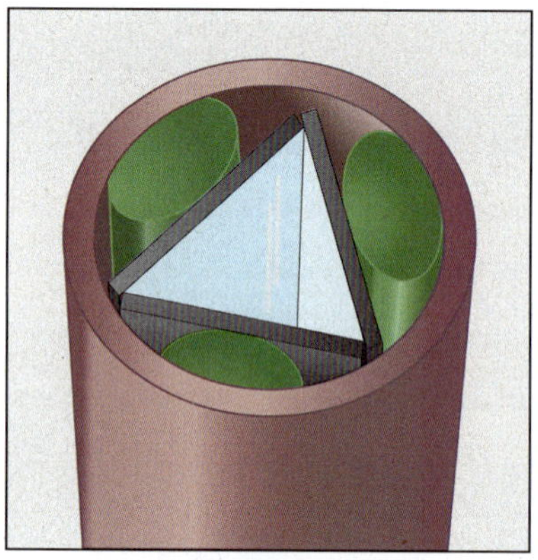

190 **INVALSI 2011** Antonella passeggiando, si ferma a osservare la porta girevole di vetro dell'Hotel Landi su cui sono impresse le lettere

HL

Una persona entra nell'albergo spingendo con forza la porta, che ruota così di circa 180°.
Antonella vede, ancora, in trasparenza, le lettere.
Quale tra le seguenti immagini vede?

HL	**LH**	**⅃H**	**⅂H**
Immagine A	Immagine B	Immagine C	Immagine D

A. ☐ Immagine A B. ☐ Immagine B C. ☐ Immagine C D. ☐ Immagine D

MAPPA DI SINTESI

Si dice **isometria** ogni corrispondenza tra figure nella quale sono **congruenti** segmenti corrispondenti e angoli corrispondenti.
Due figure sono **congruenti** se coincidono punto per punto quando vengono sovrapposte.
Possono essere:

Direttamente congruenti: quando si possono sovrapporre senza doverle ribaltare.

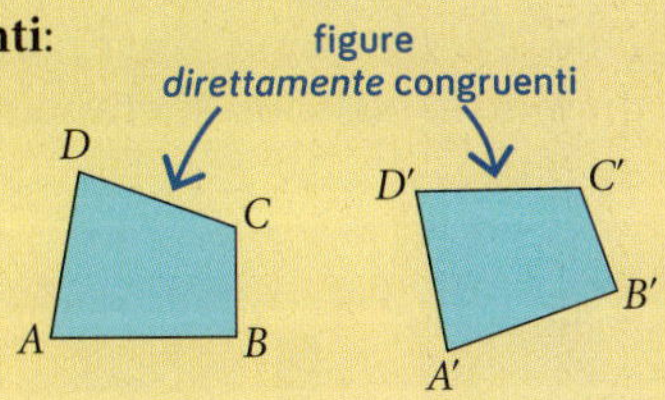

Inversamente congruenti: quando si possono sovrapporre solo ribaltandone una sull'altra.

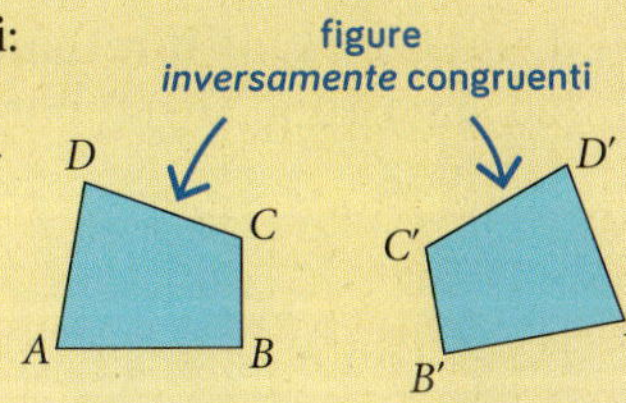

LE ISOMETRIE sono:

SIMMETRIA ASSIALE

Due punti sono simmetrici rispetto ad una retta quando la retta è asse del segmento che unisce i due punti.

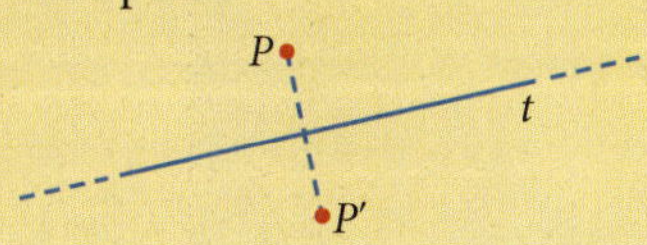

Una figura è dotata di **asse di simmetria** quando contiene il simmetrico di ogni suo punto rispetto a tale asse.

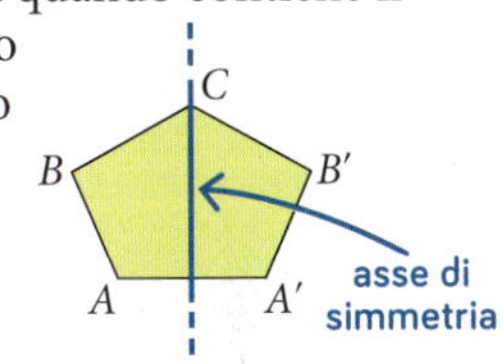

SIMMETRIA CENTRALE

Il punto medio del segmento che unisce due punti del piano è il loro centro di simmetria.

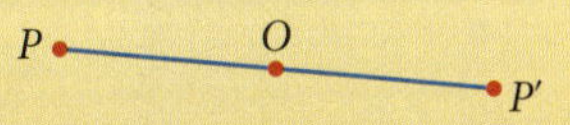

Due figure corrispondenti in una simmetria centrale sono direttamente congruenti.

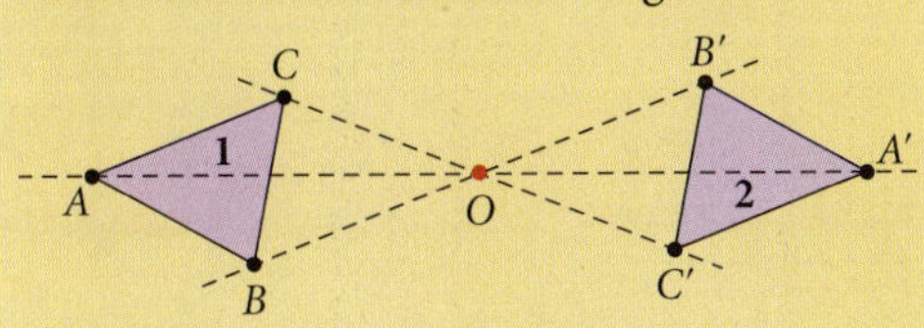

Una figura è dotata di **centro di simmetria** quando contiene il simmetrico di ogni suo punto rispetto al centro.

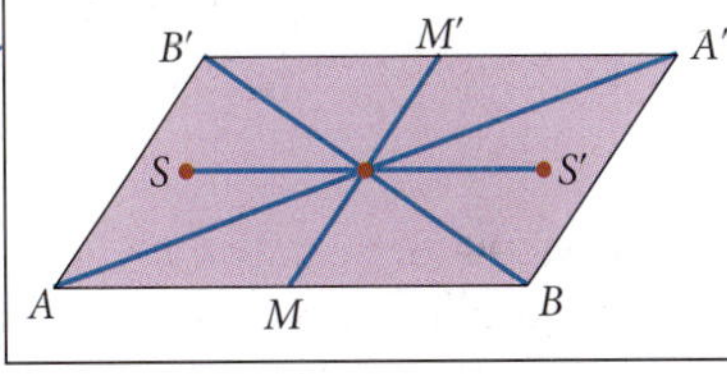

TRASLAZIONE

Quando una figura nel piano subisce una traslazione, tutti i suoi punti sono spostati a distanze uguali in una certa direzione.

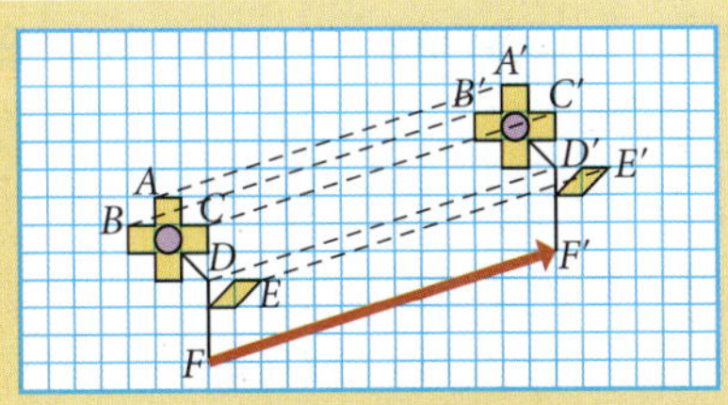

In un **vettore**, la lunghezza della freccia indica la misura dello spostamento, la retta su cui giace la freccia indica la sua direzione, e la punta della freccia il verso della traslazione.

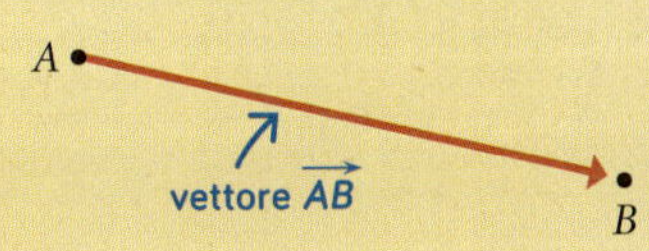

ROTAZIONE

La rotazione di una figura è il movimento in senso orario o antiorario di una figura intorno a un centro (centro di rotazione).
La rotazione può avvenire in verso negativo (senso orario) o in verso positivo (senso antiorario).

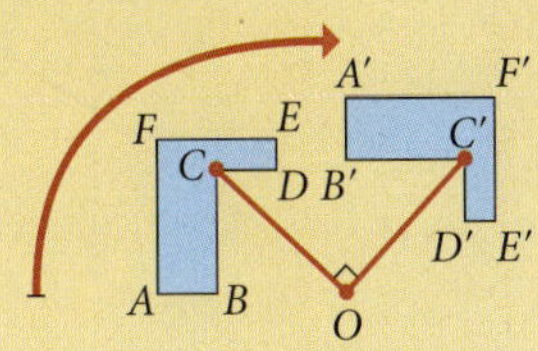

SE NON HAI CAPITO

Congruenza diretta e inversa

RIPASSA

Due figure sono **direttamente congruenti** quando si possono sovrapporre senza doverne ribaltare una.

Due figure sono **inversamente congruenti** quando si possono sovrapporre solo ribaltandone una.

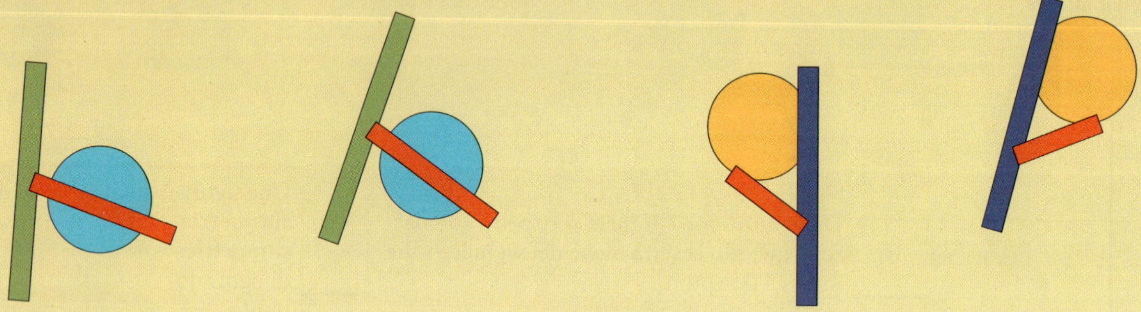

APPLICA

1 **Colora la seconda figura in modo che sia direttamente congruente alla prima.**

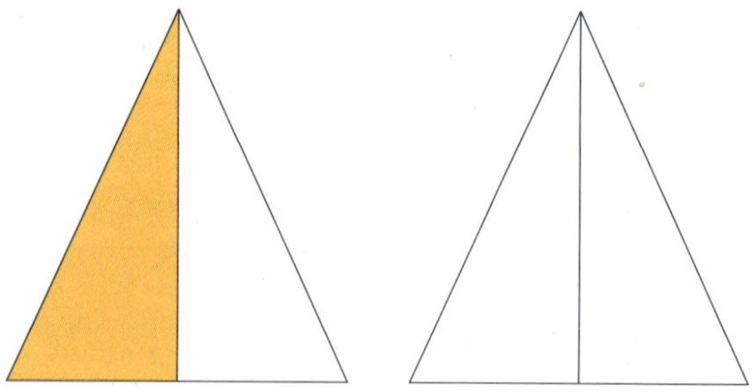

2 **Colora la seconda figura in modo che sia inversamente congruente alla prima.**

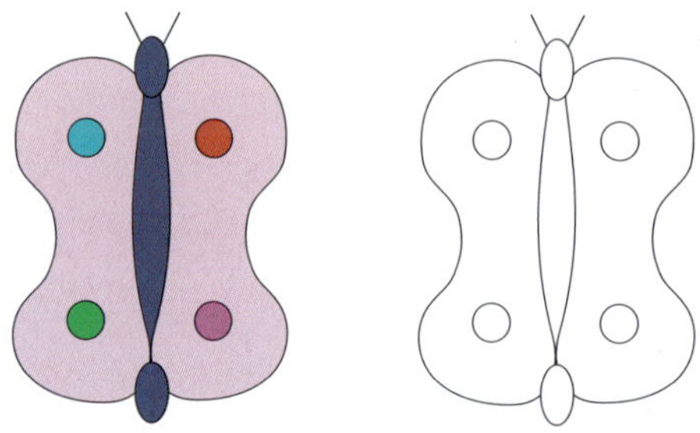

Simmetria assiale

RIPASSA

Due **punti** sono **simmetrici** rispetto a una retta quando la retta divide a metà il segmento che li unisce ed è perpendicolare a esso.

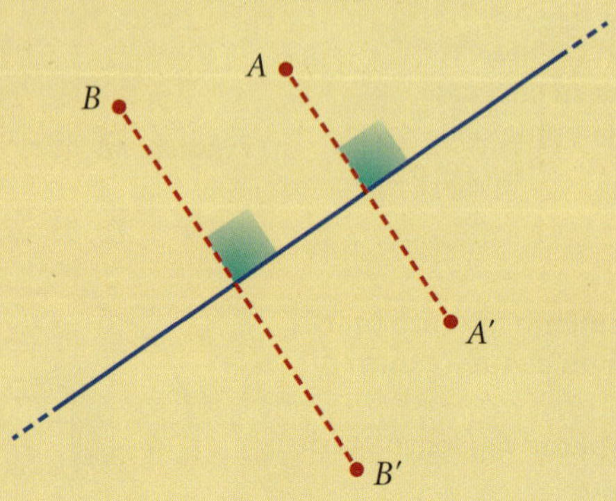

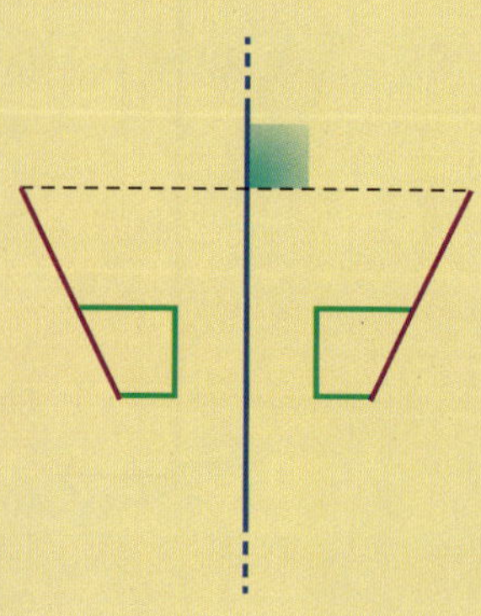

APPLICA

3 Disegna per ogni figura la sua corrispondente nella simmetria di asse *r*.

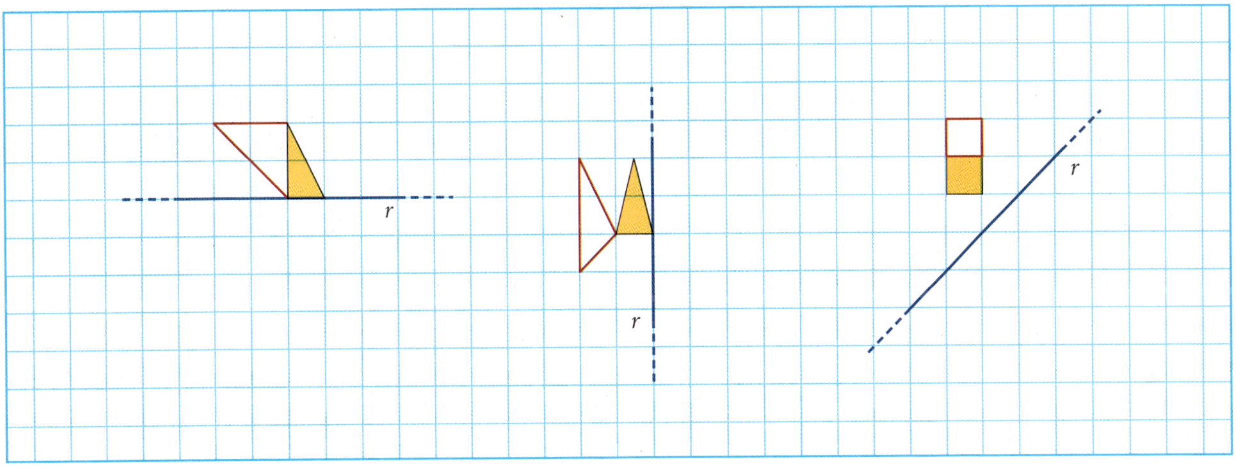

Asse di simmetria

RIPASSA

L'**asse di simmetria** di una figura è la retta che la divide in due parti *inversamente congruenti*.

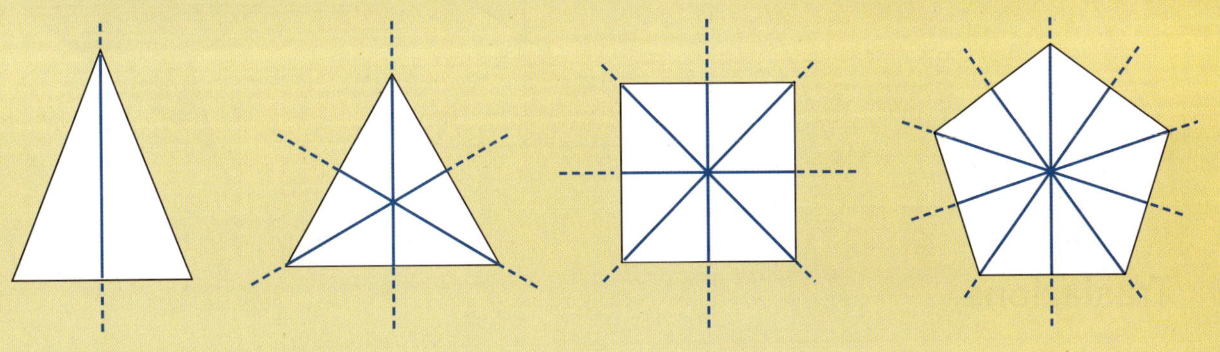

APPLICA

4 Traccia gli assi di simmetria in ogni figura.

ESERCIZI

Simmetria centrale

RIPASSA

È **centro di simmetria** fra due punti *P* e *P′* il punto medio del segmento che li unisce.
Una figura possiede **simmetria centrale** quando possiede lo stesso centro di simmetria per ogni coppia di punti corrispondenti.

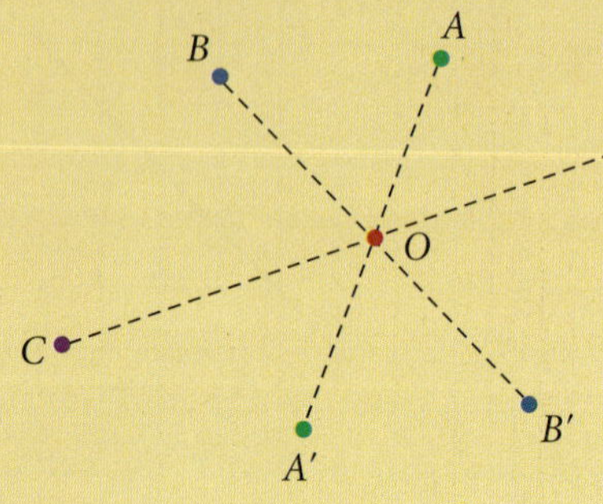

$\overline{AO} = \overline{OA'}$
$\overline{BO} = \overline{OB'}$
$\overline{CO} = \overline{OC'}$

$\overline{PO} = \overline{OR}$
$\overline{SO} = \overline{OQ}$

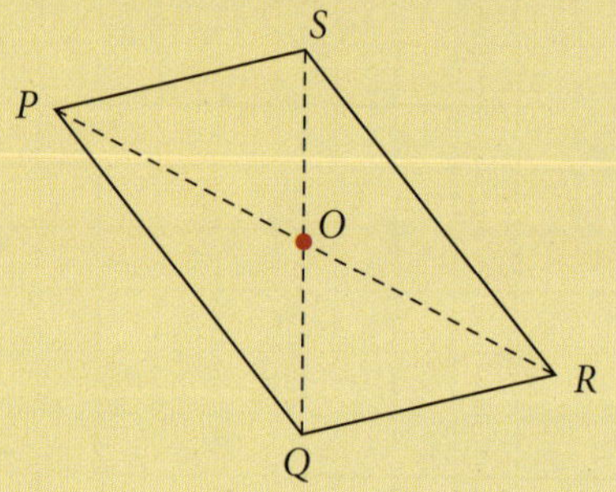

APPLICA

5 **Scrivi sotto ogni figura se possiede o no il centro di simmetria.**

....

Traslazione

RIPASSA

Una figura subisce una **traslazione** quando tutti i suoi punti subiscono un uguale spostamento in una certa direzione.

Una traslazione si può descrivere per mezzo di un **vettore**, cioè una freccia che indica **lunghezza**, **direzione** e **verso** dello spostamento.

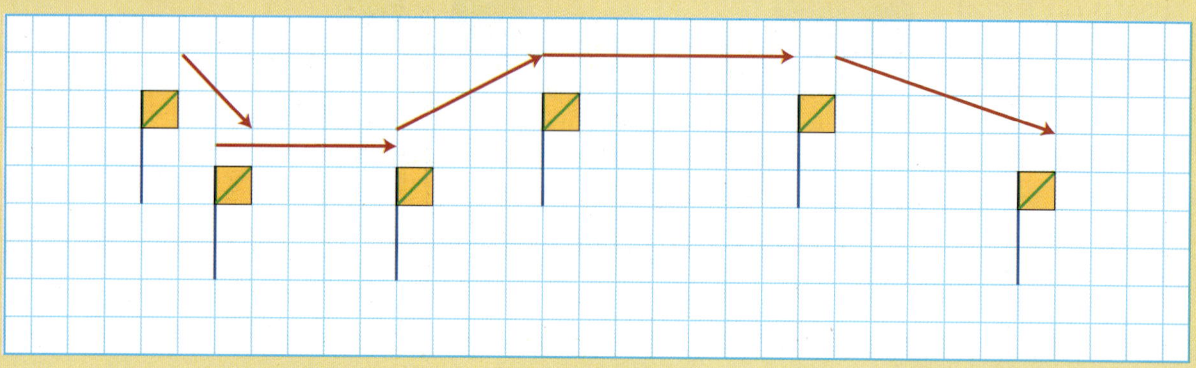

APPLICA

6 **Opera una traslazione su ogni figura secondo il relativo vettore.**

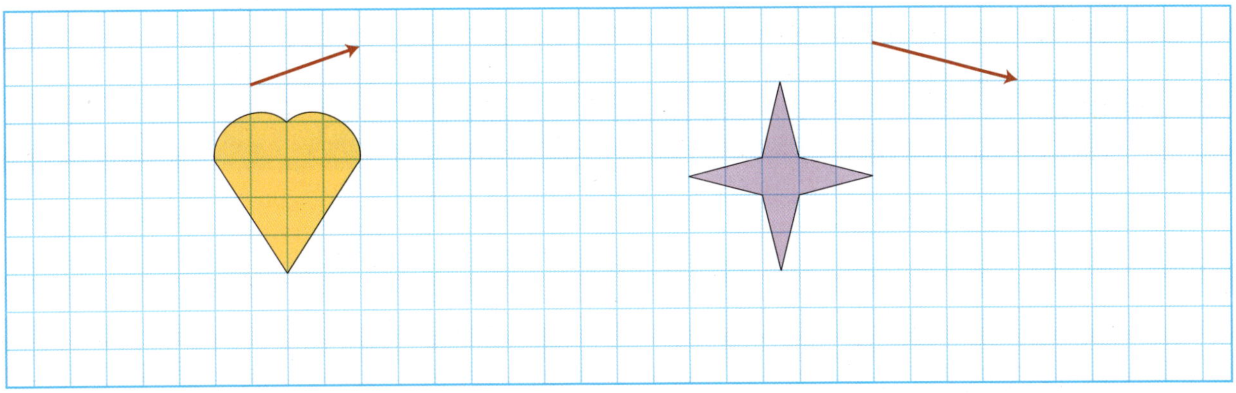

7 **Prova a tappezzare il piano trasportando e ridisegnando varie volte la figura sia in orizzontale che in verticale.**

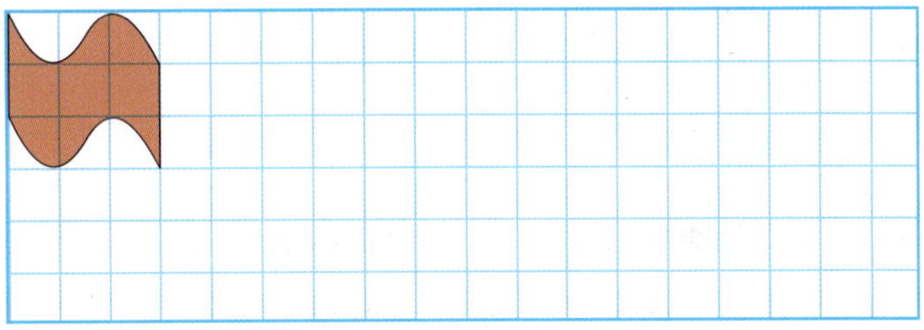

Rotazione

RIPASSA

In una **rotazione** tutti i punti di una figura ruotano intorno allo stesso centro, nello stesso verso e con angoli di uguale ampiezza.

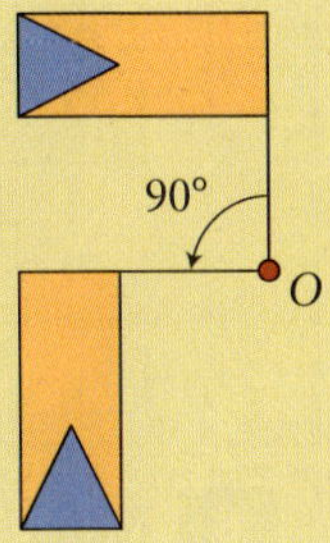

Bisogna conoscere:

- **centro** di rotazione (nell'esempio: punto O);
- **senso** della rotazione (nell'esempio: antiorario);
- **ampiezza** della rotazione (nell'esempio: 90°).

APPLICA

8 **Ruota la figura di 90° in senso orario intorno al centro O.**

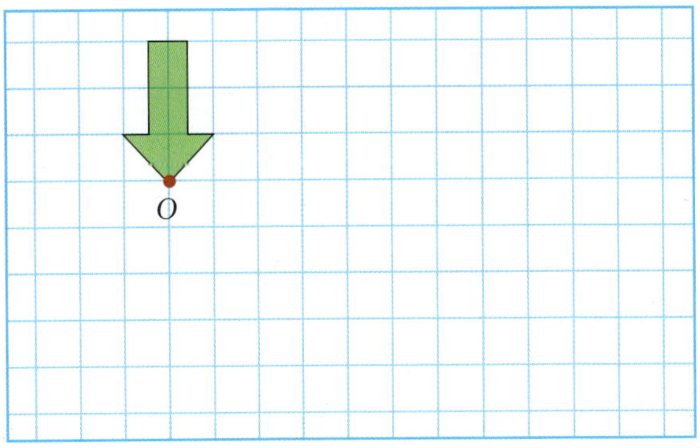

9 **Ruota la figura di 180° in senso antiorario intorno al centro O.**

METTITI ALLA PROVA

ZTE ONLINE
21 esercizi interattivi

- Per ogni quesito segna ✔ una sola delle alternative.
- Confronta le tue risposte con le soluzioni a pagina 269.
- Colora da sinistra una casella per ogni risposta giusta. →
- Leggi sul righello il punteggio in centesimi. →
- Il mio punteggio, in centesimi, è ....
- Se il punteggio è maggiore di 70 vai alla prova *In un'ora*, altrimenti ripassa con *Se non hai capito*.

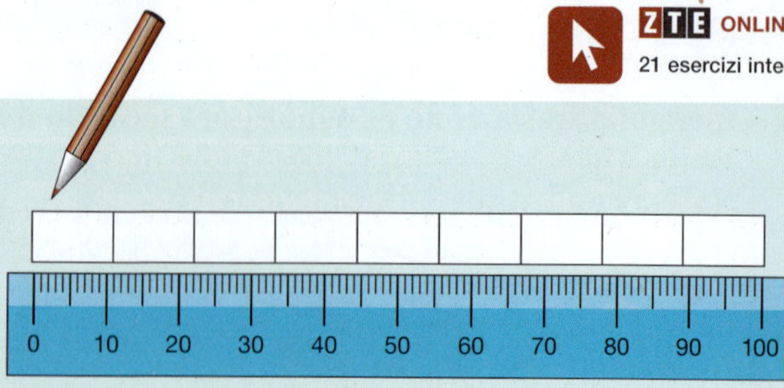

1 **Una isometria è una corrispondenza fra due figure nella quale**

a sono congruenti gli angoli corrispondenti, ma non i segmenti
b sono congruenti i segmenti corrispondenti, ma non gli angoli
c sono congruenti le aree ma non i perimetri
d sono congruenti sia i segmenti sia gli angoli corrispondenti

2 **In una simmetria assiale due punti *P* e *P′* si corrispondono quando**

a la retta *PP′* è incidente l'asse di simmetria
b il segmento *PP′* è perpendicolare all'asse di simmetria
c la distanza dei punti *P* e *P′* dall'asse di simmetria è uguale alla lunghezza del segmento *PP′*
d l'asse di simmetria è asse del segmento *PP′*

3 **In quale coppia le due figure si corrispondono in una simmetria assiale?**

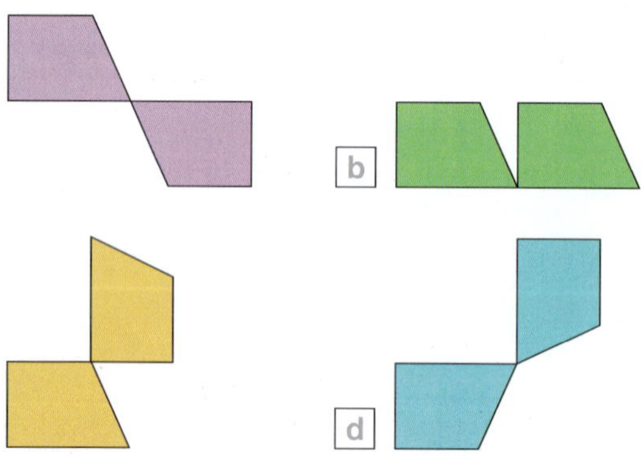

a b c d

4 **Una delle seguenti figure non possiede più di un asse di simmetria. Quale?**

a triangolo isoscele
b rombo
c esagono regolare
d triangolo equilatero

5 **In quale coppia le figure si corrispondono in una simmetria centrale?**

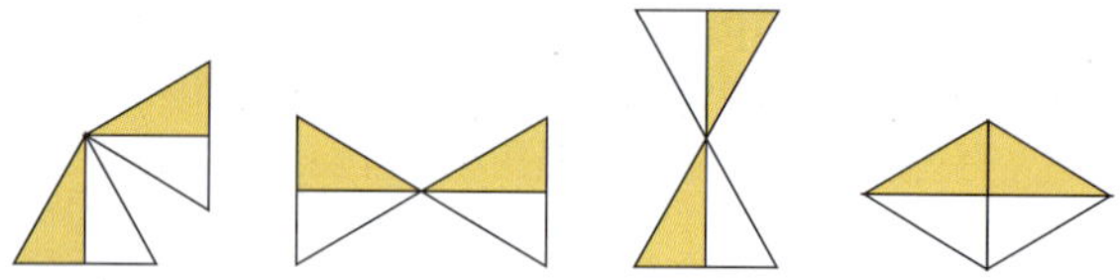

a b c d

6 **Quale figura non possiede il centro di simmetria?**

a parallelogramma
b triangolo
c rombo
d esagono regolare

7 **In quale coppia le due figure si corrispondono in seguito a una traslazione?**

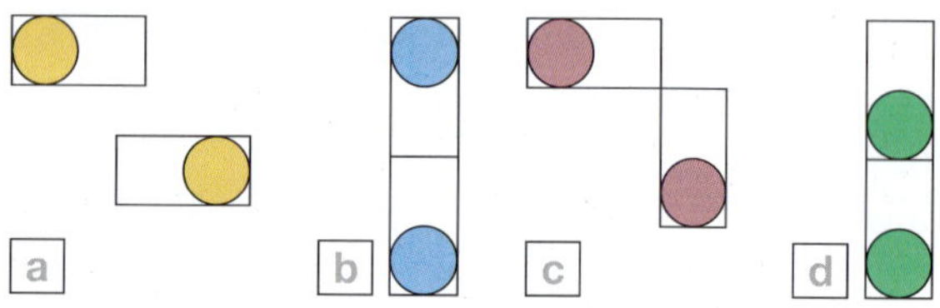

a b c d

8 **Nella seguente traslazione qual è il vettore che fa corrispondere *F′* a *F*?**

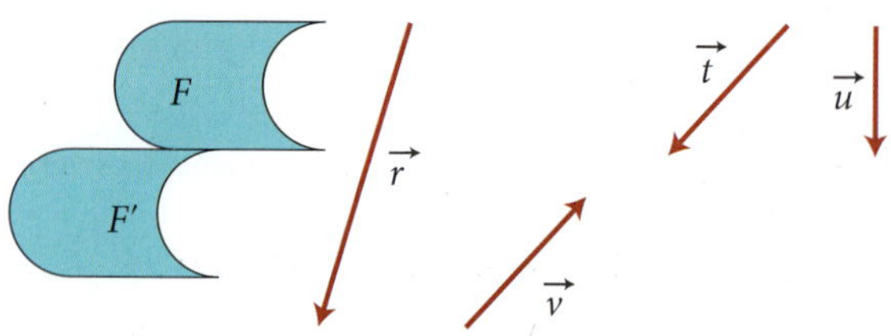

a $\vec{r}$
b $\vec{t}$
c $\vec{u}$
d $\vec{v}$

9 **Una rotazione è determinata quando si conosce**

a il centro di rotazione
b il verso della rotazione
c l'ampiezza della rotazione
d il centro, l'ampiezza dell'angolo e il verso della rotazione

IN UN'ORA

1 Vero o falso?

a) La retta r divide il poligono in due parti direttamente congruenti. V F

b) La retta r è asse di simmetria del poligono. V F

c) Il poligono possiede più assi di simmetria. V F

d) Per ogni punto del poligono esiste il simmetrico, rispetto alla retta r, che appartiene ancora al poligono. V F

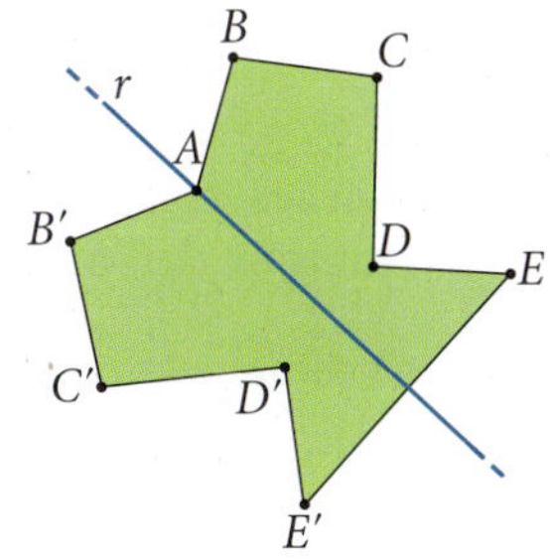

2 Completa.

a) Una figura è dotata di un asse di .... r quando contiene il simmetrico di ogni suo .... rispetto a r.

b) Un poligono regolare possiede tanti assi di simmetria quanti sono i suoi ....

3

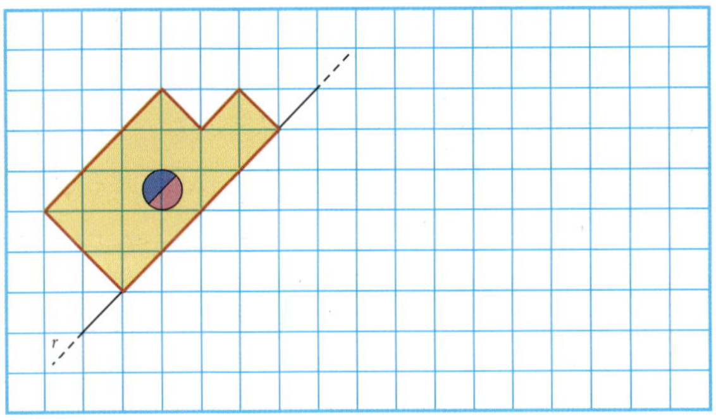

> Disegna la figura simmetrica rispetto alla retta r.

4 In un riferimento cartesiano disegna il triangolo di vertici $A(1; 2)$, $B(3; 4)$ e $C(0; 6)$.
Fai ruotare il triangolo ABC di 180° intorno al punto $O(0; 0)$ e determina le coordinate dei vertici $A'B'C'$.

5

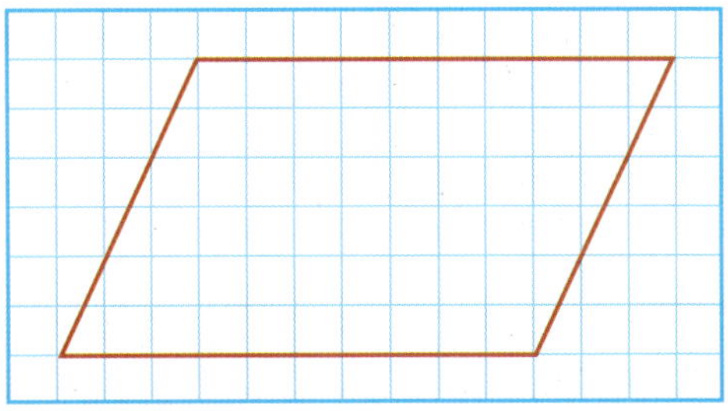

> Il parallelogramma possiede un «centro di simmetria»? sì no

6

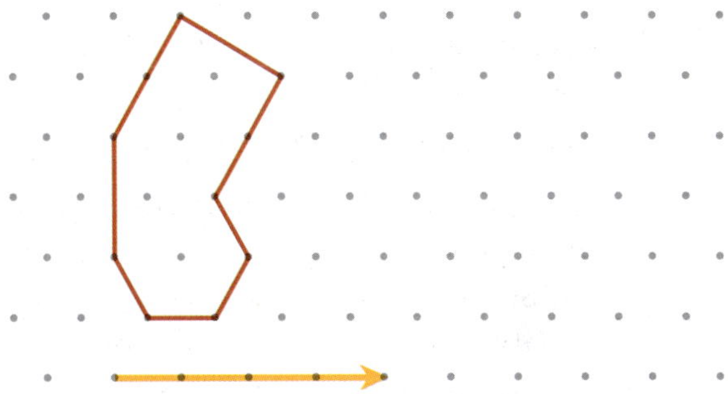

> Esegui una traslazione della figura secondo il vettore qui disegnato.

VERSO LA PROVA NAZIONALE

1 **Individua la coppia di figure equicomposte.**

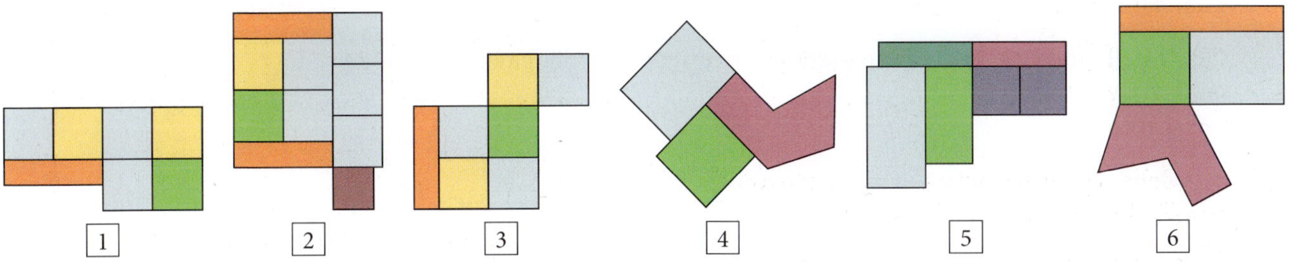

a 1) e 2) b 1) e 3) c 4) e 6) d 3) e 5)

2 **Un prato rettangolare è lungo 8 m e largo 4,5 m. Qual è la sua area in metri quadrati?**

a 12,5 b 25 c 32 d 36

3 **È necessario esprimere l'area di un rettangolo lungo 10 cm e largo 6 cm come frazione dell'area di un quadrato di lato 8 cm.**

a) Qual è la frazione corretta?

Risposta: ....

b) Scrivi i calcoli che hai fatto per trovare la risposta.

....

....

4 **Quanti centimetri quadrati sono contenuti in un metro quadrato?**

Risposta: ....

5 **Il perimetro di un quadrato è di 36 cm. La sua area in centimetri quadrati è**

a 6 b 9 c 36 d 81

6 **Qual è il perimetro di questo trapezio?**

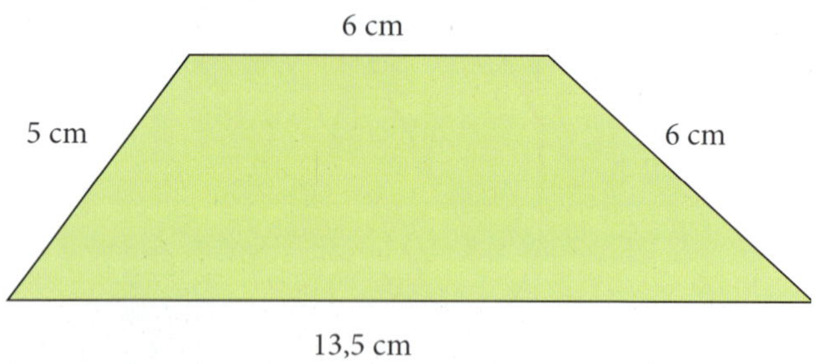

Risposta: ....

7 **Il disegno che segue rappresenta un pavimento a mattonelle. Ogni quadrato rappresenta una mattonella.**

Quale delle formule può essere usata per trovare l'area del pavimento in decimetri quadrati?

a $6 \cdot 2$ b $12 \cdot 5$ c $(6 + 2) \cdot 2$ d $(12 + 5) \cdot 2$

8 **Un parallelogramma ha due lati paralleli lunghi 10 cm e la loro distanza è di 4 cm. Qual è la sua area in centimetri quadrati?**

a 14 b 20 c 28 d 40

9 **Quale figura è congruente al triangolo *DEF*?**

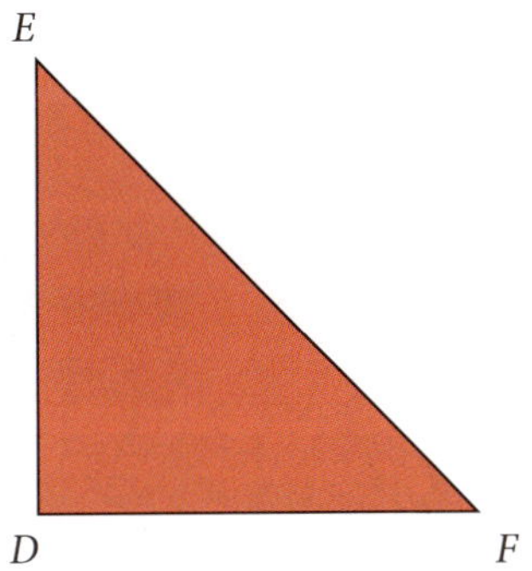

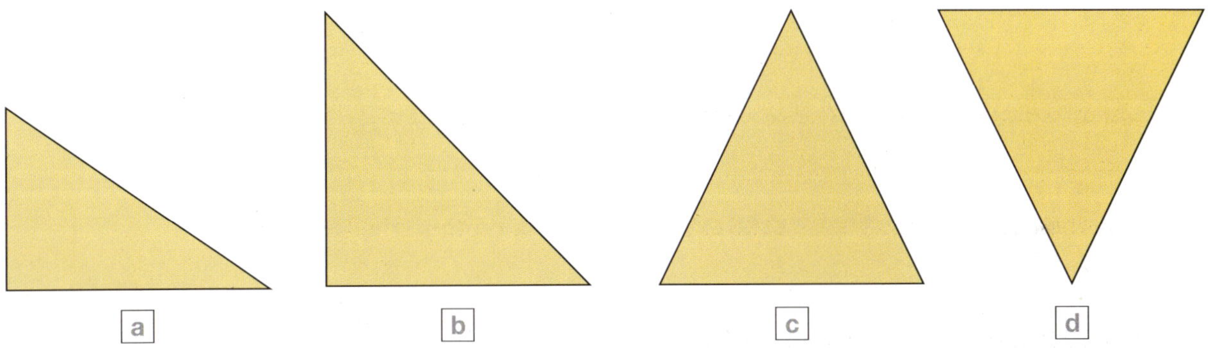

10 **I quadrilateri *ABCD* e *EFGH* sono congruenti.**

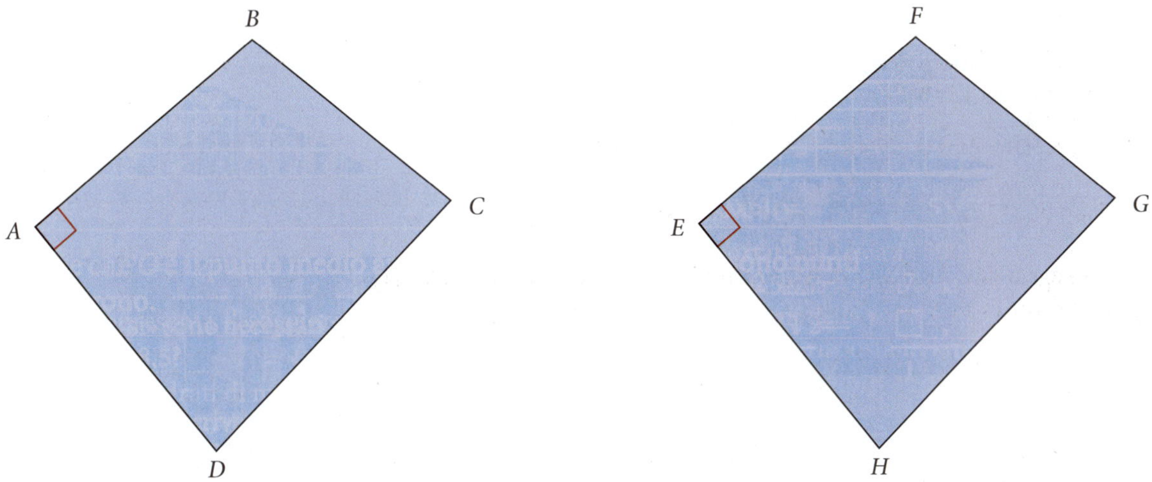

Quali affermazioni sono vere e quali sono false?

affermazione	vera	falsa
a) Il segmento *CD* è congruente con il segmento *GH*.		
b) La lunghezza di *AB* è maggiore della lunghezza di *EF*.		
c) L'angolo con vertice in *H* è congruente con l'angolo con vertice in *B*.		
d) L'angolo con vertice in *C* è congruente con l'angolo con vertice in *E*.		

11 **Quale punto rappresenta il numero, sei virgola sette decimi, sulla retta numerica?**

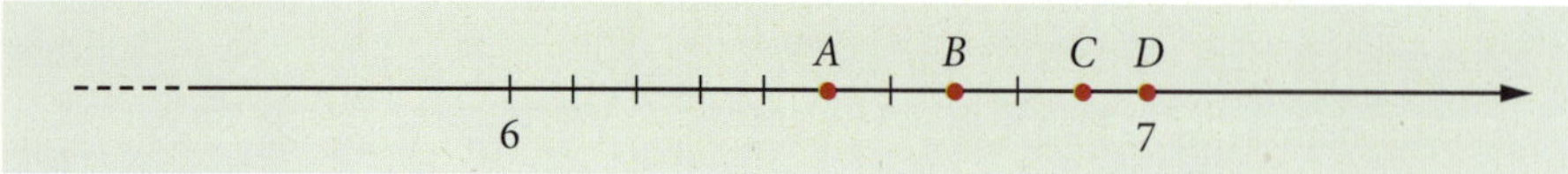

- a il punto *A*
- b il punto *B*
- c il punto *C*
- d il punto *D*

12 **Osserva.**

1

1 + 2 + 1

1 + 2 + 3 + 2 + 1

1 + 2 + 3 + 4 + 3 + 2 + 1

1 + 2 + 3 + 4 + 5 + 4 + 3 + 2 + 1

a) Calcola le somme.

Risposta: ....

b) Che cosa noti?

Risposta: ....

13 **Nella coppia di immagini quale trasformazione occorre applicare per passare da un'immagine all'altra?**

- a una simmetria assiale
- b una rotazione
- c una traslazione
- d una simmetria assiale seguita da una traslazione

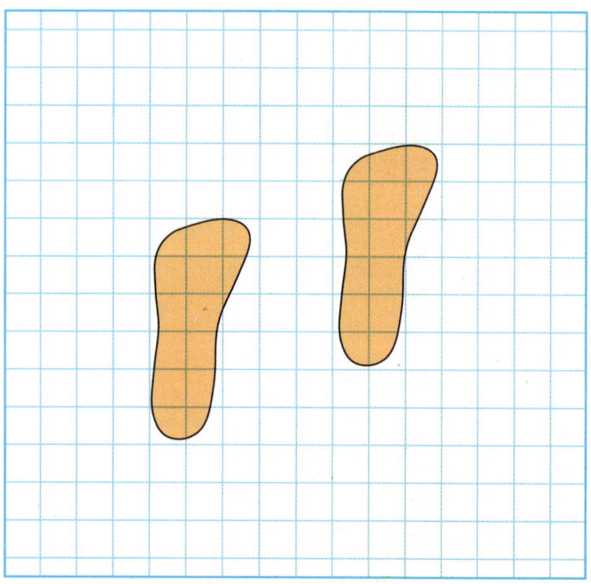

14 Quale figura mostra una traslazione della lettera F?

a

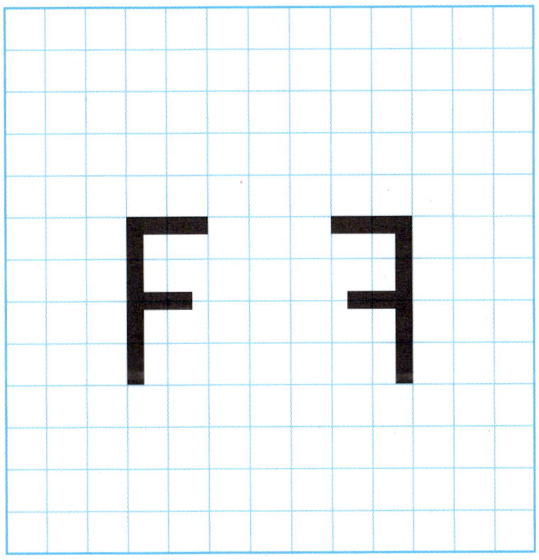
b

c

d

15 Quale figura possiede un asse di simmetria?

a

b

c
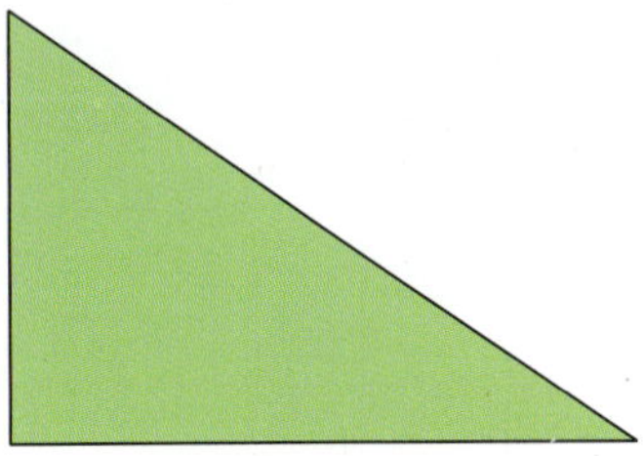

d
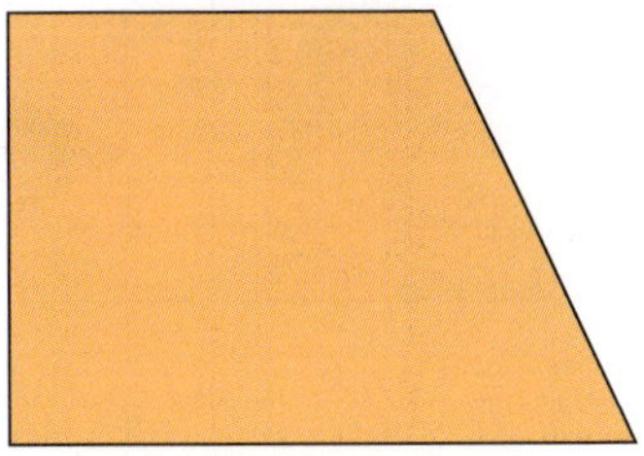

16 Osserva la figura.

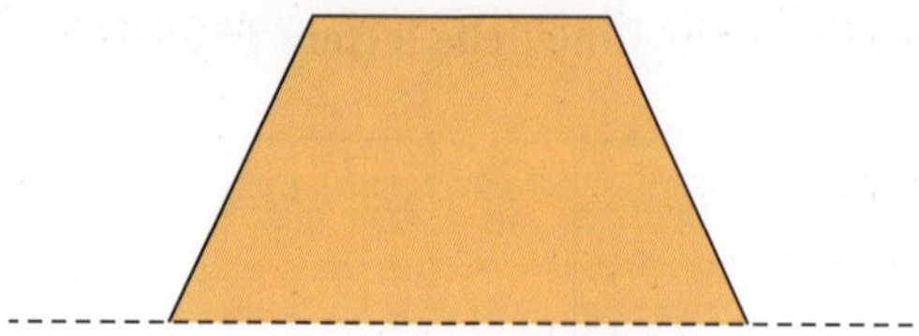

a) Completala in modo che la linea tratteggiata sia un asse di simmetria.

b) Quale figura ottieni?

Risposta: ....

17 In quale immagine le due figure si corrispondono in una simmetria assiale?

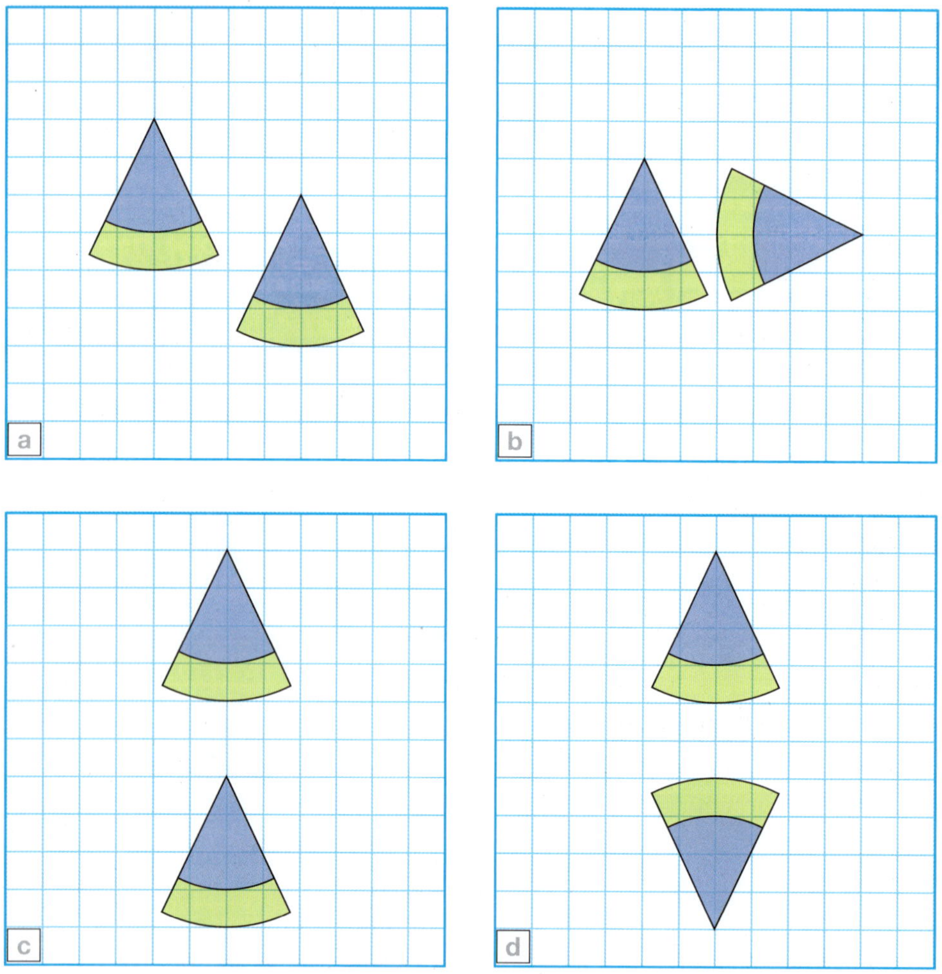

18 Quale figura *non* possiede un centro di simmetria?

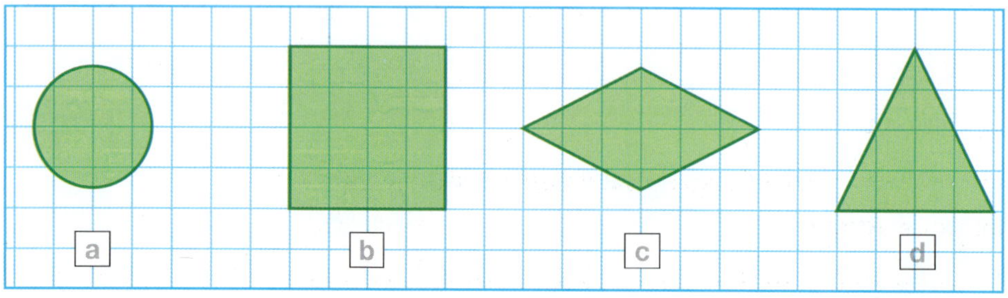

19 **Quale esempio, preso dalla vita di ogni giorno, ti suggerisce l'idea di una rotazione?**

- a il nuoto nella corsia di una piscina
- b il moto delle pale di un ventilatore
- c un cuoricino ritagliato da un pezzo di carta
- d una camminata lungo il marciapiede

20 **Osserva la seguente successione.**

43, 60, 77, 94, 111, 128, ...

Quale numero metti al posto dei puntini?

Risposta: ....

21 **La figura**

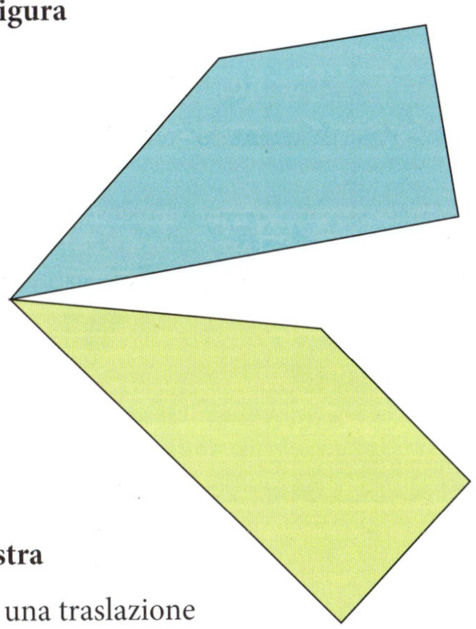

mostra

- a una traslazione
- b una rotazione
- c una simmetria assiale
- d una traslazione seguita da una simmetria assiale

22 **Osserva la figura.**

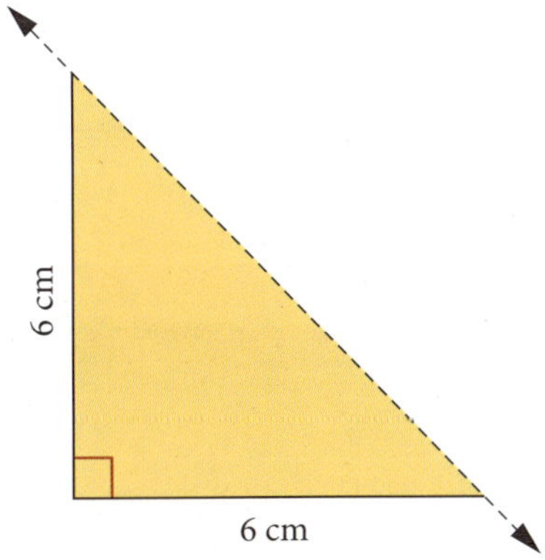

a) Completala in modo che la linea tratteggiata sia un asse di simmetria.

b) Quale figura geometrica ottieni?

Risposta: ....

23 **Osserva la figura.**

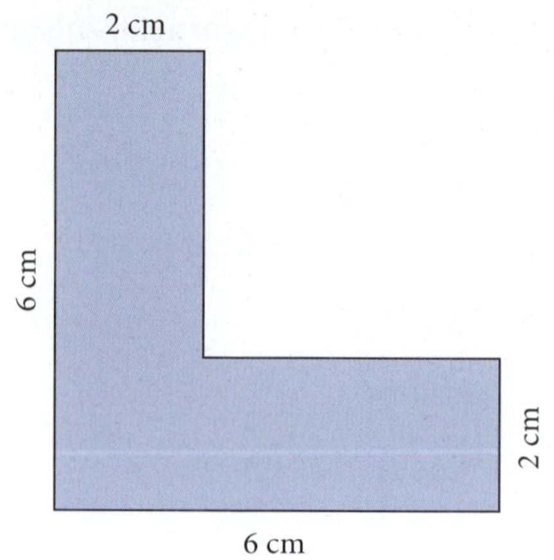

a) **Qual è la sua area?**

Risposta: ....

b) **Scrivi i calcoli che hai fatto per trovare la risposta.**

....

....

....

24 **In quale figura geometrica la retta tracciata è asse di simmetria?**

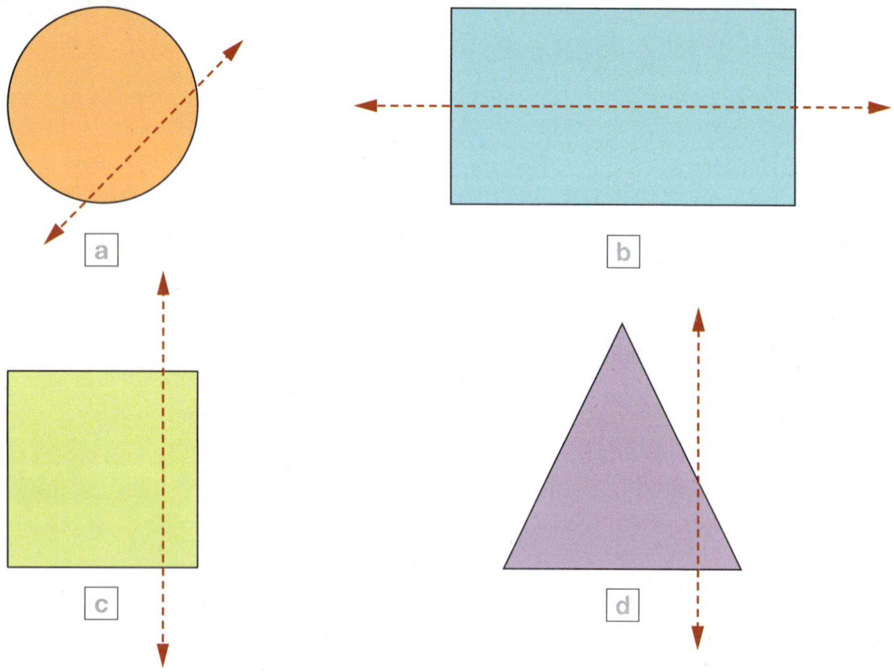

CAPITOLO 3

IL TEOREMA DI PITAGORA

3

CIAK si impara!

VIDEO IL PORTIERE E PITAGORA PRIMA DI COMINCIARE

GUARDA! IL VIDEO

- Robert deve difendere la sua porta dai tiri degli avversari, ma la porta è molto più grande dell'apertura delle sue braccia.
  La traversa infatti è lunga 7,32 m, mentre i pali sono alti 2,44 m.
  > Qual è la massima distanza tra due punti della porta?

ANALIZZA I DATI E RISOLVI IL PROBLEMA

- La porta di un campo da calcio è davvero grande!
  > Completa l'immagine indicando le misure corrette.

lunghezza traversa: ....

lunghezza palo: ....

- La distanza tra i due punti più lontani della porta è la misura della lunghezza dell'ipotenusa del triangolo che ha come cateti un palo e la traversa.
  Applicando il teorema di Pitagora puoi facilmente risolvere il quesito di Robert:
  distanza $= \sqrt{(lunghezza\ palo)^2 + (lunghezza\ traversa)^2}$
- Ora puoi rispondere alla domanda di Robert. ....

1 Dimostriamo il teorema di Pitagora

PRIMA DI COMINCIARE Questo è un pavimento fatto di piastrelle a forma di triangolo rettangolo isoscele.
Si racconta che Pitagora (VI secolo a.C.) avesse avuto l'intuizione del suo teorema proprio camminando su un pavimento simile a questo.

Osserva con attenzione: nel triangolo rettangolo rosso i lati adiacenti all'angolo retto si chiamano cateti, il lato opposto all'angolo retto si chiama ipotenusa.

> Quante piastrelle triangolari formano il quadrato costruito su ogni cateto? E sui due cateti insieme?
> Quante piastrelle triangolari formano il quadrato costruito sull'ipotenusa?
> Che relazione vedi fra i quadrati costruiti sui cateti e il quadrato costruito sull'ipotenusa?

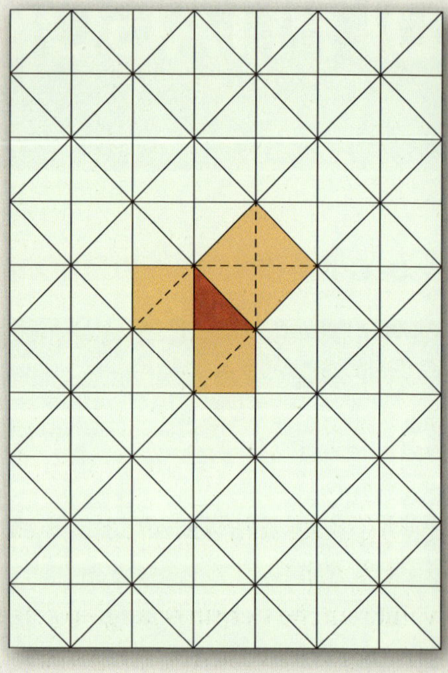

Sappi però che il triangolo rettangolo isoscele costituisce un caso molto particolare; il genio di Pitagora si rivela nell'avere esteso questa relazione matematica a tutti i tipi di triangolo rettangolo.

DA SAPERE

• Una proprietà dei triangoli rettangoli isosceli

Osserva la figura.

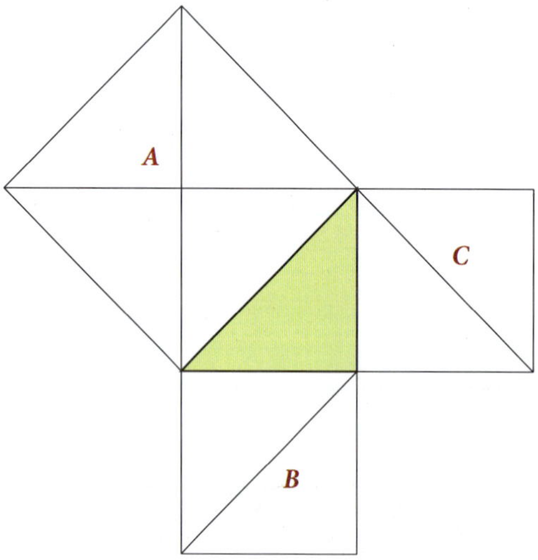

Puoi facilmente verificare che:

«il quadrato costruito sull'ipotenusa del triangolo rettangolo isoscele è equivalente alla somma dei quadrati costruiti sui cateti» (è sufficiente ricorrere al concetto di equiscomponibilità).

$A = B + C$

ANIMAZIONE IN DIGITALE
Il teorema di Pitagora

La congettura

Ma la relazione appena scritta sarà vera per ogni triangolo rettangolo?

Osserva.

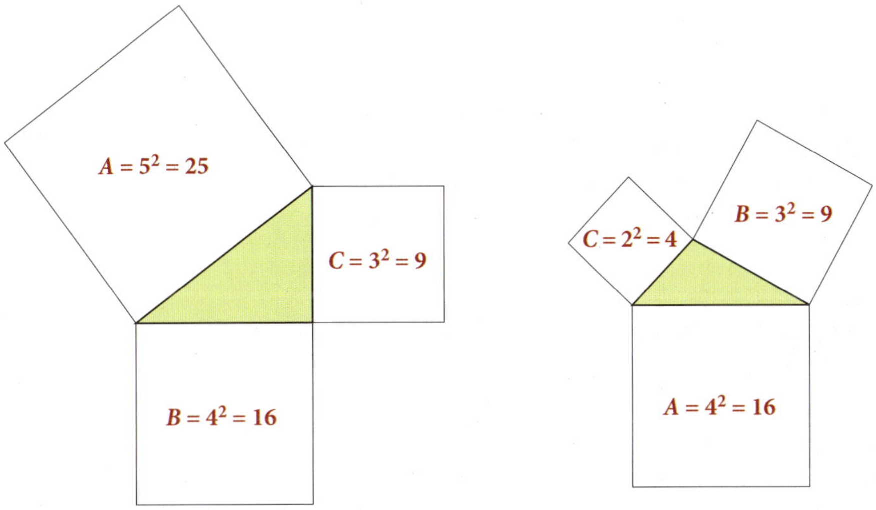

$3^2 + 4^2 = 5^2$ $\qquad$ $2^2 + 3^2 \neq 4^2$

Potresti quindi *congetturare* che la relazione

$$A = B + C$$

sia valida anche per un triangolo rettangolo qualunque.

Merito del matematico greco Pitagora fu quello di *dimostrare* che questo legame fra gli elementi di un triangolo rettangolo è sempre valido, qualunque sia il triangolo rettangolo.

La dimostrazione

Considera un triangolo rettangolo qualunque T.

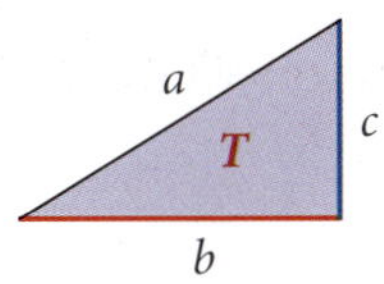

Considera due quadrati uguali tra loro, che abbiano la misura del lato uguale alla somma delle misure dei due cateti del triangolo T.

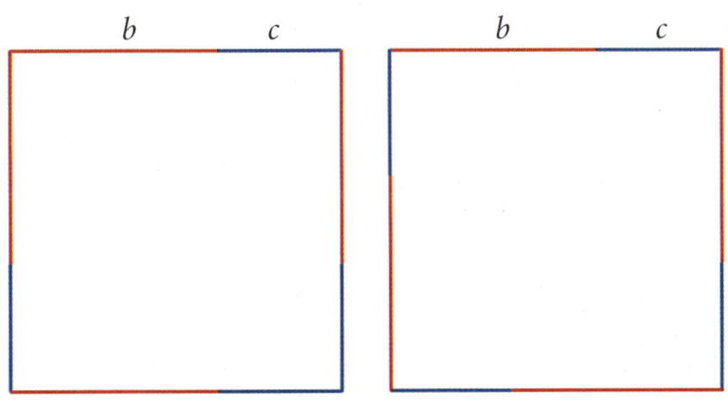

Sistema dentro ciascuno dei due quadrati quattro triangoli T.

Le aree rimaste bianche in ambedue le figure sono uguali, perché differenza di aree uguali.

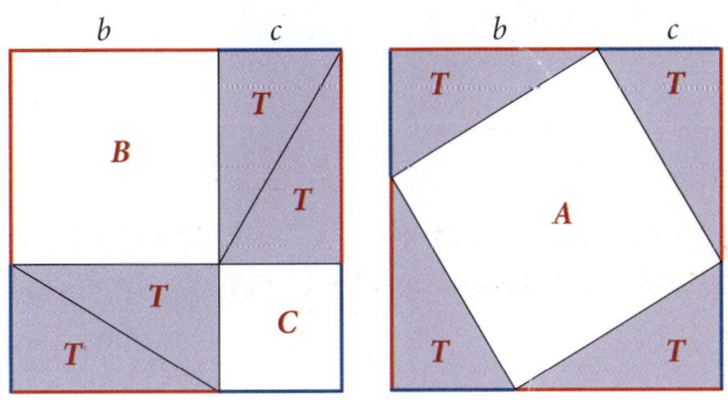

Esercizi a pag. 138

TEORIA

Sistema ora le aree bianche sui lati del triangolo di partenza.

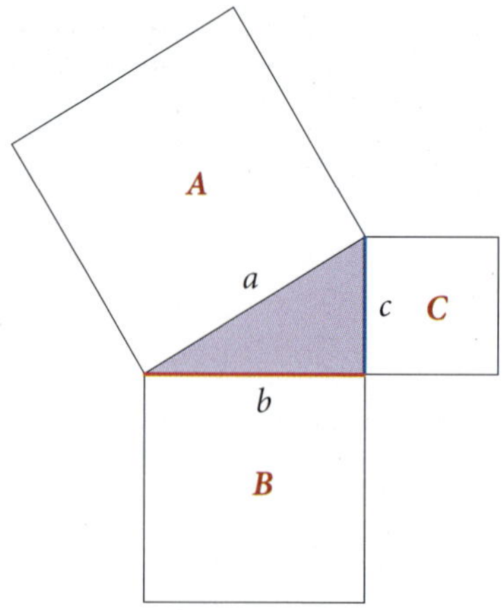

Trovi così la relazione cercata:

$A = B + C$

Teorema di Pitagora
Dato un triangolo rettangolo, il quadrato costruito sull'ipotenusa è equivalente alla somma dei quadrati costruiti sui cateti.

La relazione può anche essere scritta così:

$$a^2 = b^2 + c^2$$
$$a = \sqrt{b^2 + c^2}$$

o anche:

$$b^2 = a^2 - c^2$$
$$b = \sqrt{a^2 - c^2}$$

$$c^2 = a^2 - b^2$$
$$c = \sqrt{a^2 - b^2}$$

PER ESEMPIO

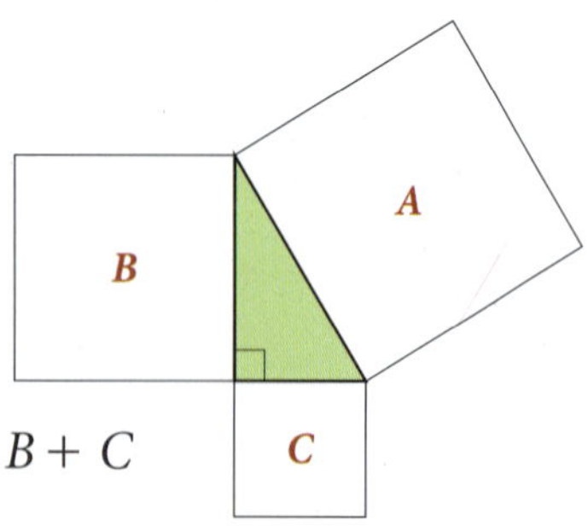

$A = B + C$

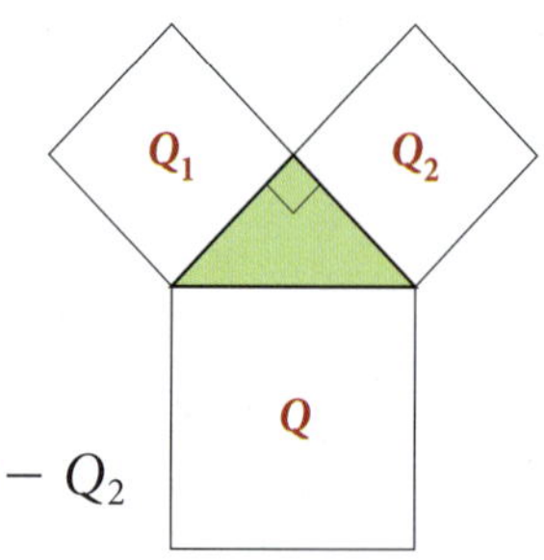

$Q_1 = Q - Q_2$

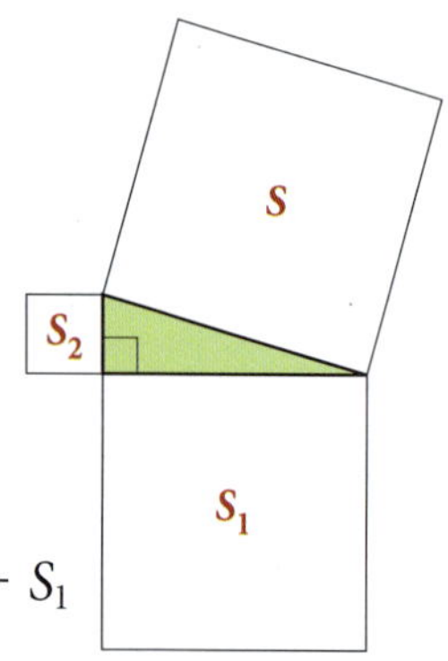

$S_2 = S - S_1$

METTITI ALLA PROVA

1 **Completa la tabella; *c* e *b* sono le lunghezze dei cateti e *a* è la lunghezza dell'ipotenusa.**

b	3 cm	12 cm	0,8 cm
c	4 cm		1,5 cm
a	5 cm	13 cm	
a^2	25 cm^2		
b^2	9 cm^2		
c^2	16 cm^2		

2 **Vero o falso?**

a) Il teorema di Pitagora si applica a qualsiasi tipo di triangolo. V F

b) In un triangolo rettangolo isoscele, il quadrato costruito sull'ipotenusa è il doppio del quadrato costruito su uno dei cateti. V F

c) In un triangolo rettangolo, il quadrato costruito su un cateto è equivalente alla differenza tra il quadrato costruito sull'ipotenusa e il quadrato costruito sul secondo cateto. V F

2 L'inverso del teorema di Pitagora

PRIMA DI COMINCIARE

> Quali di questi triangoli sono rettangoli?

> In quelli che riconosci come triangoli rettangoli, sei capace di indicare correttamente l'angolo retto?

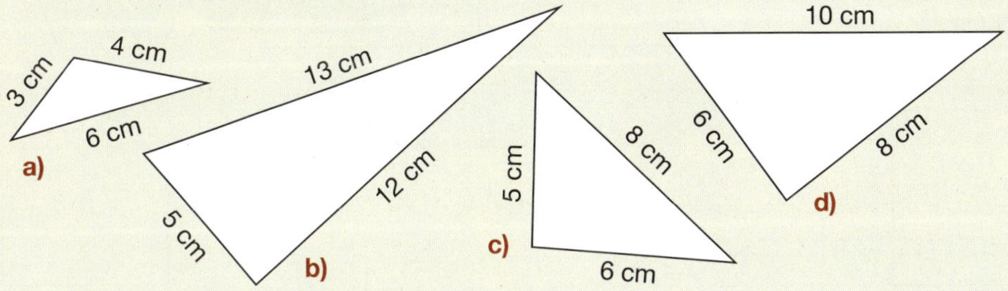

DA SAPERE

Vale anche l'inverso del teorema di Pitagora.

Se in un triangolo il quadrato costruito sul lato maggiore è equivalente alla somma dei quadrati costruiti sui due lati restanti, l'angolo opposto a tale lato è retto.

ANIMAZIONE IN DIGITALE
L'inverso del teorema di Pitagora

PER ESEMPIO

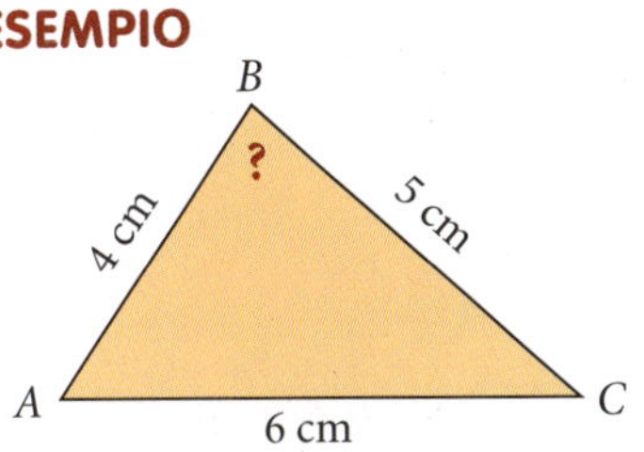

ABC non è un triangolo rettangolo perché: $4^2 + 5^2 \neq 6^2$.

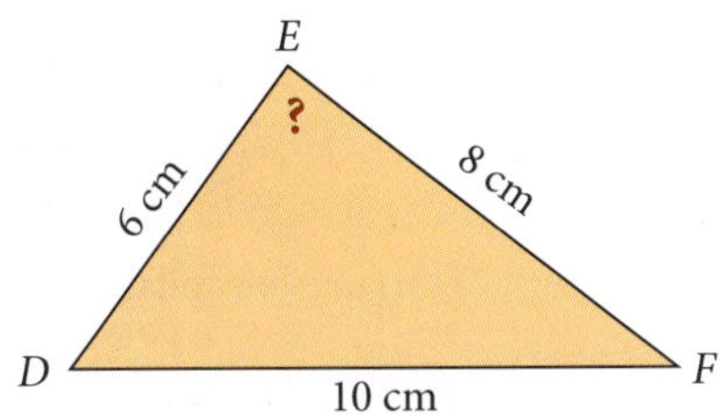

DEF è un triangolo rettangolo perché: $6^2 + 8^2 = 10^2$.

METTITI ALLA PROVA

1 Vero o falso?

Un triangolo è rettangolo se i suoi lati misurano rispettivamente

a) 3 cm, 4 cm, 5 cm V F
b) 5 cm, 12 cm, 13 cm V F
c) 15 cm, 8 cm, 16 cm V F
d) 15 cm, 8 cm, 17 cm V F
e) 15 cm, 29 cm, 30 cm V F
f) 16 cm, 30 cm, 34 cm V F

2 Vero o falso?

a) Se i lati hanno lunghezze tali da soddisfare la relazione $a^2 = b^2 + c^2$, allora l'angolo del triangolo compreso fra i due lati maggiori è retto. V F
b) Se in un triangolo si ha fra i lati la relazione $a^2 \neq b^2 + c^2$, allora il triangolo è ottusangolo. V F
c) Un triangolo che ha i lati lunghi 5 cm, 12 cm e 13 cm non è un triangolo rettangolo. V F

Esercizi a pag. 140

TEORIA

3 Applicazioni del teorema di Pitagora

PRIMA DI COMINCIARE Separa con segmenti le figure che seguono in modo da suddividerle nel minimo numero di triangoli rettangoli, poi colora i triangoli con colori diversi.

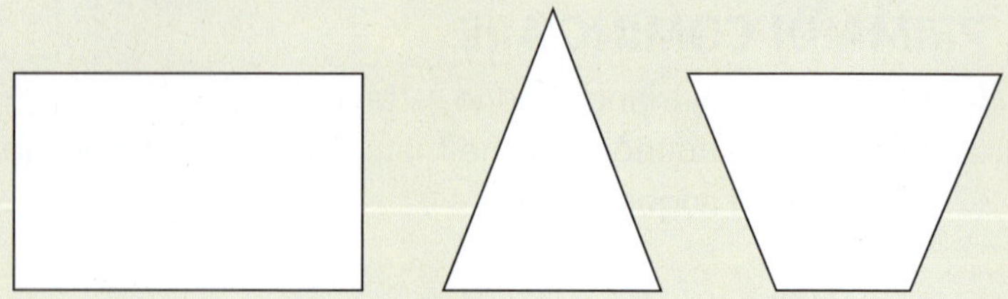

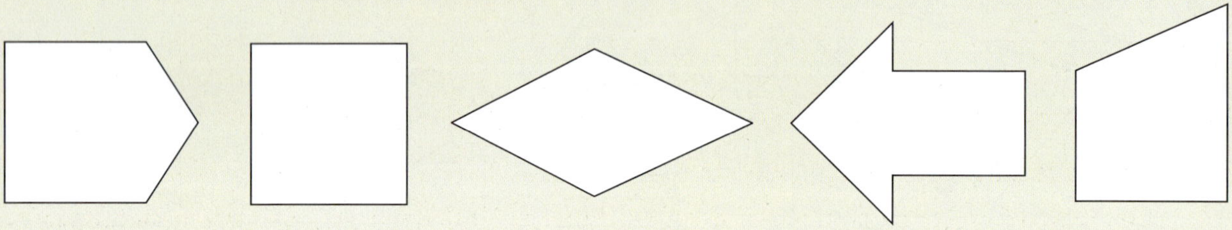

DA SAPERE

Puoi scomporre molte figure geometriche in modo tale da individuare un triangolo rettangolo. Quando lo trovi puoi applicare a esso il teorema di Pitagora.

Osserva.

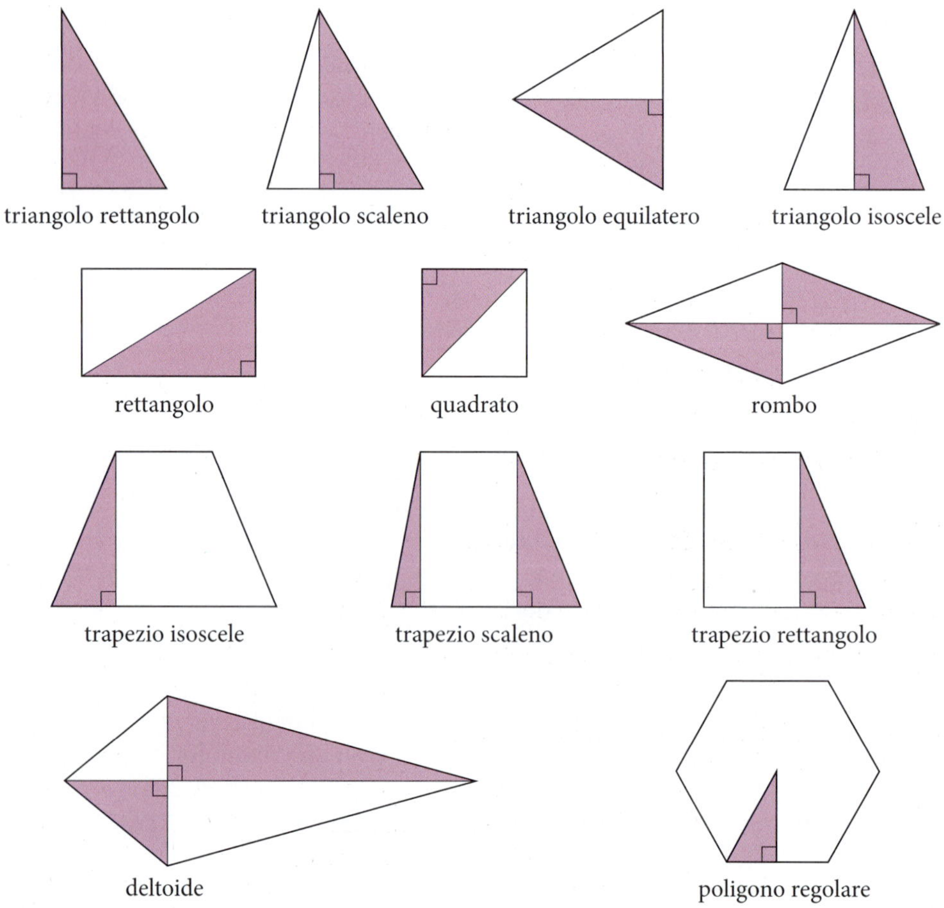

ANIMAZIONE IN DIGITALE
Applicazioni del teorema di Pitagora

PER ESEMPIO

$\overline{DB} = \sqrt{3^2 + 4^2} = \sqrt{9 + 16} = \sqrt{25} = 5$ cm

$\overline{EF} = \sqrt{12^2 + 5^2} = \sqrt{144 + 25} = \sqrt{169} = 13$ cm

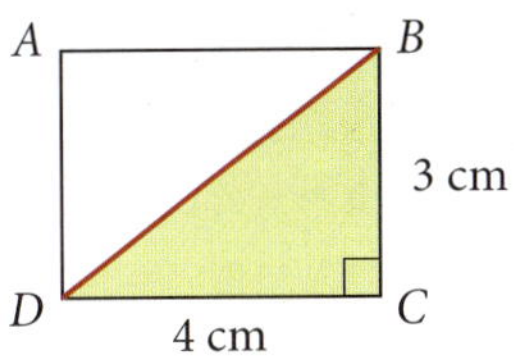

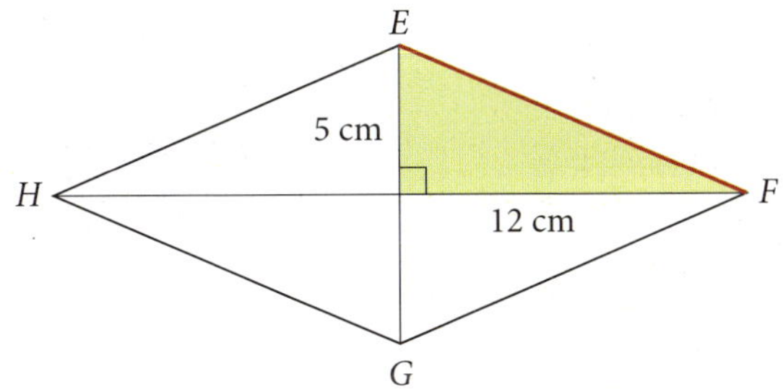

METTITI ALLA PROVA

1 **Calcola la lunghezza del segmento in rosso.**

Colora un triangolo rettangolo in ciascuno dei seguenti poligoni e applica il teorema di Pitagora per determinare la lunghezza del segmento colorato in rosso.

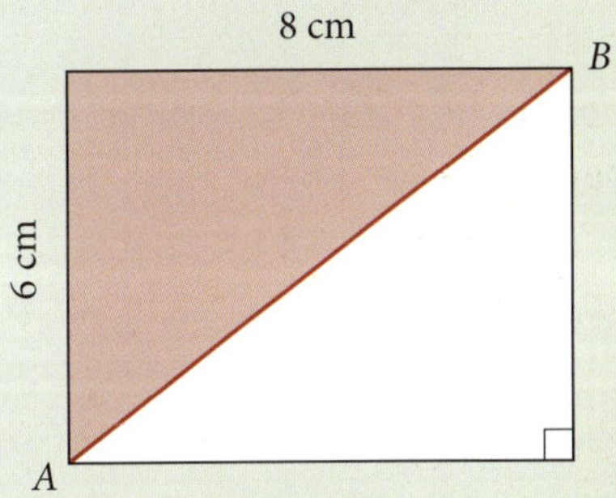

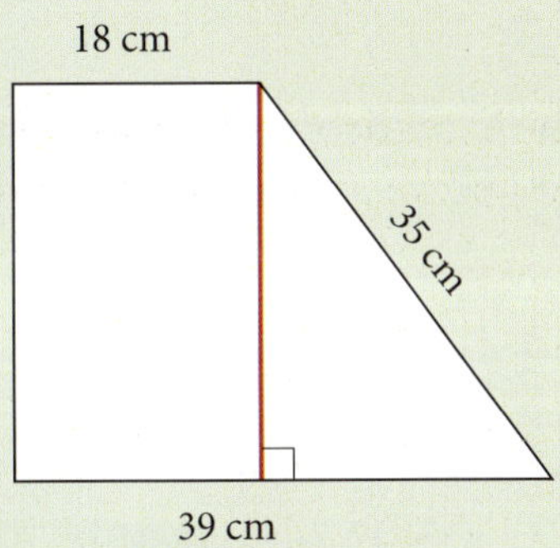

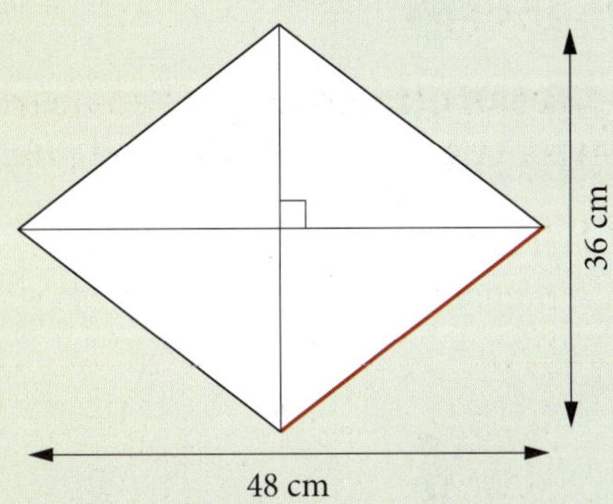

$\overline{AB} = \sqrt{6^2 + 8^2} =$ ....

$= \sqrt{100} = 10$ cm ....

....

2 **Vero o falso?**

a) La lunghezza dell'ipotenusa è uguale alla somma dei quadrati delle lunghezze dei cateti. V F

b) Due triangoli rettangoli sono congruenti quando hanno congruenti i due cateti. V F

c) Un triangolo equilatero viene diviso da una delle altezze in due triangoli rettangoli congruenti che hanno l'ipotenusa doppia di uno dei cateti. V F

d) Un rombo è diviso dalle diagonali in quattro triangoli rettangoli. V F

e) Un triangolo isoscele è diviso dall'altezza relativa alla base in due triangoli isosceli. V F

f) Un trapezio rettangolo si può scomporre in tre triangoli rettangoli. V F

Esercizi a pag. 142

TEORIA

4 Il teorema di Pitagora e il quadrato

PRIMA DI COMINCIARE

Hai questi quadrati, di cui conosci il lato.

> Calcola di ciascuno la lunghezza della diagonale.

Nelle prossime righe ti proporremo una scorciatoia; una volta capito il ragionamento, lo utilizzerai per trovare all'istante e senza fatica la diagonale se è dato il lato, o il lato se è data la diagonale.

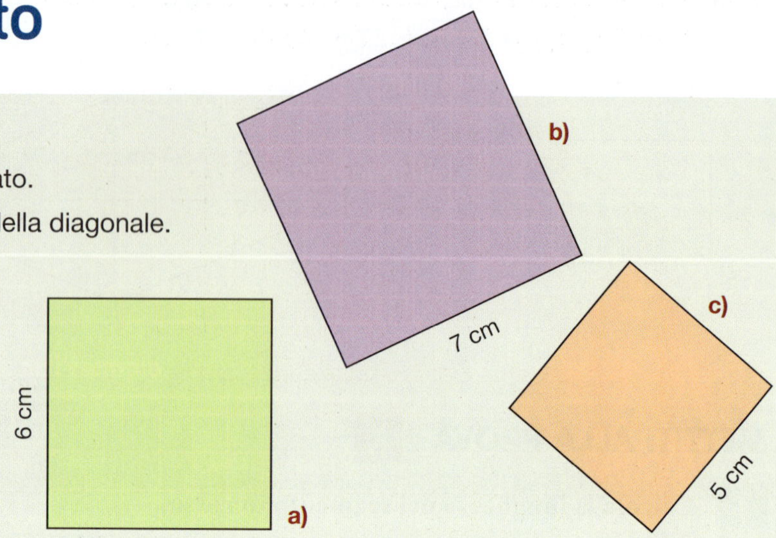

DA SAPERE

La congettura

Osserva che:

- se il lato è lungo 1,
  la *diagonale* è lunga $\sqrt{1^2+1^2}=\sqrt{1+1}=\sqrt{2}$;

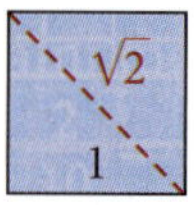

- se il lato è lungo 2,
  la *diagonale* è lunga 2 volte $\sqrt{2}=2\sqrt{2}$;

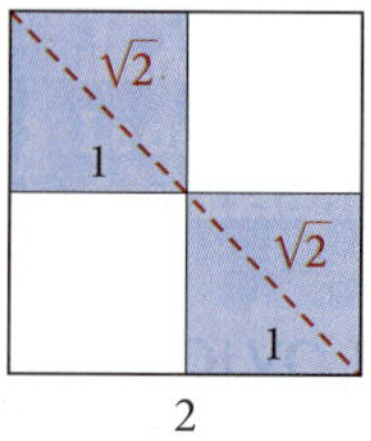

- se il lato è lungo 3,
  la *diagonale* è lunga 3 volte $\sqrt{2}=3\sqrt{2}$.

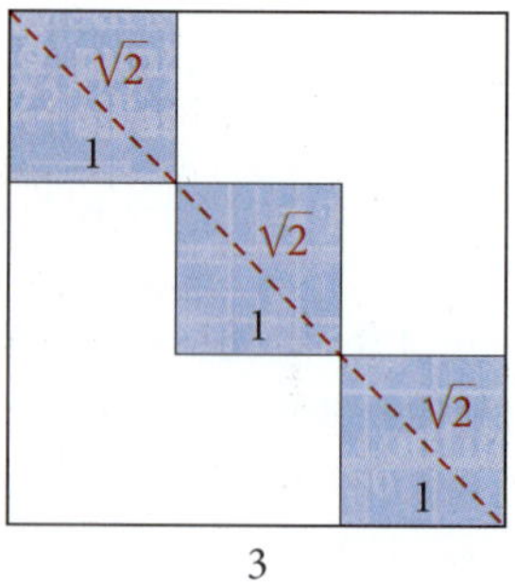

Puoi fare la seguente congettura (indica con d la diagonale e con l il lato):

«Data la misura del lato di un quadrato, la misura della diagonale è espressa da $d=l\sqrt{2}$».

I tre esempi visivi precedenti non sono sufficienti per affermare la validità di questa relazione. Occorre una dimostrazione.

ANIMAZIONE IN DIGITALE
Il teorema di Pitagora e il quadrato

La dimostrazione

Se applichi il teorema di Pitagora al quadrato in figura, ottieni:

$$d = \sqrt{l^2 + l^2} = \sqrt{l^2 \cdot 2} = \sqrt{l^2} \cdot \sqrt{2} = l\sqrt{2}$$

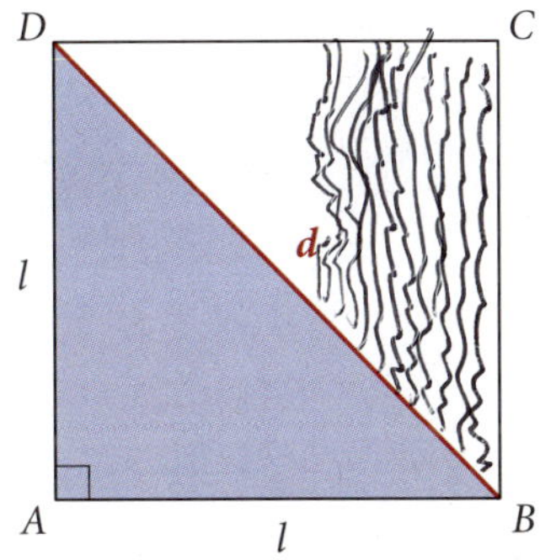

> In un quadrato, la lunghezza della diagonale si ottiene moltiplicando la lunghezza del lato per la radice quadrata di 2.

Inversamente, se di un quadrato conosci la lunghezza della diagonale, per definire il lato dovrai operare nel modo seguente:

$$l = \frac{d}{\sqrt{2}}$$

PER ESEMPIO

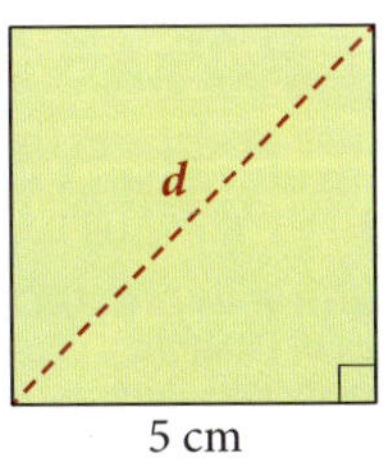

$$d = 5 \cdot \sqrt{2} \cong 5 \cdot 1{,}41 \text{ cm} = 7{,}05 \text{ cm}$$

METTITI ALLA PROVA

1 **Compila la tabella relativa a un insieme di quadrati.**

lato	3 cm	7 dm	11 cm
diagonale	$3\sqrt{2}$ cm	$7\sqrt{2}$ dm	$11\sqrt{2}$ cm
perimetro	12 cm	28 dm	44 cm
area	9 cm²	49 dm²	121 cm²

2 **Vero o falso?**

a) Un quadrato è diviso dalla diagonale in due triangoli equilateri. V **F**

b) La diagonale del quadrato si ottiene moltiplicando il lato per un numero razionale. V **F**

c) In un triangolo rettangolo isoscele la lunghezza dell'ipotenusa si ottiene moltiplicando la lunghezza del cateto per $\sqrt{2}$. **V** F

c × √2

Esercizi a pag. 157

TEORIA

5 Il teorema di Pitagora e il triangolo equilatero

PRIMA DI COMINCIARE

Hai questi triangoli equilateri, di cui conosci il lato.

> Calcola di ciascuno l'altezza.

Nelle prossime righe ti proporremo una scorciatoia; una volta capito il ragionamento, lo utilizzerai per trovare all'istante e senza fatica l'altezza se è dato il lato, o il lato se è data l'altezza.

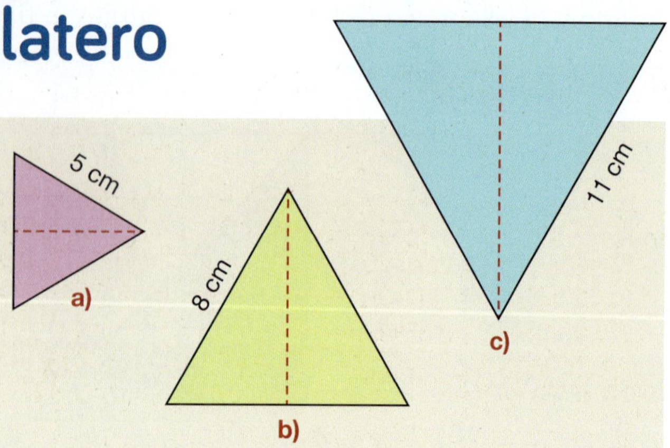

DA SAPERE

Puoi osservare che l'altezza h di un triangolo equilatero è anche il cateto maggiore di un triangolo rettangolo che ha come ipotenusa il lato del triangolo equilatero e come cateto minore la metà del lato del triangolo equilatero.

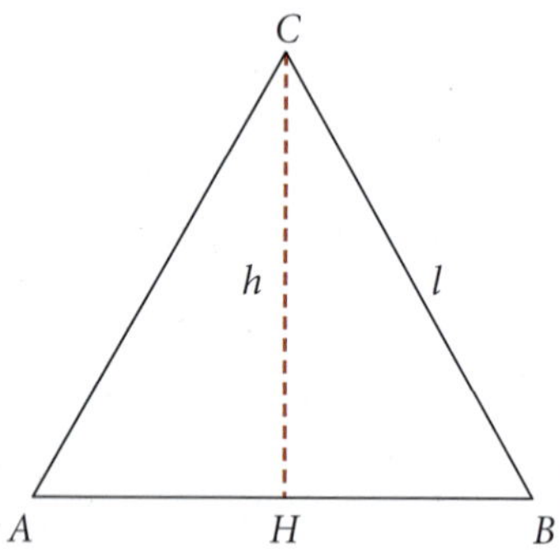

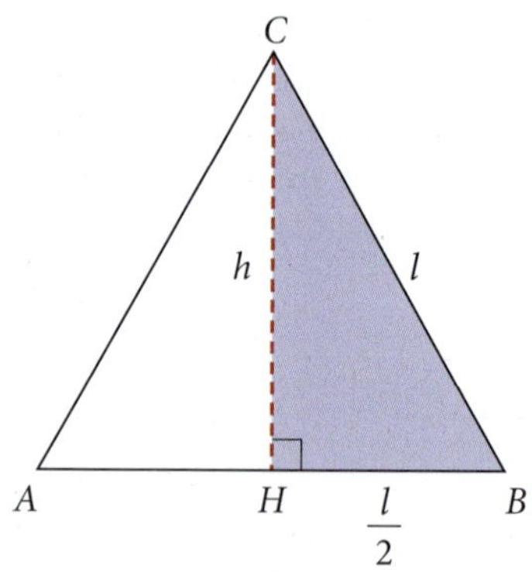

ANIMAZIONE IN DIGITALE
Il teorema di Pitagora e il triangolo equilatero

Puoi dimostrare che è valida la relazione

$$h = \frac{l}{2}\sqrt{3}$$

• La dimostrazione

Per il teorema di Pitagora

$$h = \sqrt{l^2 - \left(\frac{l}{2}\right)^2}$$

- Calcola il secondo quadrato sotto radice:

$$= \sqrt{l^2 - \frac{l^2}{4}}$$

- Riduci allo stesso denominatore:

$$= \sqrt{\frac{4 \cdot l^2 - l^2}{4}}$$

- Esegui la sottrazione a numeratore:

$$= \sqrt{\frac{3 \cdot l^2}{4}}$$

- Applica le proprietà dell'estrazione di radice:

$$= \frac{\sqrt{3} \cdot \sqrt{l^2}}{\sqrt{4}}$$

la radice di un prodotto è uguale al prodotto delle radici dei fattori

- l^2 e 4 sono i quadrati di l e di 2:

$$= \frac{l}{2}\sqrt{3}$$

la radice di un quoziente è uguale al quoziente delle radici di dividendo e divisore!

In definitiva, nei triangoli equilateri avrai:

$$h = \frac{l}{2}\sqrt{3}$$

In un triangolo equilatero l'*altezza* si ottiene moltiplicando la metà del lato per la radice quadrata di 3.

Inversamente, se di un triangolo equilatero conosci l'altezza, per trovare la lunghezza del suo lato dovrai operare come segue:

$$l = \frac{2h}{\sqrt{3}}$$

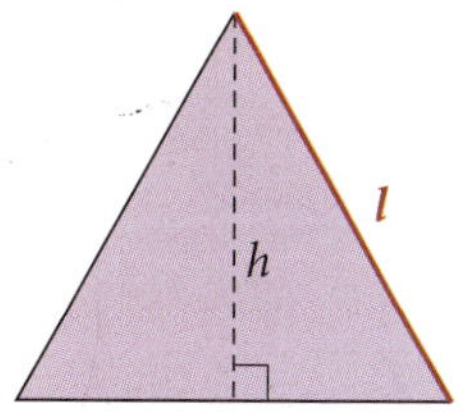

PER ESEMPIO

$$h = \frac{4}{2}\sqrt{3} \cong 2 \cdot 1{,}73 = 3{,}46 \text{ cm}$$

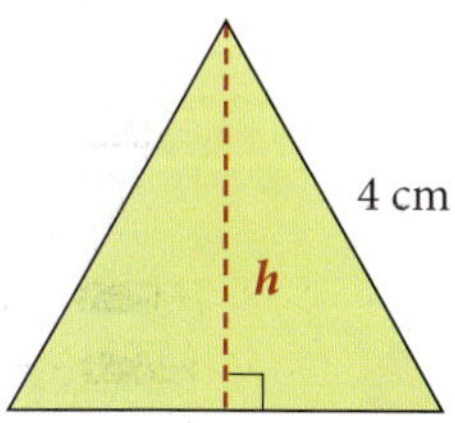

$$l = \frac{2 \cdot 5}{\sqrt{3}} = \frac{10}{\sqrt{3}} \cong$$

$$\cong \frac{10}{1{,}73} = 5{,}78 \text{ cm}$$

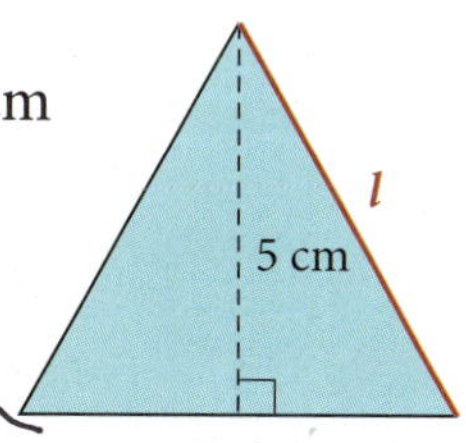

METTITI ALLA PROVA

1 **Completa la tabella relativa a un insieme di triangoli equilateri.**

lato	8 cm	5	3,5 cm	
altezza	$4\sqrt{3}$ cm			6 cm
perimetro	24 cm	15 cm	10,5	

2 **Vero o falso?**

a) Un triangolo equilatero è diviso dall'altezza in due triangoli isosceli. V F

b) L'altezza del triangolo equilatero si ottiene moltiplicando la metà del lato per un numero razionale. V F

c) Il lato del triangolo equilatero si ottiene dividendo il doppio dell'altezza per un numero irrazionale. V F

d) In un triangolo equilatero la cui altezza è 8 cm, il lato è $\frac{16}{\sqrt{3}}$ cm. V F

Esercizi a pag. 160

TEORIA

6 Il teorema di Pitagora applicato ai triangoli con angoli di 45°, 30°, 60°

PRIMA DI COMINCIARE

Ora ti facciamo una domanda: il teorema di Pitagora è valido anche se sui tre lati di un qualsiasi triangolo rettangolo sono costruiti dei poligoni regolari (oppure dei triangoli rettangoli isosceli), o vale solo per il quadrato? (Abbiamo costruito dei triangoli equilateri.)

> Riesci a calcolare le altezze dei triangoli equilateri e poi le loro aree?
> È verificato il teorema di Pitagora? (Per far presto, usa la formula con la $\sqrt{3}$).

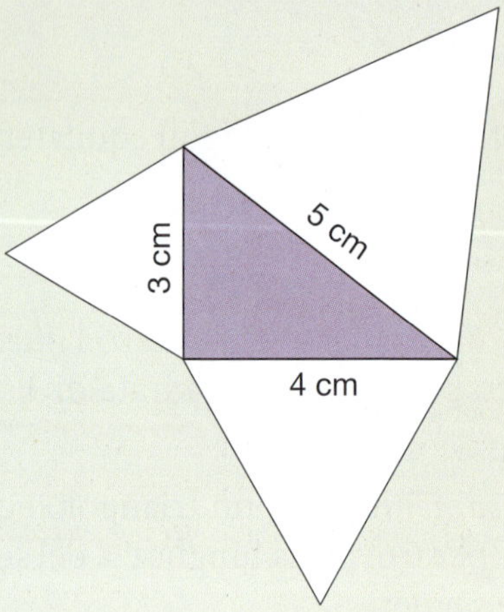

DA SAPERE

Se un triangolo rettangolo ha un angolo di 45° allora è anche isoscele; esso è inoltre la metà di un quadrato il cui lato è congruente ai cateti.

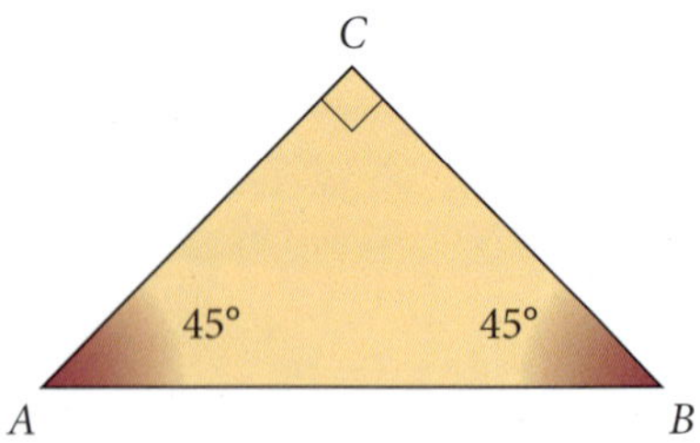

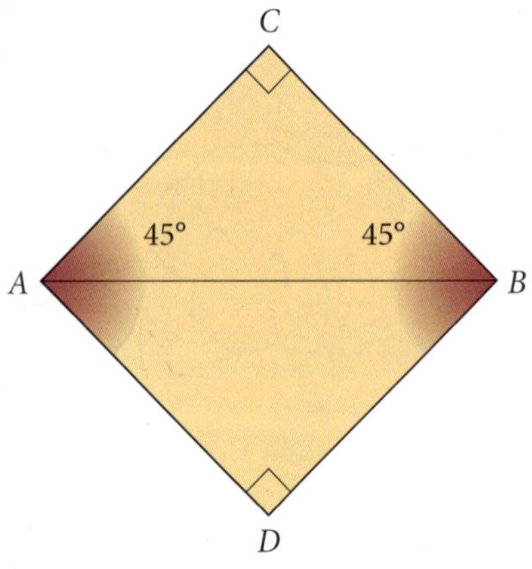

Avrai allora che $\overline{AB} = \overline{BC}\sqrt{2}$.

In un *triangolo rettangolo isoscele* l'**ipotenusa** si ottiene moltiplicando uno dei due cateti per la radice quadrata di 2.

ANIMAZIONE IN DIGITALE
Il teorema di Pitagora applicato ai triangoli con angoli di 45°, 30°, 60°

PER ESEMPIO

$$\overline{AB} = 7\sqrt{2} \cong 7 \cdot 1{,}41 = 9{,}87 \text{ cm}$$

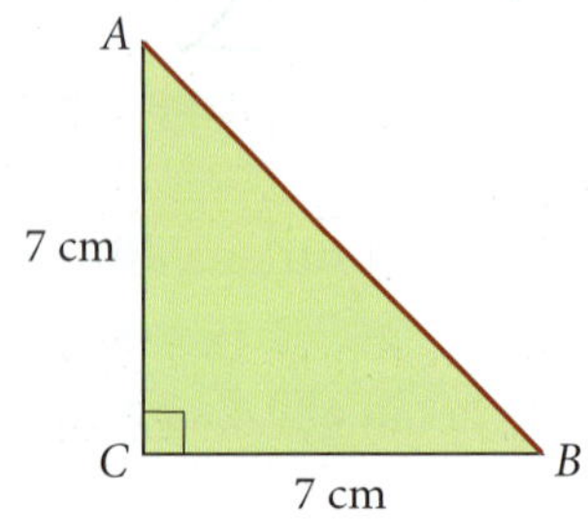

Consideriamo ora un triangolo rettangolo con gli angoli acuti di 30° e 60°.

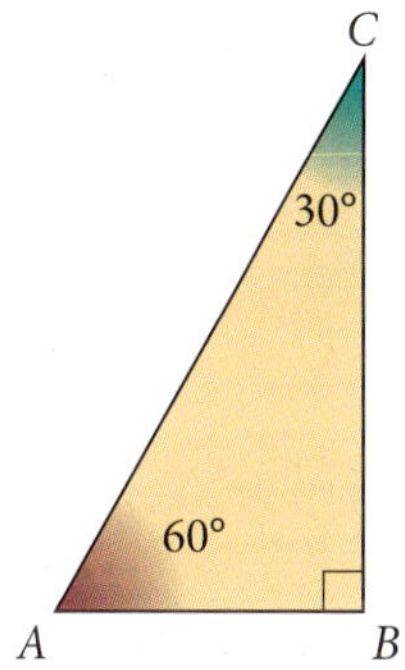

Un triangolo con queste caratteristiche è la metà di un triangolo equilatero.

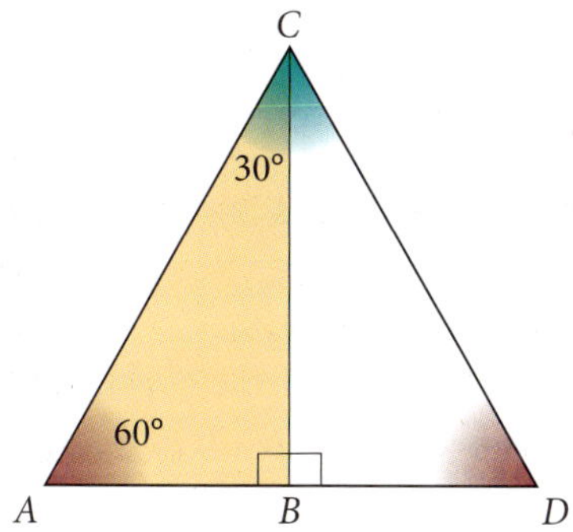

In particolare avremo:

$$\overline{AB} = \overline{CA} : 2 \qquad \overline{BC} = \frac{\overline{CA}}{2}\sqrt{3} = \overline{AB}\sqrt{3}$$

In un triangolo rettangolo con gli angoli acuti di 30° e 60°, il cateto minore è la metà dell'ipotenusa, e il cateto maggiore si ottiene dal cateto minore moltiplicandolo per la radice quadrata di 3.

PER ESEMPIO

$$\overline{TI} = \frac{18}{2} = 9 \text{ cm}$$

$$\overline{RI} = 9\sqrt{3} \cong 9 \cdot 1{,}73 = 15{,}39 \text{ cm}$$

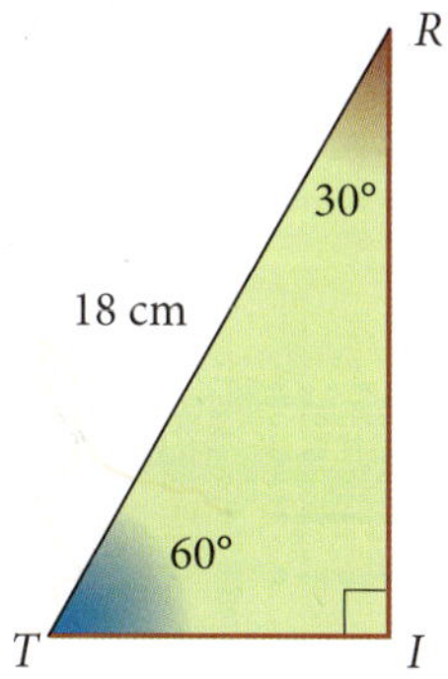

METTITI ALLA PROVA

1 **Completa la tabella, relativa a un insieme di triangoli rettangoli con angoli di 30° e 60°.**

ipotenusa	30 cm	28 cm		
cateto minore	15 cm			9 cm
cateto maggiore	$15\sqrt{3}$ cm		$12\sqrt{3}$ dm	

2 **Vero o falso?**

a) Un triangolo rettangolo con un angolo di 45° è la metà di un quadrato. V F

b) Un triangolo rettangolo con un angolo di 30° è la terza parte di un triangolo equilatero. V F

c) Un triangolo isoscele con un angolo di 120° equivale a un triangolo equilatero che ha per lato la metà del lato opposto all'angolo ottuso. V F

Esercizi a pag. 161

ESERCIZI CAPITOLO 3

1 Dimostriamo il teorema di Pitagora

MI ALLENO

1 ●○○ **NEL QUADERNO DELLE REGOLE** Copia il teorema di Pitagora e disegna un triangolo rettangolo, dai un nome ai suoi lati e scrivi le tre formule che li esprimono mediante il teorema di Pitagora.

Gli esercizi di questo capitolo si possono risolvere con la calcolatrice, arrotondando al centesimo se necessario.

Disegna la figura e rispondi alla domanda.

2 **ESERCIZIO GUIDATO**

Il triangolo rettangolo *ABC* è disegnato su carta quadrettata e su ciascun lato è disegnato un quadrato.

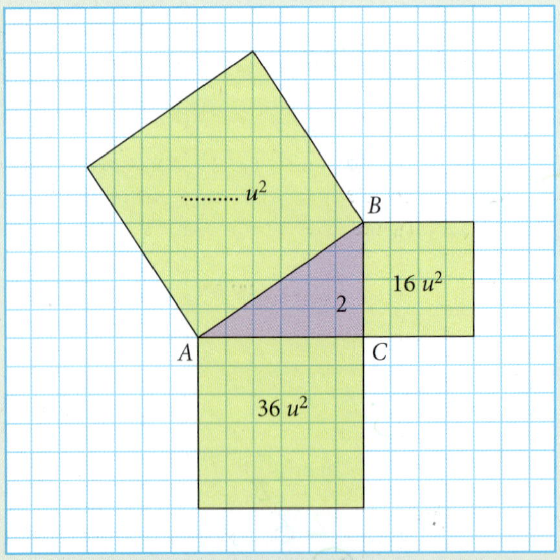

La quadrettatura consente di misurare direttamente i lati dei quadrati disegnati sui due cateti e di ricavare perciò le loro aree esprimendole in unità u^2.
Tali aree valgono rispettivamente 16 u^2 e 36 u^2.
L'area del quadrato disegnato sull'ipotenusa dovremo invece calcolarla usando il teorema di Pitagora.

$\overline{AB}^2 = \overline{AC}^2 + \overline{BC}^2 = ...\ u^2 + ...\ u^2 = ...\ u^2$

3 ●○○ Disegna un triangolo rettangolo con i cateti rispettivamente di 5 u e 9 u (u è il lato di un quadretto).
> Calcola l'area del quadrato costruito sull'ipotenusa.

4 ●○○ Disegna un triangolo rettangolo isoscele con i cateti di 8 u (u è il lato di un quadretto).
> Calcola l'area del quadrato costruito sull'ipotenusa. [128 u^2]

5 ●○○ Disegna un triangolo rettangolo con l'ipotenusa di 20 cm e un cateto di 12 cm.
> Calcola l'area del quadrato costruito sul cateto che non conosci. [256 cm^2]

6 ●○○ In un triangolo rettangolo un cateto misura 15 cm, mentre l'ipotenusa è di 25 cm.
> Calcola l'area del quadrato costruito sul cateto che non conosci.

7 ●○○ Scrivi i valori mancanti nelle seguenti figure.

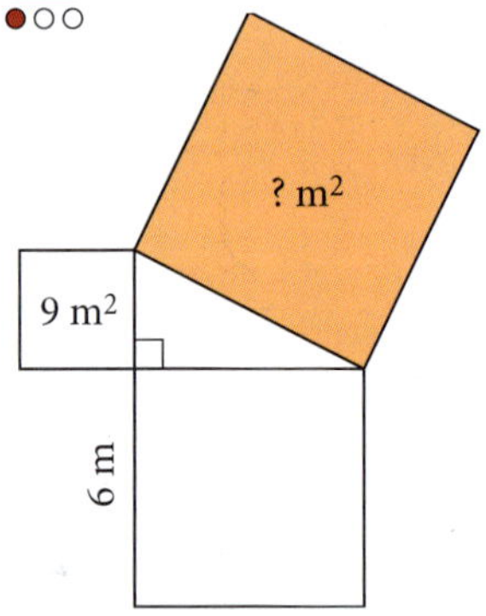

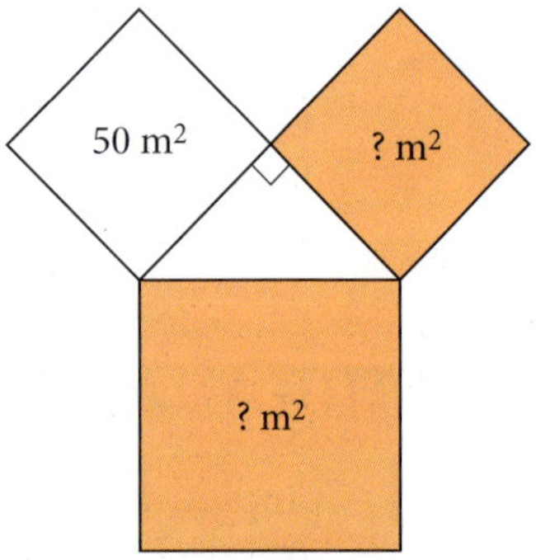

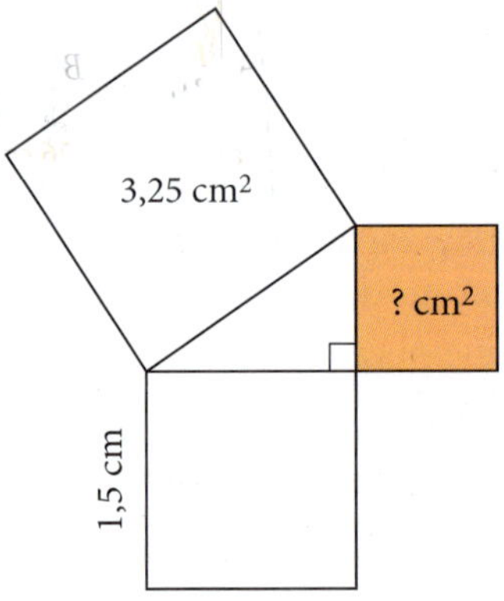

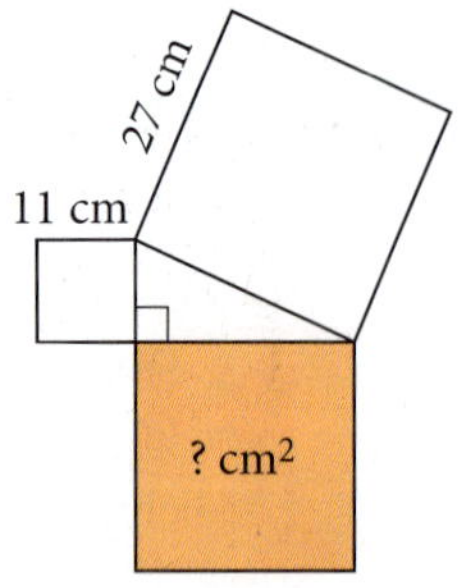

8 ●○○ Completa la tabella relativa a un insieme di triangoli rettangoli; abbiamo chiamato b la lunghezza di un cateto, c la lunghezza del secondo cateto, a la lunghezza dell'ipotenusa.

b	18 cm		1,3 m	0,5 dm	15 dm		6,9 cm
c	12 cm	11 cm		1,7 dm		13 cm	9,2 cm
b^2	324 cm^2	64 cm^2				2,25 dm^2	
c^2	144 cm^2		100 dm^2		4 m^2		
a^2	468 cm^2						

9 **EUREKA!** Disegna sul quaderno un triangolo rettangolo con i cateti di 3 cm e 4 cm.

> Quanto misura la sua ipotenusa?

> Se raddoppi le lunghezze dei cateti, è ancora valido il teorema di Pitagora? E se le triplichi?

RISOLVO PROBLEMI

10 ●○○ **CON UN DISEGNO**

a) Quanto era alto l'albero abbattuto? [16,6 m]

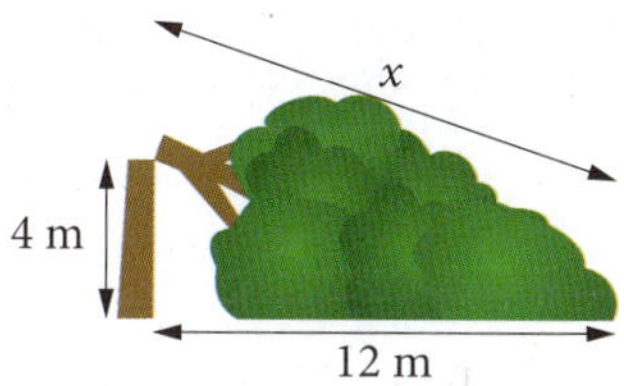

b) Qual è l'altitudine dell'aeroplano?

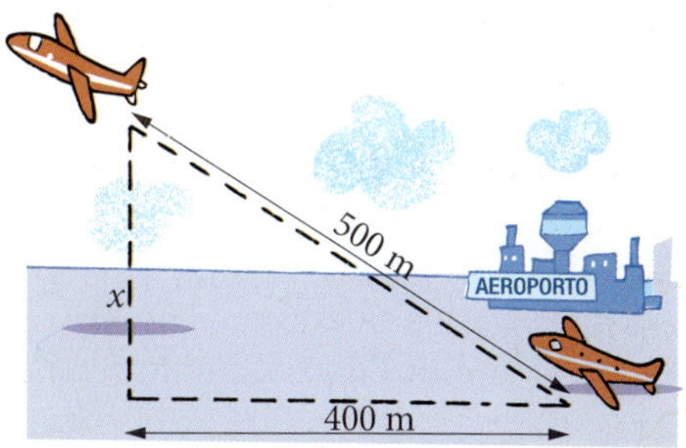

11 ●○○ Osserva le figure e calcola il dato mancante.

a)

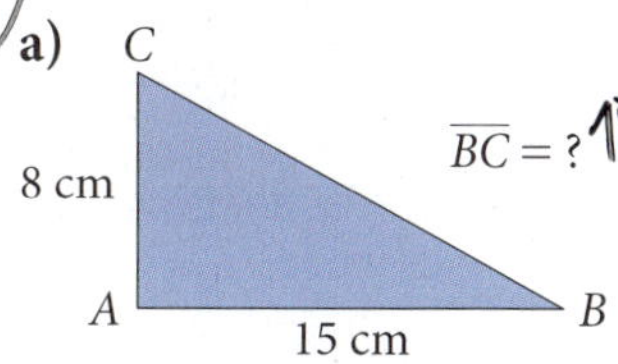

b)

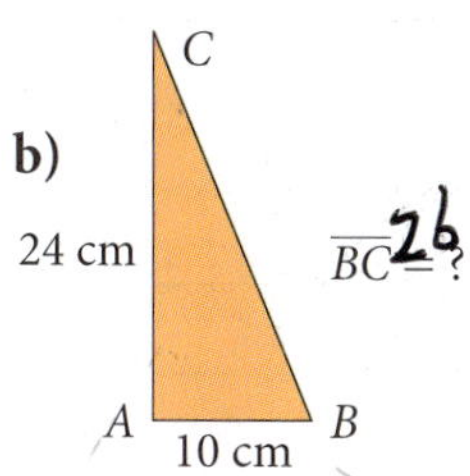

[a) 17 cm; b) 26 cm]

12 ●○○ Osserva le figure e calcola il dato mancante.

a)

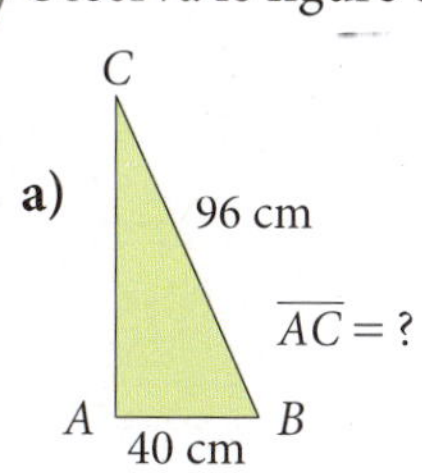

b)

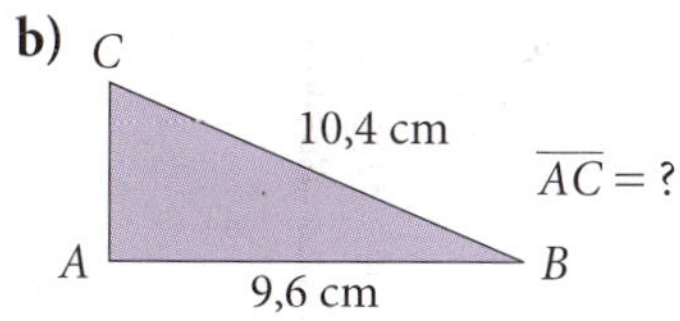

13 ●○○ In un triangolo rettangolo un cateto misura 13 dm e l'altro misura 15 dm.

> Calcola l'area del quadrato costruito sull'ipotenusa. [394 dm^2]

14 ●○○ In un triangolo rettangolo un cateto misura 5 cm e l'altro misura 12 cm.

> Calcola la misura dell'ipotenusa.

15 ●○○ **CON UN DISEGNO**

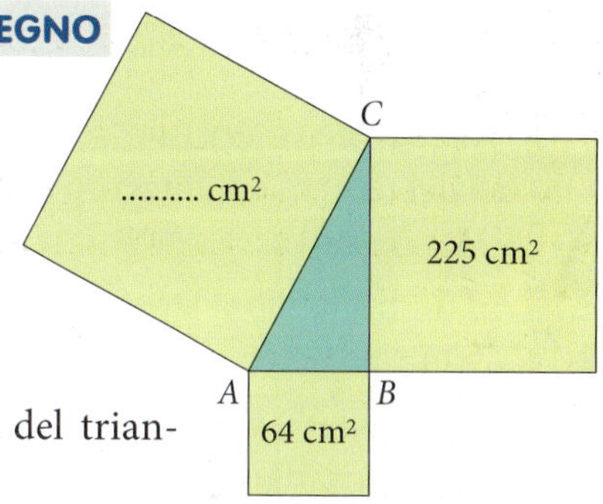

> Calcola l'area del triangolo ABC.

16 **INVALSI 2015** Gabriele ha comperato un nuovo frigorifero. Per portarlo in cucina usa un carrello, come rappresentato nella figura.

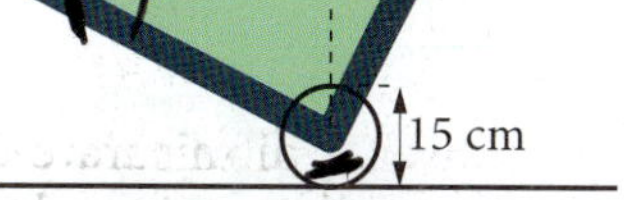

Quale espressione ti permette di calcolare la massima distanza dal suolo del punto B quando il frigorifero è trasportato sul carrello?

A. ☒ $\sqrt{180^2 + 90^2} + 7,5$

B. ☐ $\sqrt{180^2 - 90^2} + 7,5$

C. ☐ $\sqrt{180 + 90} + 7,5$

D. ☐ $\sqrt{180^2} + \sqrt{90^2} + 7,5$

17 ●●○ In un triangolo rettangolo i cateti sono uno i $\frac{2}{3}$ dell'altro e la loro somma è 30 cm.

> Quanto misurano i cateti?
> Calcola l'area del quadrato costruito sull'ipotenusa. [12 cm; 18 cm; 468 cm²]

18 ●●○ **CHI HA RAGIONE?** Il teorema di Pitagora vale per triangoli con due angoli complementari?
Susanna: «No, non è possibile!».
Anna: «Sì, certo, è un triangolo rettangolo!».
Rosa: «No, perché con due angoli complementari il triangolo non può essere rettangolo».

> Chi ha ragione?

19 **INTORNO A NOI** La catena di Otto (nella realtà Otto sta in giardino libero, felice e contento) è lunga 18 m.

> Riuscirà Otto a vedere il gatto che si è introdotto in giardino? Le misure sono in metri.

2 L'inverso del teorema di Pitagora

MI ALLENO

20 ●○○ **NEL QUADERNO DELLE REGOLE** Copia l'inverso del teorema di Pitagora e scrivi le formule.

21 ●○○ In un triangolo il lato AB misura 10 m, il lato BC 26 m e il lato AC 24 m.

> Il triangolo è rettangolo?
> Se il triangolo è rettangolo, qual è il vertice dell'angolo retto?

22 ●○○ In un triangolo il lato AB misura 55 m, il lato BC 33 m e il lato AC 44 m.

> Il triangolo è rettangolo?
> Se il triangolo è rettangolo, qual è il vertice dell'angolo retto?

23 ●●○ Di un triangolo conosci i seguenti dati:
$\overline{AB} = 15$ cm, $\overline{BC} = 39$ cm, $\overline{AC} = 36$ cm.

a) Il triangolo è rettangolo perché le lunghezze dei lati soddisfano la relazione pitagorica $a^2 = b^2 + c^2$. V F
b) Non si può sapere fra quali lati stia l'angolo retto. V F
c) L'angolo retto nel triangolo rettangolo ha come lati i due cateti. V F
d) L'angolo retto ha come vertice il punto A perché è l'estremo che hanno in comune i due lati minori. V F

24 ●●○ Completa la tabella determinando quali dei triangoli, di cui ti diamo le lunghezze dei lati, sono rettangoli.

a	15 m	72 cm	28 cm	21 m	17 cm	11 m	145 km
b	9 m	24 cm	35 cm	20 m	18 cm	61 m	144 km
c	12 m	48 cm	21 cm	29 m	19 cm	60 m	18 km
è rettangolo?	sì						

Nella prima colonna: $15^2 = 12^2 + 9^2$; $225 = 144 + 81$; il triangolo è rettangolo.

25 **EUREKA!** Il papà di Matteo vuole fare la gettata di cemento che sarà la base per il nuovo garage prefabbricato. Per dare forma rettangolare al cemento, dovrà disporre alcune assi a forma di rettangolo.
Le dimensioni del garage devono essere 3 m e 6 m.

> Come può Matteo suggerire un modo per controllare se l'angolo è retto?
> Se ottiene, dopo i suoi calcoli, una diagonale lunga 6 m, deve aumentare o diminuire l'ampiezza dell'angolo fra i due lati?

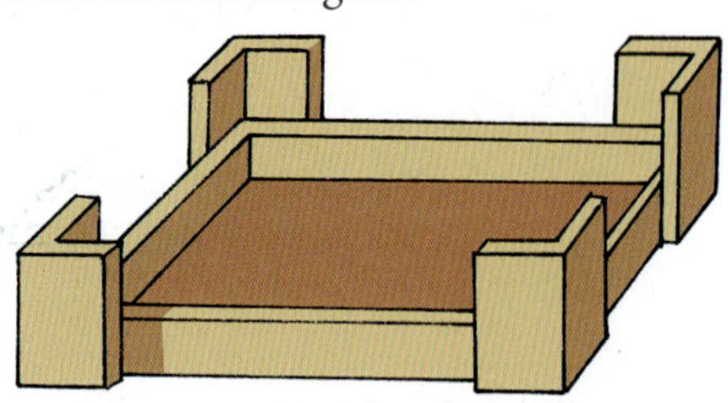

ESERCIZI

RISOLVO PROBLEMI

26 ●●○ I geometri del faraone hanno attaccato a un piolo due corde lunghe 80 m. I geometri vogliono che l'angolo che ha il vertice sul piolo e le corde come lati sia retto.

> Quale deve essere la distanza fra gli estremi delle corde? [113,14 m]

27 ●●○ In un triangolo il lato AB è lungo 36 cm. Il lato BC è $\frac{4}{3}$ di AB e il perimetro misura 144 cm.

> Puoi dire se il triangolo è rettangolo? Perché?
> Se il triangolo è rettangolo calcola la misura dei cateti e la sua area.

28 ●●○ In un triangolo isoscele, il cui perimetro è lungo 143 cm, il lato obliquo è $\frac{3}{5}$ della base.

> Si tratta di un triangolo rettangolo? Perché?

29 ●●○ La torre pendente più famosa d'Italia è la torre di Pisa, costruita fra il 1173 e il 1275.

> Dopo avere osservato il disegno determina la sua altezza originaria.

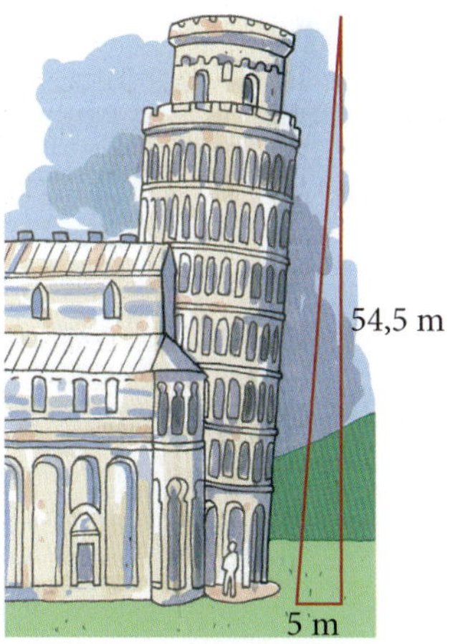

30 ●●○ Disegna, usando il compasso, i seguenti triangoli di lati a, b, c:

a) $a = 4$ cm	$b = 5$ cm	$c = 6$ cm
b) $a = 4$ cm	$b = 4$ cm	$c = 4$ cm
c) $a = 3$ cm	$b = 4$ cm	$c = 5$ cm
d) $a = 2$ cm	$b = 4$ cm	$c = 5$ cm
e) $a = 6$ cm	$b = 4{,}5$ cm	$c = 7{,}5$ cm

> Quali di questi triangoli sono rettangoli?

31 ●●○ **MATHS** Jane's father is making a *brick* base for the garden *shed*. The *outside edges* have to be 3,5 m and 2,5 m long.

> How can he *check* that the *base* is rectangular?

GLOSSARY

brick = mattone	edge = spigolo
shed = tettoia	to check = verificare
outside = esterno	base = base

32 ●●○ Considera il parallelogramma $ABCD$: secondo te, può essere $\overline{AB}^2 + \overline{BC}^2 = \overline{AC}^2$?

Perché? Verifica la tua risposta effettuando le opportune misure.

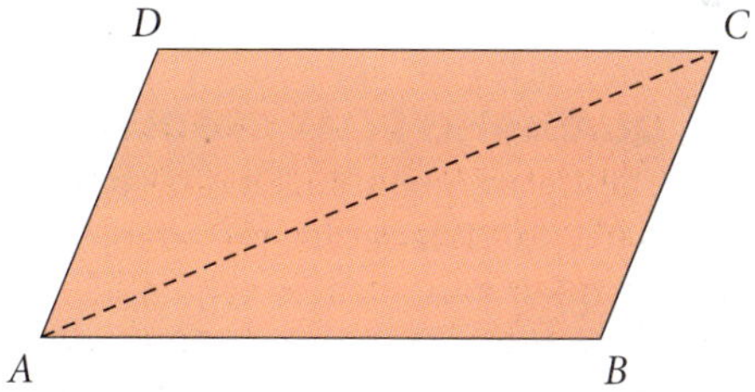

33 **INTORNO A NOI** Un architetto deve progettare una scala, completa di balaustra, che porta dal pianterreno al primo piano di un appartamento.

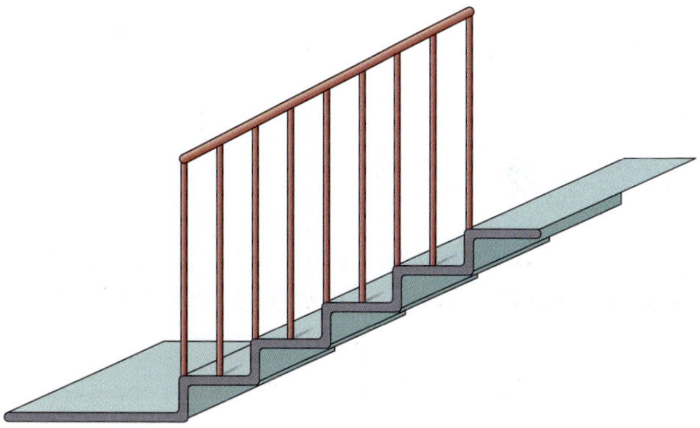

Raccoglie i seguenti dati:

- la distanza dal pavimento al soffitto è di 3 m;
- l'altezza di ogni gradino deve essere di 15 cm;
- la profondità di ogni gradino deve essere di 30 cm;
- lo spessore del pavimento del primo piano è di 30 cm;
- la larghezza della scala deve essere 1,20 m;
- la balaustra deve essere alta 105 cm ed è fatta in tondino di ferro.

Su un foglio (tipo A3) di carta millimetrata (se non lo trovi puoi unire due fogli di tipo A4 con lo scotch) disegna il progetto della scala utilizzando il rapporto 1:10.

> Quanti gradini occorre costruire per l'intera scala?

> Quanto spazio occuperà la scala in lunghezza?

> Quanti m^2 di marmo occorreranno per ricoprire tutti i gradini (dove poggia il piede, compreso l'ultimo sul primo piano?

> Quanti metri di tondino di ferro occorreranno per la balaustra? Come vedi dal disegno, i ritti verticali sono due per ogni gradino.

Teoria a pag. 129

3 Applicazioni del teorema di Pitagora

MI ALLENO

34 ●○○ **NEL QUADERNO DELLE REGOLE** Copia i disegni delle figure geometriche in cui è possibile individuare un triangolo rettangolo e scrivi per ognuno quali sono i cateti e qual è l'ipotenusa.

35 ●○○ Completa la tabella relativa a un insieme di triangoli rettangoli.

cateto 1	12 cm	84 mm		1 m		4,5 m
cateto 2	5 cm		60 cm	1 m	1 dm	6 m
ipotenusa	13 cm	85 mm	61 cm		2 dm	

36 ●○○ **CON UN DISEGNO** Quanto è alto il terzo piano di questo palazzo? [8,7 m]

37 ●○○ **CON UN DISEGNO** Quanto vola alto questo aquilone?

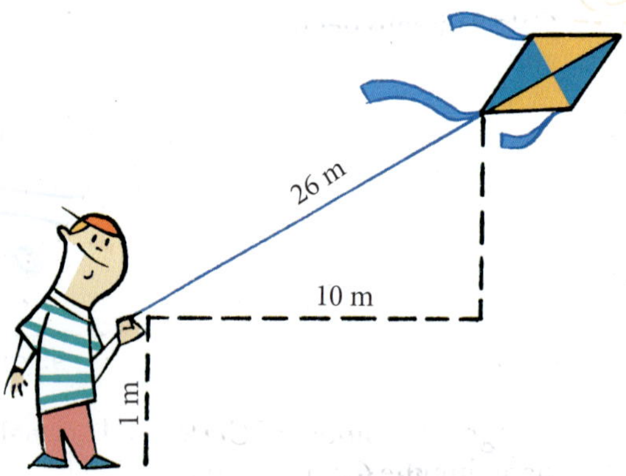

38 ●○○ Nella figura, calcola la lunghezza di AB. [9 cm]

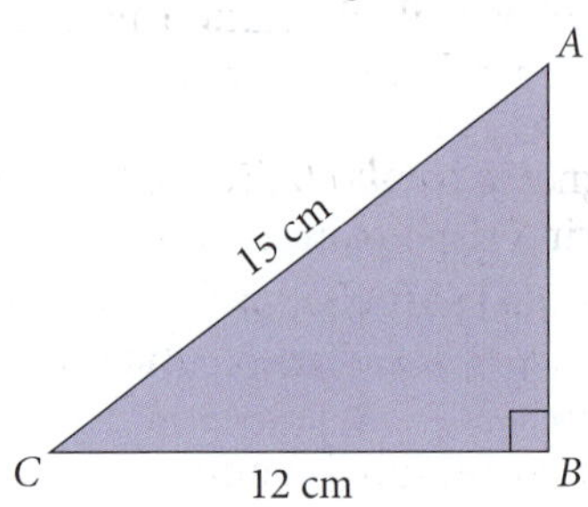

39 ●○○ **a)** Nella figura, calcola la lunghezza di PQ.

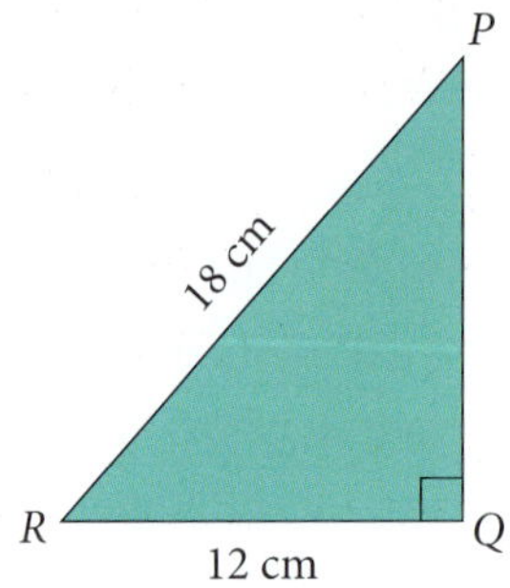

b) Calcola la lunghezza di AC. [9 cm]

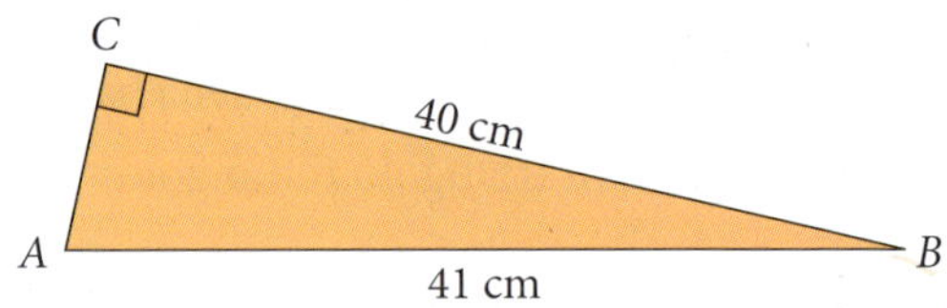

In ciascun triangolo calcola la lunghezza mancante di un lato (le misure si intendono in centimetri).

40 ●○○

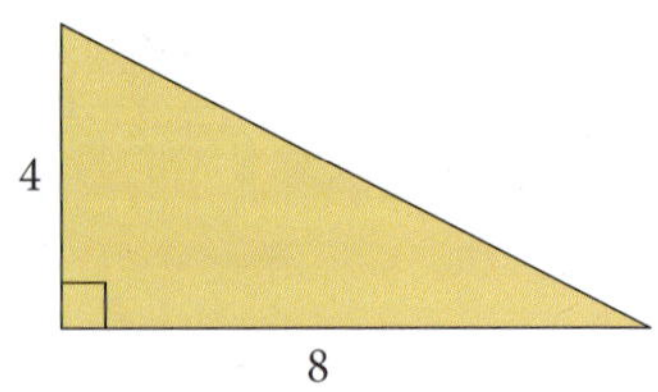

[8,94 cm]

41 ●○○

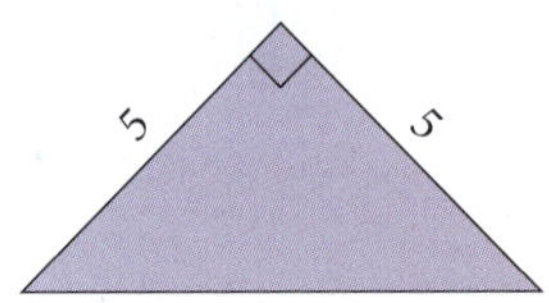

42 ●○○

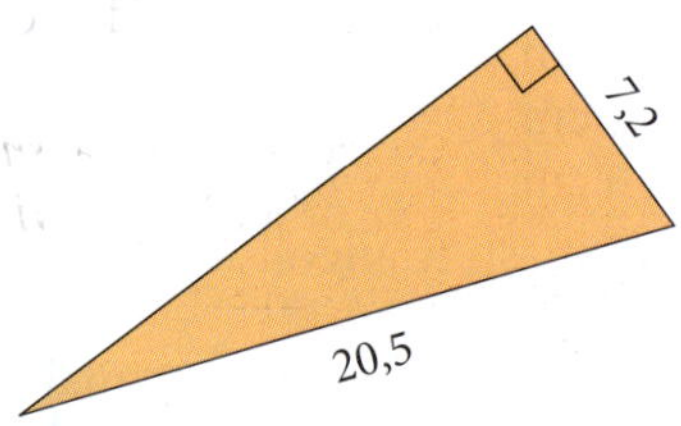

[19,19 cm]

43 ●○○

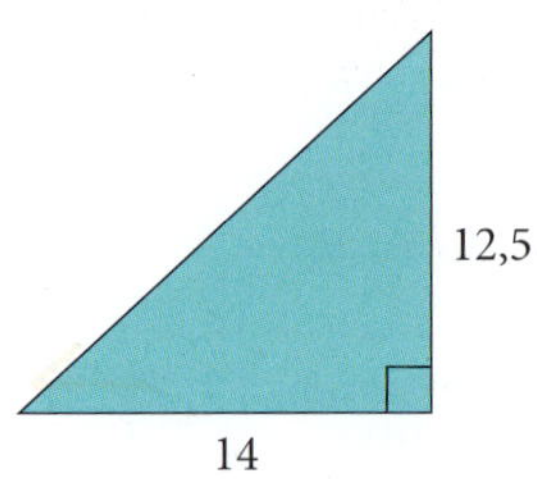

44 ●○○ In un triangolo rettangolo l'ipotenusa misura 5 dm e un cateto è lungo 14 cm.

> Calcola la lunghezza del secondo cateto. [48 cm]

45 ●○○ Un cateto di un triangolo rettangolo misura 15 cm, mentre l'ipotenusa misura 39 cm.

> Quanto misura il secondo cateto?

46 ●○○ In un triangolo rettangolo l'ipotenusa è lunga 34 cm e un cateto 16 cm.

> Quanto misura il secondo cateto? [30 cm]

47 ●○○ In un triangolo rettangolo l'ipotenusa misura 7,8 dm e un cateto è lungo 30 cm.

> Calcola l'area del triangolo.

48 ●○○ L'ipotenusa di un triangolo rettangolo misura 72,5 cm, mentre un cateto è lungo 12 cm.

> Calcola la lunghezza del perimetro del triangolo rettangolo. [156 cm]

49 ●○○ In un triangolo rettangolo i cateti misurano rispettivamente 23 cm e 18 cm.

> Calcola la lunghezza dell'ipotenusa.

50 ●○○ In un triangolo rettangolo l'ipotenusa misura 47 cm, mentre un cateto misura 15 cm.

> Calcola la lunghezza del secondo cateto. [44,54 cm]

51 ●○○ **CACCIA ALL'ERRORE**

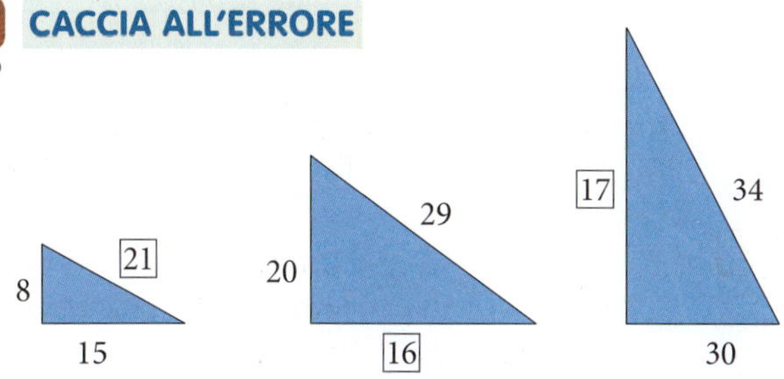

I numeri 21, 16 e 17 sono stati scambiati.

> Rimettili al posto giusto facendo i calcoli.

52 ●○○ **MATHS** A triangle has a *short leg* with a *length* of 9 cm. The other leg is *twice as long*.

> How long is the ipotenuse? [20,12 cm]

GLOSSARY

short leg = cateto
length = lunghezza
twice as long = lungo il doppio

53 ●○○ Il triangolo *ABC* è isoscele.

> Calcola la misura di *AB*. [15 cm]

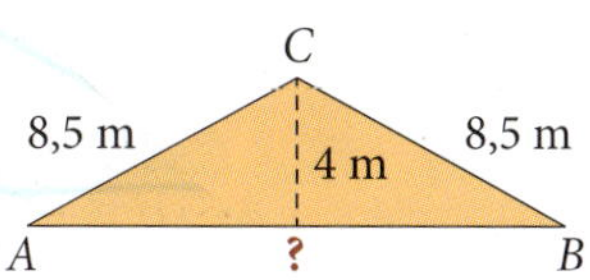

54 ●○○ In un triangolo isoscele, l'altezza relativa alla base misura 75 cm e la base 46 cm.

> Calcola la lunghezza del lato obliquo.

55 ●○○ In un triangolo isoscele, il lato obliquo misura 84 cm e la base 96 cm.

> Calcola la misura dell'altezza.

56 ●●○ Ricopia sul quaderno e completa la tabella relativa a un insieme di triangoli isosceli.

base	36 cm	16 dm	8 m		36 cm	5,4 m
altezza	24 cm			10 cm	12 cm	6,8 m
lato obliquo	30 cm	17 dm	10 m	2,6 dm		

57 ●○○ Calcola la diagonale *AC*.

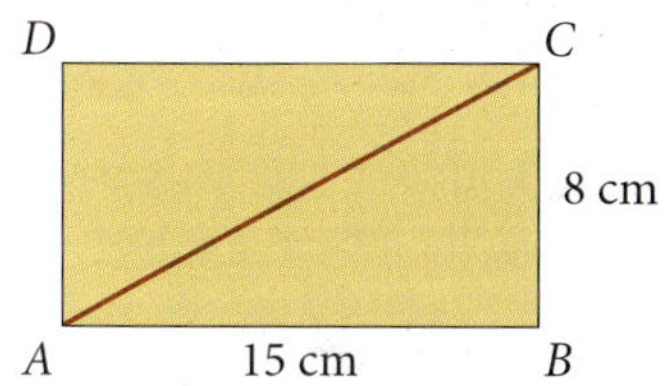

58 ●○○ In un rettangolo la base misura 6 cm e l'altezza 8 cm.

> Calcola la diagonale del rettangolo. [10 cm]

59 ●●○ Ricopia nel quaderno e compila la tabella relativa a un insieme di rettangoli.

base	8 cm	39 dm	9 m	10 cm	2,4 dm	
altezza	6 cm			20 cm		2,1 m
diagonale	10 cm	65 dm	41 m		35 cm	35 dm

60 ●○○ Calcola il lato del rombo.

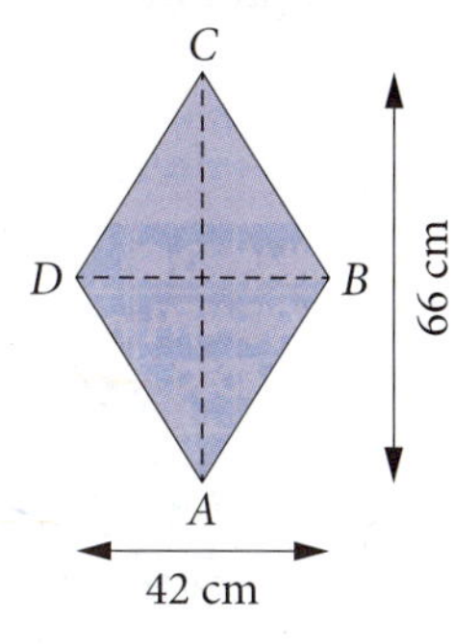

61 ●○○ Disegna un rombo *ABCD* le cui diagonali *AC* e *BD* siano lunghe 6 cm e 8 cm.

> Calcola la lunghezza del suo lato.
> Controlla il risultato misurando il lato del rombo nel tuo disegno.

62 ●○○ Disegna un rombo *LUNA* le cui diagonali *LN* e *UA* misurino rispettivamente 4 cm e 10 cm.

> Calcola la lunghezza del suo lato approssimando alla prima cifra decimale.
> Controlla il risultato misurando il lato del rombo nel tuo disegno.

ESERCIZI

63 ●○○ In un rombo le diagonali misurano l'una 34 cm, l'altra 57 cm. Calcola:
- > la lunghezza del lato;
- > la lunghezza del perimetro. [33,19 cm; 132,76 cm]

64 ●○○ In un rombo, il lato misura 29 cm e una diagonale 26 cm.
- > Calcola la lunghezza dell'altra diagonale. [51,85 cm]

65 ●●○ Completa la tabella relativa a un insieme di rombi.

prima diagonale	40 cm		48 m		5,6 cm	12 m
seconda diagonale	30 cm	60 dm	20 m	104 cm		16 m
lato	25 cm	34 dm		65 cm	3,5 cm	

66 ●○○ Calcola la misura della base maggiore. [50 cm]

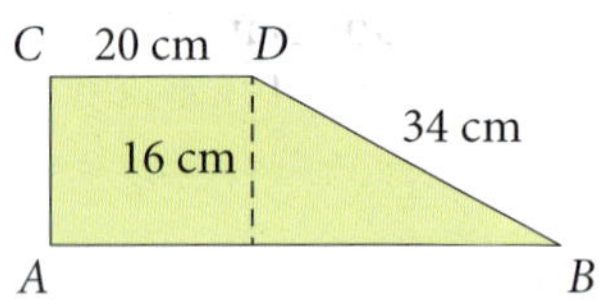

67 ●○○ In un trapezio rettangolo, la base maggiore misura 63 cm, la base minore misura 41 cm e l'altezza 24 cm.
- > Calcola la lunghezza del lato obliquo.

68 ●●○ Nel seguente trapezio rettangolo la base maggiore misura 51 cm, la base minore 30 cm e l'altezza 20 cm. Calcola:
- > la lunghezza del lato obliquo;
- > la lunghezza del perimetro. [29 cm; 130 cm]

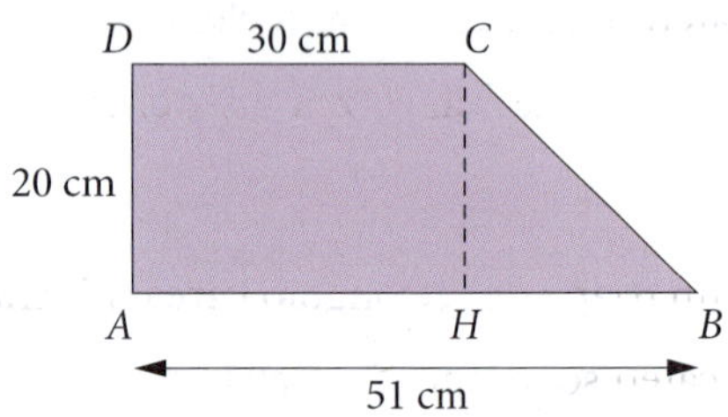

69 ●●○ In questo trapezio rettangolo la base maggiore misura 57 cm, il lato obliquo 25 cm e l'altezza 24 cm. Calcola:
- > la misura della base minore; 50
- > l'area del trapezio. 1284

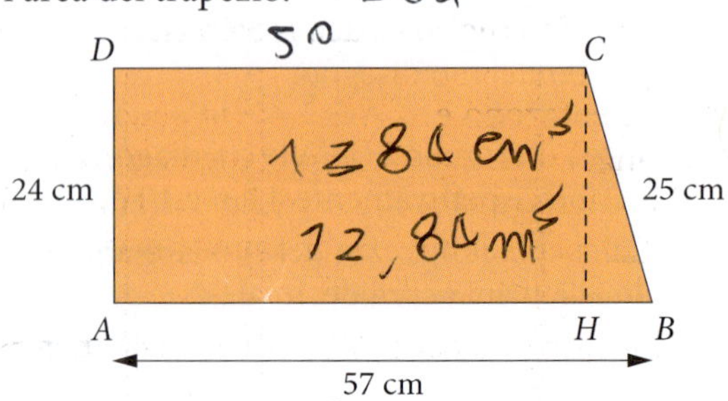

57 − 7 = 50

$\sqrt{25^2 - 24^2} = 7$

$[(50 + 57) \cdot 24] : 2 = 1284$

70 ●●○ Nel trapezio rettangolo in figura le basi e l'altezza misurano 28 cm, 16 cm e 9 cm. Calcola:
- > la lunghezza del lato obliquo;
- > la lunghezza del perimetro. [15 cm; 68 cm]

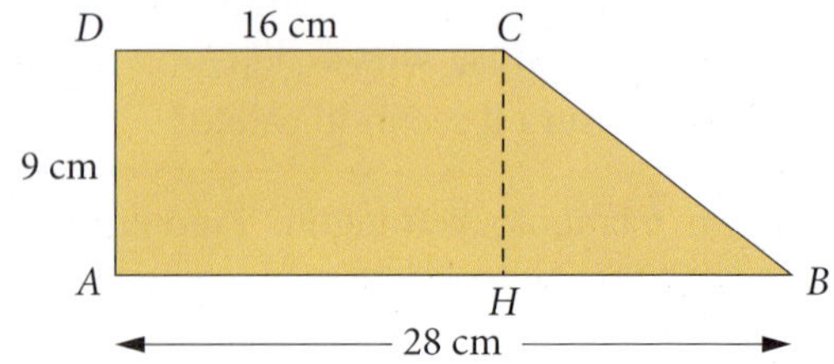

71 ●●○ In un trapezio rettangolo la base minore, la differenza delle basi e il lato obliquo misurano 21 cm, 5 cm e 13 cm. Calcola:
- > la misura dell'altezza;
- > la misura del perimetro;
- > l'area del trapezio.

72 ●●○ In un trapezio rettangolo la base minore, la diagonale minore e il lato obliquo misurano 32 cm, 40 cm e 26 cm. Calcola:
- > la misura dell'altezza;
- > la misura della base maggiore;
- > l'area del trapezio. [24 cm; 42 cm; 888 cm²]

73 ●●○ In un trapezio rettangolo la base maggiore misura 51 cm, la differenza tra le basi è 9 cm e l'altezza misura 40 cm. Calcola:
- > la lunghezza della diagonale minore;
- > la lunghezza del perimetro;
- > l'area del trapezio.

74 ●●○ Completa la tabella relativa a un insieme di trapezi rettangoli.

base maggiore	12 cm	48 dm	10 cm	23 m	3,2 m	
base minore	9 cm			13 m	2,4 m	47 cm
altezza	4 cm	15 dm	3 cm	24 m		40 cm
lato obliquo	5 cm	39 dm	7,8 cm		1,7 m	50 cm

75 ●○○ Nel trapezio isoscele in figura la base minore, la base maggiore e l'altezza misurano 27 cm, 37 cm e 12 cm. Calcola:
- > la lunghezza del lato obliquo;
- > la lunghezza del perimetro. [13 cm; 90 cm]

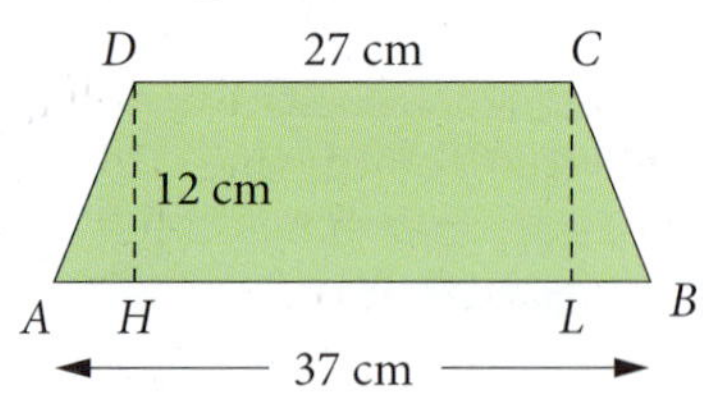

76 ●○○ In un trapezio isoscele la base minore misura 24 cm, il lato obliquo 15 cm e l'altezza 9 cm.

> Calcola la lunghezza della base maggiore.
> Calcola l'area del trapezio.

77 ●●○ Completa la tabella relativa a un insieme di trapezi isosceli.

base maggiore	13 cm	33 dm	64 cm		45 m	
base minore	7 cm			15 m	21 m	12 cm
altezza	4 cm	24 dm	45 cm	24 m		4 cm
lato obliquo	5 cm	26 dm	51 cm	40 m	13 m	8,5 cm

78 **EUREKA!** Uno dei triangoli rettangoli i cui lati sono espressi da numeri interi è il 3, 4, 5: si tratta di una *terna pitagorica*.
Infatti: $\sqrt{3^2+4^2}=\sqrt{5^2}$.
Si possono ottenere altre terne pitagoriche, non *primitive*, moltiplicando tali numeri per uno stesso fattore.
Ma Pitagora ha lasciato il modo per calcolare altre terne primitive: scegli un numero dispari e maggiore di 1 e chiamalo m; la terna sarà costituita da

$$m, \quad \frac{m^2-1}{2}, \quad \frac{m^2+1}{2}$$

Il numero più piccolo e adatto a sostituire m è il 3:

$$3, \quad \frac{3^2-1}{2}, \quad \frac{3^2+1}{2}$$

ma così otteniamo la terna che già conoscevamo.
Proviamo con il 5: funziona!

$$5, \quad \frac{5^2-1}{2}, \quad \frac{5^2+1}{2}$$

Proviamo con il 7: funziona ancora!

$$7, \quad \frac{7^2-1}{2}, \quad \frac{7^2+1}{2}$$

Poiché i numeri dispari sono infiniti, puoi continuare finché vuoi, trovando infinite terne pitagoriche.

RISOLVO PROBLEMI

Triangolo rettangolo

79 ●○○ L'area del quadrato costruito sull'ipotenusa di un triangolo rettangolo misura 676 mm^2.
Sai anche che l'area del quadrato costruito su un cateto misura 100 mm^2.

> Calcola la lunghezza dell'altro cateto.

80 ●○○ In un triangolo rettangolo i cateti misurano 24 cm e 143 cm.

> Calcola perimetro e area del triangolo. [312 cm; 1716 cm^2]

81 ●○○ In un triangolo rettangolo l'ipotenusa misura 20 m e il cateto minore misura 12 m.

> Calcola perimetro e area del triangolo.

82 ●●○ In un triangolo rettangolo l'area misura 60 cm^2 e un cateto misura 15 cm.

> Calcola la lunghezza del perimetro. [40 cm]

83 ●○○ In un triangolo rettangolo l'area è 270 cm^2 e un cateto è lungo 36 cm.

> Calcola la lunghezza del perimetro.

84 ●○○ In un triangolo rettangolo la somma dei cateti è 73 cm e la loro differenza è 17 cm.

> Calcola perimetro e area del triangolo. [126 cm; 630 cm^2]

85 ●○○ In un triangolo rettangolo la somma dei cateti misura 34 cm e uno è $\frac{12}{5}$ dell'altro.

> Calcola perimetro e area del triangolo.

Per risolvere i problemi che seguono vedi gli esempi del capitolo 1 di Geometria 2, *Le aree*.

86 ●●○ In un triangolo rettangolo l'area misura 294 cm^2 e i cateti sono uno i $\frac{3}{4}$ dell'altro.

> Determina la lunghezza del perimetro del triangolo. [84 cm]

87 ●●○ In un triangolo rettangolo l'area misura 172,8 cm^2 e i cateti sono uno $\frac{5}{12}$ dell'altro.

> Determina la lunghezza del perimetro del triangolo.

88 ●●○ In un triangolo rettangolo l'area è 24 cm^2 e un cateto è $\frac{3}{4}$ dell'altro.

> Calcola la lunghezza dell'ipotenusa. [10 cm]

89 ●●○ Un pentagono è formato da un quadrato e da un triangolo rettangolo la cui ipotenusa coincide con il lato del quadrato. Sai anche che l'area del quadrato è di 625 cm^2 e che un cateto del triangolo misura 15 cm.

> Calcola la lunghezza del perimetro del pentagono.

Teoria a pag. 130

ESERCIZI

90 ●○○ **VERSO IL CODING** Una penna automatica deve disegnare il rettangolo che vedi sotto partendo dal pallino azzurro. Quale potrebbe essere il codice per programmarla?

> Completa i blocchi e mettili in ordine.

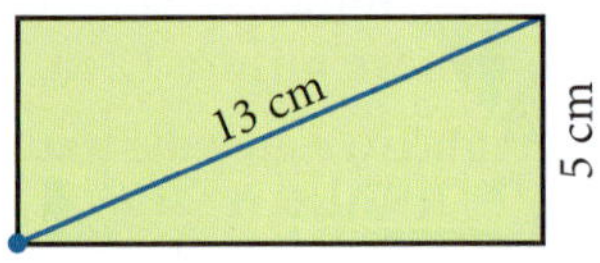

Ruota a sinistra di 90°

Ripeti per .... volte
>

Prosegui per .... cm

Inizio

Ruota a sinistra di 90°

Prosegui per 5 cm

91 ●●○ **CON UN DISEGNO** In una scala apribile a pioli il perno in A dista da terra, quando la scala è chiusa, 2 m. Quando viene aperta, i piedi distano fra loro 1,6 m.

> Quanto dista da terra il perno in A quando la scala è aperta?

92 ●●○ Del triangolo ottusangolo ABC conosciamo le seguenti lunghezze: $\overline{AC} = 25$ cm, $\overline{BC} = 39$ cm e $\overline{CH} = 15$ cm.

> Calcola la lunghezza del perimetro e l'area.

[80 cm; 120 cm^2]

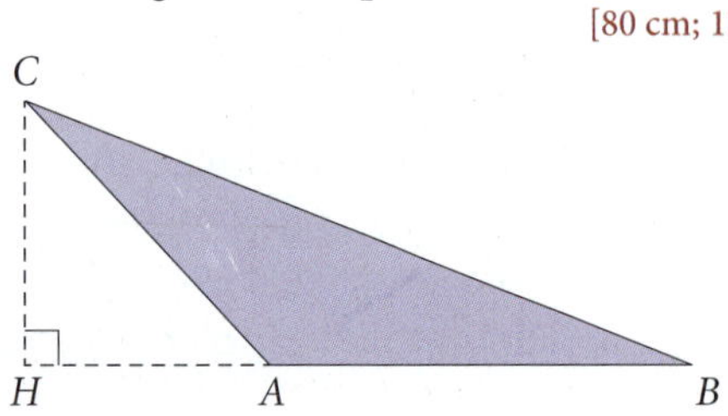

93 ●●○ La figura mostra un quadrilatero. Calcola la lunghezza del lato LM. [9 cm]

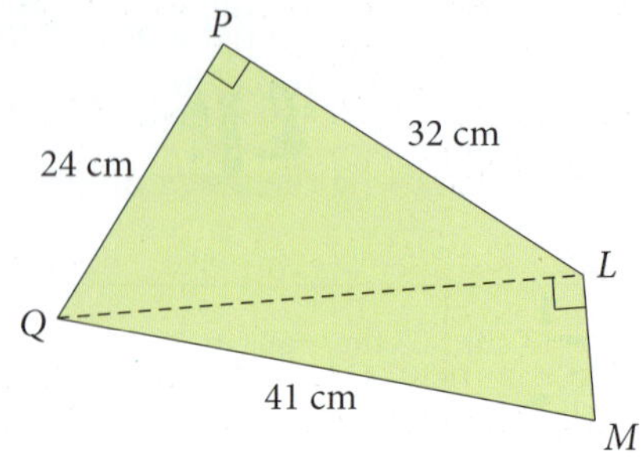

94 ●●○ In base ai dati in figura, calcola la lunghezza del lato AD. (Arrotonda ai decimi.) [19,1 cm]

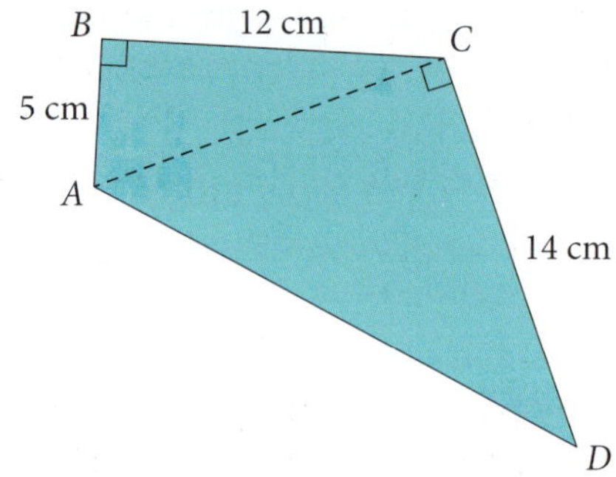

95 ●●○ Prolunga ciascun lato del quadrato $ABCD$, la cui area è 49 cm^2, di 5 cm nel modo indicato in figura. Considera ora il quadrato $PQRS$.

> Calcola il suo perimetro e la sua area.

[52 cm; 169 cm^2]

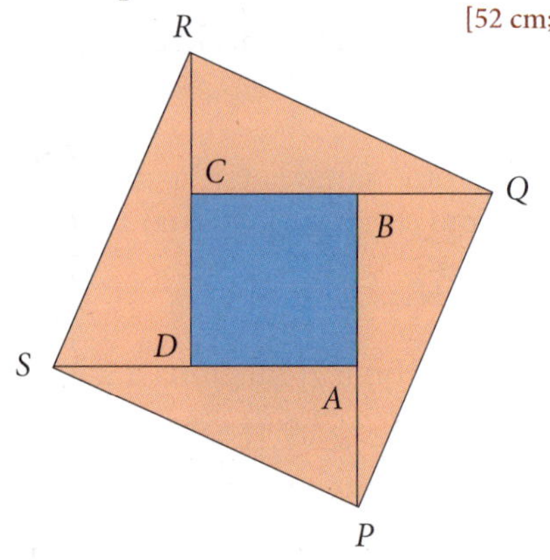

96 ●●○ Considera il quadrilatero in figura. Sai che:

a) l'area misura 126 cm^2;

b) l'area di ACD è $\frac{5}{16}$ dell'area di ABC;

c) il cateto AC, comune ai triangoli, è di 12 cm.

> Calcola il perimetro di $ABCD$. [54 cm]

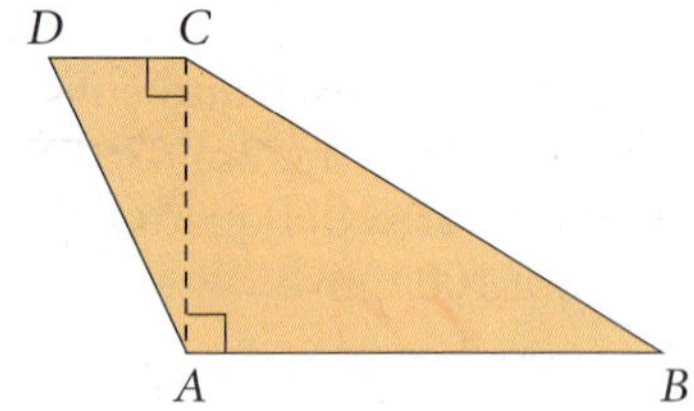

ESERCIZI

97 ●●○ In un triangolo rettangolo la somma delle misure dell'ipotenusa e di un cateto è 10,80 m e la loro differenza è 120 cm.

> Calcola il perimetro, l'area e la misura dell'altezza relativa dell'ipotenusa. [1440 cm; 86 400 cm²; 288 cm]

98 ●●● In un triangolo rettangolo i cateti misurano 36 cm e 48 cm.

> Calcola la misura della mediana relativa all'ipotenusa e l'area dei due triangoli in cui la mediana divide il triangolo rettangolo.

> Che cosa puoi dire in proposito? [30 cm; 432 cm²]

99 ●●● Tracciando l'altezza di un triangolo, questo viene diviso in due triangoli rettangoli aventi in comune l'altezza di 30 cm. La sua area è 840 cm² e che l'altezza divide la base in due parti una $\frac{2}{5}$ dell'altra.

> Calcola la lunghezza del perimetro del triangolo. [140 cm]

In ciascun triangolo rettangolo calcola la misura dell'altezza relativa all'ipotenusa (le misure si intendono in centimetri).

100 **ESERCIZIO GUIDATO**

In un triangolo rettangolo i cateti misurano 80 cm e 60 cm.

> Calcola la misura dell'altezza relativa all'ipotenusa.

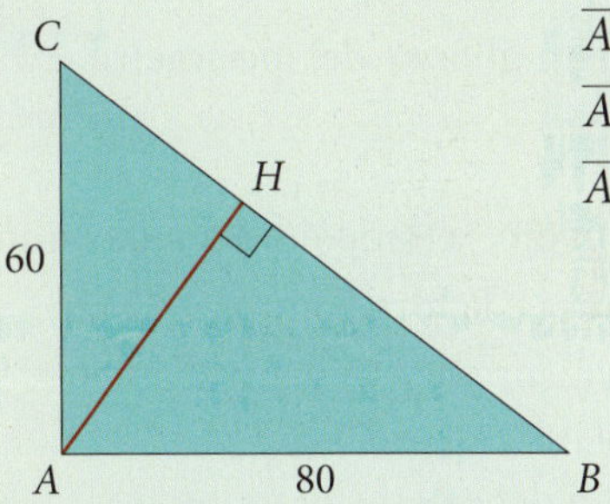

$\overline{AB} = 80$ cm
$\overline{AC} = 60$ cm
$\overline{AH} = ?$

Applica il teorema di Pitagora per calcolare la lunghezza dell'ipotenusa.

$\overline{CB} = \sqrt{80^2 + 60^2} = \sqrt{6400 + 3600} =$

$= \sqrt{10\,000} =$ .... cm

Calcola l'area del triangolo.

$A_{ABC} = \dfrac{80 \cdot 60}{2} = 2400$ cm²

Considera ora l'ipotenusa BC come base del triangolo; otterrai l'altezza relativa all'ipotenusa dividendo la doppia area per l'ipotenusa stessa.

$\overline{AH} = \dfrac{2 \cdot 2400}{\ldots\ldots} =$ .... cm

101 ●●○

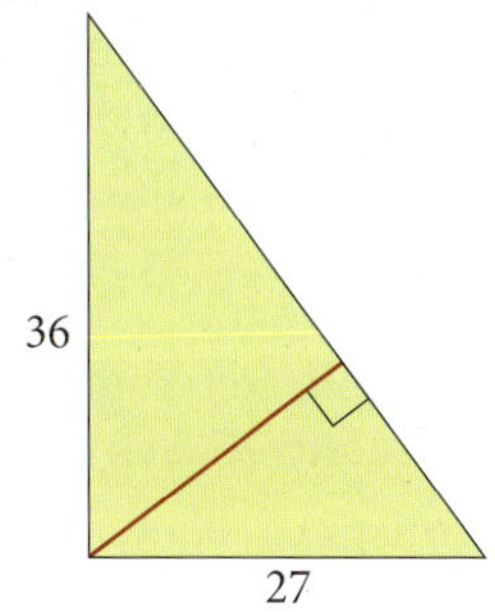

[21,6 cm]

102 ●●○

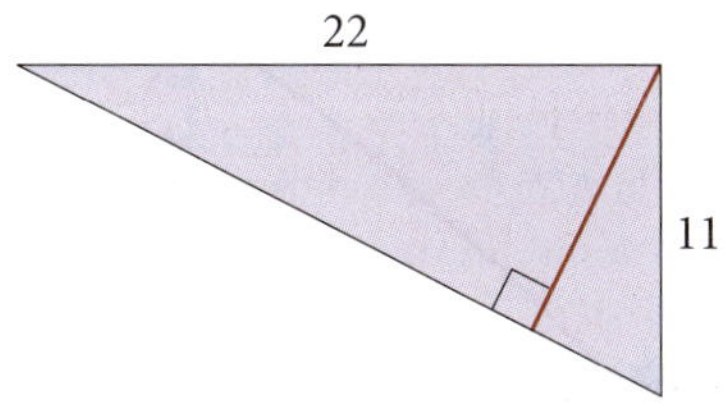

103 ●●○

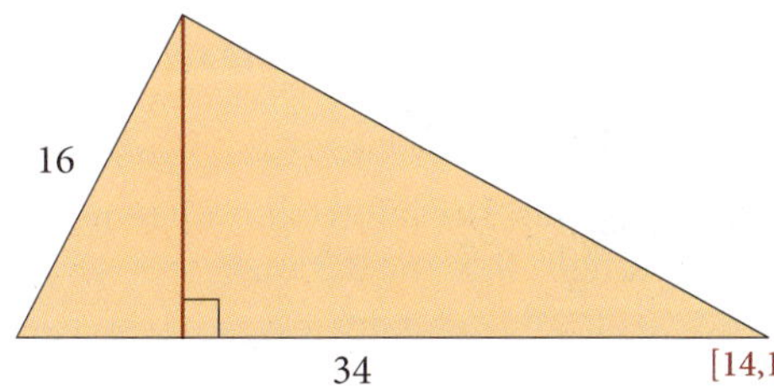

[14,12 cm]

104 ●●○

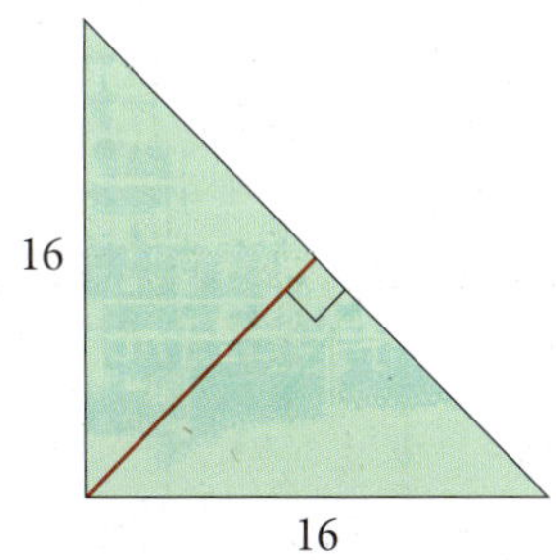

105 ●●○

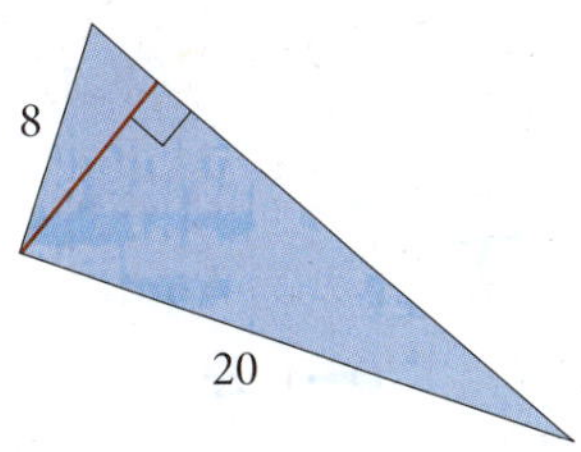

[7,43 cm]

106 ●○○ Nel triangolo rettangolo ABC in figura le misure sono in centimetri.

> Calcola la misura dell'altezza CH. [12 cm]

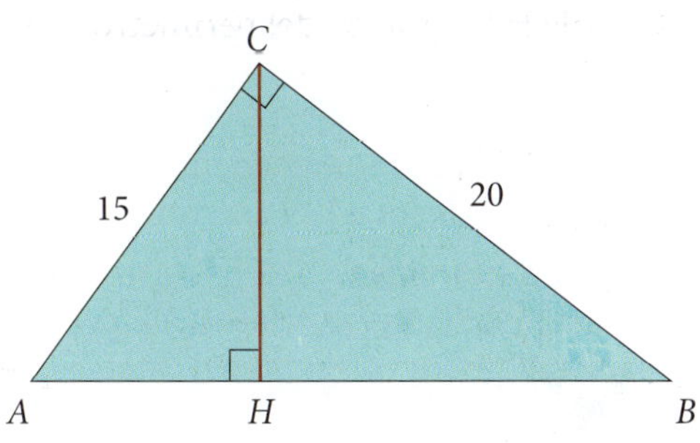

Teoria a pag. 130

107 ●○○ In un triangolo rettangolo i cateti misurano 9 m e 12 m.

> Calcola la misura dell'altezza relativa all'ipotenusa.

108 ●○○ In un triangolo rettangolo l'ipotenusa misura 32 cm e un cateto 25,6 cm.

> Calcola la misura dell'altezza relativa all'ipotenusa.

[15,36 cm]

109 ●●○ In un triangolo rettangolo l'area è 270 cm^2 e un cateto misura 15 cm.

> Calcola la lunghezza dell'altezza relativa all'ipotenusa e quella del perimetro.

110 ●●○ In un triangolo rettangolo i cateti misurano 1,2 cm e 1,6 cm.

> Calcola la misura dell'altezza relativa all'ipotenusa.

[0,96 cm]

111 ●●○ L'ipotenusa e un cateto di un triangolo rettangolo sono lunghi 0,5 m e 0,3 m.

> Calcola la misura dell'altezza relativa all'ipotenusa.

112 ●●○ In un triangolo rettangolo l'ipotenusa e un cateto misurano 15 m e 9 m.

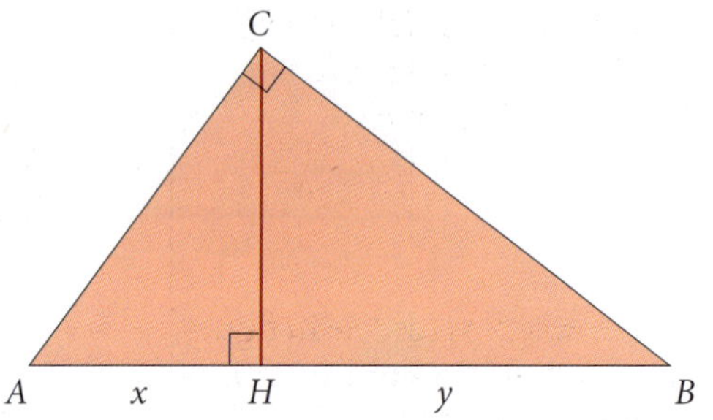

Calcola:

> la misura dell'altezza relativa all'ipotenusa;
> le misure delle proiezioni x e y dei cateti sull'ipotenusa.

[7,2 m; 5,4 m; 9,6 m]

113 ●●○ In un triangolo rettangolo un cateto è $\frac{3}{4}$ dell'altro che misura 24 cm. Calcola:

> la misura dell'altezza relativa all'ipotenusa;
> le misure delle proiezioni dei cateti sull'ipotenusa.

114 ●●○ In un triangolo rettangolo l'ipotenusa e un cateto misurano 225 cm e 135 cm. Calcola:

> l'area del triangolo;
> la misura dell'altezza relativa all'ipotenusa;
> le misure delle proiezioni dei cateti sull'ipotenusa.

[12 150 cm^2; 108 cm; 81 cm; 144 cm]

115 ●●○ In un triangolo rettangolo di area 54 cm^2, un cateto è lungo 12 cm. Calcola le lunghezze:

> dell'ipotenusa;
> dell'altezza relativa all'ipotenusa;
> delle proiezioni dei cateti sull'ipotenusa.

116 ●●○ In un triangolo rettangolo un cateto è $\frac{8}{15}$ dell'altro cateto e la loro somma è 46 cm.

> Calcola la lunghezza del perimetro e l'area del triangolo.

[80 cm; 240 cm^2]

117 ●●○ I cateti di un triangolo rettangolo sono l'uno i $\frac{24}{7}$ dell'altro e la loro somma misura 62 cm.

> Calcola la lunghezza dell'ipotenusa e dell'altezza relativa all'ipotenusa.

118 ●●○ In un triangolo rettangolo l'ipotenusa è $\frac{5}{3}$ di un cateto e la loro somma misura 72 m.

> Calcola la lunghezza del perimetro del triangolo.

[108 m]

119 ●●○ In un triangolo rettangolo un cateto è $\frac{5}{12}$ dell'altro e la loro differenza è 28 cm.

> Calcola la lunghezza dell'ipotenusa e del perimetro.

120 ●●○ In un triangolo rettangolo un cateto è $\frac{3}{5}$ dell'ipotenusa e la loro differenza è 18 mm.

> Calcola la lunghezza del perimetro e l'area del triangolo.

[108 mm; 486 mm^2]

121 ●●○ In un triangolo rettangolo il cateto minore è $\frac{3}{5}$ dell'ipotenusa e la loro somma è 12 cm.

Calcola le misure dei seguenti segmenti:

> l'altezza relativa all'ipotenusa;
> le proiezioni dei cateti sull'ipotenusa.

122 ●●● **AL TELEFONO** Detta per telefono a Nicola il testo del problema riportato qui sotto.

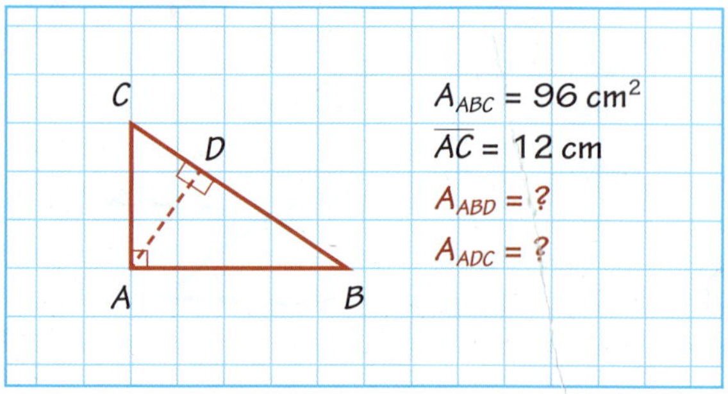

Per ciascuna figura, calcola i dati mancanti.

123 ●○○

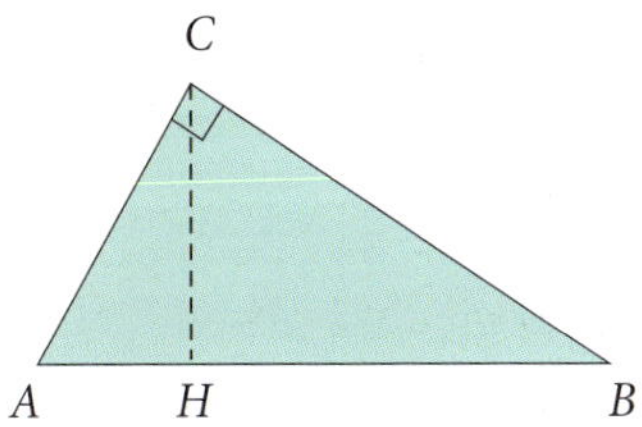

$\overline{AH} = 28{,}8$ cm
$\overline{AB} = 45$ cm
$\overline{HC} = 21{,}6$ cm
$A\widehat{C}B = 90°$
$\overline{AC} =$ ....
$\overline{CB} =$ ....

124 ●○○

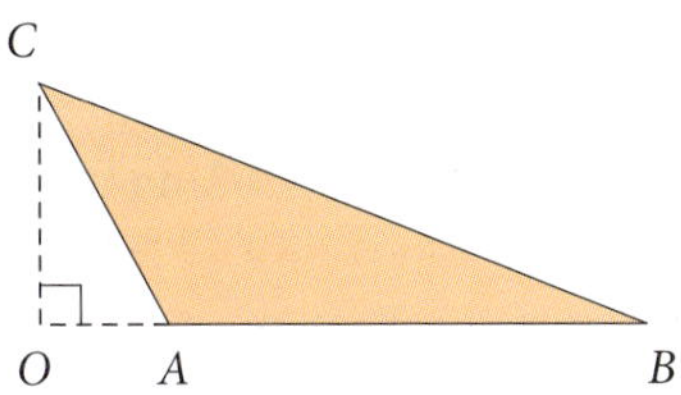

$\overline{CO} = 3$ m
$\overline{OA} = 2$ m
$\overline{AB} = 5$ m
$C\widehat{O}A = 90°$
$\overline{CA} =$ ....
$\overline{CB} =$ ....

125 ●○○

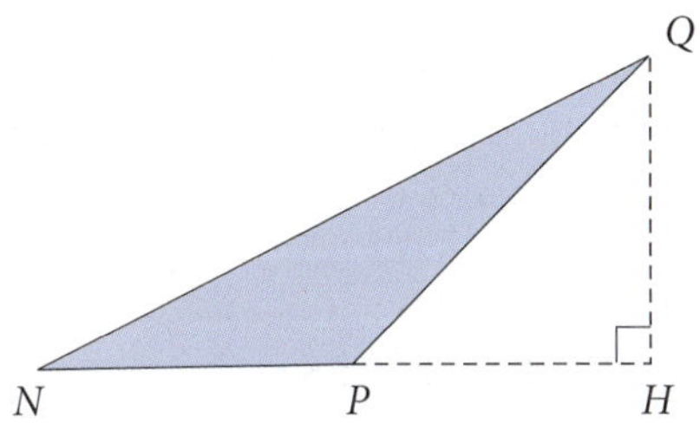

$\overline{HN} = 8$ dm
$\overline{QH} = 3$ dm
$P\widehat{H}Q = 90°$
$Q\widehat{P}H = 45°$
$\overline{QP} =$ ....
$\overline{NQ} =$ ....

126 ●●● **CHI HA RAGIONE?** Tommaso deve dipingere la facciata della casa e ha a disposizione una scala lunga 3 m. La appoggia al muro e si rende conto che, più vicino al muro è il piede della scala, più in alto riesce ad arrivare.

Aiutalo a compilare la tabella.

distanza del piede della scala in metri	0	0,5	1	1,5	2	2,5	3
altezza a cui arriva la scala in metri							

Secondo te, la scala sta in piedi in tutte le posizioni riportate nella tabella?

Triangolo isoscele

127 ●○○ In questo triangolo isoscele la base e l'altezza misurano 32 m e 12 m. Calcola:
- la lunghezza del lato obliquo;
- la lunghezza del perimetro;
- l'area del triangolo. [20 m; 72 m; 192 m²]

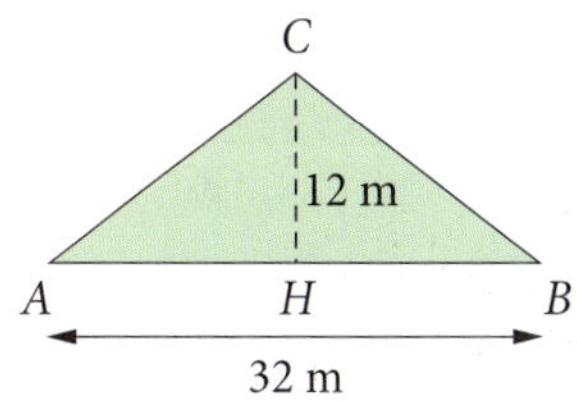

128 ●○○ Nel triangolo isoscele in figura il perimetro misura 64 cm e la base 14 cm. Calcola:
- la lunghezza del lato obliquo;
- la lunghezza dell'altezza;
- l'area del triangolo.

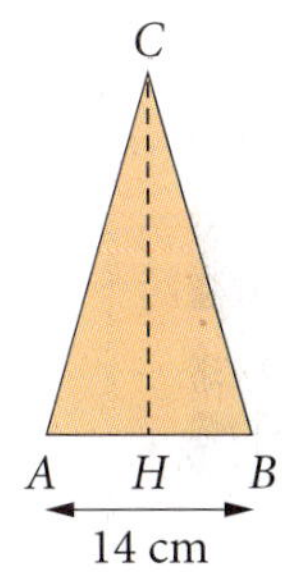

129 ●○○ Nel triangolo isoscele in figura la base e il lato obliquo misurano 10 cm e 13 cm. Calcola:
- la misura dell'altezza;
- la misura del perimetro;
- l'area. [12 cm; 36 cm; 60 cm²]

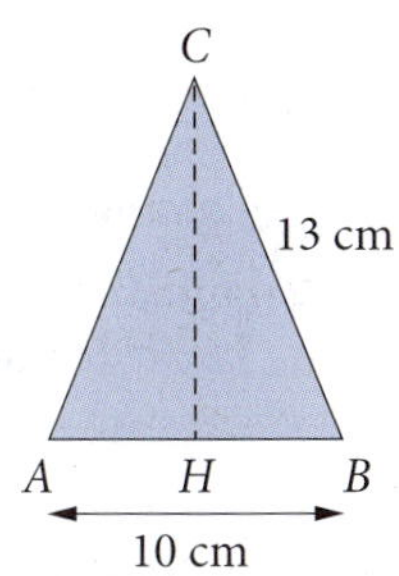

130 ●○○ In un triangolo isoscele l'altezza e il lato obliquo misurano 40 cm e 41 cm. Calcola:
- la lunghezza della base;
- la lunghezza del perimetro;
- l'area.

131 ●○○ In un triangolo isoscele il lato obliquo e il perimetro misurano 61 m e 144 m. Calcola:
- la misura della base;
- la misura dell'altezza;
- l'area. [22 m; 60 m; 660 m²]

Teoria a pag. 130

ESERCIZI

132 ●●○ In un triangolo isoscele l'area è 1440 cm^2 e la base misura 36 cm. Calcola:
> la misura dell'altezza;
> la misura del lato obliquo;
> la misura del perimetro del triangolo.

133 ●●○ In un triangolo isoscele l'altezza misura 36 cm e l'area 540 cm^2. Calcola:
> la lunghezza della base;
> la lunghezza del lato obliquo;
> la lunghezza del perimetro del triangolo.

[30 cm; 39 cm; 108 cm]

134 ●●○ **AL TELEFONO** Detta per telefono ad Andrea il testo del problema riportato qui sotto e risolvilo.

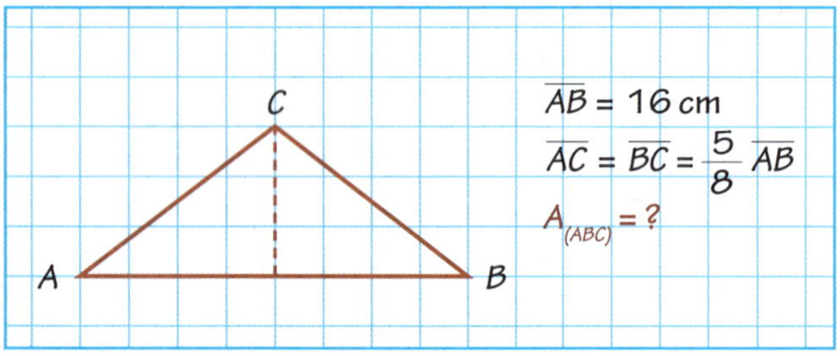

135 ●●○ In un triangolo isoscele l'area misura 75 cm^2; sai anche che la base misura 15 cm.
> Calcola la misura delle tre altezze del triangolo.

[10 cm; 12 cm; 12 cm]

136 ●●○ Calcola l'area di un triangolo rettangolo isoscele la cui ipotenusa misura 18 m. [81 m^2]

137 ●●○ In un triangolo isoscele il perimetro è 128 cm e ciascun lato obliquo supera la base di 22 cm. Calcola:
> l'area del triangolo;
> la misura dell'altezza relativa al lato obliquo.

[672 cm^2; 26,88 cm]

138 ●●○ L'area di un triangolo rettangolo isoscele misura 220,5 cm^2. Calcola:
> la lunghezza del cateto del triangolo;
> l'area e il perimetro di un triangolo rettangolo avente un cateto congruente al cateto del triangolo dato e l'ipotenusa che è $\frac{5}{3}$ del cateto.

[21 cm; 294 cm^2; 84 cm]

139 ●●● Un triangolo isoscele ha l'area di 1200 cm^2 e la base è 60 cm. Calcola:
> la misura del perimetro del triangolo;
> l'area del quadrato che ha il lato congruente all'altezza relativa al lato obliquo del triangolo.

[160 cm; 2304 cm^2]

Rettangolo

140 ●○○ Calcola la lunghezza della diagonale di un rettangolo la cui area è 0,6 cm^2 e la cui base è lunga 1,2 cm.

141 ●○○ Calcola la lunghezza dell'asse che serve a rendere indeformabile il cancello qui disegnato. (Arrotonda ai centimetri.) [3,50 m]

142 ●●○ Determina in ciascun rettangolo le misure dei segmenti colorati in rosso (le misure si intendono in centimetri). [13 cm; 33 cm; 14,4 cm]

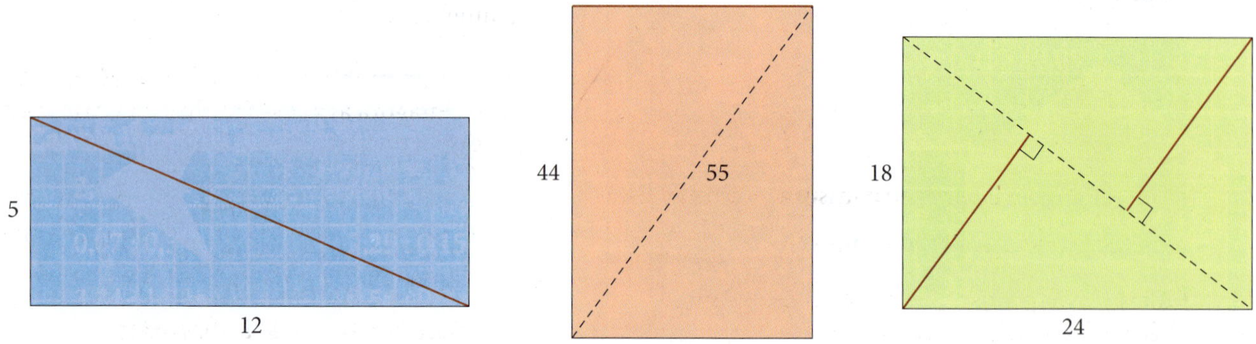

143 Nel rettangolo in figura la base e l'altezza misurano 44 cm e 33 cm. Calcola:

> la lunghezza del perimetro;
> l'area;
> la lunghezza della diagonale.

[154 cm; 1452 cm^2; 55 cm]

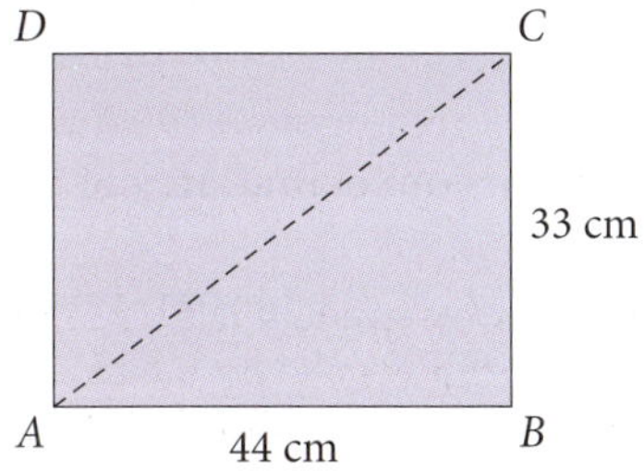

144 In questo rettangolo l'altezza e la diagonale misurano 15 m e 39 m. Calcola:

> la lunghezza della base;
> la lunghezza del perimetro;
> l'area del rettangolo.

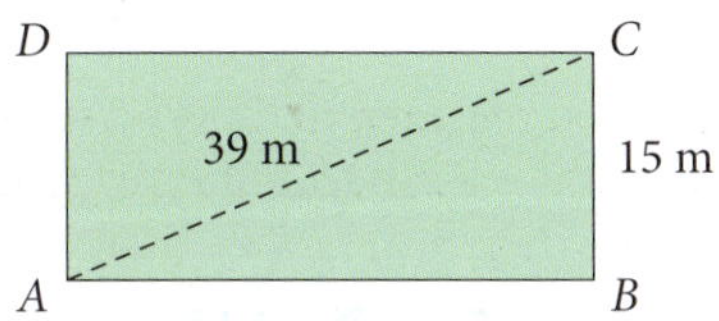

145 In questo rettangolo la base e la diagonale misurano 40 cm e 41 cm. Calcola:

> la misura dell'altezza;
> la lunghezza del perimetro;
> l'area del rettangolo.

[9 cm; 98 cm; 360 cm^2]

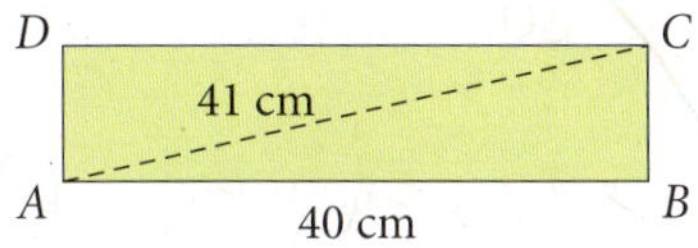

146 In un rettangolo il perimetro e la base misurano 68 cm e 24 cm. Calcola:

> la misura dell'altezza;
> la misura della diagonale;
> l'area del rettangolo.

147 In un rettangolo l'area è 1440 m^2 e l'altezza misura 18 m. Calcola:

> la lunghezza della base;
> la lunghezza della diagonale;
> la lunghezza del perimetro del rettangolo.

[80 m; 82 m; 196 m]

148 In un rettangolo il perimetro misura 88 cm e le dimensioni sono una i $\frac{7}{4}$ dell'altra.

> Calcola la diagonale (arrotonda ai centesimi).
> Calcola l'area del rettangolo.

149 In un rettangolo le dimensioni sono una $\frac{8}{15}$ dell'altra e la loro differenza è 28 cm.

> Calcola la lunghezza della diagonale. [68 cm]

150 In figura è schematizzato un cancello rettangolare fatto con un tubo sottile.

> Quanti metri di tubo sono occorsi per fabbricarlo?

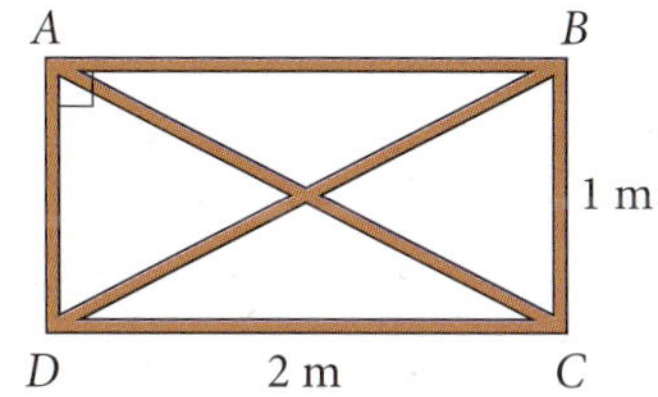

151 Nel rettangolo *ABCD* si ha che *AB* misura 4 cm e *AD* misura 3 cm. Quanto misura la diagonale *BD*? Quanto è lunga l'altezza *AH*? [5 cm; 2,4 cm]

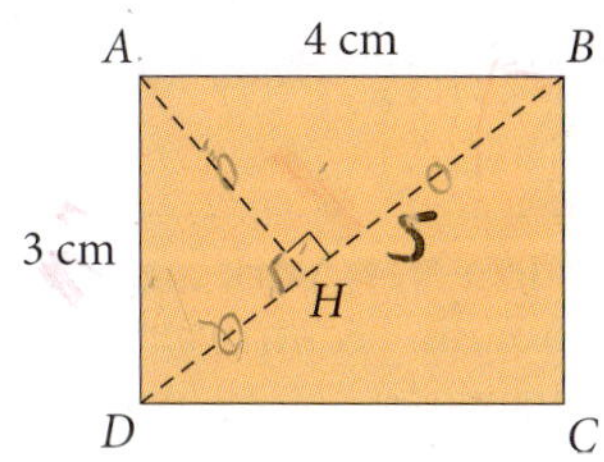

152 In un rettangolo il perimetro misura 140 m e le dimensioni sono una $\frac{2}{5}$ dell'altra.

> Calcola la misura della diagonale arrotondando ai centimetri.

153 Disegna il rettangolo *LIRA*. Sai che la sua diagonale misura 6 cm e che *LI* misura 4,8 cm.

> Qual è la lunghezza di *IR*?
> Qual è l'area del rettangolo? [3,6 cm; 17,28 cm^2]

154 In un rettangolo *ABCD* il lato *AB* misura 8 cm e il lato *BC* misura 6 cm. La perpendicolare a *BD* passante per *A* taglia *DB* nel punto *H*.

Dopo aver disegnato la figura, calcola:

> la lunghezza di *BD*;
> l'area del triangolo *BDA*;
> la lunghezza di *AH*.

155 Inventa un problema nel quale si applichi il teorema di Pitagora a un rettangolo la cui base sia doppia dell'altezza.

156 Il perimetro di un rettangolo misura 238 cm e il rapporto fra le due dimensioni è $\frac{5}{12}$.

> Calcola la lunghezza della diagonale. [91 cm]

Teoria a pag. 130

ESERCIZI

157 ●●○ In un rettangolo l'area è 3840 cm^2 e la base misura 96 cm.

> Calcola l'area del quadrato avente il lato congruente alla diagonale del rettangolo. [10 816 cm^2]

158 ●●○ Calcola la misura della diagonale di un rettangolo che ha l'area di 8640 cm^2 e una dimensione $\frac{5}{12}$ dell'altra. [156 cm]

159 ●●● La diagonale di un rettangolo misura 50 cm.

> Determina almeno tre rettangoli che soddisfino tale condizione.
> Calcola la lunghezza della loro base e della rispettiva altezza. (Arrotonda ai decimi.)

160 ●●● In un rettangolo *ABCD*, la cui area è 1728 cm^2 e la cui altezza è 36 cm, traccia la diagonale *AC*, quindi l'altezza *DH* del triangolo *ACD* relativa al lato *AC*.

> Calcola la misura del perimetro e l'area dei triangoli *ACB*, *AHD* e *HCD*.
[144 cm; 864 cm^2; 86,4 cm; 311,04 cm^2; 115,2 cm; 552,96 cm^2]

161 ●●● Guardando a New York un grattacielo di acciaio e vetro, si notano i *controventi* sulle quattro facciate della costruzione.

Si tratta di travi di acciaio che impediscono al grattacielo di deformarsi sotto le spinte del vento.

> Calcola la lunghezza totale delle travi di acciaio necessarie per «controventare» le 4 facciate del grattacielo in figura fino all'attico alto 120 m, la cui base è quadrata, di lato 45 m. (Arrotonda alle unità.) [866 m]

162 ●●● Determina la lunghezza del perimetro e l'area dell'esagono colorato in verde, sapendo che:

a) l'area del rettangolo è 192 dm^2;
b) le dimensioni del rettangolo sono una $\frac{3}{4}$ dell'altra;
c) i punti *M*, *N*, *P* e *Q* sono i punti medi dei lati del rettangolo. [48 dm; 144 dm^2]

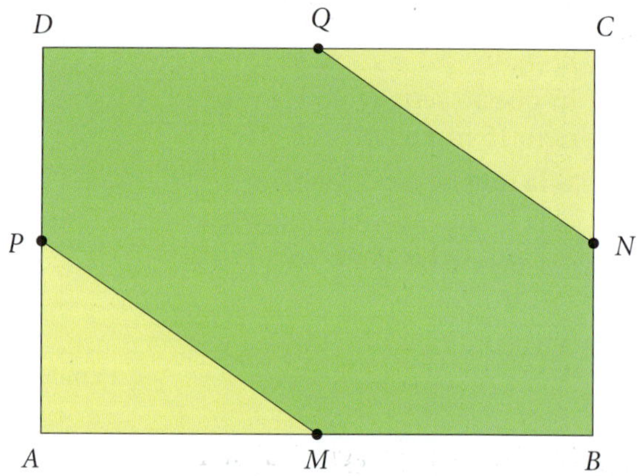

Rombo

163 ●○○ In questo rombo le diagonali misurano 70 cm e 24 cm. Calcola:

> la misura del lato;
> la misura del perimetro. [37 cm; 148 cm]

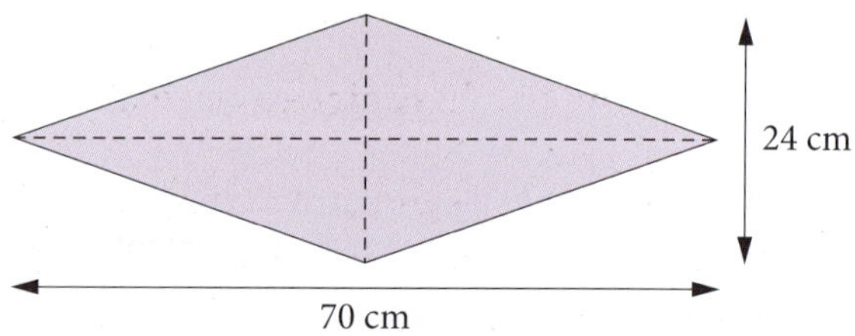

164 ●○○ Nel rombo in figura il lato misura 51 cm, mentre la diagonale maggiore misura 90 cm. Calcola:

> la lunghezza della diagonale minore;
> l'area del rombo.

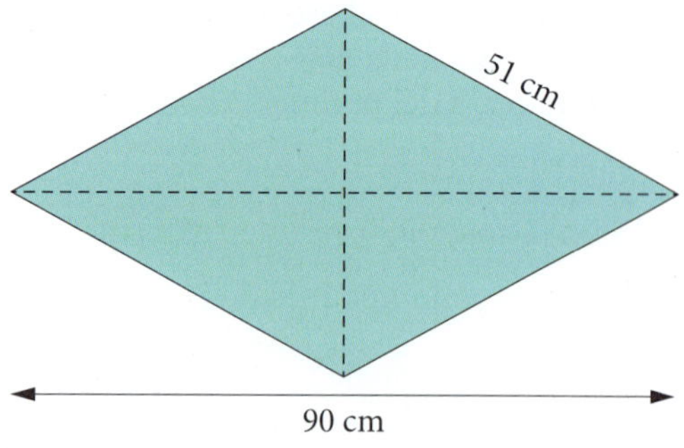

165 ●○○ Nel rombo in figura la diagonale minore misura 18 m, mentre il perimetro è lungo 164 m. Calcola:
> la lunghezza della diagonale maggiore;
> l'area del rombo. [80 m; 720 m^2]

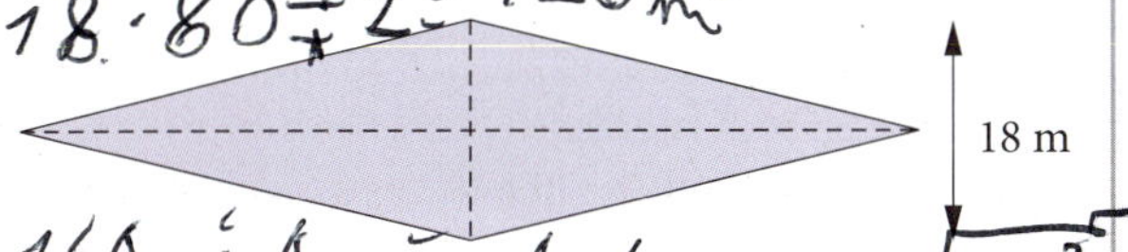

166 ●●○ In un rombo la diagonale maggiore misura 90 cm e l'area 2520 cm^2. Calcola:
> la lunghezza del lato;
> la lunghezza del perimetro.

167 ●●○ In un rombo il perimetro misura 444 cm e la diagonale minore misura 72 cm. Calcola:
> la misura della diagonale maggiore;
> l'area del rombo. [210 cm; 7560 cm^2]

168 ●●○ In un rombo la diagonale maggiore misura 112 dm, mentre il perimetro è lungo 280 dm. Calcola:
> la misura della diagonale minore;
> l'area del rombo.

169 ●●○ La diagonale maggiore di un rombo misura 270 m mentre l'area è 22 680 m^2. Calcola:
> la misura della diagonale minore;
> la misura del lato;
> la misura del perimetro del rombo. [168 m; 159 m; 636 m]

170 ●●○ In un rombo la diagonale minore misura 42 cm ed è $\frac{3}{4}$ della diagonale maggiore.
> Calcola la misura del perimetro del rombo.

171 ●●○ In un rombo la diagonale minore è lunga 72 cm mentre il lato la supera di 5 cm. Calcola:
> la lunghezza della diagonale maggiore (arrotonda ai centesimi);
> l'area del rombo. [136,13 cm; 4900,68 cm^2]

172 ●●○ Qual è il perimetro del deltoide *ABCD*? (Arrotonda ai decimi.) [23,4 cm]

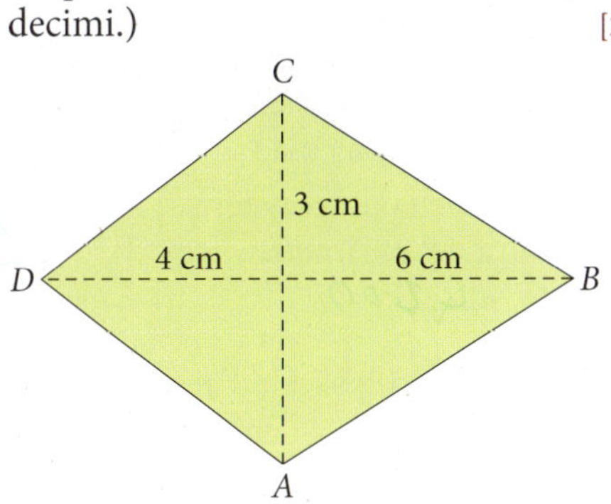

173 ●●○ Un quadrato, la cui area è 225 cm^2, ha lo stesso perimetro di un rombo in cui una delle diagonali è lunga 18 cm.
> Calcola l'area del rombo. [216 cm^2]

174 ●●○ Di un rombo abbiamo le seguenti informazioni:
a) il perimetro misura 1 m;
b) una diagonale misura 40 cm.
> Calcola l'area del rombo. [600 cm^2]

175 ●●○ Un rombo è equivalente a un quadrato il cui lato è 6 cm. Sai anche che una diagonale del rombo è 8 cm.
> Calcola la misura del perimetro del rombo. [24,08 cm]

176 ●●○ Il rombo *ABCD* ha l'area di 864 cm^2 e il lato di 30 cm. Calcola:
> la misura dell'altezza *DH*;
> la misura dei due segmenti *AH* e *HB* in cui l'altezza *DH* divide il lato *AB*. [28,8 cm; 8,4 cm; 21,6 cm]

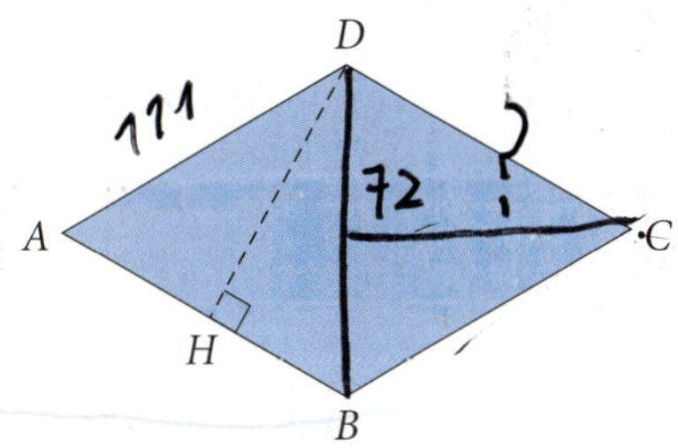

177 ●●● L'area di un rombo è 270 cm^2 e il rapporto fra le diagonali è $\frac{5}{12}$.
Determina:
> la lunghezza del perimetro del rombo;
> la distanza fra due lati paralleli. [78 cm; 13,85 cm]

178 ●●● Unendo i punti medi dei lati di un rettangolo si ottiene un rombo. Sai anche che l'area del rettangolo misura 3072 cm^2 e che una dimensione è $\frac{3}{4}$ dell'altra.
> Calcola la misura del perimetro delle due figure. [224 cm; 160 cm]

Parallelogramma

179 ●○○ In un parallelogramma i lati consecutivi *AB* e *BC* misurano rispettivamente 34 cm e 16 cm. Sai anche che la diagonale *BD* è perpendicolare al lato *AD*.
> Calcola l'area del parallelogramma. [480 cm^2]

180 ●○○ In un parallelogramma *ABCD* la diagonale *AC*, che misura 40 cm, è perpendicolare al lato obliquo *BC* lungo 30 cm. Determina:
> la misura dell'altezza *DH* relativa al lato *AB*;
> la misura del perimetro del parallelogramma. [24 cm; 160 cm]

ESERCIZI

181 ●●○ Un parallelogramma è diviso dalla diagonale minore in due triangoli rettangoli. Sai anche che la diagonale minore misura 48 cm e che il lato a essa perpendicolare è 36 cm.

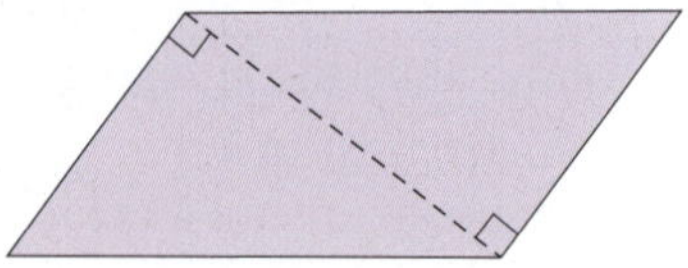

> Calcola la misura del perimetro e l'area del parallelogramma. [192 cm; 1728 cm^2]

182 **SCIENZE** ●○○ Due corpi partono contemporaneamente dallo stesso punto su semirette fra loro perpendicolari; essi viaggiano di moto rettilineo uniforme. Sapendo che la velocità del primo è 56 km/h e che quella del secondo è 42 km/h, calcola la distanza fra il primo e il secondo dopo mezz'ora. [35 km]

183 ●●○ In un parallelogramma *ABCD*, il lato *AD* misura 15 cm e la distanza del punto *C* dalla retta *AD* misura 24 cm.

Sai anche che il lato *AB* è il doppio del lato *AD* e che *H* è il piede dell'altezza dal punto *D* alla retta *AB*.

> Determina la lunghezza del perimetro e l'area del triangolo *ADH*. [36 cm; 54 cm^2]

184 ●●○ In un parallelogramma la lunghezza della diagonale minore è anche la distanza fra due lati paralleli. Sai anche che due lati consecutivi misurano rispettivamente 52,5 cm e 59,5 cm.

> Determina l'area del parallelogramma. [1470 cm^2]

185 ●●● Nel parallelogramma *ABCD* la base *AB* e l'altezza *DH* a essa relativa misurano ciascuna 8 cm. Sai che il piede dell'altezza divide la base in due parti *AH* e *HB*, con *AH* tripla di *HB*.

> Calcola l'area e la misura del perimetro del parallelogramma. [64 cm^2; 36 cm]

Trapezio isoscele

186 ●○○ In un trapezio isoscele la base maggiore misura 11 cm e gli altri tre lati misurano 5 cm ciascuno.

> Determina l'area del trapezio. [32 cm^2]

187 ●○○ Un trapezio isoscele ha le basi lunghe rispettivamente 14 m e 20 m. I lati non paralleli misurano 5 m ognuno.

> Determina l'altezza del trapezio.

188 ●○○ In un trapezio isoscele, la base maggiore misura 72 cm, la base minore 48 cm e l'altezza 37 cm.

> Calcola la lunghezza del lato obliquo.

189 ●○○ In un trapezio isoscele, il lato obliquo misura 49 cm, la base maggiore 94 cm e l'altezza 35 cm.

> Calcola la lunghezza della base minore. [25,42 cm]

190 ●●○ In questo trapezio isoscele il perimetro è lungo 96 m mentre l'altezza e il lato obliquo misurano 24 m e 25 m. Calcola:

> la misura delle basi;
> l'area. [16 m; 30 m; 552 m^2]

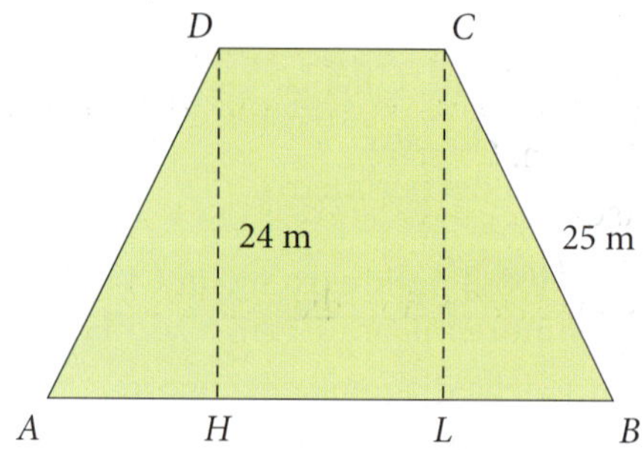

191 ●●○ Nel trapezio isoscele in figura il lato obliquo e le basi misurano 37 cm, 30 cm e 54 cm. Calcola:

> la misura dell'altezza;
> la misura del perimetro;
> l'area del trapezio.

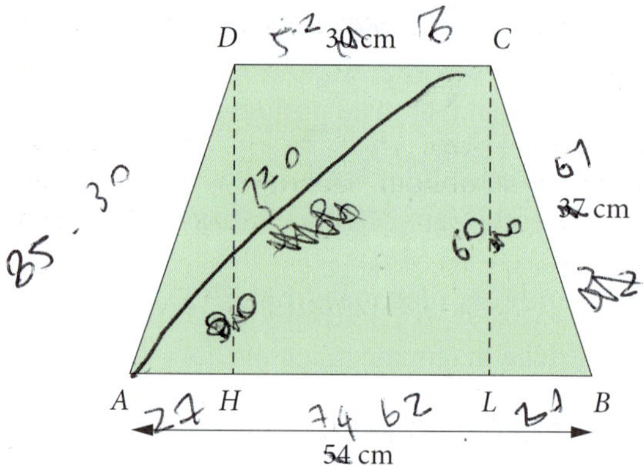

192 ●●○ In un trapezio isoscele la base minore e la base maggiore misurano 52 m e 74 m, mentre l'area è 3780 m^2. Calcola:

> la lunghezza del lato obliquo;
> la lunghezza della diagonale;
> la lunghezza del perimetro. [61 m; 87 m; 248 m]

193 ●●○ In un trapezio isoscele la base maggiore e la base minore misurano 62 cm e 8 cm, mentre l'altezza è lunga 120 cm. Calcola:

> la misura della diagonale;
> la misura del perimetro;
> l'area. [125 cm; 316 cm; 4200 cm^2]

194 ●●○ In un trapezio isoscele l'area è 600 cm^2 e le basi misurano 12 cm e 28 cm.

> Calcola la lunghezza del perimetro. [102,1 cm]

195 ●●● In un trapezio isoscele l'altezza misura 60 cm, il perimetro 189 cm mentre l'area è 1920 cm^2. Calcola:
> la lunghezza delle basi;
> la lunghezza della diagonale.

196 ●●○ In un trapezio isoscele la base minore misura 6 m e la base maggiore è il doppio della minore. Sai anche che ognuno dei lati obliqui misura 8 m.
> Calcola l'area del trapezio. [66,78 m^2]

197 ●●○ Disegna un trapezio isoscele nel quale la base maggiore misuri 9 cm, la base minore 4 cm, il lato obliquo 6,5 cm. Calcola:
> la misura dell'altezza del trapezio;
> l'area del trapezio;
> la misura delle due diagonali, arrotondando ai centesimi. [6 cm; 39 cm^2; 8,85 cm]

198 ●●○ L'area di un trapezio isoscele misura 1728 cm^2. La base maggiore supera la minore di 36 cm e la loro somma è 64 cm.
> Calcola la misura di ogni diagonale. [62,77 cm]

199 ●●● La diagonale di un trapezio isoscele è perpendicolare al lato obliquo e misura 60 cm. Sai anche che il perimetro misura 186 cm e il lato obliquo 45 cm.
> Calcola l'area del trapezio. [1728 cm^2]

200 ●●● Il trapezio isoscele *ABCD* ha le diagonali perpendicolari ai lati obliqui. Sai anche che la base maggiore e ciascun lato obliquo misurano rispettivamente 400 cm e 240 cm.
> Calcola la misura del perimetro e l'area del trapezio. [992 cm; 49 152 cm^2]

Trapezio rettangolo

201 ●○○ In un trapezio rettangolo l'altezza e la base minore misurano 24 cm e 25 cm, mentre il lato obliquo è lungo 25 cm. Calcola:
> la misura della diagonale maggiore;
> la misura del perimetro;
> l'area del trapezio. [40 cm; 106 cm; 684 cm^2]

202 ●○○ In un trapezio rettangolo la diagonale maggiore, la base maggiore e il lato obliquo misurano 53 cm, 28 cm e 51 cm. Calcola:
> la misura della base minore;
> la misura dell'altezza;
> l'area del trapezio. [4 cm; 45 cm; 720 cm^2]

203 ●●○ In un trapezio rettangolo l'area è 1800 cm^2 e la somma delle basi misura 90 cm.
> Sapendo che le basi sono una il doppio dell'altra, calcola il perimetro del trapezio.

Teoria a pag. 130

204 ●●○ **AL TELEFONO** Detta per telefono a Susanna il testo del problema riportato qui sotto e risolvilo.

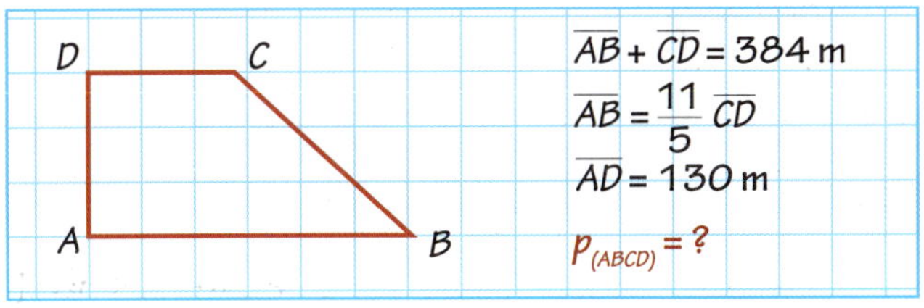

205 ●●● L'area di un trapezio rettangolo misura 486 cm^2, la sua altezza è lunga 12 cm e le basi sono una $\frac{4}{5}$ dell'altra.
> Calcola l'area del rombo che ha lo stesso perimetro del trapezio in cui una delle diagonali è lunga 32,4 cm. [699,84 cm^2]

Disegna un riferimento cartesiano e calcola le grandezze richieste assumendo come unità di misura *u* il lato del quadretto.

206 **ESERCIZIO GUIDATO**

In un riferimento cartesiano considera i punti *A* (1; 7) e *B* (9; 1). Calcola in unità *u* la loro distanza.

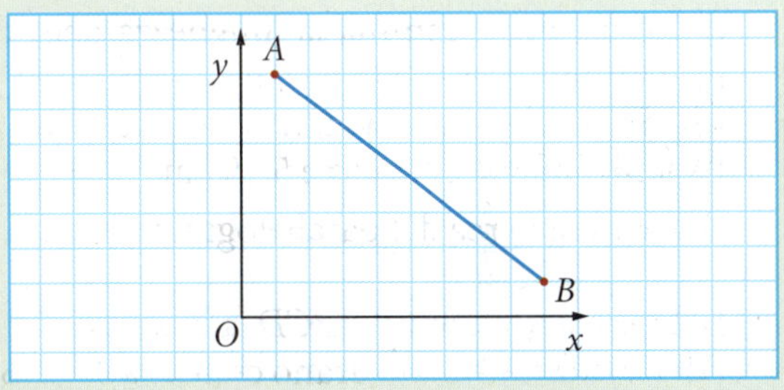

Disegna il triangolo rettangolo che ha il segmento *AB* come ipotenusa:

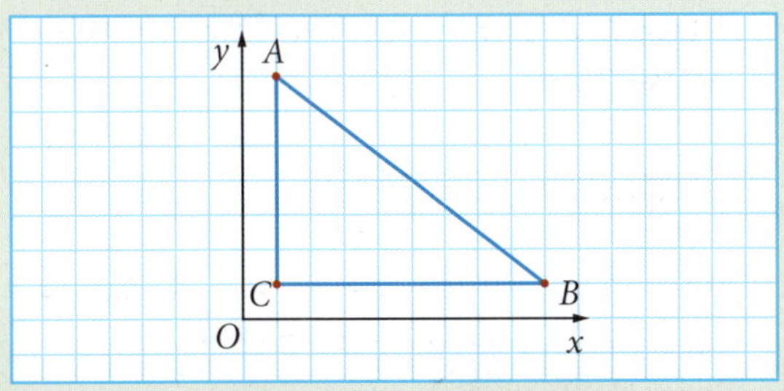

Determina in unità *u* la lunghezza dei cateti:
$\overline{CB} = 8$ $\overline{AC} =$ ......

Calcola la lunghezza dell'ipotenusa *AB* in unità *u*:
$\overline{AB} = \sqrt{\ldots + \ldots} = \sqrt{\ldots + \ldots} = \sqrt{\ldots} = \ldots$

207 ●○○ Disegna sul quaderno un riferimento cartesiano e considera i punti *A* (1; 0) e *B* (5; 3).
> Qual è la loro distanza? [5 *u*]

ESERCIZI

Disegna un riferimento cartesiano e calcola le grandezze richieste assumendo come unità di misura *u* il lato del quadretto. Guarda l'ESERCIZIO GUIDATO 206.

208 ●○○ In un riferimento cartesiano disegna il rettangolo di vertici A $(-2; -2)$, B $(4; -2)$, C $(4; 6)$ e D $(-2; 6)$.

> Calcola la lunghezza della diagonale.

209 ●○○ Disegna sul quaderno un riferimento cartesiano e considera i punti A $(-4; 1)$, B $(8; 1)$ e C $(8; 6)$.

> Calcola la lunghezza del perimetro e l'area del triangolo ABC.

[30 u; 30 u^2]

210 ●●○ Disegna sul quaderno un riferimento cartesiano e considera i punti A $(-2; 4)$, B $(5; 2)$, C $(4; -4)$ e D $(-5; -5)$. Calcola le loro distanze dall'origine O degli assi.

> Quale di essi è il più vicino? Quale il più lontano?

211 ●●○ In un riferimento cartesiano traccia il punto P $(-6; -8)$. Traccia il punto P' corrispondente di P in una simmetria di centro O (origine degli assi) e calcola la distanza fra P e P'.

[20 u]

212 ●●○ In un riferimento cartesiano traccia il punto Q $(-10; -3)$. Traccia il punto Q' corrispondente di Q in una simmetria di centro P $(2; 2)$ e calcola la distanza fra Q e Q'.

213 ●●○ Nel rettangolo dell'esercizio 208 considera il punto P $(3; 4)$.

> Calcola la sua distanza dai vertici del rettangolo arrotondando ai decimi.

[7,8 u; 6,1 u; 2,2 u; 5,4 u]

214 ●●○ Disegna sul quaderno un riferimento cartesiano e considera i punti A $(-3; -1)$, B $(4; -5)$ e C $(-1; 3)$.

> Calcola le loro reciproche distanze, arrotondando ai decimi.

215 ●●○ Disegna sul quaderno un riferimento cartesiano e considera i punti A $(4; 1)$, B $(8; 4)$ e C $(1; 5)$.

> Verifica per mezzo del teorema di Pitagora che tale triangolo è rettangolo e isoscele.

> Calcola la lunghezza del suo perimetro e la sua area. (Arrotonda, se necessario, ai decimi.)

[17,1 u; 12,5 u^2]

216 ●●○ Disegna sul quaderno un riferimento cartesiano e considera i punti A $(1; 1)$, B $(13; 6)$ e C $(6; 13)$.

> Verifica che tale triangolo è isoscele e calcola la lunghezza del suo perimetro. (Arrotonda, se necessario, ai decimi.)

217 ●○○ MATHS A *ship* left the port and *sailed* 5 *miles east* and then 7 miles *north*.

> How far was the ship from the port then?

GLOSSARY

ship = nave
to sail = navigare
mile = miglio marino
east = est
north = nord

218 ●●○ Il triangolo rettangolo ABC ha i cateti AB e AC che misurano rispettivamente 60 cm e 80 cm.

> Calcola la misura dell'altezza relativa all'ipotenusa e la misura delle proiezioni dei due cateti sull'ipotenusa.

[48 cm; 64 cm; 36 cm]

219 ●●○ Il perimetro di un triangolo è lungo 48 cm; sai anche che i lati minori sono rispettivamente $\frac{3}{5}$ e $\frac{4}{5}$ del lato maggiore.

> Verifica che il triangolo è rettangolo.

> Calcola la misura dell'altezza relativa all'ipotenusa.

[9,6 cm]

220 ●●○ L'area di un triangolo rettangolo è 24 dm^2 e un cateto misura 8 dm. Calcola:

> la misura dell'ipotenusa e la misura dell'altezza a essa relativa;

> l'area di ciascun triangolo in cui l'altezza relativa all'ipotenusa divide il triangolo dato.

[10 dm; 4,8 dm; 8,64 dm^2; 15,36 dm^2]

221 ●●○ L'altezza di un triangolo misura 24 cm e divide la base in due parti che misurano rispettivamente 10 cm e 7 cm.

> Classifica il triangolo rispetto ai lati.

> Calcola il perimetro.

[68 cm]

222 ●●● Il quadrilatero $ABCD$ è formato dal triangolo equilatero ABD e dal triangolo rettangolo BDC retto in $\widehat{C}$. Sai anche che i cateti del triangolo rettangolo misurano 225 cm e 300 cm.

> Calcola l'area e il perimetro del quadrilatero arrotondando le unità.

[94 642 cm^2; 1275 cm]

223 **UNA PAUSA**

a) **Indovina**

> Se il disegno prosegue verso sinistra, indica verso quale direzione punta la ventisettesima freccia. ....

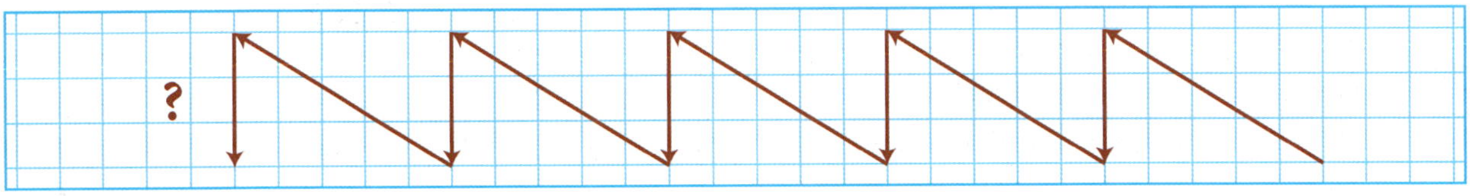

b) **Disegna**

> Disegna questa figura, appoggiata sulla faccia colorata.

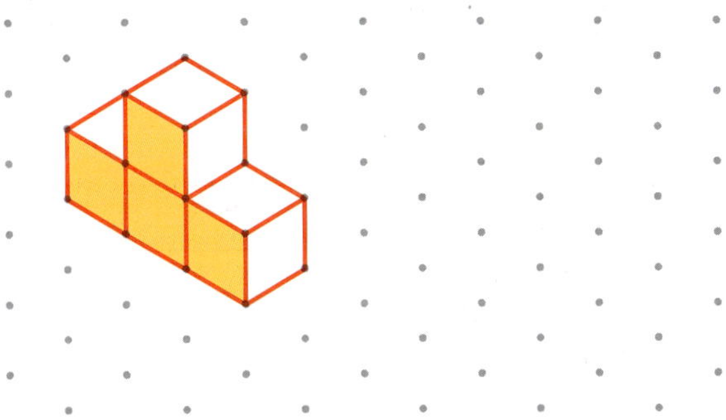

c) **Ragiona**

> Nel disegno ● = 1 unità.
Quante unità pesa ciascuna banana? ....

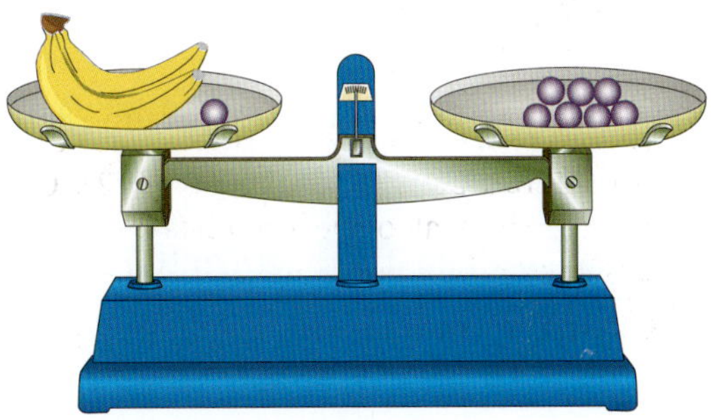

224 **INTORNO A NOI** Nella tua scuola si vogliono costruire un campo da basket e uno da pallavolo. Il preside affida a te e ai tuoi compagni il progetto. Ecco i diversi passi che devi fare.

> Cerca su Internet quali sono le dimensioni dei due campi regolamentari e compila la seguente tabella.

campo	lunghezza	larghezza
basket		
pallavolo		

> Disegna su un foglio di carta un piccolo modello in scala 1:100 di ciascuno dei campi.

> Nella tua aula, o nel corridoio della scuola, costruisci un altro modello in scala 1:10 delimitando con lo spago il tracciato di ogni campo. Descrivi il metodo che usi per essere sicuro che il tuo modello sia un rettangolo e non un parallelogramma.

4 Il teorema di Pitagora e il quadrato

MI ALLENO

225 ●○○ **NEL QUADERNO DELLE REGOLE** Copia sul quaderno la dimostrazione della formula del teorema di Pitagora applicato al quadrato e fai un disegno.

226 ●○○ Ricopia sul quaderno e completa la tabella relativa a un insieme di quadrati.

lato	3 cm	10 dm				
diagonale	$3\sqrt{2}$ cm				$5\sqrt{2}$ dm	
perimetro	12 cm			30 m		7,6 cm
area	9 cm^2		121 cm^2			

Teoria a pag. 132

ESERCIZI

227 Calcola la misura della diagonale del quadrato ●○○ *ABCD*. [$7\sqrt{2}$ cm]

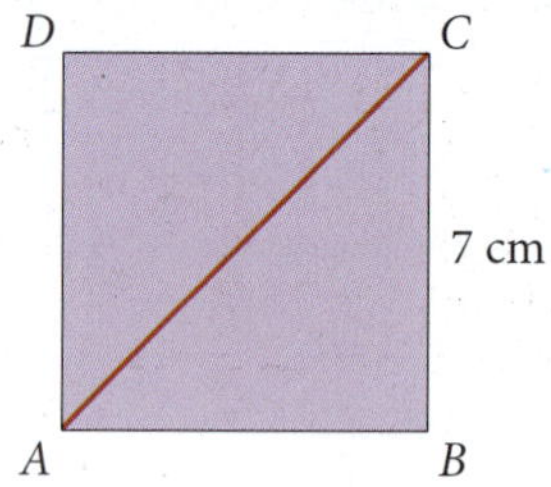

228 In un quadrato il lato misura 0,3 m.
●○○ > Calcola la lunghezza della diagonale approssimando ai centesimi.

229 In un quadrato il perimetro misura 28 dm.
●○○ > Calcola la lunghezza della diagonale.

230 In un quadrato il perimetro misura 26,8 cm.
●○○ > Calcola la lunghezza della diagonale approssimando ai centesimi.

231 In un quadrato l'area è 36 cm^2.
●○○ > Calcola la lunghezza della diagonale. [$6\sqrt{2}$ cm]

232 In un quadrato l'area misura 29,16 cm^2.
●○○ > Calcola la lunghezza della diagonale approssimando ai centesimi. [7,64 cm]

233 In un quadrato l'area misura 50 m^2.
●○○ > Calcola la lunghezza della diagonale. [10 m]

234 In un quadrato l'area misura 5,78 cm^2.
●○○ > Calcola la lunghezza della diagonale.

235 In un quadrato la diagonale misura 22 cm.
●○○ > Calcola la misura del lato. $\left[\frac{22}{\sqrt{2}} \text{ cm}\right]$

236 In un quadrato la diagonale misura $9\sqrt{2}$ m.
●○○ > Calcola la misura del lato.

237 In un quadrato la misura della diagonale, approssimata ai centesimi, è 1,41 cm.
●○○
> Calcola la misura del lato. [1 cm]

238 Calcola la lunghezza del perimetro di un quadrato ●○○ la cui diagonale misura $3\sqrt{2}$ m.

239 **EUREKA!** Questo disegno si può tracciare senza staccare la matita (o la penna) dal foglio, se non contiamo il simbolo dell'angolo retto e se non passiamo due volte sullo stesso segno.

> Riproduci il disegno sul quaderno, controlla di tracciarlo senza staccare la matita dal foglio, e infine calcola la lunghezza totale del percorso della matita.

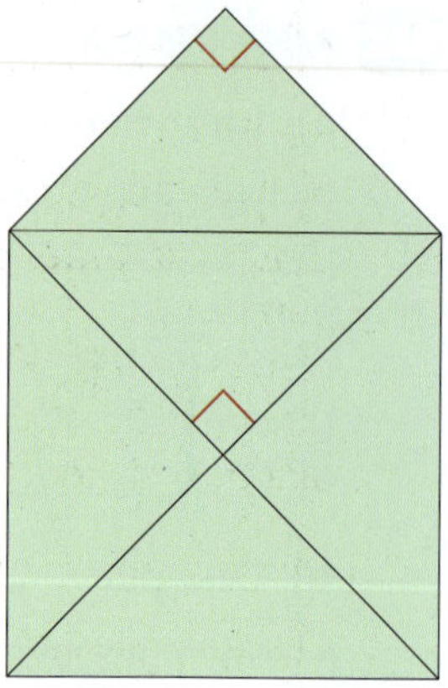

RISOLVO PROBLEMI

240 In un quadrato il segmento che congiunge un vertice con il centro misura 8 cm.
●●○
> Calcola l'area del quadrato e la lunghezza del lato. (Arrotonda ai decimi.) [11,3 cm; 128 cm^2]

241 Determina la lunghezza del perimetro e l'area di ●●○ ciascuno dei tre quadrati in figura.
> Che cosa osservi, a proposito dei loro perimetri?
> Che cosa osservi, a proposito delle loro aree?

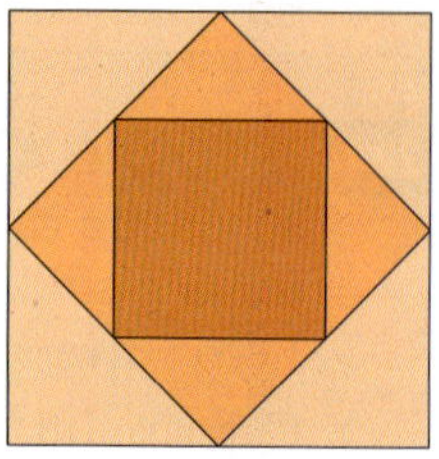

242 Osserva il disegno qui sotto e riproducilo con la ●●○ matita sul tuo quaderno.
> Determina la lunghezza totale del percorso che fa la matita. [$(16+8\sqrt{2})$ cm]

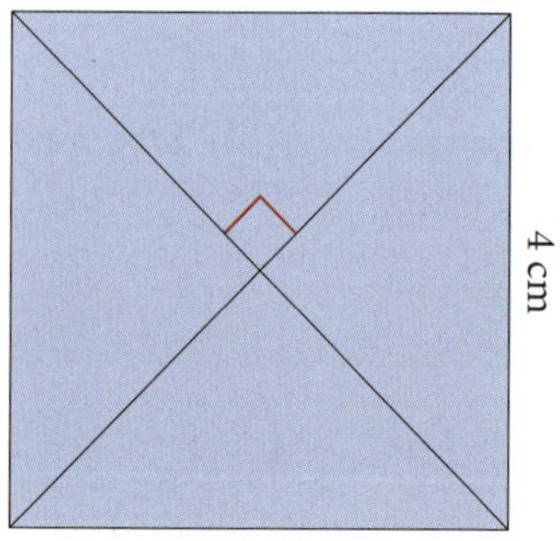

243 Un quadrato ha l'area di 400 cm^2. Un rettangolo è ●●○ equivalente al quadrato e le sue dimensioni sono una $\frac{1}{4}$ dell'altra. Calcola:
> la lunghezza della diagonale del quadrato;
> la lunghezza della diagonale del rettangolo.
[28,28 cm; 41,23 cm]

244 ●●○ In un rettangolo la base è $\frac{4}{5}$ della diagonale che misura 60 cm. Un quadrato ha la diagonale lunga come la diagonale del rettangolo.

> Calcola la differenza tra i perimetri delle due figure. [1,71 cm]

245 ●●○ Disegna sul tuo quaderno il quadrato somma dei quadrati indicati.

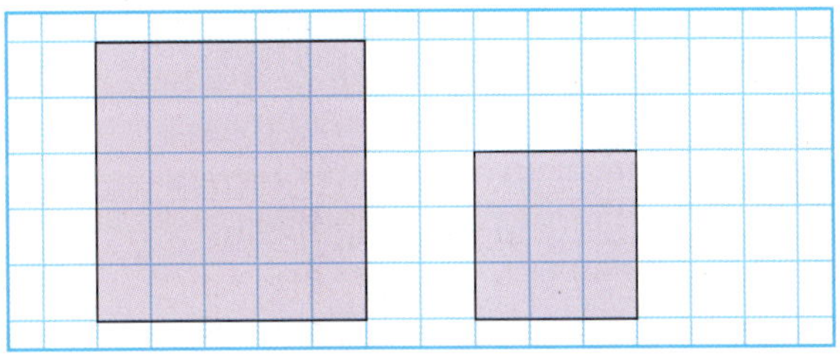

246 ●●● Una formichina posta sul vertice A del cubo, il cui spigolo è lungo 10 cm, deve raggiungere il vertice B. Il percorso ACB passa per il vertice C; il percorso AMB passa per il punto medio M dello spigolo CD.

> Qual è il tragitto più breve?
> Sai dire qual è la differenza in millimetri, se c'è, fra i due percorsi?

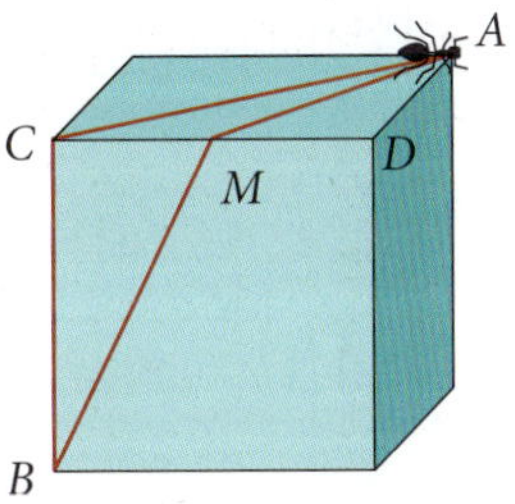

247 ●●● Considera un quadrato di lato 10 cm. Di quanto aumenta la lunghezza della sua diagonale, se la lunghezza del lato del quadrato aumenta di 3 cm? E se aumenta di x cm?

248 **UNA PAUSA**

a) Indovina

> In questa sequenza che cosa viene dopo?
43, 60, 77, 94, 111, 128, 145, 162, 179, ...

b) Disegna

> Disegna la figura simmetrica rispetto alla retta l.

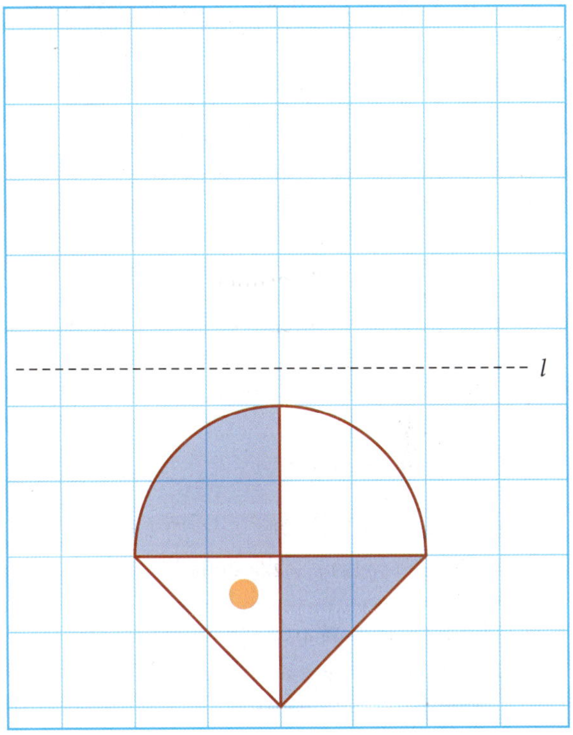

c) Ragiona

> Scrivi la lettera che nella parola *Brindisi* è tre lettere dopo la consonante che segue la prima *i*.

....

249 **INTORNO A NOI** Il cric è uno strumento che si utilizza per sollevare un'automobile quando occorre cambiare una ruota. Il cric che vedi in figura ha la forma di un rombo con il lato lungo 40 cm.
Quando viene alzato al massimo diventa un quadrato.

> Di quanto al massimo si può sollevare l'automobile da terra? (arrotonda ai centesimi)

Teoria a pag. 132

ESERCIZI

5 Il teorema di Pitagora e il triangolo equilatero

MI ALLENO

250 ●○○ **NEL QUADERNO DELLE REGOLE** Copia la dimostrazione del teorema di Pitagora applicato al triangolo equilatero e fai il disegno.

251 ●○○ Il triangolo *ABC* è equilatero.

> Calcola la misura dell'altezza. [$4\sqrt{3}$ cm]

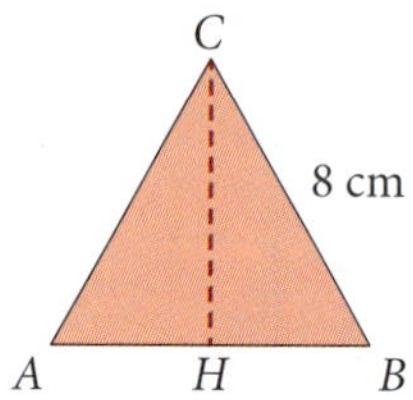

252 ●○○ Il lato di un triangolo equilatero misura 18 cm.

> Calcola la misura dell'altezza. [$9\sqrt{3}$ cm]

253 ●○○ In un triangolo equilatero il perimetro misura 66 m.

> Calcola la misura dell'altezza. [$11\sqrt{3}$ m]

254 ●○○ Il perimetro di un triangolo equilatero misura 48 cm.

> Calcola l'area.

255 ●○○ L'altezza di un triangolo equilatero misura 10 cm.

> Calcola la lunghezza del lato. $\left[\frac{20}{\sqrt{3}}\text{ cm}\right]$

256 ●○○ L'altezza di un triangolo equilatero misura 7,5 cm.

> Calcola la lunghezza del lato.

257 ●○○ L'altezza di un triangolo equilatero misura $3{,}3\sqrt{3}$ m.

> Calcola la lunghezza del perimetro. [19,8 m]

258 ●○○ In un triangolo equilatero l'altezza misura $0{,}6\sqrt{3}$ m.

> Calcola la misura del lato e l'area. [1,2 m; $0{,}36\sqrt{3}$ m^2]

259 ●●○ Completa la tabella relativa a un insieme di triangoli equilateri.

lato	4 cm			0,52 m		
altezza	$2\sqrt{3}$ cm	$7\sqrt{3}$ m			$4{,}5\sqrt{3}$ dm	
perimetro	12 cm		16,8 cm			
area	$4\sqrt{3}$ cm^2					$16\sqrt{3}$ cm^2

260 **EUREKA!** Lega un elastico a due chiodi fissati su un'asse di legno nei punti *A* e *B* distanti fra loro 30 cm. Dal punto medio *M* tendi l'elastico in modo da formare un triangolo isoscele *ABC*. Disegna sul quaderno l'elastico e i chiodi, come nella figura.

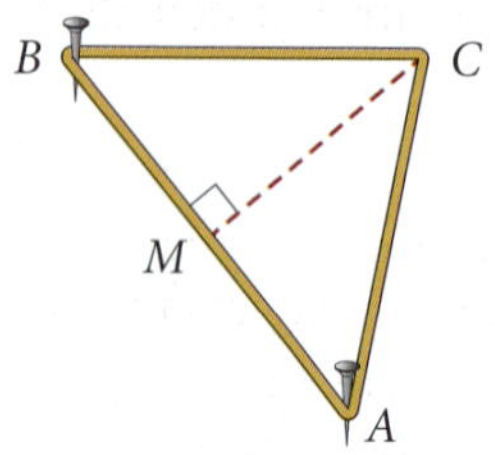

> Calcola la lunghezza di *AC*:

a) prima che l'elastico sia teso;
b) quando hai formato un triangolo equilatero; in questo caso calcola anche la lunghezza di *CM*.

RISOLVO PROBLEMI

261 ●●○ Considera un triangolo rettangolo i cui lati misurano rispettivamente 3 cm, 4 cm e 5 cm. Su ognuno dei lati è costruito un triangolo equilatero.

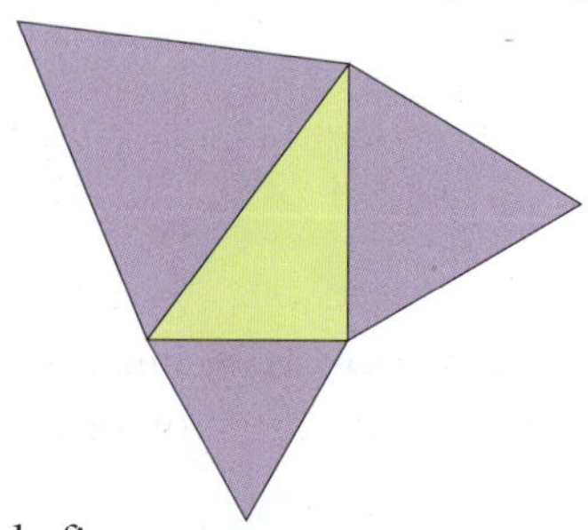

> Disegna la figura.
> Calcola le aree dei tre triangoli equilateri.
> Verifica che il triangolo costruito sull'ipotenusa è equivalente alla somma dei triangoli costruiti sui cateti.

262 ●●○ Un quadrato e un triangolo equilatero hanno lo stesso perimetro lungo 84 cm.

> Calcola la loro area, arrotondando il risultato ai centesimi, se necessario. [441 cm^2; 339,48 cm^2]

263 ●●○ Calcola l'area dei tre diversi triangoli equilateri.

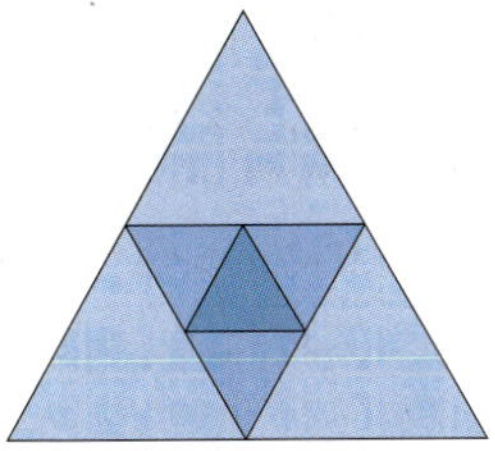

[$64\sqrt{3}$ cm^2; $16\sqrt{3}$ cm^2; $4\sqrt{3}$ cm^2]

264 ●●○ Un poligono è formato da un quadrato che ha il perimetro di 56 cm, sormontato da un triangolo equilatero il cui lato coincide con il lato del quadrato.

> Calcola l'area del poligono. [$(196 + 49\sqrt{3})$ cm^2]

265 ●●○ Da una lastra di lamiera rettangolare che misura 20 dm per 12 dm si staccano due pezzi a forma di triangolo equilatero il cui lato è $\frac{1}{5}$ della dimensione maggiore della lastra.

> Calcola l'area della superficie rimanente. [$(240 - 8\sqrt{3})$ dm^2]

266 ●●○ Due navi partono contemporaneamente dallo stesso porto e si dirigono verso il mare aperto alla stessa velocità di 7 miglia all'ora.
Sapendo che le loro direzioni formano un angolo di 60°, calcola la loro distanza in kilometri quando sono trascorse due ore.
(1 miglio marino = 1852 m) [26 km circa]

267 **INTORNO A NOI** Procurati un foglio di carta a quadretti e segna con un punto i vertici dei quadrati. Su questo foglio traccia una circonferenza con il centro in uno di questi punti, come vedi nella figura. Quanto misura il raggio di questa circonferenza, assumendo come unità di misura il lato del quadrato?

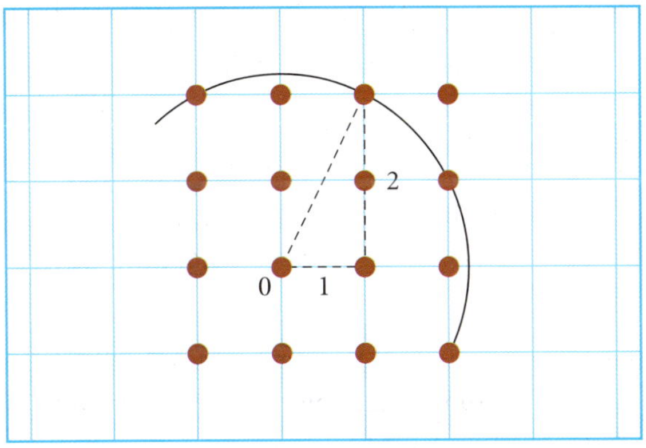

a $\sqrt{2}$ b $\sqrt{3}$ c $\sqrt{5}$ d 3

Costruisci, sempre su questo foglio, le circonferenze con il centro in uno dei punti del foglio e i raggi lunghi rispettivamente: $\sqrt{10}$; $\sqrt{29}$; $\sqrt{50}$; $\sqrt{65}$; $\sqrt{85}$.

> Che cosa osservi?

Ciascuna circonferenza che hai costruito passa soltanto per alcuni dei punti segnati.

> Spiega perché.

6 Il teorema di Pitagora applicato ai triangoli con angoli di 45°, 30°, 60°

MI ALLENO

268 ●○○ **NEL QUADERNO DELLE REGOLE** Copia le regole e le formule del teorema di Pitagora applicato ai triangoli con angoli di 45°, 30°, 60°.

269 ●○○ In un triangolo rettangolo uno degli angoli acuti è ampio 45° e uno dei cateti misura 10 cm.

> Calcola la misura dell'ipotenusa. [$10\sqrt{2}$ cm]

270 ●●○ In un triangolo rettangolo isoscele l'ipotenusa misura $21\sqrt{2}$ m. Calcola:

> la misura dei cateti;
> la lunghezza del perimetro;
> l'area. [21 m; $(42 + 21\sqrt{2})$ m; 220,5 m^2]

271 ●●○ L'area di un triangolo rettangolo isoscele è 18 m^2.

> Calcola la misura dell'altezza relativa all'ipotenusa.

272 ●●○ In un triangolo rettangolo gli angoli acuti sono congruenti e l'ipotenusa misura 12 cm. Calcola:

> la misura dei cateti;
> la lunghezza del perimetro;
> l'area. $\left[\frac{12}{\sqrt{2}}\text{ cm}; \left(12 + \frac{24}{\sqrt{2}}\right)\text{ cm}; 36\text{ cm}^2\right]$

273 ●●○ In un triangolo rettangolo un angolo è ampio 30° e l'ipotenusa misura 8 cm. Calcola:

> la lunghezza dei cateti;
> l'area. [4 cm; $4\sqrt{3}$ cm; $8\sqrt{3}$ cm^2]

Teoria a pag. 136

ESERCIZI

274 ●●○ In un triangolo rettangolo un angolo è ampio 60° e il cateto minore misura 17 cm. Calcola:
- > la lunghezza dell'ipotenusa e dell'altro cateto;
- > l'area.

275 ●●○ In un triangolo rettangolo l'ipotenusa è doppia del cateto minore che misura 2,8 m. Calcola:
- > la lunghezza del perimetro;
- > l'area. [$(8,4+2,8\sqrt{3})$ m; $3,92\sqrt{3}$ m^2]

276 ●●○ In un triangolo rettangolo gli angoli acuti sono uno il doppio dell'altro e il cateto maggiore misura $12\sqrt{3}$ cm. Calcola:
- > la lunghezza del perimetro;
- > l'area.

277 ●●○ Completa la tabella relativa a un insieme di triangoli rettangoli isosceli.

cateto	4 cm	1 m				
ipotenusa	$4\sqrt{2}$ cm		$5\sqrt{2}$ m			6 cm
perimetro	$(8+4\sqrt{2})$ cm			$(12+6\sqrt{2})$ m		
area	8 cm^2				16 cm^2	

278 ●●○ Completa la tabella relativa a un insieme di triangoli rettangoli con angoli di 30° e 60°.

ipotenusa	10 cm			11 m		
cateto minore	5 cm	10 cm			0,4 m	
cateto maggiore	$5\sqrt{3}$ cm		$4\sqrt{3}$ dm			15 dm
perimetro	$(15+5\sqrt{3})$ cm					
area	$12,5\sqrt{3}$ cm^2					

279 **EUREKA!** Con quattro asticciole della stessa lunghezza forma un quadrato (puoi prendere quattro cannucce da bibita e unirle con quattro nettapipe che si trovano dal tabaccaio).

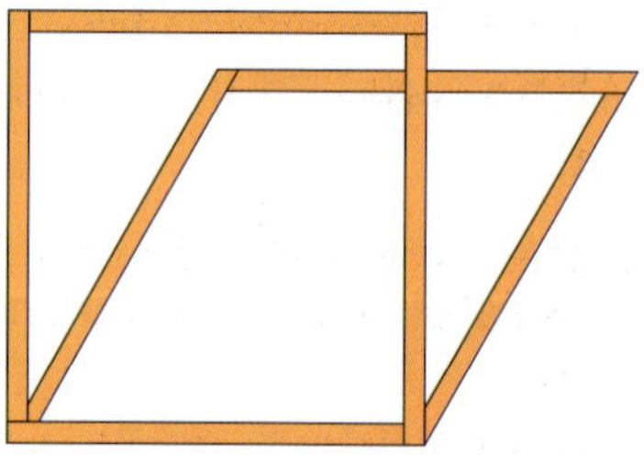

- > Quanto è lungo il lato?
- > Calcola la lunghezza della diagonale del quadrato e la sua area.

Modifica ora la sua forma: non deve essere più un quadrato, ma un rombo con gli angoli acuti di 60° (usa il goniometro).
- > Calcola la lunghezza delle sue diagonali e la sua area.
- > Qual è maggiore, l'area del quadrato o l'area del rombo?

RISOLVO PROBLEMI

280 ●●○ Un trapezio isoscele ha l'area di 288 cm^2, la base minore congruente all'altezza e gli angoli adiacenti alla base di 45°.
- > Calcola la lunghezza del perimetro. [$(48+24\sqrt{2})$ cm]

281 ●●○ Calcola il perimetro e l'area di *ABCDE*.

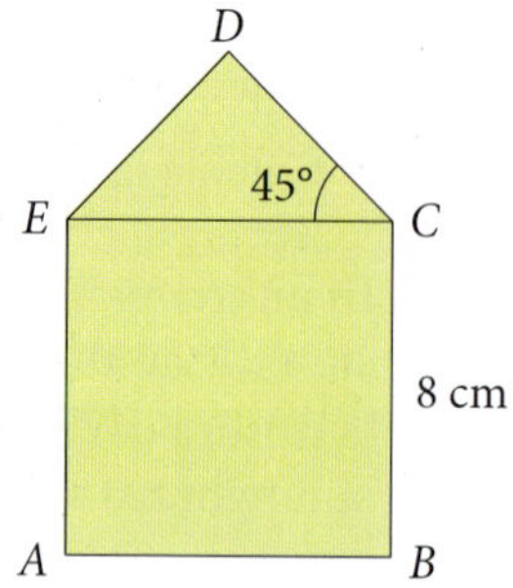

282 ●●○ Calcola la lunghezza del perimetro e l'area del quadrilatero *QUAD*, sapendo che *QA* misura 8 cm.

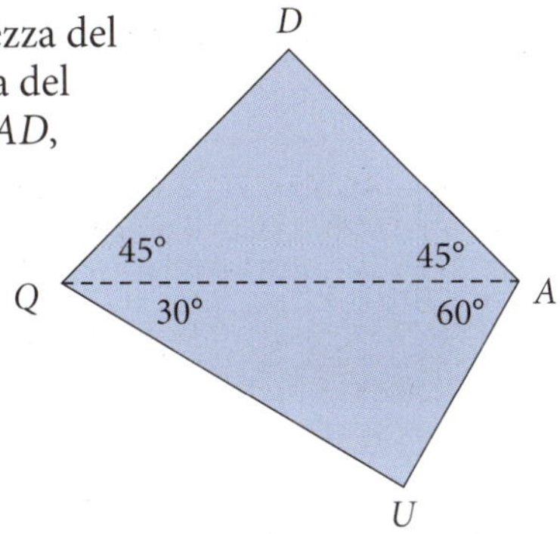

283 ●●○ Nella figura *BC* e *DA* sono perpendicolari tra loro. Trova le lunghezze di *AE* e *CD*. [$2{,}5\sqrt{3}$ cm; 6 cm]

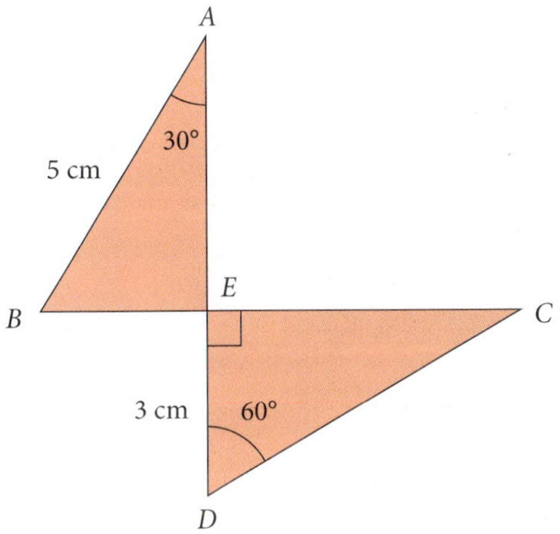

284 ●●○ Calcola l'altezza del muro (approssima ai centesimi).

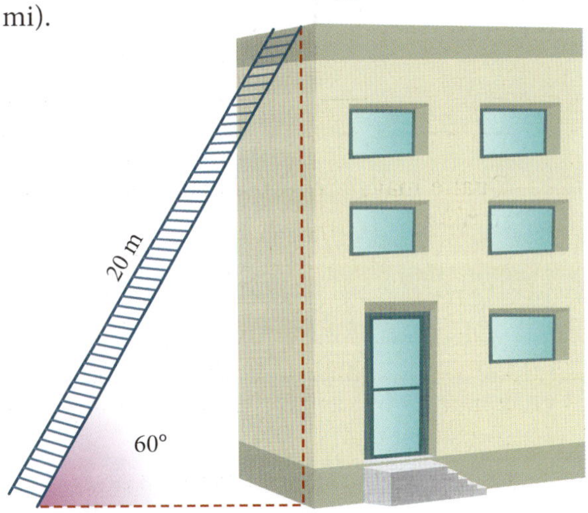

285 ●●○ In un rombo i due angoli ottusi misurano 120° ciascuno e la lunghezza del perimetro è 160 cm.

> Calcola l'area del rombo.

286 ●●○ In un triangolo isoscele l'angolo al vertice è ampio 120° e l'altezza relativa alla base misura 48 cm.

> Calcola la lunghezza del perimetro e l'area.

[$(192 + 96\sqrt{3})$ cm; $2304\sqrt{3}$ cm^2]

287 ●●○ Considera il triangolo *ABC* nel quale l'altezza *CH* misura 5 cm.

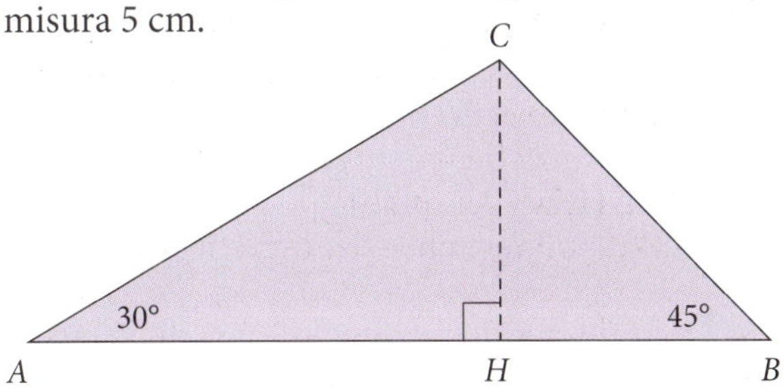

> Determina l'ampiezza degli angoli $A\widehat{C}H$ e $B\widehat{C}H$.
> Qual è la lunghezza di *BC* e di *AC*?
> Calcola l'area di *ABC*.

[60°; 45°; $5\sqrt{2}$ cm; 10 cm; 34,15 cm^2]

288 ●●○ In un rettangolo la diagonale misura 18 cm e forma con la dimensione minore un angolo di 60°.

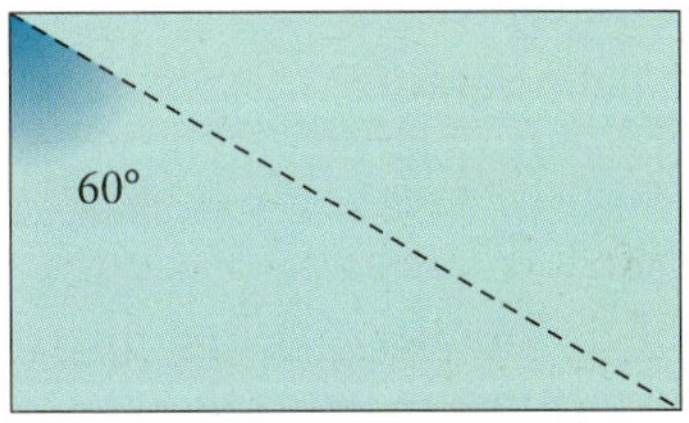

> Calcola il perimetro del rettangolo.

289 ●●○ La diagonale minore *AC* divide il rombo *ABCD* in due triangoli equilateri; il perimetro di ciascun triangolo misura 180 cm.

> Calcola l'area del rombo.

[$1800\sqrt{3}$ cm^2]

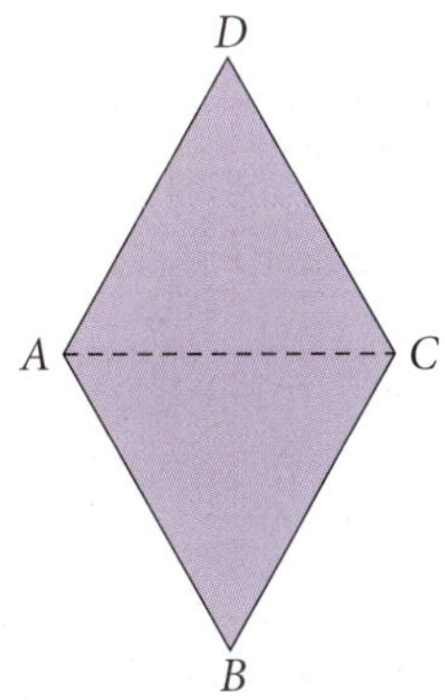

290 ●●○ In un trapezio isoscele gli angoli acuti sono ampi 45° e le basi misurano 54 cm e 24 cm.

> Calcola perimetro e area del trapezio.

291 ●●● Il triangolo scaleno *ABC* ha i due angoli adiacenti alla base *BC* di 45° e 30° mentre l'altezza *AH* misura 9 cm.

> Calcola, arrotondando ai centesimi, il perimetro e l'area.

292 ●●● Il parallelogramma *ABCD* ha l'area di 1296 cm^2, l'angolo $\widehat{A}$ di 45° e l'altezza *DH* relativa al lato *AB* di 24 cm. Calcola, arrotondando ai centesimi:

> la lunghezza dei lati;
> l'altra altezza del parallelogramma.

Teoria a pag. 136

ESERCIZI

293 ●●● In un rombo due angoli opposti sono ampi ciascuno 60° e la diagonale maggiore misura $12\sqrt{3}$ cm. Calcola:

> la lunghezza del perimetro e l'area;
> la distanza del punto di intersezione delle diagonali dai lati del rombo;
> l'altezza del rombo. [48 cm; $72\sqrt{3}$ cm²; $3\sqrt{3}$ cm; $6\sqrt{3}$ cm]

294 ●●● In un trapezio rettangolo l'angolo ottuso è ampio 150°, la diagonale minore è uguale al lato obliquo e l'altezza misura 20 cm.

> Calcola la lunghezza del perimetro e l'area.

295 ●●● Il rombo *ABCD* ha gli angoli acuti $\widehat{B}$ e $\widehat{D}$ ampi 30° e il lato lungo 54 cm. Traccia l'altezza *AH* relativa al lato *CD*. Che triangolo è *AHD*? Calcola, arrotondando ai centesimi:

> l'area del rombo;
> la lunghezza delle diagonali.

[1458 cm²; 27,95 cm; 104,33 cm]

296 ●●● Calcola la lunghezza del perimetro e l'area del parallelogramma in figura. [$(24 + 12\sqrt{3})$ cm; $36\sqrt{3}$ cm²]

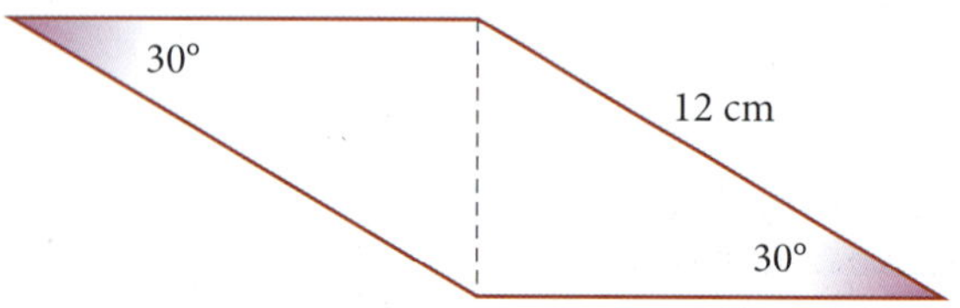

297 ●●○ **VERSO IL CODING** Disegna la figura seguendo il codice.

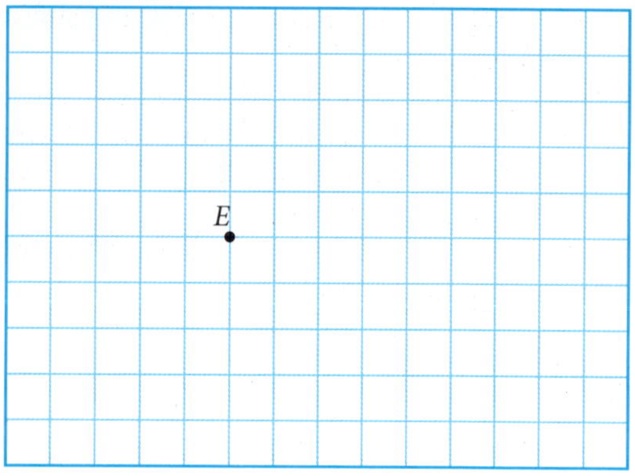

Inizio
Parti da E e vai verso il basso
Ripeti 3 volte
Disegna un segmento di 2 cm
Gira a sinistra di 90 °
>
Gira a destra di 60°
Disegna un segmento di 2 cm
Gira a sinistra di 120°
Disegna un segmento di 2 cm
Gira a sinistra di 120°
Disegna un segmento di 2 cm

298 **UNA PAUSA**

a) **Indovina**

> In questa sequenza che cosa viene dopo?

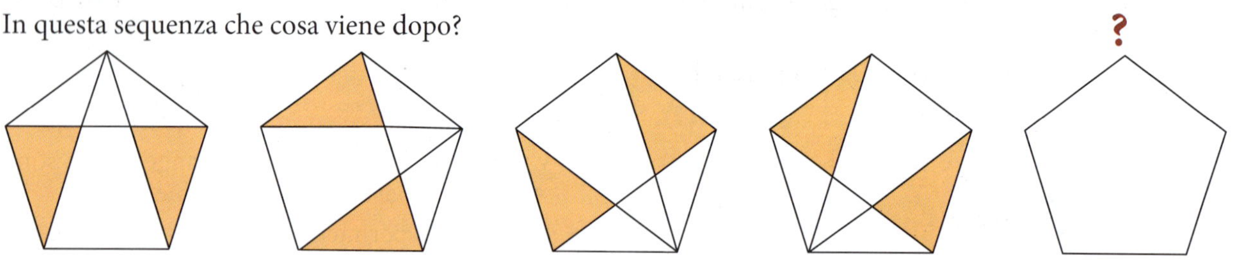

b) **Disegna**

> Disegna un rombo *ABCD* con l'angolo in *B* di circa 45°.

c) **Ragiona**

> Qui a fianco vi è un grande quadrato suddiviso in 100 quadretti più piccoli.

Quale «percentuale» del quadrato è stata colorata?

..............................%

Quale «percentuale» è rimasta non colorata?

..............................%

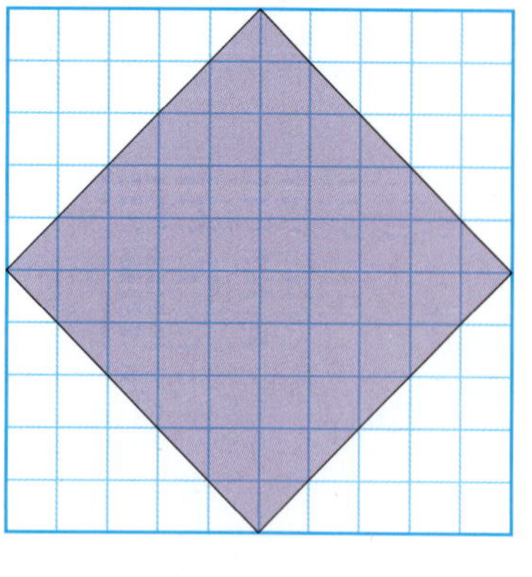

299 **INTORNO A NOI** Risolvendo questo esercizio imparerai a posizionare la radice quadrata di 2 sulla semiretta numerica.

- Disegna la semiretta numerica (è sufficiente che disegni solo la parte dei numeri naturali).
- Posiziona i primi quattro numeri naturali a distanza regolare a partire da 0.
- In corrispondenza del numero 1, disegna un segmento perpendicolare alla semiretta e di lunghezza uguale alla distanza tra 0 e 1. Indica con A l'estremo superiore di questo segmento.
- Punta il compasso sullo 0 e aprilo fino a toccare il punto A. Il segmento $0A$ misura esattamente $\sqrt{2}$.

> Spiega perché.

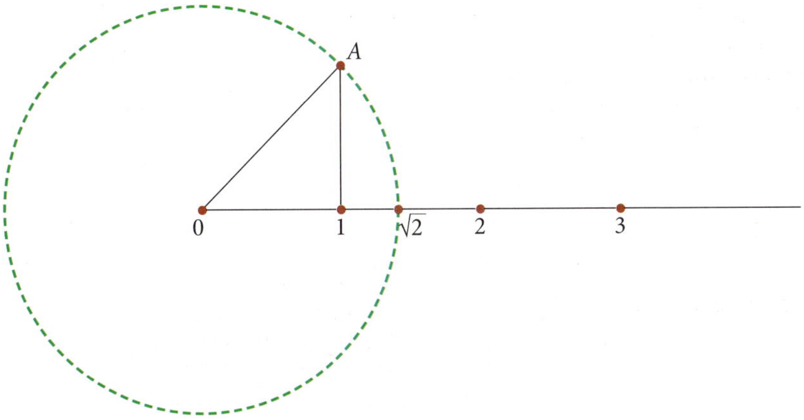

300 **INVALSI 2014** Leonardo vuole costruire una mensola come quella in figura. La parte sporgente delle assi della mensola è di lunghezza uguale a quella del lato del quadrato centrale.

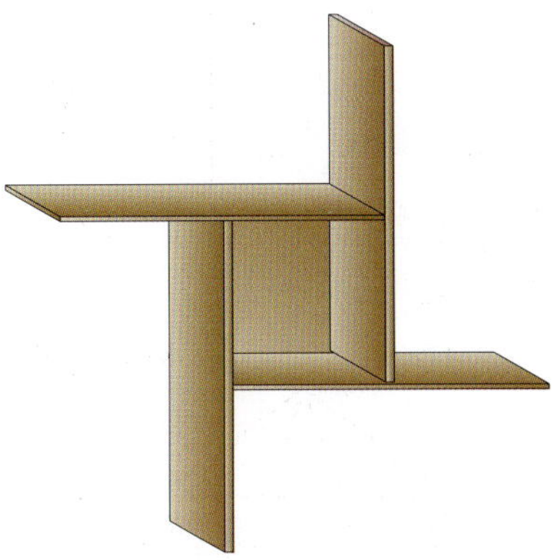

Qui sotto è riportato lo schema della parte posteriore della mensola con le misure.

Affinché la mensola sostenga il peso dei libri è necessario mettere una sbarretta d'acciaio che colleghi il punto A con il punto B, come nello schema.

a) Quanto deve essere lunga la sbarretta?

A. ☐ Circa 11 dm

B. ☐ Circa 16 dm

C. ☐ Circa 20 dm

D. ☐ Circa 25 dm

b) Scrivi come hai fatto per trovare la risposta.

....

....

....

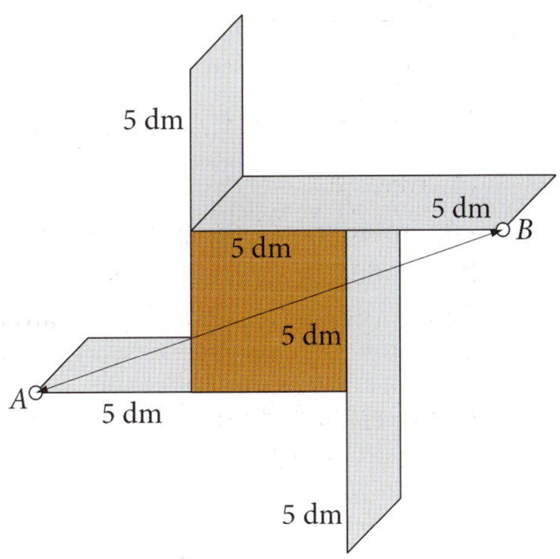

Teoria a pag. 136

ESERCIZI

MAPPA DI SINTESI

IL TEOREMA DI PITAGORA

Dato un triangolo rettangolo, il quadrato costruito sull'ipotenusa è equivalente alla somma dei quadrati costruiti sui cateti.

$a^2 = b^2 + c^2 \qquad a = \sqrt{b^2 + c^2}$

$b^2 = a^2 - c^2 \qquad b = \sqrt{a^2 - c^2}$

$c^2 = a^2 - b^2 \qquad c = \sqrt{a^2 - b^2}$

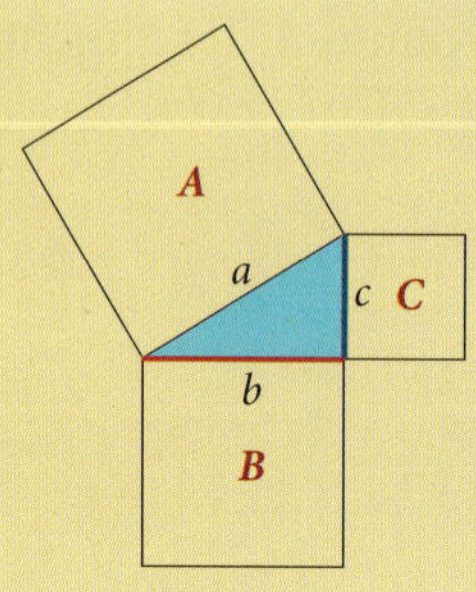

A = B + C

Vale **l'inverso del Teorema di Pitagora.**
Se in un triangolo il quadrato costruito sul lato maggiore è equivalente alla somma dei quadrati costruiti sui due lati restanti, l'angolo opposto a tale lato è retto.

DEF è un triangolo rettangolo perché:

$6^2 + 8^2 = 10^2$

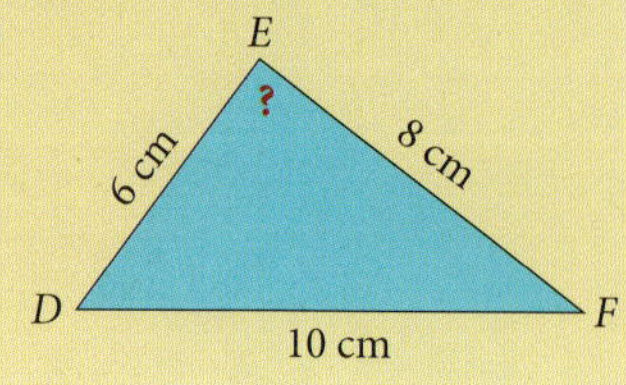

In molte figure geometriche puoi trovare un triangolo rettangolo. Quando lo trovi puoi applicare il teorema di Pitagora.

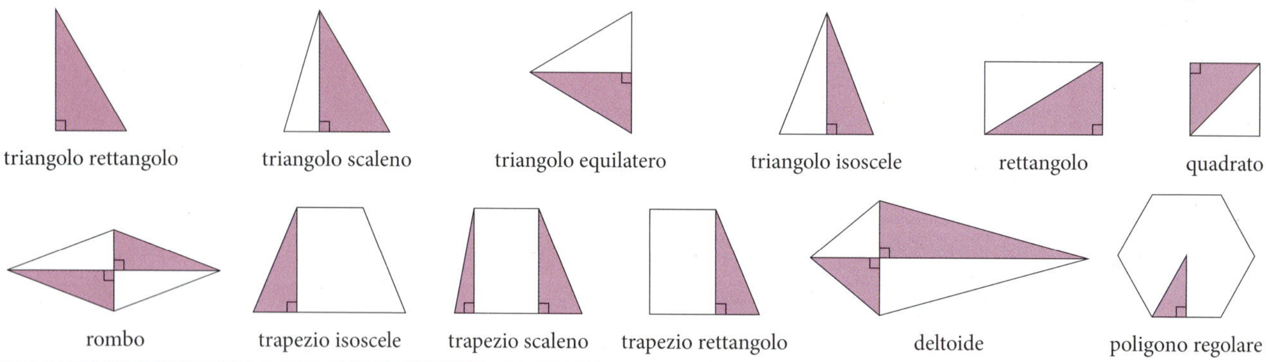

In particolare

QUADRATO
In un quadrato, la lunghezza della **diagonale** si ottiene moltiplicando la lunghezza del lato per la radice quadrata di 2.

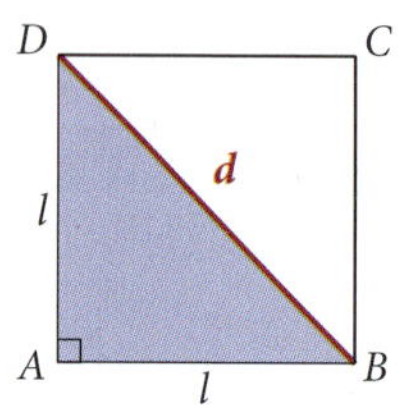

$d = l\sqrt{2}$

$l = \dfrac{d}{\sqrt{2}}$

TRIANGOLO EQUILATERO
In un triangolo equilatero l'**altezza** si ottiene moltiplicando la metà del lato per la radice quadrata di 3.

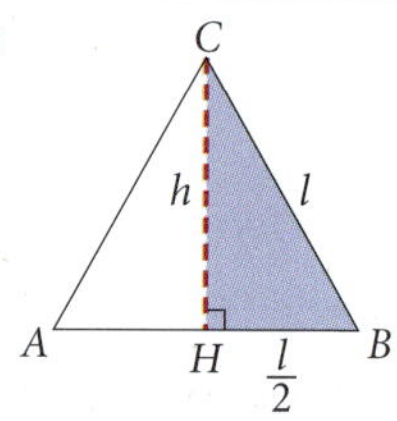

$h = \dfrac{l}{2}\sqrt{3}$

$l = \dfrac{2h}{\sqrt{3}}$

Se un triangolo rettangolo ha un angolo di 45° allora è anche isoscele; esso è inoltre la metà di un quadrato il cui lato è congruente ai cateti.

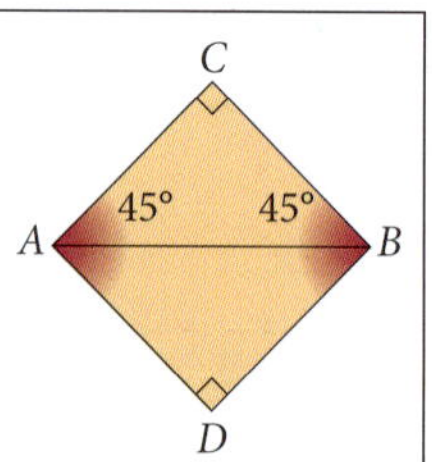

In un triangolo rettangolo isoscele l'**ipotenusa** si ottiene moltiplicando uno dei due cateti per la radice quadrata di 2:

$\overline{AB} = \overline{AC}\sqrt{2}$

Se un triangolo rettangolo ha un angolo di 30° e un angolo di 60° allora è metà di un triangolo equilatero.

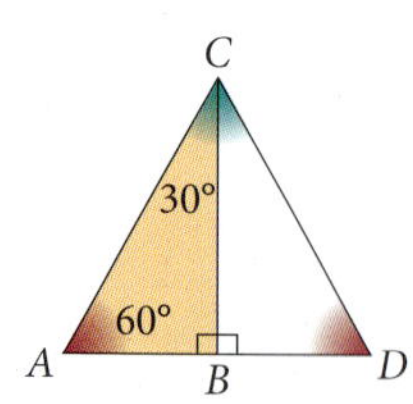

In un triangolo rettangolo con gli angoli di 30° e di 60 °, il **cateto minore** è la metà dell'ipotenusa, il **cateto maggiore** si ottiene dal cateto minore moltiplicandolo per la radice quadrata di 3:

$\overline{AB} = \dfrac{\overline{AC}}{2}; \qquad \overline{BC} = \dfrac{\overline{AC}}{2} \cdot \sqrt{3}$

SE NON HAI CAPITO

Triangolo rettangolo e teorema di Pitagora

RIPASSA

In un triangolo rettangolo i lati adiacenti all'angolo retto si chiamano *cateti*; il lato opposto all'angolo retto si chiama *ipotenusa*.

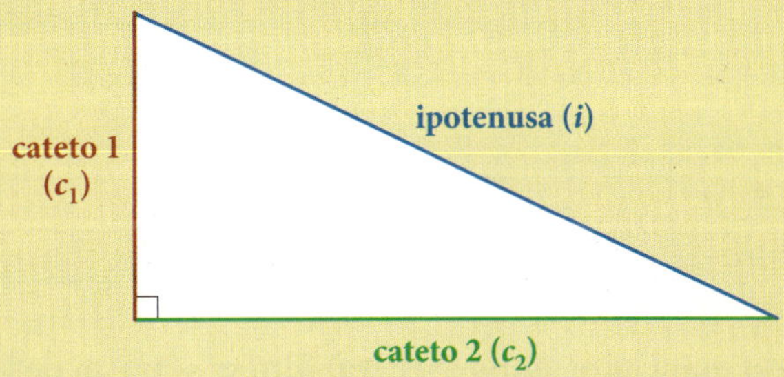

Il teorema di Pitagora

In un triangolo rettangolo l'area del quadrato costruito sull'ipotenusa è uguale alla somma delle aree dei quadrati costruiti sui cateti.

Viceversa, l'area del quadrato costruito su un cateto è uguale alla differenza fra l'area del quadrato costruito sull'ipotenusa e l'area del quadrato costruito sull'altro cateto.

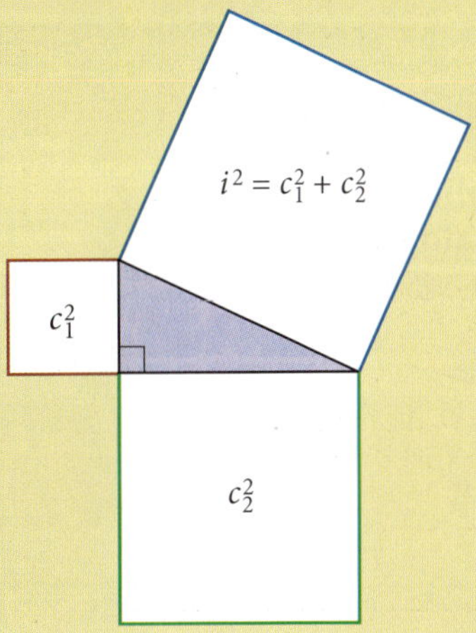

$i^2 = c_1^2 + c_2^2 \qquad i = \sqrt{c_1^2 + c_2^2}$

$c_2^2 = i^2 - c_1^2 \qquad c_2 = \sqrt{i^2 - c_1^2}$

$c_1^2 = i^2 - c_2^2 \qquad c_1 = \sqrt{i^2 - c_2^2}$

APPLICA

1 **Calcola l'area mancante di uno dei quadrati.**

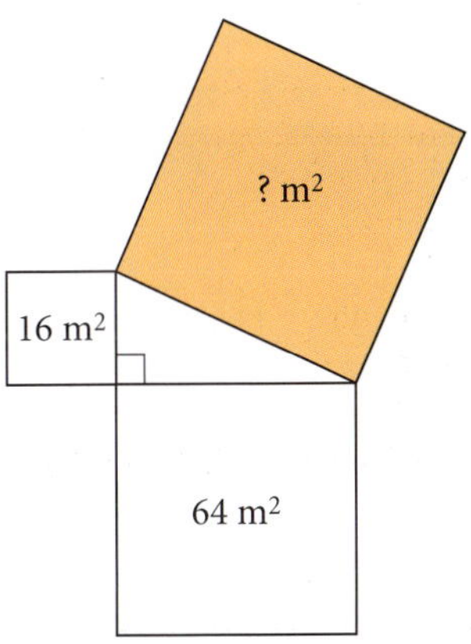

2 **Calcola l'area mancante di uno dei quadrati.**

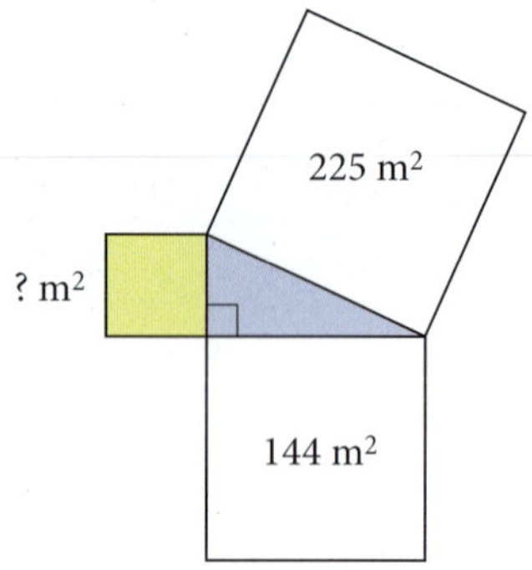

3 **Calcola la lunghezza del lato mancante, dopo aver stabilito se si tratta dell'ipotenusa o di uno dei cateti.**

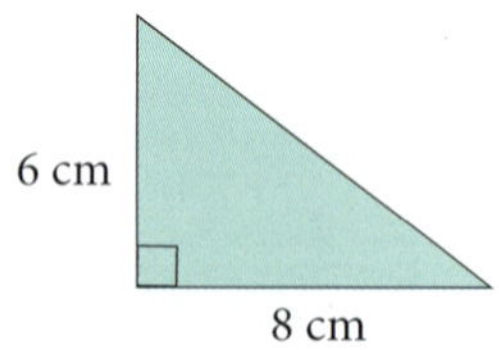

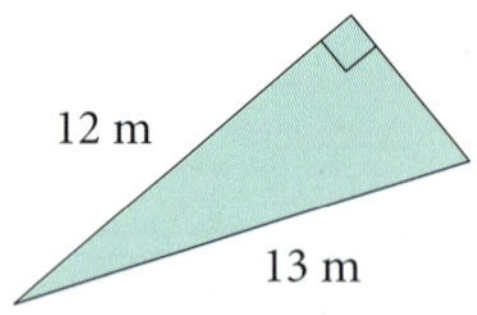

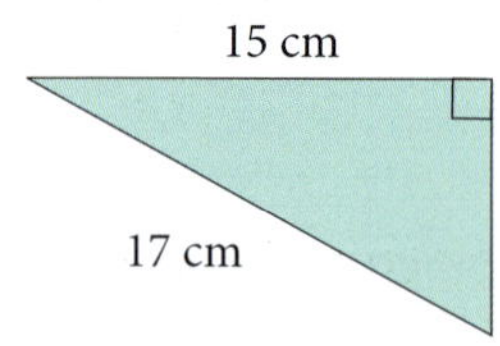

4 **Colora un triangolo rettangolo in ciascuno dei seguenti poligoni e applica il teorema di Pitagora per determinare la lunghezza del segmento colorato in rosso.**

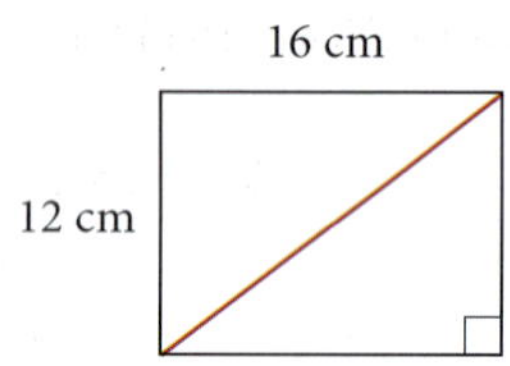

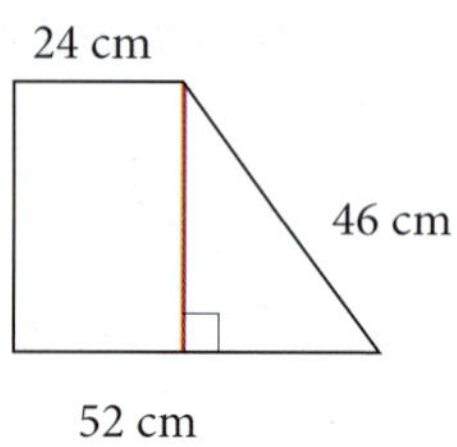

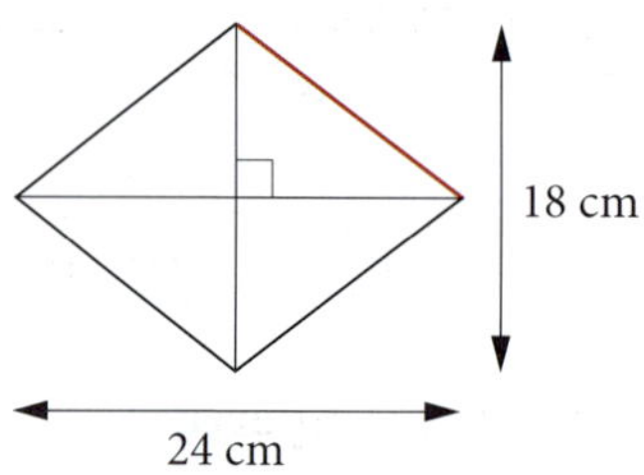

5 **Una rampa inclinata sale di 5 m su una distanza di 11 m.**

> **Quanto è lunga la rampa? (Arrotonda ai decimi.)**

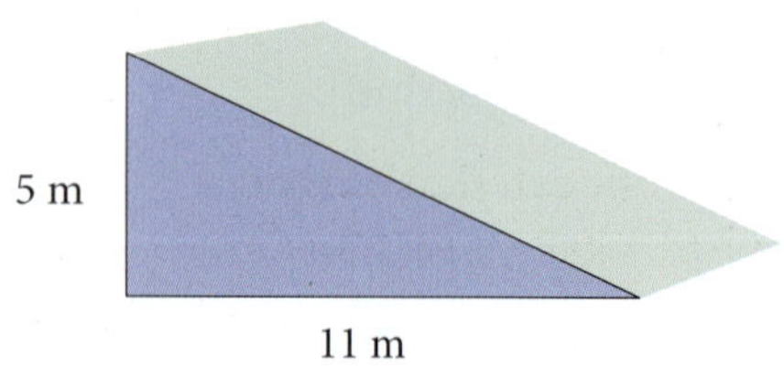

6 **Il piede di una scala è appoggiato per terra a 60 cm dal muro; poiché la scala è alta 180 cm, a che altezza arriva sul muro? (Arrotonda al centimetro.)**

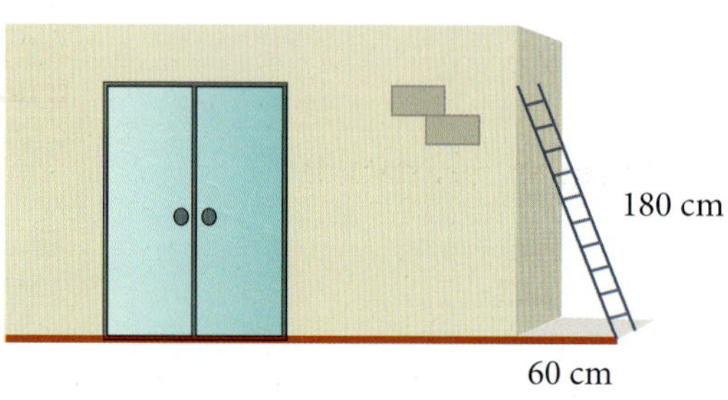

METTITI ALLA PROVA

ZTE ONLINE
21 esercizi interattivi

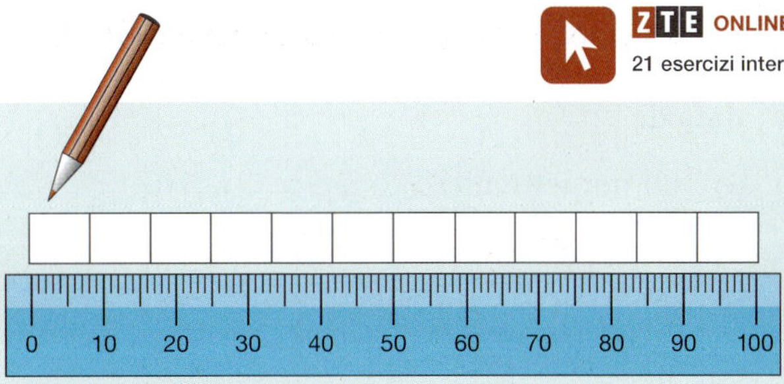

- Per ogni quesito segna ✔ una sola delle alternative.
- Confronta le tue risposte con le soluzioni a pagina 269.
- Colora da sinistra una casella per ogni risposta giusta.
- Leggi sul righello il punteggio in centesimi.
- Il mio punteggio, in centesimi, è ....
- Se il punteggio è maggiore di 70 vai alla prova *In un'ora*, altrimenti ripassa con *Se non hai capito*.

1 **Il teorema di Pitagora si applica a triangoli nei quali due angoli sono ampi**

a 26° e 64°
b 75° e 25°
c 20° e 60°
d 35° e 65°

2 **Applicando a questo triangolo rettangolo il teorema di Pitagora avremo**

a $\overline{PQ}^2 = \overline{PR}^2 + \overline{QR}^2$
b $\overline{PR}^2 = \overline{PQ}^2 - \overline{QR}^2$
c $\overline{PR}^2 = \overline{QR}^2 - \overline{PQ}^2$
d $\overline{QR}^2 = \overline{PQ}^2 - \overline{PR}^2$

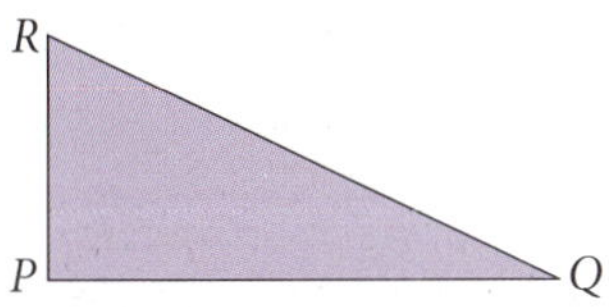

3 **Quale delle terne può rappresentare le misure dei lati di un triangolo rettangolo?**

a 15, 17, 21
b 10, 24, 26
c 4, 5, 6
d 13, 18, 19

4 **Un rombo si può sempre scomporre**

a in due triangoli rettangoli
b in sei triangoli rettangoli
c in quattro triangoli rettangoli
d in due triangoli rettangoli isosceli

5 **In un triangolo rettangolo i due cateti misurano rispettivamente 14 m e 48 m. Quanto misura l'ipotenusa?**

a 60 m
b 75 m
c 50 m
d 62 cm

6 **In un quadrato di lato 2 la diagonale sarà data da**

a $2\sqrt{2}$
b $4\sqrt{2}$
c $\dfrac{2}{\sqrt{2}}$
d 4

7 **Osserva la figura. Quanto misura CH?**

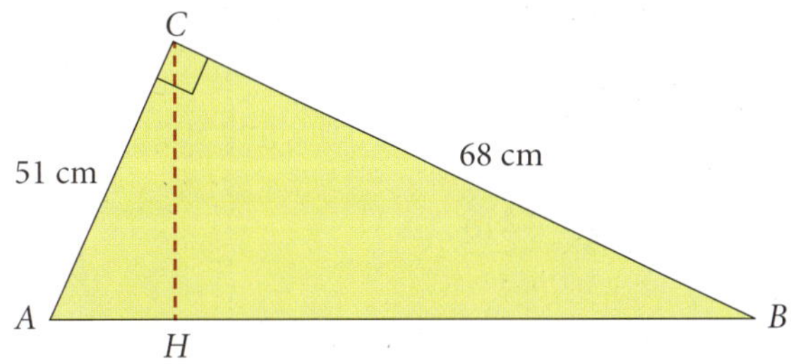

a 20,4 cm b 40,8 cm c 52 cm d 35,5 cm

8 **In un triangolo isoscele siano b la base, l il lato obliquo, h l'altezza; esso è diviso dall'altezza in due triangoli rettangoli congruenti. Applicando a uno di essi il teorema di Pitagora si ha**

a $\left(\dfrac{b}{2}\right)^2 + h^2 = l^2$
b $\left(\dfrac{b}{2}\right)^2 + b^2 = l^2$
c $b^2 + h = l^2$
d $l^2 = h^2 - \left(\dfrac{b}{2}\right)^2$

9 **Nel triangolo rettangolo isoscele la misura dell'altezza relativa all'ipotenusa è data da**

a $\overline{AH} = \sqrt{\overline{AB}^2 + \overline{AC}^2}$
b $\overline{AH} = \sqrt{\overline{AB}^2 - \overline{AC}^2}$
c $\overline{AH} = \dfrac{\overline{BC}}{2}$
d $\overline{AH} = \dfrac{3}{4}\,\overline{AC}$

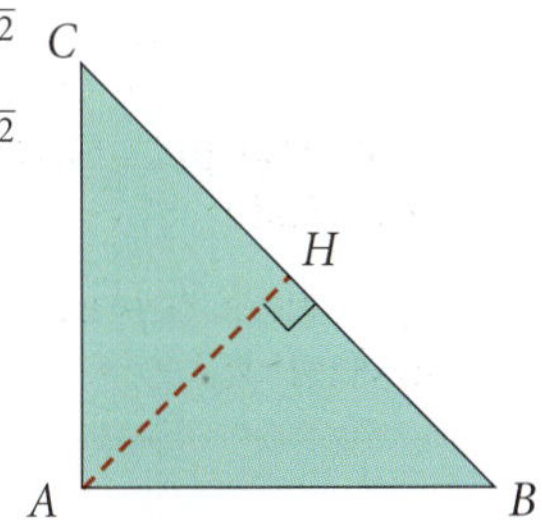

10 **Nel triangolo equilatero, se h è la lunghezza dell'altezza, la lunghezza l del lato è data da**

a $l = \dfrac{2h}{\sqrt{3}}$
b $l = 2h \cdot \sqrt{3}$
c $l = \dfrac{h}{2} \cdot \sqrt{3}$
d $l = \dfrac{h}{2\sqrt{3}}$

11 **Se la misura del lato di un quadrato è data da un numero intero, la misura della diagonale sarà data da**

- a un numero intero
- b un numero irrazionale
- c un numero decimale finito
- d non si può prevedere

12 **In un trapezio rettangolo l'angolo acuto misura 45°. Sapendo che la base minore e l'altezza misurano ciascuna 12 cm, qual è la lunghezza del perimetro?**

- a 60 cm
- b 216 cm
- c $(48 + 12\sqrt{2})$ cm
- d $12\sqrt{2}$ cm

IN UN'ORA

1 Completa.
In un triangolo ...., il quadrato costruito sull'................................ è .... alla somma dei quadrati costruiti sui ....

2 Osserva e completa. I triangoli sono rettangoli?

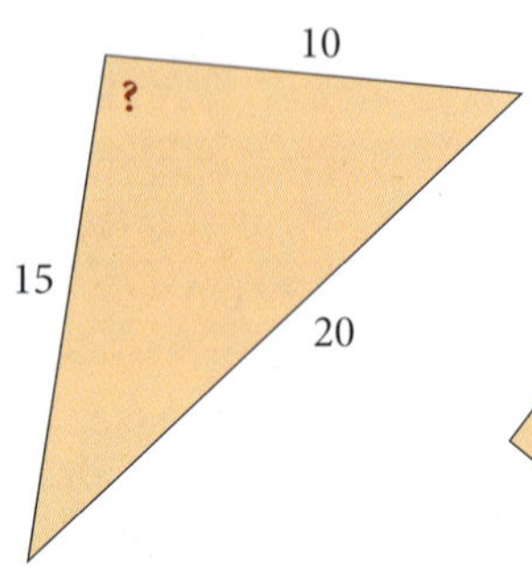

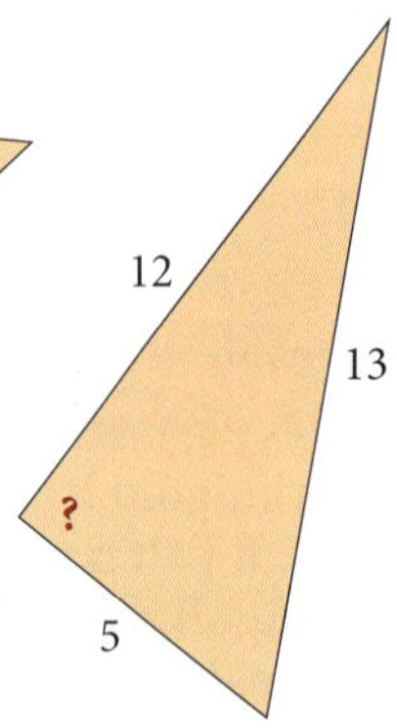

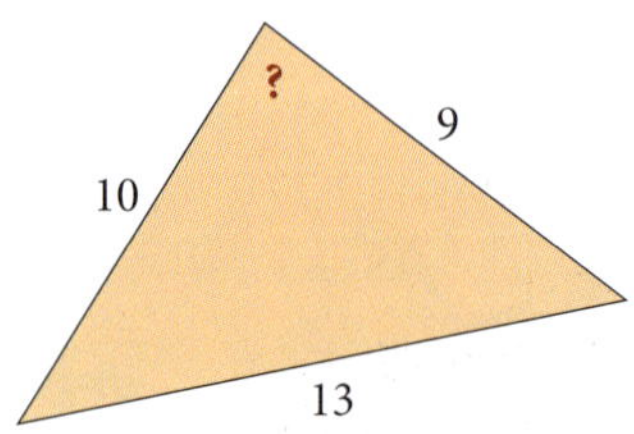

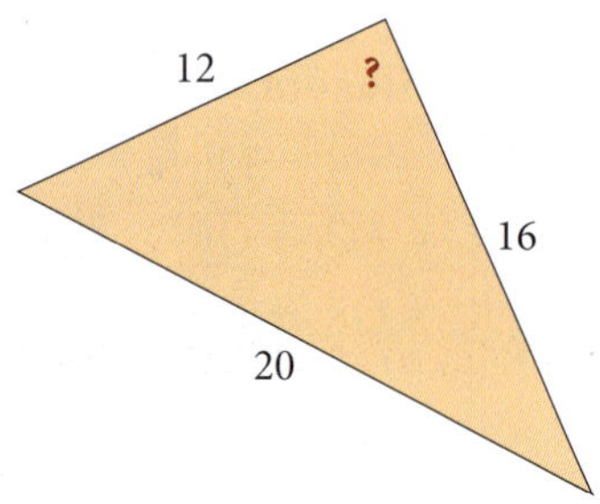

....

3 Completa.

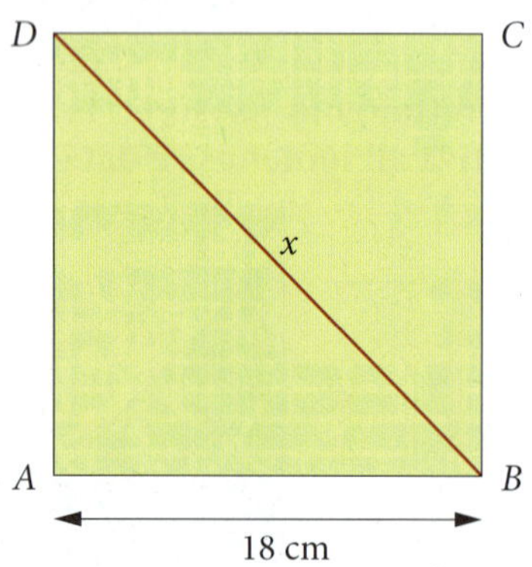

$x =$ ....

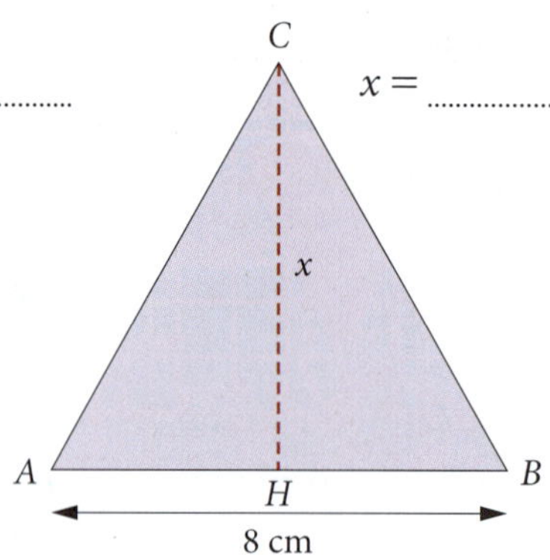

$x =$ ....

4 In un rombo le diagonali misurano 12 m e 16 m. Calcola il perimetro del rombo.

5 Calcola l'area di un rettangolo che ha le diagonali di 17 cm e la base di 15 cm.

6 In un triangolo isoscele l'angolo al vertice è ampio 120° e il lato obliquo misura 8 cm. Calcola l'area del triangolo.

CAPITOLO 4
LE TRASFORMAZIONI GEOMETRICHE: OMOTETIE E SIMILITUDINI

4

CIAK si impara!

VIDEO FOTOCOPIE E SIMILITUDINI   PRIMA DI COMINCIARE

GUARDA! IL VIDEO

- Robert ha organizzato un party matematico e per pubblicizzare l'evento ha stampato alcuni volantini. Vorrebbe fare anche una locandina su un foglio che è simile al volantino ma ha l'area doppia.

  > Di quante volte deve ingrandire il volantino?

ANALIZZA I DATI E RISOLVI IL PROBLEMA

- Finalmente una festa!

  Sopra a sinistra puoi vedere il volantino che Robert ha preparato, inizialmente in formato A5.

- La locandina da preparare ha area doppia rispetto a quella del volantino;
  - il rapporto tra le aree è ....;
  - il rapporto di proporzionalità è ....
  - L'ingrandimento è, quindi, di .... volte, che corrisponde al .... %.

1 Le omotetie

PRIMA DI COMINCIARE Osserva queste due figure: la figura a destra è un ingrandimento della prima.

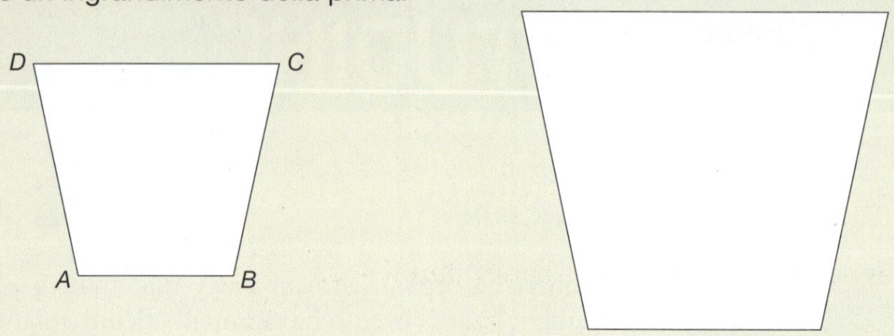

a) Segna in rosso sulla figura di destra il corrispondente del lato AB.
b) Segna in blu sulla figura di destra il corrispondente del lato BC.
c) Segna in verde sulla figura di destra il corrispondente del lato CD.
d) Segna in giallo sulla figura di destra il corrispondente del lato DA.

DA SAPERE

Determina sul piano il punto O e un altro punto P.

Traccia la retta che passa per O e per P.

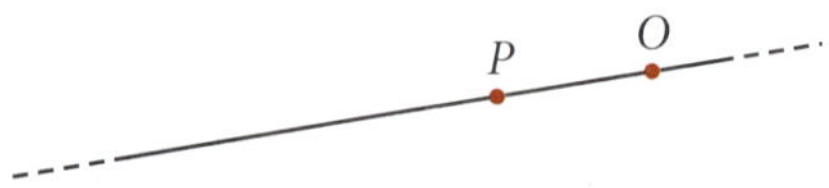

Scelto un numero k diverso da 0 (per esempio $k=3$) sulla semiretta OP trova il punto P', in modo che $\overline{OP'}=3\,\overline{OP}$.

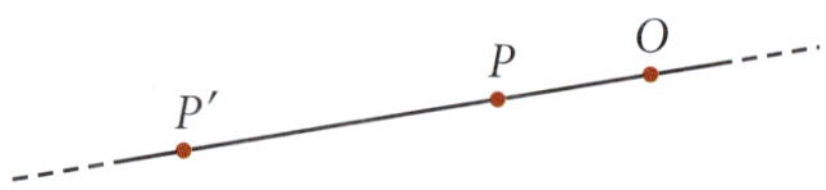

Hai costruito il punto P' corrispondente di P nell'*omotetia diretta* di centro O e *rapporto* 3.
Se invece avessi scelto $k=-3$, avresti dovuto scegliere P' dalla parte opposta a P, rispetto a O, ottenendo il corrispondente nell'*omotetia inversa* di *rapporto* -3.

Le **omotetie** sono trasformazioni del piano che, fissato un centro di omotetia O e un fattore $k \neq 0$, associano a ogni punto $P \neq O$ del piano il punto P' così definito:

- se $k > 0$, allora P' appartiene alla semiretta OP e $\overline{OP'} = k\,\overline{OP}$ (omotetia diretta);
- se $k < 0$, dunque $k = -h$ con $h > 0$, allora P' appartiene alla semiretta opposta alla semiretta OP e $\overline{OP'} = h\,\overline{OP}$ (omotetia inversa).

ANIMAZIONE IN DIGITALE
Le omotetie

PER ESEMPIO

In colore rosso puoi osservare l'*omotetia diretta* di centro O e rapporto $k = 1{,}5$.

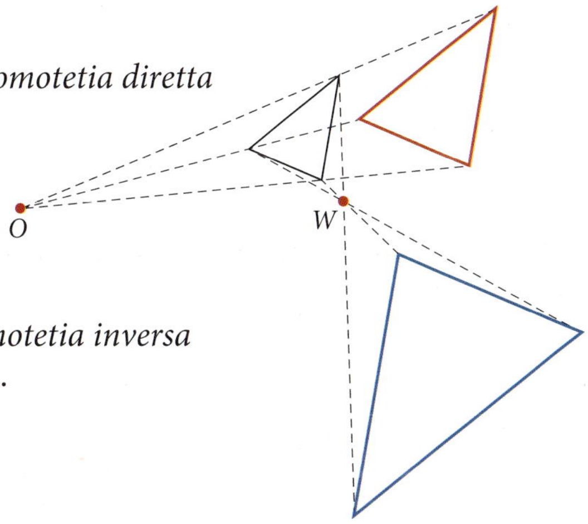

In colore blu puoi osservare l'*omotetia inversa* di centro W e rapporto $k = -2{,}5$.

Applica ora la trasformazione per omotetia diretta di centro O, di valore $k = 2$, a un poligono, il triangolo ABC.

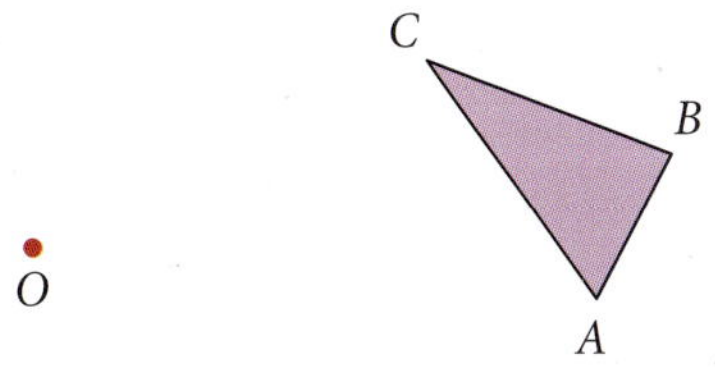

Poiché il triangolo ha tre vertici, traccia le semirette di origine O passanti per i tre punti A, B e C.

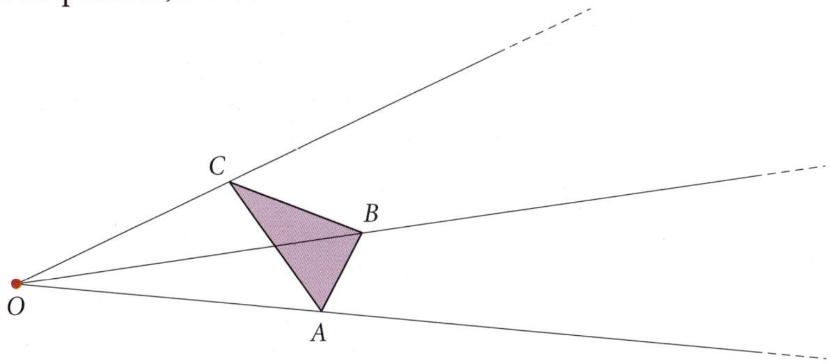

Costruisci, usando il valore $k = 2$, i punti corrispondenti A', B', C' e congiungi tra loro questi punti: ottieni il triangolo $A'B'C'$.

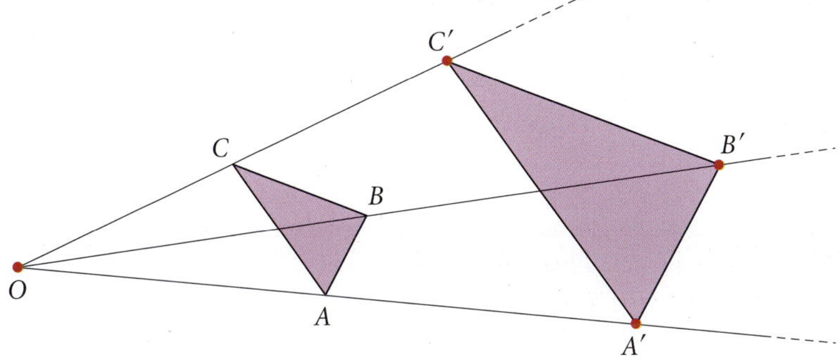

$$\overline{OA'} = 2\,\overline{OA}$$
$$\overline{OB'} = 2\,\overline{OB}$$
$$\overline{OC'} = 2\,\overline{OC}$$

$$\widehat{A} = \widehat{A'} \qquad \widehat{B} = \widehat{B'} \qquad \widehat{C} = \widehat{C'} \qquad \frac{\overline{A'B'}}{\overline{AB}} = \frac{\overline{B'C'}}{\overline{BC}} = \frac{\overline{A'C'}}{\overline{AC}} = 2$$

Hai ottenuto un triangolo che ha la stessa *forma* del triangolo ABC, ma dimensioni maggiori. Hai ottenuto un *ingrandimento* del triangolo ABC.

Esercizi a pag. 188

Se esegui la stessa costruzione con un valore k compreso tra 0 e 1, invece che un ingrandimento, ottieni un *rimpicciolimento*.

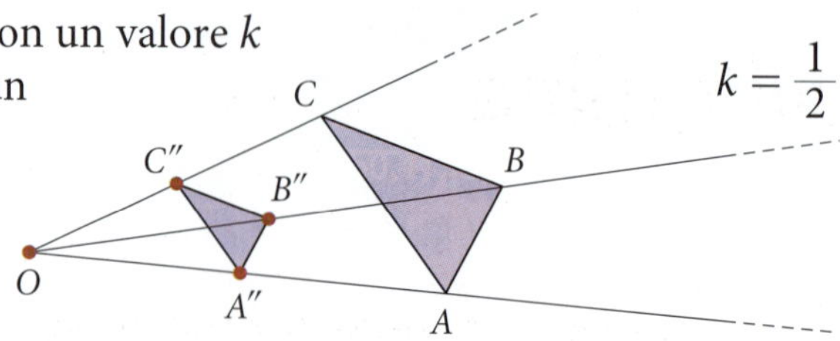

Per applicare la trasformazione per omotetia di rapporto k maggiore di zero ai poligoni, si devono trovare i punti corrispondenti ai vertici sulle semirette che hanno come origine il centro di omotetia. La figura si ricompone unendo i vertici trovati.

In una trasformazione per omotetia si può osservare che:

- due punti corrispondenti sono allineati con il centro di omotetia;
- gli angoli corrispondenti delle figure sono congruenti;
- il rapporto tra le lunghezze dei segmenti corrispondenti delle figure è costante;
- i segmenti corrispondenti delle figure sono paralleli.

PER ESEMPIO

In colore rosso puoi osservare l'*omotetia diretta* di centro O e rapporto $k = \frac{1}{3}$.

In colore blu puoi osservare l'*omotetia inversa* di centro W e rapporto $k = -2$.

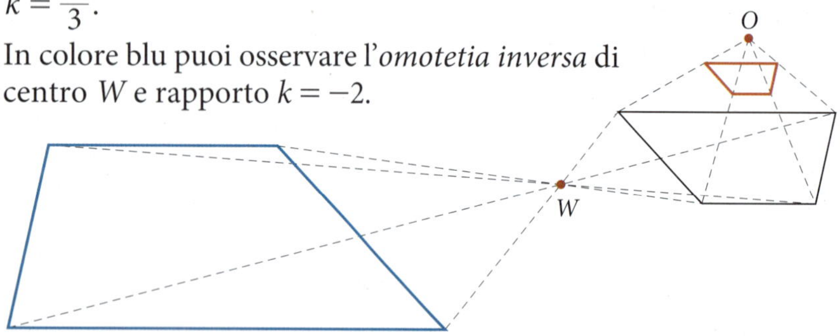

METTITI ALLA PROVA

1 **Vero o falso?**

a) In una omotetia sono congruenti le lunghezze dei lati corrispondenti. V F

b) In una omotetia sono congruenti le ampiezze di angoli corrispondenti. V F

c) Nell'omotetia diretta si mantiene la forma delle figure. V F

d) Nell'omotetia inversa non si mantiene la forma delle figure. V F

e) Nell'omotetia i lati corrispondenti sono paralleli. V F

2 **Corrispondenze.**

Osserva i due triangoli: il primo è un ingrandimento del secondo.

- Segna in rosso il lato AB e il suo corrispondente nel disegno (2).
- Segna in blu il lato BC e il suo corrispondente nel disegno (2).
- Segna in verde il lato AC e il suo corrispondente nel disegno (2).

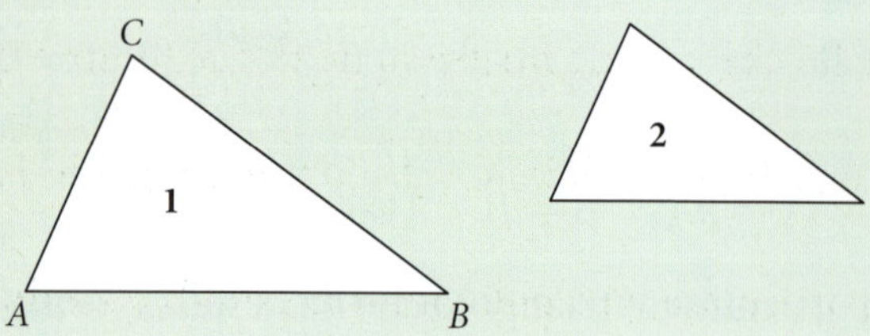

2 La similitudine

PRIMA DI COMINCIARE Osserva i due quadrilateri: il secondo è un ingrandimento del primo.

a) Segna in rosso il segmento AB e il suo corrispondente nella figura 2.

b) Segna in blu il segmento BC e il suo corrispondente nella figura 2.

c) Segna in verde il segmento CD e il suo corrispondente nella figura 2.

d) Segna in giallo il segmento DA e il suo corrispondente nella figura 2.

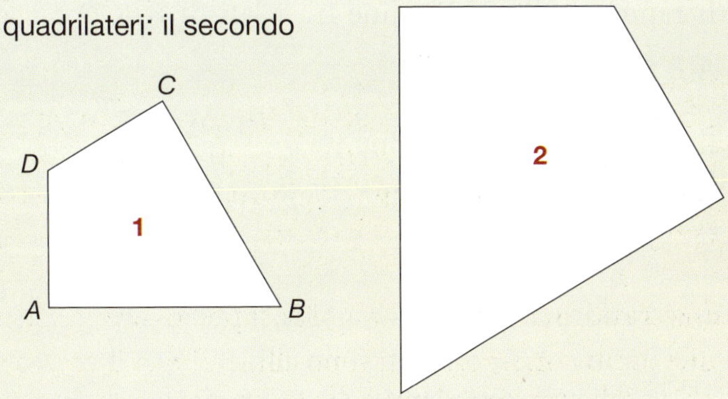

DA SAPERE

Osserva le figure (1), (2) e (3):

- la figura (1) è la figura di partenza;
- la figura (2) è la figura corrispondente per *omotetia*;
- la figura (3) è corrispondente alla figura (2) per *isometria*.

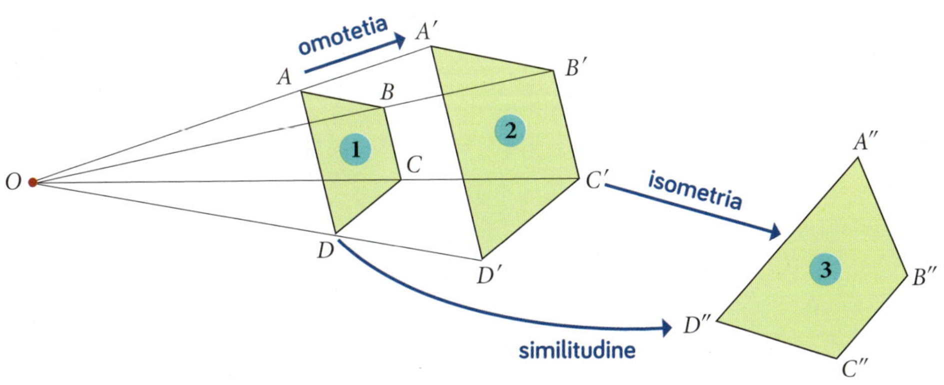

$\widehat{A} = \widehat{A''}$ $\widehat{B} = \widehat{B''}$

$\widehat{C} = \widehat{C''}$ $\widehat{D} = \widehat{D''}$

$$\frac{\overline{AD}}{\overline{A''D''}} = \frac{\overline{DC}}{\overline{D''C''}} = \frac{\overline{BC}}{\overline{B''C''}} = \frac{\overline{BA}}{\overline{B''A''}}$$

Questa trasformazione dalla figura (1) alla figura (3) si chiama *similitudine*.

Puoi osservare che:

- i rapporti tra le lunghezze di segmenti corrispondenti sono uguali;
- gli angoli corrispondenti sono uguali.

Quello che rimane *invariato* nelle due figure è quindi solo la *forma*.

Due figure si dicono **simili** quando hanno la stessa forma.

In particolare, due poligoni sono simili quando hanno gli angoli uguali e i lati in proporzione. Lati corrispondenti non sono in generale paralleli.

ANIMAZIONE IN DIGITALE
La similitudine

Esercizi a pag. 191

TEORIA

Tutti i poligoni regolari con lo stesso numero di lati sono simili tra loro.

Il rapporto costante fra i lati corrispondenti prende il nome di *rapporto di similitudine.*

PER ESEMPIO In figura puoi osservare due quadrati simili.
Il rapporto di similitudine tra i lati di $ABCD$ e i lati corrispondenti di $A'B'C'D'$ è $\frac{1}{2}$.

Il rapporto di similitudine tra i lati di $A'B'C'D'$ e i lati corrispondenti di $ABCD$ è 2.

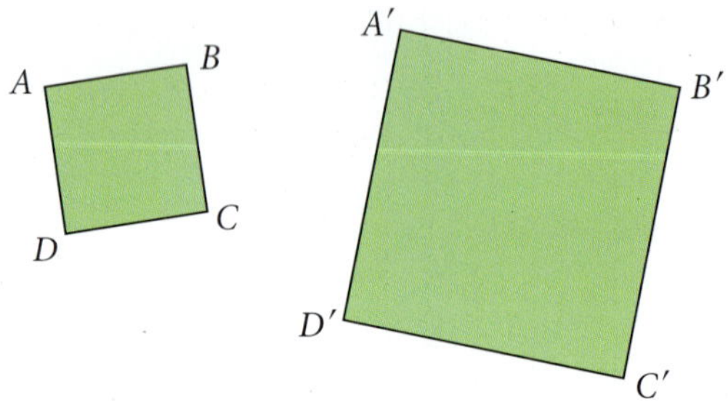

METTITI ALLA PROVA

1 **Completa.**

Non tutte le figure disegnate sono simili alla figura $ABCD$: controlla quali sono simili. Per ciascuna delle figure simili calcola il rapporto di similitudine.

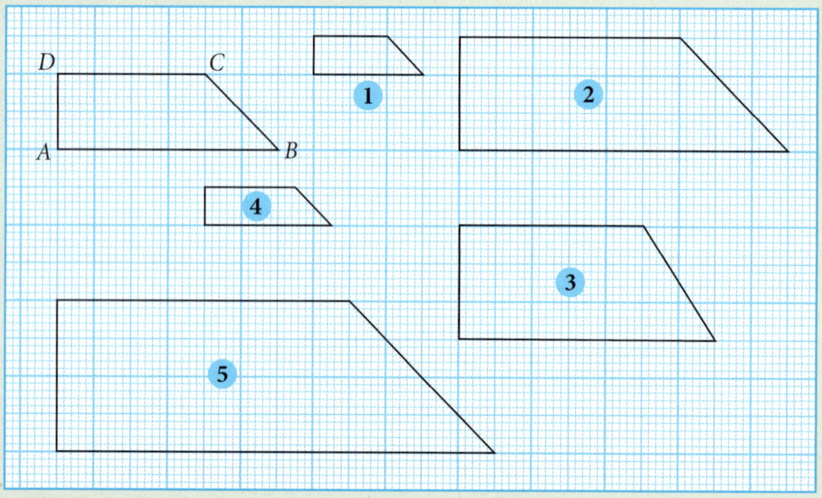

figura	è simile?	k
(1)	sì	2
(2)		
(3)		
(4)		
(5)		

2 **Vero o falso?**

a) Due quadrati sono sempre simili. V F
b) Due rettangoli sono sempre simili. V F
c) Due rombi sono sempre simili. V F
d) Due esagoni sono sempre simili. V F
e) Due trapezi isosceli sono sempre simili. V F
f) Due parallelogrammi sono sempre simili. V F
g) Due parallelogrammi con l'angolo acuto di 60° sono simili. V F
h) Due pentagoni regolari sono sempre simili. V F

3 Triangoli simili

PRIMA DI COMINCIARE Osserva il Tangram.

> I triangoli che vi appaiono sono tutti simili?

In questo paragrafo ti verrà detto come fare per riconoscere la similitudine dei triangoli con la minore quantità di elementi possibile.

DA SAPERE

Quando vuoi verificare la similitudine fra due triangoli, non è necessario controllare sempre che:

- *tutti* gli angoli corrispondenti siano congruenti;
- *tutte* le coppie di lati corrispondenti siano in proporzione.

Grazie ai *criteri di similitudine*, puoi andare a verificare qualcosa di meno.

Primo criterio di similitudine

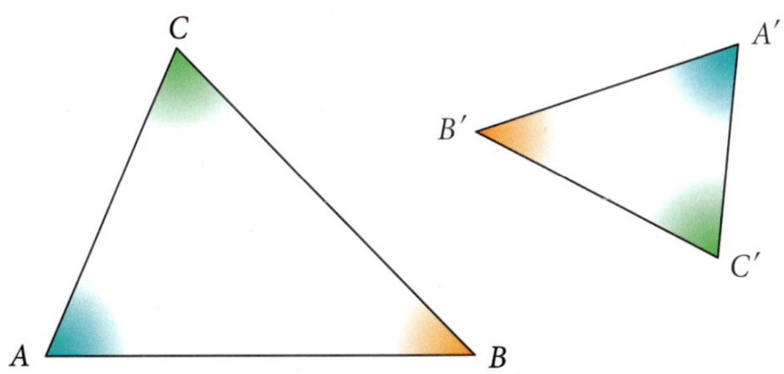

Se $\widehat{A} = \widehat{A'}$, $\widehat{B} = \widehat{B'}$, $\widehat{C} = \widehat{C'}$, allora *ABC* e *A′B′C′* sono simili.

Due triangoli sono simili quando hanno gli angoli corrispondenti congruenti.

Secondo criterio di similitudine

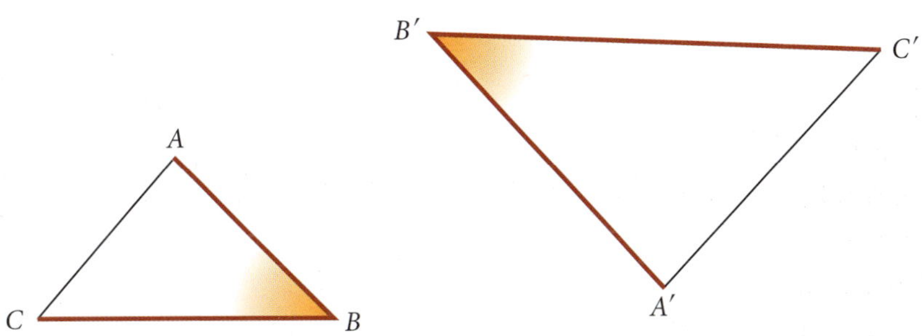

Se $\widehat{B} = \widehat{B'}$, $\frac{\overline{A'B'}}{\overline{AB}} = \frac{\overline{B'C'}}{\overline{BC}}$, allora *ABC* e *A′B′C′* sono simili.

Due triangoli sono simili quando hanno un angolo dell'uno congruente a un angolo dell'altro e i lati che li delimitano in proporzione.

ANIMAZIONE IN DIGITALE
Triangoli simili

Esercizi a pag. 195

Terzo criterio di similitudine

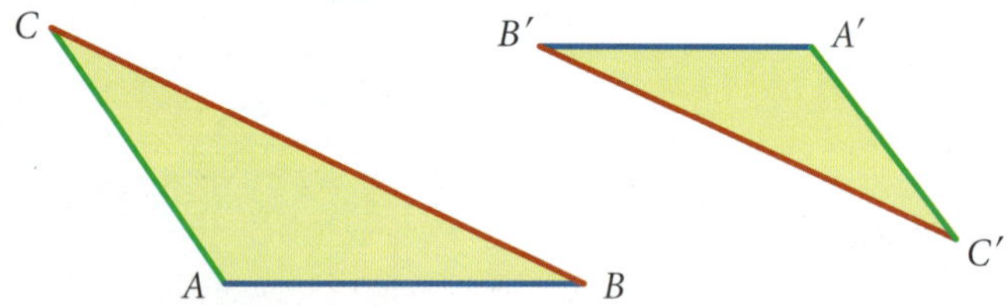

Se $\frac{\overline{A'B'}}{\overline{AB}} = \frac{\overline{B'C'}}{\overline{BC}} = \frac{\overline{A'C'}}{\overline{AC}}$, allora ABC e $A'B'C'$ sono simili.

Due triangoli sono simili se hanno i lati in proporzione.

PER ESEMPIO Se due triangoli rettangoli hanno uno degli angoli adiacenti all'ipotenusa di uguale ampiezza, puoi affermare che sono simili per il primo criterio.

Infatti:

$\widehat{C} = \widehat{C}'$ (informazione data);

$\widehat{B} = \widehat{B}'$ (perché angoli retti);

$\widehat{A} = \widehat{A}'$ (perché differenza tra 180° e la somma dei primi due).

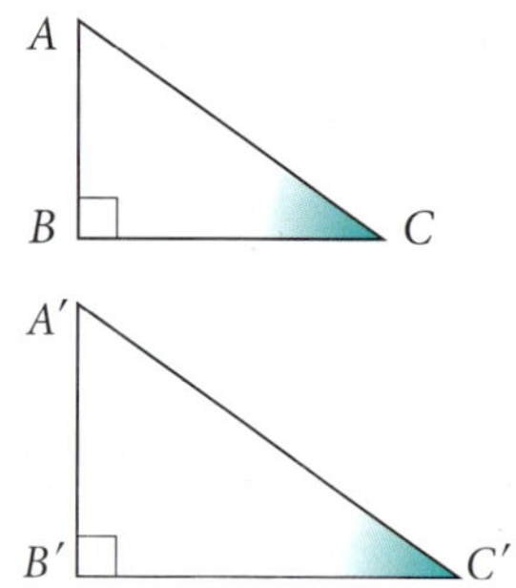

METTITI ALLA PROVA

1 **Completa.**
Cerca di stabilire quali, tra i triangoli disegnati, sono simili al triangolo colorato.

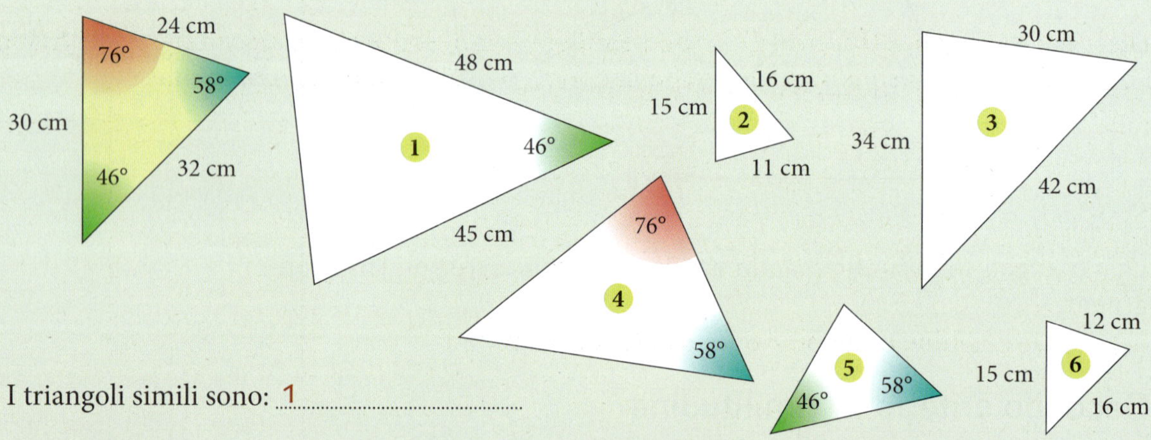

I triangoli simili sono: 1 ....

2 **Vero o falso?**

a) È sufficiente che due triangoli abbiano due angoli congruenti per affermare che sono simili. V F

b) Due triangoli isosceli sono simili se hanno congruente l'angolo al vertice. V F

c) Due triangoli isosceli sono simili se hanno congruente uno degli angoli alla base. V F

d) Due triangoli rettangoli sono sempre simili. V F

e) Due triangoli isosceli sono sempre simili. V F

f) Due triangoli rettangoli isosceli sono simili. V F

g) Due triangoli rettangoli con un cateto doppio dell'altro sono simili. V F

h) Due triangoli rettangoli che abbiano un angolo acuto congruente sono simili. V F

4 Altezze, perimetri e similitudine

PRIMA DI COMINCIARE I due parallelogrammi sono simili.

> Secondo te, il rapporto di similitudine fra i lati è uguale anche al rapporto fra le altezze?

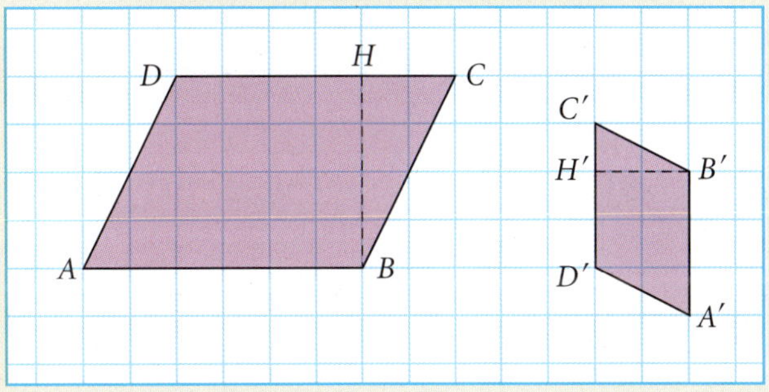

DA SAPERE

Considera due triangoli simili ABC e $A'B'C'$ e traccia le due altezze CH e $C'H'$.

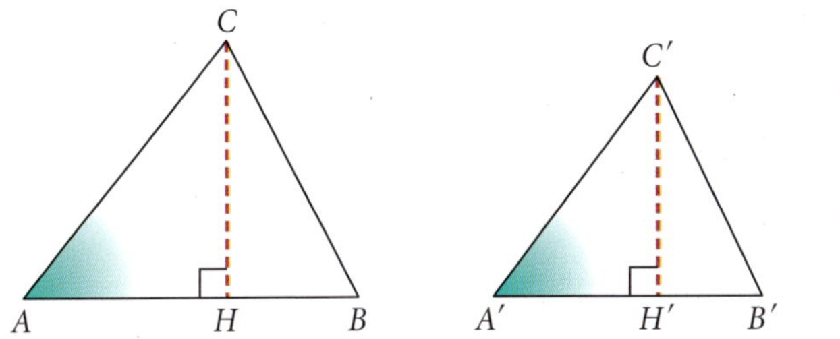

Anche i due triangoli AHC e $A'H'C'$ sono simili per il *primo criterio di similitudine*, perché hanno gli angoli uguali.

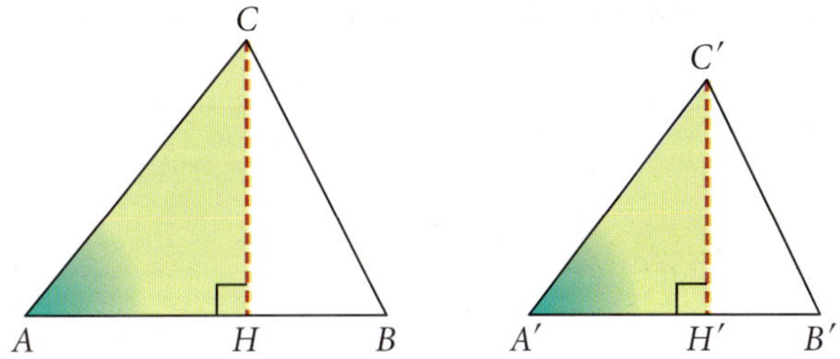

Allora anche i lati corrispondenti dei triangoli AHC e $A'H'C'$ sono in proporzione.

$$\overline{AC} : \overline{A'C'} = \overline{CH} : \overline{C'H'} = \overline{HA} : \overline{H'A'}$$

Le **altezze corrispondenti di due triangoli simili** stanno fra loro nello stesso rapporto di due lati corrispondenti.

PER ESEMPIO I due triangoli ABC e $A'B'C'$ sono simili.

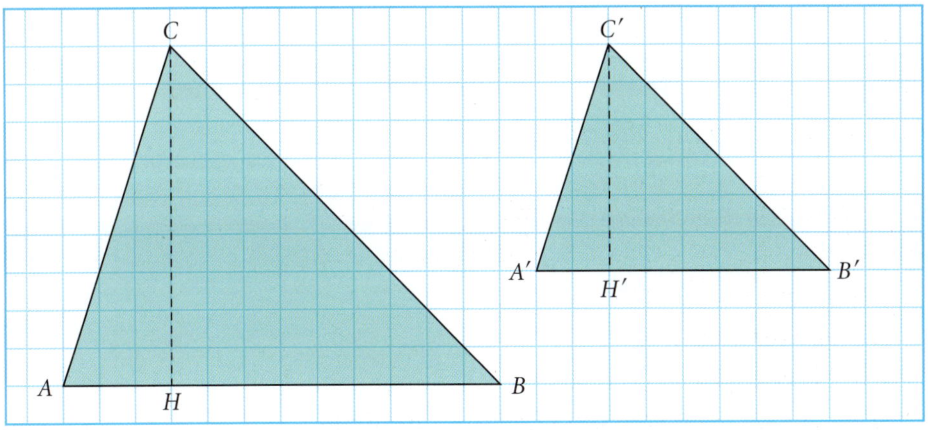

$$\frac{\overline{AB}}{\overline{A'B'}} = \frac{12}{8} = \frac{3}{2} \qquad \frac{\overline{CH}}{\overline{C'H'}} = \frac{9}{6} = \frac{3}{2}$$

ANIMAZIONE IN DIGITALE
Altezze, perimetri e similitudine

Esercizi a pag. 199

Considera ora i due triangoli ABC e $A'B'C'$ che sono simili, perché hanno in proporzione i lati corrispondenti:

$$\overline{AB} : \overline{A'B'} = \overline{BC} : \overline{B'C'} = \overline{AC} : \overline{A'C'}.$$

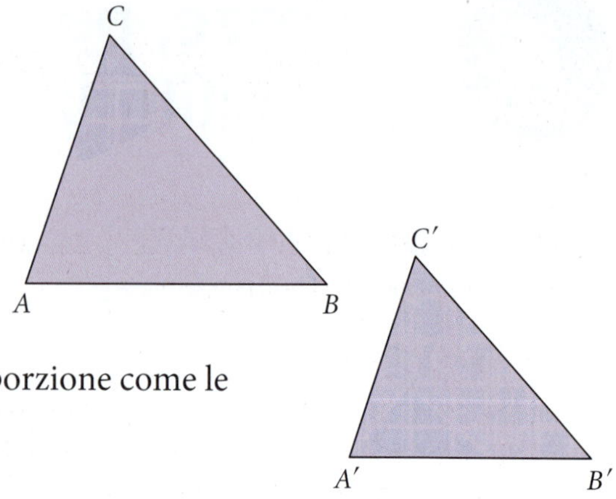

Nelle proporzioni la somma degli antecedenti sta alla somma dei conseguenti, come un antecedente sta al suo conseguente:

$$(\overline{AB} + \overline{BC} + \overline{AC}) : (\overline{A'B'} + \overline{B'C'} + \overline{A'C'}) = \overline{AB} : \overline{A'B'}.$$

Quindi, le lunghezze dei due perimetri stanno tra loro in proporzione come le lunghezze di due lati corrispondenti:

$$p : p' = AB : A'B'.$$

Il **rapporto tra i perimetri** di due triangoli simili è uguale al rapporto fra le lunghezze di due lati corrispondenti.

Quello che succede per i triangoli succede per tutti i poligoni simili.

PER ESEMPIO Nei rettangoli simili $ABCD$ e $A'B'C'D'$ abbiamo i rapporti:

$$\frac{\overline{AB}}{\overline{A'B'}} = \frac{3}{6} = \frac{1}{2};$$

$$\frac{p_{ABCD}}{p_{A'B'C'D'}} = \frac{10}{20} = \frac{1}{2}.$$

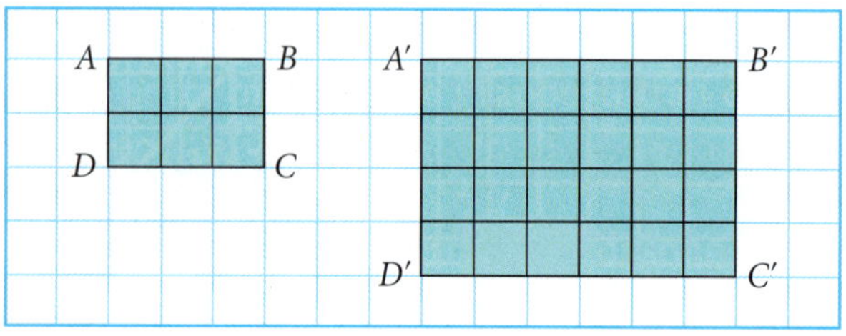

METTITI ALLA PROVA

1 **Vero o falso?**

a) Due figure simili hanno sempre le altezze corrispondenti congruenti. V F

b) Due figure simili, che hanno rapporto di similitudine uguale a 1, sono figure congruenti. V F

c) In due triangoli simili, i perimetri stanno fra loro in proporzione come le lunghezze di due lati corrispondenti. V F

d) Due figure simili tra loro non possono essere simili a una terza figura. V F

e) In due triangoli simili le altezze corrispondenti stanno fra loro come le lunghezze di due lati corrispondenti. V F

2 **Similitudini e rapporti.**
I due rombi sono simili.

- Qual è il rapporto di similitudine tra A e A'?
- Qual è il rapporto tra i perimetri di A e A'?
- Qual è il rapporto tra le altezze in nero?

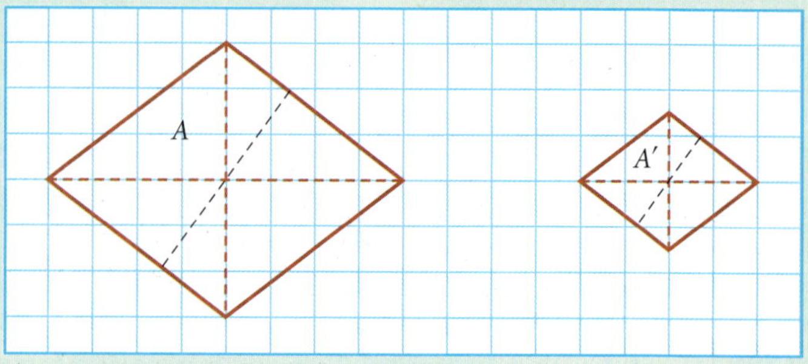

5 Aree di figure simili

PRIMA DI COMINCIARE I due quadrati sono simili e il loro rapporto di similitudine è:

$\frac{l}{l_1} = \frac{2\ \text{cm}}{3\ \text{cm}} = \frac{2}{3}$.

Conta ora i quadrati unitari contenuti in ciascun quadrato.

> Qual è l'area di A? Qual è l'area di A_1?

> Che rapporto c'è fra le due aree? Che cosa osservi?

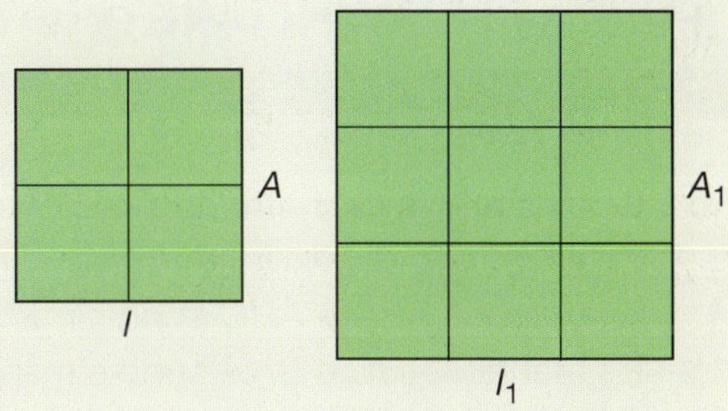

DA SAPERE

Il rapporto delle aree dei due quadrati simili è:

$$\frac{A}{A_1} = \frac{4\ \text{cm}^2}{9\ \text{cm}^2} = \frac{4}{9} = \left(\frac{2}{3}\right)^2.$$

Il **rapporto fra le aree di due poligoni simili** è uguale al quadrato del rapporto fra le lunghezze di due lati corrispondenti (quindi è uguale al quadrato del rapporto di similitudine).

ANIMAZIONE IN DIGITALE
Aree di figure simili

PER ESEMPIO I due trapezi in figura sono simili, quindi

$$\frac{AB}{A'B'} = \frac{3}{2}$$

$$\frac{A_{ABCD}}{A_{A'B'C'D'}} = \frac{18}{8} = \frac{9}{4} = \left(\frac{3}{2}\right)^2$$

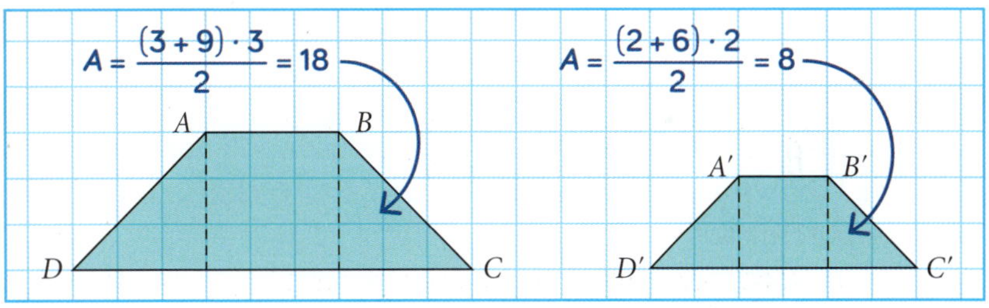

METTITI ALLA PROVA

1 **Calcola il rapporto fra le aree dei triangoli.**

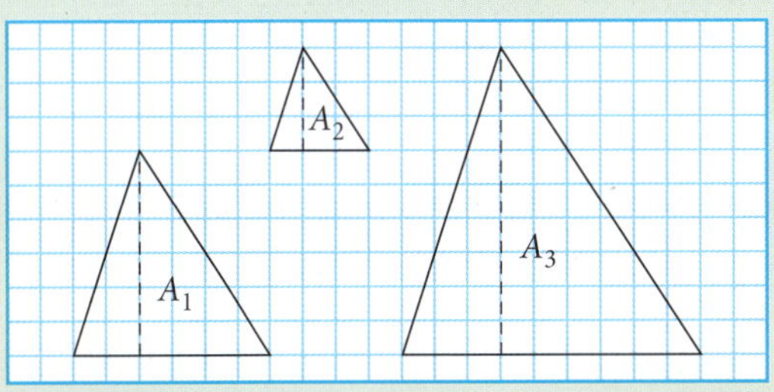

$\frac{A_1}{A_2}$	$\frac{A_2}{A_3}$	$\frac{A_2}{A_1}$	$\frac{A_1}{A_3}$	$\frac{A_3}{A_1}$	$\frac{A_3}{A_2}$
4					

2 **Vero o falso?**

a) Se raddoppiamo solo la base di un triangolo dato, non otteniamo un triangolo simile a quello dato. V F

b) Se raddoppiamo sia la base sia l'altezza di un triangolo, otteniamo un triangolo che ha area quadrupla. V F

c) Un poligono ha area tripla rispetto all'area di un poligono simile; ciò significa che il perimetro del primo è il triplo del perimetro del secondo. V F

Esercizi a pag. 204

6 I teoremi di Euclide

PRIMA DI COMINCIARE Osserva il triangolo *ABC* rettangolo in *A*; traccia l'altezza *AH* relativa all'ipotenusa.

> Sono simili fa loro i triangoli *ABC* e *ABH*? Per quale criterio di similitudine?
> E i triangoli *ABC* e *AHC* sono simili?
> E i triangoli *AHC* e *BHA* sono simili?

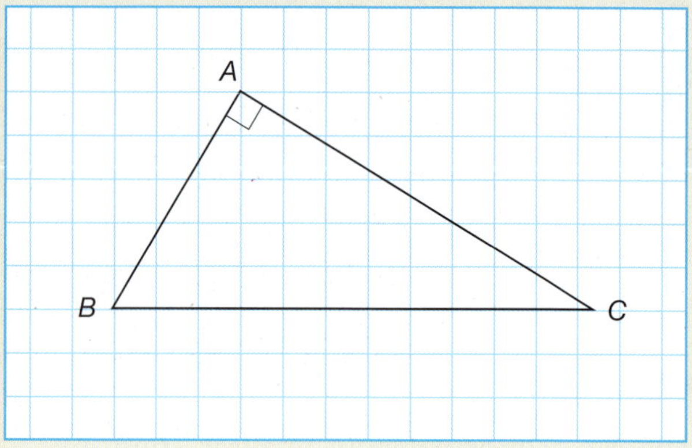

DA SAPERE

Primo teorema di Euclide

Traccia nel triangolo rettangolo *ABC* l'altezza *AH* relativa all'ipotenusa.

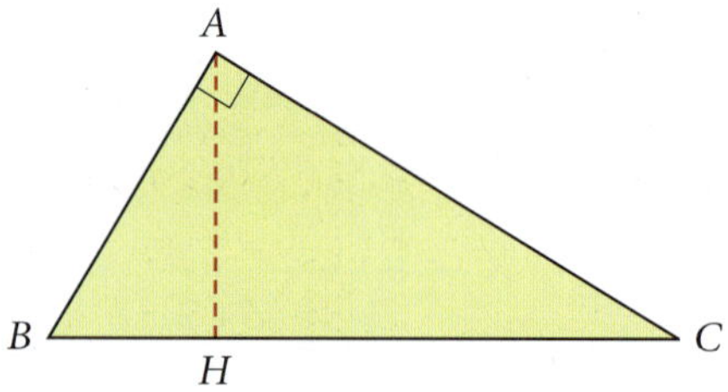

ANIMAZIONE IN DIGITALE
I teoremi di Euclide

Tale altezza divide il triangolo dato in due triangoli ancora rettangoli; il punto *H* divide l'ipotenusa in due segmenti: *BH* e *CH*, che sono le proiezioni dei cateti sull'ipotenusa.

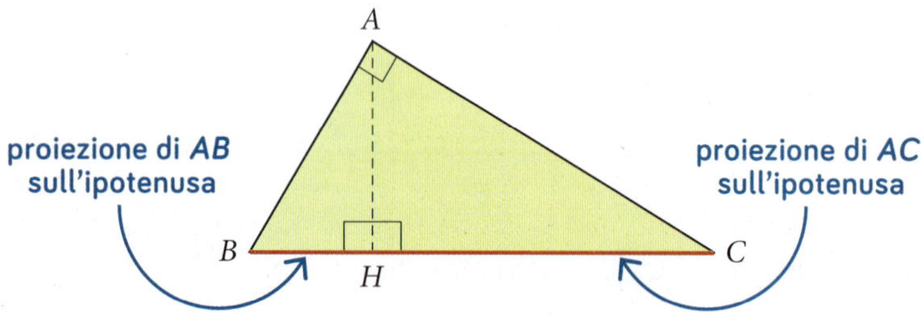

Nella stessa figura coesistono ora tre triangoli rettangoli: *ABC*, *ABH* e *AHC*.

Considera *ABC* e *ABH*; essi sono simili per il primo criterio di similitudine.

Infatti:

$A\widehat{B}C$ uguale perché comune;

$B\widehat{A}C = A\widehat{H}B$ perché retti;

$B\widehat{A}H = A\widehat{C}B$ perché differenze fra l'angolo piatto e la somma dei primi due.

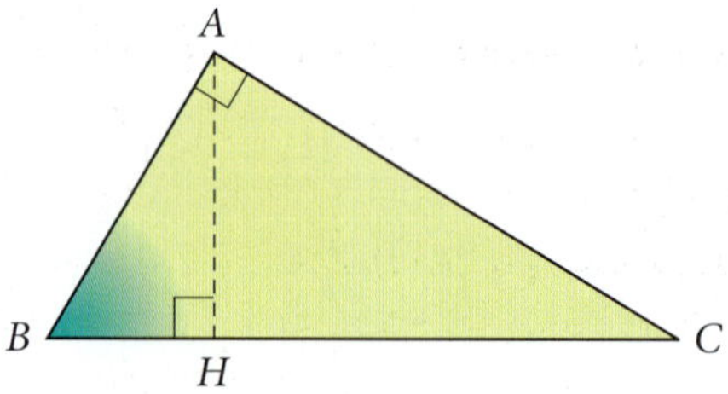

Allora anche i lati corrispondenti sono in proporzione:

ipotenusa di ABH ↓ ; cateto minore di ABC ↓

ipotenusa di ABC ⟶ $\overline{BC} : \overline{AB} = \overline{AB} : \overline{BH}$ ⟵ cateto minore di ABH

Considera ora i triangoli ABC e AHC. Seguendo lo stesso ragionamento, puoi concludere che sono triangoli simili per il primo criterio. Allora abbiamo:

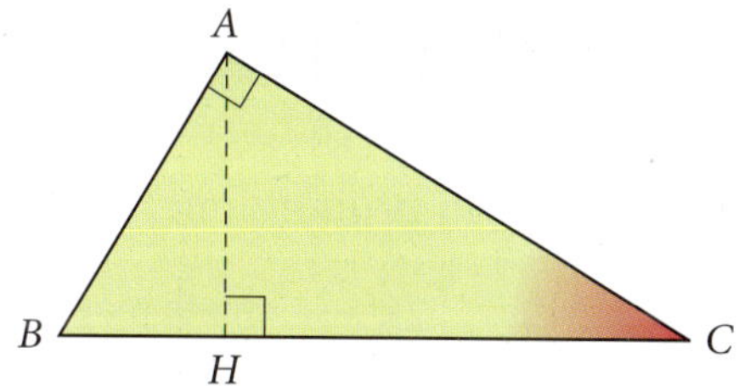

ipotenusa di ACH ↓ ; cateto maggiore di ABC ↓

ipotenusa di ABC ⟶ $\overline{BC} : \overline{AC} = \overline{AC} : \overline{HC}$ ⟵ cateto maggiore di ACH

Primo teorema di Euclide
In un triangolo rettangolo ciascun cateto è medio proporzionale fra l'ipotenusa e la sua proiezione sull'ipotenusa stessa.

PER ESEMPIO Ricordando che nelle proporzioni il prodotto dei termini medi è uguale al prodotto dei termini estremi, puoi osservare anche un'interpretazione geometrica del primo teorema di Euclide.

$\overline{BC} : \overline{AC} = \overline{AC} : \overline{HC}$
quindi $(\overline{AC})^2 = \overline{BC} \cdot \overline{HC}$

$\overline{BC} : \overline{AB} = \overline{AB} : \overline{BH}$
quindi $(\overline{AB})^2 = \overline{BC} \cdot \overline{BH}$

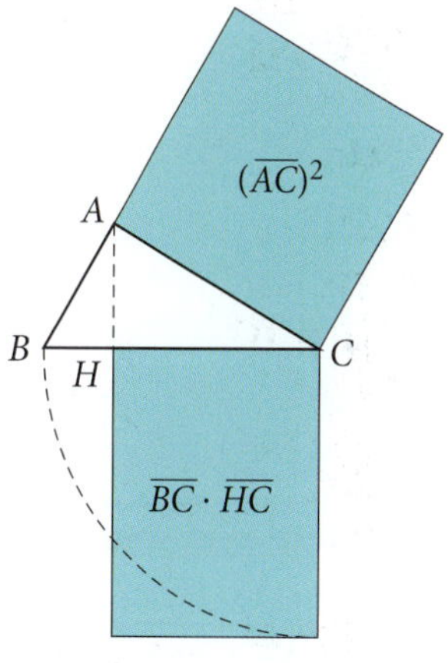

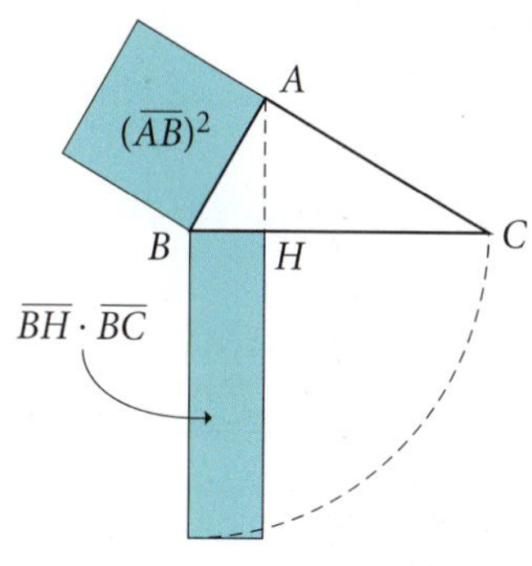

● Secondo teorema di Euclide

Traccia nel triangolo rettangolo ABC l'altezza AH relativa all'ipotenusa. Tale altezza divide il triangolo dato in due triangoli ancora rettangoli.

I triangoli ABH e ACH sono simili per il primo criterio di similitudine.

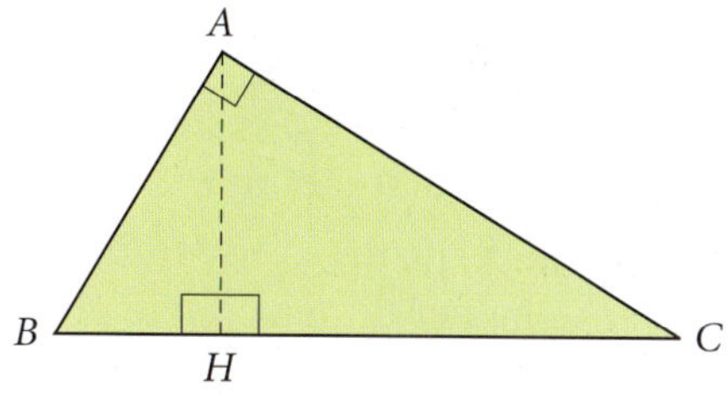

Esercizi a pag. 207

Infatti:

$A\widehat{H}B = A\widehat{H}C$ perché retti;

$A\widehat{B}H = H\widehat{A}C$ perché entrambi complementari di $B\widehat{A}H$;

$B\widehat{A}H = A\widehat{C}H$ perché differenza tra l'angolo piatto e la somma dei primi due.

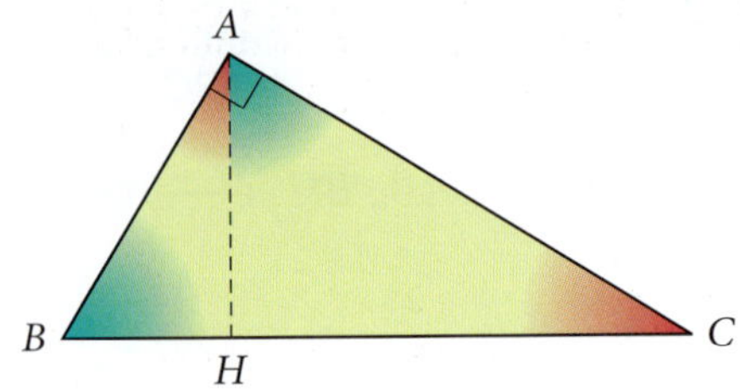

Allora anche i lati corrispondenti sono in proporzione.

cateto minore di *ACH* → ; cateto maggiore di *ABH* →

cateto minore di *ABH* ⟶ $\overline{BH} : \overline{AH} = \overline{AH} : \overline{HC}$ ⟵ cateto maggiore di *ACH*

Secondo teorema di Euclide
In un triangolo rettangolo l'altezza relativa all'ipotenusa è medio proporzionale fra le proiezioni dei cateti sull'ipotenusa.

PER ESEMPIO Ricordando sempre le proprietà delle proporzioni, puoi osservare un'interpretazione geometrica del secondo teorema di Euclide.

$\overline{BH} : \overline{AH} = \overline{AH} : \overline{HC}$

quindi $(\overline{AH})^2 = \overline{BH} \cdot \overline{HC}$

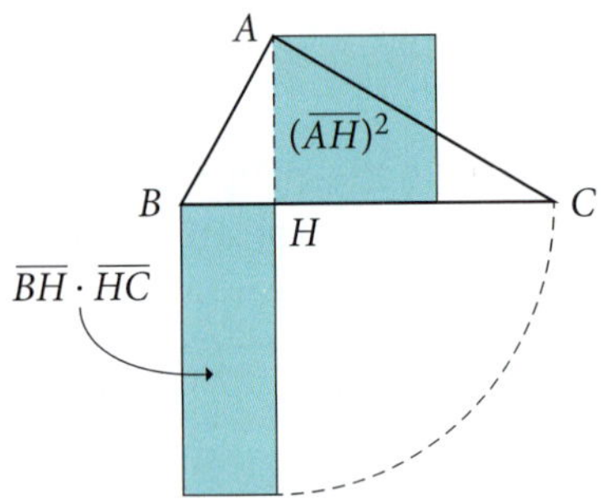

METTITI ALLA PROVA

1 **Completa la tabella.**

$\overline{AB}$ (cm)	$\overline{BC}$ (cm)	$\overline{AC}$ (cm)	$\overline{BH}$ (cm)	$\overline{AH}$ (cm)	$\overline{HC}$ (cm)
15	20	25	12	9	16
6		10			
30				18	
				19,2	10,8

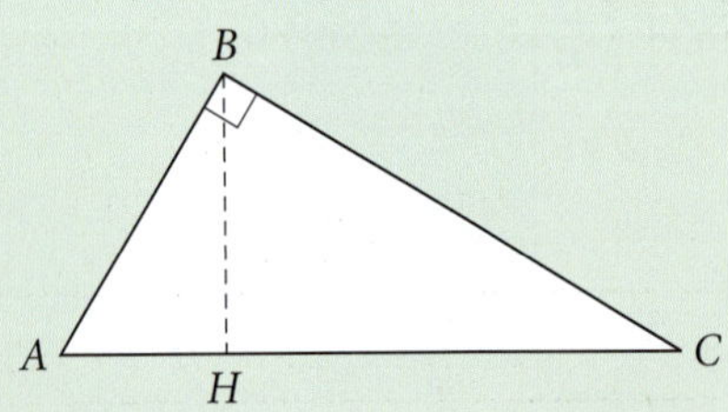

2 **Vero o falso?**

a) In un triangolo rettangolo il quadrato costruito su un cateto è equivalente al rettangolo che ha per dimensioni l'ipotenusa e la proiezione del cateto sull'ipotenusa. V F

b) In un triangolo rettangolo il quadrato costruito su un cateto è equivalente al quadrato costruito sull'altezza relativa all'ipotenusa. V F

c) In un triangolo rettangolo il quadrato costruito sull'altezza relativa all'ipotenusa è equivalente al rettangolo che ha per dimensioni le proiezioni dei cateti sull'ipotenusa. V F

7 Il teorema di Talete

PRIMA DI COMINCIARE

In una città, via Mazzini, via Garibaldi, via Ugo Bassi sono tutte parallele.
La distanza da via Mazzini a via Ugo Bassi lungo via Marconi è di 300 m; lungo via dei Mille invece è di 250 m.

> Se la distanza fra via Garibaldi e via Ugo Bassi lungo via Marconi è 120 m, qual è la distanza fra le due strade lungo via dei Mille?

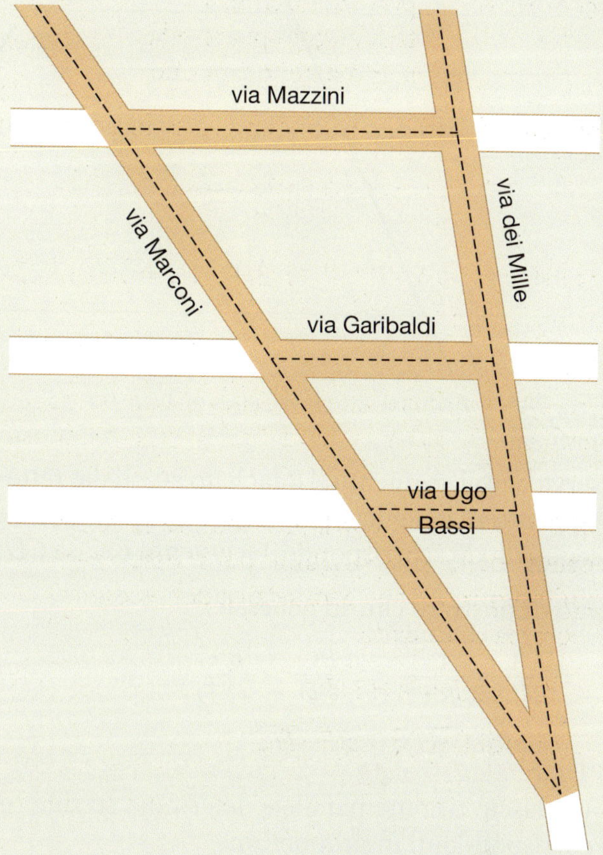

DA SAPERE

Osserva in figura: due rette trasversali r e s tagliano l'insieme di rette parallele a, b, c, d.

ANIMAZIONE IN DIGITALE
Il teorema di Talete

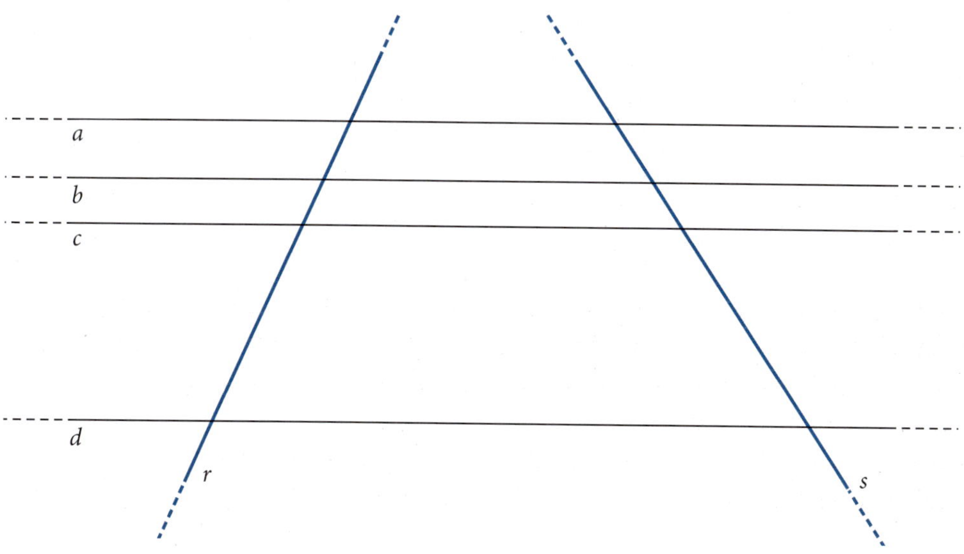

Esercizi a pag. 211

A, B, C, D sono i punti di intersezione della retta r con a, b, c, d.
A', B', C', D' sono i punti di intersezione della retta s con a, b, c, d.

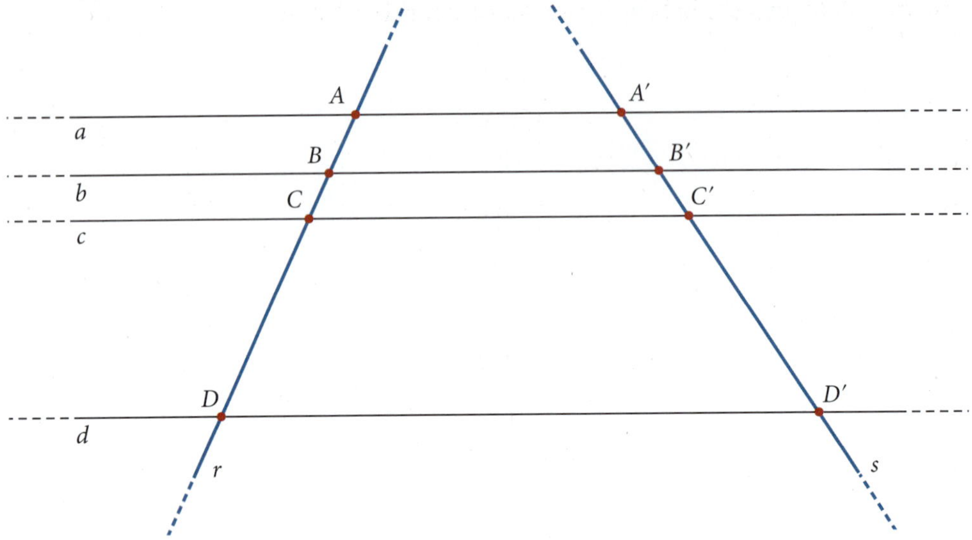

Osserva che al segmento AB tagliato su r dalle rette parallele a e b corrisponde il segmento $A'B'$ tagliato su s dalle rette parallele a e b.
Al segmento BC corrisponde il segmento $B'C'$, a CD il segmento $C'D'$ e così via.

Si può dimostrare che, in generale:

$$\frac{\overline{AB}}{\overline{BC}} = \frac{\overline{A'B'}}{\overline{B'C'}} \qquad \frac{\overline{BC}}{\overline{CD}} = \frac{\overline{B'C'}}{\overline{C'D'}} \qquad \dots$$

Teorema di Talete
Un fascio di rette parallele determina su due rette trasversali segmenti corrispondenti in proporzione.

PER ESEMPIO

Se $\frac{\overline{AB}}{\overline{BC}} = \frac{3}{2}$

anche

$\frac{\overline{A'B'}}{\overline{B'C'}} = \frac{3}{2}$.

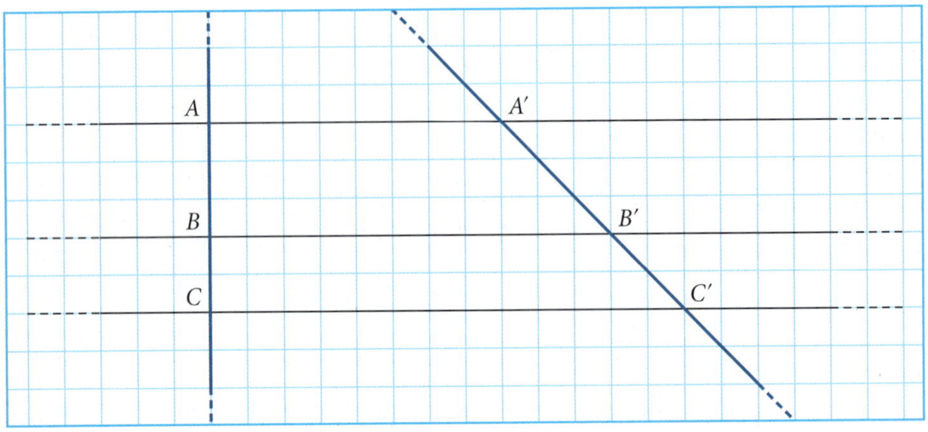

METTITI ALLA PROVA

1 **Applicando il teorema di Talete, calcola le lunghezze dei segmenti indicati.**

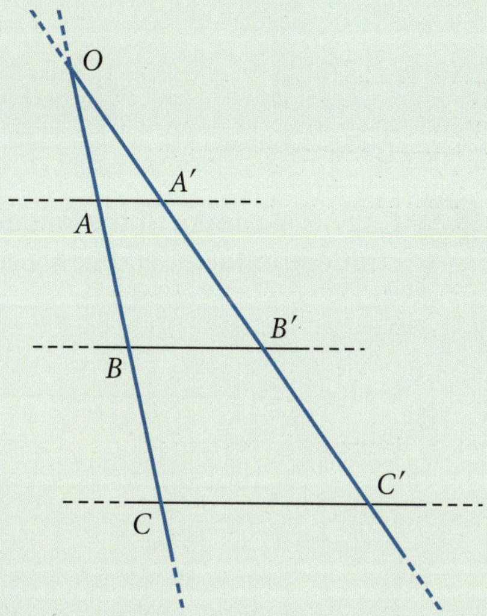

$\overline{OA} = 3$ cm

$\overline{AB} = 3{,}3$ cm

$\overline{AC} = 6{,}8$ cm

$\overline{OA'} = 3{,}6$ cm

$\overline{A'B'} =$ 3,96 m

$\overline{A'C'} =$ ....

$\overline{OC'} =$ ....

2 **Vero o falso?**

a) Il teorema di Talete si applica a un insieme di rette tagliate da due trasversali. V F

b) Un fascio di rette parallele determina su due rette trasversali al fascio segmenti corrispondenti in proporzione. V F

Talete e la piramide

ZOOM

Talete di Mileto fu un grande filosofo e matematico dell'antica Grecia. Visse tra il VII e il VI secolo a.C. e fu particolarmente interessato ai problemi dell'astronomia e della navigazione.

In Egitto, come raccontano Plutarco e Plinio il Vecchio, riuscì a determinare l'altezza di una piramide. Talete piantò per terra un bastone e misurò la lunghezza dell'ombra che questo proiettava a terra. Misurando nello stesso momento la lunghezza dell'ombra della piramide, Talete riuscì a ricavarne l'altezza (era severamente proibito a uno straniero salire su una piramide).

In pratica Talete aveva costruito, con il bastone e l'ombra da esso proiettata, un triangolo simile al triangolo formato dall'altezza della piramide e dalla sua ombra.

ESERCIZI CAPITOLO 4

1 Le omotetie

MI ALLENO

1 **NEL QUADERNO DELLE REGOLE** Copia le definizioni di omotetia, di omotetia diretta e inversa e fai un disegno come esempio.

2 **CON UN DISEGNO** Osserva le due cartine che rappresentano la Campania.

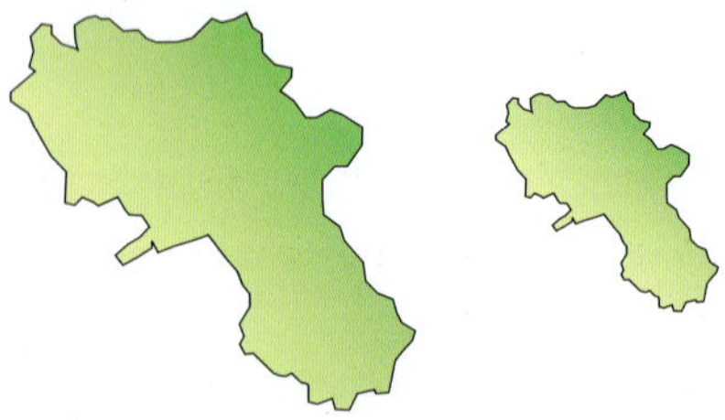

> Le due figure sono uguali? Perché?
> Le due figure sono equivalenti? Perché?
> Hanno una caratteristica comune?

3 Osserva i due triangoli; il primo è un ingrandimento del secondo.

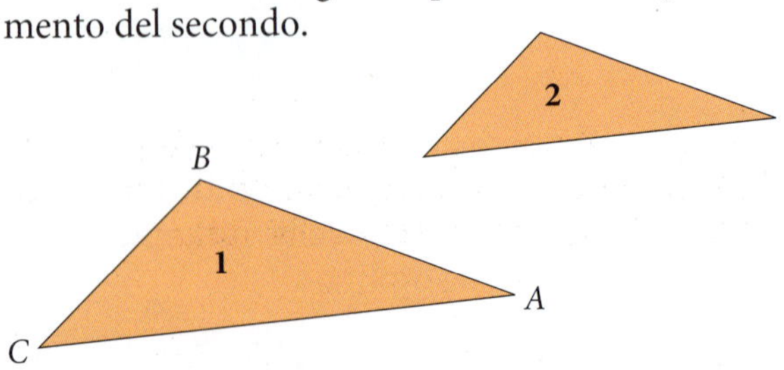

> Segna in rosso l'altezza relativa al lato AB e la sua corrispondente nella figura (2).
> Segna in blu l'altezza relativa al lato BC e la sua corrispondente nella figura (2).
> Segna in verde l'altezza relativa al lato AC e la sua corrispondente nella figura (2).

4 Calcola il rapporto fra le coppie di lunghezze dei segmenti.

a) $\overline{AB} = 18$ cm e $\overline{CD} = 27$ cm
b) $\overline{EF} = 4$ cm e $\overline{GH} = 2$ cm
c) $\overline{IL} = 25$ m e $\overline{MN} = 100$ m
d) $\overline{OP} = 100$ m e $\overline{QR} = 75$ m
e) $\overline{ST} = 1$ m e $\overline{UV} = 20$ cm

5 Calcola il rapporto fra le lunghezze, misurate secondo l'unità u, dei due segmenti.

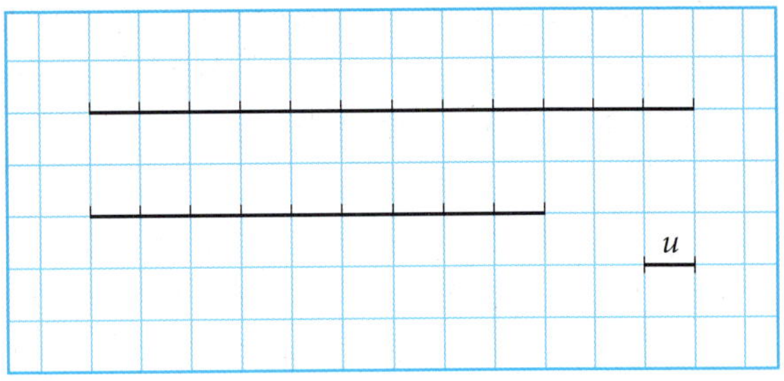

6 Calcola il rapporto fra le lunghezze dei due segmenti misurate in millimetri.

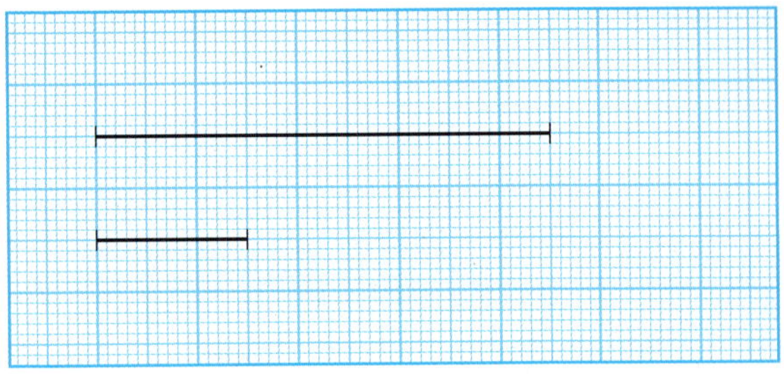

7 I quattro segmenti sono in proporzione?

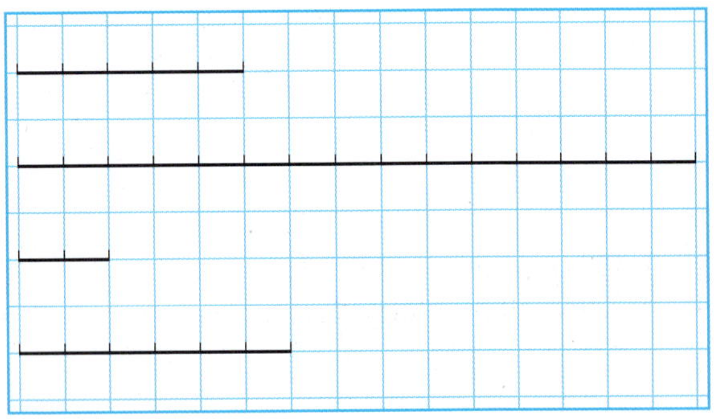

8 Disegna il punto P' corrispondente del punto P nell'omotetia diretta di centro O che dimezza le lunghezze.

9 ●○○ Disegna il punto P' corrispondente del punto P nell'omotetia inversa di centro O che triplica le lunghezze.

10 ●○○ Disegna sul quaderno un punto O, centro di un'omotetia diretta che dimezza le lunghezze. Disegna cinque punti e chiamali A, B, C, D, E.

> Disegna i corrispondenti dei punti in tale omotetia.

11 ●○○ Traccia su di un foglio un punto O, centro di un'omotetia inversa che raddoppia le lunghezze.

> Disegna i punti A, B, C, D, E a piacere e i loro corrispondenti in tale omotetia.

12 ●○○ Determina il rapporto di omotetia per ciascuna coppia di figure.

a)

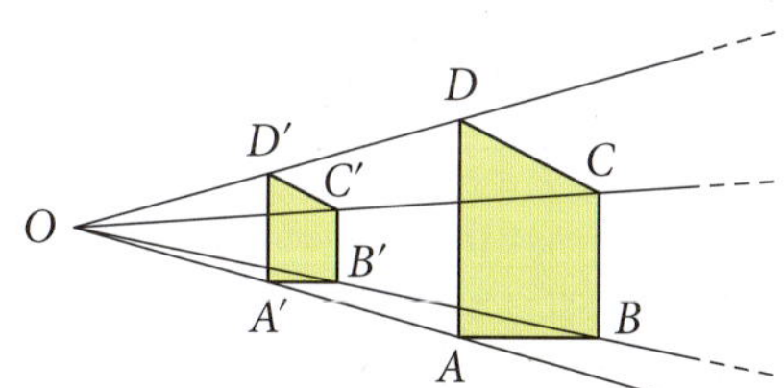

b)

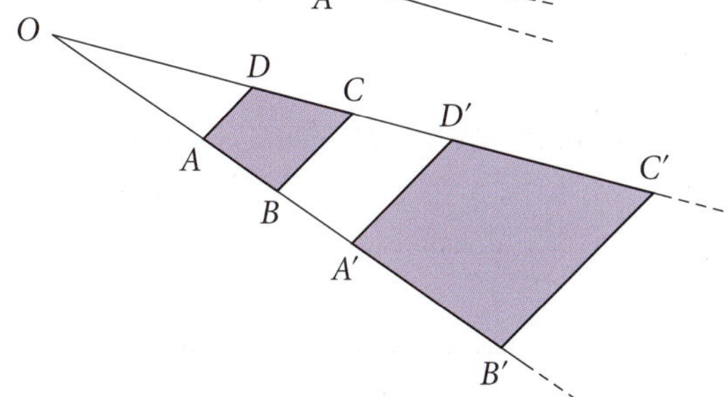

13 ●○○ Disegna il corrispondente $A'B'C'$ del triangolo ABC nell'omotetia diretta di centro O che raddoppia le lunghezze ($k = 2$).

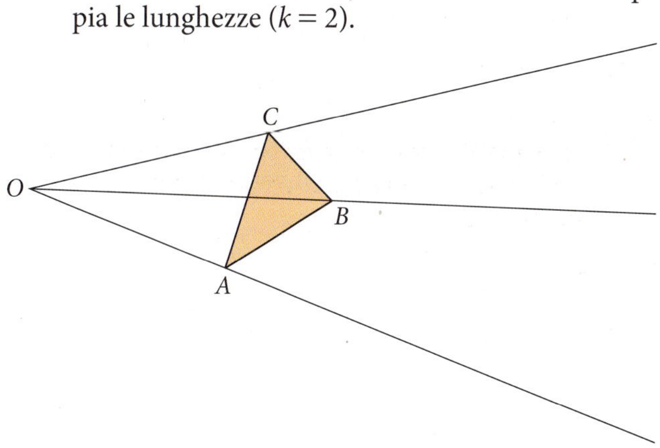

14 ●●○ **CON UN DISEGNO** La figura A colorata è simile alla figura B dal bordo in azzurro in un'omotetia diretta il cui centro O coincide con uno dei vertici del rettangolo e in cui il rapporto di omotetia fra le figure A e B è $k = \frac{1}{2}$.

> Quale tra le seguenti figure rappresenta in modo corretto le figure A e B?

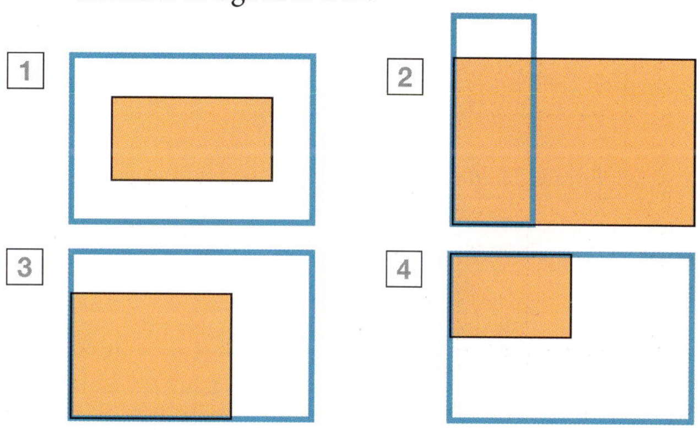

15 ●○○ Disegna il corrispondente $A'B'C'$ del triangolo ABC nell'omotetia inversa di centro O e $k = -\frac{1}{2}$.

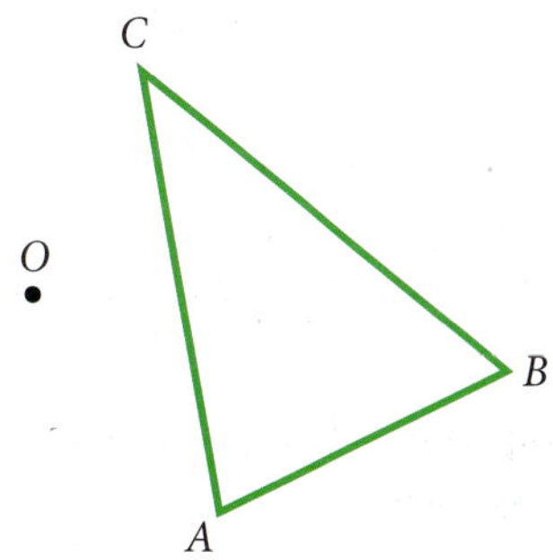

Ricopia sul quaderno le seguenti figure, e disegna la figura corrispondente nell'omotetia diretta di centro O con rapporto di omotetia k.

16 ●○○

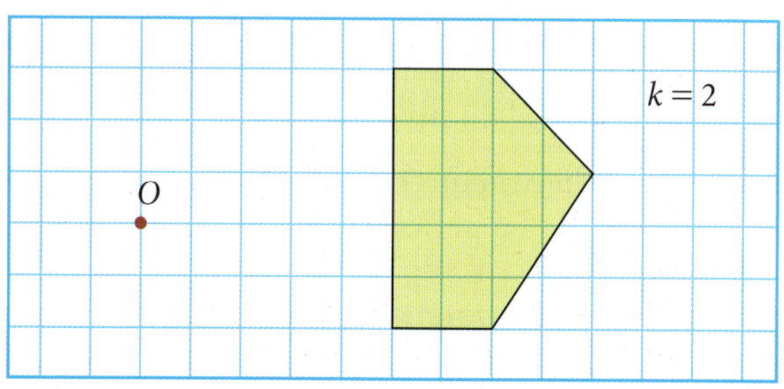

17 ●○○

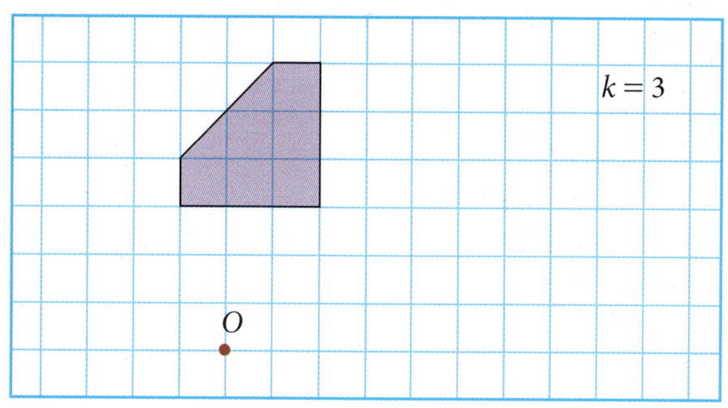

Teoria a pag. 172

Ricopia sul quaderno le seguenti figure, e disegna la figura corrispondente nell'omotetia inversa di centro *O* con rapporto di omotetia *k*.

18 ●○○

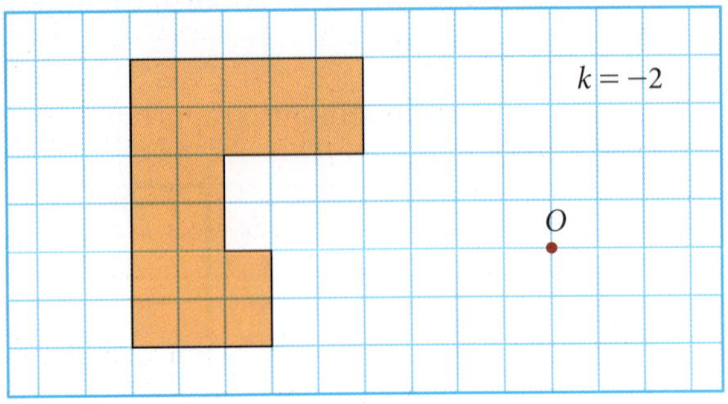

19 ●○○

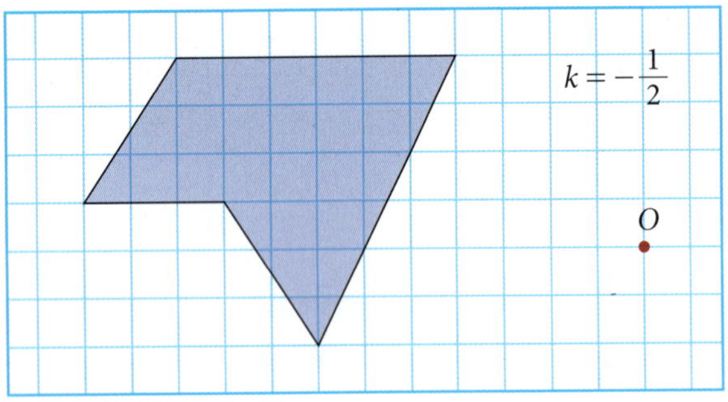

20 **EUREKA!** Disegna sul quaderno l'omotetico del rettangolo $ABCD$ nell'omotetia diretta di centro O e rapporto $k = \frac{3}{2}$.

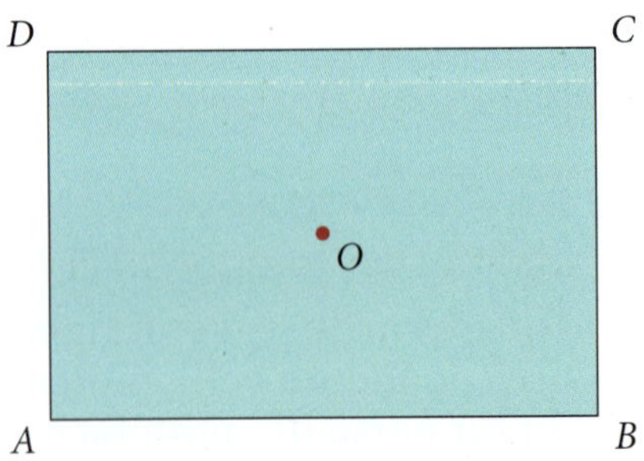

RISOLVO PROBLEMI

21 ●○○ In un riferimento cartesiano considera il segmento AB che ha per estremi i punti $A(1; 3)$ e $B(3; 2)$. Disegna poi il segmento $A'B'$ corrispondente di AB in un'omotetia diretta di centro O (origine degli assi) e di rapporto $k = 2$. Scrivi le coordinate dei punti A' e B'.

22 ●○○ In un riferimento cartesiano considera il segmento AB che ha per estremi i punti $A(1; 4)$ e $B(6; 1)$. Disegna poi il segmento $A'B'$ corrispondente di AB in un'omotetia diretta di centro O (origine degli assi) e di rapporto $k = 1$.

> Scrivi le coordinate dei punti A' e B'.
> Che cosa osservi?

23 ●○○ In un riferimento cartesiano disegna il triangolo di vertici $A(2; 1)$, $B(5; 2)$ e $C(2; 3)$.

> Disegna il suo corrispondente $A'B'C'$ nell'omotetia diretta di centro $O(3; 2)$ che raddoppia le lunghezze.

24 ●○○ In un riferimento cartesiano disegna il triangolo di vertici $A(14; 9)$, $B(16; 13)$ e $C(10; 15)$.

> Disegna il suo corrispondente $A'B'C'$ nell'omotetia diretta di centro $O(2; 7)$ che dimezza le lunghezze.

25 ●○○ In un riferimento cartesiano disegna il poligono di vertici $A(11; 3)$, $B(19; 7)$, $C(15; 16)$, $D(5; 14)$ ed $E(5; 6)$.

> Disegna il suo corrispondente nell'omotetia diretta di centro $C(15; 16)$ che dimezza le lunghezze.

26 ●●○ In un riferimento cartesiano considera il segmento AB che ha per estremi i punti $A(9; 10)$ e $B(12; 9)$. Disegna poi il segmento $A'B'$ corrispondente di AB in un'omotetia inversa di centro $P(9; 8)$ e di rapporto $k = -3$. Scrivi le coordinate dei punti A' e B'. Applica poi al segmento $A'B'$ un'omotetia inversa di centro P e rapporto $k = -\frac{1}{3}$, in modo da ottenere il segmento $A''B''$.
Scrivi le tue osservazioni.

27 ●●○ Considera i segmenti AB e CD.

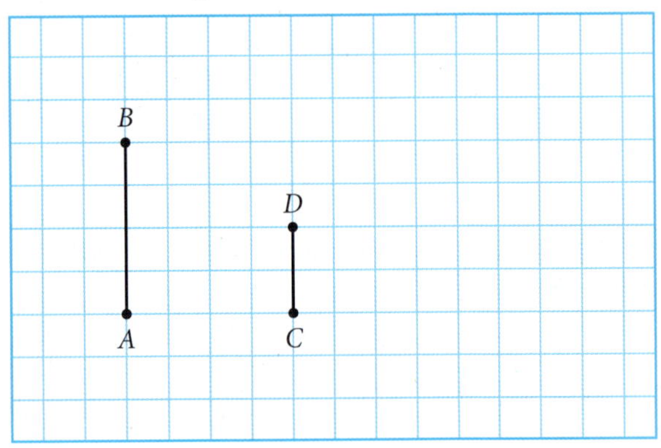

> Determina la posizione del centro dell'omotetia che trasforma AB in CD.
> È un'omotetia diretta o inversa? Qual è il suo rapporto?

Chiama M il punto medio di AB.

> Qual è il suo corrispondente su CD?

Chiama P un altro qualsiasi punto di AB.

> Costruisci il corrispondente del punto P sul segmento CD.

28 ●●○ Considera la figura formata da sei parallelogrammi congruenti.

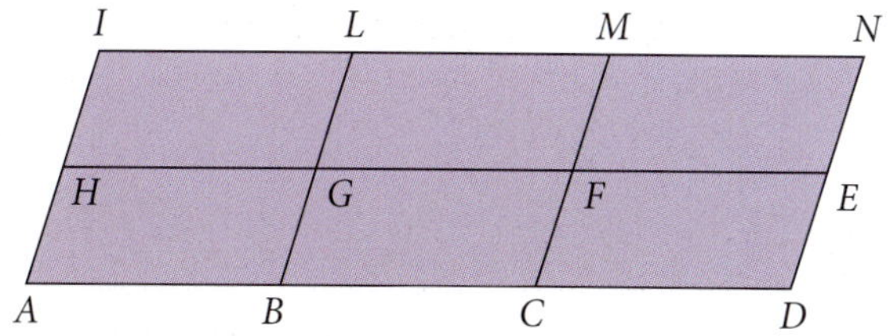

> Quale punto è il centro dell'omotetia che trasforma il parallelogramma $ABGH$ nel parallelogramma $BDNL$?

- a il punto A
- b il punto B
- c il punto G
- d un punto preso sulla retta AB a sinistra di A, distante da A come A da B
- e il punto medio del segmento AH

> Si tratta di un'omotetia diretta o inversa?

29 **INTORNO A NOI** Il disegno di questo tappeto è formato da otto triangoli congruenti.

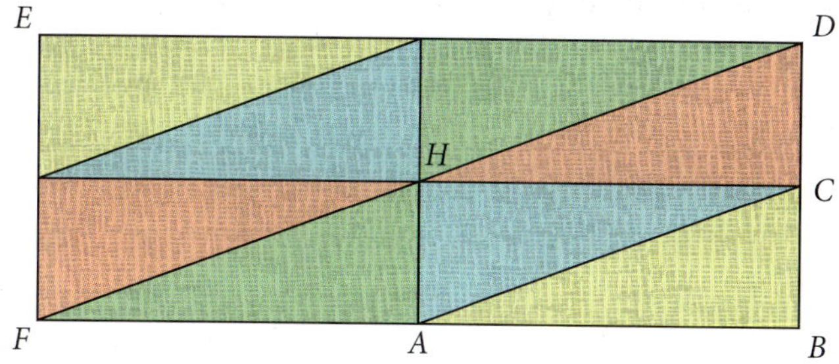

> Determina la posizione del centro dell'omotetia mediante la quale il triangolo ABC si trasforma nel triangolo DEF.

> Si tratta di un'omotetia diretta o inversa?

> Determina il rapporto di omotetia.

2 La similitudine

MI ALLENO

30 ●○○ **NEL QUADERNO DELLE REGOLE** Copia sul quaderno la definizione di figure simili e le caratteristiche dei poligoni simili.

31 ●○○ Esprimi a parole il significato della seguente scrittura simbolica, relativa a due poligoni simili.

$$k = \frac{\overline{A'B'}}{\overline{AB}} = \frac{\overline{B'C'}}{\overline{BC}} = \frac{\overline{C'D'}}{\overline{CD}} = \frac{\overline{D'E'}}{\overline{DE}} = \frac{\overline{A'E'}}{\overline{AE}} = \frac{2}{3}$$

32 ●○○ Disegna sul quaderno raddoppiando le lunghezze.

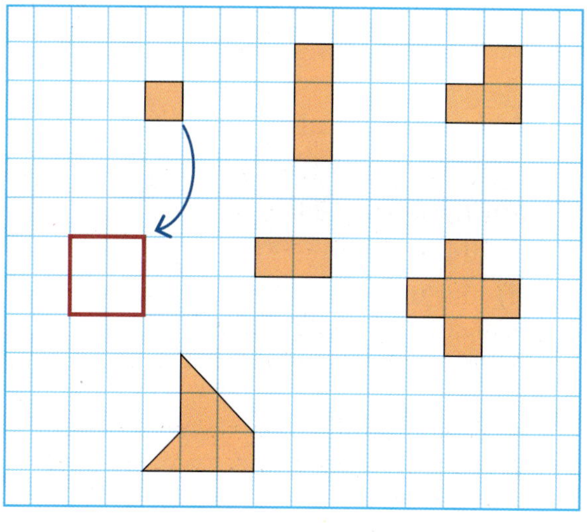

33 ●○○ Disegna sul quaderno dimezzando le lunghezze.

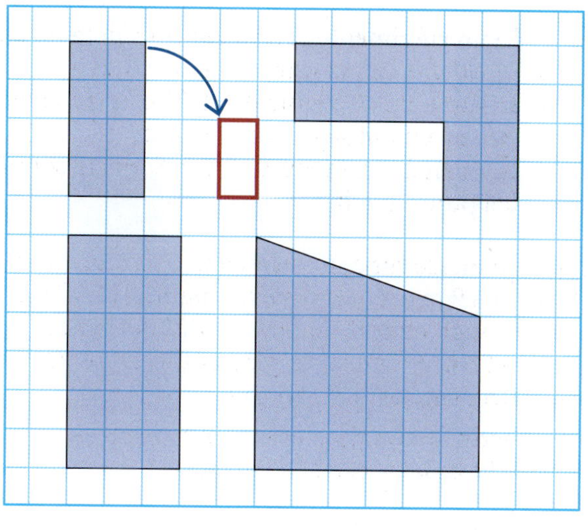

ESERCIZI

34 ●○○ Su carta quadrettata trasforma ciascuna figura in una simile, in modo che i lati della prima siano:

a) nel rapporto $\frac{1}{2}$

b) nel rapporto $\frac{1}{4}$

con i lati della nuova figura.

35 ●○○ Su carta quadrettata trasforma ciascuna figura in una simile, in modo che i lati della prima siano in un rapporto pari a 2 con i corrispondenti lati della nuova figura.

36 ●○○ Ecco due figure simili di aquiloni.

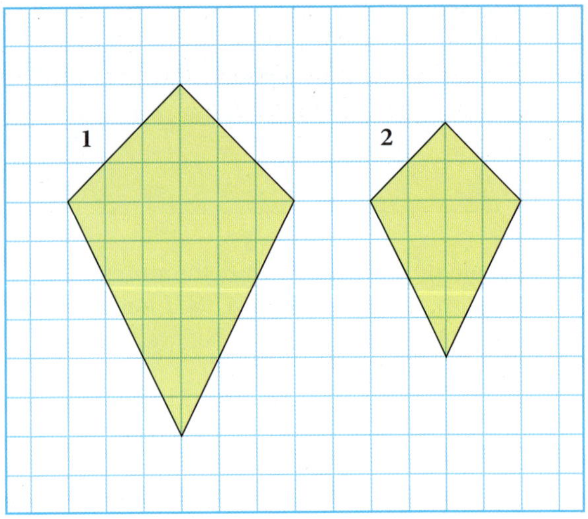

> Determina il rapporto di similitudine fra la (1) e la (2).

> Determina il rapporto di similitudine fra la (2) e la (1).

> Trasforma la (1) in una figura simile; il rapporto fra la (1) e la figura nuova deve essere 3 : 1.

37 ●○○ In un trapezio rettangolo il lato obliquo misura 24 cm; in un secondo trapezio simile al primo il lato obliquo misura 8 cm. La base maggiore del primo misura 51 cm.

> Quanto misura la base maggiore del secondo?
> Qual è il rapporto di similitudine fra il primo e il secondo trapezio? [17 cm; 3]

38 ●○○ In un deltoide i lati consecutivi misurano rispettivamente 15 dm e 33 dm. Quanto misurano i lati di un deltoide simile a esso, se il rapporto di similitudine fra il secondo e il primo è $\frac{1}{3}$? [5 dm; 11 dm]

39 ●●○ Quali condizioni devi aggiungere perché siano simili

a) due triangoli rettangoli?

b) due pentagoni?

c) due triangoli isosceli?

d) due rettangoli?

e) due rombi?

f) due triangoli con un angolo di 57°?

g) due parallelogrammi con l'angolo acuto di 42°?

h) due triangoli ottusangoli con l'angolo ottuso di 108°?

40 ●●○ **CON UN DISEGNO** La figura A colorata è simile alla figura B dal bordo in azzurro in modo che il rapporto di similitudine fra le figure A e B sia $k = 2$. Quale tra le seguenti figure rappresenta in modo corretto le figure A e B?

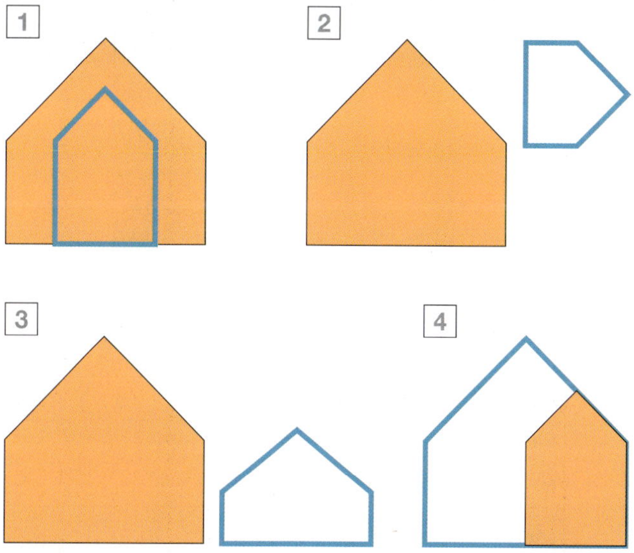

41 ●●○ Considera il pentagono $ABCDE$ simile al pentagono $A'B'C'D'E'$. Il lato AB misura 12 cm, mentre il lato $A'B'$ misura 18 cm. Il lato DE misura 9 cm.

> Quanto misura il suo corrispondente $D'E'$?
> Qual è il rapporto di similitudine fra il primo pentagono e il secondo? $\left[13,5 \text{ cm}; \frac{2}{3}\right]$

42 **EUREKA!** Ricopia sul quaderno la figura (1) e la figura (2). Completa la figura (2) in modo che sia simile alla figura (1).

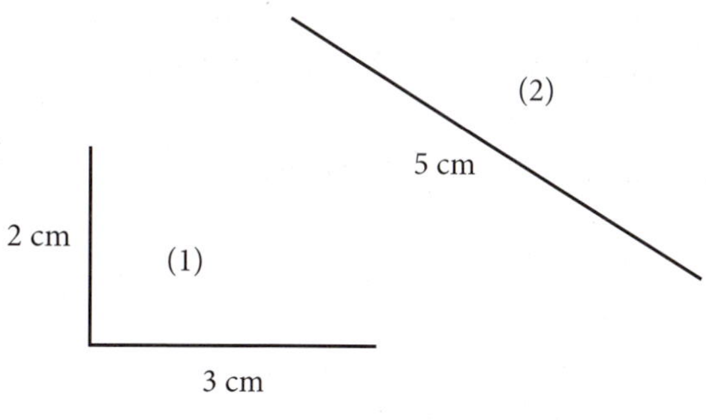

> Confronta poi il tuo disegno con quelli dei tuoi compagni. Sono tutti uguali?

RISOLVO PROBLEMI

43 ●○○ In un riferimento cartesiano disegna un parallelogramma $ABCD$ con $A(2; 2)$, $B(5; 4)$, $C(5; 8)$ e $D(2; 6)$ e il parallelogramma $EFGH$ con $E(7; 3)$, $F(11; 0)$, $G(11; 5)$ e $H(7; 8)$.

> Si tratta di due parallelogrammi simili?

44 ●●○ **Esiste una sola soluzione?**

Un rettangolo, le cui dimensioni misurano 3 cm e 4 cm, è simile a un altro rettangolo nel quale una dimensione misura 24 cm.

> Determina l'altra dimensione del secondo rettangolo.

45 ●●○ Voglio incorniciare una fotografia di formato 24 cm per 36 cm con un listello di legno largo 5 cm.

> La fotografia incorniciata e la fotografia non incorniciata rappresentano rettangoli simili?

46 ●●○ Disegna sul quaderno un quadrato il cui lato misuri 5 unità quadretto. Disegna un secondo quadrato il cui lato sia aumentato di 1 unità quadretto rispetto al primo.

> I due quadrilateri sono simili?

Disegna poi un rettangolo le cui dimensioni misurino rispettivamente 4 e 6 unità quadretto. Disegna un secondo rettangolo le cui dimensioni siano aumentate di 1 unità quadretto rispetto al primo.

> I due rettangoli sono simili?

47 ●●○ Verifica con un esempio che la seguente proposizione non è vera.

«Due quadrilateri sono simili se hanno i lati corrispondenti in proporzione.»

48 ●●○ Disegna un rettangolo con le dimensioni lunghe 6 cm e 5 cm. Prolunga poi la dimensione maggiore di 3 cm.

> Di quanto devi prolungare la dimensione minore per ottenere un rettangolo simile al primo?

49 ●●○ Se il lato di un rombo è il triplo del lato di un altro rombo, allora i due rombi

affermazione	vera	falsa
sono simili perché hanno i lati in proporzione		
sono simili perché hanno la stessa forma		
non sono simili perché non si dice che hanno gli angoli uguali		
sono simili perché uno è l'ingrandimento dell'altro		

50 ●●○ In un rombo un angolo misura 105° e il lato misura 24 cm. Esso è simile a un altro rombo con un rapporto di similitudine uguale a $\frac{3}{2}$.

> Determina l'ampiezza degli angoli e la lunghezza del lato del secondo rombo.

Teoria a pag. 175

51 ●●○ Un quadrato ha il lato che misura 37,5 cm; un altro quadrato ha il perimetro che misura 75 cm.

> Qual è il rapporto di similitudine?

52 ●●○ In un rettangolo le dimensioni misurano rispettivamente 2 cm e 3 cm.

> Disegna sul quaderno almeno quattro rettangoli simili a esso.

53 ●●○ Dimostra con un disegno che non è vera la proposizione seguente.
«Due quadrilateri sono simili se hanno gli angoli ordinatamente congruenti.»

54 ●●○ Disegna in un riferimento cartesiano i rettangoli di vertici:

a) $A(2; 2)$ $B(6; 2)$ $C(6; 8)$ $D(2; 8)$
b) $E(8; 2)$ $F(10; 4)$ $G(7; 7)$ $H(5; 5)$
c) $I(8; 5)$ $L(13; 5)$ $M(13; 8)$ $N(8; 8)$

> Quali di essi sono simili?

55 ●●● Disegna due pentagoni che abbiano gli angoli corrispondenti congruenti ma che non siano simili.

56 ●●● Disegna un rettangolo le cui dimensioni siano 10 cm e 8 cm. Dividilo a metà con una linea parallela al lato più corto. Continua poi a dividere i rettangoli ottenuti, come in figura.

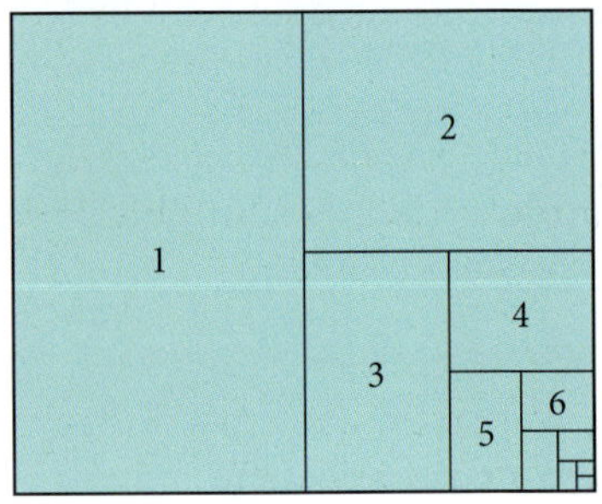

> Sono simili i rettangoli che hai via via ottenuto? Perché?
> Completa la tabella.

rettangolo	1	2	3	...
lato maggiore M (cm)				
lato minore m (cm)				
rapporto $\frac{M}{m}$				

> Scrivi le tue osservazioni.

57 **INTORNO A NOI** Gli architetti del comune stanno realizzando un modello del nuovo centro sportivo, 100 volte più piccolo delle dimensioni reali. Aiutali tu a completare la tabella.

	modello	dimensioni reali
larghezza del centro sportivo	4 m	400 m
lunghezza del centro sportivo		200 m
area del centro sportivo		
larghezza della piscina	20 cm	
lunghezza della piscina		50 m
profondità della piscina	1,5 cm	
area della copertura in plastica della piscina		
volume di acqua nella piscina		
larghezza del campo da calcio	0,9 m	

58 **INTORNO A NOI** Laura ha progettato un francobollo largo 4 cm e alto 6 cm. Lo vuole ora riprodurre nel formato più piccolo (2 cm × 3 cm) illustrato nella figura in basso a destra.

> Qual è il rapporto di similitudine tra i due formati
> Che cosa rappresenta la figura disegnata sul francobollo?

3 Triangoli simili

MI ALLENO

59 ●○○ **NEL QUADERNO DELLE REGOLE** Copia sul quaderno i tre criteri di similitudine dei triangoli e per ognuno fai un disegno.

60 ●○○ Quali criteri possono essere espressi dalle seguenti scritture simboliche?

a) $\widehat{A} = \widehat{A}'$ $\quad \widehat{B} = \widehat{B}'$ $\quad \widehat{C} = \widehat{C}'$

b) $\widehat{B} = \widehat{B}'$ $\quad \dfrac{\overline{A'B'}}{\overline{AB}} = \dfrac{\overline{B'C'}}{\overline{BC}}$

c) $\dfrac{\overline{A'B'}}{\overline{AB}} = \dfrac{\overline{B'C'}}{\overline{BC}} = \dfrac{\overline{A'C'}}{\overline{AC}}$

61 ●○○ Disegna due triangoli equilateri diversi.

> Sono simili? Perché?

62 ●○○ Per ogni coppia di triangoli determina se sono simili, per quale criterio e il rapporto di similitudine.

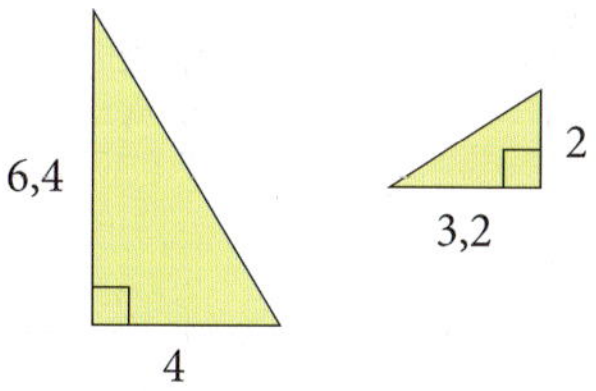

Sono simili? sì no

Per quale criterio? 1° 2° 3°

Rapp. di similitudine = ...

....

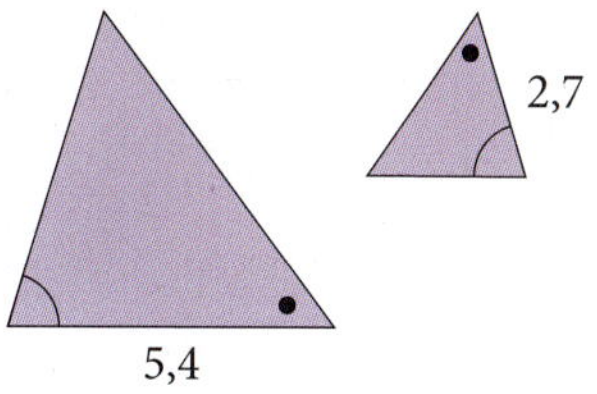

Sono simili? sì no

Per quale criterio? 1° 2° 3°

Rapp. di similitudine = ...

....

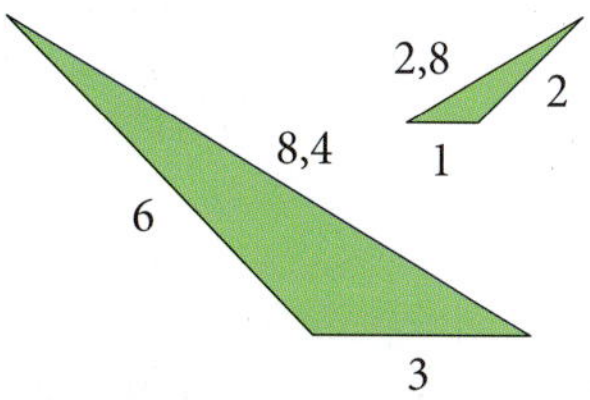

Sono simili? sì no

Per quale criterio? 1° 2° 3°

Rapp. di similitudine = ...

....

63 ●○○ In un triangolo due angoli sono ampi rispettivamente 72° e 41°.

> Quanti triangoli simili a esso puoi disegnare?

64 ●○○ In un triangolo due angoli misurano rispettivamente 30° e 40°. In un secondo triangolo due angoli misurano rispettivamente 60° e 80°.

> I due triangoli sono simili?

65 ●○○ In un triangolo due angoli misurano rispettivamente 50° e 55°. In un secondo triangolo due angoli misurano rispettivamente 50° e 75°.

> I due triangoli sono simili?

RISOLVO PROBLEMI

66 **ESERCIZIO GUIDATO**

Dati i triangoli simili ABC e $A'B'C'$ della figura, determina la lunghezza dei lati $A'C'$ e $B'C'$.

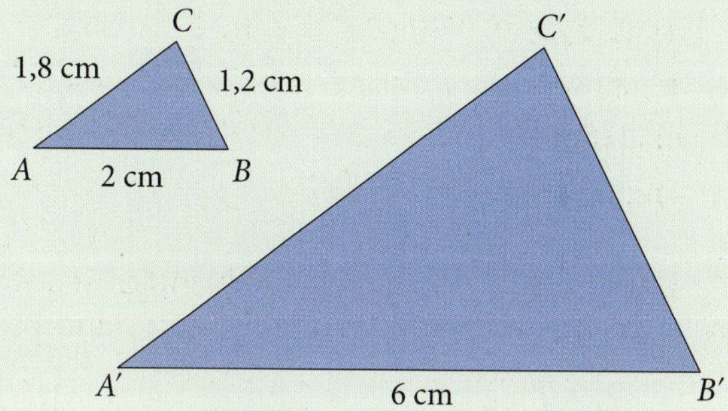

I due triangoli sono simili, quindi il rapporto fra lati corrispondenti è costante. Possiamo scrivere allora:

$\dfrac{2}{6} = \dfrac{1{,}8}{\overline{A'C'}}$ cioè la proporzione

$2 : 6 = 1{,}8 : \overline{A'C'}$

e, risolvendola, otteniamo

$\overline{A'C'} =$ .... cm.

Allo stesso modo:

$2 : 6 = 1{,}2 : \overline{B'C'}$ da cui $\overline{B'C'} =$ .... cm.

67 ●○○ Completa.

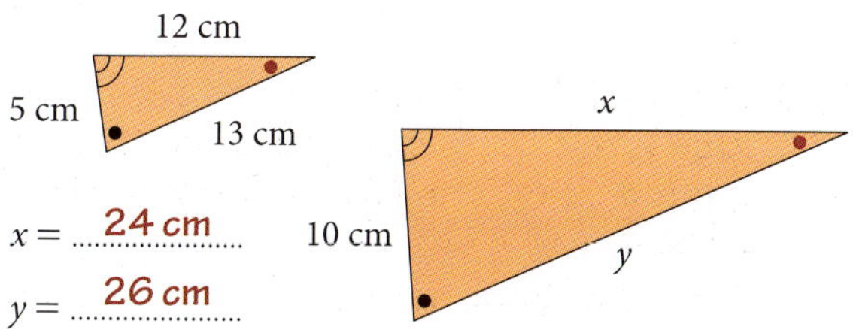

$x =$ 24 cm

$y =$ 26 cm

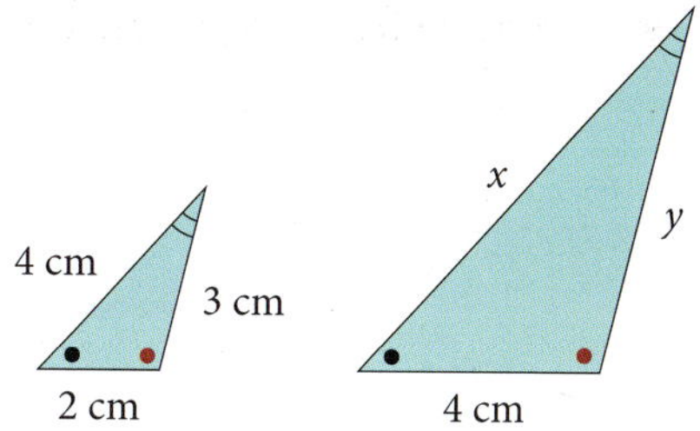

$x =$ ....

$y =$ ....

Teoria a pag. 177

68 ●○○ Completa.

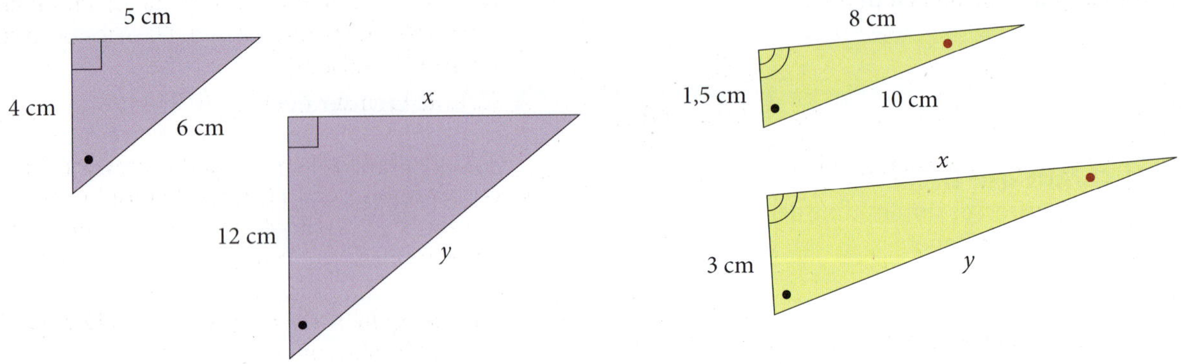

$x =$ .... $y =$ .... $x =$ .... $y =$ ....

69 ●○○ Completa.

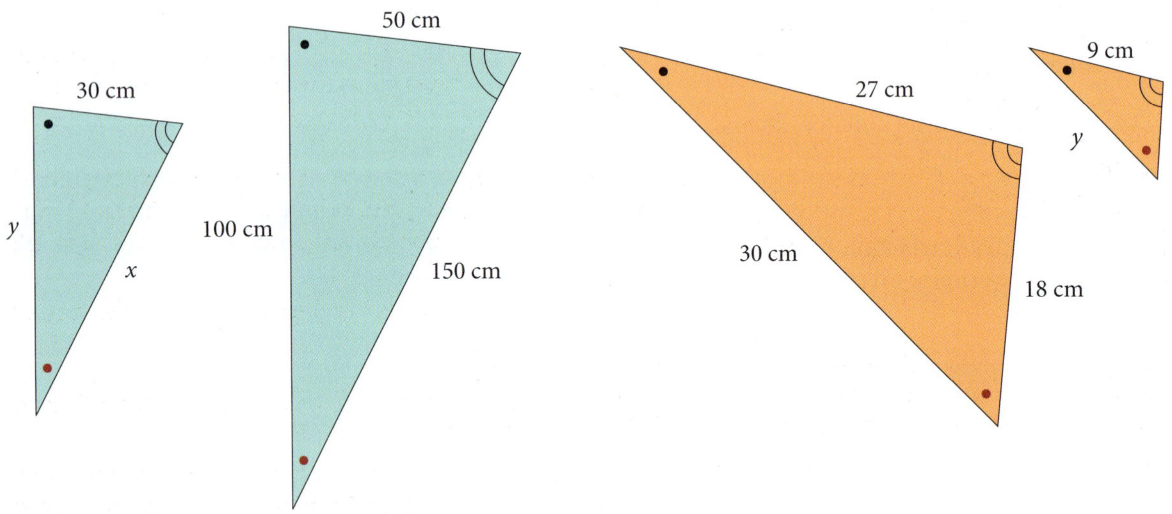

$x =$ .... $y =$ .... $x =$ .... $y =$ ....

---

70 ●○○ Nel triangolo ABC il lato AB è lungo 2 m, il lato BC 4 m. Nel triangolo $A'B'C'$ il lato $A'C'$ misura 12 m, il lato $A'B'$ 6 m.

> Calcola le lunghezze di AC e di $B'C'$.

71 ●○○ In un triangolo ABC il lato BC è di 9 cm, il lato AC di 7 cm. Nel triangolo simile $A'B'C'$, il lato $A'B'$ è di 3,3 cm, il lato $A'C'$ di 2,1 cm.

> Calcola le misure di AB e $B'C'$. [11 cm; 2,7 cm]

---

72 ●○○ **CON UN DISEGNO** Completa.

$x =$ ....

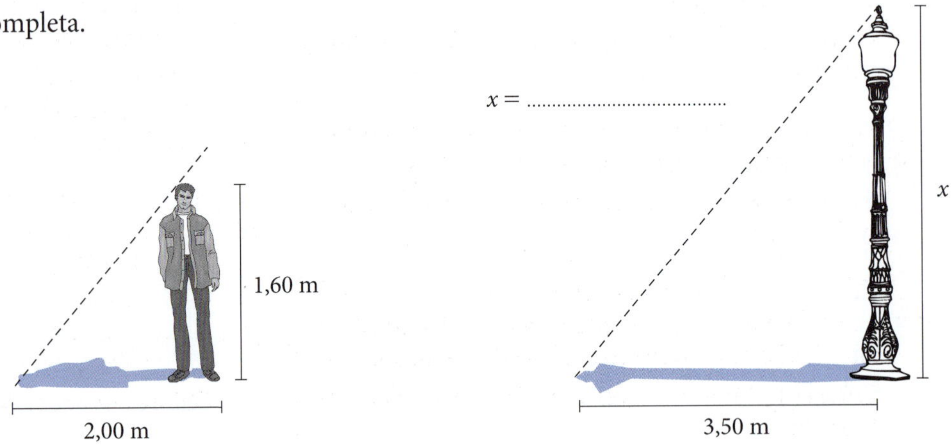

73 ●●○ **AL TELEFONO** Detta al telefono a Matteo il problema descritto nella figura.

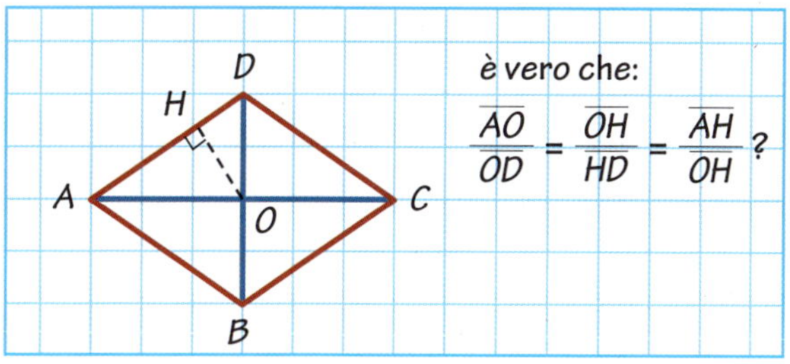

74 **EUREKA!** Questa attività la puoi svolgere in una notte di Luna piena con un metro e una palla da tennis soltanto.

> Poiché la Luna dista dalla Terra circa 380 000 km, sapresti dire quanto misura il diametro della Luna in kilometri? (Attenzione!) Devi fare in modo che i due dischi, della palla e della Luna, si sovrappongano perfettamente.

RISOLVO PROBLEMI

75 ●○○ In un triangolo i lati misurano rispettivamente 3 cm, 5 cm e 7 cm. In un triangolo molto più grande i lati misurano 5 km, 7 km e 3 km.

> I due triangoli sono simili? Perché?

76 ●○○ In un triangolo i lati misurano rispettivamente 4,8 cm, 7,2 cm e 11 cm. In un altro triangolo i lati misurano 16,8 cm, 25,2 cm e 38,5 cm.

> I due triangoli sono simili? Perché?

77 ●○○ In un triangolo i lati misurano 20 cm, 18 cm, 22 cm. Sai che il lato minore di un triangolo simile al primo misura 4,5 cm.

> Calcola la lunghezza degli altri lati del secondo triangolo. [5 cm; 5,5 cm]

78 ●○○ Hai due triangoli simili: in uno i lati misurano 3 cm, 5 cm e 6 cm; l'altro ha il lato di 9 cm.

> Calcola le lunghezze mancanti dei lati del secondo triangolo. [4,5 cm; 7,5 cm]

79 ●○○ Considera due triangoli simili: nel primo il lato AB è di 6 m e il lato AC è lungo 15 m. Nel secondo il lato $A'B'$ è di 2 m, mentre il lato $B'C'$ è di 6 m.

> Calcola le lunghezze dei lati CB e $A'C'$ dei due triangoli. [18 m; 5 m]

80 ●○○ Due triangoli sono simili; nel primo il lato AB è lungo 4,5 cm, il lato BC misura 7,5 cm, il lato AC misura 6 cm. Sai anche che nel secondo triangolo il lato $A'B'$ misura 3 cm.

> Calcola la misura dei lati $B'C'$ e $A'C'$.

81 ●○○ In un triangolo isoscele la base misura 15 cm e il lato obliquo 18 cm. Calcola la lunghezza del perimetro di un triangolo simile al primo, il cui lato obliquo è lungo 15 cm. [42,5 cm]

82 ●○○ Un triangolo isoscele ha la base di 112 cm e ciascuno dei lati obliqui è lungo 32 cm.

> Calcola la misura dei lati di un triangolo simile al primo sapendo che ha la base di 21 cm.

83 ●○○ In un triangolo isoscele la base misura 30 cm e l'altezza 8 cm.

> Determina la lunghezza del perimetro di un triangolo simile al primo, sapendo che il suo lato obliquo è lungo 25,5 cm.

84 ●○○ Due triangoli isosceli hanno l'angolo al vertice di 48°. Nel primo la base misura 42 cm e il lato obliquo 36 cm; nel secondo il lato obliquo è 25,2 cm.

> Calcola la lunghezza della base del secondo triangolo.

85 ●○○ In un triangolo rettangolo i cateti misurano 42 cm e 56 cm.

> Determina la lunghezza dell'ipotenusa di un triangolo simile al primo, sapendo che il rapporto di similitudine è $\frac{7}{9}$. [90 cm]

86 ●●○ In un triangolo l'area è di 400 cm^2 e la base è lunga 32 cm.

> Determina la misura dell'altezza di un triangolo simile al primo, la cui base sia lunga 19,2 cm. [15 cm]

87 ●●○ **Quante sono le soluzioni possibili?**
In un triangolo rettangolo i cateti misurano rispettivamente 5 cm e 12 cm.

> Determina la lunghezza del perimetro e l'area di un triangolo simile al primo, in cui un cateto misura 60 cm. [360 cm e 4320 cm^2 oppure 150 cm e 750 cm^2]

88 ●○○ **CHI HA RAGIONE?** Pietro: «Se ho un triangolo con i lati che misurano 3 cm, 5 cm, 6 cm, posso dire che è simile a un secondo triangolo i cui lati misurano 6 cm, 10 cm, 14 cm?».
Anna: «Sì, certo!».
Paolo: «No, non è vero».

> Chi ha ragione? Motiva la tua risposta.

Teoria a pag. 177

89 **INVALSI 2011** A una certa ora di una giornata di dicembre, un bastone lungo 1,5 m, piantato nel terreno perpendicolarmente ad esso, proietta un'ombra lunga 6 m. Alla stessa ora, un palo della luce proietta un'ombra di 18 m.

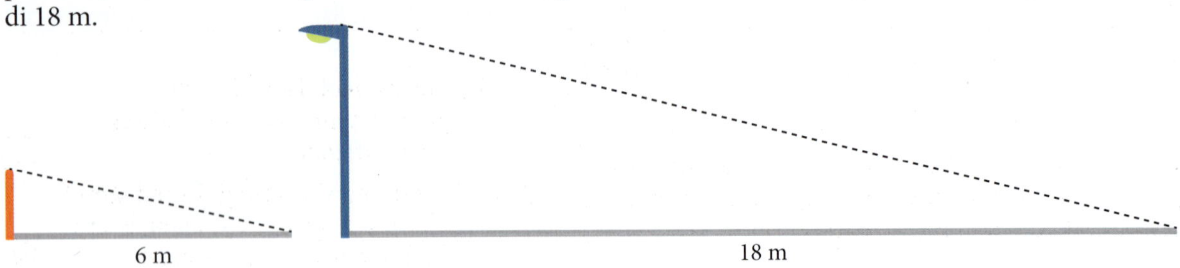

Quanto è alto il palo?

Risposta .... m

---

90 ●●○ Considera il triangolo *ABC*, rettangolo in *C*. Dal punto medio del cateto *BC* traccia la perpendicolare all'ipotenusa.

> Dimostra che i triangoli *ABC* e *NBM* sono simili.

> Si può affermare che il loro rapporto di similitudine è 2 a 1?

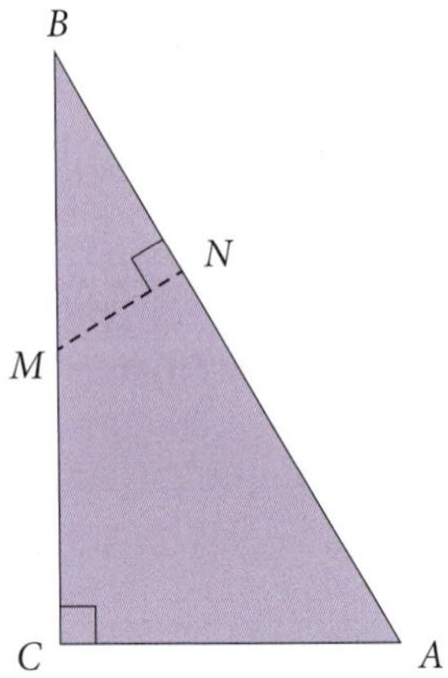

Sai che l'area di *ABC* è di 240 cm^2 e che il cateto *AC* è lungo 16 cm.

> Determina la lunghezza del perimetro e l'area del triangolo *NBM*. (Arrotonda ai decimi.)

[35,3 cm; 46,7 cm^2]

91 ●●○ Considera un triangolo rettangolo *ABC*. Traccia, a partire dal punto medio dell'ipotenusa, le parallele ai cateti.

L'area del triangolo è di 120 m^2 e il cateto minore è lungo 10 m.

> Determina l'area del rettangolo *APMQ*.

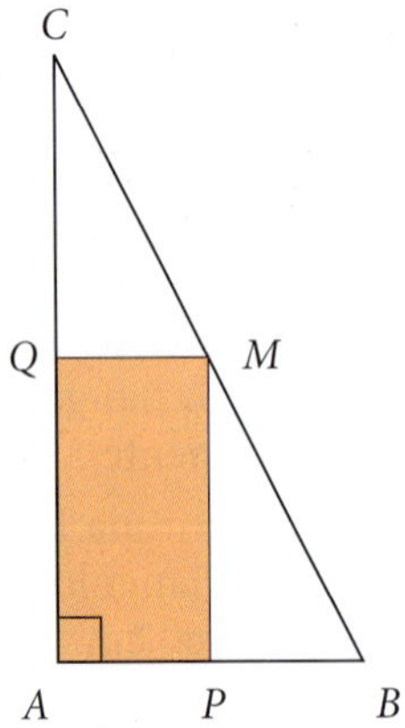

92 ●●● Considera un triangolo *ABC* rettangolo in *A* la cui area è di 1080 dm^2, e una retta *NM*, parallela al cateto *AC*, passante per il punto *M* del cateto *AB* situato a 6 dm da *A*. Il cateto *AB* è lungo 30 dm.

> Determina la lunghezza del perimetro e l'area del triangolo *MBN*.

[144 dm; 691,2 dm^2]

93 ●●○ In un triangolo rettangolo *ABC*, dal punto *M* del cateto *AB* manda il segmento *MN* perpendicolare all'ipotenusa *BC* e osserva i triangoli *ABC* e *BNM*.

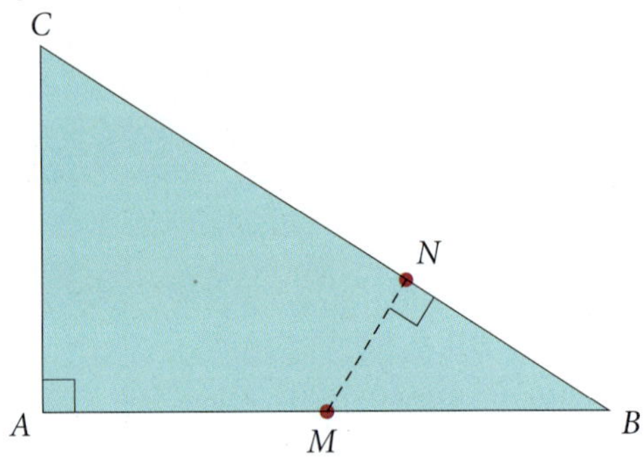

affermazione	vera	falsa
Non possono essere definiti simili perché non sappiamo se hanno i lati in proporzione.		
Non sono simili perché hanno forma diversa.		
Non sono simili perché non si dice che hanno gli angoli uguali.		
Sono simili perché hanno entrambi un angolo retto e l'angolo in *B* in comune.		

94 **KANGOUROU** Il triangolo *ABC* in figura ha area 1. I punti *P* e *Q* sul lato *AC* sono disposti in modo che i segmenti *AP*, *PQ* e *QC* abbiano la stessa lunghezza; i punti *R* e *S* sul lato *BC* in modo che i segmenti *BR*, *RS* e *SC* abbiano la stessa lunghezza.

> Qual è l'area della regione colorata in verde?

a 1/4
b 1/3
c 1/2
d 2/3
e 3/4

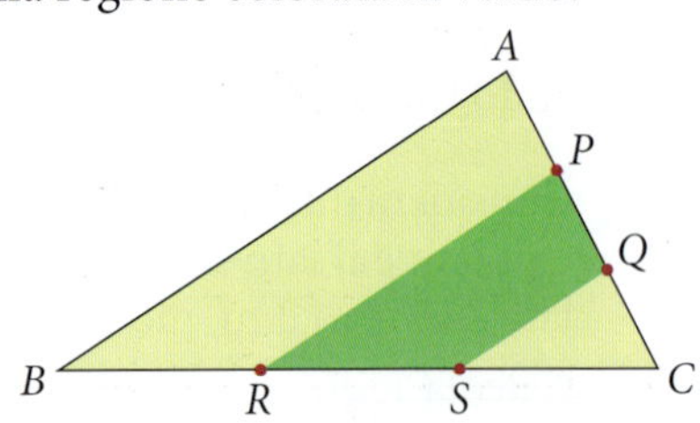

(Tratto da *Kangourou 2002*, categoria Junior)

4 Altezze, perimetri e similitudine

MI ALLENO

95 ●○○ **NEL QUADERNO DELLE REGOLE** Copia sul quaderno come sono altezze e perimetri nei triangoli simili e fai un disegno come esempio.

96 ●●○ Vero o falso?

a) Due triangoli che abbiano lo stesso perimetro sono simili. V F

b) Due triangoli isosceli sono simili se hanno la base e l'altezza in proporzione. V F

c) Due triangoli rettangoli sono simili se hanno in proporzione un cateto e l'altezza relativa a tale cateto. V F

d) In due triangoli simili sono uguali i rapporti fra le altezze corrispondenti e i due perimetri. V F

97 ●○○ Disegna e completa.

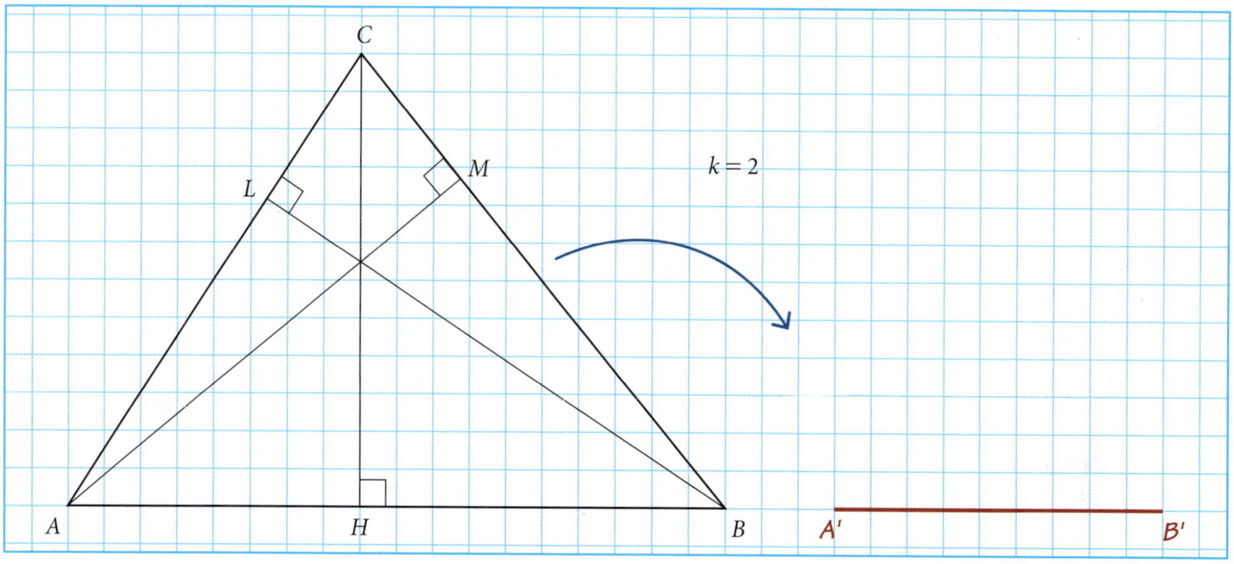

$\overline{AB}$	$\overline{A'B'}$	$\overline{AM}$	$\overline{A'M'}$	$\overline{BL}$	$\overline{B'L'}$	$\overline{CH}$	$\overline{C'H'}$
9 cm	4,5 cm						

$\frac{\overline{A'B'}}{\overline{AB}} =$ .... $= \frac{\overline{A'M'}}{\overline{AM}} =$ .... $= \frac{\overline{B'L'}}{\overline{BL}} =$ .... $= \frac{\overline{C'H'}}{\overline{CH}} =$ ....

98 ●○○ Disegna sul quaderno e completa.

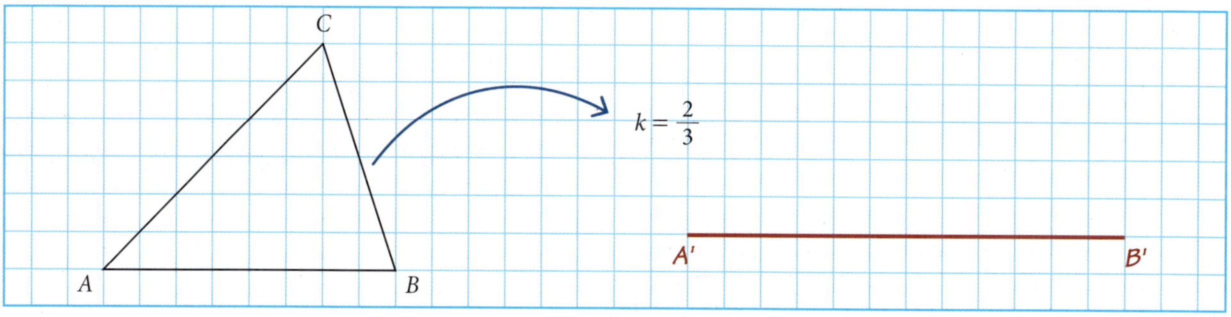

$\overline{AB}$	$\overline{BC}$	$\overline{CA}$	$\overline{A'B'}$	$\overline{B'C'}$	$\overline{C'A'}$	p_{ABC}	$p_{A'B'C'}$
4 cm							

$\frac{p_{ABC}}{p_{A'B'C'}} =$ ....

Teoria a pag. 179

ESERCIZI

99 ●○○ Il lato di un triangolo misura 15 cm e l'altezza a esso relativa 35 cm. In un triangolo simile l'altezza relativa al lato corrispondente è di 14 cm.

> Calcola il lato del secondo triangolo. [6 cm]

Completa le tabelle relative a triangoli simili.

100 ●●○

AB	altezza relativa ad *AB*	*A′B′*	altezza relativa ad *A′B′*
5,6 m	1,6 m	4,2 m	
6 cm	1,5 dm		0,5 dm
48 cm	10 cm		7,5 cm
1 cm	1 cm	1 m	

101 ●●○

AB	perimetro *ABC*	*A′B′*	perimetro *A′B′C′*
8 cm	28 cm	10 cm	
	22 m	4,5 m	16,5 m
15 cm	60 cm		8 cm
4 cm		18 cm	72 cm
	20 m	3 m	10 m

102 ●○○ In un triangolo l'altezza relativa a un lato misura 20 dm; in un triangolo simile l'altezza corrispondente è di 2,5 dm, mentre il lato è di 2 dm.

> Calcola la lunghezza del lato del primo triangolo.

103 ●○○ I perimetri di due triangoli simili sono 42 cm e 12 cm.

> Determina il rapporto di similitudine tra le due figure.

104 ●○○ In un triangolo un lato misura 8 cm mentre il perimetro misura 28 cm. Se il lato corrispondente di un triangolo simile è lungo 10 cm, quanto misura il perimetro del secondo triangolo? [35 cm]

105 ●○○ In un triangolo il perimetro è 22 m; in un triangolo simile un lato è di 4,5 m e il perimetro è di 16,5 m.

> Calcola la lunghezza del lato corrispondente del primo triangolo.

106 ●○○ Il lato e il perimetro di un triangolo misurano 15 cm e 60 cm. In un triangolo simile il perimetro misura 8 cm.

> Calcola il lato corrispondente del secondo triangolo. [2 cm]

107 ●○○ In un triangolo il lato *AB* è lungo 4 cm; in un triangolo simile il lato *A′B′* è di 18 cm, mentre il perimetro è di 72 cm.

> Calcola il perimetro del primo triangolo.

108 ●○○ Il perimetro di un triangolo è di 20 m; in un triangolo simile un lato misura 3 m, mentre il perimetro è di 10 m.

> Calcola il lato del primo triangolo. [6 m]

109 ●○○ In un triangolo i lati misurano 24 cm, 18 cm e 36 cm.

> Calcola il perimetro di un triangolo simile al primo che ha il lato minore di 27 cm. [117 cm]

110 ●○○ In un triangolo un lato e l'altezza a esso relativa misurano 8 cm e 12 cm. In un triangolo simile il lato corrispondente è lungo 20 cm.

> Quanto misura l'altezza relativa a tale lato?

111 ●○○ In un triangolo conosco l'altezza relativa al lato *AB*, che è di 7 m. In un triangolo simile il lato *A′B′* misura 15 m e l'altezza a esso relativa 21 m.

> Calcola la lunghezza del lato *AB*.

112 ●○○ In un triangolo un lato misura 4 cm. In un triangolo simile a esso il lato corrispondente e l'altezza relativa misurano 5 cm e 20 cm.

> Quanto misura l'altezza relativa al lato del primo triangolo?

113 **EUREKA!** Osserva i due esagoni regolari.

> Sono simili?

> Se sì, qual è il rapporto di similitudine?

> Le diagonali disegnate nei due esagoni sono nello stesso rapporto di similitudine?

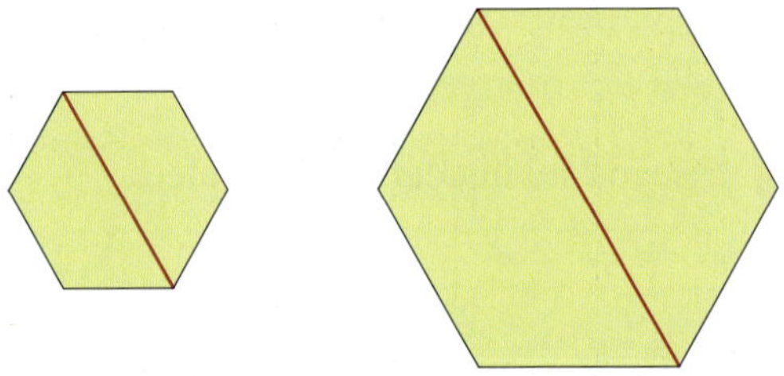

RISOLVO PROBLEMI

114 ●○○ In un triangolo il lato *AB* misura 5,6 cm; in un triangolo simile il lato corrispondente *A′B′* è $\frac{3}{4}$ di *AB*. Sai che l'altezza relativa al lato *AB* è lunga 1,6 cm.

> Calcola la misura dell'altezza relativa ad *A′B′*. [1,2 cm]

115 Due triangoli sono simili; nel primo il lato maggiore misura 1 cm e l'altezza a essa relativa 1 cm. Nel secondo il lato maggiore misura 2 m.

> Calcola l'altezza relativa al lato maggiore.

116 Due triangoli simili hanno due lati corrispondenti lunghi rispettivamente 8 cm e 12 cm.
Il perimetro del primo triangolo misura 28 cm.

> Calcola il perimetro del secondo triangolo. [42 cm]

117 In un triangolo i lati sono lunghi rispettivamente 15 cm, 18 cm e 21 cm. Il perimetro di un triangolo simile al primo è lungo 135 cm.

> Determina la lunghezza dei lati del secondo triangolo.

118 Due triangoli sono simili; nel primo il perimetro misura 0,27 m, mentre nel secondo 15 cm.
Sai che un lato del secondo triangolo è lungo 5 cm.

> Calcola il lato corrispondente del primo triangolo. [9 cm]

119 In un triangolo rettangolo *ABC* i cateti misurano 15 cm e 20 cm. Un triangolo rettangolo simile al primo ha l'ipotenusa lunga 30 cm.

> Calcola la misura dei cateti del secondo triangolo e il rapporto tra i perimetri.

120 **MATHS** A triangle *ABC* has $\overline{AB} = 9$ cm; $\widehat{B} = 48°$, $\widehat{C} = 56°$.
A triangle *PQR* has $\overline{PQ} = 12$ cm, $\widehat{P} = 76°$, $\widehat{Q} = 48°$. *Given that* the perimeter of triangle *ABC* is 42 cm, *find* the perimeter of *PQR*.

GLOSSARY

given that = dato che to find = trovare

121 In un triangolo *T* i lati misurano rispettivamente 6 cm, 10 cm e 14 cm.

> Calcola la lunghezza del perimetro di un triangolo *T'* simile a *T* sapendo che il rapporto di similitudine fra *T* e *T'* è $\frac{2}{3}$. [45 cm]

122 In due triangoli rettangoli simili il rapporto di similitudine è $\frac{2}{5}$. Nel primo triangolo l'ipotenusa dista 18 cm dal vertice dell'angolo retto.

> Determina la misura dell'altezza relativa all'ipotenusa del secondo triangolo.

123 In un triangolo isoscele la base misura 36 cm e l'altezza a essa relativa 24 cm. Determina la misura dell'altezza corrispondente di un triangolo simile a quello dato, con lato obliquo lungo 15 cm. [12 cm]

124 In due triangoli isosceli simili i perimetri misurano 6,4 m e 16 m. Sai anche che la base del primo triangolo è lunga 2 m.

> Calcola il rapporto di similitudine e le lunghezze dei lati mancanti di entrambi i triangoli.

$\left[\frac{2}{5}; 2{,}2 \text{ m}; 5 \text{ m}; 5{,}5 \text{ m}\right]$

125 Un triangolo rettangolo *ABC* ha i cateti che misurano 60 cm e 33 cm.
Traccia un segmento *DE* parallelo al cateto maggiore e distante da esso 11 cm.

> Calcola l'area di *ABDE* e *CDE*. (Osserva: i triangoli *ABC* e *CDE* sono simili.)

126 **UNA PAUSA**

a) Indovina

> Se il disegno prosegue verso destra, indica verso quale direzione punta la cinquantunesima freccia.

....

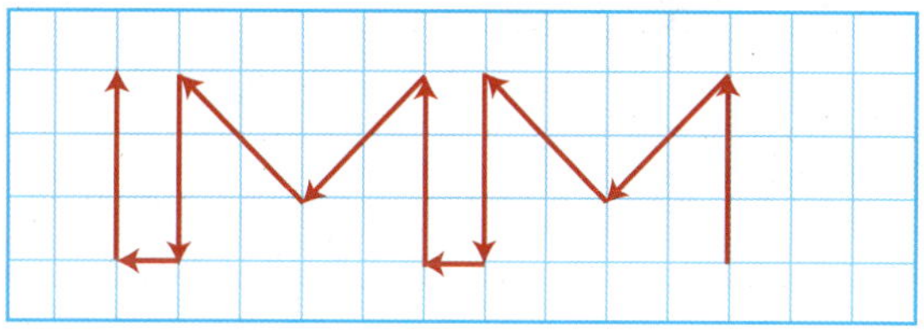

b) Disegna

> Disegna il solido che si ottiene se questa figura viene piegata lungo le linee tratteggiate.

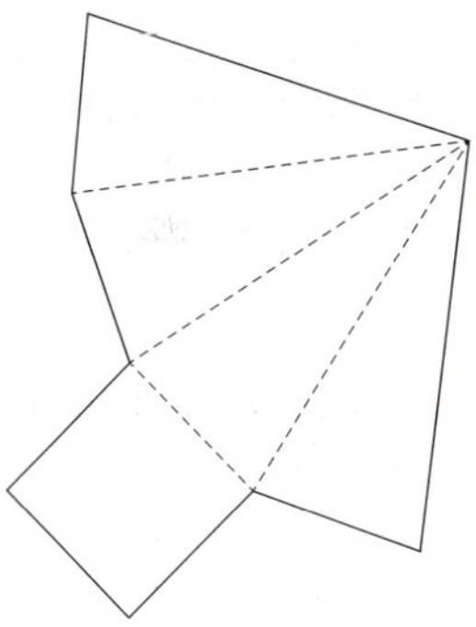

c) Ragiona

> Chi è l'oca? *A* o *B*? ....

127 ●●○ In un triangolo rettangolo il rapporto fra le lunghezze dei cateti è $\frac{3}{4}$ e la loro differenza è di 12 cm. Tale triangolo è simile a un secondo triangolo e il loro rapporto di similitudine è $\frac{4}{3}$.

Determina:

- > la lunghezza dei perimetri dei due triangoli;
- > per entrambi i triangoli la misura dell'altezza relativa all'ipotenusa. [144 cm; 108 cm; 28,8 cm; 21,6 cm]

128 ●●○ Osserva nella figura il triangolo isoscele *ABC* e la retta *MN* parallela al lato *AB*, che divide l'altezza in due parti che sono una $\frac{1}{2}$ dell'altra.

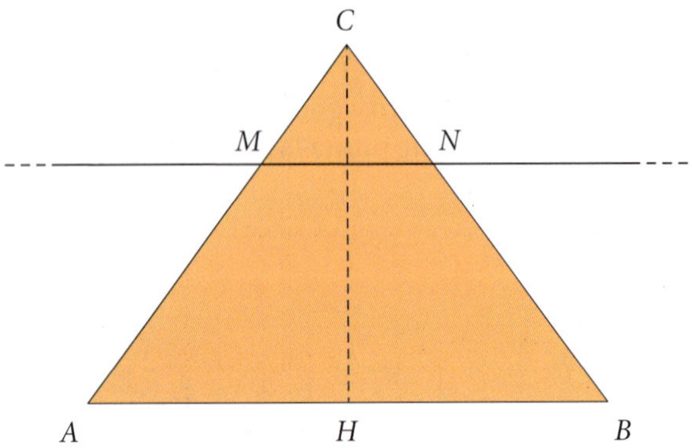

- > Dimostra che i triangoli *ABC* e *MNC* sono simili. Qual è il rapporto di similitudine?

Il lato *AB* è lungo 36 cm e l'altezza *CH* è lunga 24 cm.

- > Determina la lunghezza del perimetro e l'area del triangolo *MNC*.

129 ●●○ Due triangoli hanno le basi rispettivamente lunghe 28 cm e 48 cm. Le altezze relative a tali basi misurano la prima 21 cm e la seconda 36 cm.

- > Puoi affermare che i due triangoli sono simili? Perché?

130 ●●○ In un trapezio isoscele considera i triangoli formati dalle due diagonali e dalle basi.

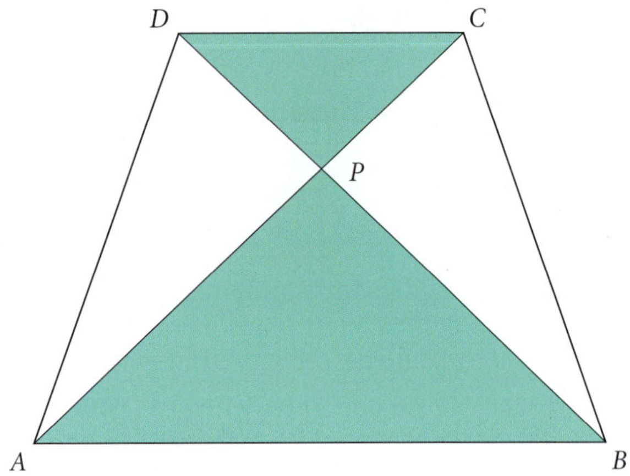

- > Dimostra che *ABP* e *CDP* sono simili.

La base maggiore è doppia della base minore, la loro somma è di 42 cm e l'altezza del trapezio è di 24 cm.

- > Calcola l'area dei due triangoli. [56 cm^2; 224 cm^2]

131 ●●○ Due triangoli isosceli hanno le basi rispettivamente lunghe 15 cm e 24 cm. Le altezze relative a tali basi misurano la prima 16 cm e la seconda 25,6 cm.

- > Puoi affermare che i due triangoli sono simili? Perché?

---

132 ●●○ Considera il triangolo isoscele *ABC* e l'altezza *AL* relativa al lato obliquo.

- > Dimostra che i triangoli *ABL* e *HBC* sono simili.

L'area del triangolo *ABC* è di 300 cm^2 e la base è $\frac{3}{2}$ dell'altezza.

- > Determina la lunghezza del perimetro e l'area del triangolo *ABL*. [72 cm; 216 cm^2]

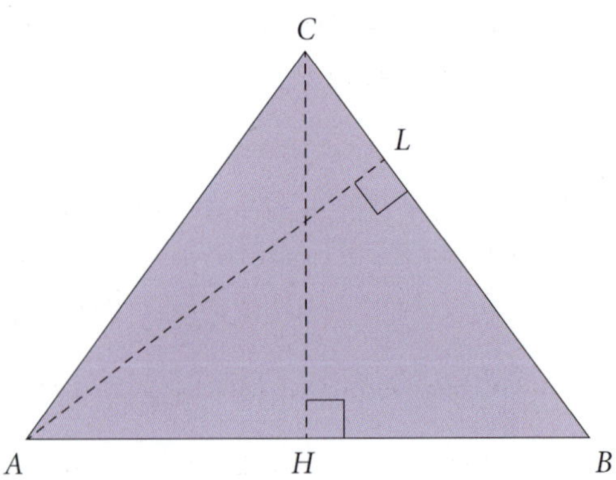

---

133 ●●○ In un triangolo isoscele la base misura 16 cm e il perimetro 50 cm. Tale triangolo viene diviso in due parti da una retta parallela alla base e distante da essa 9 cm.

- > Calcola l'area delle due parti in cui viene diviso il triangolo.

134 ●●● Considera un rettangolo *ABCD* in cui la base è $\frac{4}{3}$ dell'altezza e l'area è di 2700 cm^2. Se tracci la perpendicolare dal punto medio della base *AB* alla diagonale *BD* ottieni un triangolo.

- > Calcola l'area del triangolo. [216 cm^2]

135 **INVALSI 2015** I lati dei due quadrati rappresentati in figura sono uno la metà dell'altro.
Il punto F è punto medio sia del segmento *LM* sia del segmento *PQ*. Il segmento *FG* misura 6 cm.

a) Quanto misura *EF*?

A. ☐ 9 cm

B. ☐ $\sqrt{27}$ cm

C. ☐ 12 cm

D. ☐ 3 cm

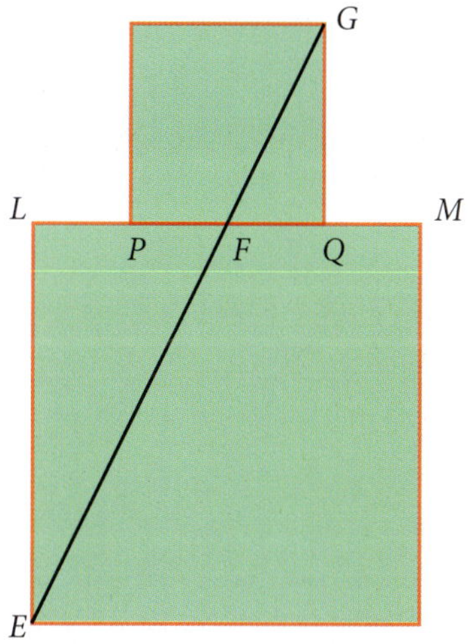

b) Indica se ciascuna delle seguenti affermazioni è vera (V) o falsa (F).

		V	F
1.	I triangoli *FQG* e *FLE* hanno gli angoli uguali	☐	☐
2.	*FQ* è la meta di *FG*	☐	☐
3.	Il perimetro del triangolo *FLE* è il doppio del perimetro del triangolo *FQG*	☐	☐

136 **INTORNO A NOI** Osserva la piantina: essa rappresenta, in scala 1 : 150, il pianterreno di una villetta. Fai una stima di quanti metri quadrati di parquet sono necessari per pavimentare il salotto e la sala da pranzo: ....

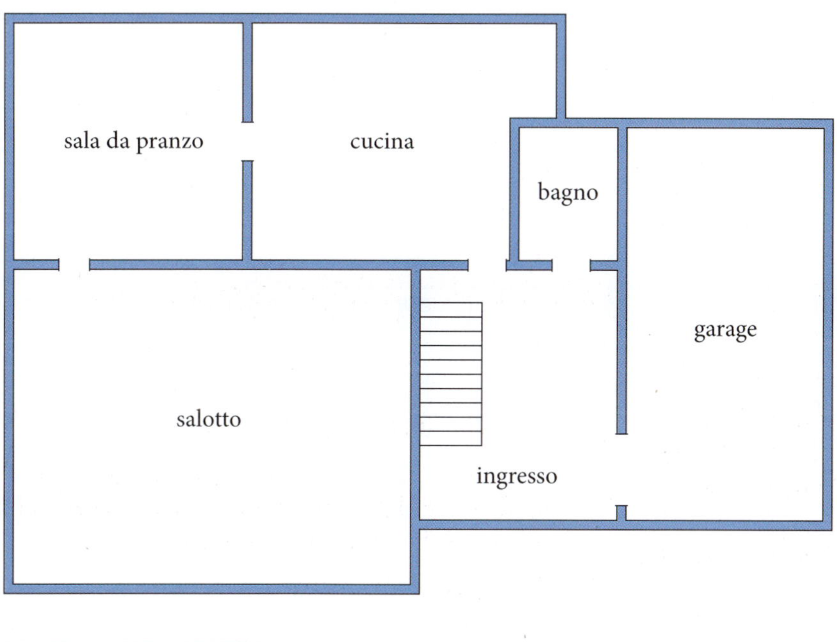

Fai una stima di quanti metri quadrati di mattonelle sono necessari per il pavimento del garage:

....

Fai una stima di quanti metri quadrati di piastrelle in ceramica sono necessari per il pavimento della cucina e del bagno:

....

Ora prendi le misure e calcola il valore corretto.

> Tale valore è uguale a quello trovato dai tuoi compagni?

> Si discosta molto dalla tua stima?

Disegna poi sulla piantina i mobili con i quali arrederesti la casa (ovviamente devi utilizzare dei simboli).

5 Aree di figure simili

MI ALLENO

137 ●○○ **NEL QUADERNO DELLE REGOLE** Copia sul quaderno la regola delle aree di due poligoni simili e fai un esempio.

138 ●○○ Completa.

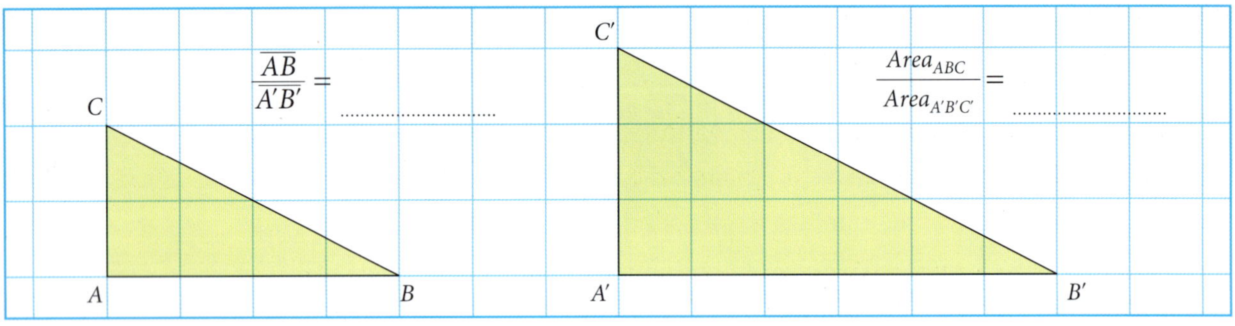

139 ●○○ Completa.

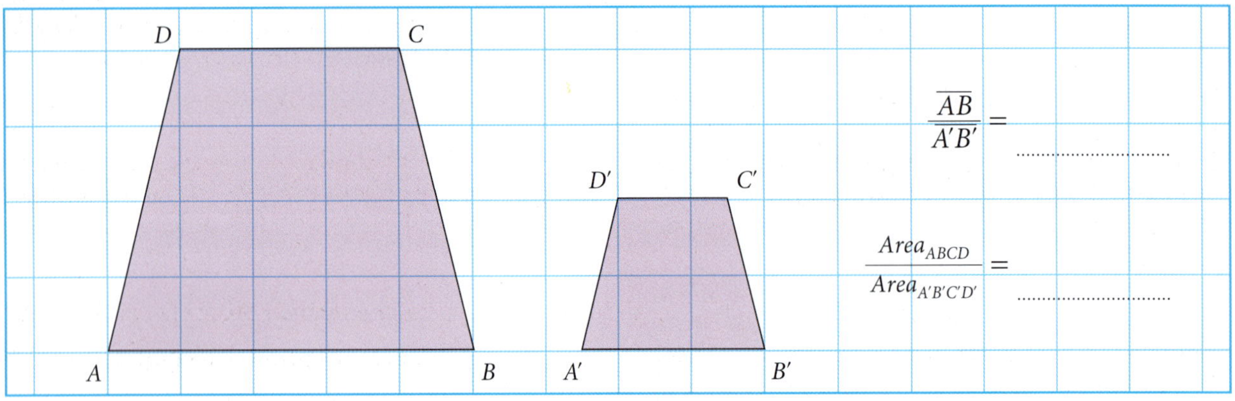

140 ●●○ Completa la tabella relativa ai poligoni simili (AB e $A'B'$ sono le lunghezze dei lati corrispondenti).

AB	3 cm	4 cm			1,5 cm	2,4 m	0,3 m
$A'B'$	6 cm		1,6 dm	9 cm	2,5 cm		
rapporto fra i lati	$\frac{1}{2}$		$\frac{5}{4}$			$\frac{3}{2}$	
rapporto fra le aree	$\frac{1}{4}$	$\frac{4}{9}$		$\frac{1}{4}$			$\frac{1}{25}$

141 **ESERCIZIO GUIDATO**

Osserva i due poligoni simili della figura. Calcola l'area del poligono $A'B'C'D'E'$.

Del primo conosci la lunghezza del lato AB e l'area; del secondo conosci solo la lunghezza del lato $A'B'$. Chiamiamo x il valore della seconda area. Il rapporto fra le aree è uguale al rapporto di similitudine elevato al quadrato, quindi abbiamo:

$$\left(\frac{8}{6}\right)^2 = \frac{48}{x}.$$

Otteniamo, dopo aver semplificato, $16 : 9 = 48 : x$, da cui:

$x =$ .... cm^2.

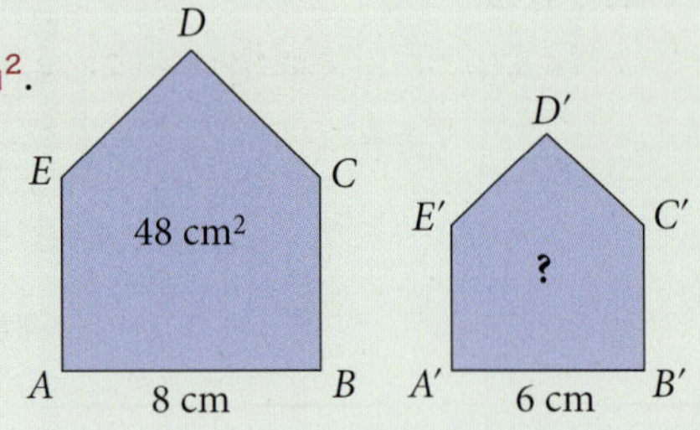

142 ●○○ In due triangoli rettangoli simili due cateti corrispondenti misurano rispettivamente 6 cm e 9 cm. L'area del primo misura 56 cm^2.

> Determina l'area del secondo triangolo.

143 ●○○ Due triangoli simili hanno le aree rispettivamente di 30 dm^2 e 120 dm^2. Un lato del primo misura 36 dm.

> Calcola la lunghezza del lato corrispondente del secondo triangolo. [72 dm]

144 ●○○ Di due quadrati il primo ha lato di 12 cm, il secondo di 9 cm.

> Calcola il rapporto tra le aree.

145 ●○○ Due rombi simili hanno le aree nel rapporto $\frac{9}{16}$. Se il lato del primo misura 12 cm, quanto misura il lato del secondo? [16 cm]

146 **EUREKA!** Ecco la ricetta per una focaccia salata facilissima da farsi e adatta a una merenda.

> Se ho una teglia di 35 cm di diametro, quali saranno le dosi degli ingredienti se voglio ottenere una focaccia della stessa altezza?

Ingredienti: 1 vasetto di yogurt; 350 g di farina; mezza bustina di lievito per torte salate (circa 20 g); 2 uova intere + 1 tuorlo; 200 g di formaggio (tagliato a fettine); 100 g di prosciutto (tagliato a fettine); 70 mL di olio di semi; un pizzico di sale; una teglia con il diametro di 25 cm.
Procedimento: mescola l'olio, lo yogurt e le uova, aggiungi il sale, la farina, il lievito e metti metà composto nella tortiera unta e infarinata; ricopri con le fettine di formaggio e prosciutto; ricopri ancora con il resto della pasta. Metti in forno già riscaldato a 180 °C per mezz'ora circa.

RISOLVO PROBLEMI

147 ●○○ Considera le figure (a) e (b) disegnate su carta isometrica.

> La figura (a) e la figura (b) sono simili?

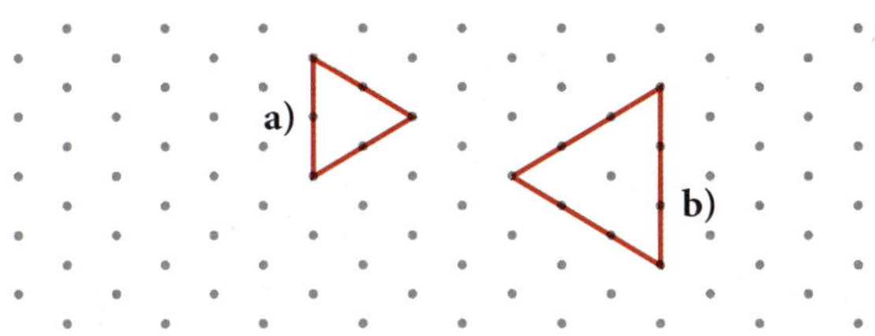

> Qual è il rapporto di similitudine fra (a) e (b)?
> Determina la lunghezza del perimetro e l'area di (a) e di (b). Assumi come unità di misura di lunghezza la distanza fra due punti vicini e come unità di misura di superficie l'area del triangolo equilatero che ha per vertici tre punti vicini.

148 ●○○ Fai come nell'esercizio precedente, con le figure (a) e (b).

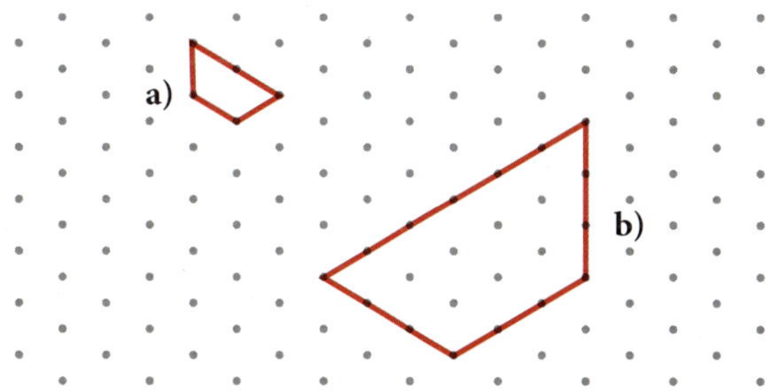

149 ●○○ **MATHS** Two *similar* polygons have areas of 160 cm^2 and 360 cm^2. The *shortest side* of the larger polygon is 18 cm long. Calculate the *length* of the shortest side of the *smaller* polygon.

GLOSSARY

similar = simile
short = corto
side = lato
length = lunghezza
small = piccolo

150 ●○○ Due triangoli hanno un rapporto di similitudine di $\frac{4}{5}$. L'area del primo triangolo misura 576 cm^2.

> Calcola l'area del secondo triangolo. [900 cm^2]

151 ●●○ La base e l'altezza di un triangolo misurano rispettivamente 7 cm e 6,2 cm.

> Calcola la lunghezza della base e dell'altezza di un triangolo simile, la cui area sia 36 volte maggiore di quella del triangolo dato. [42 cm; 37,2 cm]

152 ●○○ Due triangoli rettangoli sono simili e hanno un rapporto di similitudine di $\frac{3}{4}$. Nel primo triangolo l'ipotenusa misura 45 cm e il cateto maggiore misura 36 cm.

> Calcola la misura dei lati dei due triangoli, e il rapporto tra le loro aree. [27 cm; 60 cm; 48 cm; 36 cm; $\frac{9}{16}$]

153 ●●○ In un triangolo isoscele l'altezza misura 42 cm e il lato obliquo 45,5 cm.

> Determina la lunghezza del perimetro di un triangolo simile, ma con una superficie quadrupla. [252 cm]

Teoria a pag. 181

154 ●●○ Un triangolo isoscele ha la base di 16 cm e il perimetro lungo 36 cm.
Il perimetro di un secondo triangolo, simile al primo, misura 54 cm.
> Calcola la misura delle aree dei due triangoli e il loro rapporto.

155 ●●○ Un triangolo isoscele *ABC* ha la base *AB* che misura 32 cm e il lato obliquo di 20 cm. Dal punto *D* del lato *BC*, distante 8 cm da *C*, traccia la parallela ad *AB* che interseca il lato *AC* nel punto *E*.
> Calcola perimetro e area di *ABDE* e *CDE*. (Osserva: il triangolo *ABC* è simile al triangolo *ECD*).

156 ●●○ In un rombo le diagonali misurano rispettivamente 18 cm e 24 cm.
> Calcola l'area di un rombo simile a esso, sapendo che il perimetro del secondo è $\frac{5}{3}$ del perimetro del primo. [600 cm²]

157 ●●○ Due trapezi rettangoli sono simili con il rapporto $\frac{2}{3}$. Nel trapezio maggiore, le basi misurano 21 cm e 39 cm e il lato obliquo è 30 cm.
Determina:
> il rapporto tra le aree;
> la misura delle basi del trapezio minore;
> la misura delle altezze dei due trapezi.

158 ●●○ Date due rette parallele *r* e *s* distanti 15 cm l'una dall'altra, considera un segmento *AB* sulla retta *r* e un segmento *CD* sulla retta *s* e i segmenti *AD* e *BC* che si intersecano nel punto *O*.

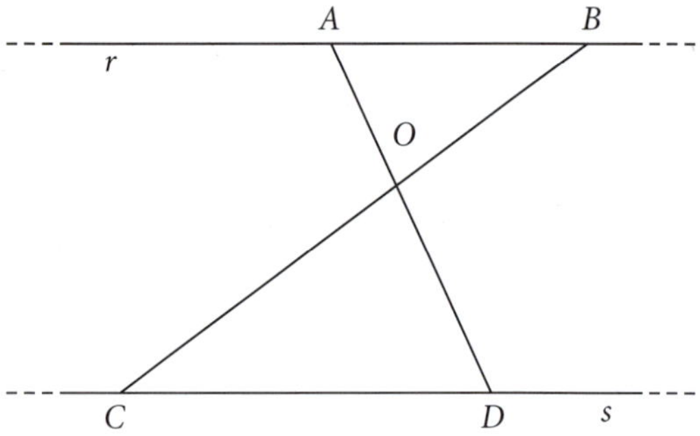

La distanza del punto *O* dal segmento *AB* è minore di 3 cm della distanza del punto *O* dal segmento *CD*.
> Calcola il rapporto fra le aree dei triangoli *AOB* e *COD*. $\left[\frac{4}{9}\right]$

159 ●●○ Disegna sulla piastrellatura triangolare tre triangoli simili a quello della singola piastrella utilizzando colori diversi.
Scrivi, per ogni triangolo, il rapporto di similitudine con la piastrella campione.
Scrivi, per ognuno dei triangoli, quante piastrelle triangolari contiene.
Considera ora l'area di una piastrella triangolare come unità di misura di superficie; quali saranno le aree di triangoli simili alla piastrella, che abbiano il lato lungo due, tre, quattro, cinque, sei volte il lato della piastrella?

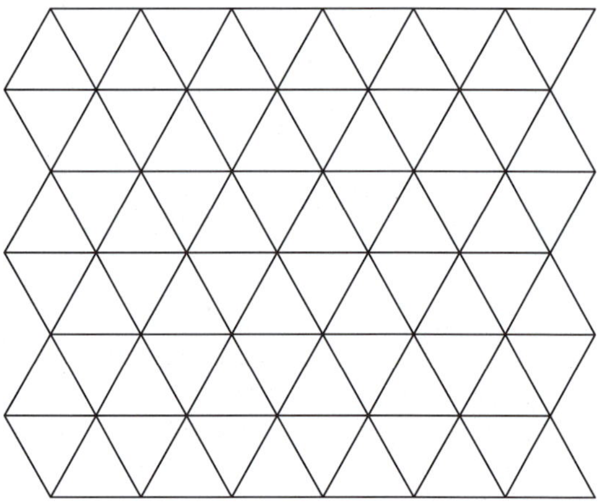

160 ●●○ Completa la figura (b) in modo che sia simile alla figura (a).
> Qual è il rapporto di similitudine fra (a) e (b)?
> Determina poi la lunghezza del perimetro e l'area sia di (a) sia di (b).

(Utilizza come unità di misura di lunghezza la distanza fra due punti vicini, e come unità di misura di superficie l'area del triangolo equilatero che ha per vertici tre punti vicini.)

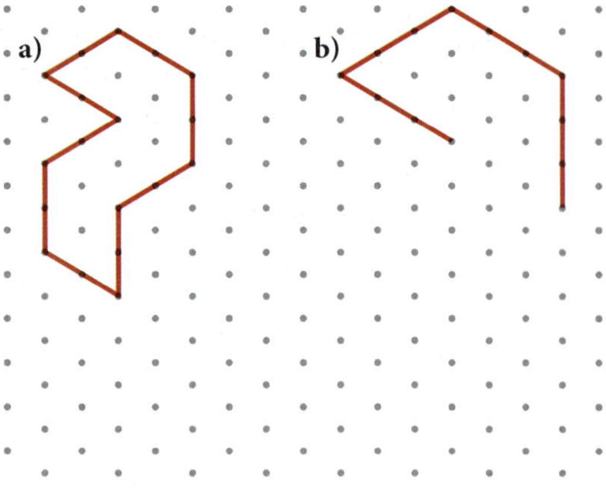

161 **INTORNO A NOI** Ecco il modello in scala per una blusa. Il modello serve sia per il davanti sia per il dietro della blusa.

> Sapendo che ogni maglia del reticolato corrisponde nella realtà a un quadrato con il lato di 10 cm, calcola quanti metri di stoffa alta 90 cm dovrai comperare (ricordati qualche centimetro in più per le cuciture!).

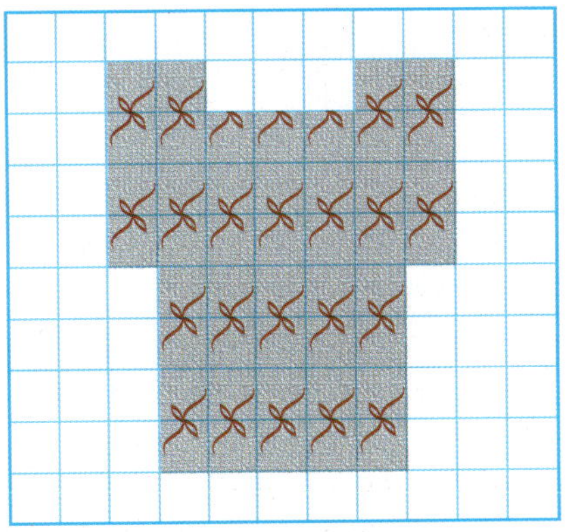

6 I teoremi di Euclide

MI ALLENO

162 ●○○ **NEL QUADERNO DELLE REGOLE** Copia sul quaderno i teoremi di Euclide e le rispettive dimostrazioni con un disegno per ciascuna.

163 ●○○ Osserva la figura. Sai spiegare qual è la relazione che lega l'area colorata del quadrato con l'area colorata del rettangolo?

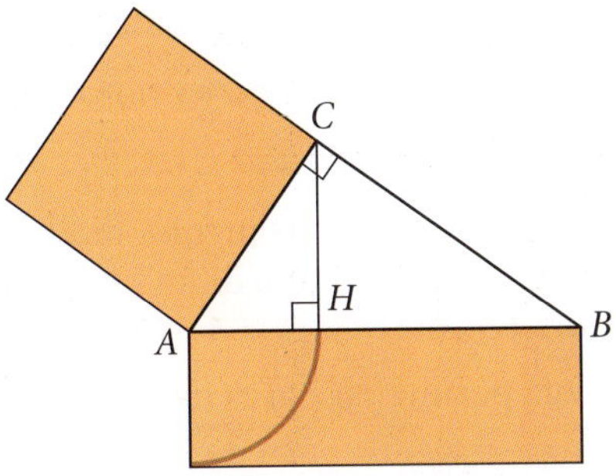

Ecco alcuni suggerimenti: il primo teorema di Euclide ci dice che: $\overline{AH} : \overline{AC} = \overline{AC} : \overline{AB}$
Applicando la proprietà fondamentale delle proporzioni, ottieni: $\overline{AC}^2 = \overline{AH} \cdot \overline{AB}$
Ora continua tu!

164 ●○○ Osserva la figura. Sai spiegare qual è la relazione che lega l'area colorata del quadrato con l'area colorata del rettangolo?

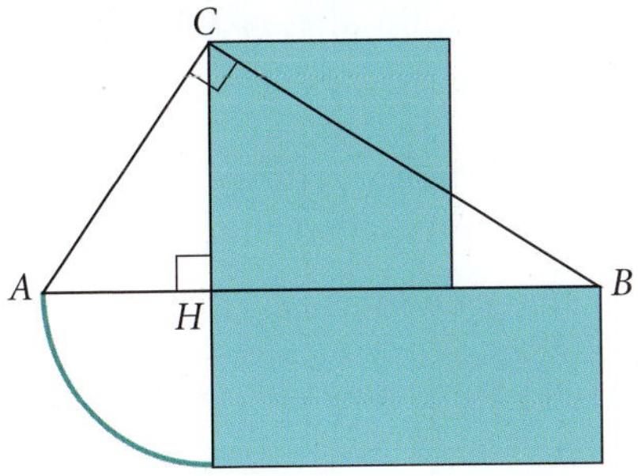

Ecco alcuni suggerimenti: il secondo teorema di Euclide ci dice che: $\overline{AH} : \overline{CH} = \overline{CH} : \overline{HB}$
Applicando la proprietà fondamentale delle proporzioni, ottieni: $\overline{CH}^2 = \overline{AH} \cdot \overline{HB}$
Ora continua tu!

165 ●○○ In un triangolo rettangolo un cateto misura 26 cm e la sua proiezione sull'ipotenusa misura 10 cm.

> Calcola la lunghezza dell'ipotenusa. [67,6 cm]

166 ●○○ L'ipotenusa di un triangolo rettangolo è lunga 15 cm mentre la proiezione di un cateto su di essa misura 5,4 cm.

> Calcola la lunghezza del cateto. [9 cm]

167 ●○○ Uno dei cateti di un triangolo rettangolo è lungo 7,5 m e la sua proiezione sull'ipotenusa 4,5 m.

> Calcola la lunghezza della proiezione dell'altro cateto sull'ipotenusa.

168 ●○○ In un triangolo rettangolo l'altezza relativa all'ipotenusa misura 8,4 cm e la proiezione di un cateto sull'ipotenusa misura 6,3 cm.

> Calcola la lunghezza della proiezione del secondo cateto sull'ipotenusa. [11,2 cm]

169 ●○○ In un triangolo rettangolo l'ipotenusa è lunga 60 cm e la proiezione di un cateto sull'ipotenusa è lunga 21,6 cm.

> Calcola la misura dell'altezza relativa all'ipotenusa.

170 ●○○ In un triangolo rettangolo un cateto misura 3 m e l'altezza relativa all'ipotenusa misura 1,8 m.

> Calcola la lunghezza delle proiezioni dei cateti sull'ipotenusa. [2,4 m; 1,35 m]

Teoria a pag. 182

ESERCIZI

171 ●●○ Applica il primo teorema di Euclide per completare la tabella relativa a un insieme di triangoli rettangoli.

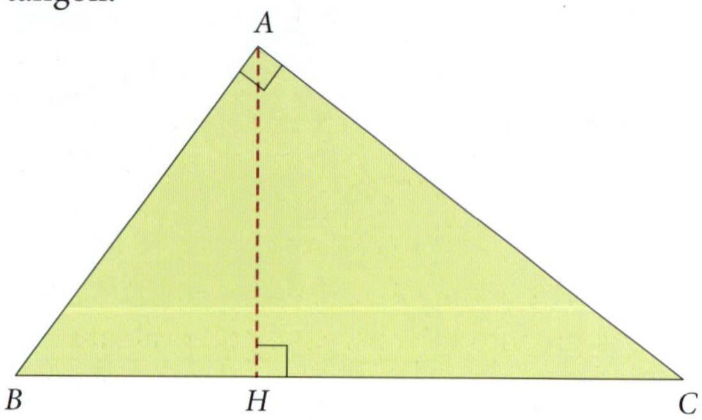

$\overline{BC}$	100 cm	35 dm		20 m
$\overline{AC}$	80 cm	28 dm		16 m
$\overline{AB}$	60 cm			
$\overline{AH}$	48 cm		8,4 m	
$\overline{BH}$	36 cm			
$\overline{HC}$	64 cm		11,2 m	

172 ●●○ Applica il secondo teorema di Euclide per completare la tabella relativa a un insieme di triangoli rettangoli.

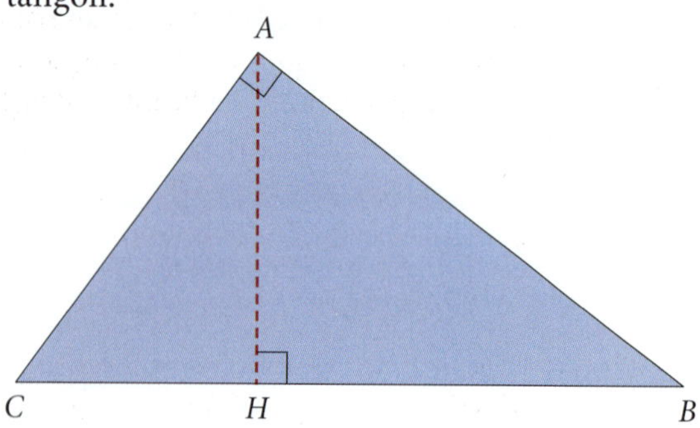

$\overline{BC}$	100 cm			
$\overline{AC}$	60 cm		9 m	
$\overline{AB}$	80 cm			
$\overline{AH}$	48 cm			2,4 dm
$\overline{BH}$	64 cm	80 dm		
$\overline{HC}$	36 cm	45 dm	5,4 m	1,8 dm

173 **EUREKA!** Fai un riassunto delle possibilità che ti offrono i teoremi di Euclide.

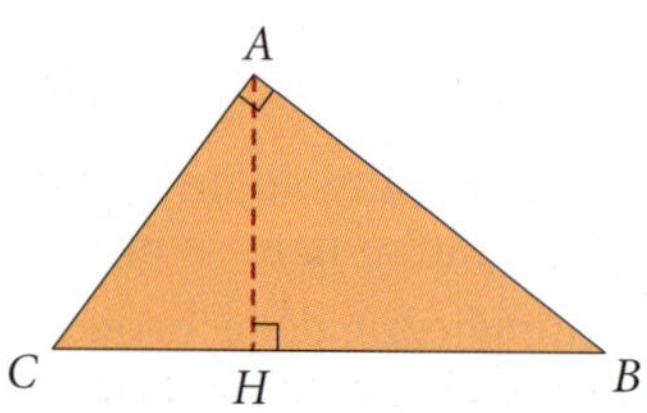

Se nel primo teorema si ha la proporzione:

$\overline{BC} : \overline{AB} = \overline{AB} : \overline{BH}$

hai tre possibilità:

a) conoscere l'ipotenusa e la proiezione del cateto sull'ipotenusa e trovare ....

b) conoscere il cateto e la proiezione del cateto sull'ipotenusa e trovare ....

c) conoscere l'ipotenusa e il cateto e trovare ....

....

Se nel secondo teorema di Euclide si ha:

$\overline{BH} : \overline{AH} = \overline{AH} : \overline{CH}$

hai di nuovo tre possibilità:

a) conoscere la proiezione di un cateto sull'ipotenusa e l'altezza e trovare ....

b) conoscere l'altezza e la proiezione dell'altro cateto sull'ipotenusa e trovare ....

c) conoscere entrambe le proiezioni dei cateti sull'ipotenusa e trovare ....

....

RISOLVO PROBLEMI

174 ●○○ In un triangolo rettangolo un cateto è lungo 90 dm e la sua proiezione sull'ipotenusa è lunga 54 dm.

> Determina la lunghezza del perimetro del triangolo. [360 dm]

175 ●○○ In un triangolo rettangolo l'ipotenusa misura 175 cm e la proiezione di un cateto sull'ipotenusa misura 63 cm.

> Calcola perimetro e area del triangolo [420 cm; 7350 cm^2]

176 ●○○ In un triangolo rettangolo l'altezza relativa all'ipotenusa è lunga 38,4 cm e la proiezione di un cateto sull'ipotenusa è lunga 30,72 cm.

> Determina l'area del triangolo arrotondando ai centesimi. [1511,42 cm^2]

177 ●○○ In un triangolo rettangolo l'ipotenusa è lunga 20 cm e la proiezione del cateto maggiore sull'ipotenusa è lunga 12,8 cm.

> Determina la lunghezza di ciascun cateto e l'area del triangolo.

178 ●○○ In un triangolo rettangolo l'ipotenusa misura 50 cm ed è divisa dall'altezza a essa relativa in due parti che sono una i $\frac{9}{16}$ dell'altra.

> Calcola perimetro e area del triangolo. [120 cm; 600 cm^2]

179 ●○○ In un triangolo rettangolo un cateto è $\frac{5}{3}$ della sua proiezione sull'ipotenusa e la loro somma misura 96 cm.

> Calcola perimetro e area del triangolo [240 cm; 2400 cm²]

180 ●●○ In un triangolo rettangolo le proiezioni dei cateti sull'ipotenusa sono lunghe rispettivamente 24 m e 13,5 m.

> Determina la lunghezza dell'altezza relativa all'ipotenusa e la lunghezza del perimetro. [18 m; 90 m]

181 ●○○ In un triangolo rettangolo l'altezza relativa all'ipotenusa misura 6 cm e la proiezione di un cateto sull'ipotenusa è 4,8 cm.

> Calcola perimetro e area del triangolo.

182 ●●○ In un triangolo rettangolo l'area è di 600 cm² e un cateto è lungo 30 cm.

> Calcola la lunghezza delle proiezioni dei cateti sull'ipotenusa e la lunghezza del perimetro. [18 cm; 32 cm; 120 cm]

183 ●●○ In un triangolo rettangolo la differenza dei cateti misura 6,5 dm e uno è $\frac{3}{4}$ dell'altro.

> Determina la lunghezza delle proiezioni dei cateti sull'ipotenusa e la lunghezza del perimetro.

184 ●●○ In un triangolo rettangolo l'ipotenusa è lunga 45 cm e viene divisa dall'altezza a essa relativa in due parti di cui una è $\frac{9}{16}$ dell'altra.

> Determina l'area del triangolo e la lunghezza del suo perimetro. [486 cm²; 108 cm]

185 ●●○ Considera il rettangolo, con dimensioni lunghe 12 cm e 9 cm.

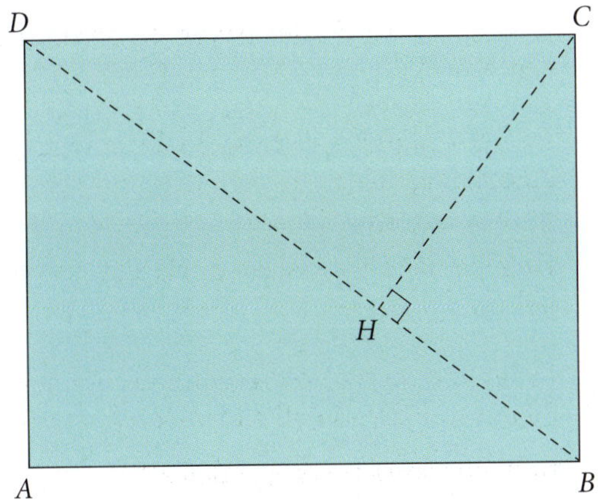

> Determina la lunghezza dei segmenti DH e HB.

186 ●●○ Nel rombo $ABCD$ le diagonali sono lunghe rispettivamente 14 dm e 48 dm.

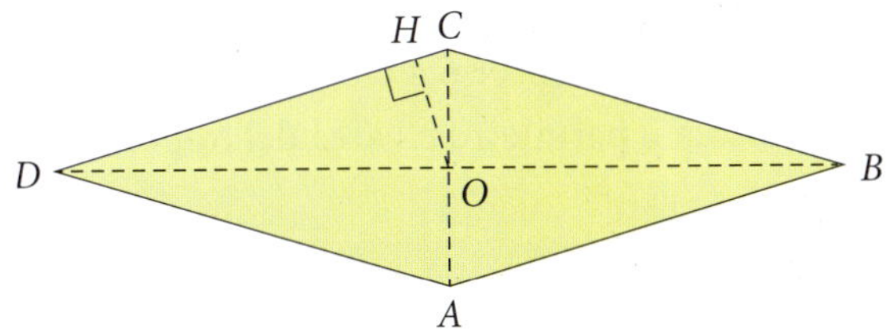

> Calcola la lunghezza dei segmenti DH e HC in cui il segmento OH, perpendicolare al lato CD, lo divide. [23,04 dm; 1,96 dm]

187 ●●○ In un rettangolo $ABCD$ di area 1875 m² la base misura 50 m. Traccia la diagonale AC e il segmento DH perpendicolare a essa.

> Calcola la lunghezza dei segmenti AH e HC. [40 m; 22,5 m]

188 ●●○ Nel deltoide $ABCD$ gli angoli $\widehat{B}$ e $\widehat{D}$ sono retti. La diagonale minore BD è lunga 12 cm e il lato CD è lungo 7,5 cm.

> Determina l'area del deltoide e la lunghezza del suo perimetro. [75 cm²; 35 cm]

189 ●●○ Nel trapezio isoscele $ABCD$ le diagonali sono perpendicolari al lato obliquo. Il lato obliquo è lungo 42 cm e la sua proiezione sulla base maggiore è 25,2 cm.

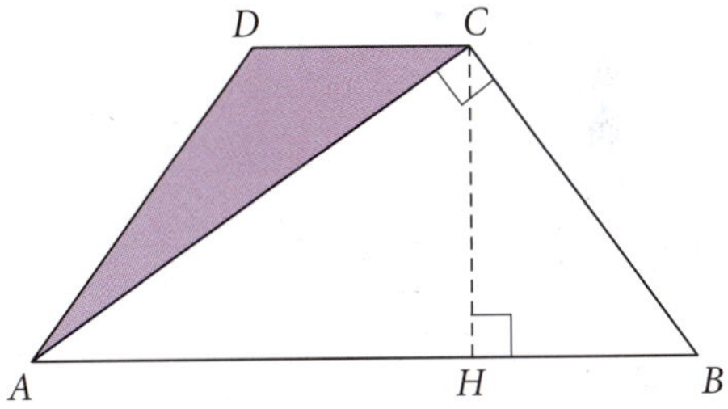

Determina:

> la lunghezza del perimetro del trapezio;
> l'area della parte colorata.

190 ●●○ Nel triangolo isoscele ABC l'altezza CH è $\frac{2}{3}$ della base e la loro somma è 160 dm.

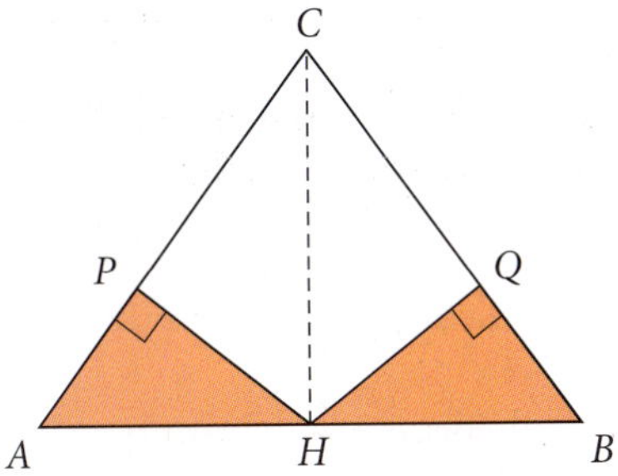

> Calcola l'area della parte colorata. [1105,92 dm²]

191 ●●○ In un trapezio rettangolo la diagonale minore è perpendicolare al lato obliquo, il rapporto fra la misura del lato obliquo e quella dell'altezza è $\frac{5}{3}$ e la loro differenza è 6,4 cm.

> Calcola il perimetro e l'area del trapezio.

192 ●●○ In un trapezio isoscele:

a) le diagonali sono perpendicolari al lato obliquo;

b) la base maggiore misura 200 cm;

c) la differenza fra le basi è di 144 cm.

> Determina la lunghezza del perimetro e l'area del trapezio. [496 cm; 12 288 cm^2]

193 ●●○ In un trapezio rettangolo la diagonale minore è perpendicolare al lato obliquo. Inoltre, la diagonale minore è $\frac{5}{3}$ della base minore e la loro somma misura 105,6 cm.

Determina:

> la lunghezza della base maggiore;
> l'area del trapezio;
> la lunghezza del perimetro.

194 ●●○ **AL TELEFONO** Detta al telefono a Susanna il testo del problema scritto qui sotto e risolvilo.

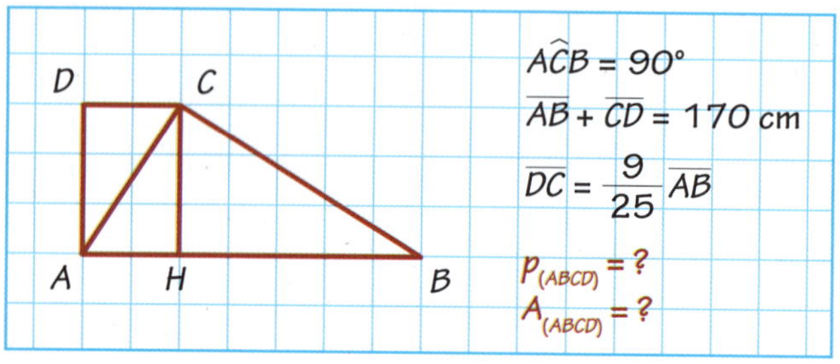

195 ●●● Nel parallelogramma $ABCD$ la diagonale minore DB è perpendicolare al lato obliquo. L'altezza DH divide la base nei segmenti AH e HB lunghi rispettivamente 9,9 cm e 17,6 cm.

Determina:

> l'area del parallelogramma;
> la lunghezza del suo perimetro. [363 cm^2; 88 cm]

196 ●●● Nel rombo $ABCD$ la distanza tra il centro di simmetria O (punto di incontro delle diagonali) e il lato AB misura 43,2 cm e la diagonale maggiore è lunga 144 cm.

> Calcola il perimetro del rombo e la sua area. [360 cm; 7776 cm^2]

197 **UNA PAUSA**

a) Indovina

> In questa sequenza che cosa viene dopo?

19, 20, 22, 25, 29, 30, 32, 35, 39, 40, 42, 45, ...

b) Disegna

> Disegna questa figura, ruotata di 90°, in senso orario, attorno al punto R.

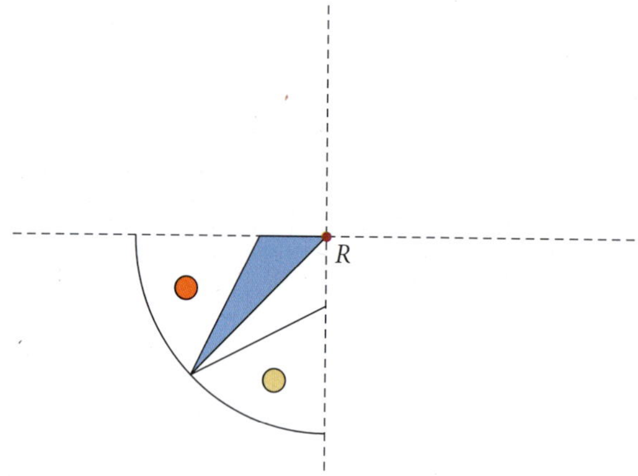

c) Ragiona

> Sei rivolto verso nord-est. Giri a destra di 90°, poi ancora a destra di 90° e poi fai dietrofront. Quale direzione c'è ora alla tua destra?

....

198 ●○○ **VERSO IL CODING** Spiega con le tue parole quello che esprime il codice a blocchi.

Inizio
Disegno un triangolo rettangolo
Se conosco l'ipotenusa e la proiezione del cateto sull'ipotenusa allora
Applico il primo teorema di Euclide
Per trovare la misura di un cateto
Se conosco le proiezioni dei cateti sull'ipotenusa allora
Applico il secondo teorema di Euclide
Per trovare l'altezza relativa all'ipotenusa.

> Ci sono altri problemi che riguardano l'applicazione del teorema di Euclide? Quali?

7 Il teorema di Talete

MI ALLENO

199 ●○○ **NEL QUADERNO DELLE REGOLE** Copia sul quaderno il teorema di Talete e fai un esempio.

200 ●○○ Vero o falso?

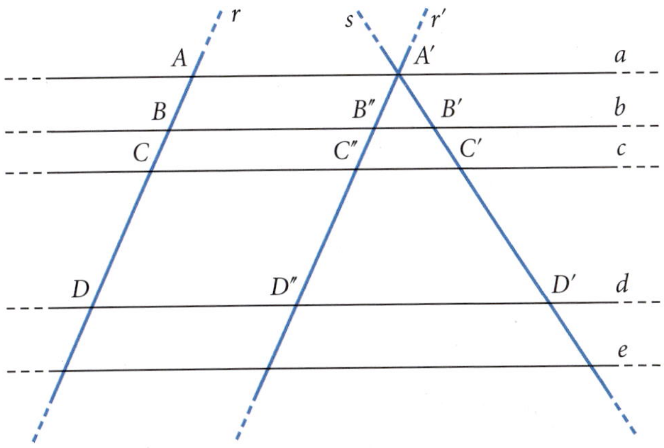

a) Le rette r e s sono incidenti. V F

b) Le rette a, b, c, d, e sono parallele fra loro. V F

c) Gli angoli $A'\widehat{B'}B''$ e $A'\widehat{B''}B'$ sono congruenti. V F

d) I triangoli $A'B''B'$ e $A'C''C'$ sono simili. V F

201 **PER ESEMPIO**

Trova il segmento quarto proporzionale a tre segmenti dati.

Considera tre segmenti a, b, c come quelli in figura.

Costruiamo il segmento d, quarto proporzionale, in modo che sia:

$a : b = c : d$.

Devi innanzi tutto disegnare un qualsiasi angolo al vertice V.

Traccia su uno dei lati, a partire da V, i segmenti a, di estremi V e P, e b, di estremi P e Q, consecutivi.

Traccia sull'altro lato dell'angolo, a partire da V, il segmento c di estremi V e R.

Congiungi l'estremo R di c con l'estremo P di a.

Traccia dall'estremo Q di b la parallela al segmento PR che interseca la semiretta VR nel punto S.

Il segmento d di estremi R e S è il quarto proporzionale cercato, per il teorema di Talete.

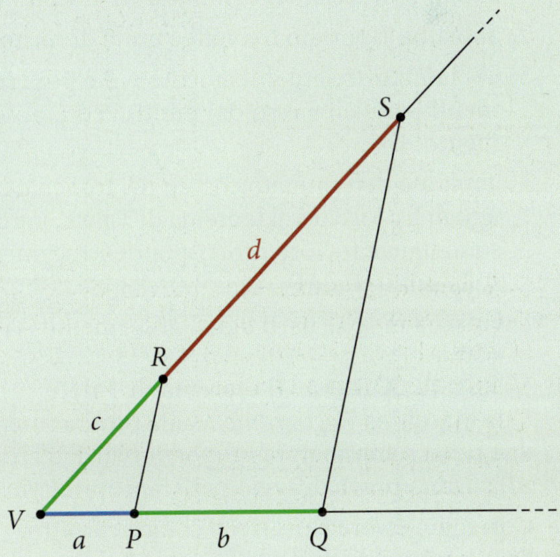

202 ●○○ Dati tre segmenti lunghi rispettivamente 2 cm, 3 cm e 1,5 cm, costruisci il segmento quarto proporzionale dopo di essi.

203 ●○○ Dati tre segmenti lunghi rispettivamente 5 cm, 4 cm e 4,5 cm, costruisci il segmento quarto proporzionale dopo di essi.

Teoria a pag. 185

204 **PER ESEMPIO**

Suddividi un segmento in parti proporzionali a due segmenti dati.

Considera tre segmenti a, b e c come quelli in figura.

Per dividere il segmento a in due parti x e y, direttamente proporzionali ai segmenti b e c, in modo che sia:

$x:y=b:c$ con $a=x+y$,

devi innanzi tutto disegnare un qualsiasi angolo al vertice V.

Traccia su uno dei lati, a partire da V, il segmento a, di estremi V e P.

Traccia sull'altro lato dell'angolo, a partire da V, i segmenti consecutivi b, di estremi V e Q, e c, di estremi Q e R.

Congiungi l'estremo R di c con l'estremo P di a.

Traccia dall'estremo Q di b la parallela al segmento PR che interseca la semiretta VP nel punto S.

Ottieni i segmenti cercati: x, di estremi V e S, e y, di estremi S e P, direttamente proporzionali ai segmenti b e c, per il teorema di Talete.

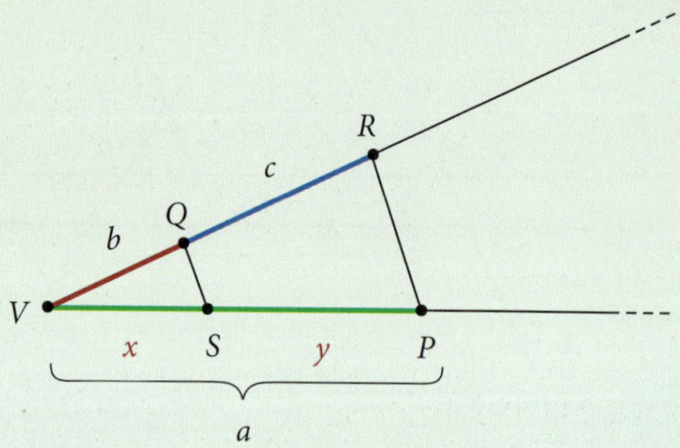

205 ●○○ Dividi un segmento lungo 10 cm in due parti proporzionali a due segmenti lunghi rispettivamente 3 cm e 4 cm.

206 ●○○ Dividi un segmento lungo 13 cm in due parti proporzionali a due segmenti lunghi 2,5 cm e 7 cm.

207 **EUREKA!** Osserva la figura.

Abbiamo applicato il teorema di Talete per dividere con facilità il segmento AB in tre parti uguali:

1) abbiamo tracciato la semiretta AP e scelto un'unità di misura a piacere;
2) abbiamo riportato tre volte l'unità di misura sulla semiretta a partire da A;
3) abbiamo tracciato il segmento GB e poi i segmenti paralleli a esso dai punti F ed E al segmento AB;
4) abbiamo determinato così su AB tre segmenti uguali fra loro per il teorema di Talete, perché sono uguali fra loro i corrispondenti segmenti sulla semiretta AP.

Dividi ora in sette parti uguali il segmento AB.

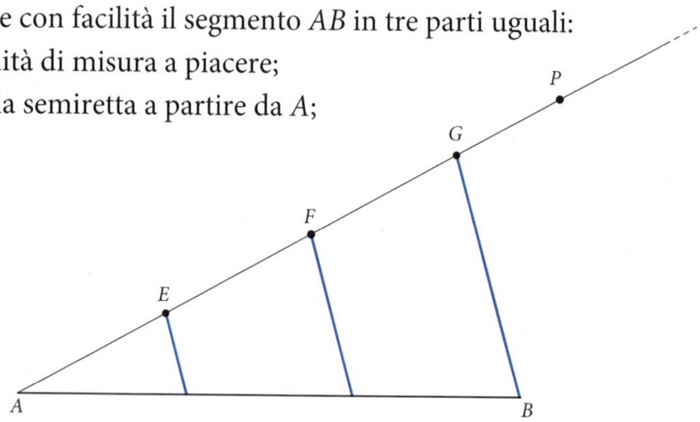

208 ●○○ **VERSO IL CODING** **Il teorema di Talete**

Una macchina *Tagliarame* è stata programmata per tagliare fili di rame in serie di 4 pezzi in modo che i primi due pezzi siano sempre proporzionali al terzo e al quarto.

Alla prima prova di avvio però il proprietario si accorge di avere fatto un errore di programmazione.

> Correggi l'errore e riscrivi il codice corretto.
> Fai un esempio attivando la macchina in modo che i primi tre fili siano rispettivamente di 2 cm, 3,2 cm e 5 cm.

```
Inizio
Taglia il primo filo a
Taglia il secondo filo b
Taglia il terzo filo c
Taglia il quarto filo d = b + c/a
```

MAPPA DI SINTESI

OMOTETIE E SIMILITUDINI — si definiscono

OMOTETIE

Le **omotetie** sono trasformazioni del piano che, fissato un centro di omotetia O e un fattore $k \neq 0$, associano a ogni punto $P \neq O$ del piano il punto P' così definito:

- se $k > 0$, allora P' appartiene alla semiretta OP e $\overline{OP'} = k\,\overline{OP}$ (omotetia diretta);
- se $k < 0$, dunque $k = -h$ con $h > 0$, allora P' appartiene alla semiretta opposta alla semiretta OP e $\overline{OP'} = h\,\overline{OP}$ (omotetia inversa).

SIMILITUDINE

Due **poligoni** sono simili quando hanno gli angoli uguali e i lati in proporzione.

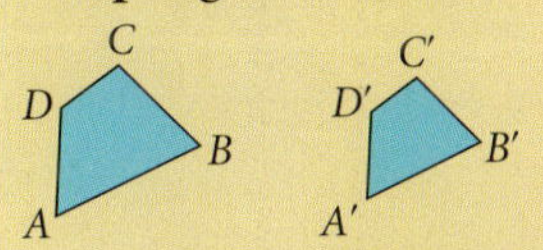

$\widehat{A} = \widehat{A'}$ $\widehat{B} = \widehat{B'}$ $\widehat{C} = \widehat{C'}$ $\widehat{D} = \widehat{D'}$

$$\frac{\overline{AB}}{\overline{A'B'}} = \frac{\overline{BC}}{\overline{B'C'}} = \frac{\overline{CD}}{\overline{C'D'}} = \frac{\overline{DA}}{\overline{D'A'}}$$

Per i **triangoli**, non è necessario controllare sempre che tutti gli angoli corrispondenti siano congruenti e tutte le coppie di lati corrispondenti siano in proporzione. Puoi tenere conto dei criteri di similitudine.

Criteri di similitudine dei triangoli

1° criterio di similitudine
Due triangoli sono simili quando hanno gli *angoli corrispondenti congruenti*.

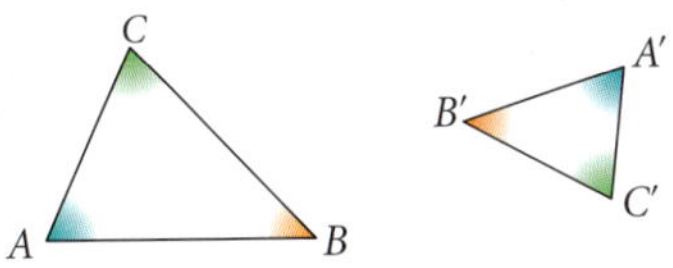

Se $\widehat{A} = \widehat{A'}$, $\widehat{B} = \widehat{B'}$, $\widehat{C} = \widehat{C'}$, allora ABC e $A'B'C'$ sono simili.

2° criterio di similitudine
Due triangoli sono simili quando hanno *un angolo dell'uno congruente a un angolo dell'altro* e i *lati che li delimitano in proporzione.*

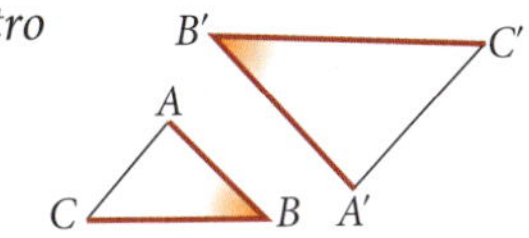

Se $\widehat{B} = \widehat{B'}$, $\dfrac{\overline{A'B'}}{\overline{AB}} = \dfrac{\overline{B'C'}}{\overline{BC}}$, allora ABC e $A'B'C'$ sono simili.

3° criterio di similitudine
Due triangoli sono simili se hanno i *lati in proporzione.*

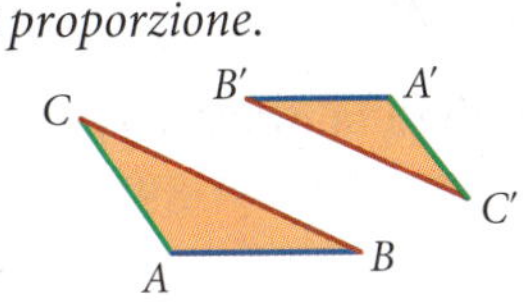

Se $\dfrac{\overline{A'B'}}{\overline{AB}} = \dfrac{\overline{B'C'}}{\overline{BC}} = \dfrac{\overline{A'C'}}{\overline{AC}}$, allora ABC e $A'B'C'$ sono simili.

da cui deriva che

Le altezze corrispondenti di due triangoli simili stanno fra loro nello stesso rapporto di due lati corrispondenti.

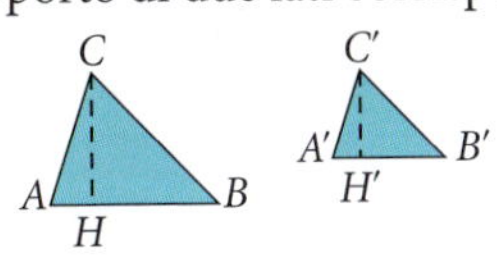

$$\frac{\overline{CH}}{\overline{C'H'}} = \frac{\overline{AB}}{\overline{A'B'}} = \frac{\overline{BC}}{\overline{B'C'}} = \ldots$$

Il rapporto tra i perimetri di due triangoli simili è uguale rapporto di due lati corrispondenti.

$$\frac{p}{p'} = \frac{\overline{AB}}{\overline{A'B'}} = \frac{\overline{BC}}{\overline{B'C'}} = \ldots$$

Il rapporto tra le aree di due poligoni simili è uguale al quadrato del rapporto fra le lunghezze di due lati corrispondenti.

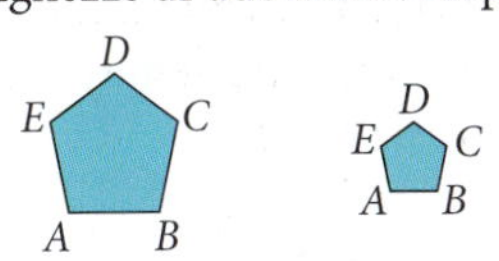

$$\frac{\overline{AB}}{\overline{A'B'}} = 2 \qquad \frac{\mathcal{A}_{ABCDE}}{\mathcal{A}_{A'B'C'D'E'}} = 2^2 = 4$$

TEOREMI DI EUCLIDE

Primo teorema di Euclide
In un triangolo rettangolo ciascun cateto è medio proporzionale fra l'ipotenusa e la sua proiezione sull'ipotenusa stessa.

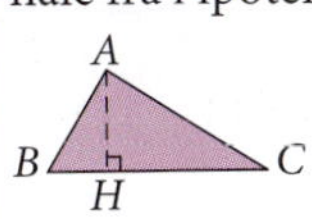

$\overline{BC} : \overline{AB} = \overline{AB} : \overline{BH}$ $\overline{BC} : \overline{AC} = \overline{AC} : \overline{HC}$

Secondo teorema di Euclide
In un triangolo rettangolo l'altezza relativa all'ipotenusa è media proporzionale fra le proiezioni dei cateti sull'ipotenusa.

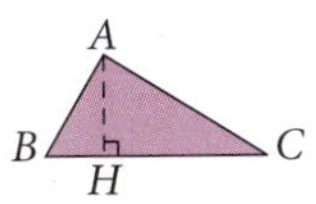

$\overline{BH} : \overline{AH} = \overline{AH} : \overline{HC}$

TEOREMA DI TALETE

Un fascio di rette parallele determina su due rette trasversali segmenti corrispondenti in proporzione.

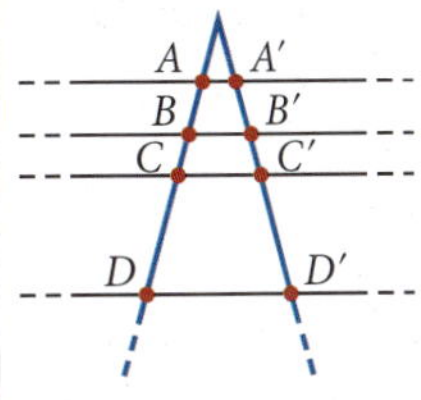

$$\frac{\overline{AB}}{\overline{BC}} = \frac{\overline{A'B'}}{\overline{B'C'}}$$

SE NON HAI CAPITO

Poligoni simili

RIPASSA

Due **poligoni** sono **simili** quando hanno angoli corrispondenti congruenti e lati corrispondenti in proporzione.

Come vedi, i due poligoni hanno

- angoli corrispondenti congruenti,
- lati corrispondenti in proporzione.

Perciò sono simili e hanno la stessa *forma*.
In linguaggio matematico:

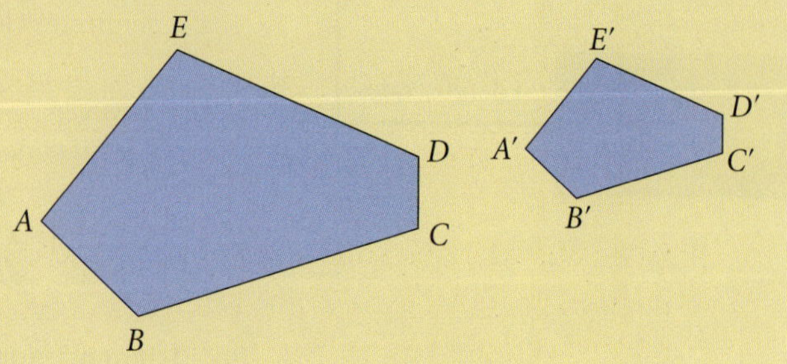

$\widehat{A} = \widehat{A'}$ $\quad \widehat{B} = \widehat{B'}$ $\quad \widehat{C} = \widehat{C'}$ $\quad \widehat{D} = \widehat{D'}$ $\quad \widehat{E} = \widehat{E'}$

$\dfrac{\overline{AB}}{\overline{A'B'}} = \dfrac{\overline{BC}}{\overline{B'C'}} = \dfrac{\overline{CD}}{\overline{C'D'}} = \dfrac{\overline{DE}}{\overline{D'E'}} = \dfrac{\overline{AE}}{\overline{A'E'}} = 2$ questo è il **rapporto di similitudine**.

APPLICA

1 **Utilizza la quadrettatura accanto alla figura per disegnare una figura ingrandita simile a essa.**

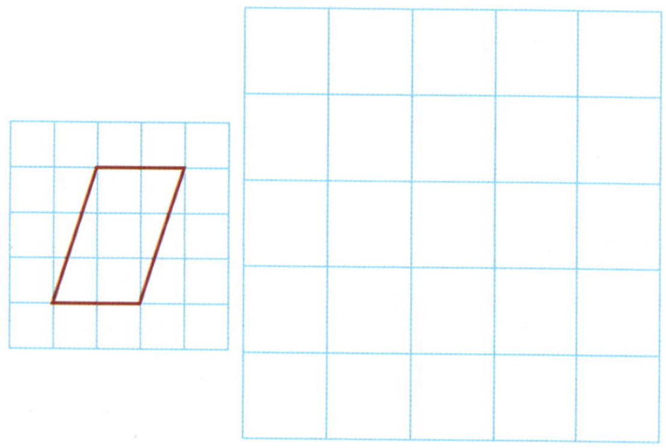

> È stato ingrandito ogni lato della figura?

....

> Qual è il fattore di similitudine (ingrandimento)?

....

2 **Utilizza la quadrettatura accanto alla figura per disegnare una figura ridotta simile a essa.**

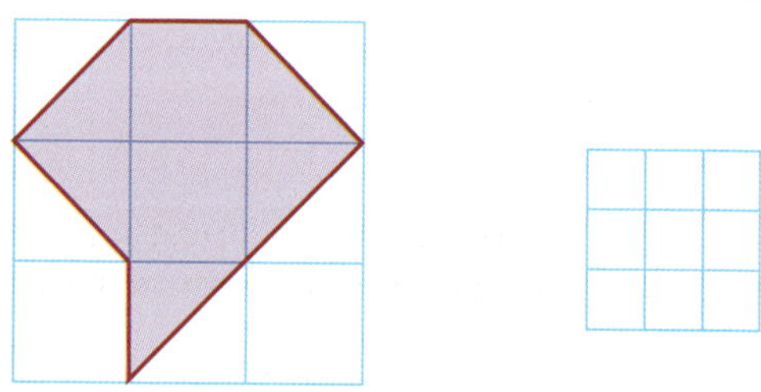

> È stato ridotto ogni lato della figura?

....

> Qual è il fattore di similitudine (riduzione)?

....

3 **Osserva le quattro casette in figura.**

La *B*, la *C* e la *D* sono modificazioni della casetta *A*.

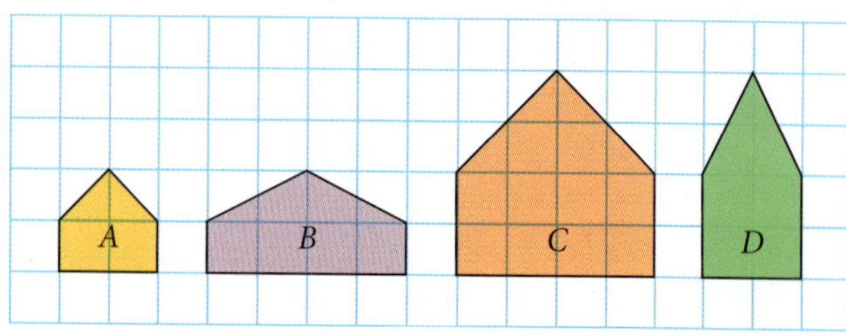

> Come è stata ottenuta la casetta *B* dalla casetta *A*?

....

> Come è stata ottenuta la casetta *C* dalla casetta *A*?

....

> Come è stata ottenuta la casetta *D* dalla casetta *A*?

....

> Una sola casetta è l'immagine ingrandita della casetta *A*, cioè è simile a essa. Quale? ....

> Per quale fattore sono state moltiplicate le lunghezze dei lati della casetta *A* per ottenere la sua immagine simile? ....

4 **Calcola la lunghezza del lato contrassegnato con il punto interrogativo nella coppia di triangoli simili.**

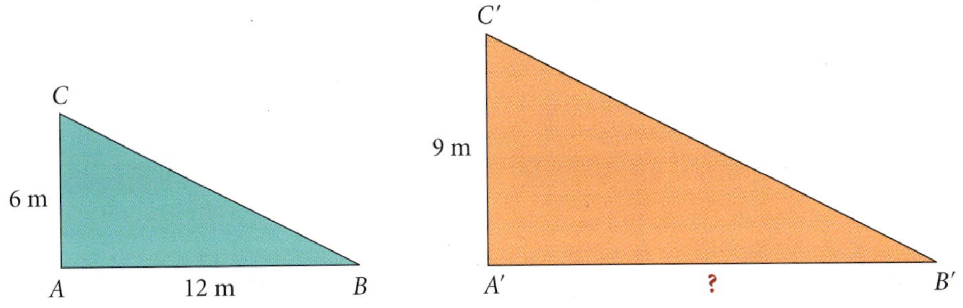

Poiché i due triangoli sono simili, hanno anche i lati in proporzione:

$6 : 9 = 12 : x.$

Calcola ora x ....

5 **Osserva la coppia di rettangoli con il bordo blu e poi la coppia di rettangoli con il bordo rosso.**

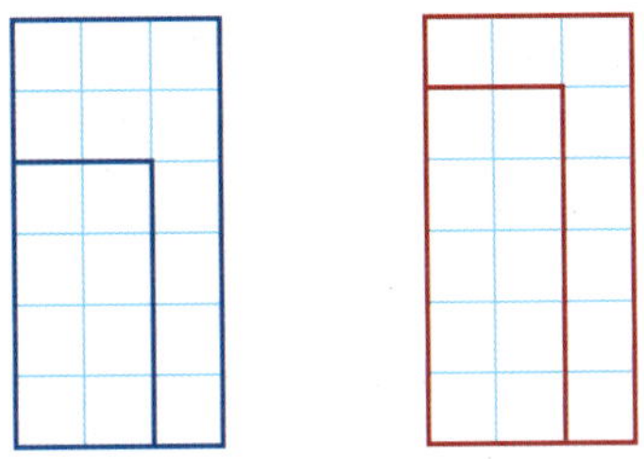

Spiega perché i due rettangoli con il bordo blu sono fra loro simili, mentre i due rettangoli con il bordo rosso non lo sono.
(Scrivi i rapporti fra lati corrispondenti: sono rapporti uguali?)

....

....

....

Prova ora a tracciare la diagonale che parte in basso a sinistra nel rettangolo blu più piccolo e arriva in alto a destra: passa per i vertici opposti di entrambi i rettangoli?

....

Fai lo stesso con la coppia dei rettangoli rossi. Che cosa osservi?

....

....

....

....

Le aree e la similitudine

RIPASSA

Se ingrandisco un poligono moltiplicando tutte le lunghezze dei lati per 2 (fattore di similitudine), la sua area risulta moltiplicata per 4 rispetto all'area del primo.

Il rapporto fra le aree di due figure simili è uguale al **quadrato del fattore di similitudine**.

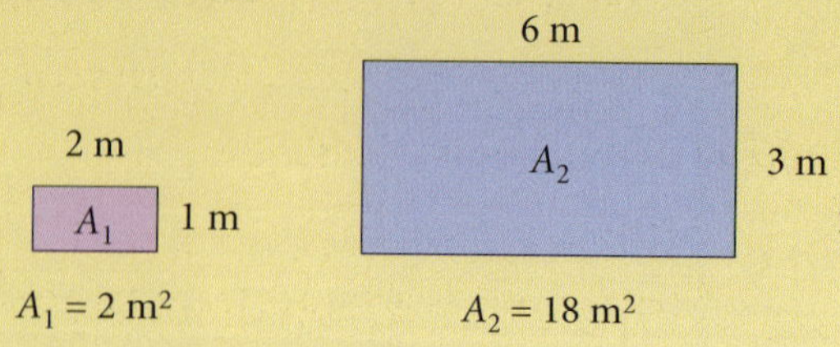

fattore di similitudine: $\frac{l_1}{l_2} = \frac{1}{3}$

rapporto fra le aree: $\frac{A_1}{A_2} = \frac{1}{9}$

APPLICA

6 **Completa la tabella relativa a coppie di figure simili.**

rapporto fra due lati corrispondenti	rapporto fra perimetri	rapporto fra aree
$\frac{1}{2}$		
$\frac{2}{5}$		
	$\frac{5}{6}$	
		$\frac{9}{4}$
		$\frac{1}{49}$

7 **Osserva i due triangoli simili in figura.**

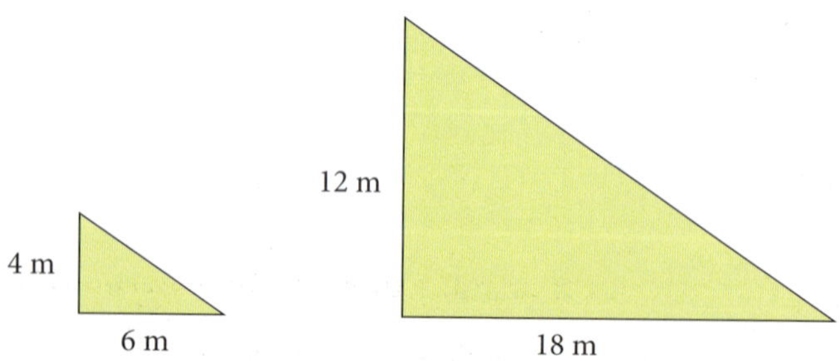

> Qual è il rapporto di similitudine? ....

> Qual è il rapporto fra le loro aree? ....

METTITI ALLA PROVA

ZTE ONLINE 21 esercizi interattivi

- Per ogni quesito segna ✔ una sola delle alternative.
- Confronta le tue risposte con le soluzioni a pagina 269.
- Colora da sinistra una casella per ogni risposta giusta. →
- Leggi sul righello il punteggio in centesimi. →
- Il mio punteggio, in centesimi, è ....
- Se il punteggio è maggiore di 70 vai alla prova *In un'ora*, altrimenti ripassa con *Se non hai capito*.

1 **L'omotetia è una trasformazione geometrica che**

- a lascia invariate le aree e varia i perimetri
- b lascia invariate le ampiezze degli angoli e il rapporto fra lunghezze di segmenti corrispondenti
- c lascia invariate le ampiezze degli angoli e il prodotto di lunghezze di segmenti corrispondenti
- d lascia invariati i perimetri e varia le aree

2 **In quale coppia le figure si corrispondono in un'omotetia inversa?**

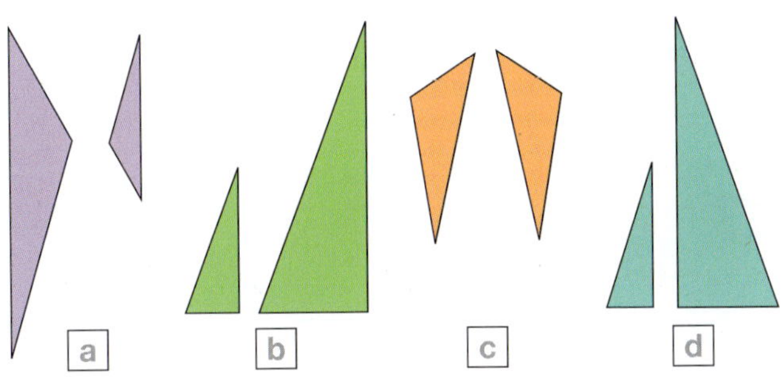

3 **L'omotetia inversa di centro O e rapporto $k = -1$ coincide con**

- a una traslazione
- b la simmetria di centro O
- c la rotazione di un angolo retto in senso orario attorno a O
- d la rotazione di un angolo retto in senso antiorario attorno a O

4 **Nei due triangoli simili sono lati corrispondenti**

- a CB e FD
- b ED e AB
- c CB e EF
- d CB e ED

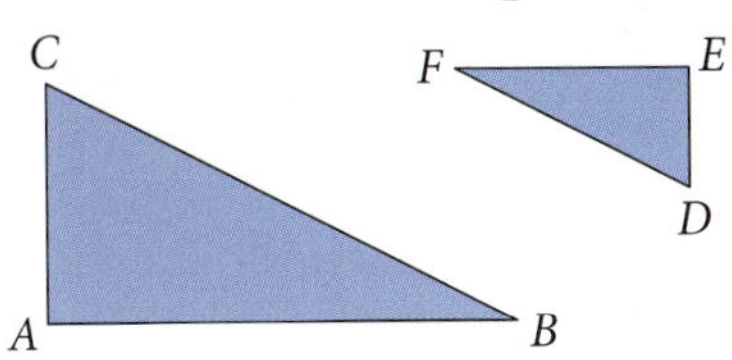

5 **Un parallelogramma è simile a un rettangolo**

- a solo se ha i lati uguali a quelli del rettangolo
- b solo se ha gli angoli uguali
- c sempre
- d se ha lo stesso perimetro del rettangolo

6 **In un triangolo i lati sono lunghi 5 cm, 7 cm, 8 cm. I lati di un triangolo simile sono lunghi**

- a 2,5 m, 3,5 m, 4 m
- b 2 cm, 3 cm, 4 cm
- c 15 cm, 17 cm, 24 cm
- d 50 cm, 70 cm, 88 cm

7 **Quale coppia è formata da triangoli simili?**

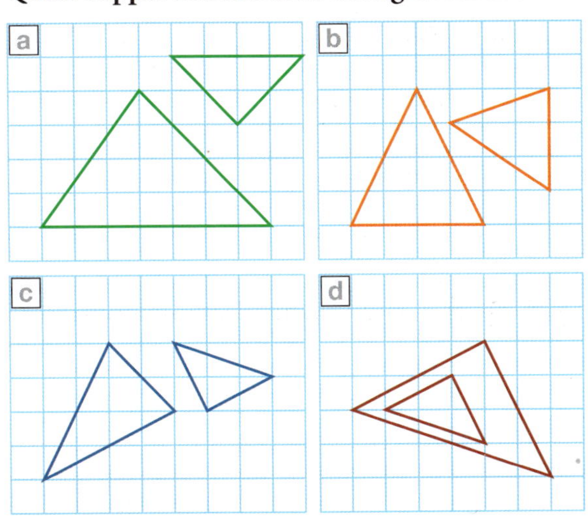

8 **Due triangoli rettangoli simili devono avere**

- a un angolo acuto congruente
- b un cateto congruente
- c l'area congruente
- d l'ipotenusa congruente

9 **In due poligoni simili il rapporto fra le lunghezze dei perimetri è $\frac{2}{3}$. Il rapporto fra le aree sarà**

a $\frac{2}{3}$ b $\frac{4}{9}$ c $\frac{9}{5}$ d $\frac{9}{4}$

10 **In questo triangolo riesco a calcolare la lunghezza dell'ipotenusa?**

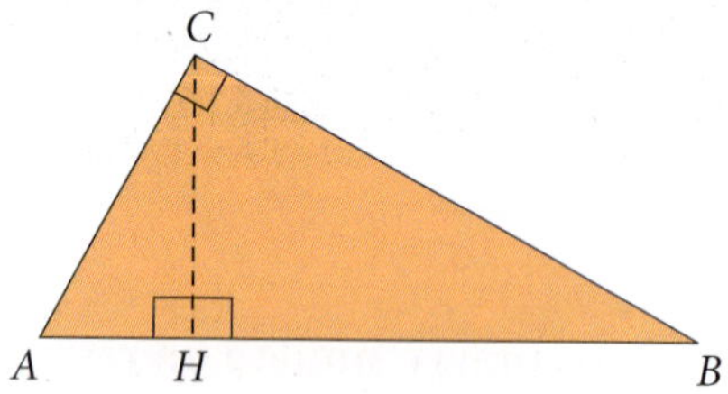

$\overline{BC} = 35$ cm

$\overline{HB} = 28$ cm

a No, non ho dati sufficienti.

b Sì, applicando il primo teorema di Euclide.

c Sì, applicando solo il secondo teorema di Euclide.

d Sì, applicando il teorema di Pitagora.

11 **In questo triangolo rettangolo riesco a calcolare la misura dell'altezza relativa all'ipotenusa?**

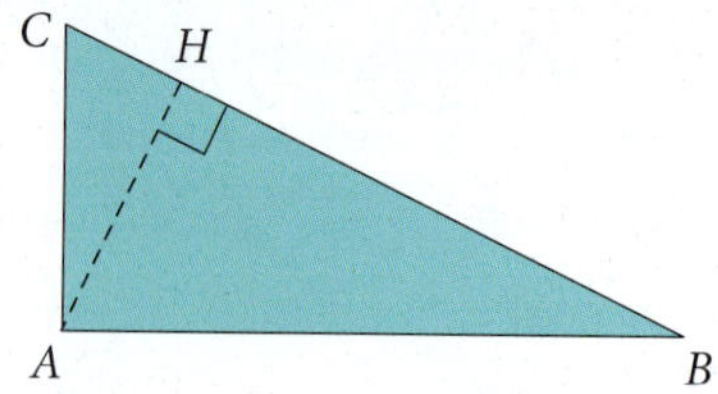

$\overline{CH} = 18$ cm

$\overline{HB} = 32$ cm

a Sì, con il teorema di Pitagora.

b Sì, con il primo teorema di Euclide.

c Sì, con il secondo teorema di Euclide.

d Sì, con il teorema di Talete.

12 **Nel rombo il segmento OH misura**

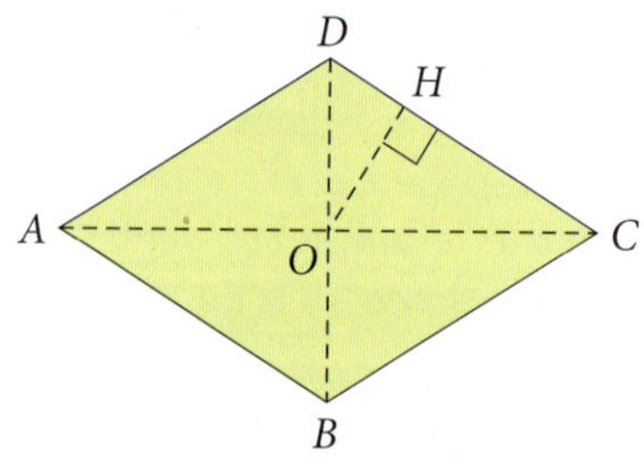

$\overline{DC} = 5$ cm

$\overline{HC} = 3{,}2$ cm

a 1,8 cm b 3 cm c 4 cm d 2,4 cm

IN UN'ORA

1 Completa.

L'omotetia diretta è una .... che, fissato un .... di omotetia O e un fattore k maggiore di ...., associa a ogni punto del piano P un .... corrispondente P' sulla semiretta OP, tale che $\overline{OP'} =$ ....

2 Disegna sul quaderno il corrispondente $A'B'C'$ del triangolo ABC nell'omotetia diretta di centro O e $k = 3$.

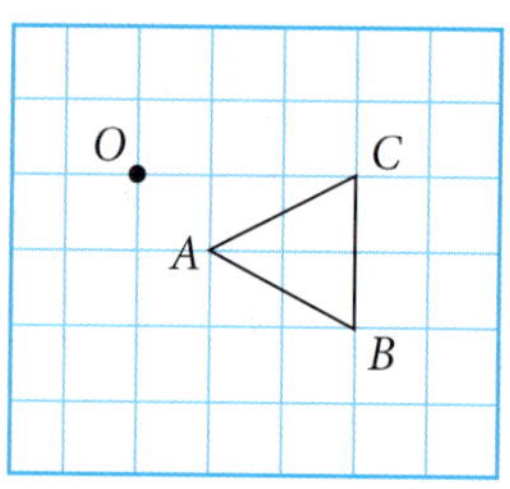

3 Scrivi i tre criteri di similitudine dei triangoli.

4 In un triangolo isoscele la base misura 60 cm e il lato obliquo 72 cm.

> Calcola la lunghezza del perimetro di un triangolo simile al primo, il cui lato obliquo è lungo 54 cm.

5 Disegna sul quaderno la figura corrispondente nell'omotetia inversa di centro O e $k = -\frac{1}{2}$.

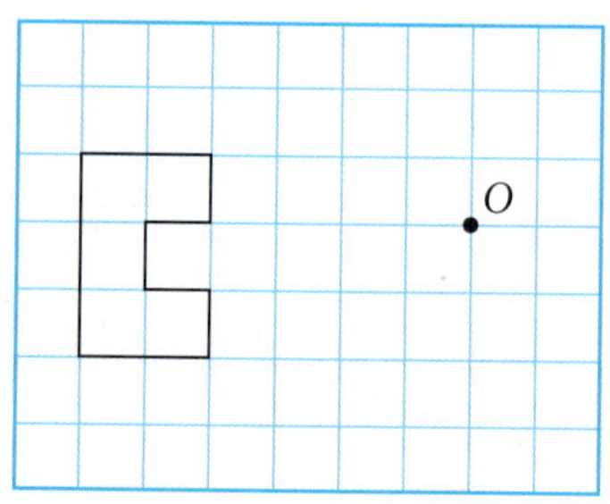

6 Due triangoli simili hanno le aree di 50 cm^2 e 200 cm^2. Un lato del primo misura 24 cm.

> Calcola la misura del lato corrispondente del secondo triangolo.

7 In un triangolo rettangolo la somma dei cateti misura 70 cm e uno è $\frac{3}{4}$ dell'altro.

> Determina la lunghezza delle proiezioni dei cateti sull'ipotenusa e il perimetro.

CAPITOLO 5
CIRCONFERENZA E CERCHIO

5

CIAK si impara!

VIDEO PIZZE PAZZE PRIMA DI COMINCIARE

- Robert entra in una pizzeria e chiede:

  > «Una pizza circolare, con poca corona circolare, già tagliata in settori circolari.
  > E, se possibile, me la può inscrivere in un quadrilatero regolare?»

ANALIZZA I DATI E RISOLVI IL PROBLEMA

- Ma che pizza vuole Robert? Cerchiamo di analizzare le sue parole.

Traduci con parole tue le richieste di Robert:

- una pizza circolare: ....
- con poca corona circolare: ....
- già in settori circolari: ....
- inscritta in un quadrilatero regolare: ....

- Ora puoi rispondere:

....

....

TEORIA

1 Circonferenza e cerchio

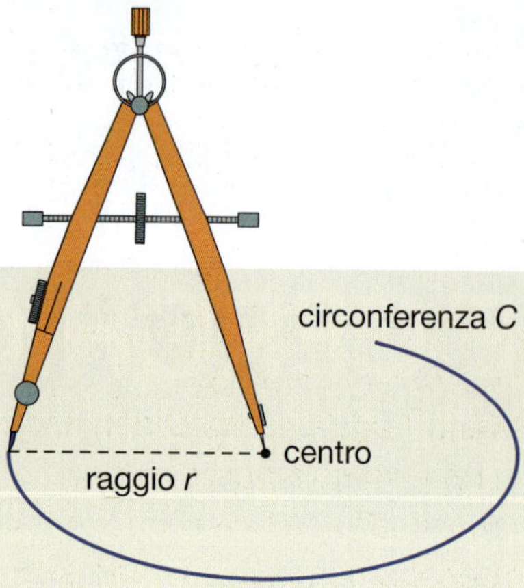

PRIMA DI COMINCIARE Per affrontare gli argomenti di questo capitolo devi avere a tua disposizione un *compasso*.

> Fissa la punta metallica del compasso sul foglio, stabilisci un'apertura, poi, facendolo ruotare, disegna una circonferenza.

DA SAPERE

La **circonferenza** è l'insieme dei punti del piano che hanno la stessa distanza da un punto chiamato *centro*.
Si chiama **raggio** ogni segmento che unisce il centro con un punto della circonferenza.
Il **cerchio** è la superficie delimitata dalla circonferenza.

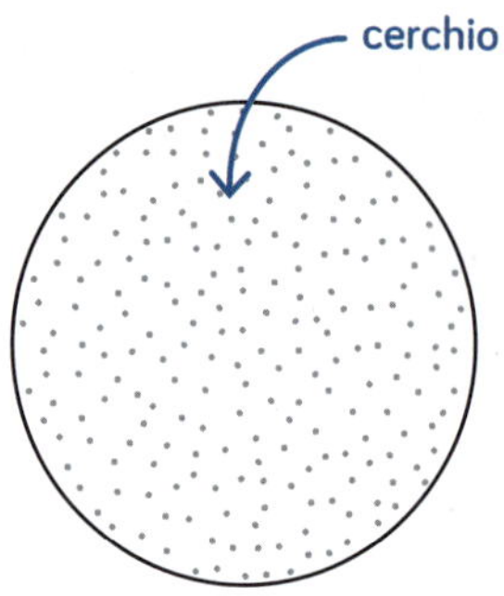

Il cerchio, quindi, è l'insieme dei punti che hanno distanza dal centro minore o uguale alla lunghezza del raggio.

PER ESEMPIO In figura è disegnata una circonferenza C che ha il centro nel punto P (0; +5).
– Il raggio è lungo 4 cm.
– Il cerchio è colorato in celeste.

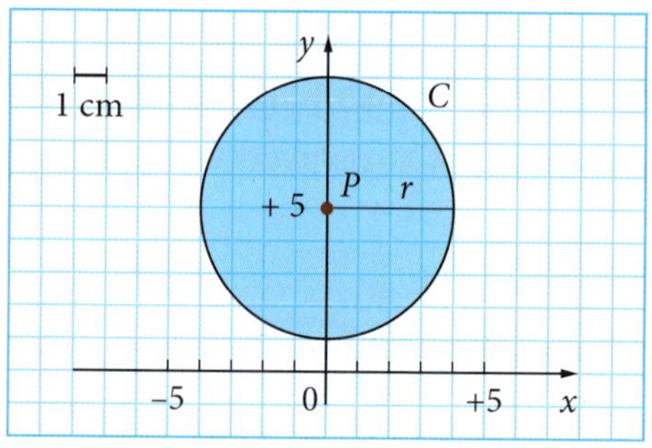

ANIMAZIONE IN DIGITALE
Circonferenza e cerchio

METTITI ALLA PROVA

1 **Vero o falso?**

a) La circonferenza è una linea chiusa. V F
b) Il raggio è una retta. V F
c) Tutti i raggi di una circonferenza sono uguali tra loro. V F
d) I punti che appartengono al cerchio hanno distanza dal centro maggiore della lunghezza del raggio. V F
e) Si chiama raggio ogni segmento che unisce il centro con un punto della circonferenza. V F
f) Il cerchio è la superficie delimitata dalla circonferenza. V F
g) Il compasso è lo strumento che ci permette di disegnare circonferenze. V F

2 **Conosciamo l'argomento.**

a) Colora in rosso la circonferenza.
b) Colora in blu il cerchio.

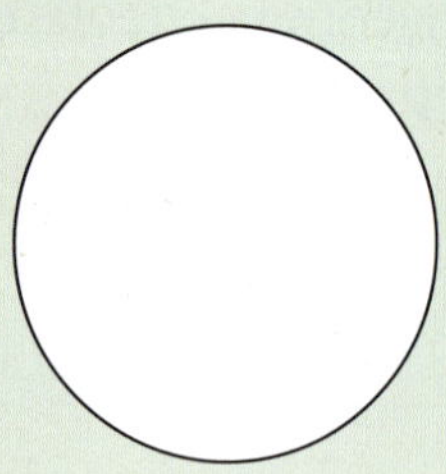

2 Elementi della circonferenza e del cerchio

PRIMA DI COMINCIARE Disegna su un foglio un punto O.
Prendi la riga, tocca O con uno dei bordi e traccia la retta lungo il bordo opposto. Ruota la riga, sempre toccando O con un bordo, e traccia la retta lungo il bordo opposto; continua a fare lo stesso per almeno 10 volte.

> Sai dire che cosa è il lato della riga che passa per il punto O?

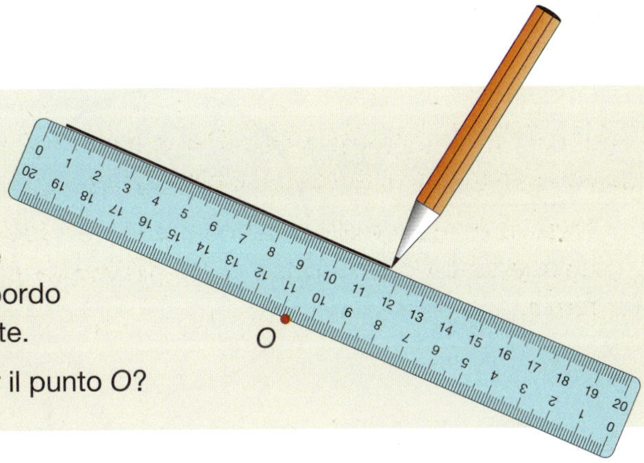

DA SAPERE

Corda

Si dice **corda** ogni segmento che unisce due punti di una circonferenza.
Il **diametro** è una corda che passa per il centro.

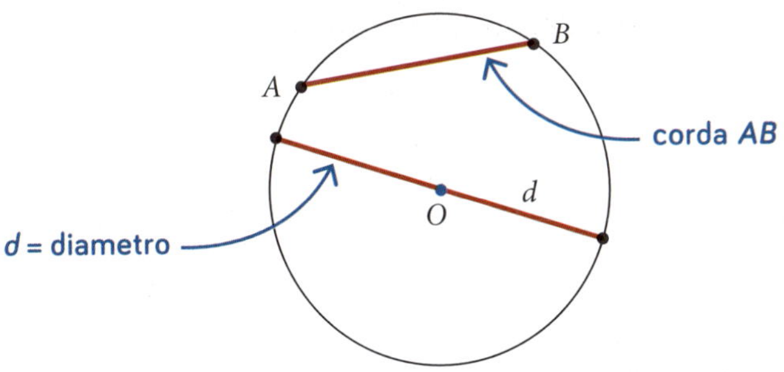

In una circonferenza esistono infinite corde e, tra queste, infiniti diametri.

ANIMAZIONE IN DIGITALE
Elementi della circonferenza e del cerchio

Ricorda.

Il diametro che dimezza una corda è a essa perpendicolare.

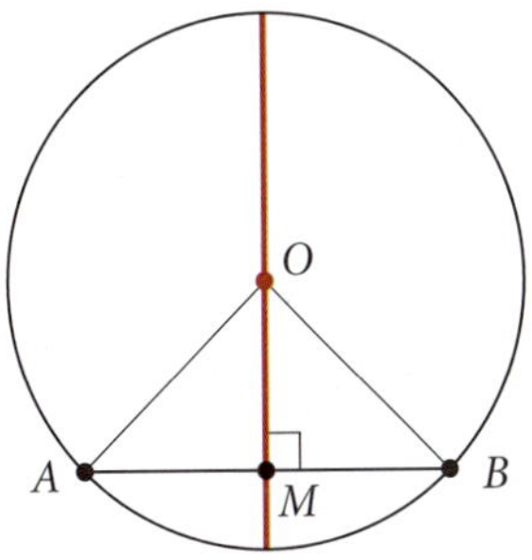

$OM \perp AB$

Infatti il triangolo AOB è isoscele perché AO e OB sono raggi; quindi, la mediana relativa al lato AB è anche altezza.

Due corde congruenti hanno uguale distanza dal centro.

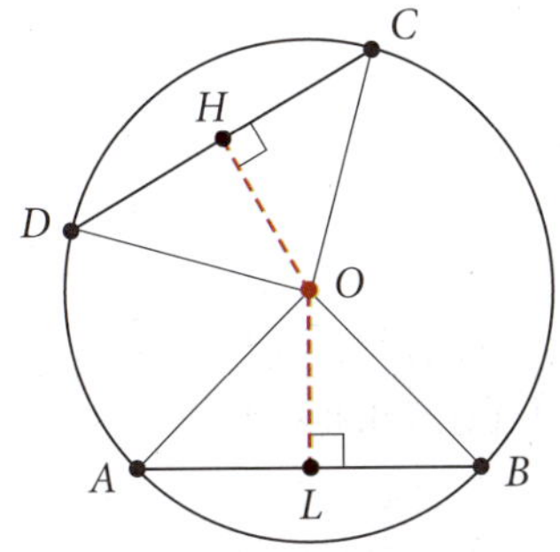

$\overline{OH} = \overline{OL}$

Infatti i due triangoli AOB e COD sono congruenti per il terzo criterio: AO, BO e OD, OC sono raggi e quindi sono congruenti. Pertanto, anche le altezze dei due triangoli sono congruenti.

Esercizi a pag. 238

Arco

L' **arco** è una parte di circonferenza delimitata da due punti.

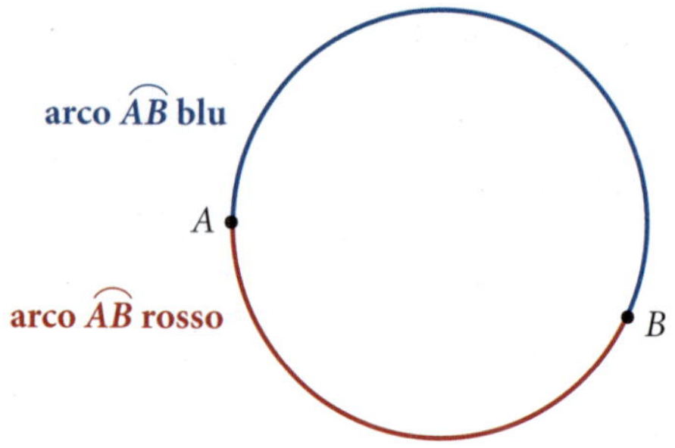

Due punti su una circonferenza determinano due archi.

D'ora in poi, in mancanza di altre informazioni, chiameremo arco $\widehat{AB}$ quello che ha lunghezza minore.

Settore circolare

Il **settore circolare** è una parte di cerchio delimitata da due raggi e dall'arco compreso tra essi.

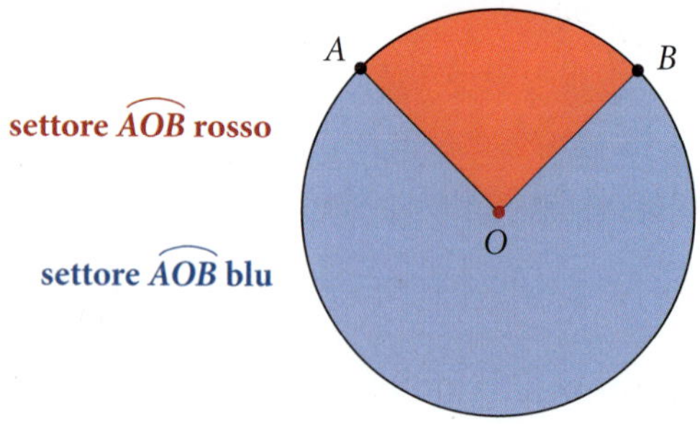

D'ora in poi, se non è precisato diversamente, chiameremo settore $\widehat{AOB}$ quello che ha superficie minore.

Corona circolare

La **corona circolare** è la parte di piano delimitata da due circonferenze di raggio diverso che hanno lo stesso centro.

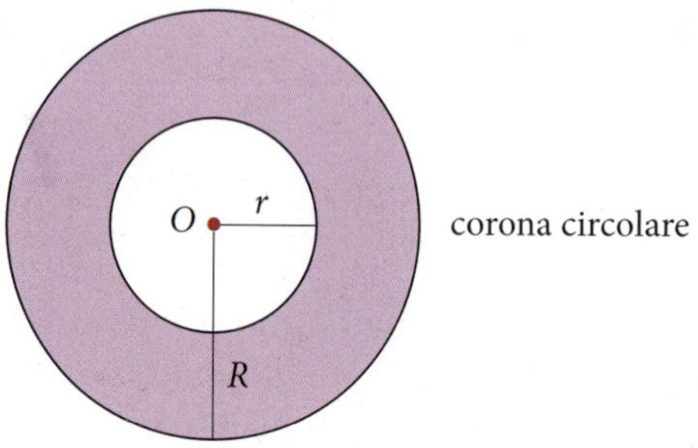

Segmento circolare

Si dice **segmento circolare** ciascuna delle due parti in cui un cerchio viene diviso da una corda.

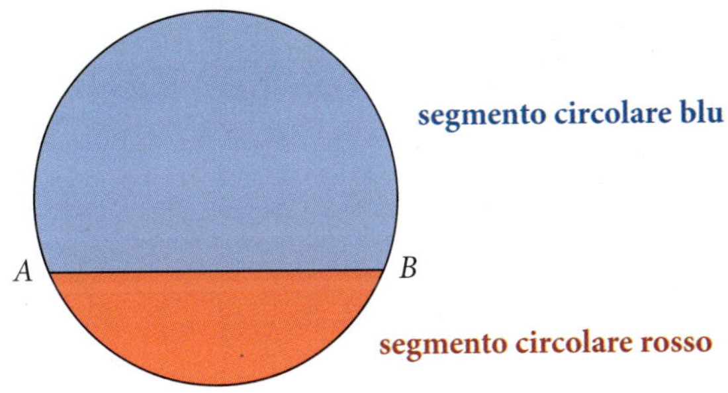

PER ESEMPIO

1 corda
2 arco
3 diametro
4 settore circolare
5 segmento circolare
6 corona circolare

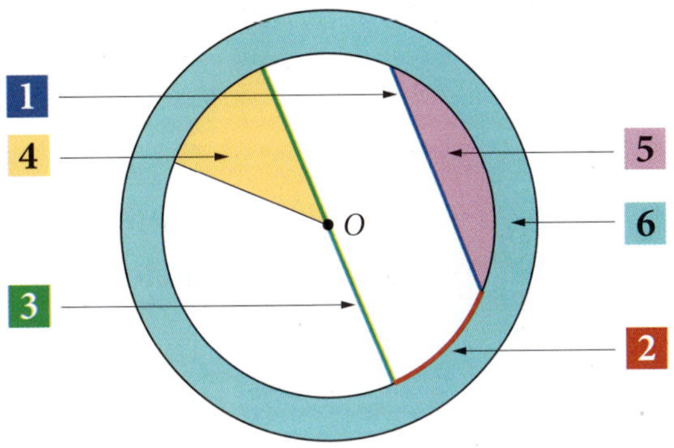

METTITI ALLA PROVA

1 **Vero o falso?**

a) In una circonferenza puoi tracciare infinite corde. V F
b) Il diametro che dimezza una corda è a essa perpendicolare. V F
c) Il diametro è una corda che passa per il centro. V F
d) Si dice settore circolare ciascuna delle due parti in cui un cerchio viene suddiviso da una corda. V F
e) Le circonferenze che delimitano una corona circolare non hanno lo stesso centro. V F
f) Si dice arco una parte di circonferenza delimitata da due punti. V F
g) Due corde congruenti hanno la stessa distanza dal centro. V F

2 **Osserva la figura e indica gli elementi di circonferenza e cerchio in colore.**

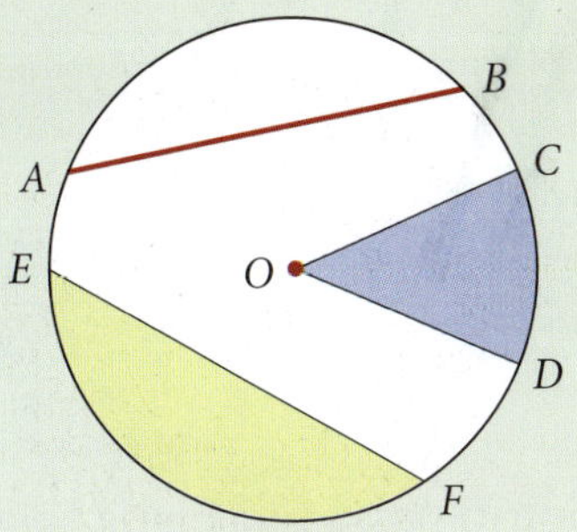

Esercizi a pag. 238

3 Circonferenza, punti, rette

PRIMA DI COMINCIARE Disegna sul quaderno almeno sei circonferenze passanti per il punto P e con il raggio di 1 cm.

> Dove sono i loro centri?

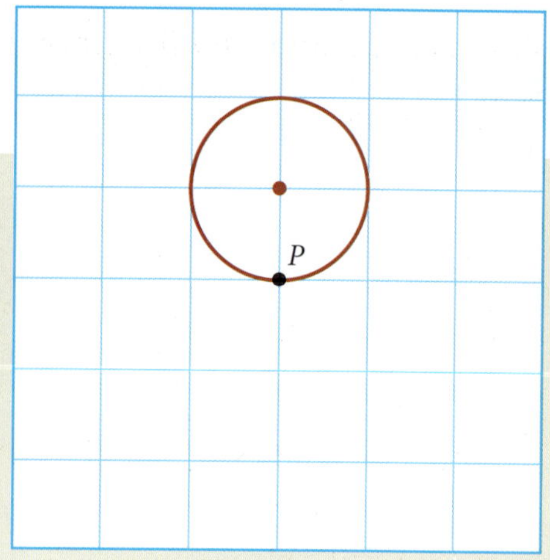

DA SAPERE

Circonferenze

Osserva quante circonferenze passano per uno o per due punti.

ANIMAZIONE IN DIGITALE
Circonferenze, punti, rette

Per un punto passano infinite circonferenze.

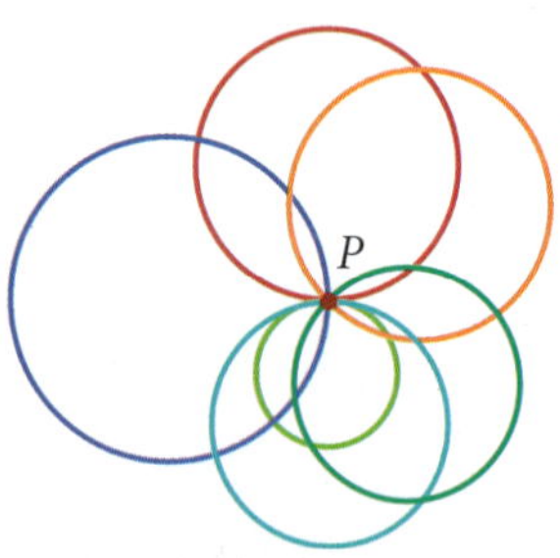

Per due punti passano infinite circonferenze.

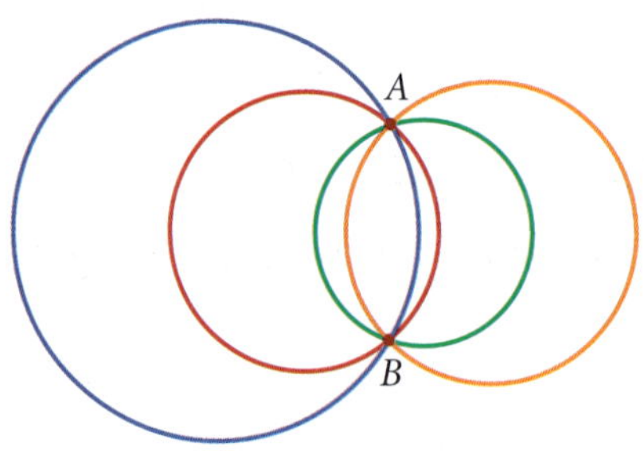

Osserva invece il caso in cui hai tre punti.

Considera tre punti A, B, C non allineati sul piano.

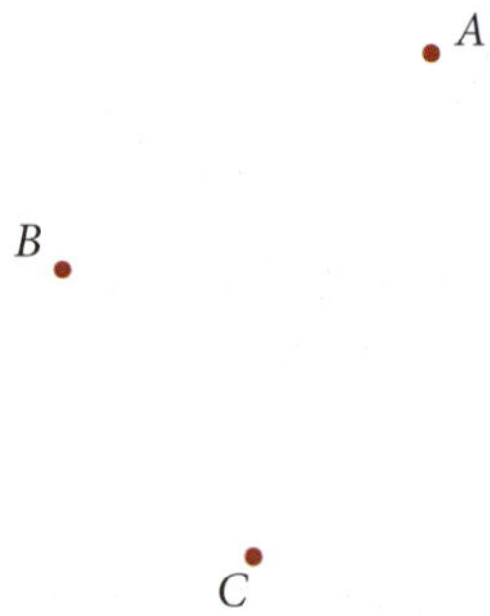

Costruisci con riga e compasso gli assi dei segmenti AB e BC. Sia O il punto di intersezione degli assi.

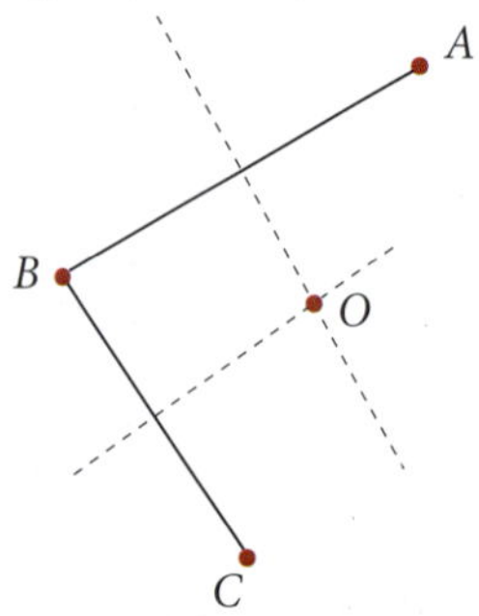

Il punto O è il centro della circonferenza che passa per i punti A, B, C.

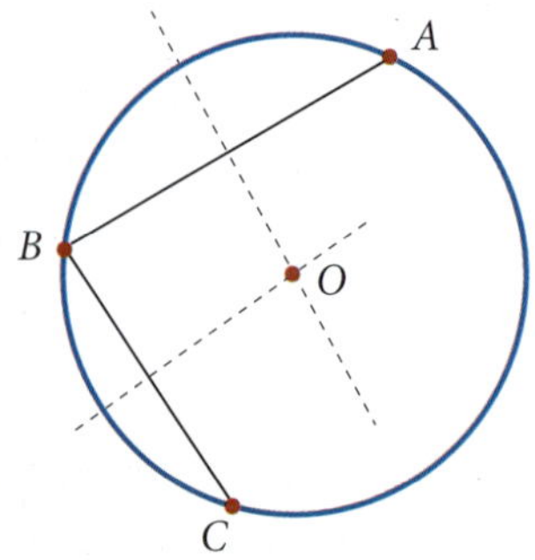

Per tre punti non allineati passa **una e una sola** circonferenza.

Un punto e una circonferenza

Nelle figure qui sotto OP è il segmento che unisce il punto P al centro O della circonferenza.

Osserva:

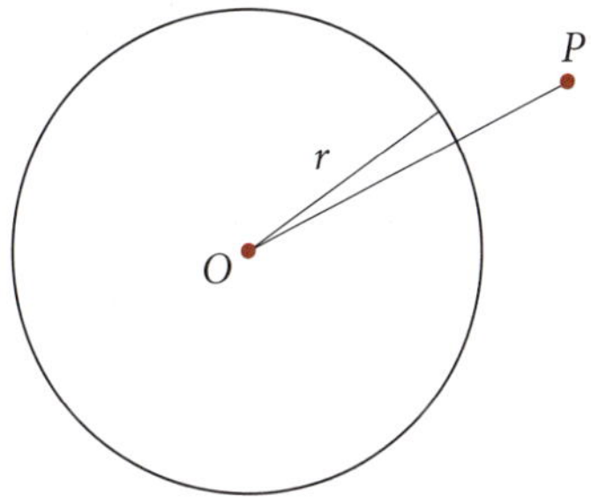

P esterno

$\overline{OP} > r$

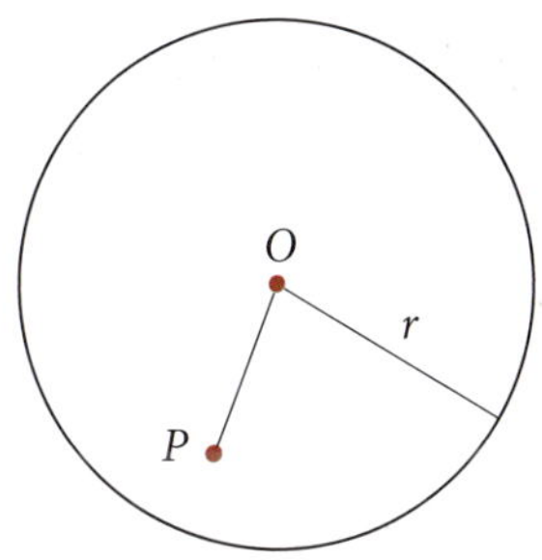

P interno

$\overline{OP} < r$

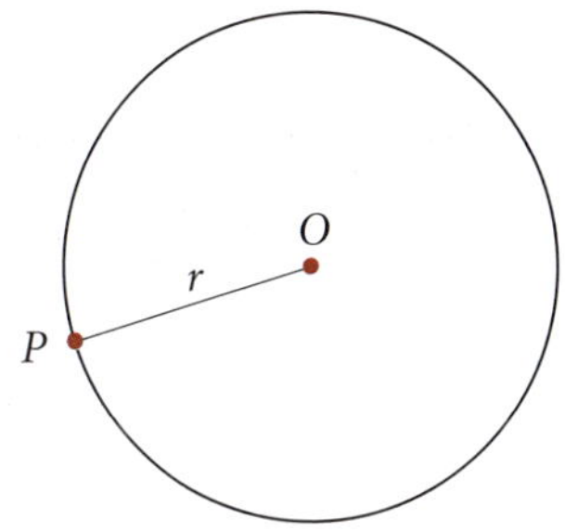

P appartenente alla circonferenza

$\overline{OP} = r$

Un **punto rispetto a una circonferenza** può essere:

- *esterno*, se la sua distanza dal centro è maggiore del raggio;
- *interno*, se la sua distanza dal centro è minore del raggio;
- *appartenente alla circonferenza*, se la sua distanza dal centro è uguale al raggio.

Una retta e una circonferenza

Nelle figure qui sotto $\overline{OH}$ è la distanza di una retta qualunque s dal centro della circonferenza.

Osserva:

se la distanza $\overline{OH}$ è maggiore del raggio, la retta e la circonferenza non hanno punti in comune.

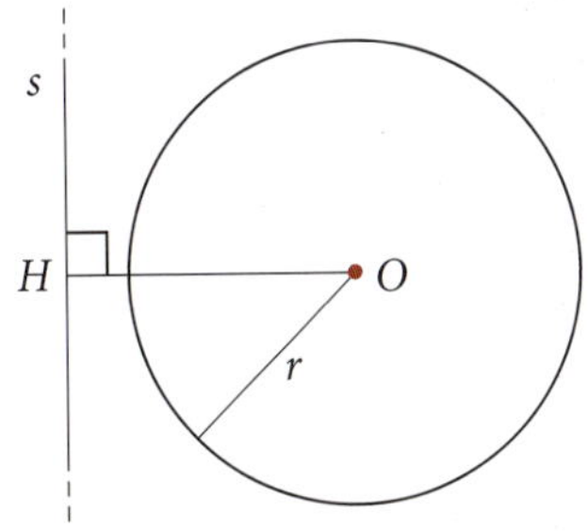

s esterna

$\overline{OH} > r$

Se $\overline{OH}$ è minore del raggio, la retta e la circonferenza hanno due punti in comune.

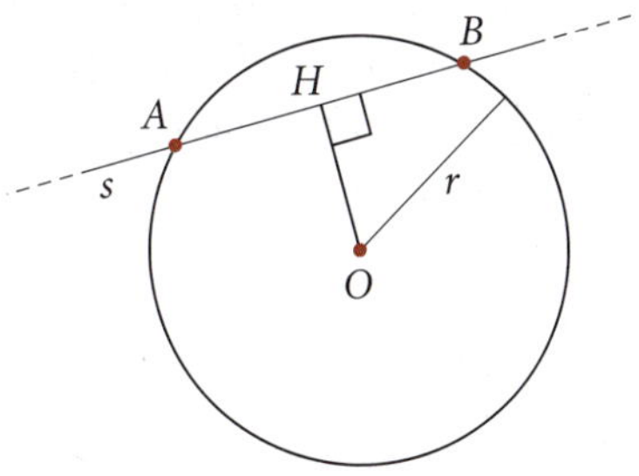

s secante

$\overline{OH} < r$

Se $\overline{OH}$ è uguale al raggio, la retta e la circonferenza hanno un solo punto in comune (il punto H).

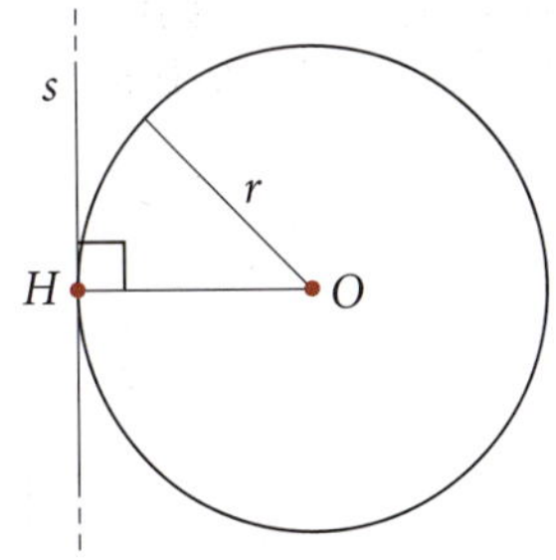

s tangente

$\overline{OH} = r$

Una **retta rispetto a una circonferenza** può essere:

- *esterna*, se non ha alcun punto in comune con la circonferenza;
- *secante*, se ha in comune due punti con la circonferenza;
- *tangente*, se ha un solo punto in comune con la circonferenza.

ANIMAZIONE IN DIGITALE
Circonferenze e rette

Esercizi a pag. 242

Osserva alcune importanti *proprietà delle tangenti* della circonferenza.

La tangente a una circonferenza è perpendicolare al raggio che ha un estremo nel punto di tangenza;

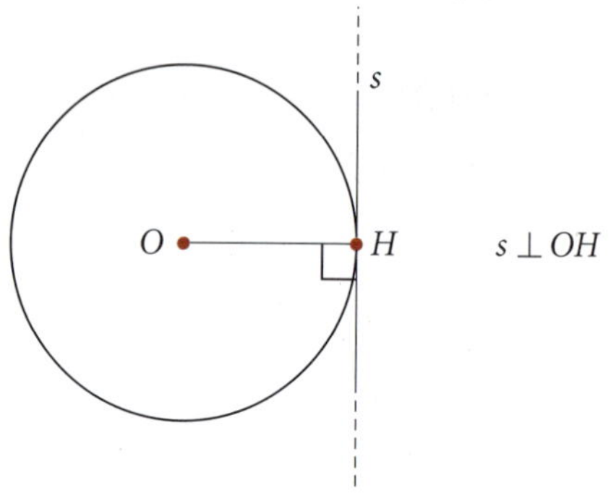

da un punto P esterno alla circonferenza si tracciano le tangenti alla circonferenza: i segmenti che congiungono P ai punti di tangenza sono congruenti.

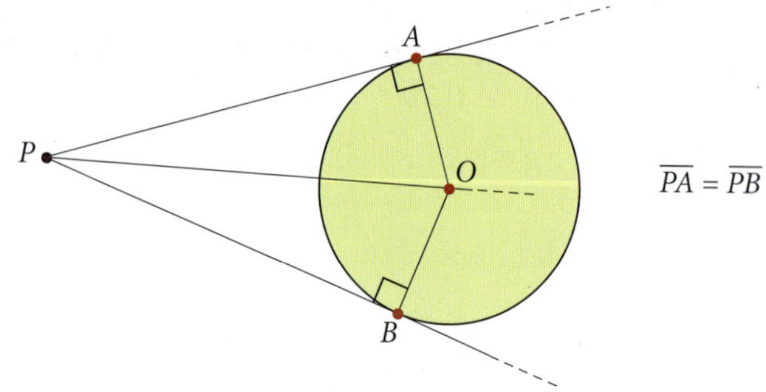

Due circonferenze

La distanza $\overline{OO'}$ è maggiore della somma dei raggi.

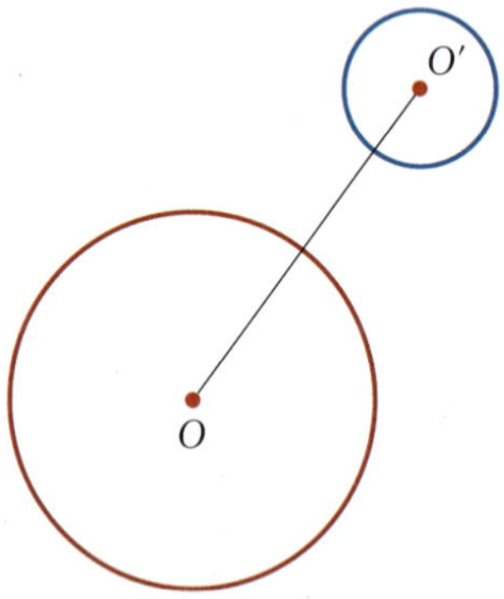

$\overline{OO'} > r + r'$

Le due circonferenze sono esterne.

La distanza $\overline{OO'}$ è uguale alla somma dei raggi.

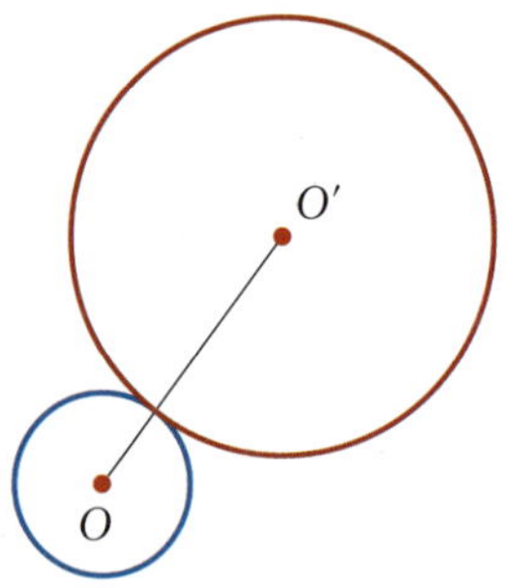

$\overline{OO'} = r + r'$

Le due circonferenze sono tangenti esternamente.

La distanza $\overline{OO'}$ è minore della somma dei raggi e maggiore della loro differenza.

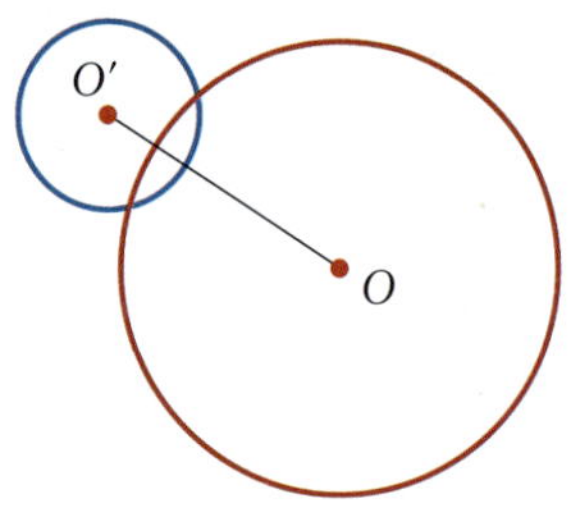

$r - r' < \overline{OO'} < r + r'$

Le due circonferenze sono secanti.

La distanza $\overline{OO'}$ è uguale alla differenza dei raggi.

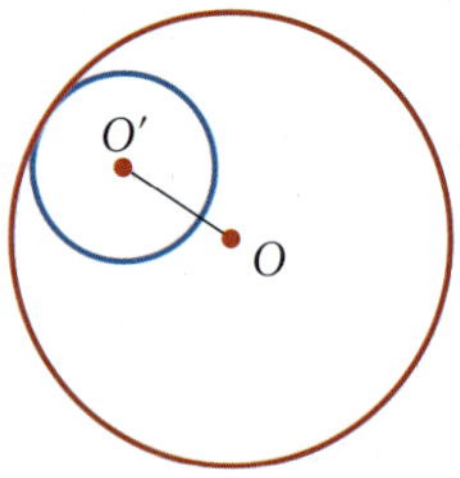

$\overline{OO'} = r - r'$

Le due circonferenze sono tangenti internamente.

La distanza $\overline{OO'}$ è minore della differenza fra i raggi.

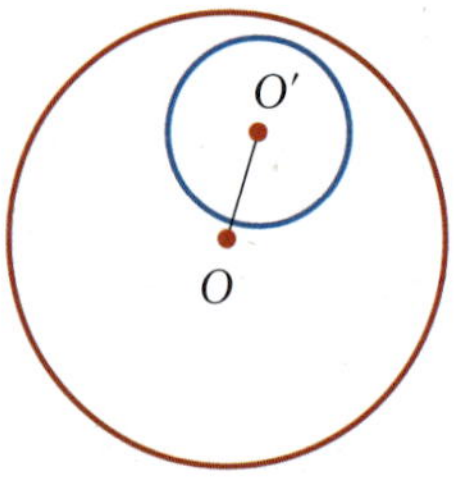

$\overline{OO'} < r - r'$

Le due circonferenze sono interne l'una all'altra.

La distanza $\overline{OO'}$ è nulla.

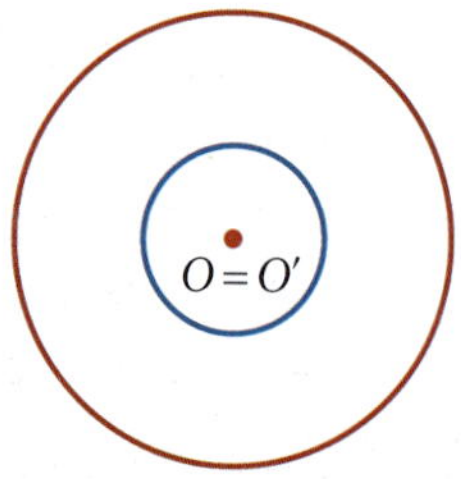

$\overline{OO'} = 0$

Le due circonferenze sono concentriche.

PER ESEMPIO

In figura sono:

- colorati in rosso i *punti interni* alla circonferenza e le *rette secanti* la circonferenza;
- colorati in blu i *punti esterni* alla circonferenza e le *rette esterne* alla circonferenza;
- colorati in verde i *punti appartenenti* alla circonferenza e le *rette tangenti* alla circonferenza.

La circonferenza è individuata dai punti *A*, *B*, *C*.

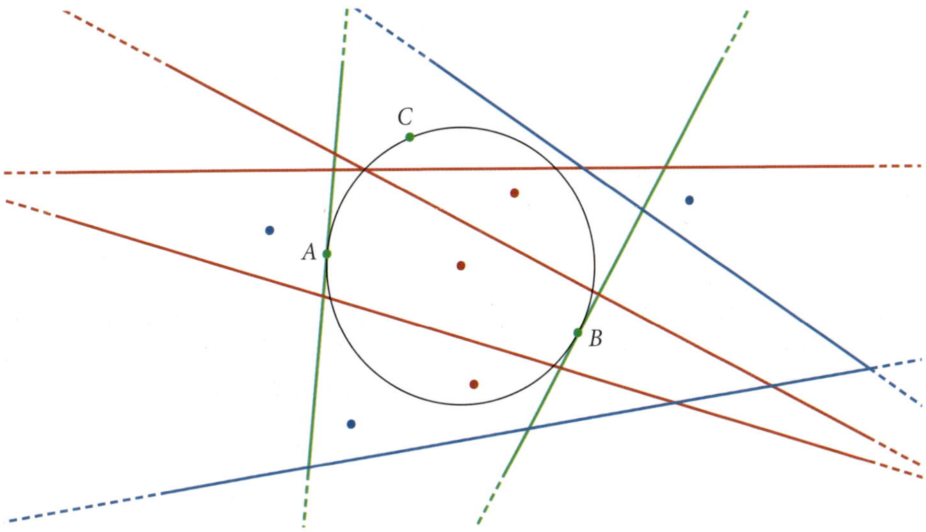

METTITI ALLA PROVA

1 **Traccia tutte le rette tangenti ad ambedue le circonferenze.**

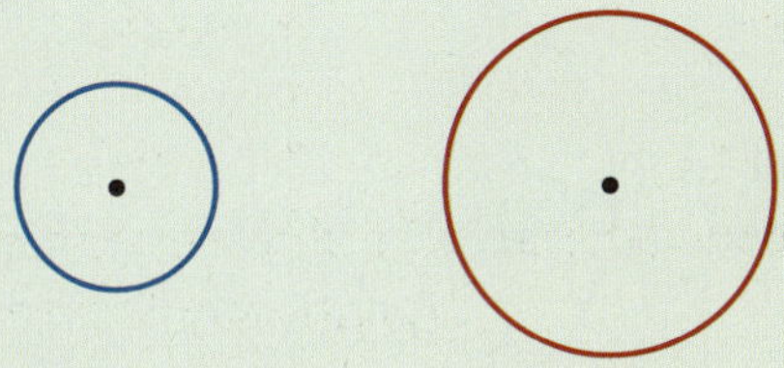

2 **Vero o falso?**

a) Per individuare una circonferenza occorrono tre punti. V F

b) Per un punto passano infinite circonferenze. V F

c) Un punto è esterno a una circonferenza quando la sua distanza dal centro è maggiore del raggio. V F

d) Un punto è interno alla circonferenza quando la sua distanza dal centro è uguale al raggio. V F

e) Una retta secante ha un solo punto in comune con la circonferenza. V F

f) Per due punti passano infinite circonferenze. V F

g) La tangente a una circonferenza è perpendicolare al raggio che ha un estremo nel punto di tangenza. V F

h) Se due circonferenze sono tangenti esternamente, la distanza fra i loro centri è uguale alla somma dei loro raggi. V F

Esercizi a pag. 242

TEORIA

4 Angoli al centro e angoli alla circonferenza

PRIMA DI COMINCIARE

Osserva il triangolo *ABC* i cui vertici appartengono alla circonferenza.
L'angolo in *A* è ampio 63°, l'angolo in *B* è ampio 27°.

> Quanto misura l'angolo in *C*? Hai notato che è opposto al diametro?

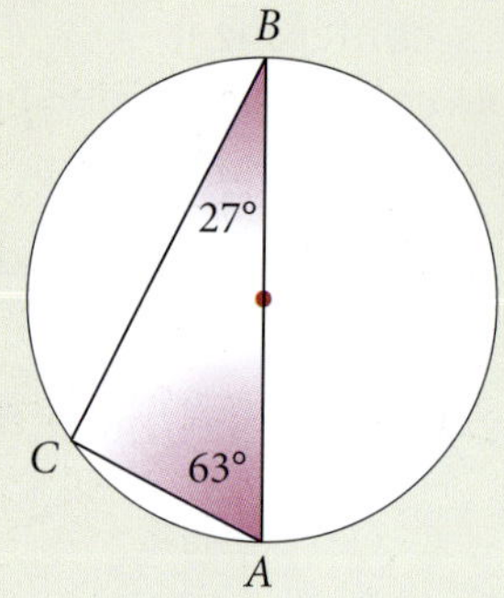

DA SAPERE

Osserva l'angolo $A\widehat{O}B$ in figura e indicalo con α.

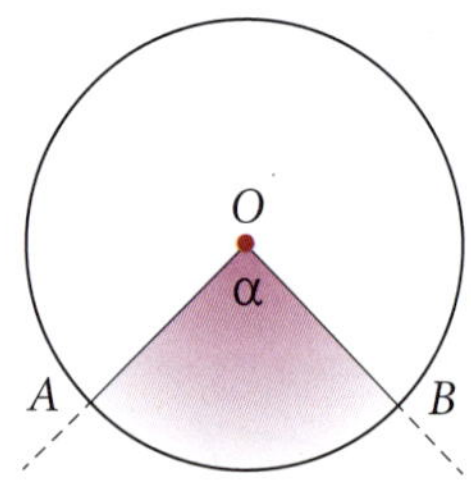

ANIMAZIONE IN DIGITALE
Angoli al centro e angoli alla circonferenza

Si dice **angolo al centro** ogni angolo il cui vertice coincide con il centro della circonferenza.

Si usa dire che l'angolo al centro α *insiste* sull'arco $\widehat{AB}$.

Osserva ora gli angoli in queste circonferenze.

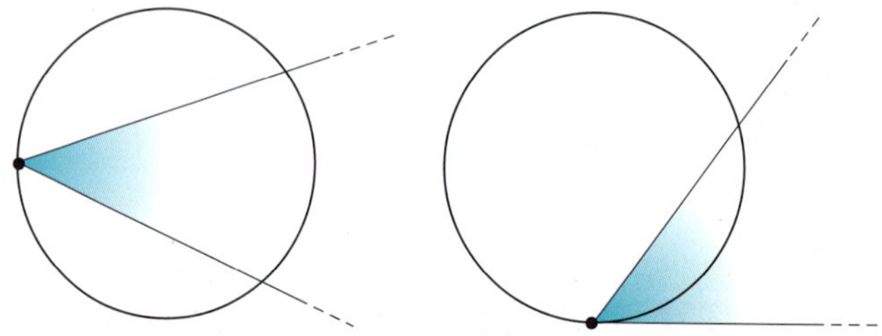

Si dice **angolo alla circonferenza** ogni angolo che ha il vertice sulla circonferenza e i lati ambedue secanti la circonferenza, oppure uno secante e l'altro tangente.

Osserva che su uno stesso arco insistono un solo angolo al centro e infiniti angoli alla circonferenza.

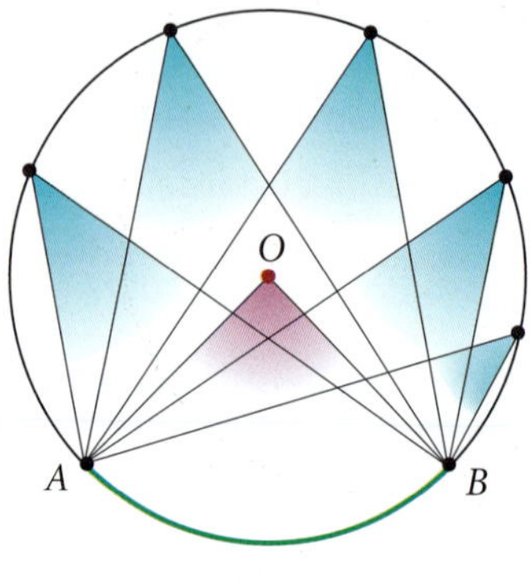

Angoli al centro e angoli alla circonferenza sono legati da una importante relazione.

Un angolo al centro ha ampiezza doppia di ogni angolo alla circonferenza che insiste sullo stesso arco.

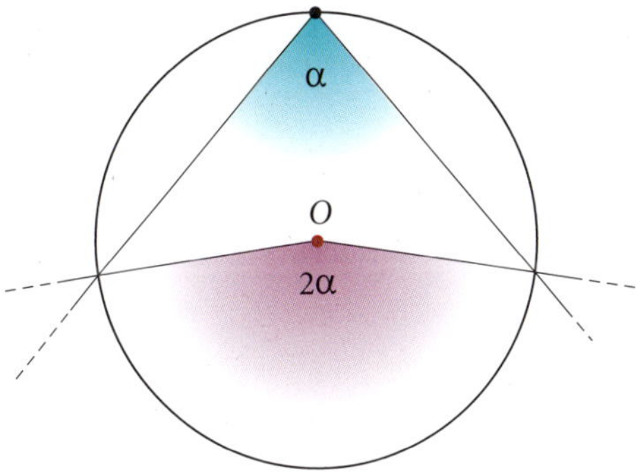

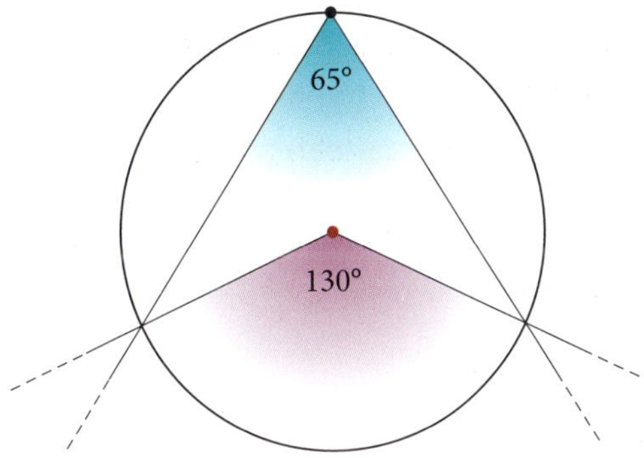

Da ciò deriva che:

Gli angoli alla circonferenza che insistono sullo stesso arco sono congruenti perché hanno ampiezza pari alla metà di quella del corrispondente angolo al centro.

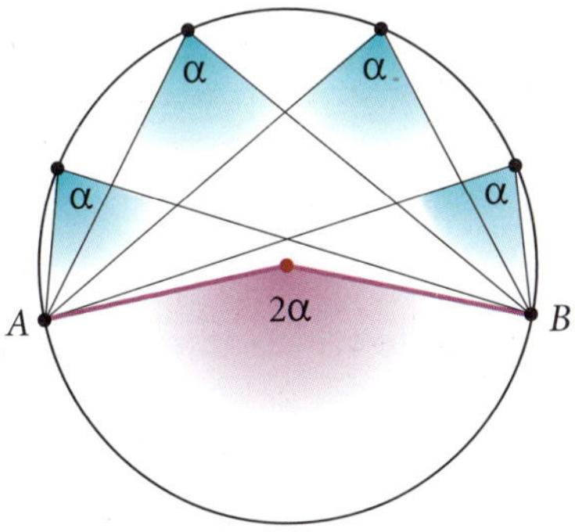

Inoltre possiamo dire che:

Ogni angolo alla circonferenza che insiste su una semicirconferenza è *retto*.

Infatti $A\widehat{C}B$ è retto, perché è metà del corrispondente angolo al centro $A\widehat{O}B$, che è un angolo piatto.

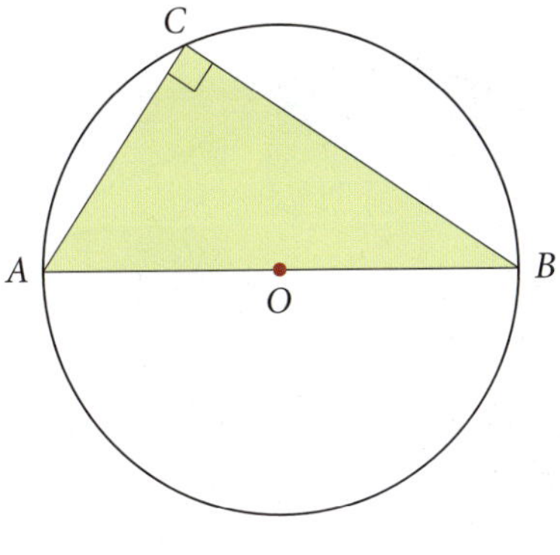

Esercizi a pag. 249

TEORIA

PER ESEMPIO
A sinistra sono indicati tre angoli alla circonferenza corrispondenti all'angolo al centro $A\widehat{O}B$.

A destra sono indicati cinque angoli alla circonferenza (di 90°) corrispondenti all'angolo al centro $C\widehat{O}D$ (di 180°).

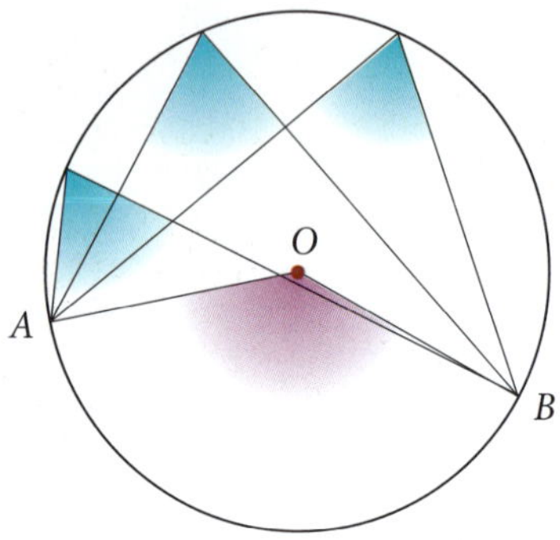

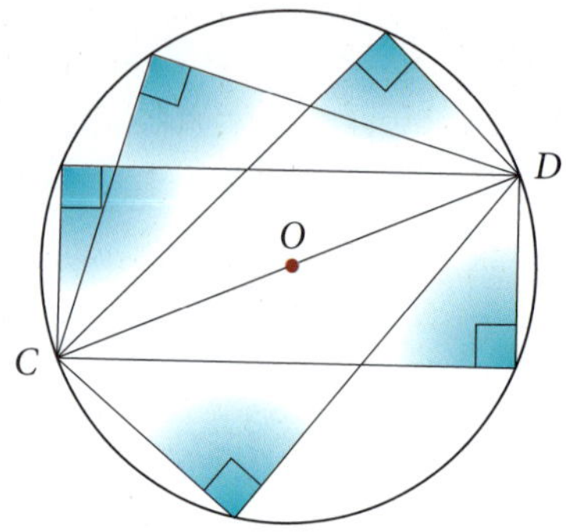

METTITI ALLA PROVA

1 **Vero o falso?**

a) Su un arco può insistere un solo angolo convesso al centro. V F

b) Su un arco possono insistere infiniti angoli alla circonferenza. V F

c) Su un medesimo arco possono insistere un solo angolo al centro e un solo angolo alla circonferenza. V F

d) Tutti gli angoli alla circonferenza che insistono sullo stesso arco sono congruenti. V F

e) L'angolo al centro e un corrispondente angolo alla circonferenza sono congruenti. V F

f) L'angolo alla circonferenza che insiste su una semicirconferenza è ampio 90°. V F

g) Un angolo alla circonferenza è sempre di ampiezza doppia del corrispondente angolo al centro. V F

h) L'angolo al centro è sempre di ampiezza doppia del corrispondente angolo alla circonferenza. V F

2 **L'angolo convesso $A\widehat{O}B$ è ampio 126°. Qual è l'ampiezza di $A\widehat{V}B$?**

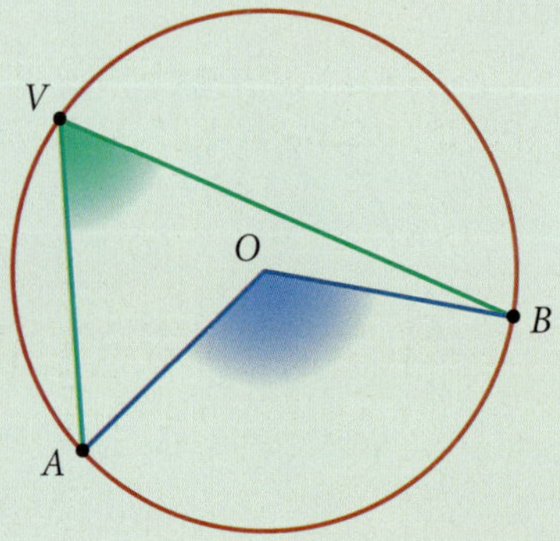

5 Poligoni inscritti e circoscritti a una circonferenza

PRIMA DI COMINCIARE

Disegna sul quaderno un rettangolo.

Prova a disegnare all'esterno del rettangolo una circonferenza che tocchi tutti i vertici.

Prova poi a disegnare all'interno del rettangolo una circonferenza che tocchi tutti i lati.

> Cosa osservi?

DA SAPERE

Osserva i vertici del poligono in figura.

Tutti i vertici del poligono sono sulla circonferenza.

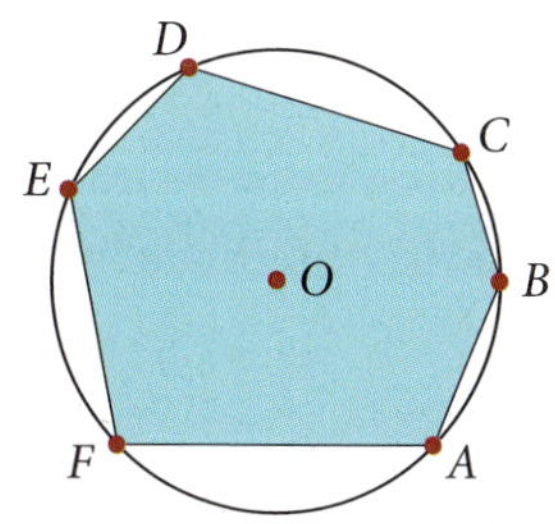

ANIMAZIONE IN DIGITALE
Poligoni inscritti e circoscritti a una circonferenza

Un poligono si dice **inscritto** in una circonferenza quando *tutti i suoi vertici* sono punti della circonferenza.

Osserva i lati del poligono in figura.

Ciascun lato del poligono tocca in un punto la circonferenza.

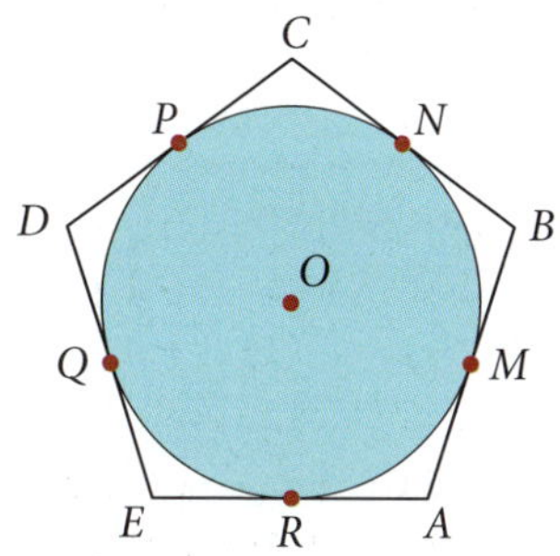

Un poligono si dice **circoscritto** a una circonferenza quando *tutti i suoi lati* sono tangenti alla circonferenza.

Osserva.

Questo poligono non è inscritto: due vertici non sono sulla circonferenza.

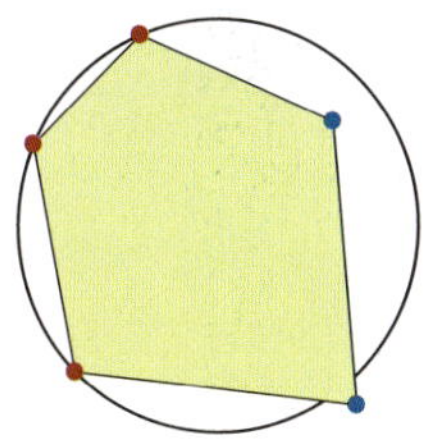

Questo poligono non è circoscritto: due lati non sono tangenti alla circonferenza.

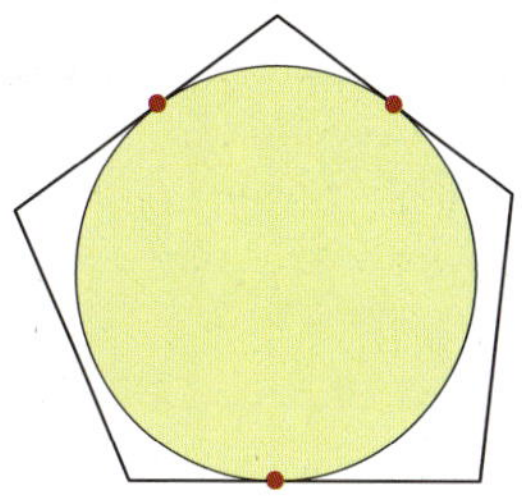

Esercizi a pag. 252

Non tutti i poligoni possono essere inscritti o circoscritti a una circonferenza.

Un poligono può essere inscritto in una circonferenza, quando *tutti gli assi dei suoi lati* si incontrano *in un solo punto*, che è il centro della circonferenza circoscritta.

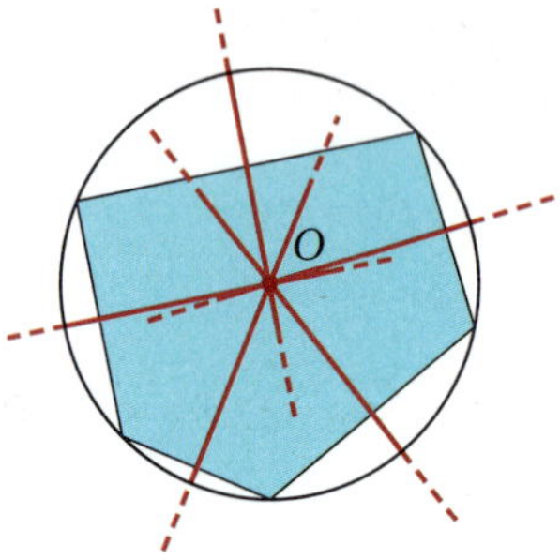

Un poligono può essere circoscritto a una circonferenza, quando *tutte le bisettrici dei suoi angoli* si incontrano *in un solo punto*, che è il centro della circonferenza inscritta.

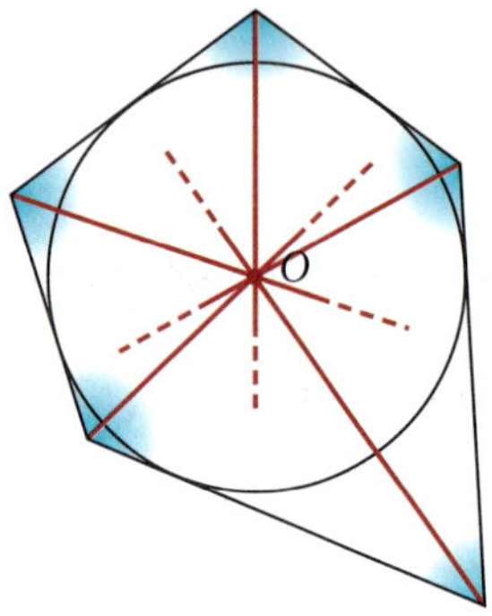

La distanza di ogni lato dal centro della circonferenza inscritta si chiama *apotema*.

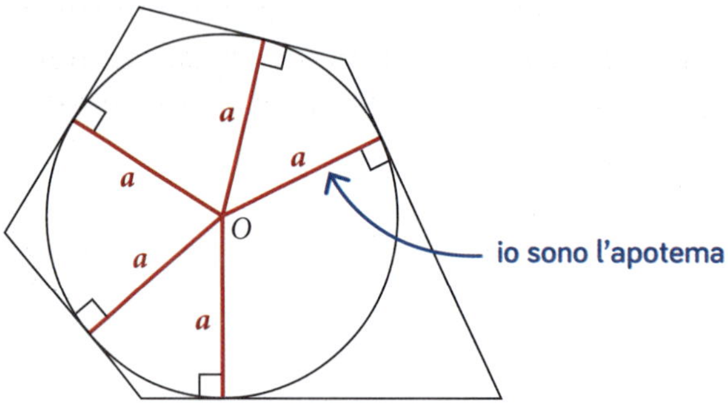

Per i quadrilateri valgono due regole.

Un quadrilatero può essere inscritto in una circonferenza, quando i suoi angoli opposti sono supplementari (infatti la somma degli angoli al centro corrispondenti è un angolo giro).

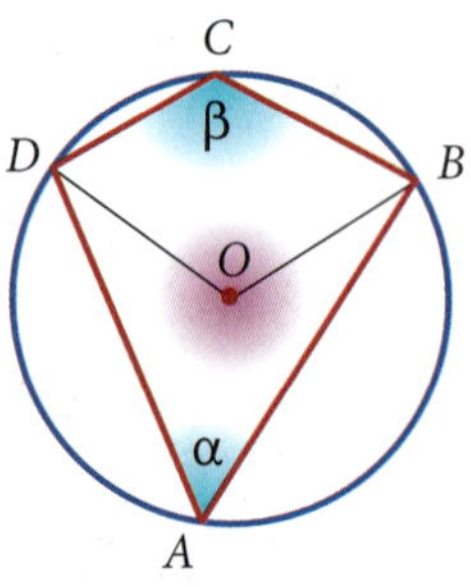

$\alpha + \beta = 180°$

Un quadrilatero può essere circoscritto a una circonferenza quando la somma delle lunghezze di due lati opposti è uguale alla somma delle lunghezze degli altri due per una proprietà delle tangenti a una circonferenza.

$\overline{AD} + \overline{BC} = \overline{AB} + \overline{DC}$

perché

$\overline{AL} + \overline{LB} + \overline{DN} + \overline{NC} =$
$= \overline{AP} + \overline{PD} + \overline{BM} + \overline{MC}$

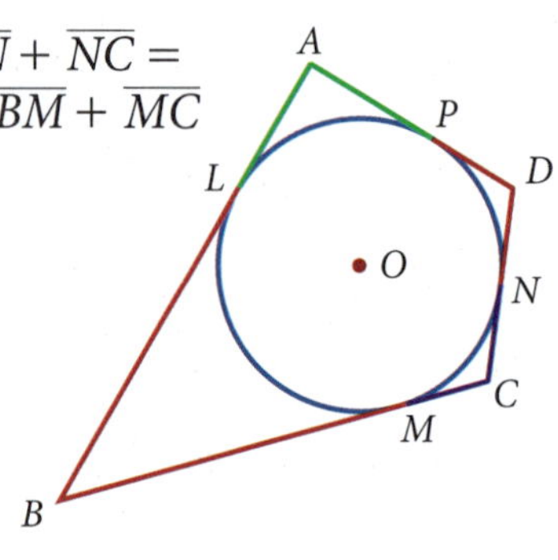

PER ESEMPIO I triangoli si possono sempre inscrivere e circoscrivere a una circonferenza.

Il punto di intersezione degli assi dei tre lati è il centro della circonferenza circoscritta.

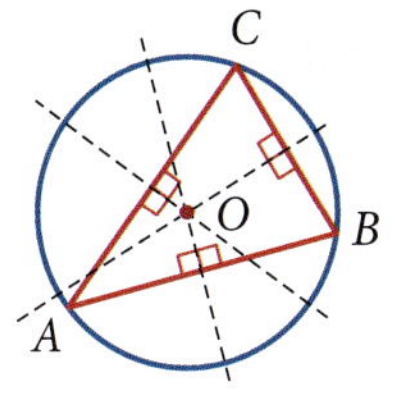

Il centro della circonferenza inscritta è il punto in cui si intersecano le bisettrici dei tre angoli.

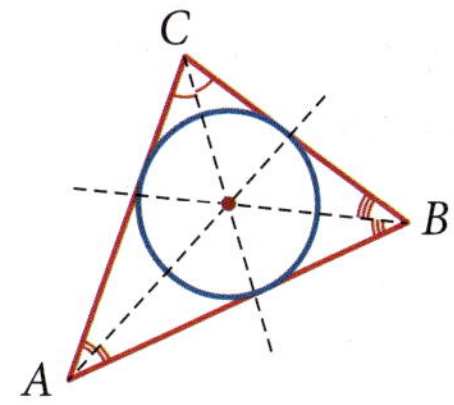

Questi sono alcuni esempi relativi a quadrilateri che conosci.

Il rombo ha solo la circonferenza inscritta.

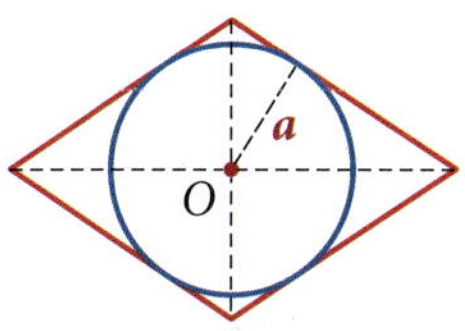

Il rettangolo ha solo la circonferenza circoscritta.

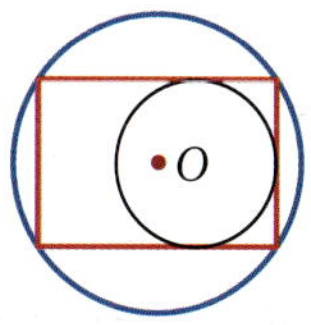

Il trapezio isoscele ha sempre la circonferenza circoscritta e talvolta una circonferenza inscritta (quando la somma di due lati opposti è uguale alla somma degli altri due).

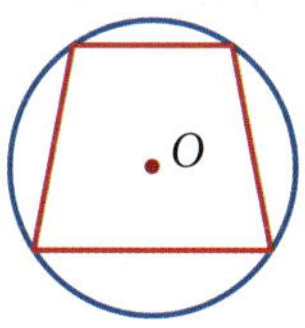

I parallelogrammi che non sono né rettangoli né rombi né quadrati non possono avere circonferenza inscritta o circoscritta.

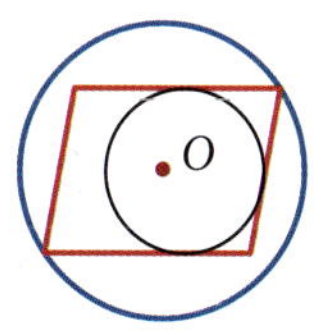

METTITI ALLA PROVA

1 **Vero o falso?**

a) Solo i triangoli equilateri e isosceli sono circoscrivibili. V F

b) I rettangoli si possono sempre circoscrivere a una circonferenza. V F

c) I quadrilateri sono sempre inscrivibili. V F

d) I quadrilateri non sono mai circoscrivibili. V F

e) Tutti i triangoli sono sempre circoscrivibili. V F

f) I quadrilateri sono circoscrivibili solo quando le somme delle lunghezze dei lati opposti sono uguali. V F

g) I quadrilateri sono inscrivibili quando hanno gli angoli opposti supplementari. V F

2 **Quali poligoni in figura sono circoscritti a una circonferenza? E quali sono inscritti?**

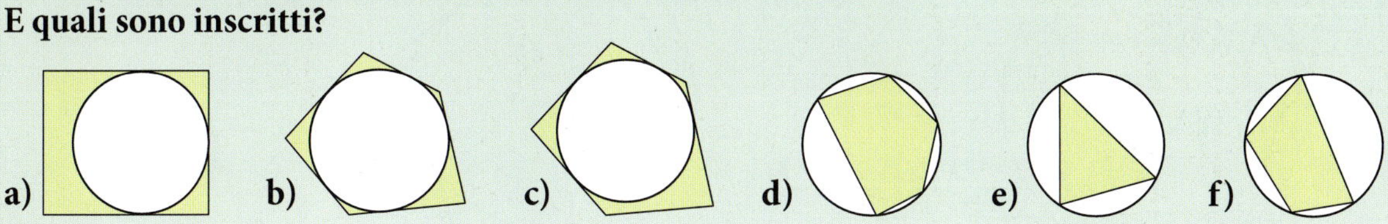

Esercizi a pag. 252

6 Poligoni regolari

PRIMA DI COMINCIARE Disegna una circonferenza di centro *O* e, in essa, due diametri perpendicolari *AB* e *CD*.
Punta ora il compasso nel punto medio *M* del raggio *AO* e, con raggio uguale al segmento *MC*, disegna l'arco di circonferenza che interseca il raggio *OB* nel punto *N*.
Punta il compasso in *C* con un raggio uguale a *CN* e disegna l'arco di circonferenza che interseca la circonferenza nel punto *P*.
Il segmento *CP* è il lato del pentagono inscritto, ed è sufficiente riportarlo con il compasso altre quattro volte sulla circonferenza per ottenere i vertici del pentagono.

> Utilizzando le istruzioni precedenti, disegna un pentagono regolare che occupi una facciata del tuo quaderno. Disegna poi tutte le diagonali.

> Quale poligono si è formato all'interno? Disegna le diagonali anche di questo poligono. Un poligono più piccolo si è formato di nuovo? Ripeti la costruzione finché ti è possibile.

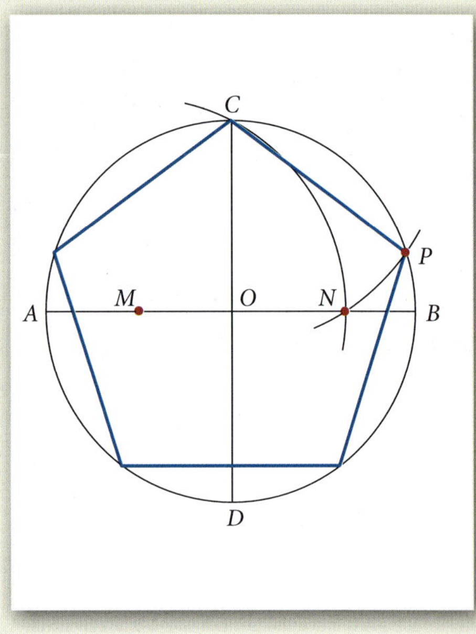

DA SAPERE

Ricorda che un poligono è regolare quando è *equilatero* ed *equiangolo*.
Osserva.

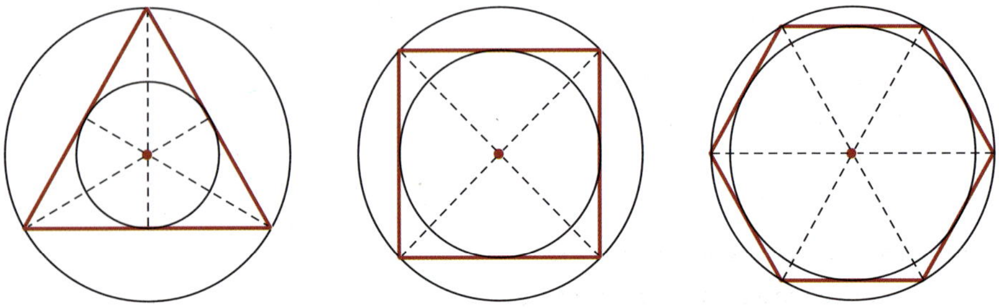

I **poligoni regolari** si possono sempre inscrivere e circoscrivere a una circonferenza.

L'apotema del poligono regolare è il raggio della circonferenza inscritta.

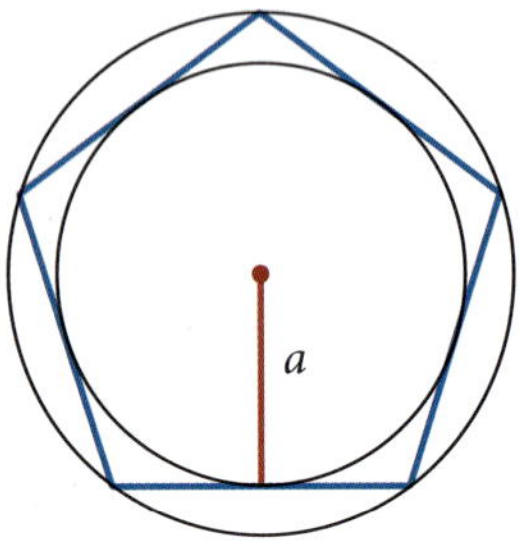

Il raggio del poligono regolare è il raggio della circonferenza circoscritta.

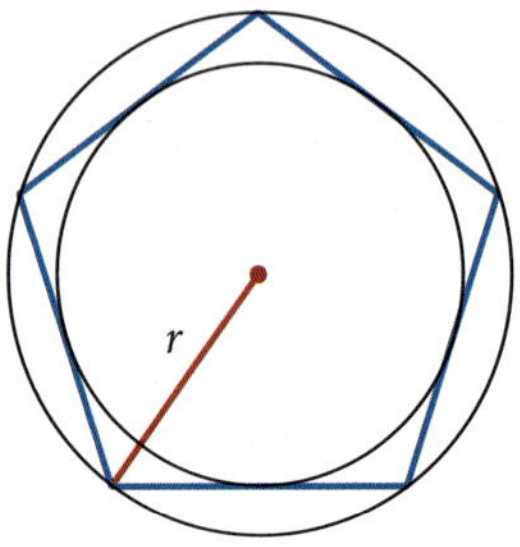

ANIMAZIONE IN DIGITALE
Poligoni regolari

Area dei poligoni regolari

Se congiungi i vertici di un poligono regolare qualsiasi con il suo centro, ottieni tanti triangoli isosceli uguali tra loro quanti sono i suoi lati.

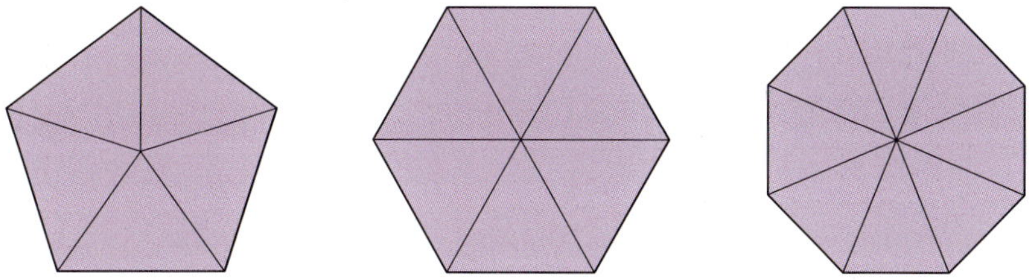

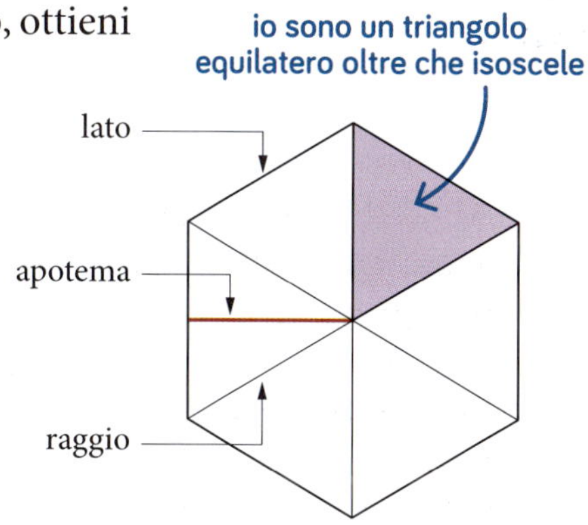

Se sistemi tali triangoli uno di fianco all'altro, puoi osservare che la loro altezza coincide con l'apotema del poligono regolare.

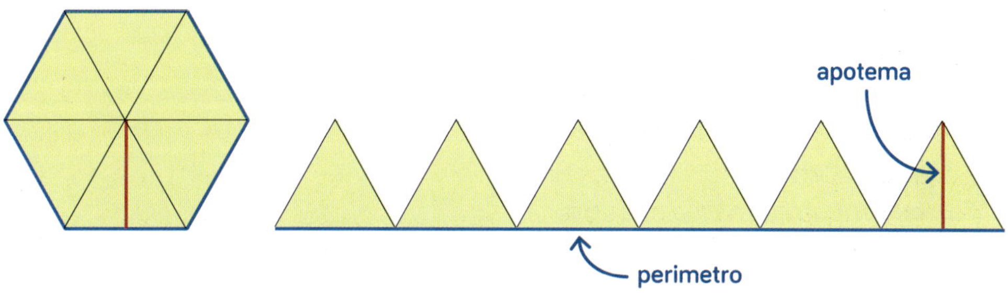

Per determinare l'area, sarà sufficiente sommare l'area di tutti i triangoli.
Se a è l'apotema, n è il numero dei lati e l la lunghezza di un lato, otterrai:

$$A = \frac{(n \cdot l) \cdot a}{2} = \frac{p \cdot a}{2}$$

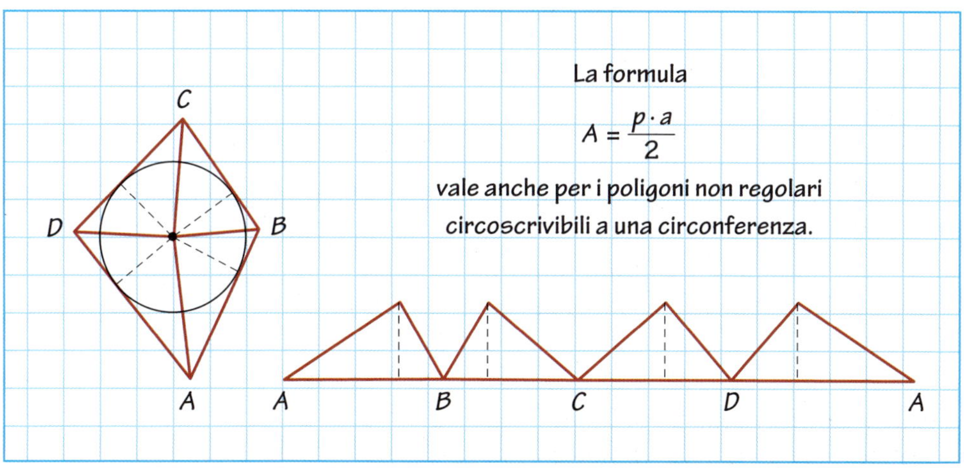

L'**area di un poligono regolare** si ottiene moltiplicando l'apotema per il perimetro e dividendo il prodotto per 2.

Puoi anche ricavare:

$$p = \frac{2A}{a} \qquad a = \frac{2A}{p}$$

Esercizi a pag. 256

TEORIA

PER ESEMPIO Osserva che il triangolo AOB è equilatero perché isoscele e l'angolo al centro misura 60°.

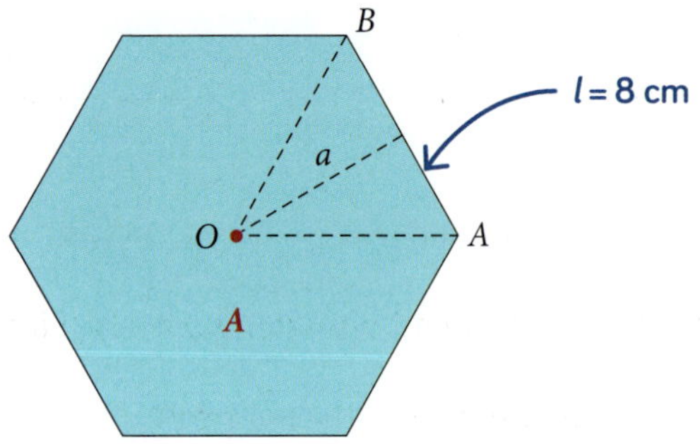

$$a = l \cdot \frac{\sqrt{3}}{2} = \frac{8\text{ cm}}{2}\sqrt{3} = 4\sqrt{3}\text{ cm}$$

$$A = \frac{(l \cdot n) \cdot a}{2} = \frac{(8\text{ cm} \cdot 6) \cdot 4\sqrt{3}\text{ cm}}{2} = 96\sqrt{3}\text{ cm}^2$$

METTITI ALLA PROVA

1 **Vero o falso?**

a) I poligoni regolari sono sempre inscrivibili. V F

b) I poligoni regolari sono sempre circoscrivibili. V F

c) Il lato dell'esagono regolare circoscritto è congruente al raggio della circonferenza inscritta. V F

d) Il lato dell'esagono regolare è congruente al lato del triangolo equilatero avente per altezza il raggio della circonferenza inscritta nell'esagono. V F

e) Nel triangolo equilatero inscritto l'altezza è congruente a metà del diametro della circonferenza circoscritta. V F

f) Nel quadrato circoscritto il lato del quadrato è congruente al diametro della circonferenza inscritta. V F

g) L'area di un poligono regolare si calcola moltiplicando la misura del perimetro per l'apotema e dividendo poi il risultato per 2. V F

2 **Determina l'ampiezza di ciascun angolo al centro nei seguenti poligoni regolari.**

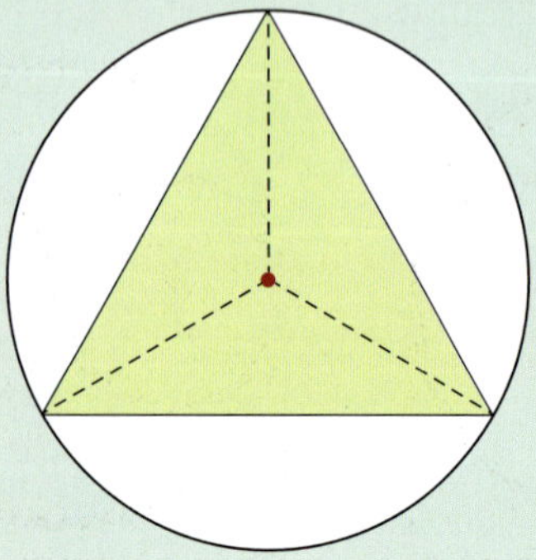

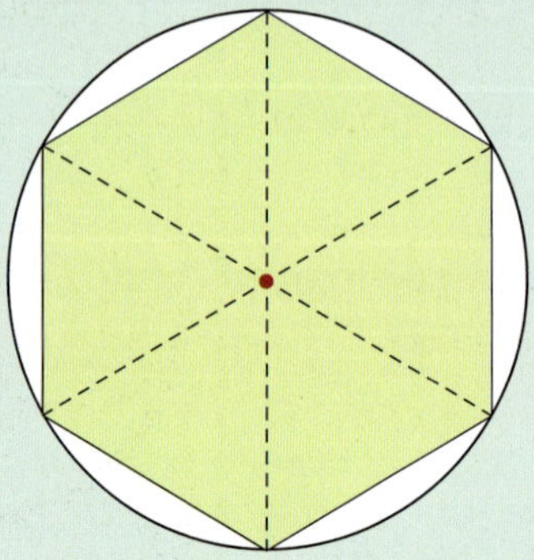

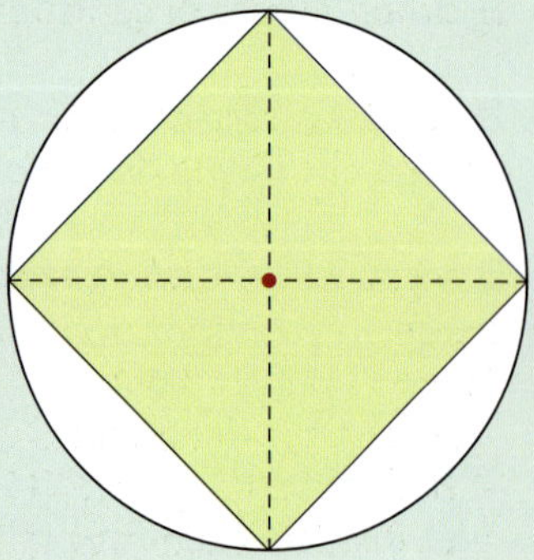

ESERCIZI CAPITOLO 5

1 Circonferenza e cerchio

MI ALLENO

1 ●○○ **NEL QUADERNO DELLE REGOLE** Copia la definizione di circonferenza, raggio e cerchio. Disegna una circonferenza di raggio 2 cm.

2 ●○○ Vero o falso?

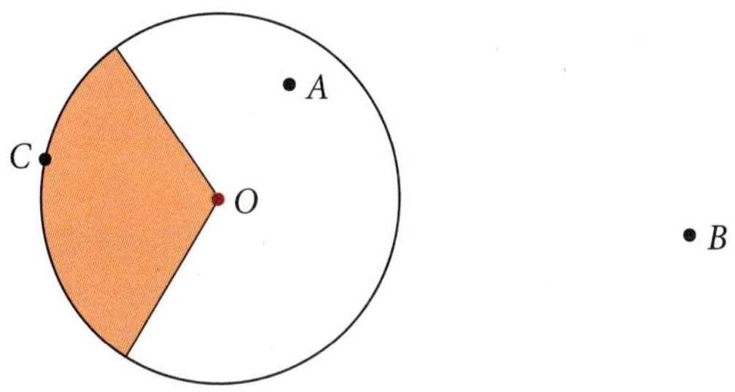

a) Il punto B non appartiene al cerchio. V F

b) Il punto O si chiama centro. V F

c) Il punto A appartiene alla circonferenza. V F

d) Il punto C appartiene alla circonferenza. V F

e) Il cerchio è l'insieme dei punti che hanno distanza dal centro minore della lunghezza del raggio. V F

3 ●○○ Indica circonferenze che delimitano alcuni oggetti (come, per esempio, il bordo di un disco).

4 ●○○ Disegna un segmento AB lungo 3 cm. Traccia la circonferenza di centro A e raggio AB e la circonferenza di centro B e raggio AB.

5 ●○○ Disegna un segmento AB lungo 5 cm e la circonferenza che ha per diametro AB.

6 ●○○ Disegna una circonferenza di diametro 6 cm e centro O.
Traccia i seguenti punti:
- A, distante dal punto O 2 cm;
- B, distante dal punto O 2,5 cm;
- C, distante dal punto O 3 cm;
- D, distante dal punto O 3,5 cm.

> Fra tali punti, quali appartengono alla circonferenza?

> Quali sono interni? E quali esterni?

7 ●○○ A, B, C sono punti che distano rispettivamente 3, 4 e 5 cm dal centro di una circonferenza.

> Quale può essere la lunghezza del raggio affinché A e B siano interni alla circonferenza e C sia esterno?

8 ●○○ Disegna un cerchio e ritaglialo; piegalo in due in modo che una parte ricopra esattamente l'altra. La piega è allora asse di simmetria.

> Un qualsiasi diametro è asse di simmetria?

> Il centro del cerchio è centro di simmetria? Perché?

9 ●○○ Considera sul foglio un punto O e traccia una circonferenza di centro O e raggio lungo 4 cm. Traccia poi una circonferenza di centro O e raggio di 3 cm, e un'altra, sempre di centro O e raggio di 5 cm.

> Come sono tra loro le circonferenze?

10 ●○○ In un riferimento cartesiano disegna una circonferenza di centro $C(3; 2)$ che passi per $A(5; 7)$.

11 ●○○ In un riferimento cartesiano disegna una circonferenza con centro nel punto $P(3; 3)$ di raggio 2 unità.

12 **EUREKA!** Disegna le figure con le dimensioni indicate.

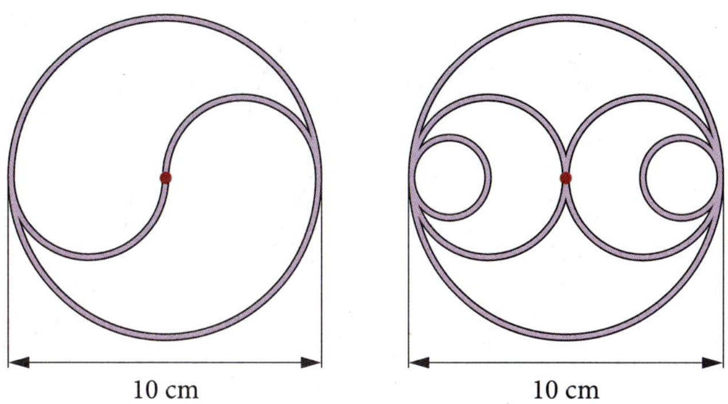

RISOLVO PROBLEMI

13 ●○○ In un riferimento cartesiano disegna una circonferenza con centro in $Q(6; 7)$ passante per il punto $P(3; 3)$.
> Quanto è lungo il raggio della circonferenza?

14 ●○○ In un quadrato di lato 12 cm disegna il maggior numero possibile di circonferenze di raggio 2 cm che non si intersechino.

15 ●○○ Disegna una circonferenza di centro M e raggio 4 cm.
Considera un punto P distante 5 cm da M e un punto Q distante 3 cm da M.
> Dove sono situati i punti P e Q rispetto alla circonferenza?
> Considera ora tutti i punti che distano 5 cm da M: il loro insieme che cosa forma? E l'insieme di tutti i punti che distano 3 cm da M?

16 ●●○ Disegna due circonferenze qualsiasi disposte in modo che:
a) la figura risultante possieda un solo asse di simmetria;
b) la figura possieda due assi di simmetria;
c) la figura possieda due o più assi di simmetria.

17 ●●○ Procedi come nell'esercizio precedente, ma con tre circonferenze.

18 **INTORNO A NOI**

a) La catena del cane Otto, lunga 20 m, è attaccata al muro della casa nel punto A; colora la superficie nella quale Otto può muoversi.

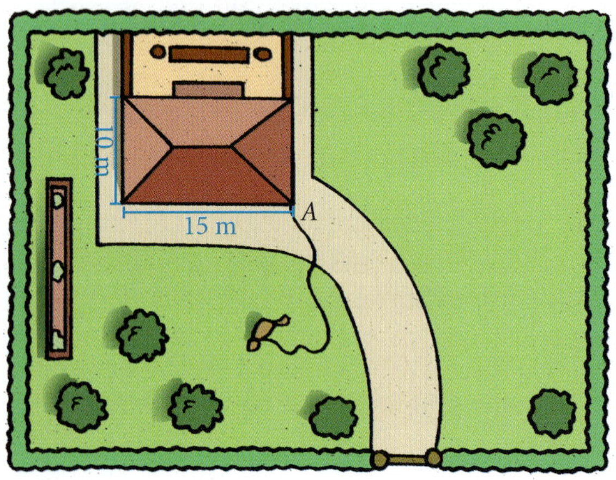

b) Questa volta devi colorare la superficie che Otto, la cui catena è lunga 10 m, riesce a vedere.

2 Elementi della circonferenza e del cerchio

MI ALLENO

19 ●○○ **NEL QUADERNO DELLE REGOLE**
a) Copia le definizioni di corda e diametro e fai un disegno.
b) Copia le definizioni di settore circolare, corona circolare, segmento circolare facendo un disegno per ogni definizione.

20 ●○○ Osserva la figura e indica gli elementi di circonferenza e cerchio che riconosci.

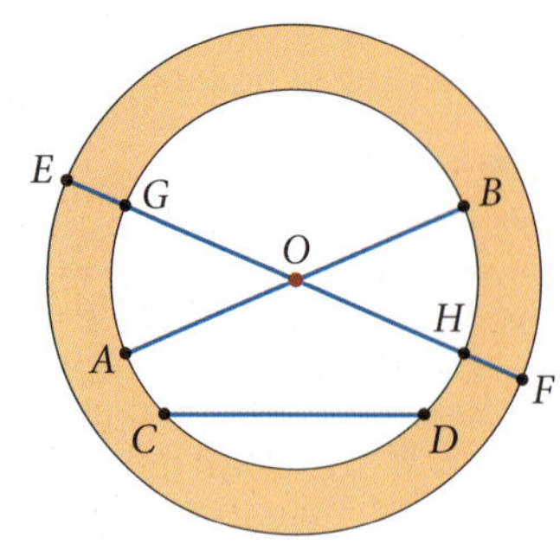

21 ●○○ Disegna una circonferenza di raggio 3,5 cm. Disegna almeno una corda di ciascuna delle seguenti lunghezze: 1 cm; 2 cm; 3,5 cm; 5 cm; 6,5 cm; 7 cm.

22 ●○○ Disegna un segmento *AB* e poi una circonferenza che abbia *AB* come diametro.

> Quante ne puoi disegnare?

Disegna poi un segmento *CD* e disegna una circonferenza che abbia *CD* come raggio.

> Quante ne puoi disegnare?

23 ●○○ Disegna una circonferenza il cui raggio misuri 3 cm e segna un punto *P* appartenente alla circonferenza. Determina un punto *Q* appartenente alla circonferenza in modo che *PQ* sia una corda lunga 5 cm.

> Quanti punti *Q* puoi trovare?

24 ●○○ Disegna una circonferenza e due corde fra loro perpendicolari. Disegna poi i loro assi.

> Come sono tali assi fra loro?

25 ●●○ Disegna una circonferenza e alcune sue corde parallele fra loro. Determina i punti medi delle corde.

> Dove sono situati tali punti?

26 ●●○ Disegna in un cerchio due corde consecutive congruenti che formino tra loro un angolo di 60°. Unisci i loro estremi.

> Quale figura hai ottenuto?
> Descrivi le sue caratteristiche.
> Descrivi le sue simmetrie.

27 ●●○ Disegna una circonferenza e segna su di essa tre punti: *A*, *B* e *C*.

> Quanti sono gli archi determinati da tali punti?
> Quante sono in tutto le corde sottese a tali archi?
> E se i punti segnati sulla circonferenza fossero quattro: *A*, *B*, *C* e *D*?

28 ●●○ Come sono le distanze dal centro di due corde parallele e congruenti?

affermazione	vera	falsa
Non è possibile affermare che siano uguali: le informazioni sono insufficienti.		
Le distanze sono uguali perché corde parallele hanno sempre uguale distanza dal centro.		
Se le corde sono uguali, congiungendo i loro estremi con il centro, si formano due triangoli isosceli che hanno uguali altezze, essendo congruenti per il terzo criterio.		
Non sempre due corde congruenti hanno la stessa distanza dal centro.		

29 ●●○ **AL TELEFONO** Descrivi per telefono a Federico come si fa a disegnare l'arco arabo-moresco. che vedi in figura.

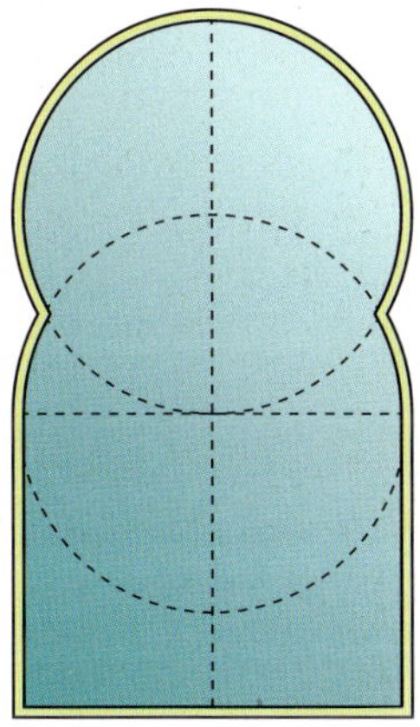

30 **EUREKA!** Disegna una circonferenza e uno dei suoi diametri. Disegna alcune corde, tutte parallele a tale diametro.

> Sono tutte uguali?
> Quale distanza dal centro ha la corda più lunga di tutte?
> Quale distanza dal centro ha la corda più corta?

RISOLVO PROBLEMI

31 ●○○ Disegna una circonferenza di raggio 4,5 cm.

> Puoi disegnare una corda lunga 10 cm? Perché?

> Puoi disegnare una corda lunga 4,5 cm? Se unisci gli estremi della corda con il centro che cosa ottieni?

32 **ESERCIZIO GUIDATO**
In una circonferenza di raggio 30 cm la corda *AB* dista dal centro 24 cm.

> Quanto è lunga la corda *AB*?

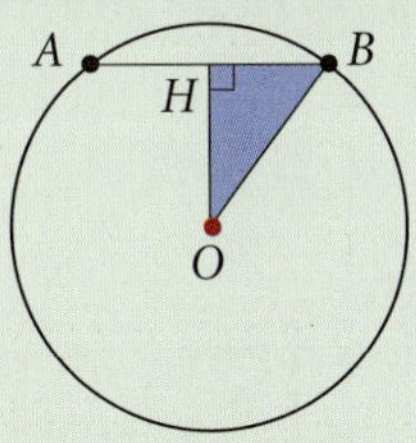

$\overline{OB} = 30$ cm $\quad \overline{OH} = 24$ cm

$\overline{AB} = ?$

Applico il teorema di Pitagora al triangolo OHB:

$\overline{HB} = \sqrt{\overline{OB}^2 - \overline{OH}^2} = \sqrt{\dots\dots} = \dots\dots$ cm

$\overline{AB} = 2 \cdot \overline{HB} = \dots\dots$ cm

33 ●○○ In una circonferenza di raggio 40 cm la corda *AB* dista dal centro 32 cm.

> Quanto è lunga la corda *AB*? [48 cm]

34 ●○○ In una circonferenza di diametro 50 cm una corda misura 48 cm.

> Quanto dista tale corda dal centro? [7 cm]

Teoria a pag. 221

ESERCIZI

35 ●○○ La corda di una circonferenza misura 12 cm e dista dal centro 2,5 cm.

> Determina la lunghezza del diametro della circonferenza. [13 cm]

36 ●○○ In una circonferenza di centro O e raggio 13 cm traccia la corda AB di 24 cm.

> Calcola la distanza della corda dal centro.

37 ●●○ Osserva la figura.

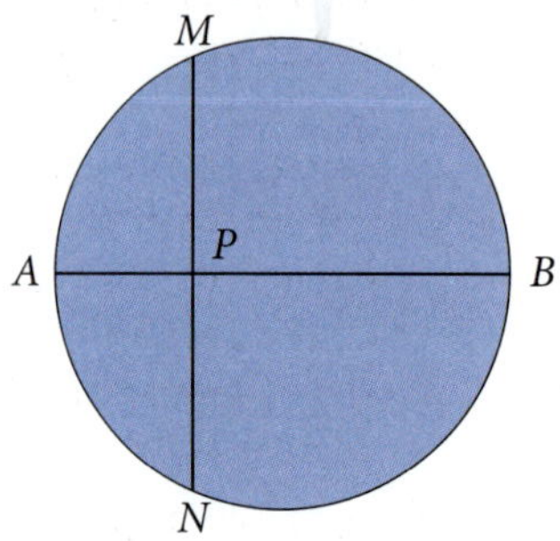

> Sapendo che AB è un diametro, e che $MP = PN$, puoi determinare l'ampiezza degli angoli $M\widehat{P}B$ e $N\widehat{P}B$? Perché?

38 ●●○ Disegna una circonferenza e due suoi diametri.

> Quante sono le corde che uniscono fra loro gli estremi dei diametri?

> Dimostra che tali corde sono congruenti a due a due.

39 ●●○ Completa la tabella.

numero di punti sulla circonferenza	2	3	4	5	6	7
numero di corde che li uniscono a due a due		3				

Determina le misure mancanti nelle diverse situazioni.

40 ●○○ **CON UN DISEGNO**

$\overline{AB} = 24$ cm

$\overline{OH} = 5$ cm

$r = ?$

$d = ?$

[13 cm; 26 cm]

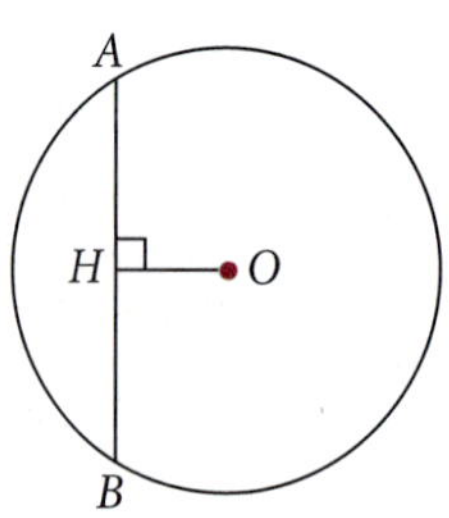

41 ●○○ **CON UN DISEGNO**

$d = 50$ cm

$\overline{OH} = 7$ cm

$r = ?$

$\overline{AB} = ?$

[25 cm; 48 cm]

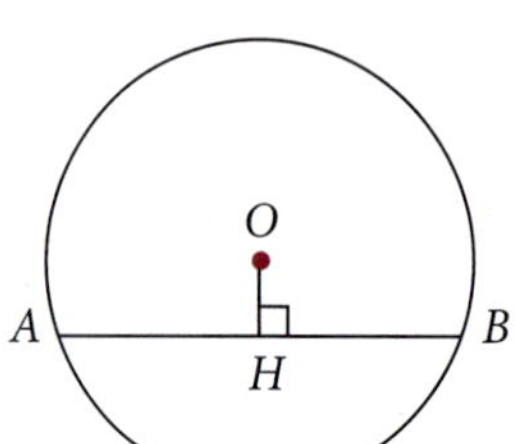

42 ●○○ **CON UN DISEGNO**

$\overline{AB} = 74$ m $\qquad r = ?$

$\overline{OH} = 17$ m $\qquad d = ?$

(Approssima i risultati ai decimi.) [40,7 m; 81,4 m]

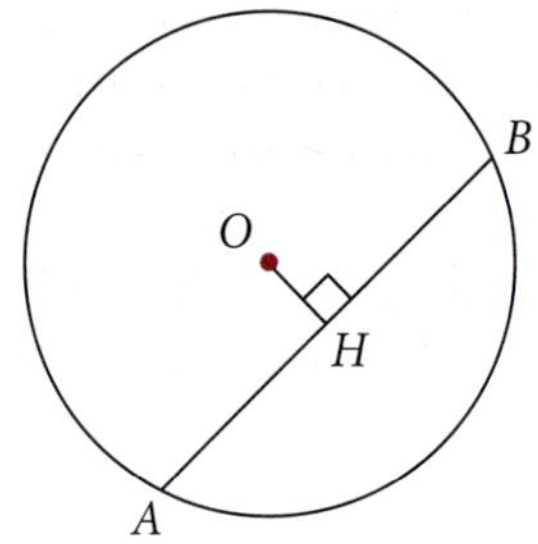

43 ●●○ Considera il triangolo che ha per lati una corda e i due raggi che congiungono gli estremi della corda con il centro di una circonferenza.

> Descrivi le caratteristiche di tale triangolo.

> Sapendo che la corda è lunga 30 cm e che dista 8 cm dal centro, determina la lunghezza del perimetro del triangolo. [64 cm]

44 ●●○ Considera una circonferenza di centro O e i raggi OA e OB perpendicolari fra loro e lunghi 12 cm ciascuno.

> Determina la lunghezza della corda AB. [$12\sqrt{2}$ cm]

45 ●●○ In una circonferenza di centro O e raggio lungo 25 cm, le due corde AB e BC distano dal centro O rispettivamente 15 cm e 20 cm.

> Calcola il perimetro e l'area del quadrilatero $ABCO$. [120 cm; 600 cm^2]

46 ●●○ In una circonferenza di centro O traccia la corda AB che forma con il diametro BC, lungo 36 dm, un angolo di 60°.

> Descrivi il triangolo AOB.

> Determina la lunghezza della corda AB e la sua distanza dal centro.

47 ●●○ In una circonferenza di centro O e raggio lungo 65 cm, le due corde AB e BC misurano rispettivamente 120 cm e 78 cm. Chiama M e N rispettivamente i punti medi di AB e di BC.

> Calcola il perimetro e l'area del quadrilatero $MBNO$.

48 ●●○ In una circonferenza di centro O traccia la corda AB che forma con il diametro BC, lungo 36 dm, un angolo di 30°.

> Descrivi il triangolo AOB.

> Determina la lunghezza della corda AB e la sua distanza dal centro.

49 ●●● Due corde parallele di una circonferenza sono situate dalla stessa parte rispetto al centro. Il diametro è di 10 cm; le due corde misurano 6 cm e 8 cm.

> Determina la distanza fra le due corde. [1 cm]

50 ●●● In una circonferenza di centro O e di raggio 12,5 cm è data la corda AB lunga 24 cm. Congiungi il punto medio C di uno dei due archi $\overset{\frown}{AB}$ con gli estremi della corda.

> Calcola la lunghezza del perimetro e l'area del triangolo ABC. (Il problema ammette due soluzioni.)

51 ●●● In una circonferenza, avente il raggio di 26 cm, una corda AB divide il diametro CD a essa perpendicolare in due parti, una i $\frac{4}{9}$ dell'altra.

> Calcola la lunghezza della corda e l'area del quadrilatero $ACBD$. [48 cm; 1248 cm²]

52 ●●● In una circonferenza sono tracciate, dalla stessa parte rispetto al centro O, due corde AB e CD parallele tra loro. La corda AB è lunga 120 cm e dista dal centro 25 cm, la corda CD è lunga 78 cm.

> Calcola il perimetro dei due triangoli AOB e COD.
> Considera il quadrilatero convesso $ABCD$ e determinane l'area, il perimetro e la misura delle diagonali. (Arrotonda ai centesimi, se necessario.)

53 ●●● In una circonferenza due corde parallele sono situate da parti opposte rispetto al centro; la minore è $\frac{5}{6}$ della maggiore e la loro somma è 88 cm. Sapendo che la corda maggiore dista 7 cm dal centro, calcola:

> la distanza fra le due corde;
> l'area del trapezio inscritto di cui le corde sono le basi. [22 cm; 968 cm²]

54 ●●● In una circonferenza considera il quadrilatero che ha per vertici gli estremi di una corda lunga 48 cm e gli estremi del diametro, a essa perpendicolare, lungo 50 cm.

> Determina la lunghezza del perimetro e l'area del quadrilatero.

55 ●●● In una circonferenza due corde congruenti, lunghe 36 cm ciascuna, hanno un estremo in comune. Disegna il quadrilatero che ha per vertici gli estremi delle corde e il centro.
Dato che il diametro della circonferenza misura 39 cm, determina:

> il perimetro del quadrilatero;
> l'area del quadrilatero. [111 cm; 270 cm²]

56 ●●○ **AL TELEFONO** Detta per telefono a Domenico il problema descritto nella figura e risolvilo.

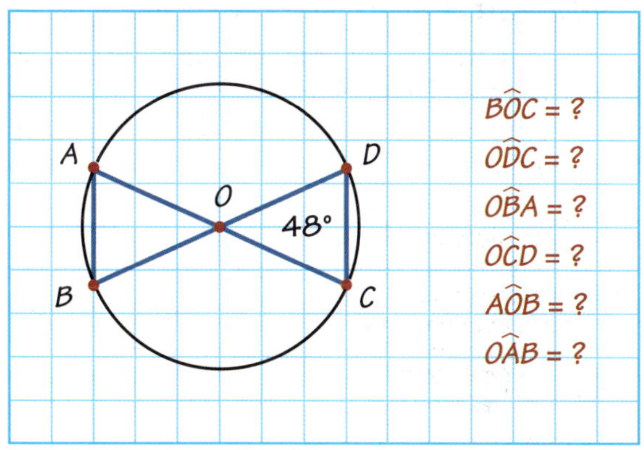

57 **INTORNO A NOI**

a) Disegna sul quaderno la figura che viene percorsa dal centro di una circonferenza che rotola sul piano lungo una linea retta.

b) Fai rotolare una moneta da un euro lungo una retta. Segna il percorso compiuto dalla lettera O di EURO. Disegnalo con cura: tale percorso ha una forma elegante e viene chiamato *curva cicloide!*

c) Disegna la figura che viene percorsa dal centro di un quadrato che rotola su un piano lungo una linea retta.

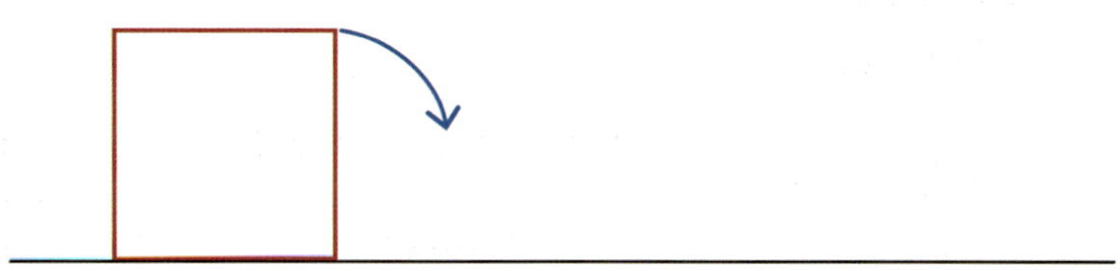

ESERCIZI

3 Circonferenza, punti, rette

MI ALLENO

58 **NEL QUADERNO DELLE REGOLE**

a) Copia le definizioni di posizione di un punto rispetto a una circonferenza; e disegna una circonferenza di centro O e raggio r e i punti A, B, C, tali che sia: $\overline{OA} > r$, $\overline{OB} < r$, $\overline{OC} = r$.

b) Copia le definizioni di posizione di una retta rispetto a una circonferenza e disegna una circonferenza e una retta p esterna, una retta s secante e una retta t tangente.

59 Disegna un punto P e cinque circonferenze di raggio diverso passanti per P.

60 Considera un punto P nel piano. Disegna alcune circonferenze passanti per P, che abbiano tutte il raggio di 2 cm.

> Dove sono situati i loro centri?

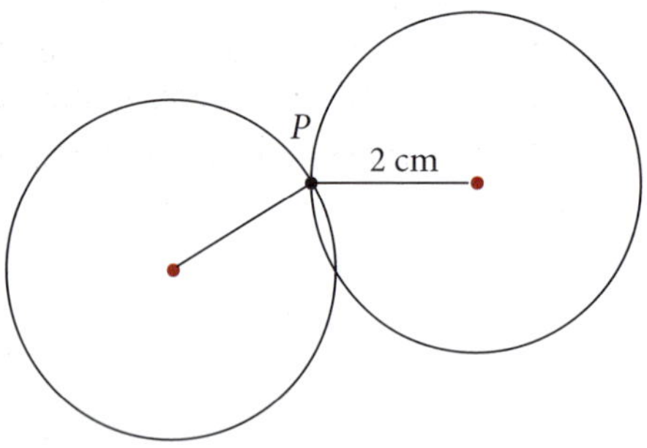

61 Disegna una retta r e un punto P che le appartenga. Disegna con il compasso tutte le circonferenze che abbiano il centro sulla retta r, passino per P e abbiano il raggio di 4 cm.

> Quante ne esistono?

62 Disegna sul quaderno due punti A e B. Disegna poi cinque circonferenze passanti sia per A che per B.

63 Traccia sul foglio due punti A e B.
Disegna con il compasso la circonferenza con centro in A passante per B, e poi la circonferenza con centro in B passante per A.

> Come sono fra loro queste circonferenze? Perché?

64 Disegna un segmento AB e costruisci il suo asse. Scegli un punto O su tale asse.

> Esiste una circonferenza di centro O passante per A e per B? Perché?

65 Disegna sul quaderno i punti A, B e C. Disegna poi la circonferenza passante per quei tre punti.

66 Traccia sul foglio tre punti non allineati A, B, C. Scrivi il procedimento che devi usare per determinare la posizione dal centro O della circonferenza che passa per i tre punti.

67 Disegna sul quaderno un triangolo ABC. Determina la posizione del centro O della circonferenza passante per i suoi vertici e disegnala.

68 Disegna un triangolo rettangolo ABC i cui cateti misurino rispettivamente 3 cm e 4 cm.
Disegna la circonferenza passante per i suoi vertici.

> Quanto misura il raggio?

69 Disegna una circonferenza di centro O e segna su di essa tre punti A, B, C.
Disegna gli assi dei segmenti AB e BC.

> Che cosa osservi?

70 Disegna due circonferenze concentriche di centro O, in cui il raggio minore sia r e il raggio maggiore r'. Traccia i punti:

> P, tale che sia $\overline{OP} > r$ e $\overline{OP} < r'$;
> Q, tale che sia $\overline{OQ} < r$;
> R, tale che sia $\overline{OR} > r'$.

71 Disegna una circonferenza e una retta avente da essa distanza maggiore del raggio.

72 Disegna una circonferenza di diametro 5 cm e una retta secante. Misura la distanza della retta dal centro e confrontala con la lunghezza del raggio.

73 Disegna una circonferenza e una retta tangente a essa.

> Come sono gli angoli che la retta tangente forma con il raggio che ha un estremo nel punto di tangenza?

74 Considera una circonferenza con il diametro di 20 cm.

> Come sono, rispetto a tale circonferenza, le rette distanti dal centro rispettivamente 5 cm, 10 cm e 20 cm?

75 Dato un punto P esterno a una circonferenza, quante rette tangenti alla circonferenza passano per P?

> E quante rette secanti?
> E quante rette esterne alla circonferenza?

76 ●○○ Disegna una circonferenza e una retta secante. Traccia le rette tangenti alla circonferenza e parallele alla secante.

> Quante sono?

77 ●○○ Disegna due circonferenze di raggio diverso nelle seguenti posizioni:

a) esterne l'una all'altra;
b) tangenti esternamente;
c) tangenti internamente;
d) secanti;
e) l'una interna all'altra, ma non tangenti;
f) concentriche.

78 ●○○ Disegna una circonferenza di centro O con un diametro AB. Disegna poi le rette tangenti agli estremi del diametro AB.

> Come sono tra loro le tangenti?

79 ●○○ Disegna una retta r e determina un punto A appartenente a essa. Disegna poi alcune circonferenze tangenti a r nel punto A.

80 ●○○ Disegna due rette r e s parallele fra loro. Disegna poi alcune circonferenze tangenti sia a r che a s.

81 ●●○ Considera sul piano due punti A e B.

> Quante sono le circonferenze passanti per ambedue i punti?
> Disegnane alcune.
> Dove sono situati i loro centri?
> Quale di queste ha il raggio minimo?

82 ●●○ Disegna un triangolo isoscele e il suo asse di simmetria. Disegna la circonferenza passante per i suoi vertici.

> Che cosa osservi?

83 ●●○ Disegna un triangolo equilatero e la circonferenza passante per i suoi vertici.

> A quali punti speciali del triangolo corrisponde il centro di tale circonferenza?

84 ●●○ Disegna due rette incidenti r e s. Disegna poi alcune circonferenze tangenti sia a r che a s.

> Come sono disposti i loro centri?

85 ●●○ Riproduci sul quaderno la figura.

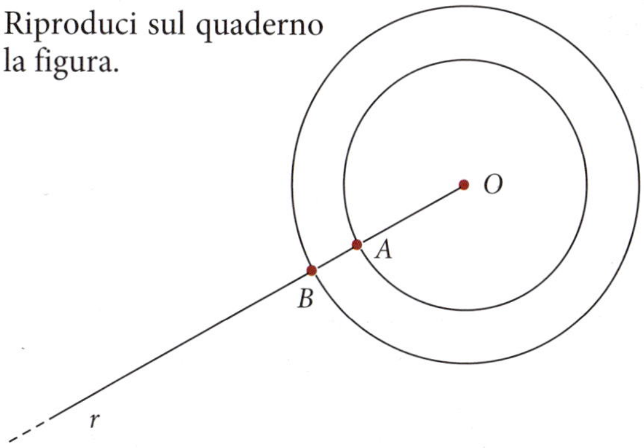

Disegna poi:

a) la tangente s alla circonferenza interna passante per A;
b) la tangente t alla circonferenza esterna passante per B.

Chiama P e Q i punti in cui la retta s interseca la circonferenza maggiore.

> Descrivi il quadrilatero $OQBP$.

86 **EUREKA! Come disegnare le tangenti a una circonferenza da un punto P fuori da essa.**

Disegna una circonferenza di centro O e un punto P fuori di essa.

Disegna poi la circonferenza di diametro OP; essa interseca la prima circonferenza nei punti A e B.

Le rette PA e PB sono le tangenti richieste.

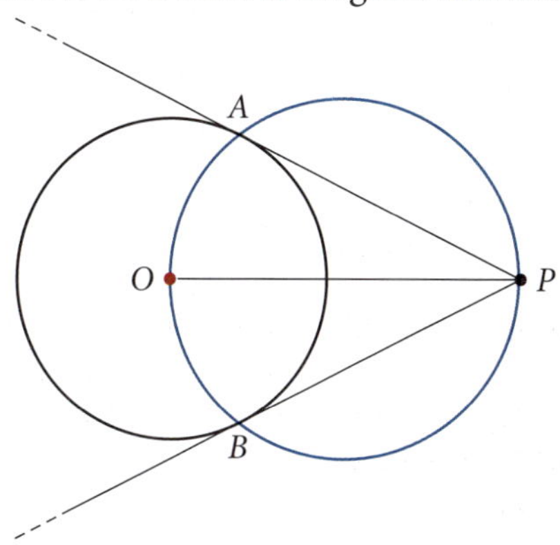

> Sei capace di dimostrare che i segmenti PA e PB sono congruenti?

RISOLVO PROBLEMI

87 ●○○ Disegna sul quaderno un riferimento cartesiano e traccia la circonferenza di centro $P(3; 4)$ e raggio uguale a 2 lati di quadretto.
Sono dati i punti di coordinate: $A(6; 6)$, $B(4; 3)$, $C(3; 6)$, $E(1; 1)$, $F(2; 4)$.
Riportali sul piano cartesiano e indica la loro posizione rispetto alla circonferenza.

Teoria a pag. 224

ESERCIZI

88 Disegna sul quaderno un riferimento cartesiano e traccia:

a) la circonferenza di centro $P(4; 5)$ e raggio 3 lati di quadretto;
b) la retta r passante per i punti $A(1; 1)$ e $B(5; 8)$;
c) la retta s passante per i punti $C(4; 3)$ e $D(6; 3)$;
d) la retta q passante per i punti $E(7; 2)$ e $F(7; 7)$.

> Indica la posizione di ogni retta rispetto alla circonferenza.

89 Disegna una circonferenza di diametro 4 cm. Traccia poi una retta che disti dal centro della circonferenza una distanza pari a $\frac{3}{8}$ del diametro.

> Qual è la posizione della retta rispetto alla circonferenza?

90 **CACCIA ALL'ERRORE** Federico voleva determinare il centro della circonferenza che passa per A, B, C.

> Perché ha sbagliato?

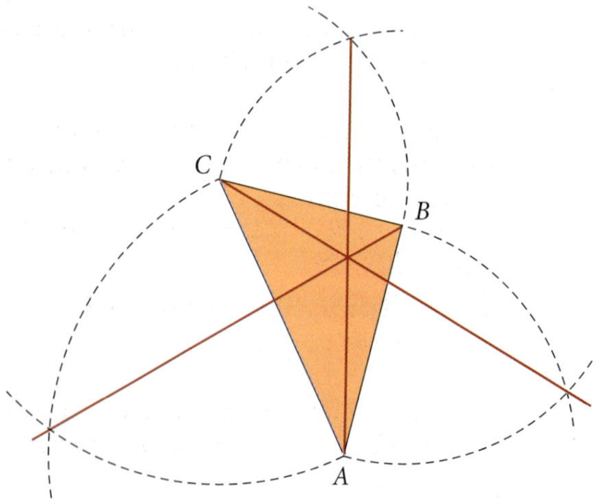

91 Considera la retta AB tangente alla circonferenza con centro in O. Osserva la figura e determina la lunghezza del segmento OB. (Ricorda che l'angolo $O\widehat{A}B$ è retto.) [13 cm]

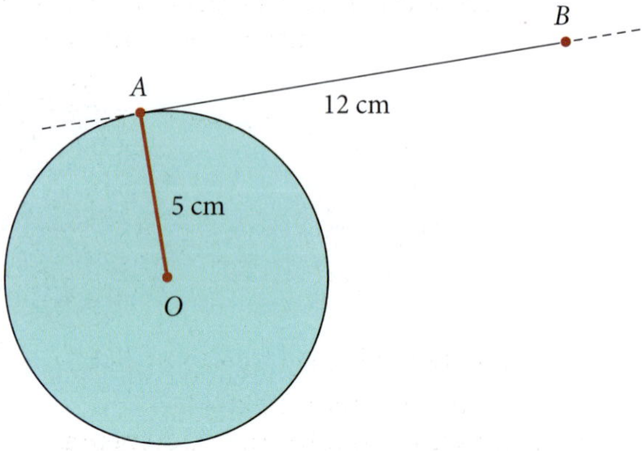

92 **AL TELEFONO** Detta per telefono a Susanna il problema scritto qui sotto e risolvilo.

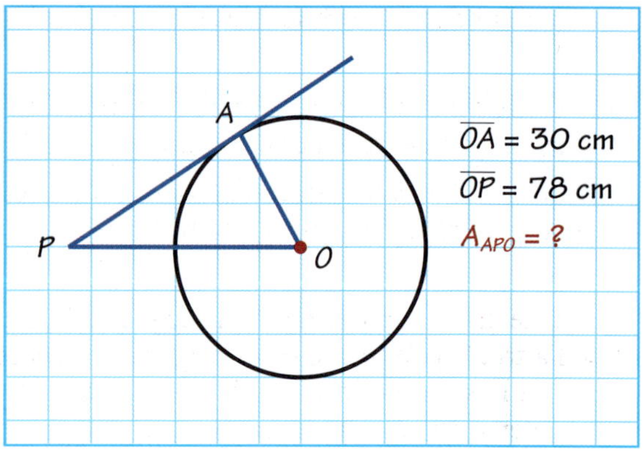

93 Considera una circonferenza di centro O il cui raggio misura 27 cm e un punto A esterno alla circonferenza.
La tangente alla circonferenza condotta da A incontra la circonferenza stessa in B. Sai anche che A dista 45 cm da O.

> Calcola l'area del triangolo OAB. [486 cm²]

94 Considera le rette AV e BV tangenti alla circonferenza di centro O.

> Dopo aver osservato attentamente la figura, determina l'ampiezza dell'angolo $A\widehat{V}B$. [54°]

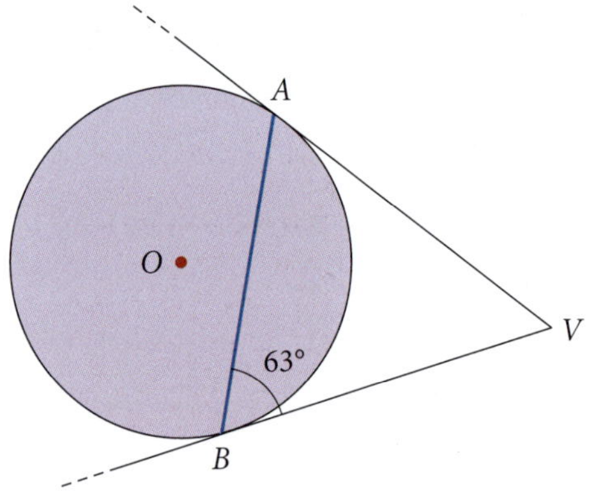

95 Disegna una circonferenza di raggio 3 cm e centro O, e altre di raggio 4 cm e centro O', in modo che:

a) $\overline{OO'} = 0$ cm;
b) $\overline{OO'} = 1$ cm;
c) $\overline{OO'} = 4$ cm;
d) $\overline{OO'} = 7$ cm;
e) $\overline{OO'} = 9$ cm;

96 Considera due circonferenze i cui raggi misurano rispettivamente 5 cm e 7 cm.

> Se la distanza fra i loro centri è di 13 cm, come risultano fra loro le due circonferenze?

97 ●○○ Considera due circonferenze i cui raggi misurano rispettivamente 34 cm e 27 cm.

> Se la distanza fra i loro centri è di 59 cm, come risultano fra loro le due circonferenze?

98 ●○○ Considera due circonferenze i cui raggi misurano rispettivamente 2,4 cm e 6,5 cm.

> Se la distanza fra i loro centri è di 8,9 cm, come risultano fra loro le due circonferenze?

99 ●○○ Due circonferenze hanno i raggi uno il triplo dell'altro. Sapendo che sono tangenti esternamente e che la somma delle lunghezze dei raggi è 18 cm, determina la lunghezza di ciascun raggio. [4,5 cm; 13,5 cm]

100 ●●○ Considera una circonferenza di centro O e le tangenti a essa condotte da un punto esterno P. Chiama A e B i punti di tangenza.
Sai che:

a) il raggio della circonferenza misura 21 cm;
b) P dista 35 cm da O.

> Determina perimetro e area del quadrilatero $APBO$.

101 ●●○ Determina l'ampiezza dell'angolo $R\widehat{O}Q$.

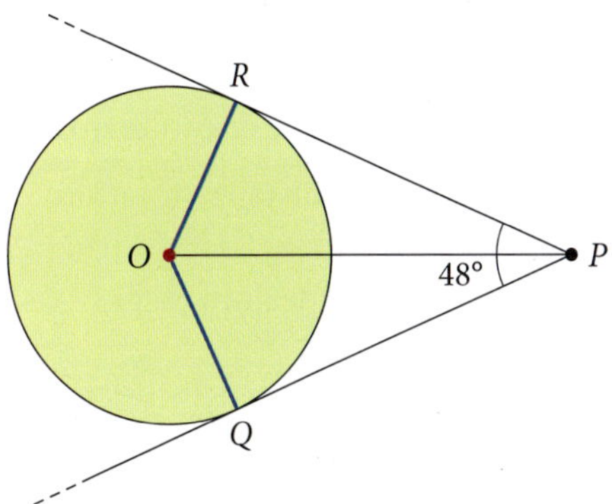

$R\widehat{P}Q = 48°$

102 ●●○ Determina l'ampiezza dell'angolo $A\widehat{O}P$.

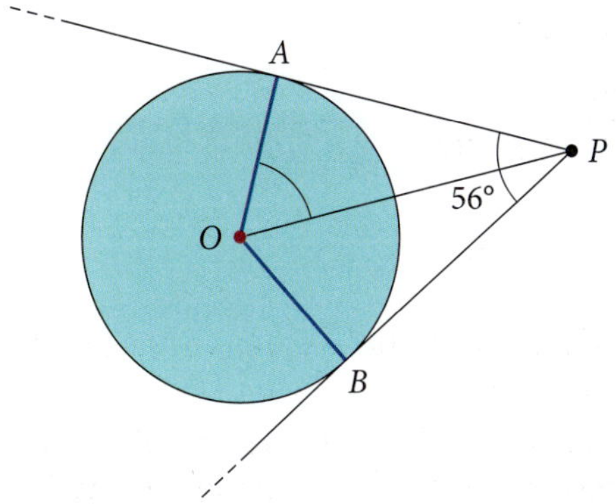

$A\widehat{P}B = 56°$

$A\widehat{O}P = ?$

103 ●●○ **CON UN DISEGNO** Peccato, si è rotto un piatto! Dobbiamo con pazienza ricostruire il disegno del piatto intero (con l'aiuto di riga, squadra e compasso).

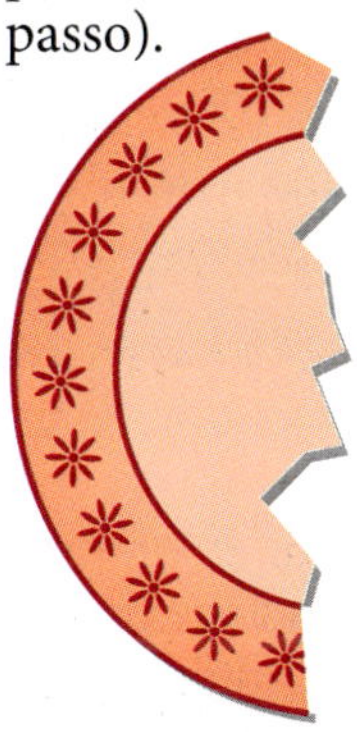

104 ●●○ Disegna sul quaderno un riferimento cartesiano e considera i punti $A(3; 5)$, $B(11; 5)$ e $C(7; 9)$.

> Determina le coordinate dal centro P della circonferenza che passa per tali punti. [$P(7; 5)$]

105 ●●○ Disegna sul quaderno un riferimento cartesiano e considera i punti $A(1; 3)$, $B(9; 9)$ e $C(1; 9)$.

> Determina le coordinate del centro P della circonferenza che passa per tali punti.

106 ●●○ Considera una circonferenza di centro O, il cui raggio misura 10 cm, e una retta r tangente in A alla circonferenza.
Determina su r la posizione di un punto P distante 24 cm da A.

> Qual è la distanza di P dal centro O?
> Quanti punti P esistono?

107 ●●○ Considera una circonferenza di centro O il cui raggio misura 24 cm e un punto A appartenente alla circonferenza.
Costruisci la tangente r per il punto A e determina su r un punto B distante 40 cm da O.
Determina inoltre la posizione del punto B' simmetrico di B rispetto ad A.

> Qual è l'area del triangolo OBB'? [768 cm²]

108 ●●○ Considera una retta r tangente in A e in B a due circonferenze di centro O e P rispettivamente.

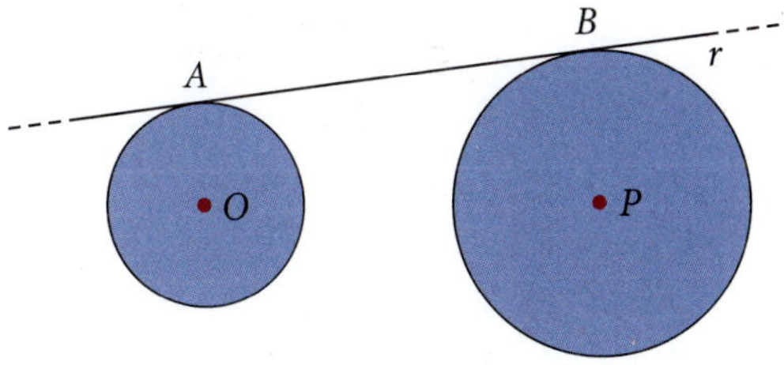

Considera ora il quadrilatero $ABPO$.

> Di che quadrilatero si tratta?
> Sei capace di dimostrarlo? Argomenta.

Teoria a pag. 224

109 ●●○ Considera una circonferenza di centro O e un punto P fuori di essa.
Le tangenti condotte da P passano per i punti di tangenza A e B. L'ampiezza dell'angolo $A\widehat{P}B$ misura 73°.

> Qual è l'ampiezza degli altri angoli del quadrilatero $APBO$? [107°; 90°; 90°]

110 ●●○ L'esercizio è come il precedente. L'unica differenza è che $A\widehat{P}B$ misura 112°34′12″.

111 ●●○ Considera in una circonferenza di centro O due corde parallele, AB e CD, situate da parti opposte rispetto al centro e di lunghezza diversa.
Unisci l'estremo A con l'estremo D, quindi B con C; chiama P il punto di intersezione.

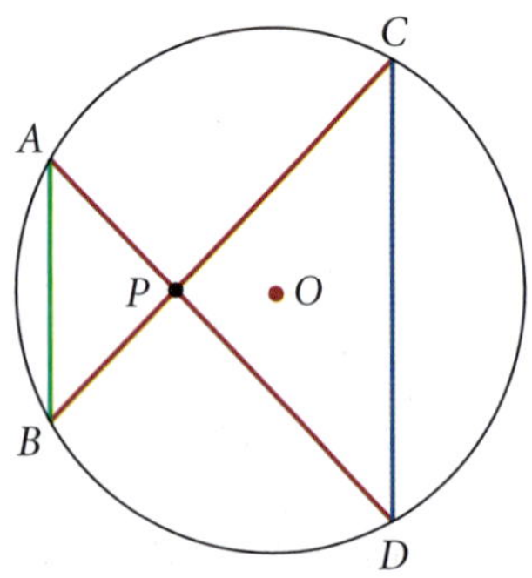

> Dimostra che i triangoli ABP e DCP sono simili. Sapendo che la corda AB, lunga 70 cm, dista 84 cm dal centro O della circonferenza, e che la corda CD è lunga 168 cm, calcola l'area dei due triangoli.

112 ●●○ Il segmento di tangente, condotto dal punto P alla circonferenza di centro O e raggio lungo 24 cm, forma con PO un angolo di 30°.
Detto T il punto di tangenza, calcola:

> la distanza di P dal centro O;
> il perimetro e l'area del triangolo TOP.

[48 cm; $(72 + 24\sqrt{3})$ cm; $288\sqrt{3}$ cm²]

113 ●●○ Disegna i segmenti di tangente condotti da un punto esterno P a una circonferenza di centro O e chiama T ed S i punti di tangenza.
PT e PS formano con OP angoli di 30° e P dista dal centro 120 cm.

> Calcola il perimetro e l'area del quadrilatero $TOSP$.

114 ●●○ Disegna due circonferenze di uguale raggio (3 cm) e con i centri distanti fra loro 5 cm.
Unisci i centri delle circonferenze con i due punti di intersezione delle circonferenze.

> Quale figura ottieni?
> Descrivine le caratteristiche.
> Descrivine le simmetrie.

115 ●●○ Considera le rette AV e BV, tangenti alla circonferenza di centro O.

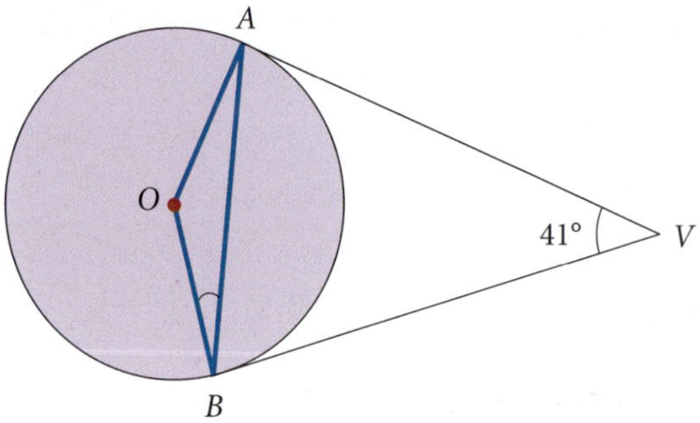

> Dopo aver osservato attentamente la figura, determina l'ampiezza dell'angolo $O\widehat{B}A$. [20°30′]

116 ●●○ Due circonferenze hanno i raggi uno il doppio dell'altro. Sapendo che sono tangenti internamente e che la somma delle lunghezze dei raggi è di 4,5 cm, determina la lunghezza di ciascun raggio.
Disegna poi le due circonferenze e descrivi le caratteristiche della figura ottenuta.

117 ●●○ Due circonferenze sono tangenti esternamente e la distanza dei loro centri è di 30 cm.

> Sapendo che i raggi di tali circonferenze sono uno $\frac{1}{5}$ dell'altro, determina la loro lunghezza. [5 cm; 25 cm]

118 ●●○ Il rapporto fra i raggi di due circonferenze tangenti internamente è $\frac{4}{5}$ e la distanza fra i loro centri è di 0,4 dm.

> Determina la lunghezza dei loro raggi.

119 ●●○ Due circonferenze sono tangenti internamente e la distanza dei loro centri è di 3,6 cm.

> Sapendo che i raggi di tali circonferenze sono uno i $\frac{3}{7}$ dell'altro, determina la loro lunghezza. [2,7 cm; 6,3 cm]

120 ●●○ Disegna una retta r e un punto P distante 2 cm da r. Disegna una circonferenza di raggio 3 cm che passi per P e sia tangente a r.

> Ne puoi disegnare una sola?

121 ●●○ Disegna due circonferenze secanti, ambedue di raggio 5 cm, i cui centri siano posti a 8 cm di distanza.

> Quanto misura la corda che tali circonferenze hanno in comune? [6 cm]

122 ●●○ Considera due circonferenze di centri rispettivamente O e O', secanti nei punti P e Q.

> Sapendo che i raggi sono uno $\frac{3}{4}$ dell'altro e che che la loro differenza è di 1,5 cm, calcola la lunghezza del perimetro del quadrilatero $OPO'Q$.

> Descrivi le caratteristiche di tale quadrilatero.

123 ●●○ Considera due circonferenze di centri rispettivamente O e O', di raggio 2 cm e 18 cm, tangenti esternamente; traccia una delle due rette tangenti a entrambe le circonferenze e indica con P il punto di tangenza alla circonferenza di centro O' e con Q il punto di tangenza alla circonferenza di centro O.

> Descrivi il quadrilatero $PQOO'$ e calcola la lunghezza del suo perimetro e l'area.

124 ●●● Disegna due circonferenze concentriche di raggio rispettivamente 2 cm e 3 cm. Traccia due corde appartenenti alla circonferenza maggiore che siano tangenti alla circonferenza minore.

> Tali corde sono congruenti? Perché?

> Determina la loro lunghezza.
(Arrotonda ai centesimi.)

125 ●●● Da un punto P esterno a una circonferenza di centro O e diametro di 80 cm, vengono mandate le tangenti alla circonferenza nei punti A e B.
La distanza di P da O è di 50 cm; determina:

> la lunghezza del perimetro del quadrilatero $APBO$;

> l'area di $APBO$.

> la lunghezza della corda AB e la distanza dal suo centro O; [140 cm; 1200 cm^2; 48 cm; 32 cm]

126 ●●● Considera una circonferenza di centro O e un punto P fuori di essa.

Dal punto P vengono condotte, da parti opposte rispetto al centro, una tangente nel punto A e una secante nei punti B e C.

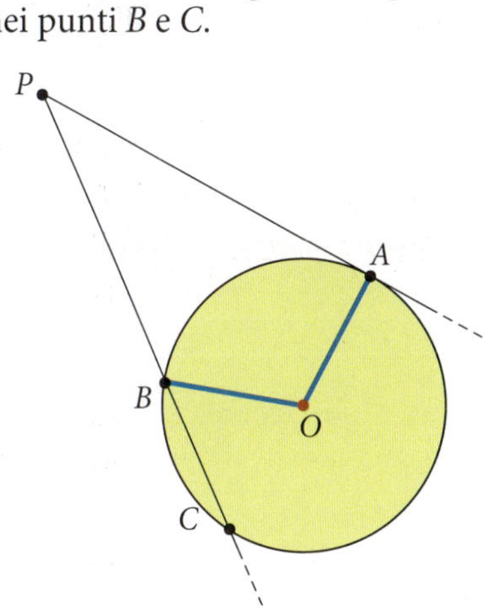

La distanza di P dal centro O è di 41 cm, il raggio della circonferenza misura 15 cm e la distanza dal centro della corda BC è di 9 cm.

> Calcola la lunghezza del perimetro e l'area del quadrilatero $APBO$ (arrotonda i risultati ai centesimi).

127 ●●● Dal punto P, che dista 90 cm dal centro O di una circonferenza, sono tracciate le due tangenti PA e PB, che tra loro formano l'angolo $A\widehat{P}B$ di 120°.
Calcola:

> la lunghezza del perimetro e l'area del quadrilatero $OAPB$;

> la lunghezza della diagonale AB.

[$(90 + 90\sqrt{3})$ cm; $2025\sqrt{3}$ cm^2; $45\sqrt{3}$ cm]

128 ●●● Osserva la figura.

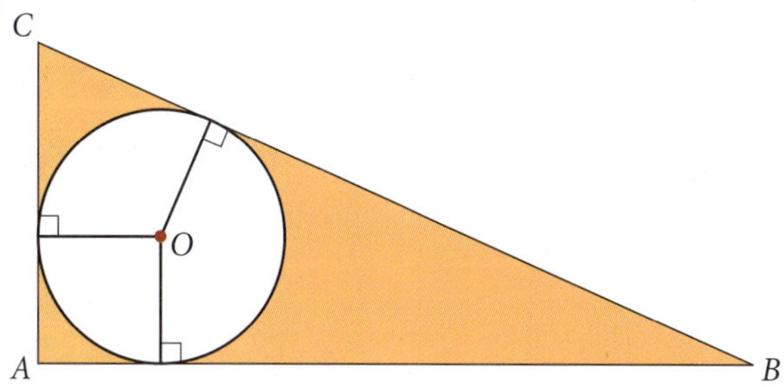

Il triangolo è rettangolo in A. La somma delle lunghezze dell'ipotenusa e del raggio della circonferenza inscritta è di 17 cm.

> Determina la lunghezza del perimetro del triangolo.

129 ●●● In una circonferenza di centro O e raggio di 27 cm, AB è un diametro. Dall'estremo A traccia una secante e per B la tangente alla circonferenza e chiama P il loro punto di intersezione. Sai anche che OP misura 45 cm.

> Calcola il perimetro e l'area del triangolo PAB (arrotonda i risultati ai centesimi). [154,90 cm; 972 cm^2]

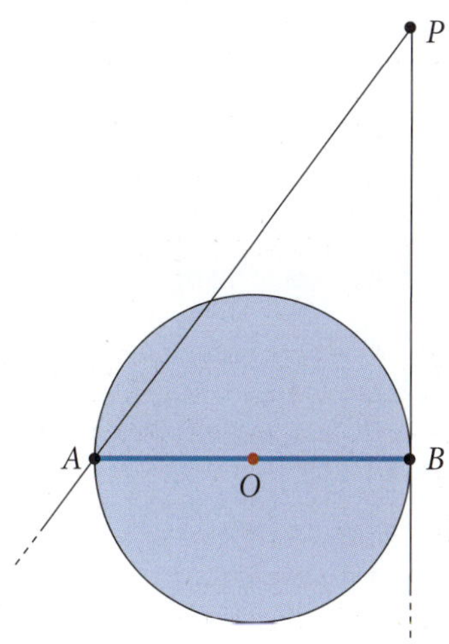

ESERCIZI

130 **UNA PAUSA**

a) **Indovina**

> Se il disegno prosegue verso destra, indica verso quale direzione punta la centoquattresima freccia.

....

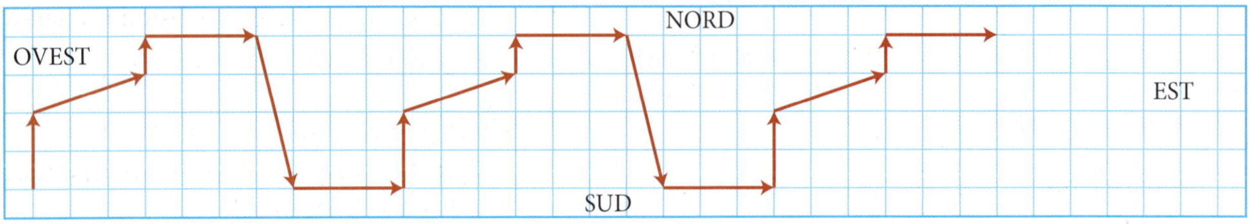

b) **Disegna**

c) **Ragiona**

> Qual è la larghezza di ogni bottiglia di latte?

....

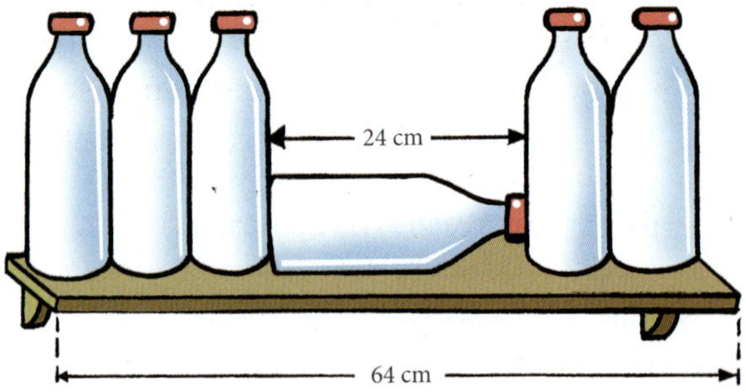

131 **KANGOUROU** Due circonferenze giacciono su uno stesso piano; i loro raggi misurano 3 metri e 5 metri e vi sono esattamente tre rette tangenti ad entrambe. Allora la distanza in metri fra i loro centri è

a minore di 2 b 2 c 4 d 8 e maggiore di 8

(Tratto da *Kangourou 2006*, categoria Student)

132 **VERSO IL CODING** Una macchina deve tagliare lo sviluppo di una scatola (senza coperchio) che racchiuda due candele disposte come in figura.

●●○

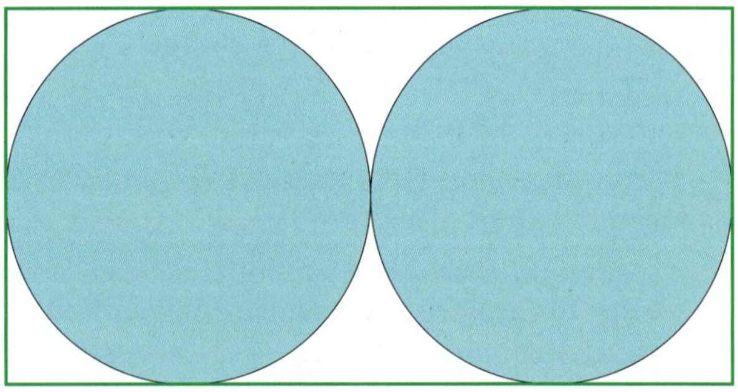

Le candele sono alte 6 cm e hanno raggio di 2 cm.

> Calcola le dimensioni della scatola e completa il codice che taglia lo sviluppo.

Inizio
Ripeti 2 volte
Taglia 6 cm
Ruota di 90° verso sinistra
Taglia .... cm
Ruota di 90° verso sinistra
Taglia .... cm
Ruota di 90° verso destra
Taglia 6 cm
Ruota di 90° verso sinistra
Taglia .... cm
Ruota di 90° verso sinistra
Taglia 6 cm
Ruota di 90° verso destra
>

4 Angoli al centro e angoli alla circonferenza

MI ALLENO

133 ●○○ **NEL QUADERNO DELLE REGOLE** Copia le definizioni di angoli al centro e angoli alla circonferenza e fai un disegno.

134 ●○○ Vero o falso?

a) Ogni angolo alla circonferenza ha ampiezza doppia del corrispondente angolo al centro. V F

b) Ogni angolo alla circonferenza che insiste su una semicirconferenza è retto. V F

c) Su uno stesso arco $\widehat{AB}$ insistono due angoli al centro: uno convesso e uno concavo. V F

d) Su uno stesso arco insistono due angoli alla circonferenza e infiniti angoli al centro. V F

135 ●○○ Osserva la figura.

> Descrivi le caratteristiche del triangolo *ABC*.

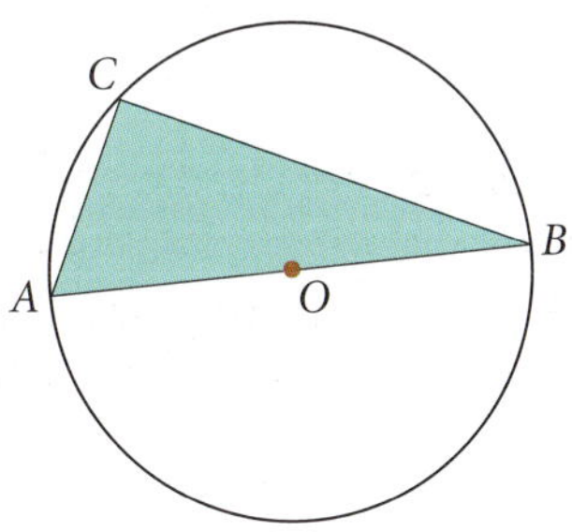

136 ●○○ Considera un arco di circonferenza.

> Quanti angoli al centro insistono su tale arco?
> E quanti alla circonferenza?

137 ●○○ Un angolo al centro ha ampiezza 64°.

> Quanto misura uno dei suoi corrispondenti angoli alla circonferenza?

138 ●○○ Un angolo alla circonferenza ha ampiezza 64°.

> Quanto misura l'angolo al centro corrispondente?

139 ●○○ Un angolo alla circonferenza è ampio 56°34′41″.

> Qual è l'ampiezza dell'angolo al centro corrispondente?

140 ●○○ Un angolo al centro misura 157°11′.

> Quanto è ampio uno dei corrispondenti angoli alla circonferenza?

141 ●○○ **a)** Un angolo alla circonferenza è complementare del suo angolo al centro.

> Qual è la loro ampiezza?

b) Un angolo al centro e un suo corrispondente angolo alla circonferenza sono supplementari.

> Qual è la loro ampiezza?

142 ●●○ Completa la tabella; α e β sono rispettivamente le ampiezze di un angolo al centro e di un angolo alla circonferenza che insistono sullo stesso arco.

α	90°		33°40′	25°18′34″		$\frac{3}{5}$ di un angolo retto	
β	45°	30°			23°54′56″		$\frac{1}{3}$ di un angolo giro

143 ●○○ **EUREKA!** Riproduci il disegno sul quaderno, facendo attenzione che le rette *AB* e *CD* siano parallele.

Devi determinare le ampiezze di tutti gli angoli: è un lavoro un po' impegnativo!

$B\widehat{D}C = ?$ $D\widehat{B}O = ?$ $O\widehat{B}A = ?$ $O\widehat{A}B = ?$

$B\widehat{O}A = ?$ $O\widehat{A}F = ?$ $E\widehat{A}B = ?$

Giustifica le tue risposte.

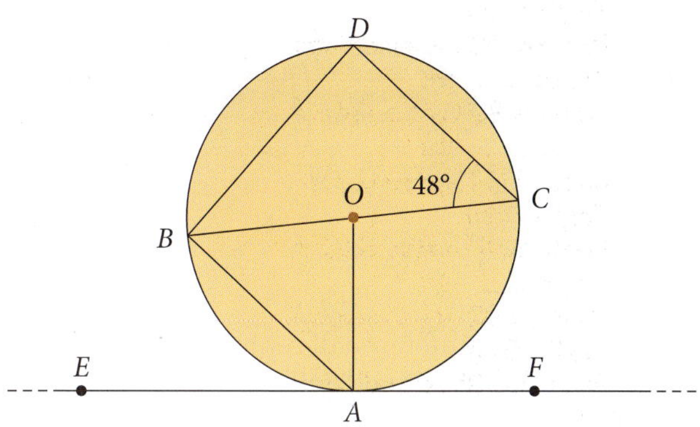

RISOLVO PROBLEMI

144 ●○○ Un angolo al centro è $\frac{1}{3}$ di angolo giro.

> Qual è l'ampiezza dei suoi corrispondenti angoli alla circonferenza? [60°]

145 ●○○ Un angolo alla circonferenza è $\frac{1}{9}$ dell'angolo giro.

> Qual è l'ampiezza dell'angolo al centro corrispondente? [80°]

146 ●○○ Un angolo al centro è i $\frac{4}{7}$ dell'angolo di ampiezza 120°13′51″.

> Calcola l'ampiezza del corrispondente angolo alla circonferenza.

147 ●○○ Determina l'ampiezza degli angoli α e β.

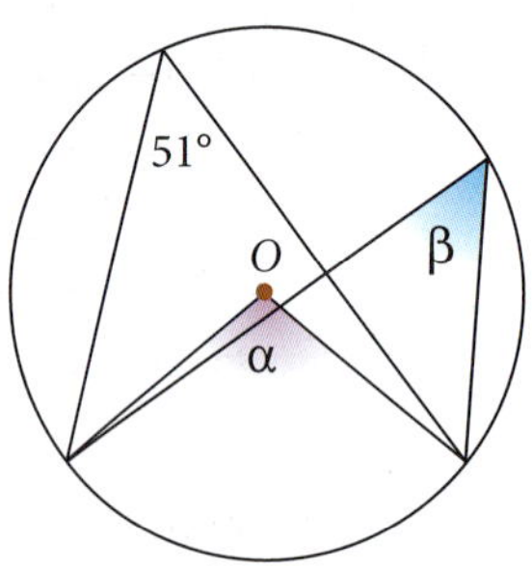

148 ●○○ Un angolo al centro insiste su una semicirconferenza.

> Qual è la sua ampiezza?
> Qual è l'ampiezza di ciascuno dei suoi corrispondenti alla circonferenza? [180°; 90°]

149 ●○○ **CACCIA ALL'ERRORE** In questa figura, c'è qualcosa di strano?

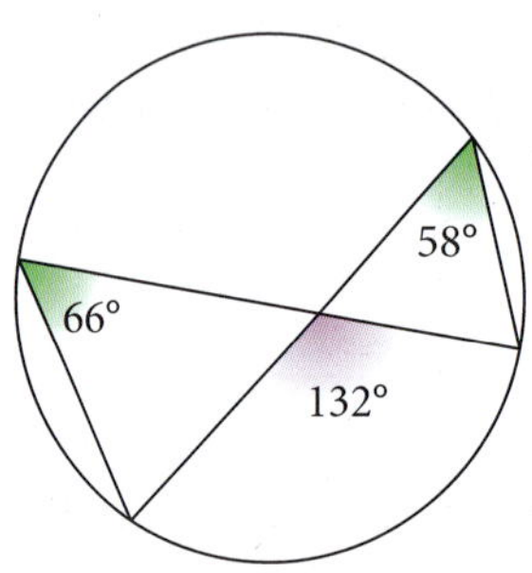

150 ●○○ Calcola la lunghezza del diametro *AB*. [13 cm]

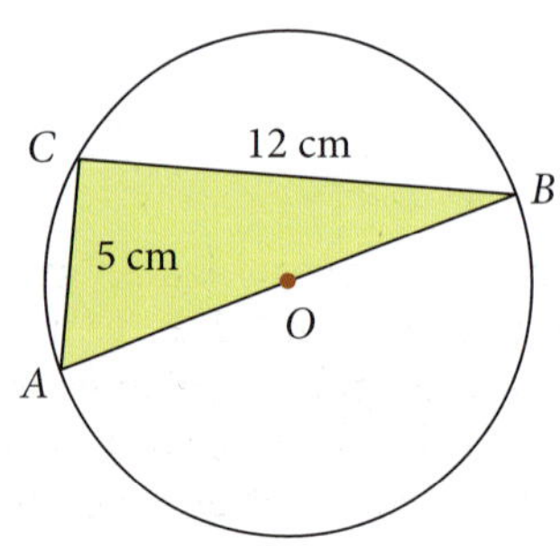

151 ●○○ Su una circonferenza di centro *O* prendi due punti *A* e *B* che dividono la circonferenza in due archi, uno triplo dell'altro.

> Calcola l'ampiezza degli angoli al centro che insistono sui due archi. [90°; 270°]

152 ●○○ Determina l'ampiezza degli angoli α e β.

> Quali angoli in figura sono congruenti fra loro? [42°; 67°]

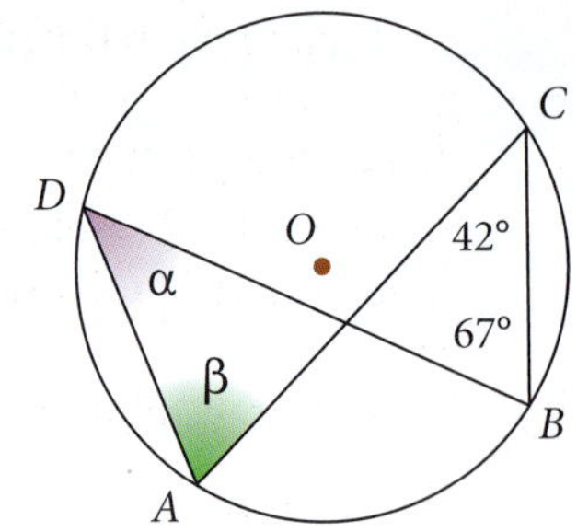

153 ●○○ Determina l'ampiezza degli angoli α e β.

> Quanto misura il complementare di α?
> E il supplementare di β?

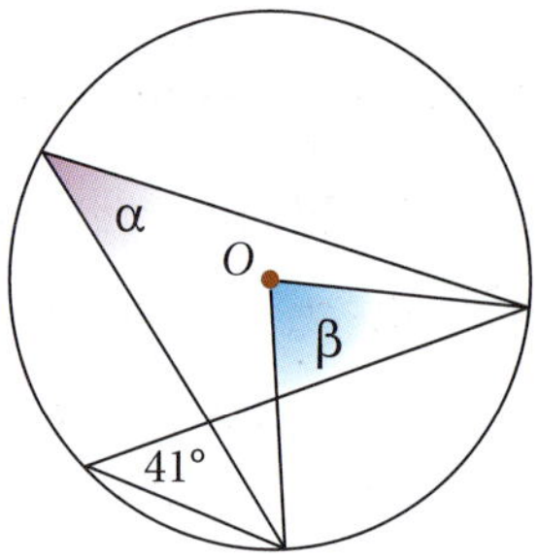

154 ●○○ La somma delle ampiezze di un angolo alla circonferenza e del suo corrispondente angolo al centro è di 135°.

> Quanto misurano i due angoli? [45°; 90°]

155 ●○○ La somma dell'ampiezza di un angolo al centro e quella di un suo corrispondente angolo alla circonferenza è di 17°.

> Quanto misurano i due angoli? [5°40′; 11°20′]

156 ●○○ Determina le ampiezze degli angoli $A\widehat{B}D$, $C\widehat{B}D$, $A\widehat{D}B$, $A\widehat{C}B$. (*ABC* è un triangolo isoscele.)

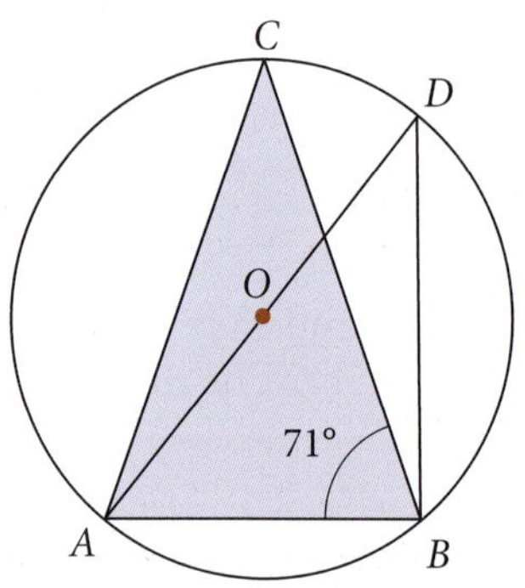

157 ●○○ Un triangolo *ABC* ha i vertici su una semicirconferenza e uno dei suoi angoli ha ampiezza 44°.

> Quanto misurano gli altri due angoli?

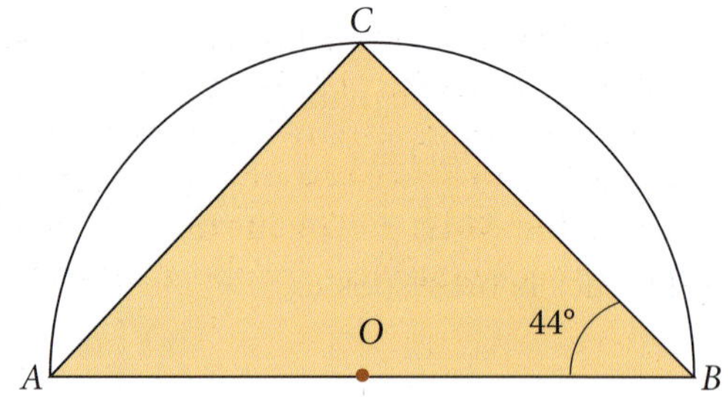

158 ●●○ Disegna una circonferenza di raggio 2,5 cm; disegna un triangolo rettangolo i cui vertici sono punti della circonferenza.

> Sapendo che il cateto minore del triangolo misura 3 cm calcola la misura dell'altro cateto. [4 cm]

159 ●●○ La somma di due angoli al centro è 135° e uno è $\frac{2}{3}$ dell'altro.

> Calcola l'ampiezza dei corrispondenti angoli alla circonferenza. [27°; 40°30′]

160 ●●○ La differenza di due angoli al centro è di 75° e uno di essi è $\frac{2}{5}$ dell'altro.

> Calcola l'ampiezza dei corrispondenti angoli alla circonferenza.

161 ●●○ Due angoli alla circonferenza sono complementari e uno di essi è $\frac{2}{3}$ dell'altro.

> Calcola l'ampiezza dei due angoli al centro corrispondenti. Che cosa osservi? [72°; 108°]

162 ●●○ Il triangolo *ABC* ha i vertici su una circonferenza di centro *O*. L'angolo $A\widehat{O}B$ e l'angolo $A\widehat{O}C$ misurano rispettivamente 124° e 158°.

> Calcola l'ampiezza degli angoli del triangolo *ABC*.

163 ●●○ Le bisettrici di due angoli alla circonferenza consecutivi formano fra loro un angolo di 35°.

> Determina la somma delle ampiezze degli angoli al centro. [140°]

164 **INVALSI 2016** Osserva la figura. *AC* è il diametro di una circonferenza di centro *O*.

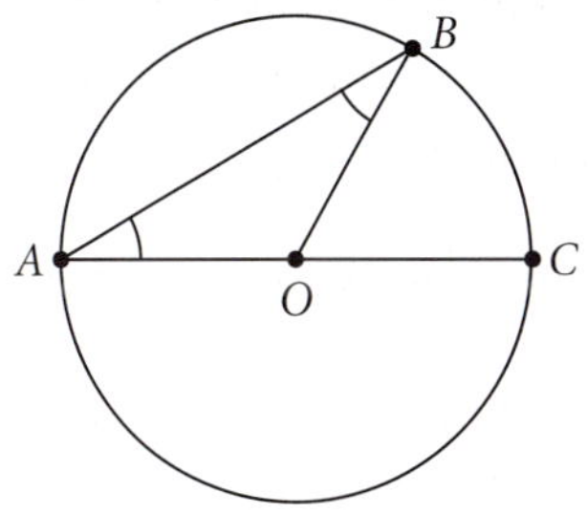

Nel triangolo *AOB*, l'angolo $B\widehat{A}O$ è uguale all'angolo $O\widehat{B}A$. Immagina di muovere il punto *B* sulla circonferenza. Gli angoli $B\widehat{A}O$ e $O\widehat{B}A$ sono ancora uguali tra loro?

Scegli la risposta e completa la frase.

☐ Sì, perché ....

....

☐ No, perché ....

....

....

165 **INTORNO A NOI** Una formichina deve percorrere una striscia di carta sia nella parte superiore che nella parte inferiore, ma quando si affaccia al bordo viene presa dallo sconforto perché ha una ragionevole paura di cadere.

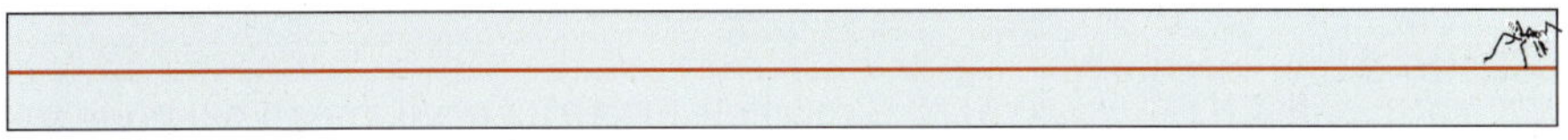

Come aiutarla?

Possiamo torcere la striscia di carta di 180° e incollare le parti corte una sull'altra; in questo modo, la formica potrà percorrere tutte e due le parti della striscia senza pericoli.

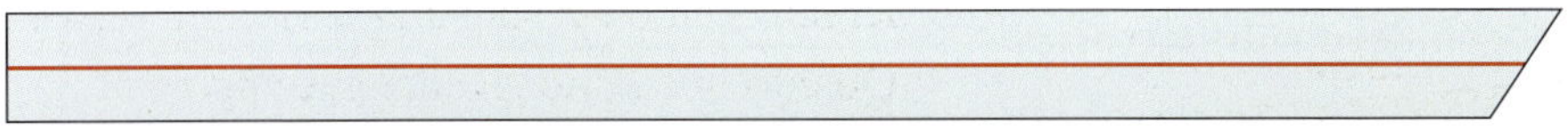

La superficie ottenuta è un **nastro di Moebius**, dal nome del matematico **August Ferdinand Moebius** (1790-1868). Si tratta di una superficie **non orientabile**. Infatti, se proviamo a segnare con la matita il nastro partendo da un suo punto, finiamo con il segnare tutto il nastro sopra e sotto senza attraversare il bordo. Se invece la striscia di carta viene torta per 2 volte di 180° (cioè un numero pari di volte), otteniamo una superficie **orientabile**, cioè che mantiene un sopra e un sotto.

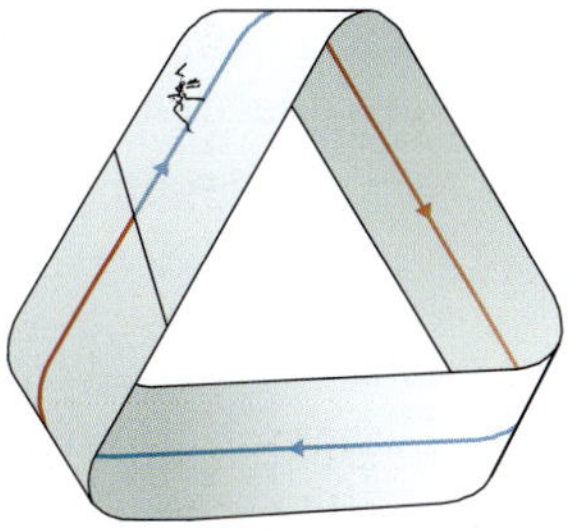

ESERCIZI

5 Poligoni inscritti e circoscritti a una circonferenza

MI ALLENO

166 ●○○ **NEL QUADERNO DELLE REGOLE** Copia le definizioni di poligono inscritto e circoscritto e disegna un esempio di ognuno.

167 ●○○ **Vero o falso?**

a) Il rettangolo può avere la circonferenza circoscritta. V F

b) Il quadrato può avere sia la circonferenza inscritta sia la circonferenza circoscritta. V F

c) Il rombo può avere la circonferenza circoscritta. V F

d) Alcuni parallelogrammi, non rettangoli né rombi nè quadrati, hanno sia la circonferenza inscritta sia la circonferenza circoscritta. V F

e) Il trapezio rettangolo può avere talvolta la circonferenza inscritta. V F

f) Il trapezio isoscele ha sempre la circonferenza circoscritta. V F

168 ●○○ I quadrilateri i cui lati consecutivi a, b, c e d godono della seguente caratteristica espressa in linguaggio simbolico

$a + c = b + d$

godono di una proprietà.

> Di quale proprietà si tratta?

169 ●○○ Disegna un trapezio circoscritto a una circonferenza.

> Potresti disegnare un trapezio rettangolo inscritto in una circonferenza?

170 ●○○ Disegna un quadrilatero inscritto in una circonferenza che abbia solamente due angoli retti.

> Come sono situati questi angoli del quadrilatero?

171 ●○○ Traccia una circonferenza e disegna un quadrilatero qualsiasi inscritto.

> Verifica con il goniometro che gli angoli opposti siano supplementari.

172 ●○○ Disegna un quadrato di lato 4 cm.
Disegna la circonferenza inscritta e quella circoscritta.

> Quanto misurano i loro raggi?

173 ●○○ In una circonferenza il cui diametro misura 10 cm inscrivi un rettangolo la cui base misuri 8 cm.

> Quanto misura l'altezza del rettangolo?

174 ●○○ Un quadrilatero $ABCD$ è inscritto in una circonferenza. L'angolo $\widehat{A}$ è 56° e l'angolo $\widehat{B}$ 112°.

> Quanto misurano gli angoli $\widehat{C}$ e $\widehat{D}$?

175 ●○○ In un quadrilatero due angoli opposti misurano rispettivamente 117° e 63°.

> Il quadrilatero possiede la circonferenza circoscritta?

176 ●○○ Traccia gli assi dei lati dei seguenti poligoni.

a)

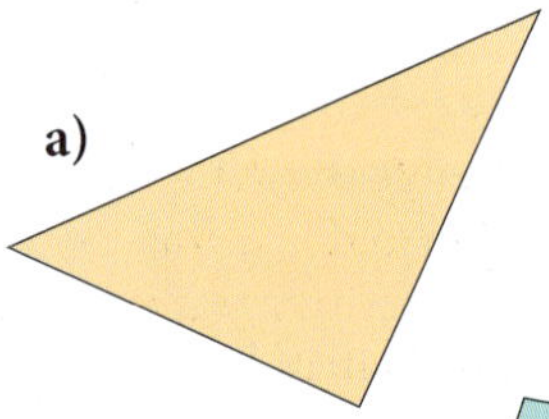

b)

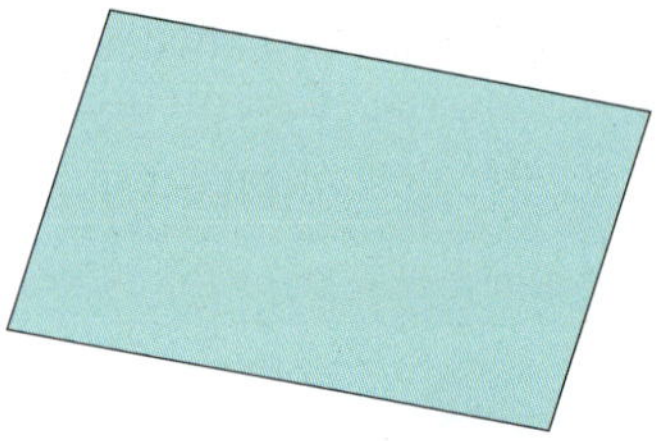

> I due poligoni possono avere la circonferenza circoscritta? Perché?

177 ●○○ Traccia le bisettrici degli angoli dei poligoni.

a)

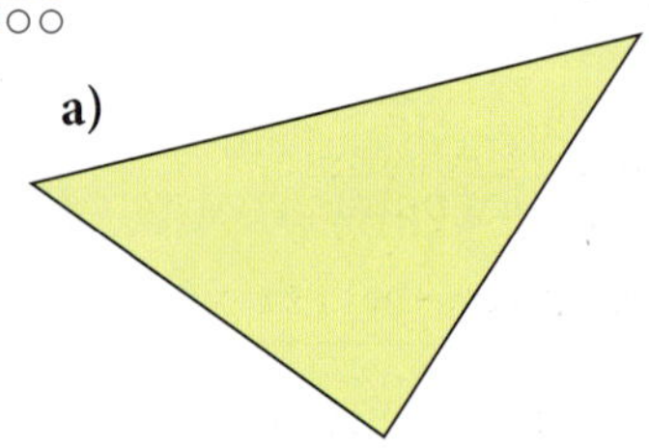

b)

> I due poligoni possono avere la circonferenza inscritta? Perché?

> Puoi rispondere anche senza tracciare le bisettrici?

Leggi le istruzioni date; indica poi qual è la figura corretta.

178 ●●○ Disegna un cerchio e il quadrato in esso inscritto; disegna poi quattro semicirconferenze interne al quadrato aventi come diametro un lato del quadrato.
Colora le zone intersezione dei semicerchi a due a due.

a)
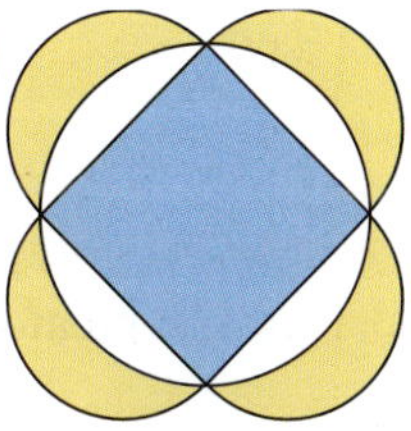

b)

c)

d)

179 ●●○ Disegna due circonferenze concentriche; il raggio di una sia doppio di quello dell'altra.
Disegna poi i quadrati inscritti in ognuna delle circonferenze in modo che i lati dell'uno siano paralleli ai lati dell'altro.

a)

b)

c)

d)

180 ●●○ Disegna una circonferenza qualsiasi.
Disegna poi il quadrato inscritto.

> Descrivi il procedimento che hai usato.

181 ●●○ Disegna una circonferenza qualsiasi.
Disegna poi il quadrato circoscritto.

> Descrivi il procedimento che hai usato.
> Quale elemento della circonferenza è una mediana del quadrato?

182 ●●○ Disegna un rombo.
Disegna poi la circonferenza inscritta.

> Descrivi il procedimento che hai usato.
> Quale elemento del rombo è il diametro della circonferenza inscritta?

183 ●○○ Completa la tabella che riporta le ampiezze degli angoli di quadrilateri *ABCD* inscrivibili in una circonferenza.

$\widehat{A}$	$\widehat{B}$	$\widehat{C}$	$\widehat{D}$
36°	120°		
48°	62°		
102°			25°
67°	90°		

184 ●○○ In un quadrilatero *ABCD* gli angoli $\widehat{A}$ e $\widehat{C}$ sono opposti. Completa la tabella.

$\widehat{A}$	$\widehat{C}$	*ABCD* è inscrivibile?
48°	132°	
64°30′	115°30′	
105°35′	75°25′	

185 ●○○ I punti *A*, *B*, *C*, *D* sono i vertici di un quadrilatero. Completa la tabella. Le misure sono in centimetri.

AB	*BC*	*CD*	*DA*	tipo di quadrilatero
25	30	50		circoscrivibile
14	19	30	25	
	30	29	41	non circoscrivibile
12	34	560	3,4	
18	14	$\frac{2}{3}AB$	$\frac{8}{7}BC$	

186 ●●○ Disegna una circonferenza il cui raggio misuri 4 cm.
Disegna il triangolo isoscele inscritto il cui lato diseguale misuri 6 cm.

> Descrivi il procedimento che hai usato.

187 ●●○ Disegna un triangolo i cui lati misurino rispettivamente 3 cm, 4 cm e 5 cm.
Disegna poi la circonferenza circoscritta.

> Che tipo di triangolo è?
> Dove è situato il centro di tale circonferenza?

188 ●●○ Disegna una circonferenza il cui raggio misuri 3 cm.
Disegna poi il triangolo rettangolo inscritto che abbia un cateto di 2 cm.

> Descrivi il procedimento che hai seguito.

Teoria a pag. 231

189 **EUREKA!** Disegna sul quaderno una circonferenza; disegna poi un quadrilatero inscritto. Traccia gli assi dei lati. Se hai lavorato con esattezza, gli assi si incontrano nel centro della circonferenza.

Disegna sul quaderno una circonferenza; disegna poi un quadrilatero circoscritto. Traccia le bisettrici degli angoli. Se hai lavorato con esattezza, le bisettrici si incontrano nel centro della circonferenza.
Verifica poi se i lati del triangolo sono ugualmente distanti dal centro individuato dalle bisettrici.

RISOLVO PROBLEMI

190 ●●○ Un deltoide è inscritto in una circonferenza e un suo angolo misura 64°.

> Qual è l'ampiezza degli altri angoli? [116°; 90°; 90°]

191 ●●○ Un quadrilatero *ABCD* è inscritto in una circonferenza e l'angolo $\widehat{A}$ misura 82°.
La diagonale *AC* coincide con il diametro della circonferenza.

> Calcola l'ampiezza degli altri angoli.

192 ●●○ Un trapezio isoscele è circoscritto a una circonferenza e ciascun lato obliquo misura 27 cm.

> Calcola la lunghezza della base maggiore, la cui misura è il doppio di quella minore. [36 cm]

193 ●●○ Un trapezio isoscele circoscritto a una circonferenza ha la base maggiore lunga 16,5 cm e la base minore è $\frac{1}{3}$ della maggiore.

> Calcola la misura di ciascun lato obliquo.

194 ●●○ Un trapezio rettangolo è circoscritto a una circonferenza di raggio 12 cm. Il lato obliquo misura 30 cm, mentre la base maggiore è il doppio della minore.

> Calcola la lunghezza delle basi. [36 cm; 18 cm]

195 ●●○ In una circonferenza una corda è lunga 120 cm ed è i $\frac{4}{5}$ del diametro.

> Calcola perimetro e area del triangolo rettangolo inscritto nella circonferenza che ha come cateto la corda data. [360 cm; 5400 cm²]

196 ●●○ Considera il triangolo *ABC* inscritto in una circonferenza di raggio 12 cm. Il lato *AB* coincide con un diametro e il lato *AC* è lungo 14,4 cm.

> Determina la lunghezza del perimetro e l'area del triangolo.

197 ●●○ In una circonferenza il cui diametro misura 50 cm, il triangolo isoscele inscritto *ABC* non contiene il centro. L'altezza del triangolo relativa al lato disuguale misura 18 cm.

> Calcola la lunghezza del perimetro del triangolo e la sua area. [108 cm; 432 cm²]

198 ●●○ Considera il triangolo isoscele acutangolo *ABC* inscritto in una circonferenza di raggio 7,5 cm. La base del triangolo misura 9 cm.

> Calcola l'area del triangolo.

199 ●●○ Il triangolo rettangolo *ABC* è inscritto in una circonferenza di diametro 15 cm. Un cateto misura 9 cm.

> Calcola perimetro e area del triangolo. [36 cm; 54 cm²]

200 ●●○ Calcola la lunghezza del perimetro e l'area del triangolo isoscele inscritto in una circonferenza di raggio 16 cm e che ha un lato coincidente con il diametro.

> Indica la misura dell'ampiezza degli angoli.

> Classifica il triangolo rispetto agli angoli. [$(32 + 32\sqrt{2})$ cm; 256 cm²]

201 ●●○ In un rombo le diagonali misurano rispettivamente 10 cm e 24 cm.

> Quanto misura il raggio della circonferenza inscritta? (Arrotonda ai decimi.)

202 ●●○ In una circonferenza il raggio misura 5 cm. Il rettangolo in essa inscritto ha l'altezza congruente al raggio. (Osserva che ogni diagonale individua angoli di 30° e 60°.)

> Calcola l'area del rettangolo. [$25\sqrt{3}$ cm²]

203 ●●○ Di un trapezio isoscele sai che:

a) è circoscritto a una circonferenza;

b) le sue basi misurano 8 cm e 18 cm.

> Determina la sua area.

204 ●●○ Considera una circonferenza di raggio 6 cm.

> Calcola il rapporto fra l'area del quadrato inscritto e l'area del quadrato circoscritto.

> Tale rapporto è espresso da un numero intero? E il rapporto inverso?

205 ●●○ Considera un rettangolo inscritto in una circonferenza il cui raggio è lungo 25 cm. La dimensione minore misura 14 cm.

> Determina la lunghezza del perimetro e l'area del rettangolo. [124 cm; 672 cm²]

206 ●●○ Un trapezio isoscele è circoscritto a una circonferenza. Il perimetro del trapezio misura 52 cm e le basi sono una i $\frac{9}{4}$ dell'altra. Determina:
> la lunghezza del raggio della circonferenza inscritta;
> l'area del trapezio.

207 ●●○ Considera un trapezio rettangolo circoscritto a una circonferenza. Il raggio della circonferenza misura 14 cm e il lato obliquo misura 35 cm.
> Determina la lunghezza delle basi e del perimetro e l'area del trapezio. [21 cm; 42 cm; 126 cm; 882 cm²]

208 ●●○ Un triangolo isoscele acutangolo è inscritto in una circonferenza di centro *O* e raggio lungo 26 cm. La base del triangolo dista 10 cm dal centro *O*.
> Calcola il perimetro e l'area del triangolo (arrotonda il risultato ai centesimi).

209 ●●○ Il trapezio isoscele *ABCD* è inscritto nella circonferenza di raggio 65 cm, con il centro *O* interno al trapezio. Le due basi distano dal centro rispettivamente 33 cm e 16 cm.
> Calcola l'area del trapezio. [5831 cm²]

210 ●●○ Un trapezio rettangolo è circoscritto a una circonferenza avente il raggio di 20 cm. Il lato obliquo misura 41 cm.
> Calcola il perimetro e l'area del trapezio.

211 ●●○ Un rombo ha una diagonale che è $\frac{3}{4}$ dell'altra e la loro somma è 140 cm.
> Calcola il raggio del cerchio inscritto. [24 cm]

212 ●●○ La somma dei cateti di un triangolo rettangolo è di 62 cm e la loro differenza è di 34 cm.
> Calcola il raggio della circonferenza circoscritta al triangolo.

213 ●●○ In una semicirconferenza di centro *O* il cui diametro *AB* misura 10 cm, è inscritto un triangolo *ABC*. Il lato *AC* è metà di *AB*.
Disegna la figura.
> Dimostra che il triangolo *ACO* è equilatero.
> Calcola la lunghezza del perimetro e l'area di *ABC* arrotondando ai decimi. [23,7 cm; 21,8 cm²]

214 ●●○ In una circonferenza il cui diametro misura 14 cm, il triangolo isoscele inscritto *ABC* contiene al suo interno il centro della circonferenza.
L'altezza del triangolo relativa al lato disuguale misura 11,2 cm.
> Calcola la lunghezza del perimetro del triangolo e la sua area (arrotonda il risultato ai centesimi).

215 ●●○ Considera un rettangolo, la cui area misura 23,52 cm², inscritto in una circonferenza. Il rapporto fra le dimensioni del rettangolo è $\frac{3}{4}$.
> Determina la lunghezza del raggio della circonferenza e del perimetro del rettangolo. [3,5 cm; 19,6 cm]

216 ●●● In una circonferenza di centro *O* e raggio 15 cm, è inscritto il triangolo rettangolo *ABC*, retto in *A*. Il cateto *AC* dista 9 cm da *O*.
> Calcola la lunghezza del perimetro e l'area.
> Calcola la misura dell'altezza e della mediana relative all'ipotenusa. [72 cm; 216 cm²; 14,4 cm; 15 cm]

217 ●●● Un triangolo isoscele con l'angolo ottuso di 120° è inscritto in una circonferenza il cui raggio misura 18 cm.
> Calcola l'altezza del triangolo.
> Calcola la lunghezza del perimetro e l'area del triangolo.

218 ●●● Un trapezio isoscele è inscritto in una circonferenza e la base maggiore coincide con il diametro. Il raggio della circonferenza è 30 cm e la diagonale del trapezio è 48 cm.
> Calcola il perimetro e l'area del trapezio. [148,8 cm; 1105,92 cm²]

219 **INVALSI 2014** Osserva la figura. *AB* è un cateto di un triangolo rettangolo inscritto nella circonferenza di centro *O*. Disegna il triangolo rettangolo.

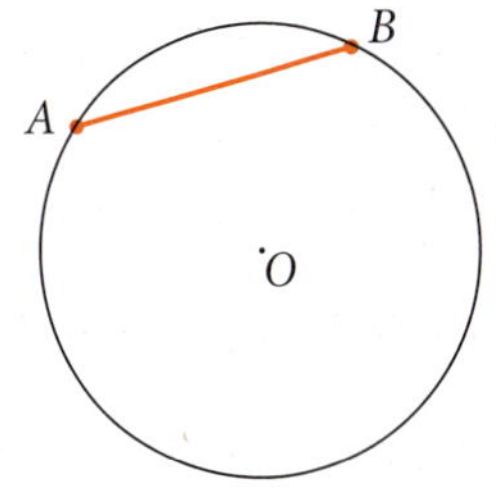

220 **INTORNO A NOI** Osserva la decorazione di questa piastrella triangolare.
Sei capace di dimostrare che il triangolo equilatero inscritto in una circonferenza equivale a $\frac{1}{4}$ del triangolo equilatero circoscritto?

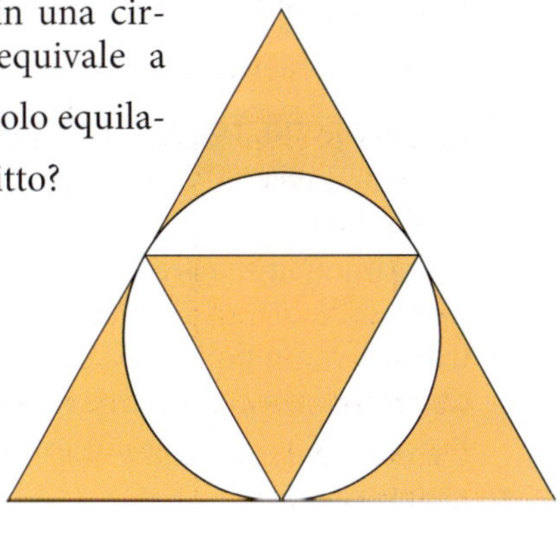

6 Poligoni regolari

MI ALLENO

221 ●○○ **NEL QUADERNO DELLE REGOLE** Copia la definizione di poligoni regolari e fai un disegno indicando l'apotema e il raggio del poligono.

222 ●○○ **Vero o falso?**

a) Il raggio del quadrato è metà della diagonale. V F

b) L'apotema del quadrato è metà del lato. V F

c) Il raggio del triangolo equilatero è due terzi dell'altezza. V F

d) L'apotema del triangolo equilatero è metà dell'altezza. V F

e) I raggi dai vertici al centro dividono l'esagono regolare in sei triangoli equilateri. V F

f) Il raggio dell'esagono è congruente al lato. V F

223 ●○○ Disegna sul quaderno un quadrato, traccia in rosso l'apotema e in blu il raggio della circonferenza circoscritta.

> Qual è il rapporto fra la lunghezza del raggio e la lunghezza dell'apotema?

224 ●○○ Disegna sul quaderno un triangolo equilatero, traccia in rosso l'apotema e in blu il raggio della circonferenza circoscritta.

> Qual è il rapporto fra lunghezza dell'apotema e lunghezza del raggio?

225 ●○○ Determina l'ampiezza dell'angolo interno dell'ottagono regolare senza il goniometro. [135°]

226 ●○○ Determina l'ampiezza dell'angolo interno del decagono regolare e del dodecagono senza il goniometro.

227 ●○○ Un poligono regolare il cui perimetro misura 246 cm è circoscritto a una circonferenza il cui diametro misura 48 cm.

> Determina la sua area. [2952 cm^2]

228 ●○○ Considera un poligono regolare circoscritto a una circonferenza con diametro di 15 cm.
Il perimetro del poligono misura 114 cm.

> Determina la sua area.

229 ●○○ Di un poligono sappiamo che:

a) possiede la circonferenza inscritta;
b) il suo perimetro misura 124 cm;
c) la sua area è di 744 cm^2.

> Determina la misura dell'apotema del poligono regolare. [12 cm]

230 ●○○ Considera un poligono regolare circoscritto a una circonferenza di diametro 28 cm. L'area del poligono misura 784 cm^2.

> Determina la lunghezza del suo perimetro.

231 ●○○ Considera un triangolo equilatero con l'area di 246 cm^2 circoscritto a una circonferenza il cui raggio misura 6 cm.

> Determina la lunghezza del perimetro del triangolo. [82 cm]

232 ●○○ Hai un insieme di poligoni:
rettangolo; triangolo rettangolo; parallelogramma; pentagono regolare; quadrato; triangolo equilatero; trapezio rettangolo; trapezio isoscele; trapezio scaleno; triangolo ottusangolo; rombo; esagono regolare; deltoide.

> Sistemali, se possibile, nella tabella.

poligoni sempre circoscrivibili a una circonferenza	poligoni sempre inscrivibili in una circonferenza	poligoni sia circoscrivibili sia inscrivibili

233 **EUREKA!** Disegna la figura riportando sei volte il raggio sulla circonferenza.

Disegna un esagono unendo tutti i punti in ordine alfabetico.

- > Scrivi i nomi di tutti i triangoli equilateri che puoi ottenere unendo tre punti sulla circonferenza.
- > Scrivi i nomi di tutti i triangoli rettangoli che puoi ottenere unendo il punto *A* agli altri punti.
- > Scrivi i nomi di tutti i rettangoli che puoi ottenere unendo tali punti.

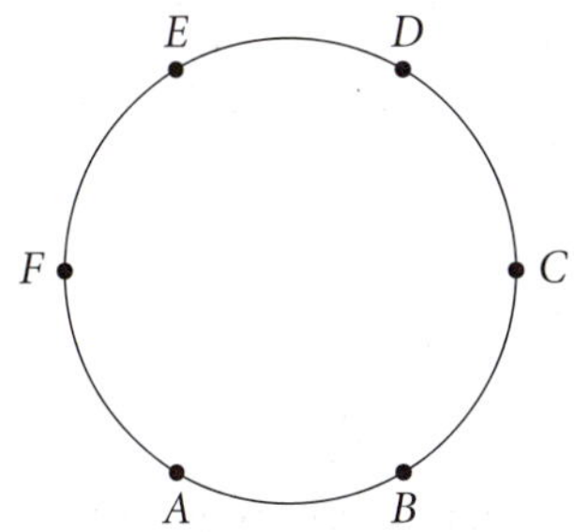

RISOLVO PROBLEMI

234 Completa.

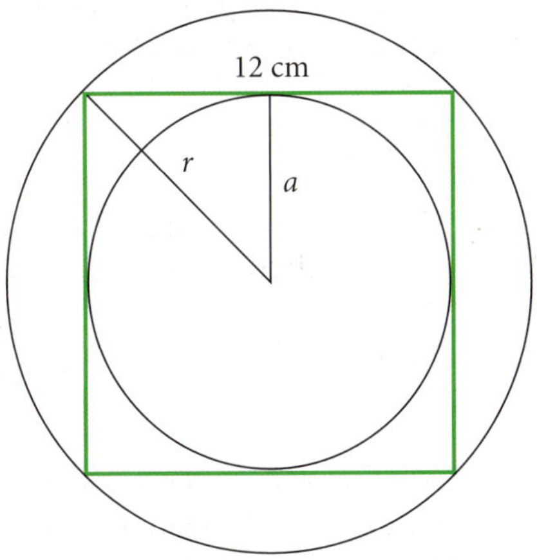

$r =$ ....

$a =$ 6 cm

$\frac{r}{a} =$ .... $p =$ ....

Area = ...

235 Completa. Ricorda che il centro della circonferenza inscritta divide la mediana in due parti, una doppia dell'altra.

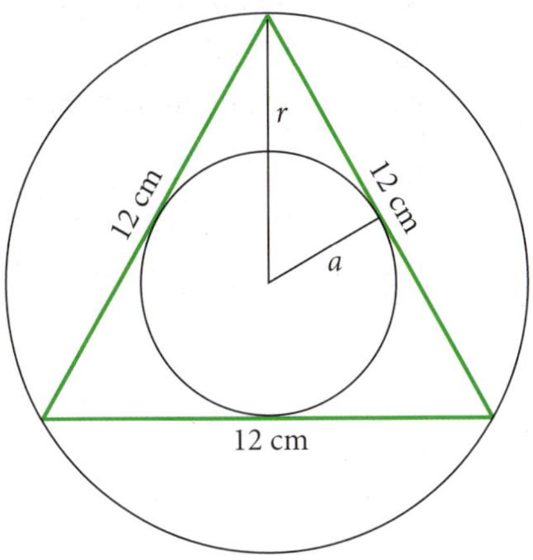

$r =$ ....

$a =$ ....

$\frac{r}{a} =$ .... $p =$ ....

Area = ...

236 Completa.

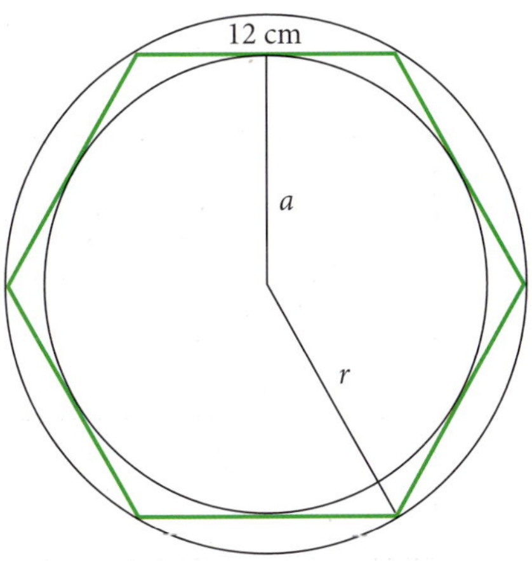

$r =$ ....

$a =$ ....

$\frac{r}{a} =$ .... $p =$ ....

Area = ...

Teoria a pag. 234

237 ●●○ Calcola la lunghezza del raggio della circonferenza inscritta nel triangolo isoscele di base 18 cm e altezza lunga 12 cm. [4,5 cm]

238 ●●○ Calcola la lunghezza del raggio della circonferenza inscritta nel triangolo rettangolo i cui cateti misurano rispettivamente 24 cm e 32 cm.

239 ●●○ Determina l'area dell'esagono regolare inscritto in una circonferenza il cui raggio misura 9 cm. (Per risolvere questo esercizio ricorda le formule relative ai triangoli rettangoli con angoli di 30° e 60°.) $\left[\frac{243\sqrt{3}}{2}\ \text{cm}^2\right]$

240 ●●○ Un esagono regolare e un quadrato hanno lo stesso perimetro di 144 cm.

> Determina le loro aree. Quale dei due ha area maggiore?

241 ●●○ La sezione di una colonna è un esagono regolare il cui perimetro misura 3,6 m.

> Determina l'area di tale sezione. (Arrotonda ai centesimi.) [0,94 m²]

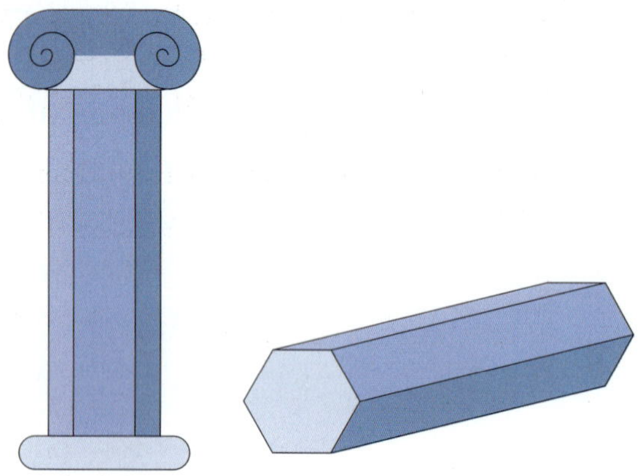

242 ●●○ Determina l'area in verde delimitata da due esagoni concentrici che hanno il lato lungo rispettivamente 10 cm e 8 cm.

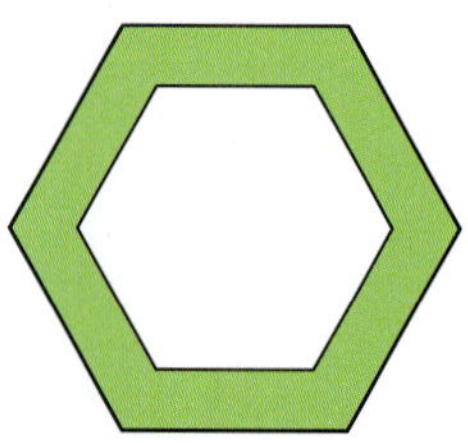

243 ●●○ Considera un rombo la cui area è di 600 cm². Il raggio della circonferenza inscritta misura 12 cm.

> Calcola la lunghezza del perimetro del rombo.

244 ●●○ Calcola la lunghezza dell'apotema del triangolo equilatero il cui perimetro misura 72 cm.

245 ●●○ Calcola la lunghezza del raggio del triangolo equilatero il cui perimetro misura 288 cm. $[32\sqrt{3}\ \text{cm}]$

246 ●○○ Considera un insieme di poligoni regolari inscritti in una circonferenza.

Completa la tabella con le ampiezze degli angoli al centro corrispondenti al numero di lati del poligono.

numero di lati	3	4	5	
ampiezza dell'angolo al centro				

247 ●●○ Disponi alcune monete da 20 centesimi in modo da ottenere una moneta centrale circondata da un anello di monete.

> Quante monete occorrono?

> Quale poligono ottieni unendo fra loro i centri delle monete che formano l'anello?

> Ora, mentre vai a comprarti un gelato con le monete, pensa a come disegnare tale anello, e quindi il poligono, senza usare le monete. Scrivi il procedimento.

248 ●●○ Determina la misura del lato del quadrato equivalente all'esagono regolare il cui lato misura 12 cm. (Arrotonda ai decimi.) [19,3 cm]

249 ●●○ Considera l'esagono regolare *ABCDEF* e la diagonale *CF* che lo divide in due parti congruenti. Il perimetro del trapezio *ABCF* misura 45 dm.

> Determina l'area dell'esagono.

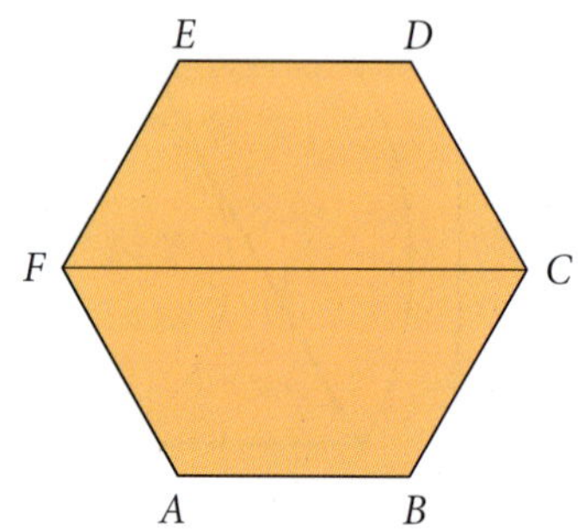

250 ●●○ Determina la misura del perimetro e l'area della figura, sapendo che il lato dell'esagono misura 2 cm. Osserva che la figura è costituita soltanto da poligoni regolari. $[24\ \text{cm};\ 12\sqrt{3}\ \text{cm}^2]$

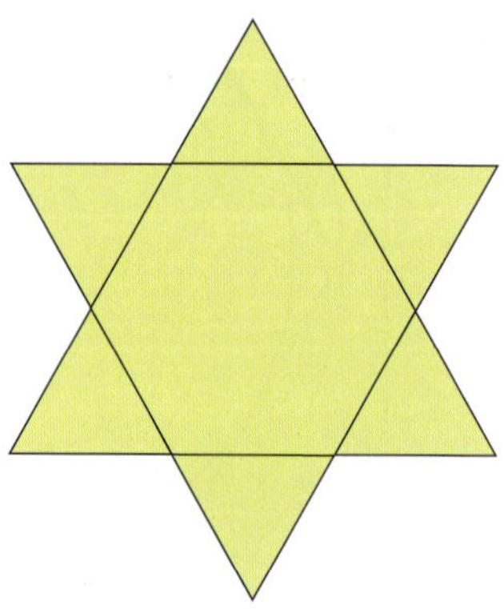

251 **Una sfida!**
●●● Dimostra che il triangolo equilatero inscritto in una circonferenza equivale a metà dell'esagono inscritto.

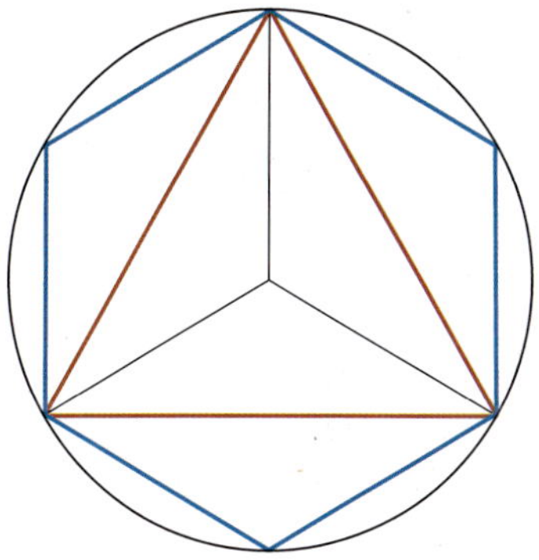

252 Un esagono e un quadrato sono circoscritti alla stessa circonferenza il cui diametro misura 20 cm.
●●●

> Determina la misura dei loro perimetri e le loro aree.
> Quale dei due ha area minore? (arrotonda ai centesimi) [69,28 cm; 80 cm; 346,4 cm^2; 400 cm^2; esagono]

253 **INTORNO A NOI** Devi fabbricare una scatola che racchiuda tre dischi di legno disposti come in figura.

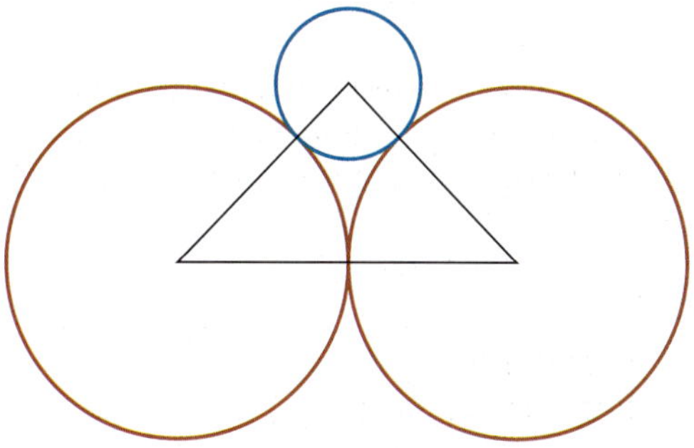

Per determinare le dimensioni della scatola sono sufficienti le seguenti informazioni:

a) i due dischi grandi sono uguali fra loro;
b) i raggi delle circonferenze misurano rispettivamente 7 cm e 3 cm;
c) lo spessore dei dischi è di 2 cm;

> Quali dimensioni, allora deve avere la scatola?

254 **VERSO IL CODING** Un drone deve essere programmato per seguire dall'alto gli avvenimenti intorno alla piazza di una città. Per avere una visione completa il drone deve compiere un percorso a forma di esagono regolare di lato 20 m rimanendo sempre a 30 m di altezza.
●●○

> Programma il drone. Deve partire dal centro della piazza.

MAPPA DI SINTESI

CIRCONFERENZA E CERCHIO

CERCHIO
È la superficie delimitata dalla circonferenza.

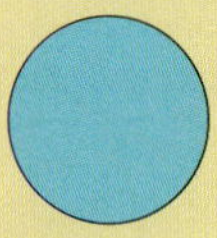

gli elementi del cerchio sono

Settore circolare: è una parte di cerchio delimitata da due raggi e dall'arco compreso tra essi.

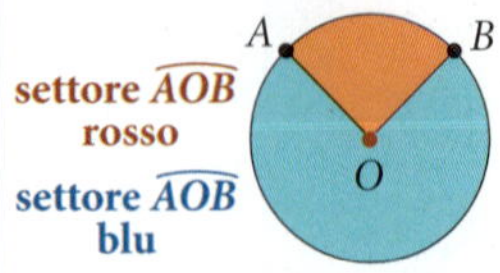

Corona circolare: è la parte di piano delimitata da due circonferenze di raggio diverso che hanno lo stesso centro.

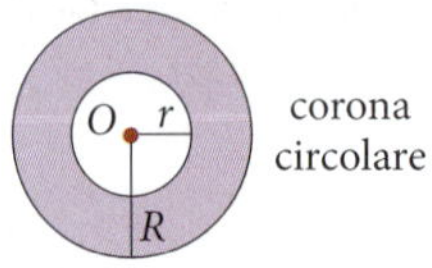

Segmento circolare: è ciascuna delle due parti in cui un cerchio viene diviso da una corda.

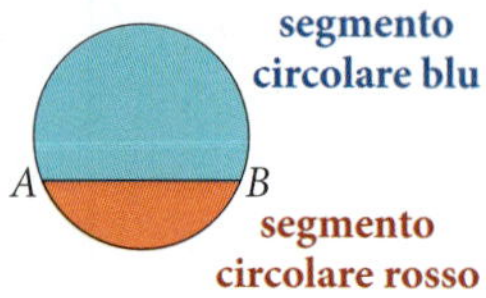

CIRCONFERENZA
È l'insieme dei punti del piano che hanno la stessa distanza da un punto chiamato centro.
Si chiama **raggio** ogni segmento che unisce il centro con un punto della circonferenza.

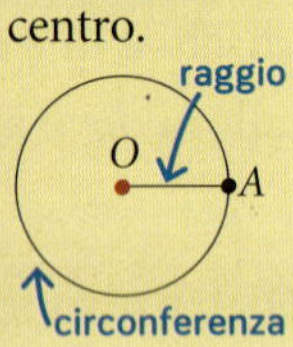

gli elementi della circonferenza sono

Corda: è ogni segmento che unisce due punti di una circonferenza.

Diametro: è una corda che passa per il centro.

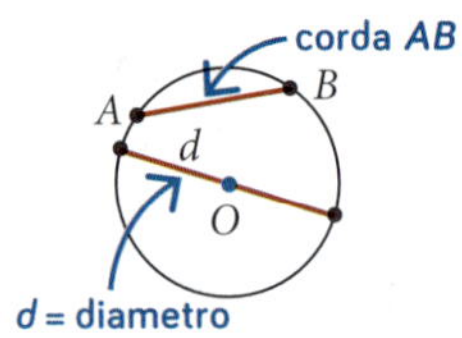

Arco: è una parte di circonferenza delimitata da due punti.

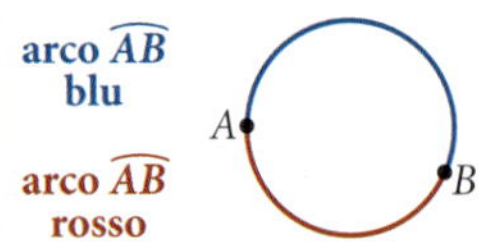

punto e circonferenza

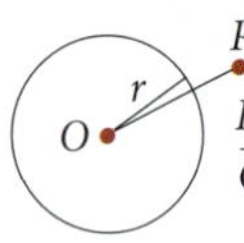

P esterno
$\overline{OP} > r$

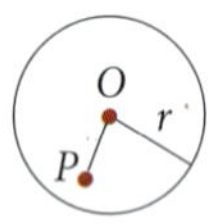

P interno
$\overline{OP} < r$

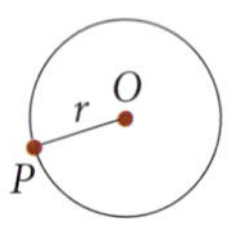

P appartenente alla circonferenza
$\overline{OP} = r$

retta e circonferenza

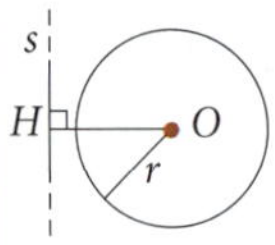

s esterna
$\overline{OH} > r$

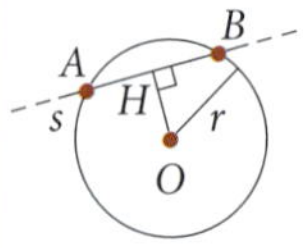

s secante
$\overline{OH} < r$

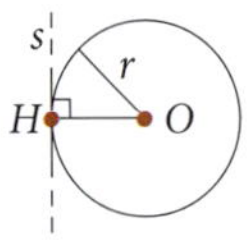

s tangente
$\overline{OH} = r$

due circonferenze possono essere

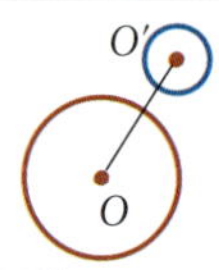

$\overline{OO'} > r + r'$
Le due circonferenze sono esterne.

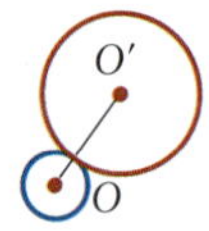

$\overline{OO'} = r + r'$
Le due circonferenze sono tangenti esternamente.

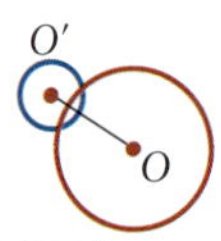

$r - r' < \overline{OO'} < r + r'$
Le due circonferenze sono secanti.

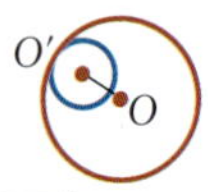

$\overline{OO'} = r - r'$
Le due circonferenze sono tangenti internamente.

$\overline{OO'} < r - r'$
Le due circonferenze sono interne l'una all'altra.

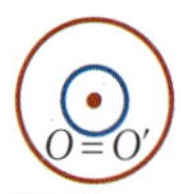

$\overline{OO'} = 0$
Le due circonferenze sono contentriche.

Gli angoli possono essere

Angolo al centro: ogni angolo il cui vertice coincide con il centro della circonferenza.

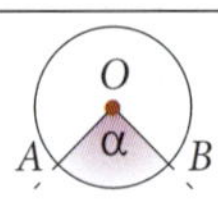

Angolo alla circonferenza: ogni angolo che ha il vertice sulla circonferenza e i lati ambedue secanti la circonferenza oppure uno secante e l'altro tangente.

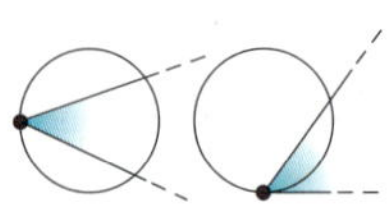

Un angolo al centro ha ampiezza doppia di ogni angolo alla circonferenza che insiste sullo stesso arco.

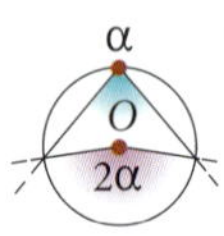

Un poligono può essere

Inscritto in una circonferenza quando tutti i suoi vertici sono punti della circonferenza.

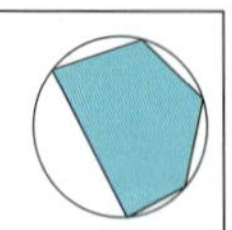

Circoscritto a una circonferenza quando tutti i suoi lati sono tangenti alla circonferenza.

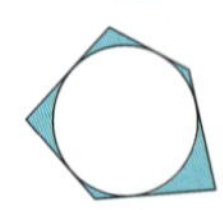

I **poligoni regolari** si possono sempre inscrivere o circoscrivere a una circonferenza.

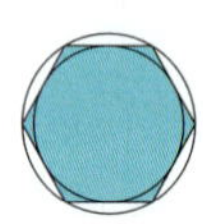

SE NON HAI CAPITO

Circonferenza, cerchio e loro elementi

RIPASSA

La **circonferenza** è una linea chiusa formata da punti che distano ugualmente dal centro.

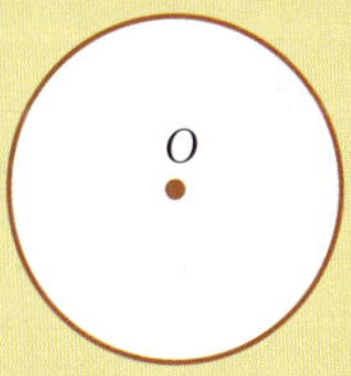

Il **cerchio** è la superficie racchiusa dalla circonferenza.

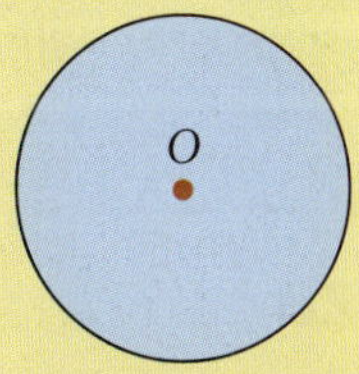

Il **raggio** è il segmento che unisce il centro a un punto della circonferenza.

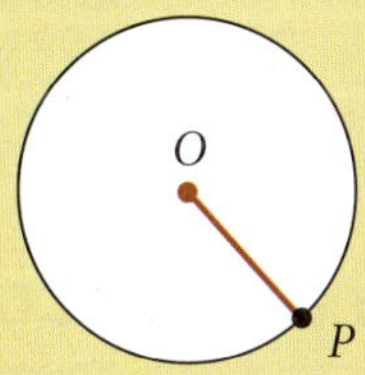

La **corda** è un segmento che ha gli estremi sulla circonferenza.

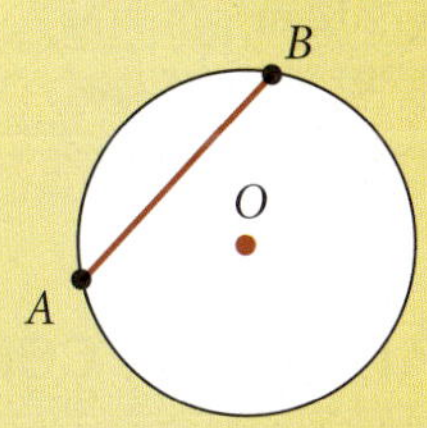

Il **diametro** è una corda che passa per il centro.

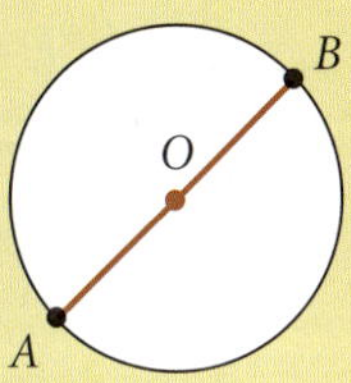

L'**arco** è una parte di circonferenza.

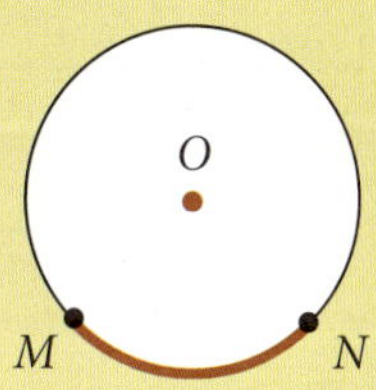

Il **settore circolare** è una parte di cerchio delimitata da un arco e due raggi.

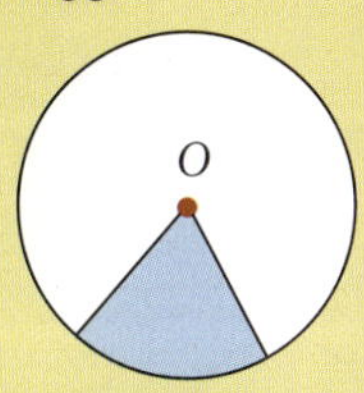

La **corona circolare** è la parte di piano delimitata da due circonferenze diverse e concentriche.

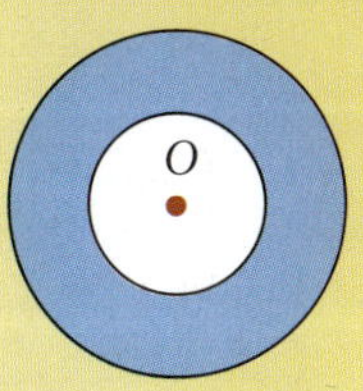

APPLICA

1 **Scrivi sulle righe tratteggiate il nome dell'elemento della circonferenza.**

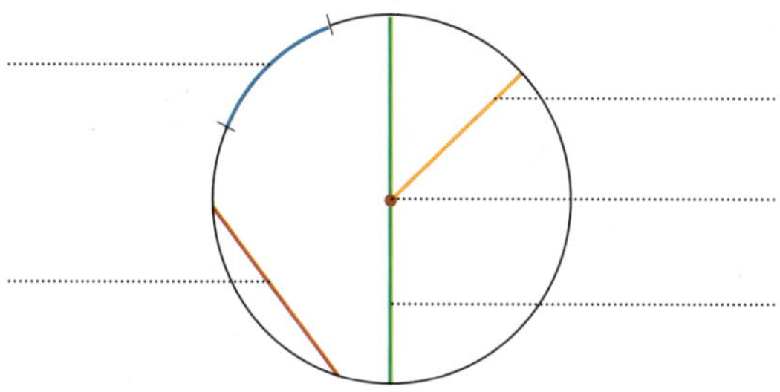

Posizioni di una retta e di una circonferenza

RIPASSA

La retta non ha punti in comune con la circonferenza: è **esterna** alla circonferenza.

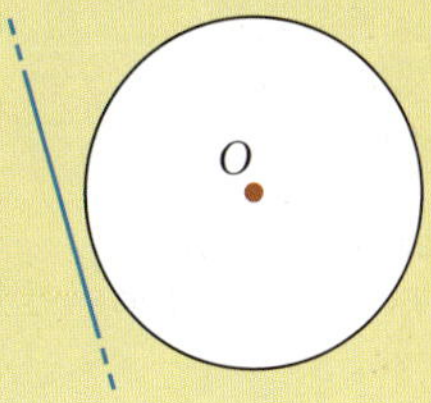

La retta ha un punto in comune con la circonferenza: è **tangente** alla circonferenza.

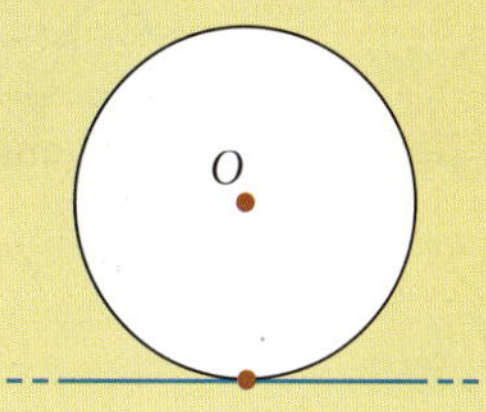

La retta ha due punti in comune con la circonferenza: è **secante** la circonferenza.

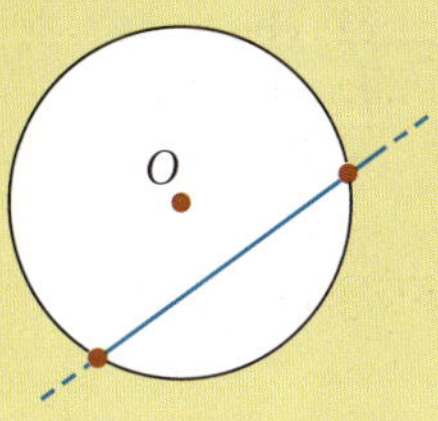

La tangente a una circonferenza è **perpendicolare** al raggio che ha un estremo nel punto di tangenza.

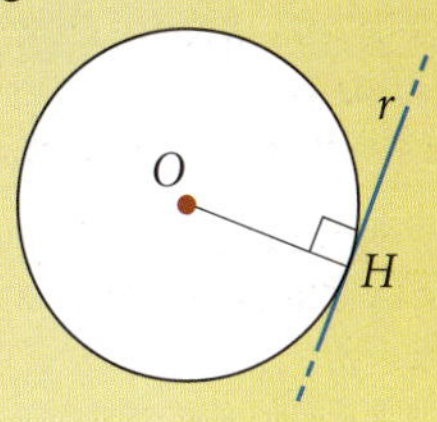

APPLICA

2 **Osserva le figure.**

> Quanto dista il punto P dal centro O della circonferenza?

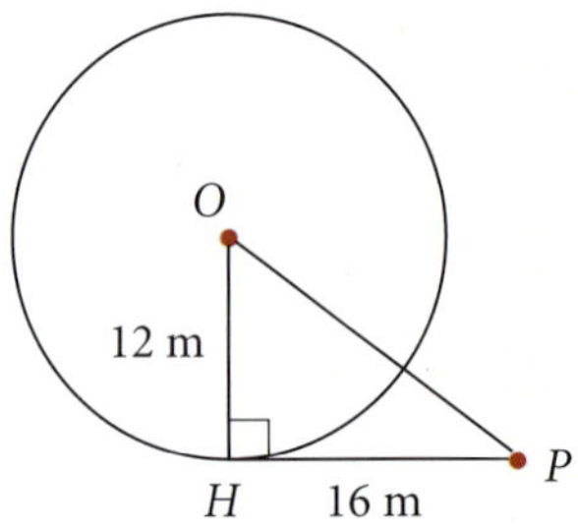

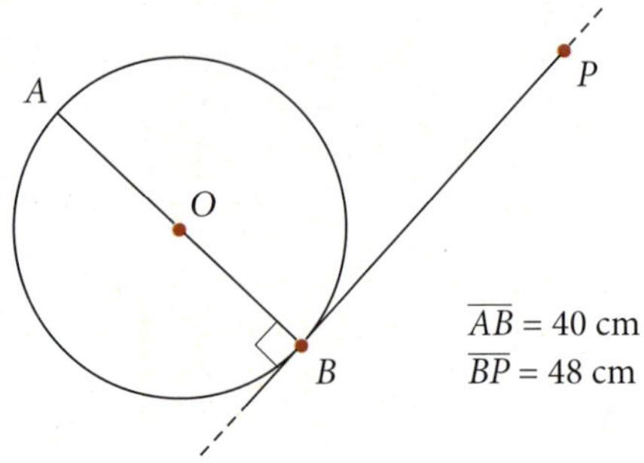

Angoli al centro e alla circonferenza

RIPASSA

Un **angolo al centro** ha il vertice che coincide con il centro della circonferenza.

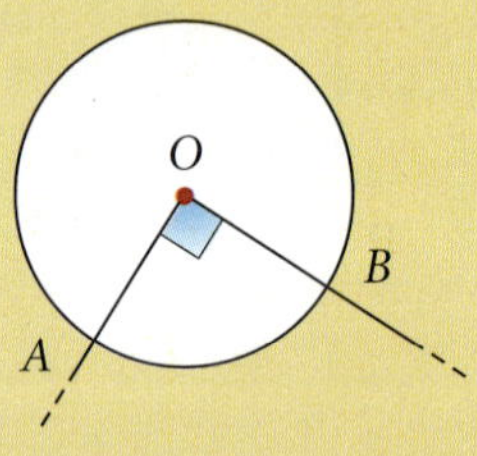

Un **angolo alla circonferenza** ha il vertice sulla circonferenza e i lati secanti la circonferenza, oppure uno secante e l'altro tangente.

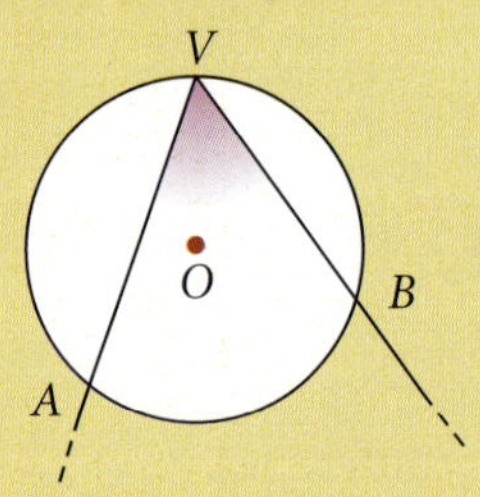

Ogni angolo al centro ha ampiezza doppia dell'angolo alla circonferenza corrispondente.

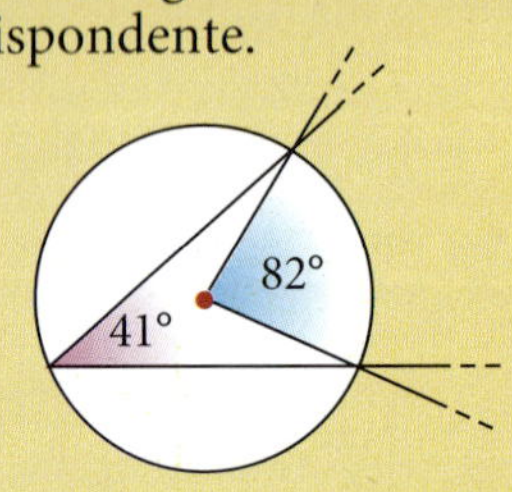

Ogni angolo alla circonferenza che insiste su un diametro è retto.

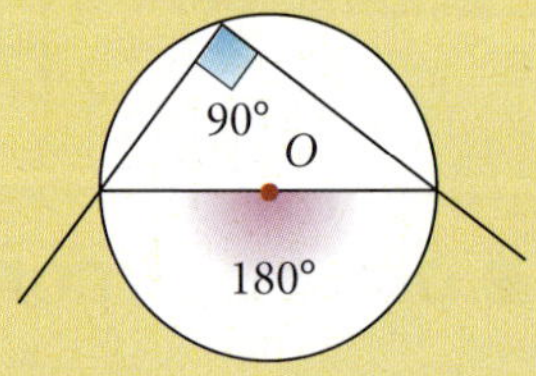

APPLICA

3 **Quanto misurano gli angoli contrassegnati con il punto interrogativo?**

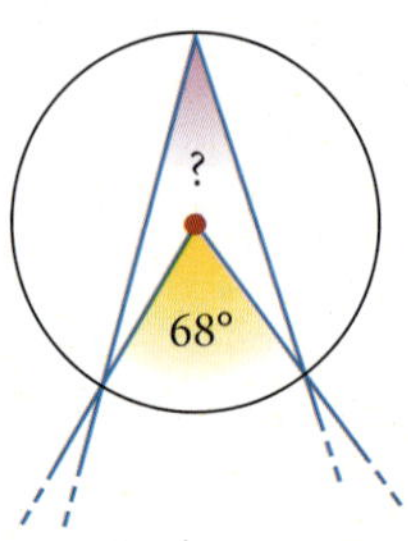

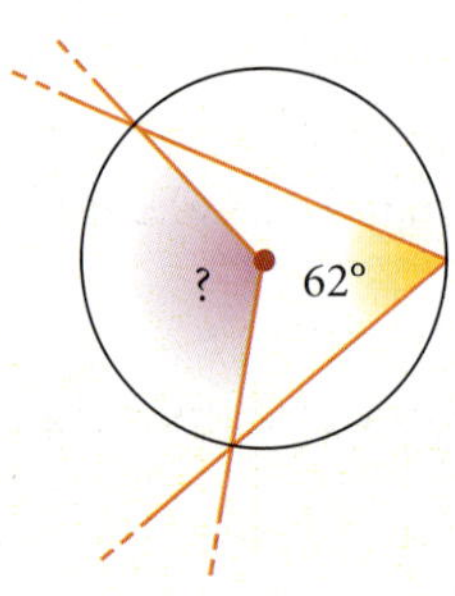

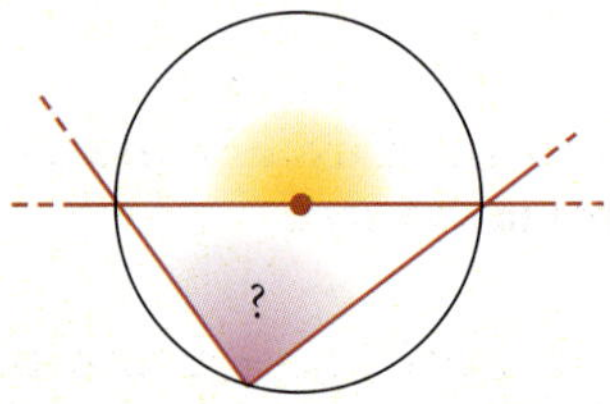

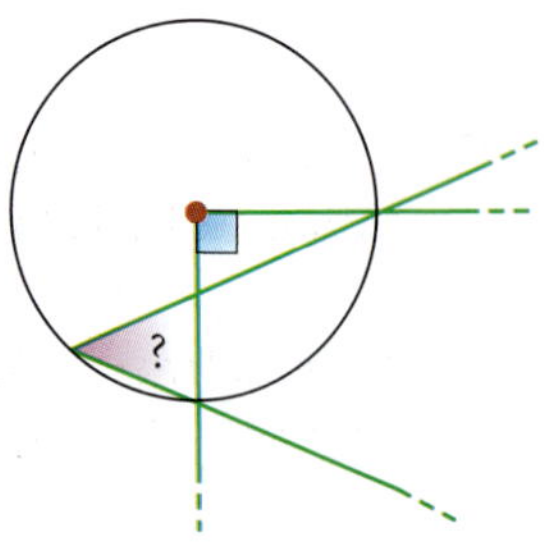

Poligoni inscritti e circoscritti

RIPASSA

Un **poligono** è **inscritto** in una circonferenza quando *tutti* i suoi vertici sono punti della circonferenza.

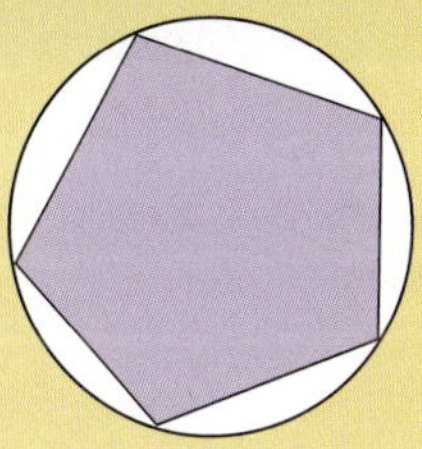

Un **poligono** si dice **circoscritto** a una circonferenza quando *tutti* i suoi lati sono tangenti alla circonferenza.

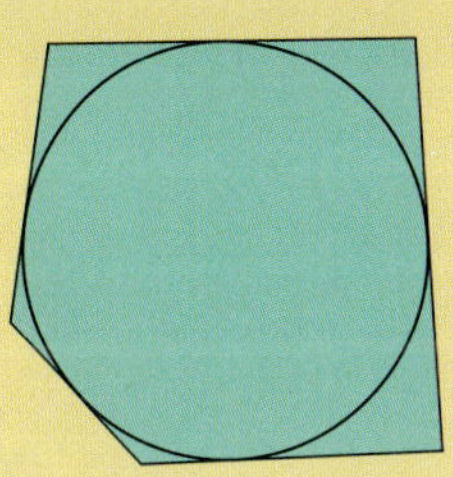

APPLICA

4 **Prova a disegnare la circonferenza inscritta e la circonferenza circoscritta in ciascuno dei seguenti poligoni.**

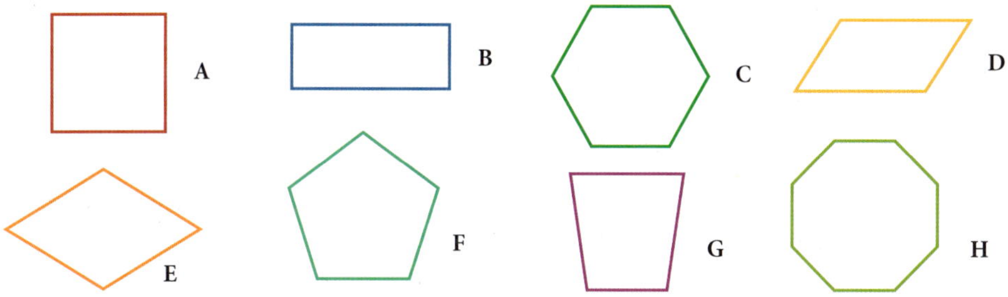

In quali hai potuto disegnare la circonferenza inscritta? ....

In quali hai potuto disegnare la circonferenza circoscritta? ....

Area dei poligoni regolari

RIPASSA

L'area dei poligoni regolari si trova moltiplicando il perimetro per il raggio della circonferenza inscritta e dividendo il prodotto per 2.
Tutti i poligoni regolari possiedono la circonferenza inscritta.
Il raggio della circonferenza inscritta si chiama **apotema**.

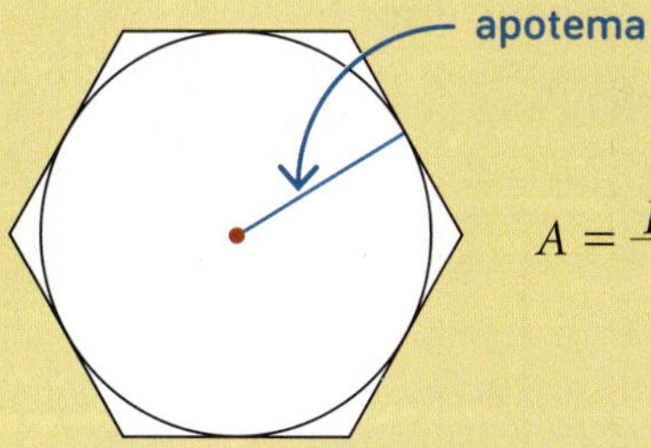

$$A = \frac{p \cdot a}{2}$$

APPLICA

5 **Un poligono circoscritto a una circonferenza ha il perimetro di 140 cm e l'apotema di 25 cm. Calcola la sua area.**

6 **Un quadrato ha il perimetro di 80 cm. Quanto misura il suo apotema? Quanto misura la sua area?**

ESERCIZI

METTITI ALLA PROVA

ZTE ONLINE
21 esercizi interattivi

- Per ogni quesito segna ✔ una sola delle alternative.
- Confronta le tue risposte con le soluzioni a pagina 269.
- Colora da sinistra una casella per ogni risposta giusta. →
- Leggi sul righello il punteggio in centesimi. →
- Il mio punteggio, in centesimi, è ....
- Se il punteggio è maggiore di 70 vai alla prova *In un'ora*, altrimenti ripassa con *Se non hai capito*.

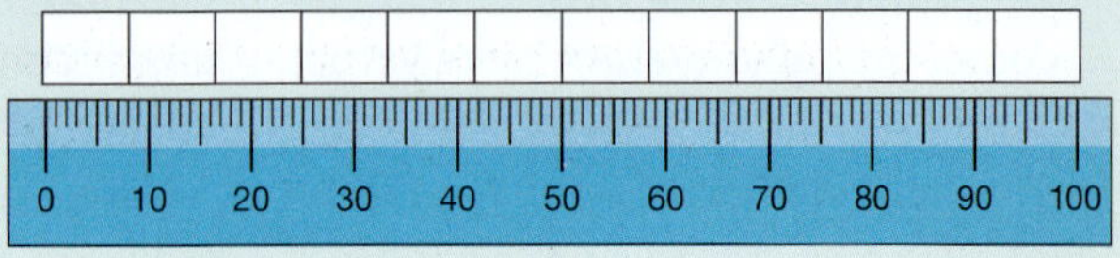

1 **Una circonferenza è**

a l'insieme dei punti del piano interni a una linea chiusa

b l'insieme dei punti ugualmente distanti da uno stesso punto del piano

c l'insieme dei punti posti su una linea chiusa

d l'insieme dei punti con distanza dal centro minore o uguale alla lunghezza del raggio.

2 **Nella circonferenza la corda *AB* misura**

$\overline{AO} = 65$ cm
$\overline{OH} = 60$ cm

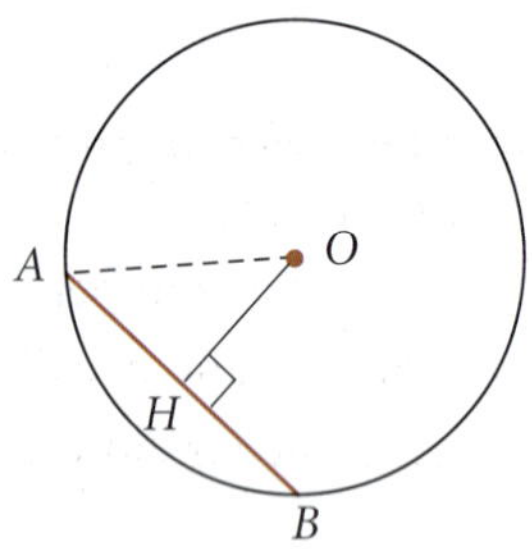

a 25 cm b 50 cm c 24 m d 48 m

3 **In una circonferenza di raggio *r* la corda che passa per il punto medio del raggio misura:**

($\overline{OH} = \frac{1}{2}\,\overline{OA}$, nel triangolo AHO l'angolo in $\widehat{H}$ è retto: il triangolo AHO è metà di un triangolo equilatero...)

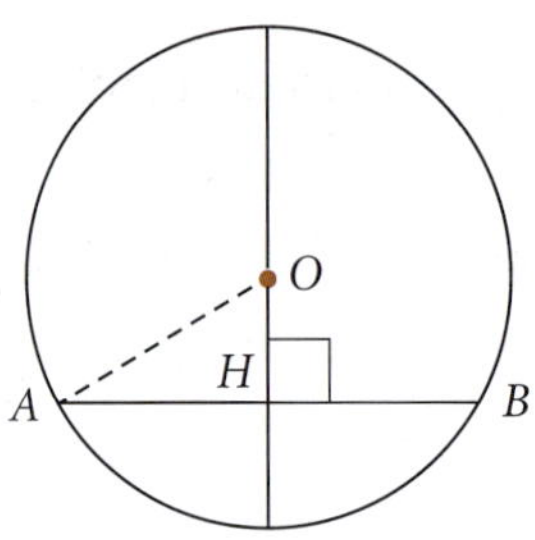

a $\frac{r}{2}\sqrt{3}$ c $r\sqrt{3}$

b $2r$ d $\frac{4}{3}\,r$

4 ***P* è un punto sulla retta *r* tangente in *A* alla circonferenza di centro *O* e diametro di 16 cm. Il segmento *PA* misura 6 cm. Qual è la lunghezza di *OP*?**

a 10 cm b 12 cm c $\sqrt{292}$ d 20

5 **La distanza dei centri *OO'* è**

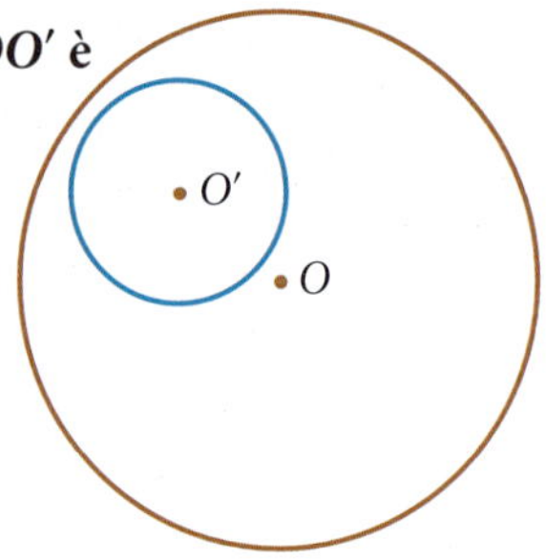

a $\overline{OO'} = r - r'$

b $\overline{OO'} = 0$

c $\overline{OO'} < r - r'$

d $\overline{OO'} = r + r'$

6 **Dati tre punti, devi determinare la posizione del centro della circonferenza passante per tali punti. Unisci pertanto tali punti formando un triangolo, poi**

a traccia gli assi dei lati: il centro è l'intersezione degli assi

b traccia le bisettrici degli angoli: il centro è l'intersezione delle bisettrici

c traccia le mediane dei lati: il centro è l'intersezione delle mediane

d traccia le altezze relative ai lati: il centro è l'intersezione delle altezze

7 **Un angolo alla circonferenza**

a è doppio del corrispondente angolo al centro

b è uguale al corrispondente angolo al centro

c è maggiore del corrispondente angolo al centro

d è metà del corrispondente angolo al centro

8 **Quanto misura l'angolo segnato con il punto interrogativo?**

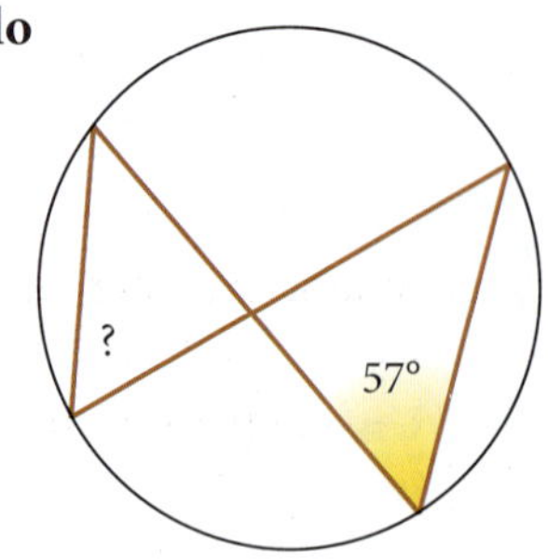

a 45°

b 114°

c 57°

d 180° − 57°

9 **In un poligono**

- [a] l'apotema è il segmento che unisce il centro della circonferenza inscritta con il punto medio del lato
- [b] esiste l'apotema solo se il poligono è regolare
- [c] l'apotema è il raggio della circonferenza circoscritta
- [d] l'apotema è il raggio della circonferenza inscritta

10 **In un rettangolo inscritto in una circonferenza**

- [a] la diagonale corrisponde al diametro della circonferenza
- [b] il lato minore corrisponde al raggio della circonferenza
- [c] la diagonale corrisponde al raggio della circonferenza
- [d] il lato maggiore corrisponde al diametro della circonferenza

11 **In una circonferenza i triangoli rettangoli inscritti**

- [a] hanno tutti la stessa area
- [b] hanno tutti lo stesso perimetro
- [c] hanno l'ipotenusa della stessa lunghezza
- [d] hanno angoli uguali

12 **Un poligono regolare possiede**

- [a] solo la circonferenza inscritta
- [b] sia la circonferenza inscritta sia quella circoscritta
- [c] solo la circonferenza circoscritta
- [d] sia la circonferenza inscritta sia quella circoscritta purché abbia un numero pari di lati

IN UN'ORA

1 Definisci circonferenza e cerchio.

2 Dai un nome agli elementi che compaiono nelle figure scegliendo fra: arco; centro; corda; diametro; distanza (dal centro); raggio; settore circolare; segmento circolare di una circonferenza.

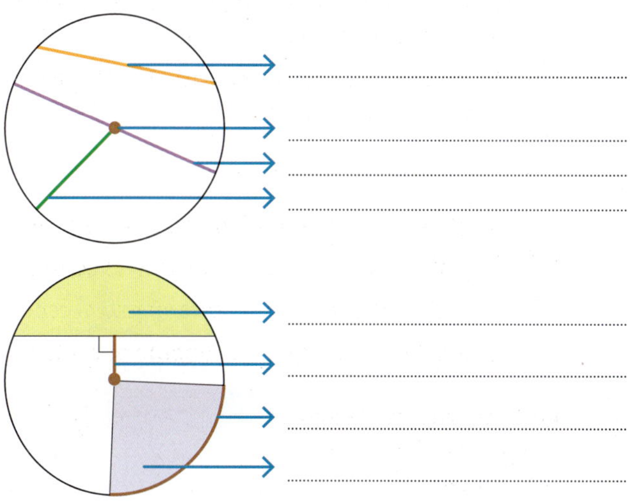

3 In una circonferenza, una corda AB misura 24 cm e dista 5 cm dal centro O.

> Calcola perimetro e area del triangolo ABO.

4 Disegna una circonferenza e un punto P interno a essa e rispondi alle domande:

- quante rette tangenti passano per P?
- quante rette secanti passano per P?
- quante rette esterne alla circonferenza passano per P?

5 Da un punto P esterno alla circonferenza di centro O e diametro 5 cm vengono mandate le tangenti alla circonferenza nei punti A e B; i segmenti di tangente misurano 6 cm.

> Calcola l'area del quadrilatero $OAPB$.

6 Calcola l'ampiezza di α in ciascuno dei disegni.

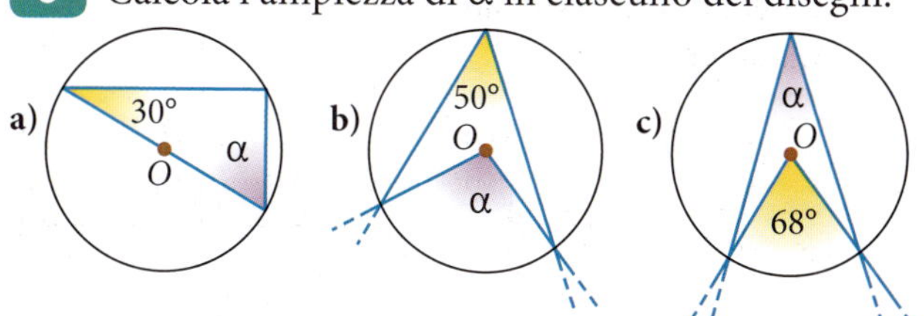

a) $\alpha =$ .... b) $\alpha =$ .... c) $\alpha =$ ....

7 Un trapezio isoscele è circoscritto a una circonferenza e ciascun lato obliquo misura 24 cm.

> Sapendo che la base maggiore è il triplo della base minore calcola la lunghezza delle due basi.

VERSO LA PROVA NAZIONALE

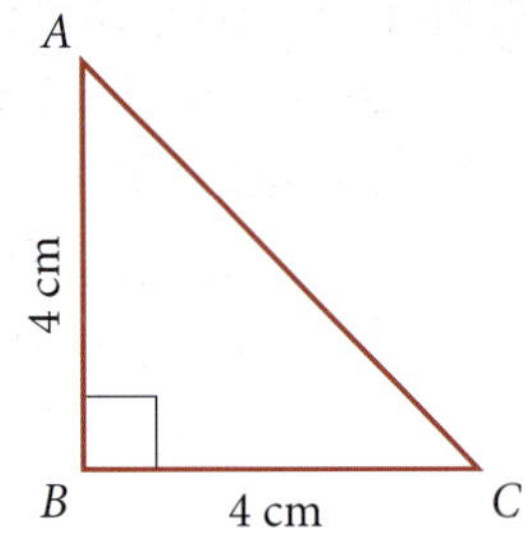

1 **Osserva la figura a lato.**

Quale è l'ampiezza dell'angolo $B\widehat{C}A$?

a 30° c 60°
b 45° d 90

2 **Nella figura della domanda precedente, quanto misura il segmento *AC*?**

a 4 cm b 8 cm c circa 5,6 cm d circa 8,2 cm

3 **Un ragazzo tiene un aquilone con un filo ben teso lungo 50 m. Un altro ragazzo, che dista 40 m dal primo, vede l'aquilone sulla sua testa.**

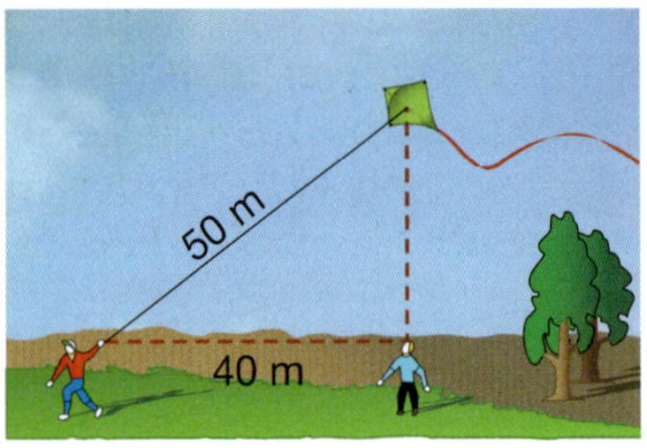

a) A quale altezza si trova l'aquilone?

Risposta: ....

b) Spiega il procedimento che hai seguito.

....

4 **Nella figura i quadrilateri *ABCN* e *KLMN* si corrispondono in un'omotetia di centro *N*.**

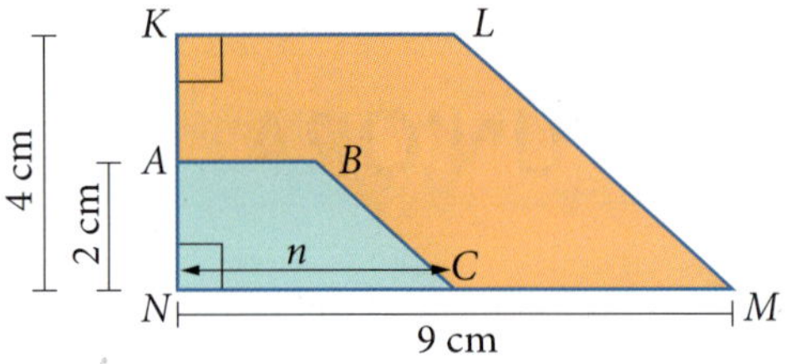

Quale proporzione puoi usare per determinare il valore di *n*?

a $\frac{4}{n} = \frac{2}{9}$ b $\frac{2}{n} = \frac{9}{4}$ c $\frac{13}{n} = \frac{2}{4}$ d $\frac{4}{2} = \frac{9}{n}$

5 **Il triangolo *XYZ* è rettangolo e isoscele.**

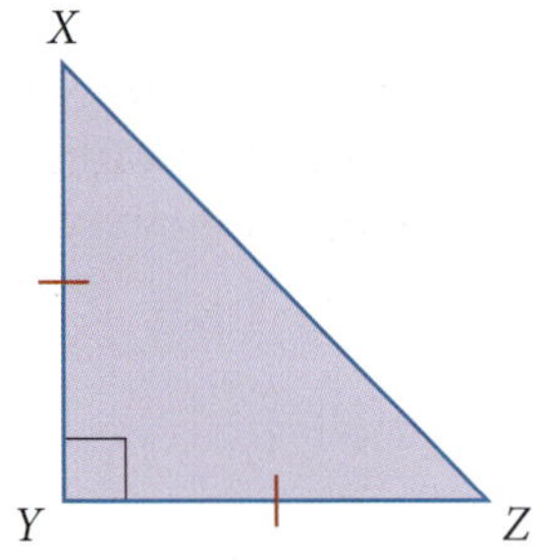

a) Se la sua area è di 32 m², quanto misura ciascun cateto?

a 8 m b 8 m² c 16 m d 6 m

b) Scrivi il procedimento che hai seguito.

....

....

6 **Pietro fa girare la sua trottola 1000 volte.**

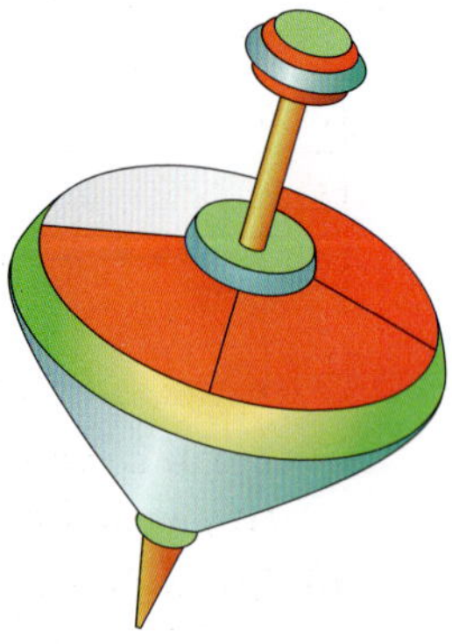

a) A tuo parere quale dei seguenti valori meglio rappresenta il numero di volte in cui «esce» il colore rosso?

a 600 b 700 c 900 d 500

b) Motiva la tua risposta:

....

....

7 **I triangoli *ABC* e *DEF* sono simili. Quale proporzione *non* è vera?**

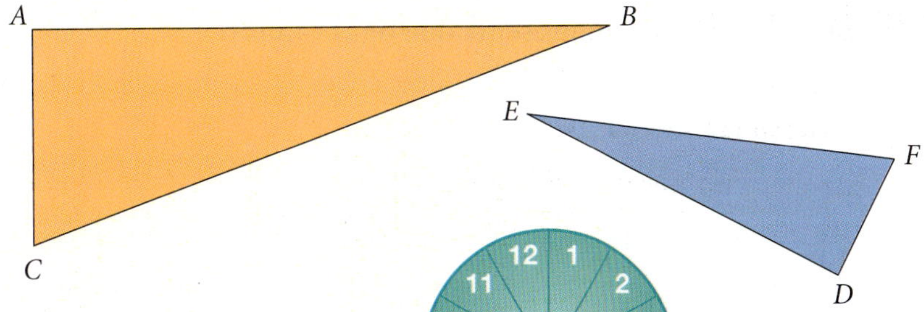

a $\overline{AC} : \overline{DF} = \overline{AB} : \overline{DE}$

b $\overline{AC} : \overline{AB} = \overline{DF} : \overline{DE}$

c $\overline{AB} : \overline{AC} = \overline{DF} : \overline{DE}$

d $\overline{BC} : \overline{EF} = \overline{AB} : \overline{DE}$

8 **Guarda la ruota della fortuna. Qual è l'ampiezza di ciascuno degli angoli in cui è divisa la ruota?**

a 3° b 30° c 36° d 45°

9 **Per allenarsi, Giovanni tutti i giorni percorre 12 km in bicicletta, muovendosi da casa verso Est, poi fa altri 16 km verso Nord per andare in piscina. Quanto dista, in linea d'aria, la piscina dalla casa?**

a 14 km

b 20 km

c 24 km

d 28 km

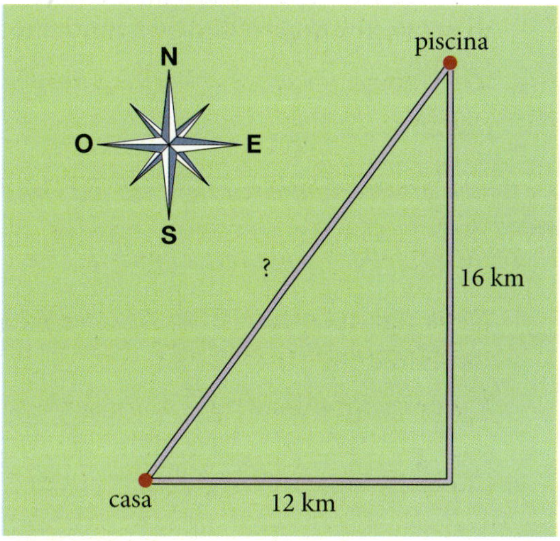

10 **Pietro e i suoi amici hanno fatto un'indagine medica. In tabella alcuni risultati della loro indagine.**

nome	altezza (cm)	peso (kg)
Pietro	150	40
Sara	160	50
Enea	155	45
Bianca	160	55

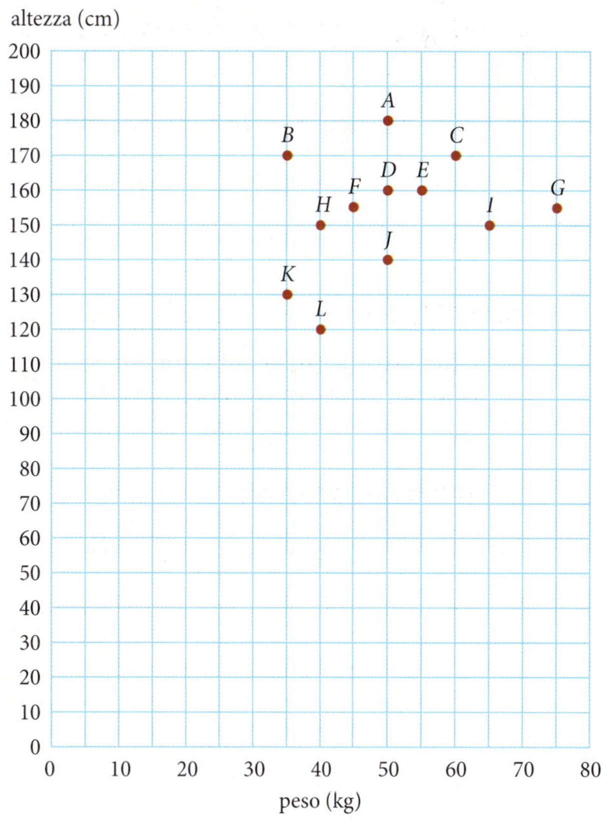

Osserva il grafico.

a) **Quali sono i punti che rappresentano Pietro, Sara, Enea e Bianca?** ....

b) **La cugina di Pietro è alta 130 cm e pesa 35 kg. Quale punto sul grafico la rappresenta?** ....

c) **Quanto è alto lo zio Giacomo, che è il più grasso di tutti?** ....

11 Quale immagine rappresenta due figure simili?

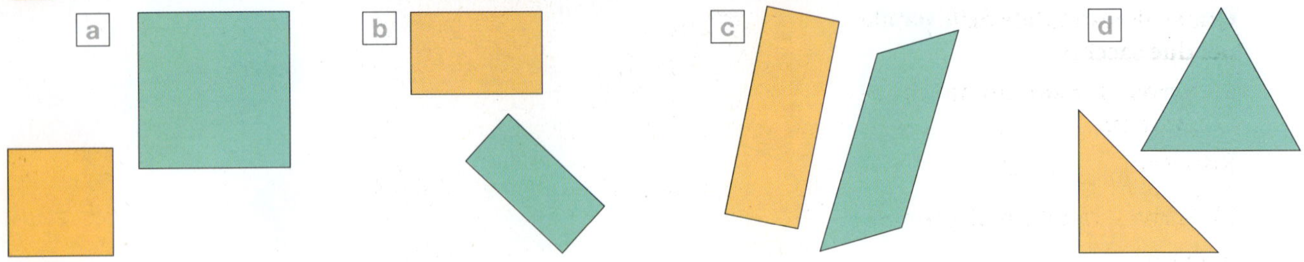

12 Un ristorante ha 30 dipendenti; 14 lavorano di giorno e gli altri lavorano di sera. Qual è il rapporto tra il numero dei dipendenti che lavora di sera e il numero di dipendenti che lavora di giorno?

a 7:8 b 7:15 c 8:7 d 8:15

La figura mostra una circonferenza di centro O e diametro CD.
Usa il disegno per rispondere ai quesiti 13 e 14.

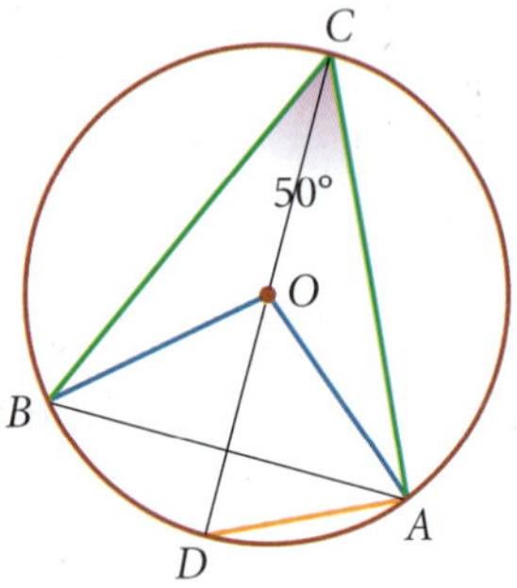

13 Se l'angolo $A\widehat{C}B$ misura 50°, allora quanto misura l'angolo ottuso $A\widehat{O}B$?

Risposta: ....

14 L'angolo $D\widehat{A}C$ misura:

a 40° b 50° c 90° d 100°

15 Quale uguaglianza è vera?

a $(3+4)\cdot 2=(3\cdot 2)+4$

b $(3\cdot 2)\cdot 3=(3\cdot 3)+2$

c $3\cdot(2+4)=(3\cdot 2)+(3\cdot 4)$

d $(3+4)+2=(3+2)\cdot 4$

16 Nel Texas ci sono delle gare di eccellenza tra scuole. Se la scuola migliore ha ottenuto 2386 punti e la seconda classificata ne ha ottenuti 1984, la differenza tra i due punteggi vale

a 4370
b 1602
c 402
d 320

17 Osserva la figura.

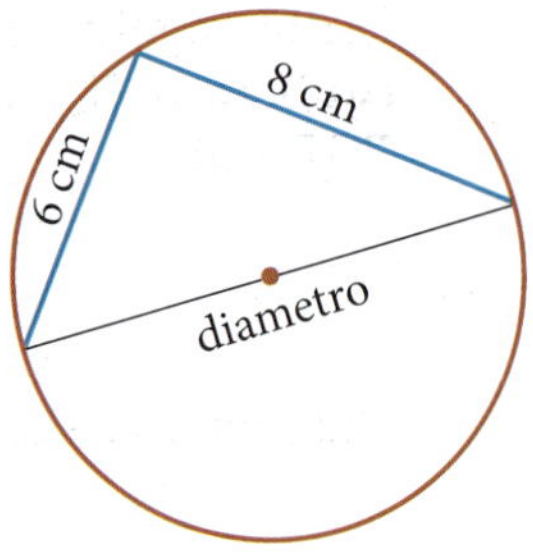

a) Calcola il diametro del cerchio.

Risposta: ....

b) Scrivi i calcoli che hai eseguito.

....

....

18 a) Osserva la figura. Qual è la lunghezza del segmento AB?

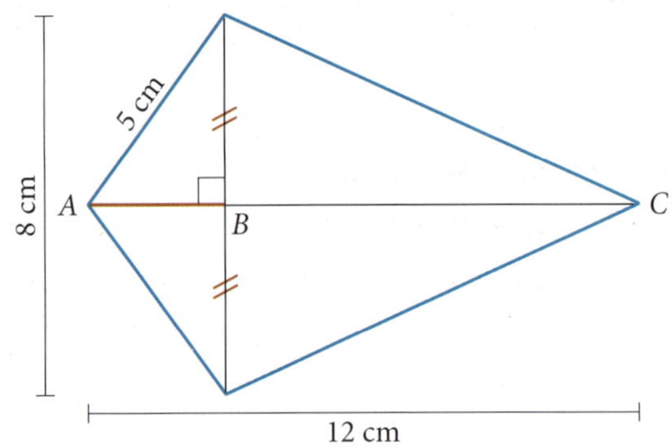

a 9 cm b 2 cm c 3 cm d 6 cm

b) Nella figura è indicato un dato sovrabbondante; qual è?

....

19 Un asse di simmetria divide una figura in due immagini speculari. Disegna gli assi di simmetria del rettangolo.

20 Osserva i due sacchi di patate.
Qual è il peso totale delle patate nei due sacchi?

a) Scrivi il risultato in chilogrammi.

Risposta: ....

b) Scrivi il risultato in grammi.

Risposta: ....

21 Un triangolo equilatero ABC ha i lati lunghi 2 cm. Un secondo triangolo equilatero PQR ha i lati lunghi 3 cm. Il rapporto tra l'area di ABC e quella di PQR vale

a $\frac{2}{3}$ b $\frac{2^2}{3^2}$ c $\frac{2^3}{3^3}$ d $\frac{6}{9}$

22 Dal grafico a fianco si possono ricavare diverse informazioni. Indica quali sono vere e quali false.

affermazione	vera	falsa
a) La temperatura è salita dalle ore 10 alle ore 11.		
b) La temperatura è salita dalle ore 6 alle ore 9.		
c) Non è possibile determinare la temperatura alle ore 9:30.		

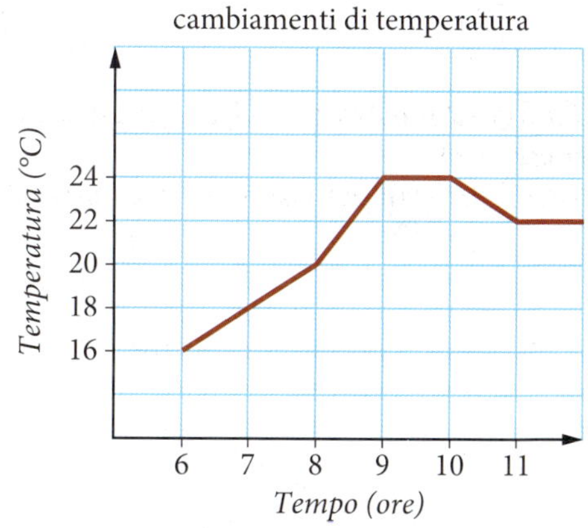

23 Guarda la sequenza

A, 2, B, 4, C, 8, D, 16, E, ...

Che cosa metteresti al posto dei puntini?

a 18 b 32 c 20 d 16

METTITI ALLA PROVA SOLUZIONI

Capitolo 1
Le aree

1) A
2) D
3) C
4) C
5) A
6) C
7) B
8) B
9) C
10) C
11) B
12) B

Capitolo 2
Le isometrie

1) D
2) D
3) D
4) A
5) C
6) B
7) D
8) B
9) D

Capitolo 3
Il teorema di Pitagora

1) A
2) C
3) B
4) C
5) C
6) A
7) B
8) A
9) C
10) A
11) B
12) C

Capitolo 4
Le trasformazioni geometriche: omotetie e similitudini

1) B
2) A
3) B
4) A
5) B
6) A
7) D
8) A
9) B
10) B
11) C
12) D

Capitolo 5
Circonferenza e cerchio

1) B
2) B
3) C
4) A
5) C
6) A
7) D
8) C
9) D
10) A
11) C
12) B

COMPITO DI REALTÀ

PROGETTA NUOVE PIASTRELLE PER L'AULA DI SCIENZE

Situazione

Il laboratorio di scienze della tua scuola ha bisogno di restyling! A ogni classe è stata affidata la progettazione di una parte dell'aula.
Nell'aula è presente un lavandino e dietro il lavandino ci sono delle piastrelle bianche quadrate (un quadrato fatto da 36 piastrelle); alla tua classe è stato affidato il compito di dipingere proprio queste.

Cha cosa devi fare

Ogni gruppo deve riprodurre la piastrellatura seguendo le indicazioni qui di seguito e ne deve proporre una nuova utilizzando traslazioni e rotazioni.
I disegni devono poi essere riprodotti con un software di disegno geometrico.

Ogni gruppo deve:

- Disegnare la griglia su ciascuna piastrella con i passi seguenti:

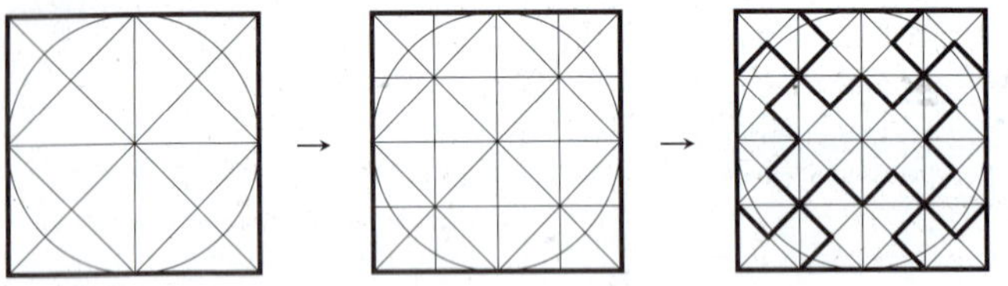

- Riprodurre la piastrellatura.
  La figura centrale in quanti modi è stata traslata? In quanti modi è stata ruotata?

- Proporre un nuovo tipo di piastrellatura che contenga traslazioni e rotazioni.
- Disegnare le piastrelle con GeoGebra o con altro software.

Indicazioni di lavoro

Tempo a disposizione

- **4 ore a scuola** per disegnare e progettare le piastrelle
- **2 ore a casa** per la realizzazione del disegno con computer

Materiali e strumenti utilizzabili

- eBook del manuale di matematica
- software per disegno geometrico
- computer per la realizzazione della presentazione